U0351099

深井硬岩大规模开采理论与技术

——冬瓜山铜矿床开采研究与实践

李冬青　王李管　等著

北京

冶金工业出版社

2009

内 容 提 要

本书共有四篇共 18 章。在前言中,概述了深井硬岩研究现状、发展及关键技术问题;在正文的 18 章中,针对冬瓜山深井特有的开采技术条件(深井 1000 m、高应力、高温、高水压、有岩爆倾向)和关键技术问题,采用理论分析、数值模拟、现场试验和实践相结合的方法,系统、全面地概述冬瓜山铜矿床深井安全高效开采及地压与岩爆监控理论技术最新研究成果,介绍了日产 1 万 t 大规模开采产能保障体系的建立和完善。

本书具有很强的可读性,可供矿山、科研设计院所科技人员和管理人员,高等院校采矿专业师生参考阅读。

图书在版编目(CIP)数据

深井硬岩大规模开采理论与技术/李冬青,王李管等著.
—北京:冶金工业出版社,2009.8
ISBN 978-7-5024-4825-7

Ⅰ.深… Ⅱ.① 李… ② 王… Ⅲ.深井—坚硬岩石—地下
开采 Ⅳ.TD803

中国版本图书馆 CIP 数据核字(2009)第 014347 号

出 版 人　曹胜利
地　　　址　北京北河沿大街嵩祝院北巷 39 号,邮编 100009
电　　　话　(010)64027926　电子信箱　postmaster@cnmip.com.cn
责任编辑　杨盈园　美术编辑　李 新　版式设计　张 青
责任校对　王贺兰　责任印制　牛晓波
ISBN 978-7-5024-4825-7
北京盛通印刷股份有限公司印刷;冶金工业出版社发行;各地新华书店经销
2009 年 8 月第 1 版,2009 年 8 月第 1 次印刷
787 mm×1092 mm　1/16;33.5 印张;811 千字;515 页;1-2000 册
139.00 元
冶金工业出版社发行部　电话:(010)64044283　传真:(010)64027893
冶金书店　地址:北京东四西大街 46 号(100711)　电话:(010)65289081
(本书如有印装质量问题,本社发行部负责退换)

本书编委会

主　任　李冬青

副主任　潘长良　王李管

编　委　（按姓氏笔画排列）

于润沧　王文星　王李管　冯兴隆　孙忠铭

朱兴明　李冬青　李孜军　李浩宇　吴冷峻

吴　超　陈　何　罗周全　杨承祥　施士虎

胡汉华　唐礼忠　徐京苑　贾明涛　黄维新

谢学斌　潘长良

前　言

　　矿产资源是发展国民经济、保障国家安全的物质基础。我国目前90%以上的能源、80%左右的工业原料、70%以上的农业生产资料和30%以上的农业用水、城乡居民用水均来自矿产资源。

　　由于长期开采,我国埋藏在浅部的有色矿床资源已接近枯竭,必将加快向深部矿产资源的勘探和开发利用,深井开采已呈必然趋势。大规模开发深部金属矿产资源是我国矿业发展的必然趋势,深井开采已成为我国乃至世界矿业界特别关注的问题。国外开采深度超千米的金属矿山上百座,主要集中在南非、加拿大、美国、印度等国。我国已经开采或正在建设的冬瓜山铜矿、云南大红山铜矿,内蒙古获各琦铜矿、新疆哈密黄山铜镍矿的开采深度均在千米以上。今后的10~20年内,我国相当一部分金属和有色金属矿山将进入1000~2000 m深部开采。

　　深井开采带来"四高、一扰动"的特征,存在复杂的力学环境。"四高"主要是指高地应力、高地温、高水压、高提升能,"一扰动"指强烈的开采扰动。高应力诱发的岩爆与地压、产生冒顶等灾害,造成支护困难,严重威胁人员及设备的安全。高井温使作业面劳动条件严重恶化,工作效率大大降低;据统计资料,温度每增加1℃,工人的劳动生产率将降低7%~10%。高水压使开采中的灾变事故表现为多发性和突发性。高提升能则恶化了提升、排水条件,加大了矿山成本等。采矿扰动使受采动影响的巷道围岩压力数倍、甚至近10倍于原岩应力,表现出有岩爆冲击地压发生,引起矿震,岩体破坏加重,给开采岩层控制带来难度,使开采工艺变得复杂,开采技术难度加大,效率低下。在含硫高的矿山,矿石还有自燃结块现象发生,采矿矿石爆堆一旦出现结块,将会造成出矿困难,增加处理成本,严重者导致停产。如果结块矿石不及时处理,不但造成资源损失,时间长了还有可能导致自燃火灾的发生,而且会给采场充填体稳定性带来不利影响。

　　针对复杂的开采技术条件,深井开采需要重点开展多相多场耦合环境下的矿岩非线性动力学特征、新的采矿工艺技术与装备、热力系统及其环境控制以及利用高科技手段进行管理、控制等综合技术研究,以实现深部金属资源的安全、高效、经济开采。

　　近20年来,一些有深井开采的国家,集中人力和财力紧密结合深井开采相关技术,开展基础问题的研究。国内外学者在岩爆预测、软岩大变形机制、井巷涌水量预测及岩爆防治措施、软岩防治措施等各方面进行了深入的研究,取得了很大的成绩。

　　国内深部矿床开采技术研究起步较晚,科研院校在 20 世纪 80 年代中后期对于深部矿床开采技术进行了前期探索性的研究。冬瓜山铜矿是铜陵有色金属集团控股有限公司的主要矿山,冬瓜山铜矿床是在 1000 m 以下探明的一个特大矽卡岩型铜矿床,具有深井(1000 m)、应力高(38 MPa)、高温(39°C)、高压大流量涌水(水压 7 ～ 10 MPa)、含硫高(17.6%)、品位低、矿石复杂难选、有岩爆倾向等复杂开采条件,围绕国内外深井开采中尚未解决的技术难题,结合建设现代化矿山的 3 个阶段(可行性研究阶段、工业设计阶段、基建和生产阶段)中的重大关键性问题,进行了长达 16 ～ 17 年的工程建设、矿山生产和技术管理研究。在开采的可行性研究阶段,“九五”期间,开展了“千米深井矿山 300 万 t 级强化开采综合技术研究”课题(96-116-01)攻关,对深井矿山的岩爆发生机理、深井矿山采矿工艺、深井降温技术和尾矿充填的可能性等专题进行了探索性的研究工作。为满足我国越来越多的金属矿山深部矿床开采的需要,解决深部矿床开采的一系列技术问题,研究开发适应于深部矿床开采的新工艺、新技术、新材料、新设备等。在工业设计阶段,根据冬瓜山矿床开采的特点和它所处的重要地位,以及市场竞争的要求,从现代矿山企业的理念出发,“十五”国家科技攻关课题“复杂难采深部铜矿床安全高效开采关键技术”(2004BA615A-04)在冬瓜山铜矿进行了深入系统的研究。特别对深井大规模开采的安全高效采矿方法工艺技术、深井开采地压监测和控制技术、深井围岩应力分布状态的特征及变化形式、深井巷道的高效掘进与支护技术及装备、极细粒级的全尾砂高浓度充填工艺、开采信息的可视化集成、深部采准巷道总体开采布局的优化和深井开采降温与节能控制技术等与其相适应的采矿工艺配套关键技术进行了研究。以寻求全新的采矿方法为核心,以赶超国外深部开采先进技术,实现高效、安全、低成本、无废开采和现代科学管理为目标,形成有特色和拥有自主知识产权的深部开采的理论和技术,为实现 10000 t/d 的达产目标提供技术保障。

　　本书就是根据冬瓜山铜矿“九五”、“十五”国家重点科技攻关成果、多年矿山基本建设和生产实践经验撰写而成,全书共分 4 篇 18 章。

　　第一篇(开采技术条件)共有 4 章(1 ～ 4 章分别介绍“区域地质与矿区矿床地质特征”、“矿区原岩应力”、“矿岩的物理力学性质及岩爆倾向性”、“冬瓜山铜矿地热与地温”),详细研究和分析了冬瓜山铜矿的开采技术条件和特征。

　　第二篇(安全高效采矿理论与技术)共有 6 章(第 5 章介绍“矿山开采系统”、第 6 ～ 10 章分别论述“采矿方法”、“采准系统”、“束状孔当量球形药包大量落矿采矿技术”、“全尾砂高浓度充填理论与工艺技术”、“深井采矿巷道的支护技术”),详细介绍了深井矿山开采系统,研究了大规模、大结构参数高效率阶段空场嗣后充填采矿方法和采准系统、束状等效直径当量球形药包大量爆破理论和技术、全尾砂高浓度充填无废开采理论和技术以及有岩爆倾向的采矿巷道支护技术等创新理论和技术。

第三篇(灾害监测理论与技术)共有4章(第11～14章分别为"地压与岩爆监测理论与技术"、"矿井通风降温与节能控制技术"、"矿井内因火灾防治"、"地下水防治"),详细介绍了矿山在地压与岩爆,矿井通风降温与节能、矿井内因火灾、矿床地下水等灾害监测与控制方面的理论与经验。

第四篇(矿山产能及其保障体系的建立与完善)共有4章(第15～18章分别为"矿床开采数字模型及计算机辅助设计"、"回采过程模拟与控制技术"、"采掘计划编制"、"生产调度与生产过程监控"),详细介绍矿山为建立产能保障体系而创建的DIMINE、SIMMINE软件系统以及现代数字化矿山的理论和技术。

本书首先全面系统阐述了从矿山基建、设计(可行性研究、初步设计、施工图设计)、生产等阶段期间所要解决的关键技术问题,以及全面系统介绍了从采矿、安全、管理等各个方面的理论和技术;其次,详细介绍了九项重大创新成果,详细介绍了九项重大科技创新成果,率先系统地开展了千米深井金属矿床高效开采方法、开采环境监测与控制技术、生产过程管理等关键技术研究。创立了一套适合深埋、高温、有岩爆自燃倾向、特大型矿床安全高效无废开采理论与技术。提出并开发了立式砂仓流态化全尾砂高浓度连续充填新技术,突破了矿山无废开采的技术瓶颈。设计并构建了以微震监测系统为主的深井开采岩爆与地压监测系统,实现了岩爆和地压灾害的网络化实时在线监测。开展了基于微震监测的深井开采地压活动规律研究。开发并实施了束状孔等效直径球形药包漏斗爆破新技术,提出大间距束状孔参数、高分层落矿和厚大揭顶爆破技术。开创性地建立了以数据仓库技术、可视化技术与三维数字建模技术为核心的数字采矿软件开发平台。研发了多级机站通风降温和计算机远程监控节能技术,解决了盘区复杂通风网络风流调控的难题,强化了掘进面和采场的排热通风效果。实现了深井大规模开采过程的可视化模拟,设计并开发了深井回采过程模拟软件系统SIMMINE,优化了高应力条件下深井缓倾斜厚大矿体安全高效开采的回采顺序。创造性地开展了深井高压大流量突水淹井灾害治理技术研究,创新了深井围岩注浆堵水和隔水的新工艺,提出了千米深井超高压大流量防治水综合技术,开创了国内外千米深井高压大流量突水淹井灾害成功治理的先例。发明了一套硫化矿石自燃倾向性判定的测试技术,提出了现场硫化矿石自燃的评价指标,发明了一组高效阻化剂配方和一整套用于矿井硫化矿石自燃预测预报技术。这些成果都是在矿山安全生产管理等方面所遇到的技术难题,通过组织联合科技攻关取得的,并在矿山的安全生产中得到广泛的应用;第三,介绍了冬瓜山铜矿多年的基建、生产实践经验和"九五"、"十五"国家重点科技攻关的成果,它受到长期实践的检验,具有显著"实践—理论—实践"的认知规律。因此,本书具有系统性、创新性和实践性三大特点,具有很强的可读性。可为矿山工作者、科研院所研究人员、高等院校矿业工程及相关专业的师生参考阅读。

本书由铜陵有色金属集团控股有限公司总工程师李冬青、中南大学博士生导师潘长良教授、博士生导师王李管教授、教授级高级工程师杨承祥博士主持框架设计、撰稿、统稿和终审工作。参加本书编写的有:李冬青(前言、第1章、第5章和第14章的部分内容),朱兴明(第1章和第14章部分内容),潘长良、王文星(第2章和第3章),吴超、李孜军、胡汉华、吴冷峻、徐京苑(第4章、第12章和第13章),杨承祥、罗周全(第5章部分内容、第6章和第7章),孙忠铭、陈何(第8章),于润沧、施士虎、李浩宇、张敬、李国政、韩瑞军(第9章),谢学斌(第10章),唐礼忠(第11章),王李管、冯兴隆、黄维新(第15章和第17章),贾明涛(第16章和第18章)。

本书在撰写过程中还参阅了许多国内外有关文献,在此,作者向文献作者致以衷心的感谢。由于时间仓促,书中难免有不妥之处,恳请读者批评指正。

著　者

2009 年 2 月

目　　录

第一篇　开采技术条件

1　区域地质与矿区矿床地质特征 ················· 3

  1.1　区域地质 ·································· 3

    1.1.1　区域地层分布特征 ·················· 3

    1.1.2　区域构造与岩浆岩特征 ·············· 3

  1.2　矿区及矿床地质特征 ······················ 5

    1.2.1　矿区自然地理条件 ·················· 5

    1.2.2　地层及岩性特征 ···················· 5

    1.2.3　构造特征 ························· 6

    1.2.4　岩浆岩 ···························· 9

    1.2.5　变质作用 ························· 10

  1.3　矿床地质特征 ···························· 10

    1.3.1　矿床特征 ························· 10

    1.3.2　矿石特征 ························· 11

    1.3.3　矿体围岩特征 ····················· 13

  1.4　工程地质 ······························· 14

    1.4.1　岩体结构特征 ····················· 14

    1.4.2　矿体及其直接顶、底板围岩条件 ········ 17

    1.4.3　岩体结构类型 ····················· 18

    1.4.4　岩体稳定性评价 ··················· 19

  1.5　矿区水文地质 ···························· 19

    1.5.1　含水岩组及富水程度 ················ 19

    1.5.2　主要破碎带水文地质特征 ············· 20

    1.5.3　水化学特征 ······················· 22

    1.5.4　地下水动态与水力联系 ·············· 23

    1.5.5　冬瓜山铜矿老区坑道充水特征 ········· 24

    1.5.6　冬瓜山铜矿周边矿山水文地质特征 ······ 24

    1.5.7　冬瓜山铜矿浅部及周边矿山突水情况 ····· 25

  1.6　矿床水文地质特征 ························· 25

  1.7　主要井筒与回风道水文地质特征 ·············· 26

1.7.1 主井水文地质特征 ·· 26

1.7.2 出风井水文地质特征 ·· 27

1.7.3 回风道水文地质特征 ·· 28

1.8 矿坑涌水量预测 ··· 29

参考文献 ·· 30

2 矿区原岩应力 ·· 31

2.1 矿区地质构造应力场 ··· 31

2.2 矿区原岩应力测量 ·· 32

2.2.1 孔壁应力解除法原岩应力测量 ···························· 32

2.2.2 声发射法原岩应力测量 ···································· 37

2.3 矿区原岩应力场分布特征及其应用 ······················· 44

2.3.1 矿区原岩应力场的分布特征 ······························ 44

2.3.2 原岩应力场测定数据的应用 ······························ 48

参考文献 ·· 49

3 矿岩的物理力学性质及岩爆倾向性 ······························ 50

3.1 矿岩的物理力学性质 ··· 50

3.1.1 取样地点及岩石类型 ······································ 50

3.1.2 岩样描述 ··· 50

3.1.3 岩石密度及弹性波速测定 ·································· 51

3.1.4 矿岩的单轴抗压强度及静弹性参数测定 ··················· 51

3.1.5 矿岩单轴抗拉强度测定 ···································· 52

3.1.6 三轴压缩试验及莫尔库仑强度参数确定 ··················· 52

3.1.7 各类岩石物理力学参数汇总 ······························ 54

3.2 矿岩的岩爆倾向性 ·· 55

3.2.1 岩爆发生机理 ··· 55

3.2.2 岩爆倾向性指标的确定 ···································· 58

3.2.3 冬瓜山铜矿矿岩岩爆倾向性 ······························ 60

3.2.4 矿岩的岩爆倾向性分类和排序的意义 ····················· 76

参考文献 ·· 77

4 冬瓜山铜矿地热与地温 ·· 79

4.1 矿山及其地热研究概况 ·· 79

4.1.1 矿床勘探期间的地热调查结果 ····························· 79

4.1.2 "九五"期间的地热调查研究 ······························ 79

4.2 矿山地热地质条件 ·· 80

4.2.1 区域地热地质背景 ··· 80

4.2.2 矿床地热特征 ··· 81

　　　4.2.3　矿岩的热物理性质 ·· 81
　4.3　地温的测量及其变化规律 ·· 83
　　　4.3.1　测温所采用的方法 ·· 83
　　　4.3.2　测温范围 ·· 83
　　　4.3.3　地温的变化规律分析 ·· 83
　　　4.3.4　主要中段的地温预测 ·· 85
　　　4.3.5　原岩放热量的评价 ·· 86
　4.4　地下水的分布及其放热量 ·· 88
　　　4.4.1　地下水的空间分布 ·· 88
　　　4.4.2　地下水温预测 ·· 89
　　　4.4.3　热水的放热量 ·· 90
　4.5　其他热源的调查和评价 ·· 90
　　　4.5.1　坑内设备放热 ·· 90
　　　4.5.2　空气自压缩生热 ·· 92
　　　4.5.3　采出的岩、矿石放热 ·· 93
　　　4.5.4　其他热源 ·· 93
　4.6　各类热源的综合评价和降温措施建议 ······················ 93
　　　4.6.1　各类热源的综合评价 ·· 93
　　　4.6.2　利用浅部采空区降温 ·· 94
　　　4.6.3　淋水的处理和热水的疏干 ································ 95
　　　4.6.4　生产中的降温和合理布置采区 ······················ 95
　4.7　结论 ·· 95
　参考文献 ··· 96

第二篇　安全高效采矿理论与技术

5　矿山开采系统 ··· 99
　5.1　引言 ·· 99
　5.2　开拓提升运输系统 ·· 99
　5.3　矿山其他系统 ·· 100
　　　5.3.1　供气系统 ·· 100
　　　5.3.2　坑内供水系统 ·· 102
　　　5.3.3　供电系统 ·· 102
　　　5.3.4　排水系统 ·· 103
　　　5.3.5　通风系统 ·· 103
　　　5.3.6　充填系统 ·· 105
　　　5.3.7　通信系统 ·· 105
　　　5.3.8　微震监测系统 ·· 106

　　参考文献 ┈┈┈┈┈┈┈┈┈┈┈┈┈┈┈┈┈┈┈┈┈┈┈┈┈┈┈┈┈┈┈┈┈┈┈ 107

6　采矿方法 ┈┈┈┈┈┈┈┈┈┈┈┈┈┈┈┈┈┈┈┈┈┈┈┈┈┈┈┈┈┈┈┈ 108

　6.1　引言 ┈┈┈┈┈┈┈┈┈┈┈┈┈┈┈┈┈┈┈┈┈┈┈┈┈┈┈┈┈┈┈┈┈┈ 108

　6.2　冬瓜山矿床采矿方法选择 ┈┈┈┈┈┈┈┈┈┈┈┈┈┈┈┈┈┈┈┈┈ 109

　　6.2.1　冬瓜山矿床采矿方法选择的主要因素 ┈┈┈┈┈┈┈┈┈┈┈ 109

　　6.2.2　应用采矿方法选择专家系统初步选定采矿方法 ┈┈┈┈┈ 110

　　6.2.3　采矿方法经济技术比较 ┈┈┈┈┈┈┈┈┈┈┈┈┈┈┈┈┈┈┈ 112

　　6.2.4　大孔采矿和中深孔采矿落矿方式优化 ┈┈┈┈┈┈┈┈┈┈┈ 114

　6.3　采矿方法方案优化 ┈┈┈┈┈┈┈┈┈┈┈┈┈┈┈┈┈┈┈┈┈┈┈┈┈ 115

　　6.3.1　盘区布置优化 ┈┈┈┈┈┈┈┈┈┈┈┈┈┈┈┈┈┈┈┈┈┈┈┈┈ 115

　　6.3.2　盘区隔离矿柱宽度及采场结构参数优化 ┈┈┈┈┈┈┈┈┈ 117

　　6.3.3　回采顺序优化 ┈┈┈┈┈┈┈┈┈┈┈┈┈┈┈┈┈┈┈┈┈┈┈┈┈ 118

　6.4　隔离矿柱回采方法 ┈┈┈┈┈┈┈┈┈┈┈┈┈┈┈┈┈┈┈┈┈┈┈┈┈ 144

　　6.4.1　采矿方法 ┈┈┈┈┈┈┈┈┈┈┈┈┈┈┈┈┈┈┈┈┈┈┈┈┈┈┈┈ 144

　　6.4.2　回采顺序 ┈┈┈┈┈┈┈┈┈┈┈┈┈┈┈┈┈┈┈┈┈┈┈┈┈┈┈┈ 144

　　6.4.3　采场的布置形式和结构参数 ┈┈┈┈┈┈┈┈┈┈┈┈┈┈┈┈ 144

　　6.4.4　采准切割工程 ┈┈┈┈┈┈┈┈┈┈┈┈┈┈┈┈┈┈┈┈┈┈┈┈┈ 145

　　6.4.5　回采作业 ┈┈┈┈┈┈┈┈┈┈┈┈┈┈┈┈┈┈┈┈┈┈┈┈┈┈┈┈ 146

　　6.4.6　技术经济指标 ┈┈┈┈┈┈┈┈┈┈┈┈┈┈┈┈┈┈┈┈┈┈┈┈┈ 146

　6.5　采空区精密探测 ┈┈┈┈┈┈┈┈┈┈┈┈┈┈┈┈┈┈┈┈┈┈┈┈┈┈ 146

　　6.5.1　空区精密探测技术 ┈┈┈┈┈┈┈┈┈┈┈┈┈┈┈┈┈┈┈┈┈┈ 146

　　6.5.2　探测方法 ┈┈┈┈┈┈┈┈┈┈┈┈┈┈┈┈┈┈┈┈┈┈┈┈┈┈┈┈ 147

　　6.5.3　探测空区模型应用 ┈┈┈┈┈┈┈┈┈┈┈┈┈┈┈┈┈┈┈┈┈┈ 149

　6.6　实践和结论 ┈┈┈┈┈┈┈┈┈┈┈┈┈┈┈┈┈┈┈┈┈┈┈┈┈┈┈┈┈ 156

　　参考文献 ┈┈┈┈┈┈┈┈┈┈┈┈┈┈┈┈┈┈┈┈┈┈┈┈┈┈┈┈┈┈┈┈┈ 157

7　采准系统 ┈┈┈┈┈┈┈┈┈┈┈┈┈┈┈┈┈┈┈┈┈┈┈┈┈┈┈┈┈┈┈┈ 160

　7.1　引言 ┈┈┈┈┈┈┈┈┈┈┈┈┈┈┈┈┈┈┈┈┈┈┈┈┈┈┈┈┈┈┈┈┈┈ 160

　7.2　影响采准系统的主要因素 ┈┈┈┈┈┈┈┈┈┈┈┈┈┈┈┈┈┈┈┈ 160

　7.3　采准系统优化 ┈┈┈┈┈┈┈┈┈┈┈┈┈┈┈┈┈┈┈┈┈┈┈┈┈┈┈ 160

　　7.3.1　顶部凿岩水平的确定及工程布置 ┈┈┈┈┈┈┈┈┈┈┈┈┈ 161

　　7.3.2　底部出矿水平的确定及工程布置 ┈┈┈┈┈┈┈┈┈┈┈┈┈ 163

　7.4　底部结构选择及优化 ┈┈┈┈┈┈┈┈┈┈┈┈┈┈┈┈┈┈┈┈┈┈┈ 163

　　7.4.1　底部结构选择的主要影响因素 ┈┈┈┈┈┈┈┈┈┈┈┈┈┈┈ 163

　　7.4.2　底部结构形式选择 ┈┈┈┈┈┈┈┈┈┈┈┈┈┈┈┈┈┈┈┈┈┈ 164

　　7.4.3　堑沟式底部结构方案优化 ┈┈┈┈┈┈┈┈┈┈┈┈┈┈┈┈┈┈ 165

　　7.4.4　堑沟式底部结构参数的确定 ┈┈┈┈┈┈┈┈┈┈┈┈┈┈┈┈ 167

　7.5　采准工程设计 ┈┈┈┈┈┈┈┈┈┈┈┈┈┈┈┈┈┈┈┈┈┈┈┈┈┈┈ 171

7.5.1　采准工程 ··· 171
7.5.2　切割工程 ··· 171
7.5.3　充填巷道 ··· 171
7.5.4　溜放系统 ··· 171
7.5.5　采区通风工程 ··· 172
参考文献 ·· 172

8　束状孔当量球形药包大量落矿采矿技术 ·· 174

8.1　地下大量采矿爆破技术及其发展概况 ·· 174
8.2　束状孔等效直径当量球形药包爆破新技术 ·· 176
8.2.1　问题的提出 ··· 176
8.2.2　束状孔当量球形药包爆破技术 ··· 176
8.3　大量采矿爆破技术条件 ··· 178
8.3.1　矿岩物理力学性质、原岩状态及可爆性评价 ································· 178
8.3.2　岩体结构 ··· 178
8.4　束状孔当量球形药包爆破机理效应和参数 ·· 179
8.4.1　束状布孔的动态光弹试验 ·· 179
8.4.2　高应力条件下介质爆破与径向裂隙特性的动态光弹试验 ··············· 179
8.4.3　束状孔爆破等效应力场水下模拟 ·· 181
8.4.4　束状孔当量球形药包爆破漏斗试验 ··· 185
8.5　束状孔当量球形药包采场大量落矿 ··· 189
8.5.1　束状孔当量球形药包采场大量落矿采矿技术 ································· 189
8.5.2　采场凿岩硐室底板安全厚度数值分析 ·· 191
8.5.3　试验采场采准与爆破方案设计 ··· 193
8.5.4　采场爆破 ··· 196
8.5.5　爆破矿石块度测试 ·· 199
8.5.6　爆破有害效应控制与安全措施 ··· 201
8.6　关于束状孔当量球形药包大量落矿的经济技术分析 ······························ 211
8.6.1　主要技术经济指标 ·· 211
8.6.2　技术经济分析与结论 ··· 213
参考文献 ·· 213

9　全尾砂高浓度充填理论与工艺技术 ··· 215

9.1　引言 ··· 215
9.1.1　充填技术的发展与研究现状 ·· 215
9.1.2　冬瓜山铜矿充填系统的特点与难点 ··· 216
9.1.3　全尾砂充填的实现及其意义 ·· 217
9.2　全尾砂高浓度充填料制备技术 ··· 217
9.2.1　全尾砂充填料制备工艺与难点 ··· 217

9.2.2 全尾砂制备理论探讨 ………………………………… 220
9.2.3 控压助流脱水技术 ………………………………… 225
9.2.4 全尾砂脱水工业试验 ……………………………… 226
9.3 全尾砂充填料输送技术 ………………………………… 228
9.3.1 深井管路系统的设计 ……………………………… 228
9.3.2 充填料环管输送试验 ……………………………… 229
9.3.3 试验结果与数据分析 ……………………………… 233
9.4 全尾砂采场充填工艺技术 ……………………………… 238
9.4.1 充填料浆配比与浓度 ……………………………… 239
9.4.2 采场充填挡墙技术 ………………………………… 239
9.4.3 采场脱水与接顶技术 ……………………………… 241
9.5 全尾砂充填实施效果及应用前景 ……………………… 241
9.5.1 工业试验与生产运用 ……………………………… 241
9.5.2 主要技术成果应用前景 …………………………… 242
参考文献 ………………………………………………………… 244

10 深井采矿巷道的支护技术 ……………………………………… 246
10.1 硬岩矿山有岩爆倾向岩层中的巷道支护技术 ………… 246
10.1.1 国外硬岩矿山岩爆倾向巷道支护概述 ………… 246
10.1.2 硬岩矿山有岩爆倾向巷道的支护设计 ………… 248
10.2 冬瓜山矿采矿巷道布置方式与失稳破坏模式 ………… 254
10.2.1 阶段嗣后充填采矿法采准巷道的布置 ………… 254
10.2.2 采准巷道的失稳破坏模式 ……………………… 256
10.3 冬瓜山铜矿采准巷道支护 ……………………………… 260
10.3.1 采准巷道支护方案的选择 ……………………… 260
10.3.2 不同采准巷道的支护结构参数 ………………… 262
10.4 采矿巷道锚喷支护工艺 ………………………………… 264
10.4.1 锚杆与金属网的安装 ……………………………… 264
10.4.2 湿式喷射混凝土工艺 ……………………………… 264
参考文献 ………………………………………………………… 266

第三篇 灾害监测理论与技术

11 地压与岩爆监测理论与技术 …………………………………… 271
11.1 引言 ……………………………………………………… 271
11.2 冬瓜山铜矿岩爆危险区综合预测 ……………………… 271
11.2.1 矿体回采中围岩的岩爆倾向性 ………………… 272
11.2.2 井巷围岩岩爆特征 ……………………………… 274

　　　11.2.3　冬瓜山铜矿岩爆危险区综合预测 ················· 274
　11.3　地压与岩爆监测系统 ············· 275
　　　11.3.1　监测目的 ············· 275
　　　11.3.2　监测手段分析 ············· 275
　　　11.3.3　监测系统总体结构和实施步骤 ············· 276
　　　11.3.4　矿山地震监测系统优化与建立 ············· 277
　　　11.3.5　常规应力变形监测系统 ············· 283
　　　11.3.6　矿山地震信号分析与识别技术 ············· 284
　11.4　矿山定量地震学理论及方法 ············· 288
　11.5　地震活动时空强变化规律 ············· 290
　　　11.5.1　矿山地震活动与矿山开采模型化 ············· 291
　　　11.5.2　地震活动的聚积特征及相对集中区圈定 ············· 293
　　　11.5.3　地震应力变形特征 ············· 297
　11.6　地震活动与岩爆预测 ············· 299
　　　11.6.1　矿山地震与岩爆的关系 ············· 299
　　　11.6.2　岩爆危险区预测 ············· 301
　　　11.6.3　岩爆的时间序列预测 ············· 304
　参考文献 ············· 307

12　矿井通风降温与节能控制技术 ············· 309
　12.1　矿井主要热源及其散热量 ············· 309
　　　12.1.1　地表大气状态的变化 ············· 309
　　　12.1.2　空气的自压缩温升 ············· 310
　　　12.1.3　井巷围岩传热 ············· 312
　　　12.1.4　机电设备放热 ············· 313
　　　12.1.5　运输中矿石的放热 ············· 314
　　　12.1.6　矿物及其他有机物的氧化放热 ············· 314
　　　12.1.7　热水放热 ············· 314
　　　12.1.8　人员放热 ············· 315
　12.2　矿井风流热湿计算 ············· 315
　　　12.2.1　地表大气状态参数的确定 ············· 315
　　　12.2.2　井筒风流的热交换和风温计算 ············· 316
　　　12.2.3　巷道风流的热交换和风温计算 ············· 317
　　　12.2.4　采掘工作面风流热交换与风温计算 ············· 318
　　　12.2.5　矿井风流湿交换 ············· 320
　12.3　有热湿交换的风流能量方程 ············· 321
　　　12.3.1　流动体系的能量方程 ············· 321
　　　12.3.2　风流温度变化的基本方程 ············· 323
　12.4　高温矿井降温一般技术措施 ············· 324

12.4.1　通风降温 ··· 324

12.4.2　隔热疏导 ··· 325

12.4.3　个体防护 ··· 325

12.5　高温矿井制冷空调技术 ··· 326

12.5.1　矿井空调系统设计的依据 ··· 326

12.5.2　设计的主要内容与步骤 ·· 326

12.5.3　矿井空调系统的基本类型 ··· 326

12.6　矿用换热器 ··· 329

12.6.1　表面式空气冷却器 ·· 330

12.6.2　喷雾式空气冷却器 ·· 330

12.6.3　高压水的减压装置 ·· 332

12.7　冬瓜山通风降温与节能监控技术 ·· 336

12.7.1　通风降温技术 ··· 337

12.7.2　多级机站通风计算机远程节能监控技术 ······················· 339

参考文献 ··· 342

13　矿井内因火灾防治 ··· 343

13.1　硫化矿石自燃的机理和原因 ·· 343

13.1.1　硫化矿石自燃的机理 ··· 343

13.1.2　硫化矿石自燃的事故树分析 ·· 343

13.2　硫化矿石自燃倾向性判定及其自燃预测 ································ 346

13.2.1　硫化矿石自燃倾向性的测定 ·· 346

13.2.2　硫化矿石氧化自热速率的测定 ····································· 351

13.2.3　硫化矿石自燃的早期预测 ··· 352

13.2.4　采场硫化矿石堆自燃的预测数模 ·································· 355

13.2.5　硫化矿石堆自燃规律现场试验方法及实例 ····················· 357

13.3　冬瓜山矿硫化矿石自燃倾向性的鉴定 ·································· 359

13.3.1　硫化矿石的采样与分析 ·· 359

13.3.2　矿样低温氧化性的测定与分析 ····································· 360

13.3.3　矿样自热点与自燃点的测定与分析 ······························ 364

13.3.4　矿样自燃倾向性综合判定 ··· 367

13.4　冬瓜山矿硫化矿石自燃阻化剂 ·· 368

13.4.1　概述 ··· 368

13.4.2　阻化剂的选择 ··· 368

13.4.3　阻化剂性能的测试 ·· 368

13.4.4　阻化剂性能的综合评价 ·· 370

13.5　冬瓜山矿采场矿石安全堆放时间的预测 ································ 372

13.5.1　矿石自热率的测定 ·· 372

13.5.2　矿石安全堆放时间的预测 ··· 372

　　13.5.3　矿石安全堆放时间的预测结果分析 ……………………………… 373
13.6　硫化矿石自燃防治综合技术 …………………………………………… 373
　　13.6.1　硫化矿石自燃的一般防治方法 …………………………………… 373
　　13.6.2　阻化剂在预防硫化矿石自燃中的应用 …………………………… 374
　　13.6.3　硫化矿石自燃火灾防治技术要点 ………………………………… 375
参考文献 ……………………………………………………………………………… 376

14　地下水防治 ……………………………………………………………………… 378
14.1　引言 ……………………………………………………………………… 378
14.2　地下水害及其特征 ……………………………………………………… 378
　　14.2.1　地下水害的类型 …………………………………………………… 378
　　14.2.2　地下水害的发生原因 ……………………………………………… 378
　　14.2.3　地下水害的特征与危害 …………………………………………… 378
　　14.2.4　水害的来源与通道 ………………………………………………… 380
　　14.2.5　地下水害应急处理措施 …………………………………………… 380
14.3　深井矿山水文地质灾害防治技术 ……………………………………… 381
　　14.3.1　地下水防治的指导思想与主要原则 ……………………………… 381
　　14.3.2　地下水防治的具体要求 …………………………………………… 382
14.4　地下水治理 ……………………………………………………………… 384
　　14.4.1　地面综合预注浆法 ………………………………………………… 384
　　14.4.2　工作面深孔预注浆 ………………………………………………… 384
　　14.4.3　工作面浅孔预注浆 ………………………………………………… 384
　　14.4.4　工作面直接堵漏注浆 ……………………………………………… 384
　　14.4.5　竖井抛渣注浆 ……………………………………………………… 385
　　14.4.6　定向钻孔注浆 ……………………………………………………… 385
　　14.4.7　封闭墙堵水 ………………………………………………………… 385
　　14.4.8　排水疏干 …………………………………………………………… 385
　　14.4.9　探矿钻孔涌水的处理 ……………………………………………… 385
14.5　地下水防治 ……………………………………………………………… 385
　　14.5.1　深井突水淹井治理 ………………………………………………… 386
　　14.5.2　高水压条件下探水与注浆 ………………………………………… 388
14.6　水害治理 ………………………………………………………………… 389
　　14.6.1　冬瓜山主井突水淹井灾害治理 …………………………………… 390
　　14.6.2　冬瓜山出风井端 -850 m 回风道突水淹井灾害治理 …………… 395
14.7　冬瓜山铜矿地下水防治工作的经验与教训 …………………………… 407
　　14.7.1　高度重视建井地质工作是深井矿山建设的基础保障 …………… 408
　　14.7.2　综合防治是冬瓜山矿床开发地下水防治措施的科学选择 ……… 408
14.8　矿山生产阶段及矿床北段开拓建议 …………………………………… 409
参考文献 ……………………………………………………………………………… 409

第四篇　矿山产能及其保障体系的建立与完善

15　矿床开采数字模型及计算机辅助设计 ················· 413

15.1　矿床开采数字模型及计算机辅助设计系统现状及发展趋势 ··········· 413

15.2　Dimine 软件简介 ·········· 414

15.3　样品品位空间结构性和变异性 ··········· 414

　　15.3.1　样品数据库构建及其统计 ··········· 414

　　15.3.2　组合样品位变异函数计算及分析 ··········· 418

15.4　地质与工程环境三维形态模型 ··········· 419

　　15.4.1　原始地形、地质及工程图的矢量化 ··········· 419

　　15.4.2　基于三维样品数据的地质界线二次解译 ··········· 420

　　15.4.3　地形、地质三维形态模型构建 ··········· 420

15.5　三维矿床块段模型构建及矿量 ··········· 428

　　15.5.1　矿床块段模型建模范围 ··········· 428

　　15.5.2　各种地质现象的块段模型表达 ··········· 429

　　15.5.3　基于组合样的块段模型品位推估 ··········· 429

　　15.5.4　冬瓜山铜矿品位及储量统计 ··········· 430

15.6　基于 Dimine 软件的计算机辅助采矿设计 ··········· 432

　　15.6.1　采准工程的设计 ··········· 432

　　15.6.2　中深孔爆破设计 ··········· 433

　　15.6.3　爆破设计结果输出 ··········· 435

参考文献 ··········· 436

16　回采过程模拟与控制技术 ················· 437

16.1　引言 ··········· 437

16.2　SIMMINE 软件简介 ··········· 437

　　16.2.1　回采过程模拟系统体系及数据库结构 ··········· 437

　　16.2.2　过程模拟机功能模块 ··········· 439

16.3　基于产量稳定性的回采方案优化及过程 ··········· 440

　　16.3.1　回采过程模拟时各工序作业能力及作业时间的确定 ··········· 440

　　16.3.2　只回采矿房条件下的回采过程模拟及方案优化 ··········· 441

　　16.3.3　矿房矿柱同时回采条件下的回采过程模拟及工程对策 ··········· 448

16.4　基于结构稳定性的回采方案优化及过程 ··········· 452

　　16.4.1　模拟方案和模拟步骤 ··········· 452

　　16.4.2　模拟分析模型和计算参数 ··········· 453

　　16.4.3　模拟结果及其分析 ··········· 453

参考文献 ··········· 465

17　采掘计划编制 ··· 467

　17.1　引言 ··· 467

　　17.1.1　生产计划编制的国内外研究现状 ··· 467

　　17.1.2　生产计划编制存在的问题及改进途径 ·· 470

　17.2　Mine2-4D 软件简介 ··· 472

　17.3　首采区段生产计划的编制 ·· 473

　　17.3.1　生产现状调研 ··· 473

　　17.3.2　基础数据准备 ··· 474

　　17.3.3　生成任务 ··· 477

　　17.3.4　流程优化与确定任务作业顺序 ·· 478

　　17.3.5　生产计划报表与可视化表达 ·· 484

　参考文献 ··· 489

18　生产调度与生产过程监控 ··· 491

　18.1　前言 ··· 491

　18.2　国内外地下矿生产调度和过程监控系统现状及趋势 ··························· 491

　　18.2.1　国内外井下通讯系统现状及趋势 ··· 491

　　18.2.2　国内外井下生产过程监控系统现状与趋势 ······································ 495

　18.3　冬瓜山铜矿生产调度和生产过程监控系统建设现状 ·························· 496

　　18.3.1　冬瓜山铜矿泄漏电缆无线通讯系统 ·· 496

　　18.3.2　CDMA 移动通信网坑道分布系统 ·· 499

　　18.3.3　冬瓜山铜矿多级机站风机集控系统 ·· 500

　　18.3.4　冬瓜山铜矿斜坡道交通控制系统 ··· 505

　　18.3.5　冬瓜山铜矿数字视频监控系统 ·· 508

　　18.3.6　冬瓜山铜矿出入坑指纹监控系统 ··· 510

　18.4　冬瓜山铜矿生产调度和生产过程监控系统整体解决方案 ···················· 510

　　18.4.1　冬瓜山铜矿调度和过程监控系统集成平台 ····································· 510

　　18.4.2　基于集成平台的井下人员、设备跟踪定位系统 ······························ 513

　参考文献 ··· 514

第一篇

开采技术条件

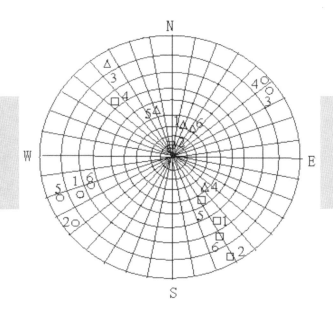

1 区域地质与矿区矿床地质特征

1.1 区域地质

冬瓜山铜矿床位于沿江多金属成矿带上的安徽省铜陵市狮子山矿田内,位于铜陵市以东 7.5 km 处,所处大地构造位置为淮阳山字形构造前弧东翼,扬子准地台东北部扬子台坳的繁昌 – 贵池凹断褶束东部铜陵地块中。

1.1.1 区域地层分布特征

铜陵地区所处的扬子准地台,在燕山运动以前为连续沉积的一套沉积岩相。该区地层发育较全,厚度较大,区内除缺少泥盆系中、下统外,从志留系至第四地系地层均有出露。第四系为松散堆积物分布于长江沿岸平原及山区的山麓、山坡及山间凹地中。第三系河流相砂砾岩地层分布于沿江一带的大通附近。白垩—侏罗系为火山岩地层分布于外围的繁昌盆地。三叠系以海相碳酸岩地层为主,分布于开阔的各向斜部位。二叠系与中上石炭统的海陆交互相碎屑岩和海相碳酸岩地层分布于各背斜的翼部。上泥盆统陆相碎屑岩与志留系滨海碎屑岩相地层分布于各背斜的轴部。其中,上泥盆统及中上石炭统,二叠系至下中三叠统是本区内生金属矿产的主要成矿和控矿层位。岩性主要为灰岩、砂岩、页岩。

1.1.2 区域构造与岩浆岩特征

铜陵地块处于不同构造体系的复合部位,由于多期多次构造运动,使得区内长江两岸古生代与新生代的地层产生了一系列褶皱和断裂带。其西北侧为位于长江北岸北东向展布的扬子断裂带;北部为东西向展布的铜陵 – 南陵隐伏深断裂;南侧为木镇 – 南陵断陷盆地;著名的北北东向郯庐深大断裂也在本区西北部经过。区域内主要构造如图 1 – 1(铜陵地区地质构造体系略图)所示。现将区域内主要构造特征分述如下。

1.1.2.1 褶皱

区内主要分布印支期褶皱,这些褶皱为大致平行排列,轴向北东或北东东的短轴褶皱,两端分别为向东、西偏转构成 S 形弯曲。铜陵地区主要褶皱分布于长江以南顺安 – 大通复向斜中的铜官山背斜、陶家山向斜、青山背斜、朱村向斜、永村桥背斜,以及长江以北的无为 – 和县褶皱等。

1.1.2.2 主要断裂

区内分布的主要区域性断裂为下扬子破碎带、铜陵 – 南陵深断裂和郯庐深大断裂。其主要特征如下:

(1)下扬子破碎带:该破碎带又称为长江下游深断裂,沿长江北岸呈 45°方向延伸,全长约 300 km,宽 10 ~ 15 km,为一条巨大的北东向挤压破碎带,断裂带内裂隙发育,岩石破碎,岩浆岩发育。该断裂新生代仍有活动,带上有温泉发布,历史上和近代有地震发生,是个活动性断裂带。

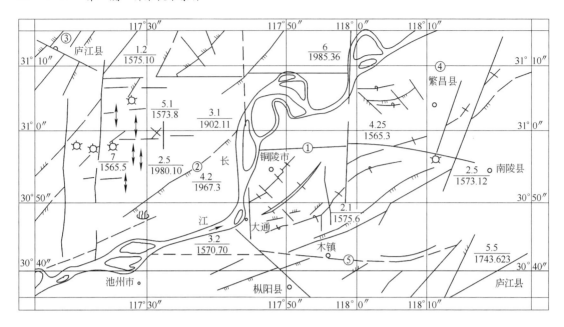

图 1-1 铜陵地区地质构造体系略图

1—纬向构造压性断裂;2—经向构造压性断裂;3—华夏系或新华夏系压性断裂;4—扭性断裂;

5,6,7—性质不明、推测或隐伏断裂;8—背斜断裂;9—侧转背斜;

10—向斜轴;11—震中;12—火山口;13—温泉

①—铜陵-南陵深断裂;②—下扬子破碎带;③—郯庐深大断裂;

④—襄安-郎溪断裂;⑤—木镇-新田断裂

（2）铜陵-南陵深断裂:该断裂总体走向290°,系铜柏-磨子潭断裂向本区的延伸部分,为东西向延伸的隐伏基底断裂,属高角度俯冲断裂。该断裂西起铜柏,经霍山、桐城,延伸至铜陵、南陵一带,安徽省境内长达200 km以上。晚古生代活动强烈,中生代(燕山期)发展延伸至下扬子陷,并错动了下扬子破碎带。该带上的庐江罗昌河和铜陵金山附近现有多处古火山口,为一活动断裂。

（3）郯庐深大断裂:郯庐深大断裂位于铜陵市西北约60 km处。走向北北东,全长约2400 km,延深30~70 km。近年被认为是太平洋板块向欧亚板块俯冲形成的一条裂谷,是我国东部一条重要的中新生代岩浆活动带、成矿带和地震带,是至今仍在活动的深大断裂。

除上述三条大断裂外,在铜陵境内还有南北向的深断裂发育,如青阳山-牛山断裂;大通-青阳深断裂,这些断裂中均有岩浆侵入。

1.1.2.3 岩浆岩

区内岩浆活动强烈,出露的岩浆岩主要为中-中酸性侵入岩,其岩性主要为辉石闪长岩、石英闪长岩、花岗闪长岩等。岩体大者近10 km²,一般0.5~5 km²,呈小岩珠、岩枝、岩墙状产出。岩体呈北东,北北西向展布,显示出受东西向隐伏断裂构造及中深部北北西向构造的控制,岩体多沿背斜和复向斜轴部侵位。岩浆活动使区内岩石发生了热液和接触变质作用。

1.1.2.4 区域水文地质条件

冬瓜山铜矿区位于长江南岸丘陵平原区,构造上属大通 - 顺安复向斜次级青山背斜,水文地质条件严格受区域地貌、地质构造和岩性控制。

铜陵地区区域含水特征为背斜贫水、向斜富水,大通 - 顺安复向斜为一完整的水文地质单元,是一个良好的储水构造,蕴藏有丰富的岩溶裂隙水。

顺安 - 大通复向斜内主要出露三叠系碳酸盐($T_2l - T_1t$)组成,总厚度大于 1000 m。在中部青山背斜处组成溶蚀丘陵区,岩石裸露,岩溶发育,发育深度主要集中在 200 m 以上,往下明显减弱。青山背斜两侧为朱村向斜和陶家山向斜,地表为第四系覆盖,是良好的蓄水构造,蕴藏丰富的岩溶裂隙水,钻孔单位涌水量 0.5 ~ 1 L/(s·m),单井开采量 1000 ~ 2000 m³/d,为区内地下水主要分布区。

冬瓜山铜矿床主矿体直接顶板为二叠系下统栖霞组,石炭系中上统黄龙 - 船山组出露于复向斜两翼。这两组地层在区内的总厚度为 273 ~ 322 m,出露宽度 300 ~ 800 m,出露标高 60 ~ 320 m。浅层岩溶发育,见大中型溶洞,向深部减弱至消失。

大气降水为区内地下水的补给水源。降水渗入后,在低山丘陵区由于沟谷切割,一部分涌水地表成泉,径流较短;另一部分沿断裂、层面、溶隙等通道汇入向斜盆地,形成区域地下水径流。

铜陵地区栖霞组灰岩岩溶发育,是区域上富水程度最强的含水层。新桥硫铁矿、铜官山铜矿直接充水顶板即为栖霞组地层,两矿山矿坑涌水量均较大,且基建初期多次发生突水。该地层在铜官山背斜两翼,永村桥背斜两翼出露,地表溶蚀裂隙、溶蚀漏斗极为发育,可直接受大气降水补给。铜官山背斜北东倾伏端、立新煤矿至谢垄一带建有两口供水井,揭穿煤系地层 300 m 以下见栖霞组地层,水量达到 1000 m³/d,说明依靠区域径流补给,该地层富水性仍然较强。至于栖霞组浅部岩溶洞隙水能否向更深层(标高 - 800 m 以下)径流,目前工作程度尚难准确判断,有待在今后进一步探知。

泉是区内地下水的主要自然排泄方式。矿山排水和供水井开采是区内地下水的另一排泄方式。

1.2 矿区及矿床地质特征

1.2.1 矿区自然地理条件

矿区地形属长江中下游南岸沿江低山丘陵区,东有白芒山、簸箕山,南有老鸦岭,西有青山,北部为平原,海拔标高 40 ~ 220 m,最高点老鸦岭 245.6 m。矿区东侧有洋河通过,下游河床标高为 10 m,为本区最低侵蚀基准面。西侧有普济河通过。河水注入长江。河流在枯水期水量很小,雨季水量较大。

矿区气候属于中亚热带湿润季风气候。年平均气温 16.2℃,最高 40.2℃,最低 -11.9℃。年平均降水量 1364 mm,最大降水量 1759 mm,最大小时降雨量 162 mm,年平均蒸发量 1400 mm,年平均湿度 20% ~ 60%,雨量充沛,持续时间长,适宜补给地下水。主导风向为东北风,最大风速 24 m/s。地震烈度 6 度。

1.2.2 地层及岩性特征

矿区范围出露的地层除第四系冲击、坡积层外,均为三叠系中、下统。冬瓜山矿床矿体埋深大(大部分埋藏于 -730 m 标高以下),地质勘探钻孔对矿体上部约 800~1000 m 厚的覆盖层进行了较详细的揭露,查清了矿区内除地表可见的地层外,深部二叠系、石炭系、泥盆系的地层空间分布特征(见表 1-1)。现将与冬瓜山矿床的成矿关系较为密切的地层及岩性特点归纳如下。

1.2.2.1 泥盆系上统五通组(D_3w)

赋存于冬瓜山矿床深部标高 -740 m 以下,冬瓜山主井部位埋藏于 -990 m 以下。中上部为中-细粒石英砂岩,下部为石英长石砂岩和粉砂质页岩。蚀变后变为石英岩、硅质角岩、角岩化粉砂质页岩,厚度大于 192 m,是冬瓜山主矿体的直接顶板。

1.2.2.2 石炭系中—上统船山黄龙组(C_{2+3})

埋藏于冬瓜山矿床深部,最高标高为 -380 m,最低达 -990 m。下部为粗晶灰岩及暗色厚层白云岩,变质后为白云质大理岩及白云石大理岩,变质强烈时为镁质矽卡岩。中部为中厚-厚层状灰岩,变质为厚层状、糖粒状大理岩。上部为厚层状灰岩和球状灰岩,变质后为球状构造大理岩,变质强烈时为钙质矽卡岩。该套地层厚度 46~68 m,是冬瓜山铜矿床主矿体的主要赋存层位。该时代地层与其下伏的泥盆系上统五通组地层呈平行不整合接触。

1.2.2.3 二叠系下统栖霞组(P_1q)

上部包括燧石灰岩及上下硅质层。主要岩体特征为中厚-厚层状燧石结核灰岩夹炭质、泥质灰岩,变质后为燧石结核大理岩。上硅质层为黑色燧石层夹薄层状硅质灰岩或灰岩透镜体;下硅质层为褐色-灰黑色硅质岩夹薄层状灰岩。上下硅质层变质后为硅质岩夹硅质大理岩或矽卡岩,并常具有铜矿化,局部富集成零星铜矿体。下部为中厚-厚层状含沥青质灰岩,变质为层状大理岩或矽卡岩。底部为 0.3~1 m 的黄褐、灰黑色粉砂质黏土页岩、炭质、粉砂质页岩,变质后为角岩、角岩化页岩。该层厚度 205~301 m,为冬瓜山主矿体的顶板,部分为主矿体的赋存层位。

1.2.2.4 二叠系下统孤峰组(P_1g)

上部为燧石层硅质页岩夹薄层状硅质灰岩,下部为钙质硅质页岩及含锰页岩,含少量的菱锰矿和磷结核,底部为一薄层含卵砾的黏土岩,变质后为薄层状硅质角岩、长英角岩夹薄层状大理岩。该层厚度 47~83 m。该组地层与石英闪长岩接触的矽卡岩发育地段有零星铜矿体发育。

1.2.3 构造特征

矿区内分布的褶皱构造、断裂构造受区域构造的制约和岩浆侵入的影响而形成了现有的构造格架。主要褶皱和断裂的特征如下。

1.2.3.1 褶皱构造

A 主要褶皱

矿区内的主要褶皱是青山背斜。它是大通—顺安复向斜之次一级构造,全长 22.5 km,宽约 8 km,为一短轴对称褶皱,轴线总体走向为 40°~50°,向北东倾伏。背斜南西、北东两端分别略向西、东偏转,呈 S 形弯曲。冬瓜山矿区位于青山背斜的北东段,南至老鸦岭,北至包村,全长 400 多米。青山背斜的浅部和深部有着不同的形态特征,在 -400 m 标高以上,背斜轴部形态比较复杂,呈双峰褶皱,局部出现斜歪和倒转褶曲,顶厚现象明显。从钻孔对冬瓜山矿体的揭露情况看,二叠系上统至三叠系下统各组岩层厚度很大。-400m 标高

表 1 - 1　冬瓜山矿区综合地层

系	统	组（段）	代号	厚度/m	含矿层位	主要岩性 原岩	主要岩性 变质岩
第四系			Q	4~15		亚黏土及碎石	
三叠系	上统	黄马青组	Tsh	>139		紫红色粉砂岩、黏土页岩	
	中统	龙头山组	T_2l	>192		白云质灰岩、黏土页岩	白云岩、中厚层大理岩，底部为同生砾状大理岩
		分水岭组	T_2f	>256		薄层、中层石灰岩，底部为同生砾状灰岩	白色、薄层大理岩。中厚层大理岩夹薄层大理岩
		南陵湖组	T_2h	275~320		上部：薄层灰岩。中部：中厚层灰岩。下部：薄层灰岩夹少量钙质页岩	上部：薄层大理岩。中部：中厚层大理岩夹薄层大理岩。下部：薄层大理岩夹钙质页岩。底部大理岩夹角岩
	下统	塔山组 上段	T_1t^3	50~75		细条带状灰岩与钙质页岩、泥质灰岩互层	大理岩与角岩互层，呈细条带状
		塔山组 中段	T_1t^2	80~115		中厚层灰岩夹钙质页岩，局部呈镜状互层状	以大理岩夹角岩为主，顶部为角岩与大理岩互层，呈宽条带状
		塔山组 下段	T_1t^1	40~70		钙质页岩夹灰岩，底部为泥质、钙质页岩，偶见厚 2~3 cm 砾岩	角岩夹大理岩夹砂卡岩
		小凉亭组	T_1x	125~145		顶部：巨厚层灰岩。中上部：钙质页岩和条带状灰岩。下部：页岩夹透镜状灰岩	顶部为纯白色巨厚层大理岩。下部为角岩与大理岩互层，夹大理岩夹角岩
二叠系	上统	大隆组	P_2d	46~68		硅质页岩夹硅质岩，底部泥质硅质岩	硅质角岩，底部为大理岩
		龙潭组	P_2l	65~90		黏土页岩 - 细砂岩	黏土页岩 - 细砂岩
	下统	孤峰组	P_1g	46~83		硅质岩夹硅质页岩及硅质灰岩	硅质页岩夹硅质角岩
		栖霞组	P_1q	205~310		中 - 上部：厚层灰岩，含燧石结核和条带，下部：沥青质灰岩，底部粉砂质页岩	中 - 上部为中 - 粗粒石榴子石砂卡岩所交代，少见残余石英岩（经石英岩化），底部砂卡岩化。下部为铜矿化镁质砂卡岩
石炭系	上中统	船山组 黄龙组	C_{2+3}	46~68		球状灰岩，巨厚层灰岩，底部为白云岩	上部为层状石砂卡岩（经砂卡岩化）。下部为铜矿化镁质砂卡岩
泥盆系	上统	五通组	D_3w	>172		粉砂岩及石英细砂岩夹粉砂质页岩	浅灰色、薄层细砂岩，间夹石英岩

以下,背斜逐渐开阔,形态也较简单,两翼地层倾角变缓,一般为 15° ~ 30°。背斜轴线在矿区范围内亦呈 S 形,轴面倾向也发生变化,在老鸦岭轴面倾向南东,在冬瓜山 38 ~ 58 线之间,轴面近于直立,两翼地层产状近于一致,在 40° ~ 50° 之间;而 58 线以北,轴面向北西斜,倾角为 75° ~ 58°,枢纽起伏现象也较明显。

B 小褶皱

由于矿区处于青山背斜的轴部,加之断裂构造活动及岩浆侵入的影响,使得区内更次一级的褶皱也很发育,遍及全区。根据小褶皱的轴向,分北东向、近东西向、近南北向三组褶皱,这些褶皱通常延伸数十米至数百米,多数由于岩体侵入、构造形迹受到不同程度的破坏。西狮子山背斜构造属北东向褶皱组,为冬瓜山矿床的控矿因素之一。

1.2.3.2 断裂构造

矿区断裂构造发育,主要有近南北向、东西向、北西向,多为张性、张扭性或压性断裂,它们相互切割,形成特有的网格状构造体系。现按生成时期分别叙述如下。

A 成矿前断裂

矿区内成矿前断裂主要有近南北走向、东西向和北东向三组,少数呈北西向。

(1) 近南北向断裂,主要有:包村后山断裂带:位于矿区北部,冬瓜山矿床 67 ~ 71 勘探线附近。地表呈南北走向,据工程揭露,深部为北西走向,倾向南东,已知延长达 750 m 以上,延深至 -1000 m 以下,是包村石英闪长岩体的侵位通道。

胡村后山断裂带:位于青山背斜南东翼,走向近南北,向北西分叉,倾向东 - 南东,倾角 75° ~ 80°,延长达 850 m,延伸至 -800 m 以下,为一较宽的断裂带,控制了矿区东南部胡村石英闪长岩体的侵位。

(2) 近东西向断裂,主要有:曹山 - 冬瓜山断裂带:走向东南、近于直立,略向南倾。延长达 800 m 左右,延伸至 -400 m 以下。该断裂控制了曹山闪长岩体侵入。

(3) 北东向断裂,主要有:青山脚 - 东狮子山角砾岩带:位于青山背斜南东翼并靠近轴部,走向北东,倾向南东,倾角大于 75°,延长达 1400 m,宽 80 ~ 250 m,延伸可达 -1000 m 以下。此角砾岩带为矿区内较早的断裂构造之一,断裂带内岩石经多次破碎和胶结,形成了较宽的复杂角砾岩带,浅部以石英闪长岩、矽卡岩角砾为主,深部主要为角岩及少量矽卡岩角砾,胶结物多为矽卡岩,部分为闪长岩。

大团山西坡破碎带:位于青山背斜南翼,近于直立,下部略向东南倾,全长近 900 m,延伸至 -700 m 以下,与北北西向断裂共同控制着大团山岩体的分布。

(4) 北西向断裂,以白芒山 - 羊山尖断裂带为代表,走向北西 - 北北西,倾向东或北东东,倾角大于 75°。延长大于 1500 m,延伸尚不清楚,辉石闪长岩沿其侵位。

B 成矿后断裂

区内成矿后的断裂有三组,以北西 - 北西西向为主,次为近东西向及北东向。以张扭、张性、压扭性为主,矿床勘查控制的延伸均不大,最大延伸为 350 m,对矿体无明显的破坏作用。但冬瓜山矿床开拓期间发现,这些断裂的规模比勘查控制的深度明显增加,且构成深部地下水的最主要径流通道。如铜塘冲破碎带,延伸达到 -850 m 标高以下,垂向延伸超过 1000 m。矿床内较大的断裂破碎带主要有下列三条。

(1) 龙塘湖破碎带

位于冬瓜山矿床 67 线以北,横切青山背斜轴部,据近期科研成果和航片解释认为系区域破碎带,沿北西走向长大于 5 km,北东盘下降,南西盘上升。矿区内矿床勘探钻孔控制深度为 350 m 左右,推测继续向下延伸的深度超过 450 m,长度 1000 m 以上,宽 15 ~ 20 m,走向北西西(南东段转为北西向),倾向北东,倾角大于 70°。

(2)铜塘冲破碎带

由三条斜列的角砾岩带组成,横切背斜轴部。ZK713 孔揭露深度 459.13 ~ 516.40 m(标高 -430 ~ -490 m)。走向近东西,向北陡倾,倾角 80° ~ 90°,断续长达 800 m 以上并切割了青山背斜轴部,宽 10 ~ 20 m,已经控制的延伸超过 1000 m。自地表向下切割了三叠系 - 二叠系碳酸盐岩及碎屑岩。从 -850 m 出风井以南约 23 m 位置所揭露的破碎带特征来看,该破碎带在深部的水平宽度一般在 1 ~ 3.5 m 之间,局部达到 5 m,具有明显的膨大收缩现象,表现出明显的张性构造特征。带内角砾大小悬殊,棱角明显,胶结充填程度低,局部出现孔洞。角砾成分主要为灰岩,胶结物为泥质、碳质、钙质等,多呈松散状。

(3)阴涝 - 大冲破碎带

由一系列大致平行的破碎面组成,走向北西,倾向南西,倾角 75° ~ 85°。延长达 1000 m 以上,宽 5 ~ 20 m 以上,勘探控制延伸 250 ~ 350 m。冬瓜山老区开拓及开采工程证实延伸超过 700 m,且表现出明显的张性特征。

1.2.3.3 层间构造

青山背斜在其褶皱变形过程中,因垂直面上所受水平应力不均匀以及横跨褶皱叠加的影响,在 C_{2+3}/D_3w、P_1g/P_1q、P_2d/P_2l、T_1t/P_2d 等地层换层部位,因岩性及其岩石力学性质相对差异较大,常在期换层界面发生滑脱,形成广泛发育的层间剥离、破碎、虚脱等构造行迹。这类构造是狮子山矿田多层状层控式矽卡岩矿床的主要控矿构造,且在冬瓜山矿床表现最为典型,C_{2+3}/D_3w 换层部位,沿着灰岩与砂岩界面滑脱形成虚脱空间,构成冬瓜山矿床的成矿空间。

1.2.3.4 节理

矿区发育三组节理构造,分别为北西向、北北东 - 南北向、北东东 - 东西向。三组节理方向基本上均与主构造方向一致。上述三组节理中,以北西向为主,其产状为走向北西,倾向南西,部分倾向北东,倾角 60° ~ 85°;另两组次之,其中一组走向北北东 - 南北,倾向以南西为主,部分倾向南东,倾角 70° 以上;另一组,走向北东东 - 近东西,倾向南或倾向北北西,倾角大于 75°。

这些节理相互切割,构成良好的网格状,破坏岩体或构成地下水的良好储存空间及径流通道。

1.2.4 岩浆岩

矿区内岩浆岩发育,地表共出露岩体 20 个,总出露面积约 3 km²,单个岩体一般为 0.1 ~ 0.25 km²,主要分布在青山脚、包村一带。主要岩体有青山脚岩体和包村岩体,岩性以中 - 酸性侵入岩为主,包括辉石闪长岩、闪长岩、闪长斑岩、石英闪长岩。还有辉绿岩、煌斑岩、花岗斑岩、闪长正长斑岩等晚期脉岩。其中,石英闪长岩出露范围最大,是矿区主要的侵入岩,矿床的形成均与之有密切关系,它不仅制约了矿体的空间位置,并直接控制了矿体的特征变化。现将主要岩体的特征叙述如下:

(1)青山脚岩体,位于东狮子山西麓 - 青山脚一带,地表出露不连续,总体呈北北东 - 北东走向,断续长 800 m,宽 100 ~ 300 m,中间为隐爆角砾岩筒中的角砾状内矽卡岩所代替,深部据勘探工程控制走向长 1200 m,宽 200 ~ 300 m,倾向南东,倾角大于 75°,呈上小下大的岩墙状,岩体边部呈岩枝状顺层贯入围岩,是冬瓜山矿床的成矿母岩。

(2)包村岩体,位于龙塘山 – 包村一带,地表出露面积约 0.18 km², 呈南北走向,长 750 m,宽 200 ~ 250 m,深部据工程控制,向南西延伸至冬瓜山矿床 63 线,并超覆于主矿体之上;75 线以北,走向北北东,倾向东,倾角 70° ~ 80°。深部长约 1500 m,宽 300 ~ 500 m,呈上小下大的岩墙状。

1.2.5 变质作用

矿区内岩体变质作用明显。远离岩体多发生热变质作用,岩体周围接触交代变质作用,局部由于构造应力作用发生动力变质作用,形成不同的变质矿物。变质岩石的岩性受原岩控制,而变质程度则与距离岩体的远近有关。主要的热变质作用形成的变质岩为大理岩、角岩、石英岩;接触交代作用形成带状分布的矽卡岩,自岩体至围岩依次为矽卡岩化石英闪长岩、内矽卡岩、角砾状内矽卡岩、外矽卡岩。

区内热液蚀变强烈,多叠加在接触交代变质作用之上,蚀变种类有钾化、硅化、蛇纹石化、碳酸盐化、绿帘石化、绿泥石化、滑石化等。在包村岩体与青山脚岩体之间冬瓜山矿床 58 线以及青山背斜轴部等位置,蚀变特别强烈,往往出现几种蚀变叠加。而自背斜轴部往两翼蚀变逐渐变弱且蚀变种类单一。冬瓜山矿床的金属矿物的富集与蛇纹石化、硅化、钾化、硬石膏化有关,特别是硬石膏化与铜的富集关系密切。

1.3 矿床地质特征

冬瓜山矿床是典型的深埋矿床,共有铜、硫、铁矿体 140 余个,其中主矿体 1 个(编号 I 铜矿体),储量占矿床总储量的 98 %,单硫小矿体 3 个,其余均为单工程控制未编号零星小矿体。主矿体赋存于泥盆系上统五通组(D_3w)顶界和石炭系中上统(C_{2+3})层位中,位于青山背斜深部的轴部及两翼,属层控矽卡岩型铜矿床。

1.3.1 矿床特征

冬瓜山主矿体(I号矿体)长 1820 m,宽平均 500 m,水平投影宽度 204 ~ 882 m。矿体埋藏深,赋存标高为 – 690 ~ – 1007 m,但大部分位于 – 730 m 以下。矿体最大厚度 100.67 m, 最小 1.13 m,一般 30 ~ 50 m,平均厚 34.16 m,厚度变化系数 80.65%,属较稳定型。矿体沿长轴以 50 线为界,西南部薄,东北部厚。短轴方向上中部肥厚。总之,位于背斜轴部及受近东西向构造叠加影响的隆起部位的矿体厚度大,处在翼部及下凹部位的矿体厚度相对较薄,近岩体部位的矿体厚度大,远离岩体的矿体厚度小。岩体旁侧的矿体虽厚,但变化大。

矿体总体走向北东 35° ~ 40°,倾向与背斜两翼产状一致,分别倾向北西和南东,矿体中部倾角较缓,一般均小于 10°;而西北及东南边部较陡,一般 30° ~ 40°。从矿体的倾向上看,在 52 ~ 54 线之间为转折,34 ~ 52 线的西北部矿体倾角较陡,相反,54 ~ 58 线及以北的东南部矿体倾角较缓。

矿体形态与背斜深部形态相吻合,空间上的背斜隆起部位的赋存标高为最高,呈一个不完整的"穹隆状",沿走向及倾向均显舒缓波状起伏。整个矿体总趋势向北东倾伏,倾伏角 10°左右。矿体在 34 ~ 54 线间南东侧为青山脚岩体所侵占,65 ~ 71 线矿体北东侧被包村岩体所侵占,致使矿体的头部形态变化很大。而且在接触带上,多种形式的矿化组成"多位一体",使该部位的矿体厚度膨大。同时岩体呈"枝杈状"侵入围岩,吞蚀或部分吞蚀赋矿层位,破坏了赋矿层位的连续性及完整性。除这部分矿体外,其余部分的矿体连续性好,形态简单,且夹石少,整体性好。矿体形态参见图 1 - 2(58 线剖面图)和图 1 - 3(- 730 m 中段地质图)。

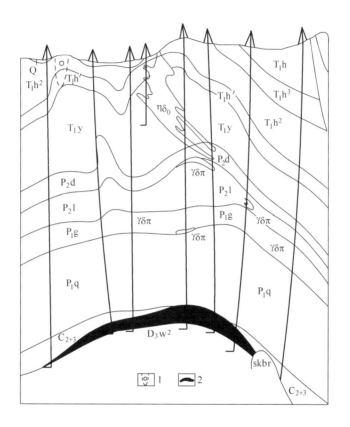

图 1 - 2　冬瓜山铜矿床 58 线剖面

Q—浮土;T_1h—南陵湖组;T_1h^3—和龙山组上段;T_1h^2—和龙山组中段;T_1h^1—和龙山组下段;T_1y—殷坑组;

P_2d—大隆组;P_2l—龙潭组;P_1g—孤峰组;P_1q—栖霞组;C_{2+3}—黄龙 + 船山组;D_3w^2—五通组上段;

$\gamma\delta\pi$—花岗闪长斑岩;$\eta\delta_0$—石英二闪长岩;skbr—角砾状矽卡岩;1—破碎带;2—铜矿带

1.3.2　矿石特征

1.3.2.1　矿石矿物成分

矿石中的金属矿物主要有磁黄铁矿、黄铁矿、黄铜矿、磁铁矿;其次有闪锌矿、菱铁矿、穆磁铁矿、白铁矿、方铅矿、少量白钨矿、方黄铜矿、自然金、赤铁矿等。脉石矿物在矿体中上部与矿体下部有明显区别,中上部主要有石榴石、透辉石、硬石膏,次有阳起石、透闪石、方解石、石英、绿帘石、方柱石、硅灰石、绿泥石、钾长石等;矿体下部主要为蛇纹石、硅镁石、滑石、透闪石,其次为硬石膏、橄榄石、阳起石、金云母、长石绢云母等。

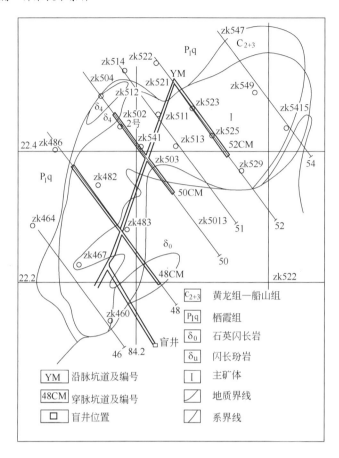

图 1 - 3 - 730 m 中段地质

1.3.2.2 矿石主要有益组分

矿石中主要的有用组分为铜、硫、金,其特征分述如下:

铜:全矿床平均含量(质量分数)1.01%,单样最低 0.2%,最高 9.13%,工程平均最低 0.5%,最高 1.82%,一般 0.55% ~ 1.10%。品位变化系数 98.76%,属较均匀变化型。沿走向方向,铜品位变化趋势较明显,在 56 ~ 63 线品位较高,向南西和北东逐渐变贫;在倾向方向,矿体中部及岩体边部较富,向北西逐渐变贫,向南东品位稍有变贫趋势。总之,无论从纵向或横向来看,均是中部较富,边部较贫。垂向上铜含量变化与矿石类型的垂向分带有关,表现为中部及顶部偏高,底部较低。从构造角度来看,铜含量的峰值位于背斜轴部及次一级褶皱叠加的舒缓隆起部。从矿体的厚度与铜品位的关系上看,铜含量与矿体的厚度成正相关,相关系数达 +0.53,但近岩体部分此种特点不甚明显。

硫:主矿体平均含量(质量分数)19.7%,单样最高 44.72%,最低 0.07%,工程平均品位最高 26.55%,最低 3.34%。硫的品位变化,无论在纵向和横向上,矿体边部较贫,而中部较富。在垂直方向上,下部较贫,中上部较富。就整个矿体而言,南东侧较贫,北西侧相对较富。

金:在含铜黄铁矿矿石、含铜硬石膏中含量最多,平均分别达 0.54 g/t 及 0.53 g/t。含铜磁铁矿矿石和含铜蛇纹石岩矿石中的含量次之。平均分别达 0.22 g/t、0.43 g/t。在石英闪长岩矿石中含量最低只有 0.09 g/t。金在矿体中的分布具有不均匀性,总体趋势是远离岩体金含量较低,近岩体的金含量较高。主矿体平均含量 0.29 g/t。金的嵌布形式以晶隙金为主,占 64.29%,其次为包体金,占 25.97%,裂隙金,占 9.74%。金的粒度多为微细粒,一般小于 0.074 mm。在单矿物中金含量从高到低分别为:黄铜矿(金含量为 5.38 g/t)、磁黄铁矿(金含量为 0.21 g/t)、黄铁矿(金含量为 0.18 g/t)。

各有益组分之间铜硫呈正相关,铜铁反相关。

铁和滑石亦有可能成为有用组分,须通过综合利用的试验研究工作加以验证。

矿床中有害组分主要有铅、锌、镁、碳、氟、砷。含量较高的有镁和氟,其余含量较低。氟在含铜蛇纹石岩型矿石和含铜闪长玢岩型矿石中含量比较高,其他矿石类型中含量较低。镁在主矿体赋存层位—石炭系中上统的原岩中原始含量较高;在矿床中主要富集在蛇纹石岩型矿石中,MgO 平均含量高达 20.28%。

1.3.2.3 矿石结构、构造及矿物颗粒度

矿石结构:常见有结晶结构(自形 – 半自形结构)、他形粒状结构、海绵陨铁结构、交代结构(环状交代结构、交代残骸结构、分解结构),其次有固溶体分离结构、重结晶结构。

矿石构造:主要有块状构造、浸染状构造、条纹(条带)状构造、脉状构造,其次有环边构造。

矿物颗粒度:矿物颗粒度与矿石类型有关,黄铜矿在含铜矽卡岩型矿石、含铜磁铁矿矿石、含铜黄铁矿矿石中较粗;在含铜蛇纹石岩型矿石、含铜闪长玢岩型矿石中粒度较细。主要的金属矿物黄铜矿、黄铁矿、磁铁矿三者粒度近似为细粒级。南段矿体矿石中上述主要金属矿物粒度大于 0.074 mm(200 目)分别占 75.36%,79.69% 和 79.68%;大于 0.043 mm(325 目)分别占 83.77%,86.97% 和 85.31%。

1.3.2.4 矿石类型

根据矿石的矿物组分、化学组分,本矿床的矿石工业类型可分为铜硫矿石、铜矿石、铜铁矿石。其中铜硫矿石所占比例较大,后两者较少。

矿石自然类型均为原生硫化物矿石。按矿石矿物组合及矿化岩石的不同,主要划分为:含铜磁黄铁矿矿石、含铜蛇纹石岩型矿石、含铜矽卡岩型矿石、含铜黄铁矿矿石、含铜闪长玢岩型矿石、含铜硬石膏型矿石、含铜磁铁矿矿石、含铜粉砂岩型矿石等 8 种主要类型。另外,还有少量含铜大理岩型矿石、含铜菱铁矿矿石等。各自然类型之间,除含铜闪长玢岩型矿石和含铜粉砂岩型矿石外,均为渐变关系。含铜蛇纹石岩型矿石主要赋存在矿体底部。以南段矿床为例,各类型矿石工程矿长度百分比见表 1 – 2。

表 1 – 2 矿石自然类型统计

矿石类型	含铜磁黄铁矿	含铜蛇纹石岩	含铜矽卡岩	含铜黄铁矿	含铜闪长玢岩	含铜硬石膏	含铜磁铁矿	含铜粉砂岩	其他类型
长度百分比	33.33	29.71	12.96	11.40	5.51	3.04	1.93	1.40	0.72
铜品位	1.00	0.93	1.02	1.49	0.65	1.53	0.87	0.75	0.44

1.3.3 矿体围岩特征

矿体构造简单,节理裂隙不发育,岩性坚硬,力学强度高、稳定性好。

1.3.3.1　矿体底盘岩石

矿体底盘直接围岩为泥盆系上统五通组（D_3w）碎屑岩,岩性以灰褐色粉砂质泥岩、粉砂岩、细砂岩、砂质页岩等岩石。下部为褐黄、灰色石英长石砂岩、粉砂质页岩,变质后主要为石英砂岩及石英岩厚。矿体底板以角岩化粉砂岩为主。石英闪长岩仅在矿体的东南部局部构成矿体底板。

1.3.3.2　矿体顶盘岩石

矿体顶盘岩石种类多、总厚度大,从矿体至地表依次是:石炭系中上统黄龙、船山组（C_{2+3}）;二叠系下统栖霞组、孤峰组;二叠系上统龙潭组、大隆组;三叠系下统小凉亭组、塔山组;三叠系中统南陵湖组、分水岭组、龙头山组的地层。岩性主要为灰岩、页岩、砂岩及其相应的变质岩(见表1-1)。

矿体的主要顶盘岩石为黄龙船山组灰岩。该组岩石分布广,主要分布在矿体的西部和北部。岩性变质较深,下部为灰白色中、厚层状白云质大理岩及白云石化大理岩,变质强烈时为镁质大理岩;中、上部常为浅灰—灰白色厚层状、糖粒状大理岩,部分变质强烈地段为钙质矽卡岩,层厚46～68 m。

在岩体附近,矿体的直接顶板以矽卡岩为主,远离岩体地段则均为大理岩。

既构成矿体部分顶板、又是矿体部分底板的石英闪长岩是矿区内的主要侵入岩,在矿床中岩体以岩墙、岩枝产于主矿体东部及南部(地表出露范围较广,北起包村后山,南至胡村,呈南北向断续分布,总长达3.5 km)。岩石为全晶质粒状结构,岩石致密坚硬。

1.4　工程地质

1.4.1　岩体结构特征

通过收集整理矿床勘探有关成果,坑道探矿期间经过对-730 m中段东穿和50～52勘探线间沿脉巷道中矿体及其主要围岩—大理岩石英闪长岩,辅助井-910 m中段部分巷道的岩体结构面类型、结构面产状、节理密度、充填物类型、结构面粗糙度、结构面含水情况,进行系统的现场调查、量测,查清岩体中各类结构面的发育程度,寻找各种结构面的分布规律和特征。在此基础上,进行岩体RQD值统计、岩体结构特征分类。调查、统计结果如下所述。

1.4.1.1　节理发育情况及其产状要素

A　矿体

矿体中发育三组节理:

（1）主节理组:走向北西-南东,倾角75°～85°,倾向南西。

（2）次节理组:走向北西西-东西向,倾角60°～75°,倾向南。

（3）零星节理:走向北东-南西,倾角70°～90°。

B　栖霞组大理岩

（1）主节理组:走向北西-南东,大部分倾向南西,倾角75°～85°,小部分倾向北东,倾角80°以上。

（2）次节理组:走向北东东-近东西,倾角70°～85°,倾向南略偏东。

（3）零星节理:大部分走向北东,倾向南东,倾角60°左右。

C　石英闪长岩

（1）主节理组:走向北东东-近东西,绝大部分倾向北西,倾角50°～80°。部分倾向南东,倾角 60°~80°。此组节理为方解石充填,胶结甚好。

(2)次节理组:走向北西-南东,倾角 70°~90°,倾向南西西。

(3)零星节理:大部分走向北东,倾向南西,倾角 50°~80°。

总体来看,在上述三种岩性中,断层、节理、裂隙均不发育,与老区大团山 -460 m 的测量结果(1 条/m)相似。岩石属块状裂隙岩体 - 大块状岩体。这三种节理中,以北西 - 南东和北东东 - 近东西向的两组相对发育,这和矿区内断裂构造的分布方向基本一致。绝大部分节理倾角较陡,常无充填物,部分节理中有方解石充填。结论与矿床勘探时矿体中 511 个测点的节理统计相似。需要注意的是:两组以上节理的交汇部位,特别是与层面相交的地段,局部仍会产生三角形冒落(如 -910 m 靠近辅助井的马头门附近所见)。

1.4.1.2 岩石质量指标(RQD 值)

在矿床勘探过程中,从地表施工了 50 多个钻孔对矿床进行了控制。对从地表至矿体顶、底板的所有岩矿进行了钻孔揭露,钻孔平均深 950 m,最深 1105.88 m。采用硬质合金和小口径金刚石(占 50% 左右)钻进。这非常有利于对岩体质量的研究。

研究岩石质量指标(RQD 值)可掌握岩石的完整性,$RQD(\%)$ 值的定义如下:

$$RQD = \frac{\text{大于 100 mm 岩心段之和}}{\text{钻孔的进尺深度}}$$

即:钻孔的 RQD 值指钻孔岩心长度大于或等于 100 mm 的岩心段的累计长度与钻孔总长度的比值。在岩石质量指标研究中,对控制 Ⅰ 号主矿体的 21 个主要钻孔进行了 RQD 值统计计算。各岩组及岩组平均的 RQD 值计算结果见表 1 - 3。

表 1 - 3 冬瓜山铜矿钻孔岩石质量指标(RQD 值)计算

钻孔号	T_1x	P_2d	P_2l	P_1g	P_1q	C_{2+3}	D_3w	闪长岩类	钻孔平均值
ZK488	49	55	34	61	57	61	59	22	50
ZK466	70	73	36	78	77	79	61	39	64
ZK4211	44	61	62	65	43	56	25	40	50
ZK464			24	83	80	74	52	41	59
ZK523			32	65	69	51	44	52	52
ZK525			17	50	67	85	70	56	58
ZK541		34	30	76	78	68	46	56	55
ZK585		35	61	73	80	72	49	57	61
ZK549	63	53	45	71	75	69	71	65	64
ZK486	58	42	33	50	61	80	54	68	56
ZK561	62	82	63	92	80	95	75	71	78
ZK521			69	78	83	86	89	74	80
ZK503	79	84	70	83	89	97	86	75	83
ZK513					98	91	83	76	87
ZK342	66	74	61	90	82	82	49	77	73
ZK581	47	52	68	79	75	78	77	77	69
ZK502					61	32	63	81	59
ZK482		53	72	87	71	90	48	82	72
ZK483			58	85	82	95	93	83	83
ZK507		44	84	81	83			84	75
ZK512	83	61	59	88	87	94	88	88	81
分组平均	62	58	51	76	75	77	64	65	

从表 1-3 可以看出:岩石的完整性随所处的空间位置不同而有所差异。岩石质量指标略低的地段可能由于节理局部发育造成。岩层质量指标总体来看是好的,根据表 1-4 的分类,岩石质量分级均属中等以上,其中二叠系下统栖霞组和孤峰组及石炭系黄龙、船山组的岩石质量分属好的。各组岩石质量指标可参见直方图(图 1-4),不难看出:矿体及其顶盘的岩组是矿区所发育的地层中质量最好的岩层。这对矿床的开采是很有利的。

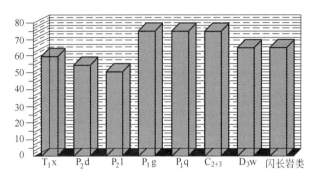

图 1-4 各组岩石质量指标(RQD 值)直方图
(注:T_1x—岩组及代号;10—RQD 值(%))

表 1-4 RQD 值的岩体分类

RQD/%	岩体质量分级	裂隙发育情况	冬瓜山岩体
90 ~ 100	极好的	巨大块状	
75 ~ 90	好的	轻微裂隙状	P_1g P_1q C_{2+3}
50 ~ 75	中等的	中等裂隙状	
25 ~ 50	差的	强烈裂隙状	T_1x P_2d P_2l C_1g 闪长岩
<25	极差的	剪切破碎	

1.4.1.3 岩石物理力学指标

根据开采技术条件研究,各类岩石的物理力学参数见表 1-5。

表 1-5 各类岩石的物理力学参数

项 目	QD	HD	FS	SC	XY	SX	K
$\rho/g \cdot cm^{-3}$	2.71	2.70	2.71	2.72	3.22	3.40	3.97
E_d/E	1.87	1.55	1.85	1.44	2.04	2.11	1.93
E/GPa	22.31	12.80	40.40	45.11	49.90	50.88	51.48
μ	0.257	0.329	0.2087	0.2644	0.3124	0.2499	0.2352
σ_c/MPa	74.04	50.38	187.17	306.58	190.30	170.28	304.0
σ_t/MPa	8.96	3.40	19.17	13.90	17.13	12.07	9.12
σ_c/σ_t	8.26	14.82	9.76	22.06	11.11	14.11	33.33
C/MPa	12.00	11.23	30.53	33.01	21.43	20.71	44.33
$\phi/(°)$	45.28	39.51	51.01	57.01	56.21	58.91	53.02

注:QD—栖霞组大理岩;HD—黄龙船山组大理岩;FS—粉砂岩;SC—石英闪长岩;XY—矽卡岩;SX—石榴子石矽卡岩;K—含铜磁黄铁矿。

$\rho(g/cm^3)$—岩石密度;E_d/E—动弹性模量/弹性模量比;$E(GPa)$—弹性模量;μ—泊松比;$\sigma_c(MPa)$—抗压强度;$\sigma_t(MPa)$—抗拉强度;σ_c/σ_t—抗压抗拉强度比;$C(MPa)$—黏聚力;$\phi(°)$—内摩擦角。

1.4.2 矿体及其直接顶、底板围岩条件

矿体及其直接顶、底板围岩条件的好坏,对矿山开采设计和采场等工作有着重要影响,为此进行了专门研究。表1-6列出了主矿体及其顶、底板围岩的埋深、岩性及破碎程度统计结果(据20个主要钻孔统计)。

表1-6 矿体及顶、底盘岩石破碎程度

钻孔	顶 盘			矿 体			底 盘		
	深度/m	标高/m	岩性及破碎程度	深度/m	标高/m	矿石及破碎程度	深度/m	标高/m	岩性及破碎程度
ZK380	854~871	-790~-808	白云质大理岩,破碎	871~875	-799~-802	含铜石英岩,完整	874~882	-811~-819	石英砂岩,块状
ZK387	789~824	-731~-760	闪长岩,较完整	824~895	-765~-837	含铜磁黄铁矿,完整	895~901	-836~-852	粉砂岩,较完整
ZK427	826~836	-776~-786	白云岩,完整	836~841	-773~-803	含铜磁黄铁矿,完整	840~853	-790~-803	粉砂岩,完整
ZK4215	825~837	-762~-773	透辉石石榴子石矽卡岩,完整	836~866	-773~-803	含铜磁黄铁矿,完整	866~871	-803~-808	粉砂夹细砂岩,完整
ZK460	858~866	-806~-814	白云质大理岩,完整	866~872	-812~-818	含铜磁黄铁矿,完整	822~878	-819~-825	蚀变闪长斑岩,完整
ZK467	775~778	-732~-735	大理岩呈角岩化,饼状	778~831	-722~-772	含铜闪长岩,较完整	831~834	-788~-791	闪长斑岩,较破碎
ZK4611	785~800	-696~-709	内矽卡岩,一般完整	800~891	-709~-800	含铜磁黄铁矿,较完整	891~893	-800~-802	黄铜矿化闪长斑岩,完整
ZK501	736~742	-676~-681	角岩夹矽卡岩,完整	742~805	-681~-745	含铜磁黄铁矿,完整	805~816	-745~-755	角岩化黏土岩夹粉砂岩,完整
ZK505	785~787	-748~-750	矽卡岩,完整	787~824	-750~-787	含铜矿体,完整	824~837	-787~-801	粉砂岩夹细砂岩,完整
ZK506	842~879	-831~-872	大理岩,完整	879~920	-825~-865	含铜磁黄铁矿,完整	920~928	-872~-880	黏土岩夹粉砂岩,完整
ZK5010	965~992	-914~-921	黄铁矿白云质大理岩,完整	992~1012	-916~-934	含铜蛇纹石磁黄铁矿,完整	1012~1027	-940~-955	细砂岩夹粉砂岩,完整
ZK540	811~821	-774~-785	大理岩,破碎	821~847	-784~-829	含铜磁黄铁矿,完整	847~858	-811~-822	粉砂岩夹细砂岩,完整
ZK547	799~814	-733~-747	闪长岩,完整	814~843	-747~-776	含铜磁黄铁矿,完整	843~855	-776~-789	细砂岩夹粉砂岩,完整

顶盘				矿体			底盘		
钻孔	深度/m	标高/m	岩性及破碎程度	深度/m	标高/m	矿山及破碎程度	深度/m	标高/m	岩性及破碎程度
ZK5410	935~979	-917~-920	蛇纹岩,完整	979~1004	-912~-936	含铜磁黄铁矿蛇纹岩,完整	1004~1008	-945~-948	细砂岩,完整
ZK5825	1025~1047	-939~-963	大理岩局部夹角岩,完整	1049~1082	-918~-944	含铜石榴子石矽卡岩,完整	1082~1089	-996~-1003	石榴子石矽卡岩,完整
ZK580	806~827	-771~-793	大理岩,完整	827~860	-808~-826	含铜阳起石榴子石矽卡岩,完整	860~866	-826~-833	细砂岩夹粉砂岩,较完整
ZK586	828~842	-787~-811	闪长岩,较完整	842~860	-808~-826	含铜阳起石榴子石矽卡岩,完整	860~865	-829~-834	粉砂岩,完整
ZK587	850~856	-740~-741	大理岩下部为角岩,完整	856~915	-746~-806	含铜磁黄铁矿,完整	915~919	-806~-810	砂岩,完整
ZK5812	810~866	-723~-779	大理岩,完整	866~928	-774~-832	含铜矿体,完整	928~940	-841~-853	角岩化粉砂岩,完整
ZK5813	966~970	-925~-929	云质大理岩,较完整	970~973	-929~-933	含铜磁黄铁矿蛇纹石岩,完整	923~975	-933~-935	砂岩,破碎

统计分析结果表明:矿体直接顶板以大理岩为主(占 20 个统计钻孔的 62%),另外是矽卡岩(占 24%),再其次是闪长岩(占 14%)。直接底板以砂岩、粉砂岩为主(占 76%),最后是闪长岩(占 19%)和矽卡岩(占 5%)。从岩石完整性来看,顶板中除 ZK380 和 ZK540 孔岩石发生破碎外,其余各孔所见岩石均属完整岩石;底板的完整程度和顶板接近。20 个钻孔中仅有两孔见岩石破碎,其余均属完整;矿体的完整性较顶、底板岩石好,20 个钻孔中只有两个钻孔所见矿体属较完整,其余均属完整。整体而言,矿体及其直接顶、底板岩石均属完整性较好的岩石。

1.4.3 岩体结构类型

经过对矿区的构造体系、构造调查、岩石质量指标调查、岩石物理力学性质研究等工作,综合矿床矿体及围岩的结构构造、力学特征、稳定性等特征,可将矿床岩体初步划分为 3 个工程地质岩组。

(1)块状坚硬、稳定性最佳的岩组:由石英闪长岩、闪长斑岩等组成。该岩石结构致密、坚硬、刚性连接、节理不发育。

(2)层状坚硬、非岩溶化稳定性较好的岩组:由二叠系孤峰组(P_1g)、龙潭组(P_2l)、大隆组(P_2d)等组成,岩性为砂岩、粉砂岩、细砂岩、硅质岩等。这组岩石结构致密、硬度大、性脆、结构面不甚发育。

(3)层状微岩溶化稳定性较好的岩组:由石炭系黄龙—船山(C_{2+3});二叠系栖霞组(P_1q);三叠系小凉亭组(T_1x)、塔山组(T_1t)等组成。主要岩性为大理岩、层状矽卡岩、角岩等。岩石致密、中厚-厚层状构造、岩心一般完整、方解石脉和裂隙脉较前两个岩组发育。

1.4.4　岩体稳定性评价

冬瓜山矿区虽然受到多期次构造活动及岩浆活动的影响,断裂、褶皱较发育,构造行迹类型多,地质构造比较复杂,但地质构造活动对岩体稳定性造成的影响并不严重,矿床岩体仍具有较好的稳定性。这是因为:

(1) 矿体埋深度大,成矿前的主要断裂虽然延伸至矿体埋藏标高以下,但这些断裂均被成矿期及期后的闪长岩侵入充填,同时岩体附近发生的矽卡岩化对断裂带内及近旁的岩石起到了一定的胶结作用;

(2) 成矿后的断裂中,阴涝 – 大冲断裂破碎带及铜塘冲断裂破碎带虽然延伸较大,但均远离冬瓜山主矿体,对深埋于 – 730 m 标高以下的主矿体及其周围一定范围内岩体影响不大;

(3) 矿床岩体为中 – 厚层状大理岩及砂岩、闪长岩、矽卡岩,这些岩石节理、裂隙不发育;

(4) 矿床上部二叠系大隆组、龙潭组为矿区内隔水层,阻止了浅部含水层的地下水的下渗,使矿床水文地质条件相对简单化。

冬瓜山矿床 – 730 m 探矿巷道的揭露及该矿床浅部大团山、狮子山矿床的开采实践也说明了冬瓜山矿区的岩体稳定性总体上是良好的。

该矿床内岩矿体的节理总体上虽不甚发育,但局部仍有节理相对发育的地段,对这些地段及几组节理交汇地段要引起重视。

1.5　矿区水文地质

矿床位于低山丘陵区,山顶最高标高 245.6 m,山谷标高 20 ~ 50 m,羊河下游河床标高 10 m,为本区最低排水基准面。平均年降水量 1364 mm,最大年降水量 1759.2 mm,最小年降水量 580 mm。年均气温 18.5℃。主要地表水体有普济河和羊河,分别位于矿区的西部和东部,距矿区分别为 1.5 km 和 2.5 km。长江位于矿区西北,距矿区约 10 km。此外矿区还有零星分布的水塘和小水库。冬瓜山矿床的主矿体赋存在青山背斜的轴部和翼部,埋深 800 ~ 1000 m,全部位于地下水位以下。

1.5.1　含水岩组及富水程度

矿区出露三叠系下统小凉亭组(T_1x) – 上统龙头山组(T_2l),钻孔揭露二叠系上统大隆组(P_2d) – 泥盆系上统五通组(D_3w)。第四系厚度薄。岩浆岩发育。按岩性及岩层含水特征划分为 5 个含水岩组,各含水岩组特征分述如下。

1.5.1.1　松散岩类孔隙含水岩组

冲积层(Q_4^{al}):分布于羊河和普济河两侧,厚 5 ~ 15 m,含水微弱。

坡洪积层(Q_4^{dpl}):分布于山坡坡麓,厚 4 ~ 15 m,含水性差。

中上更新统(Q_2):分布于矿区东部及北部垄岗,厚 10 ~ 25 m,相对隔水。

1.5.1.2　碳酸盐岩类岩溶裂隙含水岩组

龙头山组(T_2l):出露于青山背斜南东翼,该层含水不均,富水程度中等 – 强。水化学类型属 HCO_3-Ca 型,矿化度 0.29 ~ 0.35 g/L。

分水岭组(T_2f):分布于青山背斜两翼,浅部岩溶发育,主要为溶蚀裂隙和小溶洞,富水程度中等。水化学类型属 HCO_3-Ca 型,矿化度 0.1~0.3 g/L。

南陵湖组(T_2h):出露于青山背斜两翼。地表溶槽和小溶洞发育。浅部含风化裂隙和溶蚀裂隙水,富水程度弱 – 中等。埋藏区以裂隙含水为主,富水程度无水 – 弱。水化学类型以 HCO_3-Ca 型为主,矿化度 0.172~0.444 g/L。

以上三个含水层分布于矿床两侧,岩溶发育,形态以小溶洞和溶蚀裂隙为主,岩溶发育下限 – 250 m,强岩溶带位于 + 10 m 标高以上,破碎带、裂隙发育和接触带附近岩溶增强。岩溶发育在 50~60 线间相对集中。

栖霞组(P_1q)、黄龙 – 船山组(C_{2+3}):埋藏于矿区深部,轴部隆起。本矿床该层顶界面分布标高 – 380 m,向两翼延伸至 – 1000 m 以下,为矿床主矿体直接顶板,构造裂隙发育。水化学类型属 SO_4 – (K + Na)·Ca 或 SO_4·HCO_3-Ca 型,矿化度 0.307~0.720 g/L。该岩组深部岩溶发育极微弱,工程揭示的频率极低,出风井底 – 850 m 回风道小断面掘进突水前的工程施工期间,仅有 – 850 m 57 线往北 40 m 位置在栖霞灰岩与船山黄龙灰岩界面揭露一体积约 100 m³ 的小型储水溶洞,但揭露后不到 16 h 洞内水量完全干枯。 – 790 m 及 – 850 m 回风道深孔预注浆时多次揭露构造裂隙出现涌水,但在深孔探水注浆后的掘进过程中,也只有 – 790 m 回风道距离出风井 183~176 m 位置连续揭露两个体积仅 10 m³ 左右小型溶洞并且与导水裂隙沟通,形成储水、导水通道。

该岩组的含水性与裂隙发育程度及裂隙性质有关。

1.5.1.3 碳酸盐岩类夹碎屑岩类溶蚀裂隙含水岩组

塔山组(T_1t)、小凉亭组(T_1x):富水程度在空间上分布不均匀,强导水破碎带附近和青山背斜轴部含水性增强,水化学类型以 HCO_3-Ca 型为主,矿化度 0.169~0.339 g/L。两翼埋藏区以构造裂隙含水为主,富水程度极弱 – 无水。如在冬瓜山主井位置,该含水层即为井筒浅部穿过的主要含水层。井筒掘砌时,涌水量达到 65 m³/h。

1.5.1.4 碎屑岩类裂隙含水组

大隆组(P_2d)、龙潭组(P_2l)、孤峰组(P_1g):含水层岩石软硬相间,脆性岩石裂隙较为发育。富水程度极弱 – 无水。水化学类型 SO_4·HCO_3 – Ca·(K + Na) 型,矿化度 0.694 g/L。

五通组(D_3w):为区域隔水边界,浅部裂隙不发育,但在冬瓜山的深部构造裂隙相对发育,当有断层与其上部的含水层沟通时,也会出现涌水量较大的涌水。如冬瓜山主井标高 – 990 m 开始揭露该岩组并出现流量 64 m³/h 涌水。

1.5.1.5 岩浆岩类裂隙含水组

矿床内以闪长类岩石为主,相对隔水。青山脚 – 狮子山岩体、青山 – 包村岩体构成矿床的南东和北东隔水边界。但与围岩接触带局部裂隙相对发育部位,具有一定的导水性。岩体内具有与其他导水构造相联系的张性节理构造或断层时,赋存构造裂隙水。

1.5.2 主要破碎带水文地质特征

目前在矿区范围内已经发现并证实有 5 条强导水断裂破碎带,其性质均为张性,分别呈北东、北西、东西向延伸,地表控制长度介于 600~1500 m 不等。其中有 3 条与冬瓜山矿床直接有关,分别位于矿区的北部、中部和南部。它们的存在,沟通了含水层之间的水力联系,强化了地下水径流,从而使冬瓜山的深部水文地质条件变得复杂。

现将 3 条破碎带的主要水文地质特征描述如下。

（1）龙塘湖破碎带。地表出露于矿区东北部，横切青山背斜轴，走向 NW300°左右，倾向 NE，倾角 35°，张性，地表控制长度 1000 m 左右，宽 15～20 m，构造角砾成分复杂，胶结松散，钻孔控制延伸 350 m，富水性及导水性强。冬瓜山出风井位于该破碎带南西 210°方向，从其浅部的产状及地表出露位置及出风井突水后位于该破碎带出露位置附近的 ZK750 孔水位突然大幅度下降，而随着突水历时的延长，出风井内的水位上升到一定高度后有逐渐恢复的现象看，该破碎带与铜塘冲破碎带相互切割沟通的可能性极大，极有可能对矿床北段开拓与开采产生不利影响。

（2）铜塘冲破碎带。地表出露于矿区中偏北位置，斜切青山背斜轴，走向近东西，倾向北，倾角 60°～75°，张性，切割地层自南陵湖组－栖霞组，宽度 10～20 m。该破碎带在浅部的富水性和导水性极强。在出风井端 -850 m 回风道突水前没有可靠证据证明其向深部继续延伸。但从冬瓜山回风道工作面预注浆前物探预测及预注浆钻孔施工、坑道揭露情况对照该破碎带的总体产状、在深部可能出现的位置看，该破碎带向深部至少延伸到标高 -850 m，宽度达到 4 m，并向下继续发育。

冬瓜山矿床深部构造节理发育，尤其是 50 线以北区域发育程度更甚，它们既破坏围岩，使井巷揭露时易造成冒顶等失稳现象，同时节理裂隙构造也是地下水径流条件的主要通道，与铜塘冲破碎带在空间关系上存在着明显的水力联系。通过对各种资料的综合整理发现，走向北东向及近东西向张剪性节理是矿区内最主要的导水节理构造。这一现象在 -850 m、-790 m 回风道的各段深孔注浆孔施工及注浆阶段出风井内的水位升降变化中得到很好印证。在各段深孔注浆孔施工过程中，一旦钻孔揭穿上述导水节理裂隙，将迅速引起风井内的水位降低，当钻孔孔口阀门关闭或注浆将裂隙封闭后，水位又很快恢复。

（3）阴涝－大冲破碎带。地表出露矿区中部青山背斜 SE 翼，走向 330°，倾向 SW，倾角 70°～80°，宽度 5～20 m，张性，具有明显的分支复合特征。东狮子山矿床及大团山矿床开拓期间在 -390 m 标高仍有揭露，导水及富水程度高。随着大团山矿床深部开拓的推进，已经发现该破碎带延伸到标高 -580 m 以下，但导水及富水程度在标高 -390 m 以下已经明显减弱。从其所在位置看，对冬瓜山矿床开采没有直接影响。

从矿床勘探资料及矿山开拓实践来看，构造破碎带是区内地下水的主要导水通道，上述描述的 3 条断裂破碎带在浅部岩石破碎以水平拉张为主，但往深部破碎程度逐渐减弱并在局部出现泥化带，显示挤压特征。宽度由上而下逐渐变窄，胶结程度浅部松散而深部相对紧密，但局部位置胶结程度差。

破碎带的导水作用由破碎带本身及其旁侧裂隙影响带共同构成，因此导水通道的实际宽度比破碎带本身要大得多，同时破碎带上盘的裂隙影响带的导水作用相对比下盘的要强，如铜塘冲破碎带。导水性的强弱在空间上也存在较大差异，主要决定于：

（1）破碎带本身的宽度、旁侧裂隙的发育程度、裂隙的力学性质及相互连通程度。旁侧裂隙越发育，导水性越强。

（2）破碎部位的岩石性质及其含水性强弱。破碎带穿过可溶性岩石，导水及富水性越强。如铜塘冲破碎带在岩溶裂隙含水岩组中的导水性明显高于非岩溶裂隙含水岩组。

（3）破碎带本身的破碎程度及角砾胶结充填程度的高低。一般来说，破碎带的破碎程度越高，角砾胶结程度越低，导水性越强。破碎部位的岩石性质脆性程度越高，导水性越强。

值得注意的是,冬瓜山主井掘砌到井深 994 m(对应标高 −899 m)时,产生突发高压大流量淹井灾害,可能与另一条北东向深切断裂破碎带有关,但由于主井附近勘探程度低且工程揭露的范围小,到目前为止仍无法判断该破碎带的空间位置及构造要素。

主要破碎带平面位置见冬瓜山铜矿床水文地质平面示意图(图 1 − 5)。

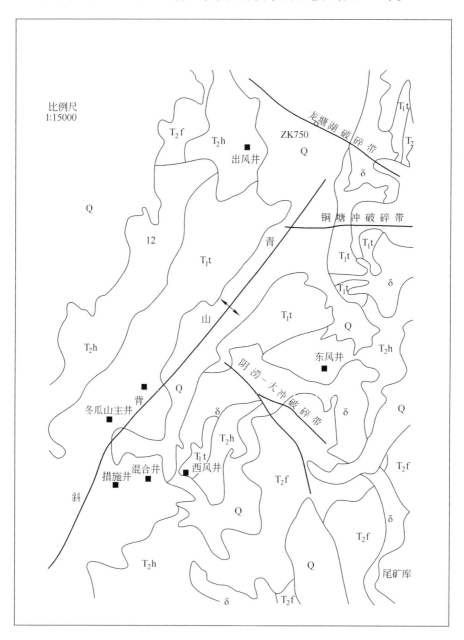

图 1 − 5　冬瓜山铜矿床水文地质平面示意图

1.5.3　水化学特征

浅层地下水无色、无嗅、无味、透明,水温 17.5 ~ 19.5℃,水化学类型以 HCO_3 − Ca(CaMg)

型为主,属补给区降水渗入型。pH 值 6.8 ~ 7.3,矿化度小于 0.1 ~ 0.4 g/L。随着含水层埋深增加,水化学环境发生改变。HCO_3^- 离子部分被 SO_4^{2-}、Cl^- 等离子替代,Ca^{2+}、Na^+ 等离子含量进一步增加,深层地下水化学类型向 SO_4 – (K + Na) 型转化,pH 值 7.4 ~ 8.0,最高达 11,矿化度小于 0.3 ~ 0.7 g/L。说明 pH 值与矿化度逐渐增大(图 1 – 6)。垂向分带明显。

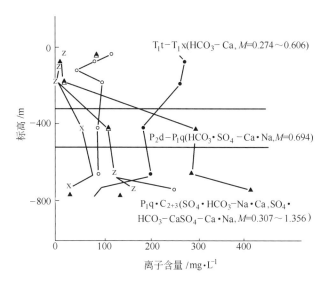

图 1 – 6　地下水化学成分垂向变化

●—HCO_3^-;x—Cl^-;▲—SO_4^{2-};○—Ca^{2+};z—$Na + K^+$

1.5.4　地下水动态与水力联系

1.5.4.1　地下水动态

区内地下水动态属降水型。大气降水是影响区内地下水动态的主要因素。地下水位的升降、泉流量、坑道排水量大小与降水量相关,且受降水强度的影响。最高水位、最大流量出现在丰水期(一般在 4 ~ 8 月),最低水位,最小流量出现在枯水期(一般在 12 ~ 2 月)。长观结果,一般日降水量 10 mm 以上、降水 6 小时后浅层地下水有明显变化。

地下水动态的变化幅度受地形、岩层透水性和第四系覆盖情况的影响。地下水位变幅具有高处大于低处、强含水层大于弱含水层、裸露区大于覆盖区、浅层地下水大于深层地下水等特点;坑道流量随深度的增加而逐渐稳定。

在漏斗区内地下水的动态同时受降水和矿山排水疏干的双重控制,地下水位随水文期变化明显,由于水位埋深增加,变化幅度相应增大,总体变化呈下降趋势,随着时间的延续、开拓标高的稳定而趋于平缓。

1.5.4.2　含水层之间的水力联系

A　浅层含水层之间的水力联系

矿区浅部主要含水层龙头山组、分水岭组、南陵湖组之间水力联系较好,它们分布连续,岩溶裂隙发育较均匀,具有同一地下水面,组成同一含水体。但岩浆岩隔水体的存在则强烈地削弱了两侧地下水之间的联系程度。

矿床内塔山组、小凉组含水层溶蚀裂隙不发育,相互间连通性差,使得含水层内部及其与外部含水层之间的水力联系差。裂隙发育带内、破碎带两侧水力联系增强。

第四系属极弱含水量水层或相对隔水层,与基岩含水层水力联系差。

B 浅层与深层含水层之间联系

矿床内浅层($T_1t - T_1x$)与深层($P_1q - C_{2+3}$)地下水之间的水力联系,受分布于它们之间的二叠系大隆组—孤峰组碎屑岩裂隙发育程度的制约,一般无联系,仅在局部裂隙发育地段存在,且联系较弱。冬瓜山主井突水后试验排水时,长期观测孔 ZK342 观测发现,$T_1t - T_1x$ 含水层的水位小幅度下降(9 天内下降 8.49 m),且滞后 7 天;而 ZK540 中 $T_1t - T_1x$ 含水层的水位无反映。说明在局部裂隙相对发育地段存在较弱的水力联系,但浅层地下水向深部补给是迟缓的。

1.5.5 冬瓜山铜矿老区坑道充水特征

冬瓜山铜矿(原狮子山铜矿)1966 年建成投产。主要开采中段为 -40 m、-160 m、-220 m、-280 m,开采东狮子山矿床、西狮子山矿床、老鸦岭矿床、大团山矿床等,整个开拓系统范围约 2 km²。

坑道系统位于青山背斜轴部和南东翼,揭露南陵湖组至龙潭组含水层和岩浆岩,坑道绝大部分干燥无水,仅有少量滴水点和潮湿现象,岩层含水微弱。目前主要涌水点有三处,均顺构造裂隙带和破碎带涌出。分别为大团山 -390 m 阴涝 - 大冲破碎带,雨季最大涌水 554.4 m³/d。-40 m 西电车道北东壁沿走向 30°的张性裂隙涌水;老鸦岭 -220 m 风井附近破碎带。

从该矿历年排水量资料看,狮子山铜矿矿坑日排水量最大值(暴雨沿井筒灌入)21961.6 m³/d,最小值 1029.0 m³/d,年排水量、月平均排水量、日平均排水量总体上均呈逐年减少的趋势。水文地质条件属简单类型。

1.5.6 冬瓜山铜矿周边矿山水文地质特征

狮子山矿田内除冬瓜山铜矿外,开采浅部矿体的矿山有 10 余个,各矿山水文地质特征见表 1 - 7。

表 1 - 7 冬瓜山铜矿周边矿山开采情况及水文地质特征

名 称	建井时间	矿体赋存标高	采矿方法	开采最低标高	充水水源	水文地质条件	矿坑排水量 /m³·d⁻¹	备 注
包村金矿	1993 年	-30 ~ -62 m	露转坑采	-28 m	岩溶、裂隙大气降水	中 等	200	在采
西湖铜矿	1992 年	资料缺	坑采	-140 m	岩溶、裂隙大气降水	简 单	800 ~ 1200	在采
狮子山硫铁矿	1983 年	地表 ~ -180 m	坑采	-70 m	岩溶、裂隙大气降水	中等偏复杂	4500 ~ 6500	在采
朝山金矿	1993 年	地表 ~ -152 m	坑采	-188 m	岩溶、裂隙大气降水	简 单	800 ~ 1500	在采
新华山铜矿	1993 年	-70 ~ -320 m	坑采	-205 m	岩溶、裂隙大气降水	中等偏复杂	4000 ~ 8000	水大停建
新民硫铁矿	1990 年	资料缺	坑采	-28 m	岩溶、裂隙大气降水	中等偏复杂	5500	塌陷水大停采

名　称	建井时间	矿体赋存标高	采矿方法	开采最低标高	充水水源	水文地质条件	矿坑排水量/m³·d⁻¹	备注
鸡冠山铁矿	1966 年	地表~-10 m	露采	-10 m	破碎带			闭坑
鸡冠山银（金）矿	1986 年	+34~-145 m	露采	-20 m	破碎带			闭坑
南洪铜矿	1993 年	+5~-330 m	坑采	-290 m	岩溶、裂隙大气降水	简单	300	在采

1.5.7 冬瓜山铜矿浅部及周边矿山突水情况

　　狮子山矿田内的狮子山铜矿床、新华山铜矿床、狮子山硫铁矿、新民硫铁矿等矿山在矿山基建或生产过程中，均发生过突水事故，一般造成淹井，严重的使矿山停建、缓建。突水点主要为破碎带、构造裂隙及溶洞，瞬时突水量大。各矿山突水情况见表 1-8。

表 1-8　周边矿山历年来坑道突水情况

顺序	矿山	突水时间	位　置	标高/m	突水量/m³·d⁻¹	水文地质特征
1	狮子山铜矿	投产初期	西狮子山阴涝-大冲破碎带	-40	1856	T_1t/Br 接触带
2		1973/09	老鸦岭通风井石门-160 m	-160	2000	石门掘进遇突水点
3		1974/05/5	老鸦岭-220 mZK815	-220	1600	坑道 ZK815 孔，水顺钻孔涌入
4		1980/03	-160 m 东沿掘进	-160	5000	阴涝破碎带涌水
5	狮子山硫铁矿	1996/04 1999/07	-70 m 巷道 -70 m 巷道	-70 -70	不详 不详	贯通废弃巷道 暴雨
6	新民硫铁矿	1989	竖井-28 m 处	-28	5760	破碎带
7	新华山铜矿	1996/11 1997/07 1999/07	主井-43 m 处 措施井-44 m 处 -205 m 中段	-43 -44 -205	1700 1100 1440	岩溶突水 闪长岩裂隙 岩溶裂隙

1.6　矿床水文地质特征

　　冬瓜山矿床是迄今国内开发的最典型的深埋冶金矿山。随着矿床南段（60 线以南）开拓的完成，对深部的水文地质条件的认识不断深化，积累的资料更为丰富。

　　目前矿区浅部含水层水位标高为 10~11 m，深部含水层地下水位标高约为 -14~-16 m。由于青山背斜东翼一系列闪长岩体的阻隔，狮子山及大团山矿开采形成的降落漏斗向西扩展受到限制。据此推测，冬瓜山矿床应为相对独立的地下含水系统。地下水水温与正常地温基本一致，未发现有异常的地热水。矿体分布标高范围内岩温和地下水温在 33~40℃之间。

综合现有地质资料,冬瓜山矿床水文地质条件的宏观特点为:在垂向上,浅部为厚约 300～400 m 的含水相对丰富的岩溶裂隙含水层。中部为厚约 200～260 m 的含水微弱的砂页岩裂隙含水层,它阻碍了浅部地下水直接补给矿坑。深部为含水弱且很不均匀的灰岩裂隙含水层,该层以构造裂隙导水为主,但已经证实的 3 条深切张性断裂破碎带自上向下切割了所有的含水层与非含水层,明显强化了深部的径流条件。在平面上,青山背斜东翼的闪长岩体可视为相对隔水边界,但其相对独立性由于构造破碎带的切割影响,又使得背斜及岩体的阻隔作用大为减弱,同时造成浅层地下水向深层的越流补给。深部矿坑充水因断裂破碎带的作用,主要来自背斜西翼地下水的侧向补给和浅部含水层向下越流补给。

在矿床南段,虽然从主井突水淹井及治理的观测分析看,深部地下水的补给具有不充分的迹象,但南段开拓发现,随着开拓系统自南向北不断推进,深部的水文地质逐渐复杂,特别是出风井底 –850 m 回风道突水后,狮子山菜市场内一民用供水井(ZK750 孔)内的水位突然下降,供水中断。治理期间发现,出风井筒内的水位当探水孔处于放水状态时,水位很快下降,钻孔关闭或注浆后,水位逐渐恢复。由此可以断定,深层地下水与浅层地下水之间的水力联系自南向北越来越密切。

总之,深部地下水受构造控制的特征十分明显。由于水压高,流量大,在地下水位大幅度下降之前,突然涌水对矿山基建与生产来说是经常性的威胁。矿床北段的开拓,其表现将更为明显。

1.7 主要井筒与回风道水文地质特征

冬瓜山矿床开拓期间,共施工千米级竖井 5 条,分别是主井、副井、辅助井、进风井和出风井。因副井、辅助井、进风井均坐落于石英闪长岩体内,水文地质条件十分简单,故本章省略其水文地质特征的阐述,而主井、出风井及回风道是该矿山基建开拓与生产的主要控制性工程。因其所处的位置原因,上述两个单位工程建设过程中,均发生过较为严重的水文地质灾害。为便于分析这些控制性工程施工中水文地质灾害发生的地质背景,现将主井、出风井及 –790 m、–850 m 回风道的水文地质特征阐述如下。

1.7.1 主井水文地质特征

冬瓜山主井井口标高 95 m,井底标高 –1025 m,井筒净直径 5.6 m,掘进直径 6.6 m,井壁为 500 mm C_{20} 级素混凝土。地质构造上位于青山背斜近轴部位。井筒施工前,施工工程勘察孔 1 个,平面上井筒与其相距 11 m。

井筒自上向下依次穿过的地层及岩性为:三叠系下统塔山组(T_1t)大理岩夹角岩,小凉亭组(T_1x)大理岩、角岩;二叠系上统大隆组(P_2d)硅质页岩、硅质岩,龙潭组(P_1l)硅质页岩、硅质岩,二叠系下统孤峰组(P_1g)硅质页岩,栖霞组(P_1q)灰岩或大理岩;石炭系中上统船山—黄龙组(C_{2+3})大理岩;泥盆系上统(D_3w)粉砂岩、石英砂岩。

据主井工程勘察及施工揭露资料,三叠系塔山、小凉亭($T_1t–T_1x$)组大理岩夹角砾岩,为井筒浅部主要含水层。在该含水层中有以下三个含水段:第一含水段(T_1t):标高 +4 ～ –22 m,厚 27 m,发育规模较大裂隙 1 条,倾向南,倾角 70°;第二含水段(T_1x):标高 –145 ～ –163 m,厚 18 m,涌水量 6 m^3/h,在下掘过程中涌水量没有明显增大,穿过该含水段,涌水量仅 7 m^3/h,第三含水段(T_1x):标高 –226 ～ –243 m,厚 17 m,为一断层破碎带,倾向

306°,倾角50°~60°,两盘伴有羽状裂隙。以上3个含水段,井筒最大涌水量65 m³/h,且第三含水段涌水量最大。

井筒标高 -891 ~ -897.6 m 段栖霞组(P₁q)灰岩中发育有3条张性裂隙,倾向西或北西,涌水量为8 m³/h,水温39.5℃,水质清,无异味。但在标高 -899 m 栖霞组灰岩作业面爆破后产生突发涌水,瞬时涌水量达1285 m³/h,从而造成淹井灾害。 -910 ~ -920.65 m 段见多条相平行的张性羽状裂隙,裂隙倾角均在80°以上。

黄龙—船山组大理岩中岩石裂隙发育,多被方解石脉充填,裂隙倾角50°~80°,局部裂隙铁染现象明显,含一定地下水。工作面预注浆孔施工时,单孔单点最小涌水量为4 m³/h,最大涌水量为28 m³/h。

五通组(D₃w)砂岩、石英砂岩,岩石裂隙较发育,但多呈闭合状,裂隙倾角70°~85°,裂面平直,含深层裂隙水。 -1035 m 以下岩心完整,裂隙不发育。

主井突水段及以下部井段地层层位正常分布,井筒施工未见大的断裂构造,但存在一系列良好的含水裂隙和小构造。这些构造裂隙主要是因为井筒恰好处在青山背斜近轴部位,由于褶皱的作用,形成了纵张节理所致。根据注浆钻孔揭露构造角砾岩分布情况,推测存在构造裂隙带,并延伸至其下的五通组石英砂岩中,沟通了黄龙—船山组(C₂₊₃)和五通组(D₃w)的层间裂隙。

1.7.2 出风井水文地质特征

地质构造上位于青山背斜北东段北西翼。井筒施工前,施工工程勘察孔1个,平面上位于井筒中心。

根据出风井工程勘察及施工资料,井筒揭露的地层自上至下分别为:三叠系中统南陵湖(T₂h)大理岩化灰岩,三叠系下统塔山组(T₁t)大理岩夹角岩,小凉亭组(T₁x)大理岩、角岩;二叠系上统大隆组(P₂d)硅质页岩、硅质岩,龙潭组(P₂l)粉砂质页岩,二叠系下统孤峰组(P₁g)硅质页岩,栖霞组(P₁q)灰岩。各含水层水文地质特征分述如下。

1.7.2.1 南陵湖组(T₂h)

含水层岩性为大理岩化灰岩,岩层中沿层面及裂隙面断续可见铁染、晶孔及方解石晶体等现象。 -72 ~ -80 m 间含水,涌水量18 m³/h,导水构造为层间节理,节理开度小,涌水量一直较为稳定。

1.7.2.2 塔山组(T₁t)、小凉亭组(T₁x)

含水层岩性为大理岩化灰岩夹角岩及大理化灰岩。施工过程中未见涌水。

1.7.2.3 大隆组(P₂d)、龙潭组(P₂l)、孤峰组(P₁g)

含水层岩性主要为硅质页岩、细砂岩及粉砂质页岩,该段岩心较破碎,裂隙发育,大多呈闭合状或方解石充填。龙潭组与孤峰组接触带见一破碎带,产状为205°∠40,主要岩石为页岩,胶结物为泥质,角砾棱角分明,磨圆度较差。 -764 ~ -771 m 处西北壁见一含水张裂隙,裂隙内为硅质角砾,砾径1~2 cm,涌水量30 m³/h,裂隙产状170°∠80、340°∠80。

1.7.2.4 栖霞组(P₁q)

含水层岩性为灰岩,裂隙发育,宽1~3 cm,均被方解石脉充填,裂隙产状以215°∠50、5°∠40较多,并呈网状分布,裂隙率3~5条/m。孤峰组与栖霞组换层部位见一含水张裂隙,宽5~10 cm,内发育方解石晶体,产状320°∠55,涌水量3 m³/h。

1.7.2.5　构造裂隙带

出风井井筒处地质构造较复杂,井筒施工揭露多条破碎带(裂隙带),各破碎带(裂隙带)地质及水文地质特征见表 1-9。

表 1-9　出风井揭露破碎带水文地质特征

序号	位置/m	地质特征	规模/m	产状	涌水量/m³·h⁻¹	水文地质特征
1	-222 ~ -251	角砾岩,岩石坚硬,胶结紧密	宽4	170°∠74		无涌水
2	-288 ~ -319	角砾岩,岩石坚硬,胶结紧密	宽2	160°∠75		无涌水
3	-426 ~ -442	角砾岩,岩石坚硬,胶结紧密	宽4			无涌水
4	-610 ~ -623	破碎带,胶结物为泥质,松散	宽1.5		6	
5	-753 ~ -763	接触带破碎带,胶结物为泥质,胶结不强	宽8	205°∠40	30	西北壁 -764 ~ -771 m 见含水张裂隙,裂隙产状 170°∠80、340°∠80

注:除上述破碎带外,层面及节理裂隙面等结构面也十分发育。

1.7.2.6　水化学特征

出风井地下水无色、无嗅、无味、透明。pH 值介于 6.2 ~ 7.3 之间。水化学类型自浅部往深部由 HCO_3-Ca 型向 HSO_4·CO_3-Ca 过渡。水温 18 ~ 23℃。具体特征见表 1-10。

表 1-10　出风井各层地下水水化学特征

含水岩组	pH 值	侵蚀性 CO_2	HCO_3^- /g·L⁻¹	SO_4^{2-} /g·L⁻¹	Cl^- /g·L⁻¹	总硬度 /g·L⁻¹	矿化度 /g·L⁻¹	水化学类型	水温 /℃
南陂湖组岩溶裂隙水	6.6	0	0.2845	0.0274	0.0062	0.2624	0.3125	HCO_3-Ca	18
塔山小凉亭组碎屑岩裂隙水	6.7	0.0079	0.137	0.0378	0.0098	0.1486	0.182	HCO_3-Ca	22
破碎带裂隙水	6.2	0.00055	0.0615	0.07565	0.0124	0.1255	0.1725	HSO_4·CO_3-Ca	23
-850 m 突水点	7.3		0.3013	0.0857	0.0098			HCO_3·SO_4-Ca·Na	35

注:出风井突水点水样为突水后取样,其余为出风井工勘资料。

1.7.3　回风道水文地质特征

冬瓜山矿床 -850 m、-790 m 回风道分布于 51 ~ 64 线之间,51 线以南为石门运输巷。往出风井方向的巷道方位角分别为 NE4°、NW348°,长度分别为 660 m、780 m。至 2002 年 11 月,出风井端 -850 m 回风道突水时,分别剩下 280 m、380 m 尚未与出风井贯通。主要水文地质特征概括如下。

石门运输巷 41 线以南段为石英闪长岩,41 线为黄龙—船山组大理岩与石英闪长岩体接触带。闪长岩体中及接触带附近的大理岩中发育多条小型断层破碎带,期初涌水量分别为 96 m³/h、44 m³/h、21 m³/h。58 ~ 59 线间,穿过船山—黄龙组大理岩进入栖霞组沥青质灰岩,直至出风井位置,岩性均为栖霞组沥青质灰岩、大理岩化灰岩。自进入该地层后,张性节理裂隙及断裂破碎带发育,但大多数已被方解石脉充填闭合。裂隙走向有近东西向、北西向、北东向层间裂隙及近南北向 4 组,前 3 组的密度较大而第 4 组的密度较稀,近南北向的规模相对较大。当巷道施工到 60 线以南 10 m 处,揭露一张性断层破碎带,探水过程中,发生钻孔突水,突水量达 200 m^3/h。该破碎带宽度约 0.7 m,角砾成分为大理岩,产状为:走向近东西,倾向北西,倾角 82°。该断层破碎带自 2002 年 6 月底涌水至 12 月初,累计放水量达 25 万 m^3。稳定涌水量 55 ~ 58 m^3/h,水温稳定在 32℃。据水质分析资料,水化学成分属 HCO_3·SO_4-Ca·Na 型。涌水后水中各离子含量变化不大。

－850 m 57 线北 40 m 处船山—黄龙灰岩中揭露一溶蚀裂隙溶洞,并出现涌水,涌水量为 21 m^3/h,16 h 后基本干枯,该溶蚀裂隙溶洞在巷道部位的宽度达 1.5 m,无充填物,水平及垂向上延伸较远。巷道施工进入 58 线以北约 15 m,再次出现裂隙涌水,涌水量为 22 m^3/h。

上述两个中段回风道在此后自南向北分段深孔预注浆及坑道掘进过程中,多次发生涌水现象,钻孔涌水量 50 ~ 1000 m^3/h。导水构造均为二叠系下统栖霞组灰岩、大理岩化灰岩中广泛发育的构造裂隙及规模不等的断裂破碎带。其中,4 组裂隙的产状分别为:走向 NE15° ~ 25°,倾向 SE,倾角 70° ~ 80°;走向 NW,倾向 SW,倾角 50° ~ 60°;走向 EW,倾向 S 或倾向 N,倾角大于 60°;层间节理(走向 30°/300°∠50°)等四组。4 条断裂破碎带产状均为倾向北或倾向南,倾角 60° ~ 80°。

－790 m 回风道在小断面贯通后刷大期间,在距离出风井中 175 m 和 146 m 位置时,均发生过大流量突水,瞬时突水量分别为 300 m^3/h 和 1500 m^3/h。突水构造均为走向东西、倾向北、倾角 60° 的张性断层破碎带。

从 －790 m 中段 60 线及距离出风井 175 m、146 m 位置和 －850 m 出风井以南约 23 ~ 28 m 位置所揭露的 4 条近 EW 向破碎带特征来看,破碎带在深部的水平宽度一般在 1 ~ 3.5 m 之间,局部达到 5 m,具有明显的膨大收缩特征。带内角砾大小悬殊,棱角明显,胶结充填程度低,局部出现孔洞。角砾成分主要为灰岩,胶结物为泥质、碳质、钙质等,多呈松散状。破碎带揭露后,均会出现突水现象,突水量的大小主要取决于揭露位置的破碎程度、充填胶结状况、揭露的截面大小等因素。一般来说,暴露面积越大,充填胶结程度越低,涌水量越大。

综上所述,回风道区域内的水文地质条件十分复杂,主要径流通道为东西向高倾角张性断层破碎带与 4 组张性—张剪性节理裂隙。断裂构造对地下水的控制作用在该区域内表现得更为典型。在构造控制作用中,断层破碎带是造成井巷突水,形成灾害的唯一径流通道。灾害的程度与断层破碎带的规模直接相关。

1.8 矿坑涌水量预测

从前面的叙述分析可以看出,冬瓜山矿区深部地层本身的富水性弱,矿坑充水主要来自断裂破碎带。根据现有地质资料(钻孔、遥感、地表地质和地貌特征)分析,一期规划建设和开采的 60 线以南的矿床南段,开拓设计时采用比拟法预测矿坑可能的涌水量,并以此预测结果确定矿山排水系统的排水能力。预计地下水正常涌水量为 4320 m^3/d,最大涌水量为 9510 m^3/d。按设计生产规模,生产期间的生产回水(包括凿岩、降温、除尘、充填等种种回水)合计可能达到 6500 m^3/d。因此,矿坑总的排水量(生产回水加地下水)为:

正常排水量 10820 m³/d,最大排水量 16010 m³/d。

但是,在矿山开拓时尤其是在回风系统开拓中发现,仅冬瓜山矿床的最大涌水量就达到了 24000 m³/d,造成短期内排水系统告急。所幸的是,探水钻孔在较短的时间内得以关闭,以至没有造成重大地质灾害。

参 考 文 献

[1] 北京有色冶金设计研究总院. 狮子山铜矿冬瓜山采选 1 万 t /a 工程前期投产方案设计书 [R]. 1996.

[2] 安徽省地矿局 321 地质队. 铜陵冬瓜山铜矿出风井突水水文地质调查与研究报告[R]. 2002.

[3] 北京有色冶金设计研究总院. 狮子山铜矿冬瓜山矿床岩石力学试验报告[R]. 1998.

[4] 王文星. 岩体力学[M]. 长沙:中南大学出版社,2004.

[5] 郭然,潘长良,于润沧. 有岩爆倾向硬岩矿床采矿理论与技术[M]. 北京:冶金工业出版社,2003.

2 矿区原岩应力

　　岩体地下工程(例如矿山)与其他地表建筑工程的区别在于,前者是在先存在的原岩应力场中开挖和建造而成的,而后者是由建筑材料和构件建造而成的。因此,对于岩体地下工程来说,其荷载来自原岩应力,而其他地表建筑工程的荷载来自建筑材料和构件的自重。在一般情况下,原岩应力主要由岩体自重应力和构造应力组成,在某些特殊情况下,例如,在地表、地下水体附近,还有水压力,在岩浆活动区,还有温差应力。岩体自重应力可以根据岩石的平均密度作大致估算,而构造应力是构造运动之后残留在地壳岩体中的应力,是不能进行计算的。因此,原岩应力不能通过计算求得,只能实际测定。而地表建筑的荷载可以根据建筑材料和构件的质量进行计算。

　　在稳定性分析方面,对于地表建筑工程只要知道材料自重和建筑结构就可以进行分析,而对于岩体地下工程,不知道原岩应力,就无法进行稳定性分析。在原岩应力测定方法尚未出现之前,对于岩体地下工程的结构设计,往往是凭经验,而在进行稳定性分析时,也只考虑了岩体自重。这样就经常导致两个极端,一是安全系数过大,造成高成本和浪费;二是计算分析结果与实际相距甚远,导致工程失误。

　　20 世纪 60 年代中期,原岩应力测定的钻孔套孔应力解除方法已经成熟,70 年代水压致裂法已用于 5 km 以下深度的原岩应力测量。自此以后,解决了岩体工程稳定性分析中确定荷载这一难题。原岩应力测定也成了重大岩体工程(矿山工程和水利水电工程等)可行性研究阶段的一项重要工作。

　　原岩应力随深度的增大而增大,同时,对于深井矿山,除一般的稳定性分析外,还要进行岩爆(高应力条件下坚硬岩体中发生的动态破坏现象)预测和防治,因此,对于深井矿山,原岩应力测量尤为重要。

2.1　矿区地质构造应力场

　　地质构造应力可以根据区域或矿区构造分布进行分析,确定其最大主应力方向。这种分析可以用于指导原岩应力测量的测点布置和验证原岩应力测定结果的可信度。从大区域范围来看,铜陵狮子山矿区位于淮阳山字形构造体系的弧顶的偏前弧东翼部位,从受力的条件来看矿区范围主要承受北西或北北西向的地质构造应力场的作用与控制(图 2 - 1)。根据地震地质研究、大地地形变形量测资料及铜陵地区原岩应力量测,铜陵矿区现今的地质构造应力作用方向为北东方向,与山字形构造体系在矿区所形成的北西向或北北西向的地质构造应力作用方向明显区别,其主要原因在于,我国东部广大地区总体上受北东或北北东向的华夏或新华夏构造体系的控制,且因太平洋板块的俯冲挤压作用,与产生区域性山字形构造体系的近南北向的古构造应力场产生相应的复合效应,加之燕山运动以来大型岩浆岩体的侵入挤压作用及顶托作用,使矿区的构造应力状态进一步复杂化。铜陵狮子山矿区在地质发展史上经受过多期地质构造运动,相应地经受过多期地质构造应力场的作用,矿区的现今地质构造应力场则是多期及多种地质构造应力叠加、复合的结果。

　　纵观矿区的地质背景及地质构造条件,矿区既存在 NW 方向的构造残余应力,也经受

NE 向的地质构造应力的作用,且从总体上来说现今矿区范围内地质构造应力场的最大主应力或最大构造应力的作用方向呈现为北东方向。

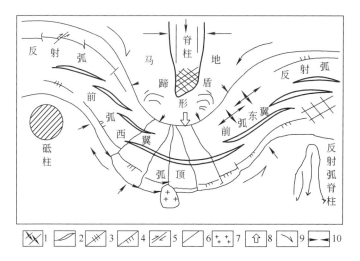

图 2-1 山字形构造的组成部分示意图

1—背斜;2—向斜;3—挤压带;4—冲断层;5—扭断层;6—张断层;7—花岗岩;

8—作用力方向;9—旋扭方向;10—主压应力方向

2.2 矿区原岩应力测量

为了解矿区原岩应力的大小及分布特征,为冬瓜山矿体采矿方法选择提供依据,采用了两种方法对矿区原岩应力进行了测量和分析研究,即钻孔套孔应力解除法和声发射法。

2.2.1 孔壁应力解除法原岩应力测量

这次测量采用 KX-81 型空腔包体式三轴应变计,分别在 -460 m 及 -730 m 水平各完成两个测点的应力量测。其中两个测点分别布置在邻近冬瓜山矿体的大团山矿体中,具体位置在大团山 -460 m 中段的 23 号川脉及 29 号川脉巷道中(图 2-2)。另两个测点分别布置在冬瓜山矿床的顶部矿体中,具体位置在 -730 m 水平的 29 号川脉东段及 48 号川脉的西段。

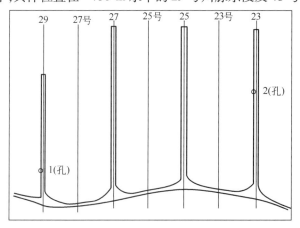

图 2-2 -60 m 中段地应力测点分布(大团山 xl_2 矿体)

2.2.1.1 测定原理及方法

空腔包体式三轴应变计量测钻孔壁面应变或应力,然后根据孔壁应力与钻孔附近周围应力场的关系计算确定原岩三维应力状态。岩体中一点的应力状态,可以用直角坐标系 0 – XYZ 中 6 个独立的应力分量来表示(图 2 – 3),它们是 3 个正应力 σ_x、σ_y、σ_z 及 3 个剪应力 τ_{xy}、τ_{yz}、τ_{zx}。

假定岩体是均质各向同性的弹性介质且承受一种均匀的周围应力场的作用,若在其中钻进一个半径为 a 的钻孔,钻孔周围一定范围岩体中应力必将重新分布,且可以用图 2 – 4 中所示 0 – $r\theta z$ 圆柱坐标系中相应的 3 个正 σ_r、σ_θ、σ_z 及 3 个剪应力 $\tau_{r\theta}$、$\tau_{\theta z}$、τ_{rz} 来表示、它们与直角坐标系中的 6 个应力分量存在如下的关系:

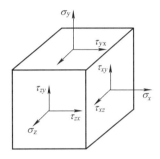

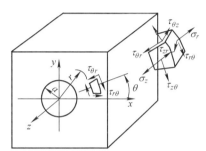

图 2 – 3 岩体中一点的应力   图 2 – 4 钻孔周围岩体的应力状态

$$\sigma_r = \frac{\sigma_x + \sigma_y}{2}\left(1 - \frac{a^2}{r^2}\right) + \frac{\sigma_x - \sigma_y}{2}\left(1 - 4\frac{a^2}{r^2} + 3\frac{a^4}{r^4}\right)\cos2\theta$$

$$+ \tau_{xy}\left(1 - 4\frac{a^2}{r^2} + 3\frac{a^4}{r^4}\right)\sin2\theta \tag{2-1a}$$

$$\sigma_\theta = \frac{\sigma_x + \sigma_y}{2}\left(1 + \frac{a^2}{r^2}\right) - \frac{\sigma_x - \sigma_y}{2}\left(1 + 3\frac{a^4}{r^4}\right)\cos2\theta - \tau_{xy}\left(1 + 3\frac{a^4}{r^4}\right)\sin2\theta \tag{2-1b}$$

$$\sigma_z^* = \sigma_z - 2\mu(\sigma_x - \sigma_y)\frac{a^2}{r^2}\cos2\theta - 4\mu\tau_{xy}\frac{a^2}{r^2}\sin2\theta \tag{2-1c}$$

$$\tau_{\theta z} = \tau_{yz}\left(1 + \frac{a^2}{r^2}\right)\cos\theta - \tau_{xz}\left(1 + \frac{a^2}{r^2}\right)\sin\theta \tag{2-1d}$$

$$\tau_{r\theta} = -\frac{\sigma_x - \sigma_y}{2}\left(1 + 2\frac{a^2}{r^2} - 3\frac{a^4}{r^4}\right)\sin2\theta + \tau_{xy}\left(1 + 2\frac{a^2}{r^2} - 3\frac{a^4}{r^4}\right)\cos2\theta \tag{2-1e}$$

$$\tau_{rz} = \tau_{yz}\left(1 - \frac{a^2}{r^2}\right)\sin\theta + \tau_{xz}\left(1 - \frac{a^2}{r^2}\right)\cos\theta \tag{2-1f}$$

在实际应力解除过程中,钻孔是水平或近乎水平方向的,在这种情况下,直角坐标系是这样规定的,Z 轴沿钻孔轴向且指向孔口,X 轴为水平下向,Y 轴是垂直的。圆柱坐标系中的 Z 轴与 Z 轴方向一致。若令上式中的 $r = a$,则可以得到钻孔孔壁的应力与原岩应力的关系式:

$$\left.\begin{aligned}
\sigma_r &= 0 \\
\sigma_\theta &= (\sigma_x + \sigma_y) - 2(\sigma_x - \sigma_y)\cos 2\theta - 4\tau_{xy}\sin 2\theta \\
\sigma_z^* &= \sigma_z - 2\mu(\sigma_x - \sigma_y)\cos 2\theta - 4\mu\tau_{xy}\sin 2\theta \\
\tau_{\theta z} &= 2(\tau_{yz}\cos\theta - \tau_{xz}\sin\theta) \\
\tau_{r\theta} &= 0 \\
\tau_{zr} &= 0
\end{aligned}\right\} \qquad (2-2)$$

式(2-2)中的 3 个非零应力分量可以用粘贴于钻孔壁的电阻应变花进行量测,通常采用如图 2-5 所示的直角应变花,应变 A 在 θ 方向,B 在 Z 方向,而应变计 C 为 45°方向。这时,其应力与应变之间的关系是:

$$\left.\begin{aligned}
\sigma_A &= \frac{E}{2}\left(\frac{\varepsilon_A + \varepsilon_B}{1-\mu} + \frac{\varepsilon_A - \varepsilon_B}{1+\mu}\right) \\
\sigma_B &= \frac{E}{2}\left(\frac{\varepsilon_A + \varepsilon_B}{1-\mu} + \frac{\varepsilon_A - \varepsilon_B}{1+\mu}\right) \\
\tau_{AB} &= \frac{E}{2}\left(\frac{2\varepsilon_C - (\varepsilon_A - \varepsilon_B)}{1+\mu}\right)
\end{aligned}\right\} \qquad (2-3)$$

且 $\sigma_A = \sigma_\theta$、$\sigma_B = \sigma_z$、$\tau_{AB} = \tau_{\theta z}$。式中,$E$、$\mu$ 分别为岩石弹性模量及泊松比。应该指出的是,为了增加三轴应变计测量的可靠性,KX-81 型空腔包体应变计中的直角应变花采用了 4 个电阻片,不但可以取得较多的应变数据,且可以进行相互校核或补充,因为根据弹性理论,对于平面应力状态来说,任何两个相互垂直方向的应变值之和均相等,即:

$$\varepsilon_A + \varepsilon_B = \varepsilon_C + \varepsilon_D$$

KX-81 型空腔包体应变计是粘贴在环氧树脂圆筒表面的 12 个电阻应变片,这些应变片组成 3 个电阻应变花,它们沿空腔包体的外表圆周间隔120°粘贴,每组应变花中的 4 个电阻应变片相互夹角为45°布置构成直角应变化,如图 2-5 所示。电阻应变花在空心包体外表面的布置形式如图 2-6所示。电阻应变花外表覆盖环氧树脂的厚度约为 0.5 mm 左右,空腔包体环氧树脂筒有足够大的内腔,用了装填黏结剂。安装或埋置空心包体应变计探头时,将其内腔装满黏结剂,借助环氧树脂柱塞压入空腔包体内腔,将其中的黏结剂挤入应变计与钻孔壁之间的缝隙,经过 24 h 的固化,空心包体应变计牢固地粘贴在钻孔孔壁(图 2-7),然后用套孔取心方法对其进行应力解除。

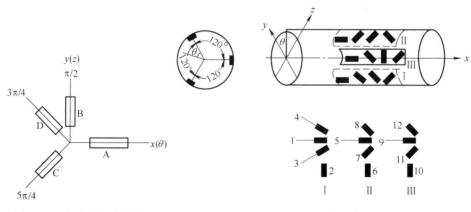

图 2-5　电阻应变片的布置　　　　　图 2-6　空腔包体应变花的布置

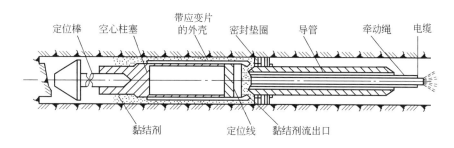

图 2-7 空腔包体三轴应变计

为了可靠地测定岩体中的三维应力状态,在钻孔中埋置 KX-81 型应变计探头时需精确地定向,应变计探头的定向采用重锤式定向仪,不但结构简单,而且使用方便。应力解除过程中用电阻应变仪跟踪监测应变计探头中各电阻应变片的应变值,可以得到套孔应力解除过程中应变变化曲线。据此可以计算并确定岩体中的各原岩应力分量及原岩应力状态。

假定岩石为均质、各向同性的弹性介质,应变计中各应变片的应变与诸应力分量之间存在如下的关系:

$$
\left.\begin{aligned}
E \cdot \varepsilon_{\theta i} &= (\sigma_Y + \sigma_Z)K_1 + 2K_2(1-\mu^2)\left[(\sigma_Z - \sigma_Y)\cos2\theta_i - 2\tau_{yz} \cdot \sin2\theta_i\right] - \mu\sigma_X \cdot K_4 \\
E \cdot \varepsilon_{xi} &= \sigma_X - \mu(\sigma_Y + \sigma_Z) \\
E \cdot \varepsilon_{\pm45°i} &= 0.5\{(1-\mu K_4)\sigma_X + (K_1-\mu)(\sigma_Z + \sigma_Y) + 2(1-\mu^2)\left[(\sigma_Z - \sigma_Y)\cos2\theta_i\right. \\
&\quad \left. -2\tau_{zy}\sin2\theta_i\right] \cdot K_2 \pm 4(1+\mu)\left[\tau_{yx}\cos\theta_i - \tau_{xz}\sin\theta_i\right]K_3\} \quad (i=1,2,3)
\end{aligned}\right\}
\tag{2-4}
$$

式中　　　　　　　$\varepsilon_{\theta i}$——周向(切向)应变值;

　　　　　　　　　ε_{xi}——轴向应变值;

　　　　　　　　$\varepsilon_{\pm45°i}$——斜向应变值;

　　　　　　　　　E——岩石的弹性模量;

　　　　　　　　　μ——岩石的泊松比;

K_1、K_2、K_3、K_4——相应的修正系数。

根据上述理论关系式,每组应变花可以获得 4 个方程,KX-81 型应变计探头中共有 12 个电阻应变片,可以获得相应 12 个方程,由于轴向的 3 个应变片的应变在理论上应该相等,显然,上述 12 个方程中只有 10 个是独立的,且由其中适当选取 6 个,便可以确定原岩中三维应力状态的 6 个应力分量,进而计算 3 个主应力的大小及方向。

如上所述,用 KX-81 型应变计量测岩体应力,假定岩石为均质各向同性及弹性介质,需要确定岩石的弹性参数,即岩石的弹性模量 E 及泊松比。实践表明,影响岩体应力的弹性参数主要是弹性模量 E,一般说来岩石泊松比的值影响不大。岩石的弹性模量利用应力解除的套孔岩心在围压率定机上测定,这时的套孔岩心类似一个厚壁圆筒,其弹性模量与围压及应变计中切向应变之间存在如下关系:

$$
E = \frac{p}{\varepsilon_0}\left(\frac{2}{1-\dfrac{D_r}{D_R}}\right)
\tag{2-5}
$$

式中　p——围压值;

ε_0——应变计中应变片的切向应变值;

D_r——套孔岩心的内径;

D_R——套孔岩心外径。

用围压率定器测定岩石的弹性模量,不仅可以在现场进行测定,直接利用套孔应力解除的岩心,而且测定的弹性模量值比较可靠。

原岩应力计算公式(2-4)中的 K_1、K_2、K_3、K_4 为修正系数,是岩石弹性模量 E_r、环氧树脂包体的弹性模量 E_p、切向应变片所在点的半径 R 的函数,且一般事先标定,届时可以根据表 2-1 适当选取。

表 2-1 KX-81 型三轴应变计修正系数

E_p / E	R	K_1	K_2	K_3	K_4
20	17	1.18	1.20	1.11	0.88
20	17.5	1.12	1.13	1.08	0.91
20	18	1.07	1.07	1.05	0.95
10	17.5	1.10	1.08	1.08	
5	17.5	1.08	1.02	1.08	
3	17.5	1.01	1.00		

2.2.1.2 量测结果

对每个测点的三维原岩应力量测,可以根据测点的 6 个独立的应力分量计算 3 个主应力的大小及方向。为了直观地了解各主应力地理方位及倾斜方向,可以用下式求出各主应力与水平面的夹角 α_i 及其在水平面上的投影与直角坐标系中 X 轴间的夹角 β_i(如图 2-8 所示)。

$$\left.\begin{array}{l} \alpha_i = (\pi/2)\arccos m_i = \arcsin m_i \\ \beta_i = \arctan(n_i/l_i) \end{array}\right\}$$

式中,l_i、m_i、n_i 分别为主应力 σ_i 与 X、Y、Z 3 个坐标轴夹角的方向余弦,$i = 1$、2、3。

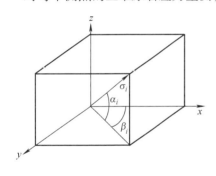

图 2-8 主应力的地理方位角

-460 m、-730 m 4 个测点的地应力量测量结果见表 2-2,由于每个测点均进行了必要的重复量测,且其量测数值之间存在一定的离散

表 2-2 -460 m、-730 m 中段原岩应力实测结果

测点号及测点位置	σ_1	σ_2	σ_3	α_1	α_2	α_3	β_1	β_2	β_3
1 号,-460 m 大团山 29 号川	26.08	9.92	9.72	6.13	5.22	81.8	241.20	150.63	20.17
2 号,-460 m 大团山 23 号川	22.44	12.91	10.99	3.08	83.56	-5.68 (5.68)	53.81	172.17	143.50 (323.50)
1 号,-730 m 冬瓜山 50 号川	32.75	12.23	8.69	2.25	25.81`	-64.08 (64.08)	48.31	317.22	322.95 (142.95)
2 号,-730 m 冬瓜山 48 号川	34.33	16.47	13.84	6.37	44.39	-44.90 (44.90)	248.42	152.13	164.81 (341.81)

性。表 2－2 中的量测结果均为其经过数据处理后的平均值。各测点主应力。各测点主应力的空间方向如图 2－9、图 2－10 所示。

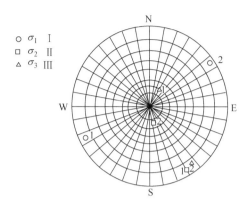

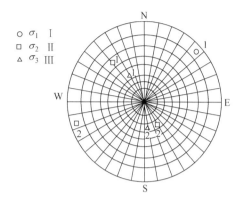

图 2－9　　－460 m 实测主应力作用方向极点　　　图 2－10　　－730 m 实测主应力作用方向极点

2.2.2　声发射法原岩应力测量

该法借助于凯塞效应进行原岩力测定,即通过对岩石进行凯塞效应实验研究确定原岩应力。

通常认为,现场钻孔套孔应力解除法是确定岩体应力大小及作用方向的有效方法,但现场岩体应力量耗时和费用都比较高测点有限,且受工程环境、施工条件和岩石条件影响。新近发展的声发射法可以在实验室条件下进行大量的实验测定,为评价研究矿区的原岩应力场提供了一种简单、方便、省钱的手段。

2.2.2.1　测量原理与方法

A　凯塞效应

一种材料,如果曾经承受过应力作用,在实验室条件进行再加载的过程中,在未达到先前曾经受过的某一应力水平时,很少或基本上没有声发射现象,当达到先前所承受的应力水平时,其声发射现象则突然增加,这种现象称作凯塞(Kaiser)效应,同时被看作材料对受力历史的记忆功能。

从微观机制来看,声发射是岩石材料中的微裂隙扩展发射出声波的一种现象。岩石是地质发展史中的产物,其中存在众多的微细裂纹。在对岩石试件加载过程中,当应力达到加载方向先前所受的最大应力水平时,不仅可能使原有裂纹进一步扩展,而且可能产生一些新的裂纹,这就是岩石对所受应力具有声发射凯塞效应的微观机制。岩石是地质体的组成部分,在漫长地质发展史上承受某一应力水平原岩应力的作用,其变形可视为长期静载作用而产生蠕变变形,相应的裂纹扩展,无论是原有微裂隙的继续扩张或新的微裂隙的产生都具蠕变扩张的特点。蠕变裂纹的再扩张对产生这些蠕变裂纹时所经受的应力水平特别敏感,是存在凯塞效应的本质原因,因为未达到或超过先前承受的某一蠕变应力时,所受的荷载具瞬时荷载的特点,岩石中的蠕变裂纹一般不扩张或者很少扩张。

B　声发射实验系统

声发射实验研究采用 AE-400 型声发射仪,其实验系统如图 2－11 所示。它主要包括加载系统,声发射参数及载荷模拟量量测系统,数据自动处理微机系统,以及定区监测标定系统四大部分。加载系统采用 20 t 压力机,压力机的压力与声发射仪间的连接采用电感式位移传感器,以实现压力(应力)与电讯号间的转换。声发射参数及载荷模拟量量测系统,可以同时监测 5 个参量(3 个声发射参量及 2 个模拟参量),在试验过程中主要采集声发射事件数及模拟载荷参量作为分析声发射特性的主要参量。数据自动处理微机系统配合多功能的软件,使声发射实验量测具有智能化的特点和功能。试验过程中声发射参量及模拟量由微机自动采集处理,定时存盘,可在显示器上对每种声发射参量按不同的要求用对数累计、对数比率、线性累计及线性比率等定时分幅显示,并由打印机打印输出。定区监测标定系统(图 2 - 12)可以保证对岩样测定区域的声发射参数进行有效的监测,避免定区监测范围以外的声发射信号进入监测系统。这对岩样的声发射实验具有重要的意义。在试验过程中可以避免岩样端面与压机承压板之间产生的端面效应的影响,不需在岩样的端部采用衬垫,从而使试验结果更为可靠。

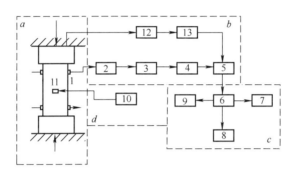

图 2 - 11   声发射凯塞效应

a—加载系统;b—声发射参数及荷载模拟量量测系统;c—数据自动处理微机系统;d—定区监测标定系统;
1—声发射接受探头;2—前置放大;3—带通滤波器及主放大;4—声发射事件与鉴别单元;5—接口单元(A/D 转换);6—微机处理;
7—存储器;8—打印输出;9—显示器;10—模拟源;11—声发射探头;12—电感位移传感器;13—电压放大器

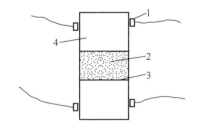

图 2 - 12   声发射定区监测标定
1—探头;2—定区监测标定点;
3—定区监测范围;4—岩样

C   采样、制样及测点选择

声发射法测定原岩应力需要在矿山现场采集定向岩样,为了确定岩体中的三维应力状态,至少需要采集 3 个正交平面上 6 个确定方向的定向岩样(图 2 - 13),且为了保证实验测定结果的可靠性,不但选用了 4 个互成 45°夹角的直立面,且在包括水平面在内的每个平面上的 4 个互成 45°的独立方向上分别采集定向岩样(图 2 - 14)。这样采集的 13 个独立方向的定向岩样,不但可以对每个平面上及相关平面间的实验测定结果提供必要的多余量测,且 5 个采样平面实际上组成了两个相互独立的实验测定系统,不仅提供了必要的多余量测,且可以对实验测定结果进行必要的补偿和校正,提高实验测定结果的精度及可靠性。

钻孔采集定向岩样有两种方法,一种方法是单孔采集岩样,这时要求在钻孔中能对岩心精确地定向,岩心直径不小于 90 mm,以便于在该岩心中按不同的方向切取实验岩样。这种方法需要利用特定的钻孔岩心定向设备,对于一般的工程单位往往因没有这种定向器。另一种方法是在不同的方向钻取直径较小的钻孔群,以此获得所需要的不同方向上的定向岩样。这种方法虽然避免了钻孔中岩心定向的困难,但钻孔工作量大,且矿山现场往往不具备钻进不同方向系列钻孔的场地和条件。基于上述原因,虽然钻孔采集定向岩心具有明显的优点,但对于已开挖巷硐或者在测点附近已进行开挖工程的、往往在巷硐壁面上切取定向岩块替代定向岩心更为方便。冬瓜山矿体在狮子山矿井及大团山矿井的基础上向深部进行了延伸开拓、最深的井筒已延伸至 −1054 m 水平,并在相应的中段开挖了相应的水平开拓巷道(石门、平巷),从而具备了在适当区段的巷道壁采集定向岩块的条件。因此,在冬瓜山−910 m 及大团山−280 m 中段都采用了在巷道壁采集定向岩块加工岩样的方法。

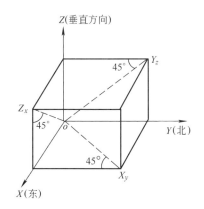
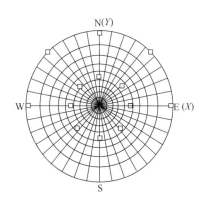

图 2 − 13　采集岩样的直角坐标系统　　图 2 − 14　定向岩样方向的极点

（方形点为岩样方向的极点）

　　在巷道壁采集定向岩块,一般选择岩体完整或比较完整且壁面比较平整处,每个测点采集了五块定向岩块,每块岩块的尺寸为 20 cm×30 cm×20 cm 左右。一般先在平整的壁面处用风钻钻凿深 20 cm 左右,在壁面上布置成 20 cm×30 cm 左右的连续切割槽,然后再用适当的方法进行侧向切割、每块定向岩块用于切割加工一个相应平面上不同方向上的定向实验岩样,每个方向作为一组应不少于 6 个实验岩样,岩样尺寸为 2.5 cm×2.5 cm×60 cm,每个定向岩块均应精确地定向,以保证实验岩样及实验结果的可靠性,由于巷硐壁面常为直立面,在每个岩块的壁面上应用油漆分别划出一个水平方向的箭头及指向上的垂直向箭头,且标明水平箭头的方位,这样,就可以对岩块精确地定向。如果壁面不平整,则可用一小平板的一边紧靠箭头的水平线且将平板贴在岩块壁面上,比较精确地量测箭头的指示方位及壁面的倾向及倾角;如果壁面很不平整的话,应在壁面上用油漆标出小平板与壁面间的 3 个接触点,以保证岩块重复定向的可靠性。用定向岩块切割加工实验岩样首先是将岩块锯切成 5 个确定平面方向上的岩板,再在每个岩板上分别按 45°夹角的不同方向锯切成相应尺寸的岩条,进而加工成实验岩样。

　　实验测点的选择主要根据矿山工程的实际需要。从全面评价矿山原岩应力场的分布特征来看,不但应该了解矿区原岩应力场沿深度的变化,而且还应该了解原岩应力在矿区范围内不同部位的分布变化规律,但这样矿区原岩应力量测及实验测定的工作量太大了,且对矿区来说这不一定具备这样的场地和工程条件。综合地分析了狮子山下的地质条件及工程的施工开挖情况、并考虑到 1993 年及 1995 年已分别在矿区的 −460 m 水平(大团山)及

- 730 m(冬瓜山)两个水平进行了原岩应力现场量测(即钻孔套孔应力解除)工作,这次还在狮子山矿区靠近地表的 - 280 m 水平及深部 - 910 m 水平布置两个实验测点便可比较全面地了解 矿区原岩应力场沿深度的变化规律及其变化趋势,预测冬瓜山矿体开采可能存在的地质工程问题。 - 280 m 及 - 910 m 实验岩样采样点的位置分别如图 2 - 15 及图 2 - 16 所示。实验岩样采样点情况见表 2 - 3,表中亦列出了 - 460 m、- 730 m 中段原岩应力现场量测点的情况。为方便现场岩块的采集,这次 - 280 m 及 - 910 m 采岩样迁就利用了巷道壁出露的比较平整的节理面,精确地测定节理面的走向、倾向及倾角,达到精确定向的目的。- 280 m 中段所采集岩块的走向基准节理面的产状为走向 175°,倾向 NE85°,倾角 89°;- 910 m 中段所采集岩块的定向基准节理面的产状为走向 30°,倾向 NW60°,倾角 21°。

冬瓜山矿区 - 280 m、- 910 m 中段原岩应力测量声发射法试验各加工制作了 96 个定向岩样。

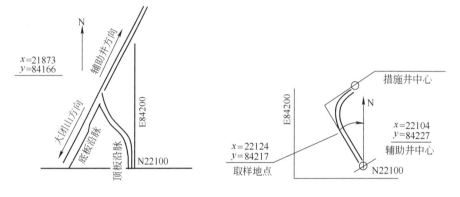

图 2 - 15 - 280 m 中段采样点位置   图 2 - 16 - 910 m 中段采样点位置

表 2 - 3 地应力测点或实验点情况

测点所在中段	测点	测点或采样点位置	测点处坐标	岩 性	备 注
- 280 m 测点		冬瓜山辅助井和大团山副井间,底盘沿脉巷道与顶盘沿脉巷道的联络巷道中,近底盘沿脉巷道处	X21873 Y81166	石英闪长岩及矽化闪长岩	距冬瓜山辅助井南西方向 239 m
- 460 m	1 号	矿区大团山矿体 - 460 m 中段 29 号川脉巷道	X21751 Y83940 (大团山副井)	大团山矿体、含铜矽卡岩、含铜磁黄铁矿	因不知测点标高,暂以大团山副井坐标参照
	2 号	大团山矿体 460 m 中段 23 号川脉用巷道	X21751 Y83940 (大团山副井)		
- 730 m	1 号	冬瓜山矿体 730 m 中段 50 号川脉东侧矿体中,距脉内沿脉巷道 12 m	X22380 Y84222	冬瓜山矿体,含铜矽卡岩、含铜磁黄铁矿	冬瓜山 - 730 m 中段 50 号川脉东侧
	2 号	- 730 m 中段冬瓜山矿体中 48 号川脉西侧,距脉内沿脉巷道 25 m	X22298 Y84159		冬瓜山 - 730 m 中段 48 号川脉西侧
- 910 m		冬瓜山辅助井马头门附近,在辅助井井底车场巷道的西壁取样	X22124 Y84217	矽化闪长岩	距辅助井中心 22 m,距冬瓜山措施井(盲井) 12.7 m

2.2.2.2 声发射实验及测定结果

A 声发射凯塞效应点的确定

由于表现声发射特性的多个参量(事件、振铃、能量、突发波等)中,声发射事件数能比较充分地体现声发射特性,所以在声发射实验中,一般均采用声发射事件的各种曲线。由于AE声发射事件的线性累计及线性比率曲线最能够反映岩样声发射凯塞效应的特性,因而一般均采用声发射事件的线性累计、线性比率曲线及荷载曲线,声发射凯塞效应在不同的曲线上有不同的表现形式,在声发射效应事件的线性累计曲线上,表现为曲线的突然变陡,而在声发射事件的线性比率曲线图中则表现为AE脉动群的出现,上述均可以看作是声发射凯塞效应的特征。当然,在把握及认识这些特征及与凯塞效应所对应的应力水平评价时,对这些特征还应进行具体的分析,才能保证对与凯塞效应对应应力水平的评价具有较高的可靠性,在具体分析时,一般取声发射事件线性累计曲线突然由缓变陡时的拐点,或者是声发射事件线性比率曲线图上的AE脉冲群的起始部位,作为确定与声发射凯塞效应对应应力水平的特征点,以此确定相应的应力水平。

由于声发射活动是一个时间过程,如果不取声发射脉冲群的起始部位或线性累计曲线开始变陡处的起点,而是取声发射脉动群的峰值或其密度中心,那么分析计算出来的应力水平一般要比实验应力偏高,偏高的程度则视声发射事件脉冲群的延续及集中分布的程度,声发射凯塞效应实验所得出的应力一般比实验应力量测所得的应力值偏高,可能与此有关。

B 测定结果

根据岩样的实验测定,可以获得实验测定的部分结果(表2-4)。为了避免烦琐,只列出其中3个岩样的实验曲线如图2-17所示。

对表2-4中的实验测定结果进行分组统计可以得到表2-5,表中分组号1中的应力值为各相应定向岩样实验测定应力的综合加权平均值,分组号2为各相应定向岩样实验测定应力的大值平均值,分组号3为相应定向岩样实验测定应力的小值平均值。根据这些实验测定应力值,利用计算程序便可以比较方便地确定各测定点的原岩应力状态,包括主应力的大小及作用方向。

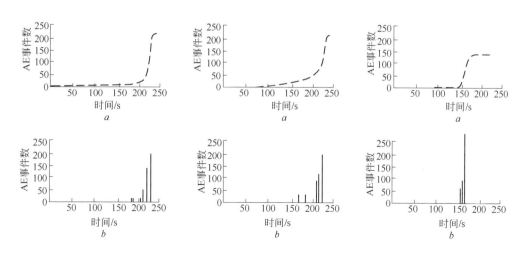

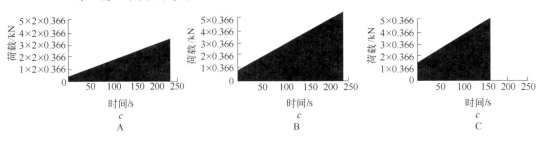

图 2 - 17 - 280 m 中段测点定向岩样典型声发射实验曲线

A—X5 岩样；B—Y4 岩样；C—Z10 岩样

表 2 - 4 冬瓜山铜矿声发射凯塞效应测试结果

采掘深度/m	岩性	试件尺寸		岩性组号	试件方向	凯塞应力/MPa										加权值	备注
		长×宽×高/mm×mm×mm	S/mm²			1	2	3	4	5	6	7	8	9	10		
-910	矽化闪长岩	20×20×60	400	I	X	38.5	△	35.2	34.8	36.1	35.2	3.5	38.8	△	△	39.6	"△"表示该试件含有微裂隙
					Y	32.4	28	27.7	33	33.3	33	30.8	33.2	△	36.6	32.8	
					Z	35	35.3	35	35.5	△	31.5	30.6	30.2	29.1	29.8	32.4	
					XY	32.8	31.7	△	30.8	29.1	37.5	△	37.9	39.9	△	34	
					(-XY)	34.4	28.0	27.7	33	33.3	33.0	30.8	33.2	△	36.6	32.8	
					YZ	33.3	36.6	33.3	29.1	27.7	33	31.7	32.8	31.7	30.8	32.5	
					ZX	33	32.7	30.0	33.3	△	33.2	31.5	31.5	31.1	33.3	32.2	
-280	石英闪长岩及矽化闪长岩	20×20×60	400	II	X	20.1	17.9	16.5	14.8	20.1	19.5	17.2	16.3	18.4	17.7	18.2	
					Y	14.7	17.1	9.2	18.4	△	14.1	15.1	16.2	16.6	17.8	15.3	
					Z	△	△	8.7	13.4	△	18.8	9.2	13.9	15.4	15.8	13.7	
					XY	15.1	△	19.9	18.7	17.4	△	△	17.5	16.1	21.6	18.8	
					(-XY)	17.6	△	21.5	15.8	△	16.7	△	18.8	△	△	18.8	
					YZ	17.7	17.6	16.4	19.4	14	16	△	16.9	17.3	14.2	16.5	
					ZX	△	18.3	20.1	△	15.4	16.9	16.4	17	△	△	17	

表 2 - 5 冬瓜山岩样声发射凯塞效应实验结果分组统计

测点	分组号	定向试样实测应力/MPa						主应力/MPa			主应力倾角/(°)			主应力方位角/(°)		
		X(E)	Y(N)	Z(L)	XY	YZ	ZX	σ_1	σ_2	σ_3	α_1	α_2	α_3	β_1	β_2	β_3
-280 m	1	18.2	15.3	13.7	18.1	16.5	17.0	19.3	15.6	12.3	18.4	27.1	56.4	247.3	147.6	7.3
	2	20.0	16.8	15.1	19.9	18.2	18.7	21.2	17.1	13.5	18.7	27.6	55.7	247	146.8	6.7
	3	16.4	13.8	12.3	16.3	14.9	15.3	17.4	14.1	11.1	18.5	26.8	56.6	247.1	147.4	7.6
-910 m	1	36.9	33.0	32.4	34.0	32.5	32.2	38.1	33.1	31.1	22.7	19.9	59.0	249.6	150.9	23.7
	2	40.5	36.3	35.6	37.4	35.8	35.4	41.9	36.3	34.3	22.6	18.6	60.1	250	151.9	26.3
	3	33.2	29.7	29.2	30.6	29.3	29.0	34.4	29.7	28.1	22.9	19.6	59.1	249.7	151.1	24.5

注：1. 分组号 1 为加权平均值，分组号 2 为大值加权平均值，分组号 3 为小值加权平均值；

2. 方位角为地理方位角；

3. 倾角取俯角为正，仰角为负。

2.2.2.3 测定结果分析

由于岩体的建造与改造等各种地质因素及试验技术、方法的可靠性因素，与其他各种岩石力学方法的试验测定结果一样,用声发射凯塞效应测定岩体中应力的测定结果亦会有一定的分散性。为了解决这一问题,一般采用多样本实验测定结果的基础上的综合分析评价方法。

冬瓜山矿区、–280 m、–290 m 中段测点,每个方向的定向岩样均取 10 个样本,由实验测定结果表中可以看出,单个样本的离散性一般为 ±10% 左右,最大可达 15% 左右,个别的可能更高些,这些都是正常的范围。为减少误差,使结果更为可靠,除完善实验技术及实验条件外,还对实验测定的结果进行了数据综合处理,其方法是进行综合加权平均,并将各样本的实验测定结果分为大值及小值两组,视每个样本的具体情况考虑其权数,据此可获得每个实验测点的三组原岩应力数据,即综合加权平均值、大值加权平均值及小值加权平均值三组。

从结果来看,三组原岩应力数据的各主应力之间的波动范围一般不超过 ±10%,主应力倾角 α 及主应力方位角 β 的波动范围最大亦不超过 25°。显然实验测定的结果是比较可信的(图 2 – 18、图 2 – 19)。

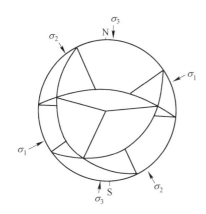

图 2 – 18　–280 m 测点主应力分布赤平投影

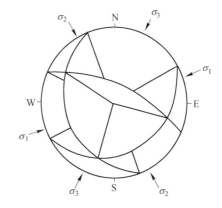

图 2 – 19　–910 m 主应力分布赤平投影

图中 3 个平面分别为 3 个主应力 σ_1、σ_2、σ_3 的作用平面,其倾向线的产状分别代表各主应力的空间作用方向。由图中 3 个平面可以比较直观地判定 3 个主应力的倾角大小及其在水平面上投影的方位。

比较 –280 m、–910 m 测点各主应力的综合加权平均数据(见表 2 –5)可以看出,主应力倾角 α 的最大差值分别为 $\Delta\alpha_1 = 4.3°$,$\Delta\alpha_2 = 7.2°$,$\Delta\alpha_3 = 2.6°$;主应力方位角 β 的最大差值 $\Delta\beta_1 = 2.3°$,$\Delta\beta_2 = 3.3°$,$\Delta\beta_3 = 16.4°$。虽然 –910 m 测点的应力要比 –280 m 测点的应力要大得多,但两实验测上点各对应主应力的作用方向(包括其倾角及方位角)是非常相似的,且最大主应力 σ_1 及中间主应力 σ_2 分别作用在近似水平方向的 NE-NEE 方向及 SE-SSE (NW-NNW)方向,最小主应力 σ_3,均为近似垂直方向,说明矿区最大地质构造应力作用在 NE-NEE 方向,最小地质构造应力作用在 SE-SSE(NW-NNW)方向,垂直应力为最小主应力方向。

根据实验结果,可以求出两测点所在部位最大和最小主应力的水平投影 σ_1' 和 σ_2',作出相应的应力椭圆(图 2 –20)。

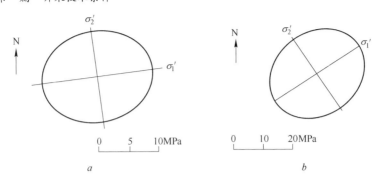

图 2 - 20 冬瓜山矿区测点部位水平面上的应力分布

a——-280 m 测点;b——-910 m 测点

-280 m 测点及 -910 m 测点 σ_1' 均在 NE 至 NEE 方向,σ_2' 则在 NW 至 NNW 方向,说明在 NE-NEE 方向存在最大的地质构造应力作用。从水平面上的应力分布状态来看,无论是 σ_1' 还是 σ_2',亦无论是 -280 m 测点还是 -910 m 测点,其值不但均大于相应深度的岩体垂直自重应力,而且更远大于由岩体自重引起的水平应力。在地质时期矿区存在多期地质构造应力或残余构造应力的作用,既有 NE 方向的,亦有 NW 方向的,而现今测定结果多期地质构造应力或构造残余应力的叠加、复合。一般来说,σ_1' 的作用方向表征最新的地质构造应力作用方向。此外,在水平面上,无论是 -280 m 中段还是 -910 m 中段,水平面上的 σ_2' 与 σ_1' 之间的差值不太大,不超过 20%,说明最大主应力不占特别优势地位。

应该指出的是,水平面上的应力,无论是 σ_1' 还是 σ_2' 虽然均比岩体自重垂直主应力要大,体现了地质构造应力场的特征,但地质构造应力或残余构造应力实际上比 σ_1' 及 σ_2' 要小,因为在 σ_1' 或 σ_2' 中还包含了相应岩体自重应力引起的那部分水平应力效应。

需要指出的是,声发射凯塞效应用于原岩应力测定虽然有其明显的优点,但正如各种现场原岩应力的量测方法一样,也有其适用的条件,一般来说对大多数金属矿山的岩性条件应该是适用的。这种原岩应力测定方法 10 多年前日本及美国已用于工程实践,我国自 1985 年前后也开始研究并逐渐应用于工程实践,三山岛金矿、南桐矿务局、阳泉矿务局等矿山,二滩、锦屏、溪落渡、官渡等坝址,以及泰山抽水蓄能电站、辽河油田等工程,应用凯塞效应评价原岩应力均收到较好的效果。在二滩坝址及龙头石坝址还将原岩应力现场量测的结果与凯塞效应测定的结果进行了对比,二滩 3 个对比试验钻孔的结果显示,实测钻孔方向上的应力分别为 15.6 MPa、24.0 MPa、74 MPa,而凯塞效应测定的相应平均应力分别为 14.3 MPa、27.3 MPa、80 MPa,显然凯塞效应实验测定的应力与现场量测的结果比较一致,虽然应力值一般要高些,但一般不超过 10%,其倾角及方位角的误差也在合理的范围之内,说明利用凯塞声发射效应实验测定、评价原岩应力是一种有效的实用方法。

2.3 矿区原岩应力场分布特征及其应用

2.3.1 矿区原岩应力场的分布特征

在矿区 -460 m 及 -730 m 水平采用孔壁应力解除法进行的原岩应力测定和在 -280 m 中段及 -910 m 中段采岩样、在实验室内采用声发射法进行的原岩应力测定的基础上,可以进行矿区原岩应力分布特征的分析。由于这些原岩应力测量分布在矿区范围内不同中段（深度），且在相距不远的范围内，为这种分析提供了有利的前提条件。

汇总矿区各中段原岩应力量测及实验测定的结果、可以得到表2－6，并将其绘制成主应力作用方向的极点投影图（图2－21）。

表2－6　冬瓜山矿区原岩应力测量及实验结果

测点中段	测点编号		测点岩性	主应力/MPa			主应力倾角/(°)			主应力方位角/(°)		
	原编号	现编号		σ_1	σ_2	σ_3	α_1	α_2	α_3	β_1	β_2	β_3
－280 m		1	石英闪长岩及矽化闪长岩	19.3	15.6	12.3	18.4	27.1	56.4	247.3	147.6	7.3
－480 m	1	2	矿体(含铜矽卡岩、含铜磁黄铁矿)	26.08	9.92	9.72	6.13	5.22	81.81	241.2	150.63	20.47
	2	3		22.44	12.91	10.99	3.08	83.56	5.08	53.81	172.1	323.50
－730 m	3	4	矿体(含铜矽卡岩等)	32.75	12.23	8.69	2.25	25.81	64.08	48.31	317.22	142.95
	4	5		34.33	16.47	13.84	6.37	44.39	44.90	248.42	152.13	344.81
－910 m		6	矽化闪长岩	38.1	33.1	31.1	22.7	19.9	59	249.6	150.9	23.7

注：1. 方位角β为主应力在水平面上的投影与正北方向的夹角，同地理方位角，正北方向为零，顺时针为正；

　　2. 倾角α为主应力与水平面的夹角，以俯角为正，仰角为负；

　　3. 测点原编号是现场地应力测点编号。

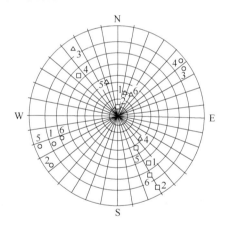

图2－21　矿区各中段地应力测点测实主应力作用方向极点投影

Ⅰ—最大主应力；Ⅱ—中间主应力；Ⅲ—最小主应力

（注：○　Ⅰ；□　Ⅱ；△　Ⅲ）

矿区原岩应力场的分布特征及规律如下：

（1）矿区的原岩应力随着深度呈线性增加。

根据不同深度的原岩应力量测或实验测定的结果，无论是最大主应力σ_1，中间主应力σ_2，还是最小主应力σ_3，均随深度呈线性增加（见图2－22）。其线性回归方程分别为：

$$\sigma_1 = 10.6263 + 0.03055h \qquad r \approx 0.99847$$
$$\sigma_2 = 3.944 + 0.02984h \qquad r \approx 1$$
$$\sigma_3 = 7.8223 + 0.02778h \qquad r \approx 1$$

式中,h 为深度,m;r 为相关系数。

上述原岩应力值随深度的分布符合原岩应力分布的一般规律。应该指出的是,-460 m 及 -730 m 中段实测的中间主应力及最小主应力值比较小,均明显地偏离于线性回归曲线,且具有较低的值,这可能与测点的具体地质因素有关。在线性回归时暂不考虑。

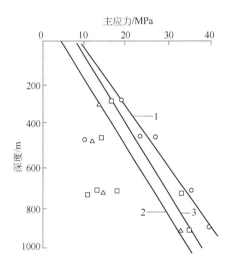

图 2 – 22 矿区应力随深度变化
1—最大主应力;2—中间主应力;3—最小主应力

(2) 最小主应力 σ_3,近似为垂直方向。

矿区最小主应力与水平面的平均夹角为 65° 左右,近似为垂直方向,说明在矿区原岩应力场中垂直应力是最小主应力,且大致等于岩体的自重垂直应力。由于各测点所在具体构造部位的不同,且因为 σ_1、σ_2 的值比较接近,因此虽然个别测点(大团山 -460 m 中段 23 号川脉测点)的中间主应力 σ_2 为近似垂直方向,但这并不影响矿区垂直应力为最小主应力 σ_3 的总体分布特征。

(3) 矿区三维应力场的总体分布规律。

原岩应力的分布规律除表现在原岩应力值随深度呈线性增加外,还表现在 3 个主应力的方位角及其倾角均具有一定的分布规律。用 β 来表示主应力在水平面上投影的地理方位角,α 表示其与水平面间的夹角,3 个主应力的 β 及 α 值分别为:

$$\beta_{\sigma_1} \approx 61° \qquad \alpha_{\sigma_1} \approx \pm 9.5°$$

$$\beta_{\sigma_2} \approx 151.3° \qquad \alpha_{\sigma_2} \approx \pm 20°$$

$$\beta_{\sigma_3} \approx 353° \qquad \alpha_{\sigma_3} \approx \pm 65°$$

(4) 矿区存在比较明显的地质构造应力。

最大主应力 σ_1 在 N61°E 的近似水平方向,中间应力 σ_2 在 N151° 方向上的比较接近水平的方向,均大于垂直自重应力,这不仅表明矿区存在较大的地质构造应力,而且在地质史上矿区经受过多期的地质构造力场的作用,目前的构造应力场可能是多期地质构造应力场叠加及复合的结果,亦可能是地质史上的残余构造应力与现今构造应力场的综合效应。现今矿区地质构造应力的最大主应力以 NE 方向为主,NW-SE 方向的应力值相对较小,似为残余地质构造应力。

(5)矿区存在比较明显的剥蚀残余应力。

无论是 σ_1、σ_2 还是 σ_3,其随深度变化的线性回归线在地表附近均不为零,特别是 σ_3,或垂直应力在地表附近不为零,表明矿区存在比较明显的剥蚀残余应力。这种剥蚀残余应力与矿区缺失侏罗系及白垩系地层的区域地质背景有关,区域性的地壳上升不但形成沉积间隙、且伴随着地表的剥蚀作用。

(6)主应力之间的比值是评价原岩应力场特征及岩体稳定条件的重要参数。

矿区不同中段原岩应力量测及实验测定的结果虽然具有一定的离散性。但纵观矿区各中段原岩应力量测及实验测定的结果,矿区原岩应力场 3 个主应力之间的比值近似为 1: 0.75: 0.5 即:

$$\sigma_1 : \sigma_2 : \sigma_3 = 1 : 0.75 : 0.5$$

冬瓜山矿体中原岩应力场的 3 个主应力的比值为: $\sigma_1 : \sigma_2 : \sigma_3 = 1 : 0.85 : 0.8$,上述主应力比值可以考虑用于矿区,特别是冬瓜山矿体的采矿设计及岩体的稳定性评价,亦可作为采场布置及采场结构要素选择的力学依据。

(7) -460 m 及 -730 m 原岩应力测点的原岩应力量测结果具有如下显著特点:

1)地质构造应力显著,且近似作用在水平方向上;2)中间主应力 σ_2 及最小主应力 σ_3 值不但比较接近,且均偏低,使 σ_2 及 σ_3 在垂直方向的位置容易产生变换,特别是 -460 m 中段的两个测点;3)垂直应力均明显地低于相应的岩体自重垂直应力。产生这种情况的主要原因固然在于矿区或测点的复杂地质构造因素,青山背斜构造变形引起的岩层的局部脱层空化现象等可能是其重要原因。

值得指出的是,上述是根据矿区原岩应力量测及实验测定结果归纳的矿区原岩应力分布的总体特征,但是应该看到,原岩应力量测及实验测定的资料的多少直接影响到分析结果的精确性,加之矿区的地质构造条件比较复杂,特别是青山背斜是控制矿区原岩应力场分布的主要构造因素,不但在矿区青山背斜的不同部位,而且在不同的深度范围其原岩应力分布状态均可能有所变化,而带有局部性的特征,因此具体情况应具体分析。

在地质历史时期既经受过 NW 方向的构造应力作用、也经受过 NE 方向构造应力的作用,矿区的现今地质构造应力以 NE 向为主,NW 向构造压力作用相对表现较弱,且矿区现今地质构造应力场的这种分布特征在 -500 m 以上及 -500 m 以下的深度范围并没有明显的区别。

矿区原岩应力现场量测点及凯塞效应原岩应力实验测点均分布在青山背斜的东翼,且其总体分布与青山背斜轴向大致相同,亦是北东方向展布(图 2 - 23)。这虽然可以大大减少或降低矿区的主要控制性构造(青山背斜)对各测点原岩应力量测结果的影响,但青山背斜引起的结构变形效应对不同深度测点原岩应力的影响是不可忽视的,加之各测点处局部地质构造因素的差异,这是各测点量测结果存在一定离散性的主要原因。

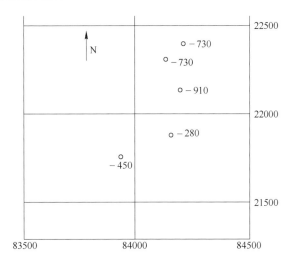

图 2 - 23　矿区各地应力测点在平面上的分布

2.3.2　原岩应力场测定数据的应用

2.3.2.1　原岩应力测定数据的特征

原岩应力测定数据包括主应力的大小和方向两个方面。根据经验,它们有如下特征:

(1)主应力大小具有随机性。无论是采用钻孔套孔应力解除法,还是采用声发射法,所测定的原岩应力的大小都随位置而变,存在很大的随机性。这是岩体中不同位置岩石结构构造、岩性、岩石物理力学性质和裂隙分布的差异性造成的。在同一个原岩应力场中,坚硬、完整性好的岩石中应力较高,而软弱、破碎的岩石中应力低,换句话说,坚硬、完整岩石对应力有集聚效应。因此,对于原岩应力值的大小,不必拘泥于各测点测定值的差异。

(2)最大主应力的方向具有相对的一致性。岩石的结构构造、岩性、岩石的物理力学性质上的差异,使得不同位置的原岩应力大小不同,然而很多实例表明,在中间主应力和最小主应力的方向变化较大的情况下,最大主应力的方向却比较一致,甚至小规模的断层对最大主应力方向也不会产生根本性的影响。说明在最大主应力方向原岩应力的传递最好。因此,最大主应力方向的一致性是判断测定区域是否存在一个统一的原岩应力场的依据。

2.3.2.2　矿区原岩应力测定数据的应用

矿区原岩应力场既是矿山工程的布置设计、开挖及支护设计的不可缺少的依据,也是矿山工程稳定性分析的不可缺少的依据。首先要有可靠的测定结果,有了可靠的测定结果之后要加以充分地利用。

一般说来,从岩体力学角度出发,岩体工程的布置设计有两个方面的因素必须考虑。一方面,岩体工程,如巷道、隧道的轴向及采矿场的长轴方向最好平行于或接近平行于原岩应力的最大主应力方向,巷道和隧道断面形状应当与原岩应力的水平和垂直主应力分量的比值相适应(在方便利用的前提下),这样才使工程在建成后,围岩应力集中程度相对较小。另一方面,要根据岩体构造空间分布特征来考虑岩体工程的长轴方向,使得工程开挖后,因构造引起的破坏几率相对较少,从而降低支护和维护费用。例如,当主节理为倾斜和直立时,平行于主节理的巷道容易产生边墙滑落和片帮,而垂直于主节理走向的巷道破坏的几率会减少。因此,在岩体工程设计中,对这两个方面的因素要综合考虑。

对于冬瓜山铜矿这样的高应力和矿岩完整性相对较好、强度较高、存在发生岩爆的可能性的深井矿山来说,原岩应力测定资料也是岩爆预测的重要依据。原岩应力高,岩体中积聚的弹性变形能就高,岩体工程开挖后围岩应力的集中程度就高,加之岩体强度高,脆性度高,发生岩爆的可能性就高。因此,对于冬瓜山铜矿,应当在岩爆倾向性研究的基础上,充分利用原岩应力测定资料,对有岩爆倾向性和岩爆倾向性高的岩石类型进行有针对性的岩爆的预测和防治,对无岩爆倾向性的岩石类型进行稳定性分析和地压预测。

参 考 文 献

[1] 北京有色冶金设计研究总院. 安徽铜都铜业股份有限公司狮子山铜矿[R]. 千米深井 300 万 t 级矿山开采条件研究成果,2001.

[2] 铜陵有色金属(集团)公司. 岩爆预测理论与技术研究报告(国家"九五"科技攻关)[R]. 1999.12.

[3] 赵本钧主编. 冲击地压及其防治[M]. 北京:煤炭工业出版社,1994.

[4] 朱之芳主编. 刚性试验机[M]. 北京:煤炭工业出版社,1985.

[5] 唐礼忠. 深井矿山地震活动与岩爆监测及预测研究[D]. 长沙:中南大学,2008.4.

[6] 马春德,汪为巍,陈枫. 铜陵冬瓜山铜矿蛇纹岩力学性质实验报告[R]. 2005.

[7] 潘长良,冯涛,王文星等. 岩爆机理研究综述[J]. 中南工业大学学报,1998,29(2):25~28.

[8] 王文星,潘长良,冯涛. 某矿矿岩岩爆倾向性的实验研究[J]. 中南工业大学学报,1998,29(2).

3 矿岩的物理力学性质及岩爆倾向性

3.1 矿岩的物理力学性质

矿体与围岩物理力学性质是矿山开采可行性研究阶段必须了解的基础性资料。冬瓜山矿床规模大、范围广,围岩种类多,因此必须选择代表性强、对矿床开采影响较大的岩石作为研究对象。1992 年北京有色冶金设计研究总院在完成"狮子山铜矿冬瓜山矿床岩石力学第一阶段试验报告"时,对矿石和顶底板六种岩石进行了物理力学试验工作,取得了大量数据资料。1994 年该院与狮子山铜矿在完成大团山矿体采空区处理的岩石力学报告时,又补做了 −460 m 中段穿脉巷道中上下盘围岩和矿体的物理力学试验。再加上原地质报告中提交的大理岩和闪长玢岩的物理力学参数,以及 1996 年 9 月该院在 −910 m 中段副井马头门和 −280 m 中段又取了部分岩样,汇总起来后分类筛选,取有代表性的试件力学参数平均值,并折算成岩体的力学强度,将推荐的最终结果提供给有关专业,如,技术经济、预算专业作为划分岩石等级,编制井巷掘进定额的依据。采矿和井建专业作为确定支护类型和厚度的依据,岩石力学专业也将这些数据作为采矿方法采场结构计算的基础参数。

3.1.1 取样地点及岩石类型

冬瓜山矿床为层控式矽卡岩型深埋矿床,埋深大于 700 m,1 号矿体是主矿体,位于石炭系黄龙、船山组沉积岩地层中。矿区内燕山期的岩浆岩较发育,大都以岩墙状产出,其边部岩枝发育,破坏了矿体的完整性,而且部分岩浆岩超覆于主矿体之上,受此影响,区内的变质作用及热液蚀变也很发育,形成了大量的蚀变岩体,这样矿床顶板除闪长玢岩外,附近还有不少矽卡岩。远离矿体的多为大理岩,大理岩分布范围广,厚度大约 200 m,是矿体顶板的主要岩体。矿体的直接底板主要为角岩化粉砂岩,局部地段有闪长玢岩。

根据矿体和围岩的分布特点,选择了六种岩石和一种矿石作为代表试件,其中六种岩样都是从 321 地质队钻探岩芯库中选取的,而含铜磁黄铁矿矿样是利用原岩应力测量中取出的大岩芯,采集的位置在 −730 m 中段 48 西川和 50 东川。

本次试验从现场岩芯库 12 个钻孔中共采集了 211 块岩芯样品,分布在 50 线、51 线、52 线、54 线、56 线和 58 线。针对矿体埋藏深的特点,取样位置都在 −445 m 以下,而重点放在矿体的顶底板围岩内。

3.1.2 岩样描述

(1)栖霞组大理岩:灰—浅灰色,细粒结构,中厚层状构造,局部方解石细脉发育。

(2)黄龙—船山组大理岩:灰白,灰色,中—厚层状构造,白云质及白云石大理岩,细粒结构。

(3)粉砂岩:浅灰—灰绿色,粉砂质结构,薄层状构造,成分以石英为主,其次为长石、云母、黏土、泥质。

(4)闪长玢岩:浅灰—深灰色,中粒结构,块状构造,主要成分为斜长岩、角闪岩、黑云母、石英等。

（5）矽卡岩：浅灰绿，浅绿色，致密，细粒结构，局部中粒结构，层状构造，由透辉石、石榴子石及少量方解石组成。

（6）石榴子石矽卡岩：棕褐色，细—中粒结构，厚层状构造，成分以石榴子石为主，少量透灰石、方解石和绿帘石。

（7）含铜磁黄铁矿：致密，中粒结构，块状构造，金属矿物主要是磁黄铁矿、黄铁矿和黄铜矿，非金属矿物主要是透灰石、方解石、石榴子石、透闪石等。

3.1.3 岩石密度及弹性波速测定

试验中采用了日本OYO应用地质仪器公司生产的5217A型超声波探测仪，该仪器不仅能在屏幕上显示波形，而且还带有打印机，立即输出纵波（或称压缩波，P波），横波（或称剪切波，S波）的波形和波速。弹性波波速越高，岩石越坚硬，完整性越好，强度也越大。可根据弹性波波速，进行岩石甚至岩体的分类。还可以根据测出的纵波和横波在介质中的传播速度和岩石的密度，计算出试件的动弹性模量 E_d 和动泊松比 μ_d。

各种岩样的密度、弹性波传播速度、动弹性模量及动泊松比，见表3-1。

表3-1 岩石密度弹性波速度及动弹性模量等参数

岩石名称	$\rho/\text{g}\cdot\text{cm}^{-3}$	$V_s/\text{m}\cdot\text{s}^{-1}$	$V_s/\text{m}\cdot\text{s}^{-1}$	E_d/GPa	μ_d
栖霞组大理岩	2.71	4709	2384	41.71	0.3068
黄龙组大理岩	2.70	3242	1844	19.84	0.2565
粉砂岩	2.71	5804	3319	74.90	0.2531
闪长玢岩	2.72	6108	2987	60.17	0.3415
矽卡岩	3.22	6430	3443	101.91	0.2922
石榴子石矽卡岩	3.40	7025	3423	107.51	0.3041
含铜磁黄铁矿	3.97	5735	3143	99.16	0.2808

3.1.4 矿岩的单轴抗压强度及静弹性参数测定

试验采用直径为40 mm和50 mm、高为80 mm和100 mm的圆柱形试件，试件腰部分别对称粘贴两片胶基电阻应变片，其中两片沿试件的轴向方向，用于量测试件轴向的应变，另两片垂直于试件的轴向方向，沿试件的圆周方向，用于测量试件的横向应变。

为了取得试件在受压情况下应力与应变的全过程曲线，此次试验采用了日本丸东制作所生产的SG-1065 s型电液伺服控制三轴压力试验机。试验机框架刚度为7.89 GN/m，最大加载能力为300 MN。

岩石的单轴抗压强度按下式计算：

$$\sigma_c = \frac{P}{\pi r^2} \tag{3-1}$$

式中 σ_c——岩石抗压强度；

P——峰值荷载；

r——试件半径。

几种岩石的弹性参数和单轴抗压强度见表 3-2。

表 3-2 岩石静弹性参数及单轴抗压强度

岩 石 名 称	弹性模量 E/GPa	泊松比 μ	单轴抗压强度 σ_c /MPa
栖霞组大理岩	22.31	0.2570	74.04
黄龙组大理岩	12.80	0.329	50.38
粉砂岩	40.40	0.2087	187.17
闪长玢岩	45.11	0.2644	306.58
矽卡岩	49.90	0.3124	190.30
石榴子石矽卡岩	50.88	0.2499	170.28
含铜磁黄铁矿	51.48	0.2532	304.00

3.1.5 矿岩单轴抗拉强度测定

岩石的抗拉强度试验可以采用钢材拉伸试验的方法,但这种方法试件加工工艺复杂,因此,目前比较普遍地采用圆形试件进行劈裂试验。岩石抗拉强度按下式计算:

$$\sigma_t = -\frac{2P}{\pi dh} \qquad (3-2)$$

式中 σ_t——岩石抗拉强度;

P——极限荷载;

d——试件直径;

h——试件厚度。

各类岩石抗拉强度见表 3-3。

表 3-3 岩石单轴抗拉强度

岩 石 名 称	抗拉强度/MPa	岩 石 名 称	抗拉强度/MPa
栖霞组大理岩	8.96	石榴子石矽卡岩	12.07
黄龙组大理岩	3.4	矽卡岩	17.13
粉砂岩	19.17	含铜磁黄铁矿	9.12
石英闪长岩(闪长玢岩)	13.90		

3.1.6 三轴压缩试验及莫尔库仑强度参数确定

本次试验采用普通压力试验机加三轴腔进行轴对称三轴试验,即 $\sigma_1 > \sigma_2 = \sigma_3$,侧限压力设定为 9.8 MPa、19.6 MPa、29.4 MPa、39.2 MPa。根据三轴试验做出极限应力圆,并根据一系列极限应力圆求得其莫尔包络线,然后将莫尔包络线简化为莫尔—库仑强度曲线,按下式反求莫尔—库仑强度参数:

$$\tau = c + \sigma \tan\phi \qquad (3-3)$$

各类岩石的力学参数见表 3-4。

表 3 - 4 岩石三轴压缩试验数据及莫尔—库仑强度参数

（1）栖霞组大理岩

试 件 编 号	σ_1/MPa	σ_3/MPa	试 件 编 号	σ_1/MPa	σ_3/MPa
QD-1-1	105.17	14.70	QD-35-1	312.07	34.30
QD-8-3	164.98	29.40	QD-29-2	117.23	9.80
QD-16-1	92.83	14.70	QD-41-2	201.13	24.50
QD-19-2	117.49	14.70	QD-48-1	194.05	29.40
QD-23-1	205.87	34.30	QD-48-2	172.57	19.60
QD-37-1	305.88	34.30			

$$c = 12.005 \text{ MPa}, \phi = 45.28°$$

（2）黄龙组大理岩

试 件 编 号	σ_1/MPa	σ_3/MPa	试 件 编 号	σ_1/MPa	σ_3/MPa
HD-4-2	48.66	4.90	HD-7-2	166.06	24.50
HD-6-1	87.3	9.80	HD-9-1	172.93	29.40
HD-6-3	111.12	14.70	HD-10-2	192.68	34.30
HD-6-5	144.74	19.60			

$$c = 11.23 \text{ MPa}, \phi = 39.51°$$

（3）粉砂岩

试 件 编 号	σ_1/MPa	σ_3/MPa	试 件 编 号	σ_1/MPa	σ_3/MPa
FS-7-2	189.56	4.90	FS-15-3	331.35	24.50
FS-14-2	247.38	9.80	FS-16-2	362.23	29.40
FS-15-2	345.54	19.60	FS-17-1	432.74	34.30

$$c = 30.53 \text{ MPa}, \phi = 51.01°$$

（4）石英闪长岩（闪长玢岩）

试 件 编 号	σ_1/MPa	σ_3/MPa	试 件 编 号	σ_1/MPa	σ_3/MPa
SC-2-1	348.41	9.80	SC-8-3	399.91	24.50
SC-3-2	366.86	14.70	SC-17-2	250.33	19.60
SC-4-1	527.02	36.26	SC-31-3	553.28	30.38
SC-4-2	377.99	9.80	SC-34-1	349.23	14.70
SC-5-3	401.33	19.60	SC-36-3	310.70	4.90
SC-8-2	332.76	24.50	SC-37-1	683.61	30.38

$$c = 33.01 \text{ MPa}, \phi = 57.01°$$

（5）矽卡岩

试 件 编 号	σ_1/MPa	σ_3/MPa	试 件 编 号	σ_1/MPa	σ_3/MPa
XY	96.25	14.70	XY	334.77	14.70
XY	307.10	34.30	XY	408.92	14.70
XY	363.91	28.42	XY	325.78	19.60
XY	362.60	23.52			

$$c = 21.43 \text{ MPa}, \phi = 56.21°$$

（6）石榴子石矽卡岩

试 件 编 号	σ_1/MPa	σ_3/MPa	试 件 编 号	σ_1/MPa	σ_3/MPa
SX	256.54	6.37	SX	458.51	23.52
SX	295.82	11.27	SX	508.09	33.32
SX	396.40	15.68	SX	287.43	18.62
SX	509.12	29.40	SX	477.82	18.62
SX	251.05	21.56	SX	633.76	38.22
$c = 20.71$ MPa,$\phi = 58.91°$					

（7）含铜磁黄铁矿

试 件 编 号	σ_1/MPa	σ_3/MPa	试 件 编 号	σ_1/MPa	σ_3/MPa
K-01	327.26	19.60	K-13	537.54	19.60
K-11	509.08	29.40	K-14	318.56	9.80
K-12	554.22	39.20	K-15	474.23	39.20
$c = 44.33$ MPa,$\phi = 53.02°$					

注：试件按岩心和试件号编号。

3.1.7 各类岩石物理力学参数汇总

各类岩石物理力学参数列于表 3 - 5。

如表 3 - 5 所示，大理岩（栖霞组和黄龙组）和粉砂岩的密度都是 2.7 t/m³，而含铜磁黄铁矿、矽卡岩其密度皆在 3.2227 t/m³ 以上，这是因为含铜等金属所致。两种大理岩的纵波和横波的波速及弹性模量最小，属软岩类，而矿体和矽卡岩的声波速和弹性模量要大得多，属致密坚硬的岩类。

表 3 - 5   各类岩石物理力学参数总表

项 目	黄龙组大理岩 QD	栖霞组大理岩 HD	粉砂岩 FS	石英闪长岩 SC	矽卡岩 XY	石榴子石矽卡岩 SX	含铜磁黄铁矿 K
密度 ρ/g·cm^{-3}	2.71	2.70	2.71	2.72	3.22	3.40	3.97
E_d/E	1.87	1.55	1.85	1.44	2.04	2.11	1.93
弹性模量 E/GPa	22.31	12.80	40.40	45.11	49.90	50.88	51.48
抗压强度 σ_c/MPa	74.04	50.38	187.17	306.58	190.30	170.28	304.0
抗拉强度 σ_t/MPa	8.96	3.40	19.17	13.90	17.13	12.07	9.12
σ_c/σ_t	8.26	14.82	9.76	22.06	11.11	14.11	33.33
摩擦角 ϕ/(°)	45.28	39.51	51.01	57.01	56.21	58.91	53.02

以上结论也可以从单轴抗压和三轴抗压试验的结果中得到证实，从各种岩石试验的应力应变曲线可明显地看出，两种大理岩的弹性模量小，当压应力达到峰值时，试件并不突然破坏。而是随着变形的增大逐渐失去承载能力，直到试件几乎完全崩裂，仍具有一定的残余强度。而矽卡岩和矿石就完全不同了，其弹性模量 E 值大，抗压强度比大理岩高 5～6 倍，当加载达峰值时，即使停止加压，试件中所蓄能量也能使裂纹继续扩展，直到整个试件破坏，并迅速地失去承载能力，破坏是突然性的、爆裂性的。

3.2 矿岩的岩爆倾向性

在高应力状态下,岩石突然从岩体工程壁面弹射、崩出或大量涌出的一种动态破坏现象,好像炸药爆破一样,称为岩爆,它与一般的岩体静态破坏主要有两点不同,一是岩爆一定是在高应力条件下发生,一般的岩体静态破坏,如,冒顶、垮帮不一定是在高应力状态下发生;二是破碎岩石具有动能,所以发生弹射、崩出和涌出,而一般的岩体静态破坏发生时,破碎岩石只有重力势能,只发生滑动、坍塌和冒落。

无论矿山或其他地下空间工程(如铁路隧道),在原岩应力比较高,在岩体比较坚硬完整的情况下,都有可能发生岩爆。然而,比较而言,在千米以上深井矿山更容易发生岩爆,例如,南非金矿,埋深大于 1400 m、前苏联基洛夫矿,埋深大于 1700 m,美国加利,埋深大于1700 m,我国红透山铜矿,埋深大于 1000 m,都发生过岩爆。冬瓜山铜矿也是埋深大于1000 m 的深井矿山,矿区原岩应力水平和矿岩的强度都比较高,在矿山开拓过程中也已发生微岩爆。因此,对于冬瓜山铜矿来说,进行开采过程中岩爆的预测和防治是一项重大的研究课题,而岩爆的预测和防治必须建立在矿岩岩爆倾向性研究的基础之上。

3.2.1 岩爆发生机理

自从 1738 年首次在德国莱比锡矿发生岩爆以来,世界上许多专家和学者开展了岩爆机理研究,提出了岩爆发生机理的各种理论,下面简要介绍几种主要的理论。

3.2.1.1 强度理论

这是最早提出的理论,该理论认为:发生岩爆的条件是当岩体所受应力达到其强度,即:

$$\sigma / \sigma^* \geq 1 \qquad (3-4)$$

式中,σ^* 为岩体的强度;σ 为岩体所受最大应力,例如,对于圆形巷道,周边最大应力为切向应力,$\sigma_\theta = 3\sigma_1 - \sigma_3$,可用 σ_θ 与岩体强度比较。

前苏联学者道尔尼诺夫等人建议用坑道最大切向应力与岩体单轴抗压强度的比值作为岩爆发生的应力条件,并根据在琴宾矿区的大量实测结果,提出下列判据:

当 $\sigma_\theta = 0.5 \sim 0.8\sigma_c$ 时,发生岩爆;

当 $\sigma_\theta > 0.8\sigma_c$ 时,发生强岩爆。

然而,这个判据与岩体的一般破坏判据无异,岩体应力接近或达到岩体强度,岩体会破坏,但不一定发生像岩爆那样的破坏形式。

3.2.1.2 刚度理论

岩爆现象与坚硬岩石试件在普通材料试验机上单轴压缩试验时,当试件所受荷载达到其强度时发生的猛烈破坏相似。如果岩石试件看作是一种结构,把试验机看作是一个负荷系统,由于普通试验机的刚度小,以致于在岩石发生破坏时,试验机中储存的弹性变形能突然释放,产生附加应力,导致岩石试件发生猛烈破坏。相似地,也可把矿山矿柱看作是一种结构,将顶底板围岩看作是一个负荷系统。在结构的刚度大于负荷系统的刚度的情况下有可能发生岩爆,这种理论可以引申到坑洞围岩发生岩爆的情况。

3.2.1.3 失稳理论(或包体理论)

这种理论将岩体接近破坏时的应力集中区岩体当作一个嵌入周围岩体的一个包体,其中裂隙丛生,其弹性模量与周围岩体(母体)不同,因此将岩体看作是由两种介质组成的物体。艾瑟比 1957 年首先研究了由两种介质组成的弹性体的力学问题,它将包体视为椭球体,其主要特点是包体内剪应力和剪应变都是均匀的,并给出了包体与母体的剪应力和剪应变的表达式。1978 年鲁德尼克将其简化为:

$$\gamma_{in} - \gamma_m = (\tau_m - \tau_{in})\frac{\zeta}{G} \tag{3-5}$$

即

$$\frac{\tau_m - \tau_{in}}{\gamma_{in} - \gamma_m} = \frac{G}{\zeta} = \tan\alpha \tag{3-6}$$

式中　γ_{in}, τ_{in}——分别为包体的剪应变和剪应力;

　　　γ_m, τ_m——分别为母体的剪应变和剪应力;

　　　G——母体(弹性体)的剪切模量;

　　　ζ——由包体几何尺寸确定的一个参数:$\zeta = (1-\mu)a/b$;

　　　a, b——分别为包体椭球的长短半轴;

　　　μ——包体的有效泊松比。

式 3-5 为一条直线,称为艾瑟比线,如图 3-1 所示。因为在峰值荷载后才出现裂纹,即形成包体。所以只要在刚过峰值点立即卸载,则包体与母体的泊松比无异,量出裂纹的长短轴,则可求出 ζ,再由力学试验求得 G,便可求出艾瑟比线的斜率。将艾瑟比线移至与全应力应变曲线峰值后区相切,切点 d 即为失稳点,cd 段即为试件破坏的最危险区间,所以以岩爆可能在峰值后区的 cd 段发生。在这种情况下,包体的等效刚度等于弹性体的卸载刚度,弹性体释放的能量等于包体变形所消耗的能量。但随着包体的继续变形,弹性体释放的能量将大于包体所需能量,包体与母体组成的系统失稳。

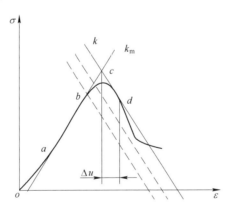

图 3-1　包体与母体的刚度曲线

可见,按照失稳理论,岩爆发生有两个条件,一是形成应力集中区,当应力达到极限强度时形成包体,而且裂隙扩展时母体与包体的能量释放率大于包体的能量消耗率;二是裂纹扩展必须是失稳扩展,只有变形系统失稳才发生岩爆。

失稳理论可用于说明岩体内部破坏区与非破坏区在岩爆发生过程中的相互作用。但是,包体的几何参数的测定难度较大,而且,包体理论没有解决原始裂隙的作用问题。

3.2.1.4　能量理论

Cook 根据岩爆发生时产生地震破坏和岩石抛出等动力现象需要大量能量的事实,提出了能量理论。认为在矿山,随采掘范围不断扩大,当"矿体-围岩"系统的力学平衡状态破坏时,释放出的能量大于消耗的能量时,即产生岩爆。同一时期,Dunkhouse 对释放和消耗的能量结构进行了分析,给出了岩爆的能量平衡方程式,Импемухоь 也对 Cook 等人的理论进行了补充和完善。Wafflow 提出了无摩擦剩余能量理论。

20 世纪 70 年代由 G. Brauner 等人提出了能量率理论,其表达式为:

$$\alpha\left(\frac{\mathrm{d}W_\mathrm{E}}{\mathrm{d}t}\right) + \beta\left(\frac{\mathrm{d}W_\mathrm{S}}{\mathrm{d}t}\right) > \frac{\mathrm{d}W_\mathrm{P}}{\mathrm{d}t} \tag{3-7}$$

式中　α,β——分别为围岩能量释放有效系数和矿体能量释放有效系数;

　　$W_\mathrm{E},W_\mathrm{S}$——分别为围岩储存的弹性变形能和矿体储存的弹性变形能;

　　W_P——消耗于矿体与围岩交界面处和克服矿体破坏阻力的能量。

为了进一步反映出空间效应,国内学者将式 3-7 修改为:

$$\alpha\left(\frac{\partial^2 W_\mathrm{E}}{\partial t \partial x_i}\right) + \beta\left(\frac{\partial^2 W_\mathrm{S}}{\partial t \partial x_i}\right) > \frac{\partial^2 W_\mathrm{P}}{\partial t \partial x_i} \tag{3-8}$$

式中,x_i 为空间坐标,$i=1,2,3$。

3.2.1.5　突变理论

该理论基于汤姆(Thom)的突变基本定理,利用其中两个控制变量和一个状态变量的尖点突变模型来研究岩爆发生机理。该模型的势函数的标准形式为:

$$\pi(x) = \frac{1}{4}x^4 + \frac{1}{2}px^2 + qx \tag{3-9}$$

式中　x——状态变量;

　　p,q——控制变量。

对于 1 个力学系统,如果处于平衡状态,其势函数必取驻值。故令其势函数的导数为零,得平衡曲面:

$$\pi'(x) = x^2 + px + q = 0 \tag{3-10}$$

该曲面分为上、中、下三叶,上下两叶为平衡区,中叶为不稳定区,如图 3-2 所示。

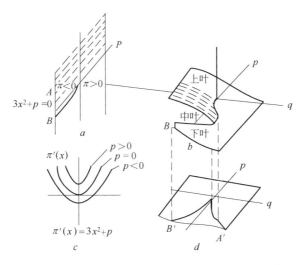

图 3-2　平衡曲面及其投影

若力学系统稳定,则其势能函数取极小值,这时有:

$$\pi''(x) = 3x^2 + p > 0 \qquad (3-11)$$

若力学系统不稳定,则其势函数取极大值,这时:

$$\pi''(x) = 3x^2 + p < 0 \qquad (3-12)$$

平衡曲线上折痕上的点满足下列方程:

$$\pi''(x) = 3x^2 + p = 0 \qquad (3-13)$$

该曲线在 p、q 曲面上的投影称为分叉集。利用式 3-10 消去 x 得分叉集方程:

$$4p^3 + 27q^2 = 0 \qquad (3-14)$$

这是一条半立方抛物线。

当一个力学系统在变形过程中,从一个平衡态进入另一个平衡态,对应于平衡曲面式 3-10 上一个点。当平衡态正好落在曲面折痕上时,如果状态变量继续增大,平衡点将进入不稳定平衡区,即曲面的中叶,这种不稳定平衡状态是不存在的,必然要跳到稳定平衡区,即跳到下叶上去,引起状态变量 x 的突跳,这就是突变。

一般从力学系统构成一个总势能表达式,以位移或与位移有关的量为状态变量,根据势能函数求得标准的平衡曲面方程,从而确定控制变量 p 和 q,确定系统失稳的条件,即状态变量的值。

突变理论在数学上比较复杂,状态变量和控制变量的物理意义不够明确直观。

还有一些其他的理论,如断裂理论、损伤理论、混沌理论等,在此不作一一介绍。在各种理论中,能量理论比较直观,目前用得最多。

3.2.2 岩爆倾向性指标的确定

所谓岩爆倾向性是指岩石在所受的应力达到极限应力状态时发生岩爆的可能性,岩石(岩体)的岩爆倾向性和极限应力状态是岩爆发生的两个最基本条件。只有具有岩爆倾向性的岩石(岩体)才会在极限应力状态下发生岩爆。由于岩爆一般发生在坚硬的完整性较好的岩体中,所以岩爆倾向性指标研究一般用完整岩石的力学试验进行测定。许多学者在岩爆机理研究的基础上提出了不同的岩爆倾向性指标,下面介绍几种代表性的指标。

3.2.2.1 冲击能指标

由于岩石在极限荷载以前是一个贮存弹性变形能过程,而极限荷载以后是一个消耗能量的过程。因此,人们首先想到的是贮能与耗能的比较,从而提出一个衡量岩石的岩爆倾向性的指标,称为冲击能指标,它是应变曲线的峰值前区下面的面积 F_1 与峰值后区下面的面积 F_2(图 3-3)之比,即:

$$W_{CF} = \frac{F_1}{F_2} \qquad (3-15)$$

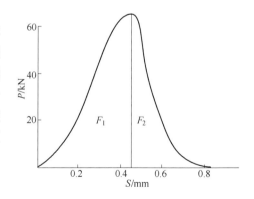

图 3-3 冲击能指标确定方法

式中 W_{CF}——冲击能指标;

F_1——峰值荷载前区面积;

F_2——峰值荷载后区面积。

显然,这个比值越大,岩石发生猛烈破坏的可能性应越大。反言之,有岩爆倾向性的岩石,其峰值荷载后区的曲线短,甚至测不到峰值荷载后区曲线,这两部分面积之比就大。

有人提出判别标准为:

$$W_{CF} > 3.0 \qquad 强岩爆倾向$$
$$2.0 < W_{CF} < 3.0 \qquad 中等岩爆倾向$$
$$W_{CF} < 2.0 \qquad 无岩爆倾向$$

这种岩爆倾向性指标有一个缺点是没有考虑到某些岩石在峰值前区也有微破坏产生或发生塑性变形,所以峰值前区曲线下面的面积不全是弹性变形能;峰值后区曲线下面的面积也并不是岩石破坏所消耗的全部能量,岩石在破坏过程中还释放出热能和声能。

3.2.2.2 弹性变形能指数

S. P. Singh(1988)提出一种岩爆倾向性指标,该指标定义全应力 - 应变曲线峰值前区卸载曲线下面的面积与加卸载曲线之间的面积之比为弹性变形能指数,如图 3 - 4 所示。

$$W_{ET} = \frac{E_e}{E_p} = \frac{\int_{\varepsilon_p}^{\varepsilon_e} f_1(\varepsilon)\,\mathrm{d}\varepsilon}{\int_0^{\varepsilon_t} f(\varepsilon)\,\mathrm{d}\varepsilon - \int_{\varepsilon_p}^{\varepsilon_e} f_1(\varepsilon)\,\mathrm{d}\varepsilon}$$

$$(3 - 16)$$

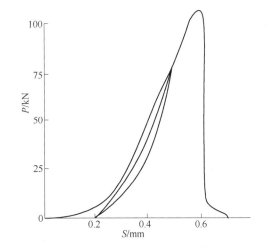

图 3 - 4　峰值荷载前加卸载试验曲线

式中　　E_e——弹性变形能;

　　　　E_p——塑性变形能;

　　　　ε_e——弹性应变;

　　　　ε_p——塑性应变;

　　　　ε_t——总应变。

　　　　$f(\varepsilon)$——加载时应力应变曲线;

　　　　$f_1(\varepsilon)$——卸载时应力应变曲线。

波兰规定,按下列弹性变形能指数范围划分岩爆倾向性:

$$W_{ET} \geqslant 2.5 \qquad 强岩爆倾向$$
$$W_{ET} = 2 \sim 2.5 \qquad 中等岩爆倾向$$
$$W_{ET} < 2 \qquad 无岩爆倾向$$

理论上,确定这种岩爆倾向性指标的试验的卸载点应选在峰值荷载点,实际试验中难以控制,可将卸载点选在峰值荷载的80%左右。这个卸载点可以通过测定岩石试件在受压过程中弹性横波波速变化来确定。测定表明,应力 - 应变曲线第 2 阶段(弹性变形段)向第 3 阶段(裂纹扩展至宏观破坏阶段)过渡的应力水平为岩石试件的极限强度的80%左右,而在此应力水平,试件的弹性横波速度明显降低,换句话说,横波速度明显降低的特征段,对应于岩石试件极限强度的80%左右的应力水平,从而可以较好地确定该试验的卸载点。横波速度的明显降低是由于试件中纵向裂纹的产生和扩展。

3.2.2.3 脆性系数

岩爆破坏是一种脆性破坏,因此,岩石的脆性指标也可以用于判断岩爆倾向性的强弱。S. P. Singh(1987)提出用两个公式确定岩石的脆性,即:

$$K_1 = \frac{\sigma_c - \sigma_t}{\sigma_c + \sigma_t} \qquad (3 - 17)$$

和 $K_2 = \sin\phi$ （3－18）

这两个公式都是基于莫尔库仑理论，它们没有相对的独立性，并且只考虑了应力一个方面。

从变形方面考虑，各种岩石的荷载—变形曲线全图表明峰值前后的总变形量相差较大，并且岩石越坚硬，峰值后区的变形量越小。为了说明岩石的脆性变形特征，我们定义峰值前后的应变量之比为脆性比，用 K_ε 表示：

$$K_\varepsilon = \frac{\overline{\varepsilon_f}}{\overline{\varepsilon_b}}$$ （3－19）

式中 $\overline{\varepsilon_f}$，$\overline{\varepsilon_b}$——分别为峰值前和峰值后的平均应变。

考虑到岩石抗压强度比抗拉强度大得多，直接取抗压强度与抗拉强度的比值，并考虑峰值前区与峰值后区的总应变之比，组成一个新的脆性系数计算公式，能较好地确定岩石的脆性，并用作岩爆倾向性指标，公式如下：

$$K_b = \alpha \frac{\sigma_c}{\sigma_t} \cdot \frac{\varepsilon_f}{\varepsilon_p}$$ （3－20）

式中，ε_f 和 ε_p 分别为岩石全应力应变曲线峰值前区和后区的应变，$\alpha(\alpha = 1/10)$ 为一个折算系数，使得按式3－20算出的脆性系数与其他岩爆倾向性指标的数量级相当。

研究表明，用单一的岩爆倾向性指标表示岩爆倾向性不如用一个综合性指标好，例如，可以用冲击能指标、弹性变形能指标和脆性系数相加之和，作为综合指标，即：

$$K_c = W_{CF} + W_{ET} + K_b$$ （3－21）

3.2.3 冬瓜山铜矿矿岩岩爆倾向性

通过岩石单轴抗拉、抗压强测定，荷载－变形全图测定和峰值荷载后的松弛试验，确定了冬瓜山铜矿矿岩的岩爆倾向性指标和几种矿岩的岩爆倾向性排序，提出了岩爆倾向性的分析判断方法和两个关于岩爆倾向性的新概念——本源性岩爆和诱导性岩爆。还借助声发射系统，在对岩石加载的同时，对矿岩的岩爆倾向性进行了检测。

3.2.3.1 试样来源及加工

从204地质队岩心库中取出冬瓜山铜矿含矿岩体和上下盘围岩中的7种典型矿岩（矽卡岩、闪长玢岩、石榴子石矽卡岩、栖霞组大理岩、黄花组大理岩、粉砂岩、石英砂岩）的岩心。这些岩心来自两个钻孔的不同深度，见表3－6。

表3－6 岩石试样来源

岩 石 名 称	钻 孔 号	深度范围/m
矽卡岩	504	631.38～637.59
闪长玢岩	504	720.54～735.65
石榴子石矽卡岩	504	761.34～764.31
栖霞组大理岩	504	792.5～798.5
黄龙组大理岩	522	804～807
粉砂岩	504	837～849.5
石英砂岩	504	850～853.65

注：表中所列深度根据几次推算而得。

为了研究采场底部结构稳定性的需要，2005年6月补做了蛇纹岩的力学性质试验。

岩样取回冬瓜山铜矿后，经过细心包装，用小车运回中南大学，然后送中南勘查设计院，按照有关试样加工标准严格进行加工,获得了抗压和抗拉试件。

A 试件尺寸

抗压试件:直径 3.51~3.58 cm

高度 7.80~8.20 cm

抗拉试件:直径与抗压试件相同

高度 1.60~1.80 cm

B 精度要求

试件高度、直径误差不超过 ±0.3 mm;

试件两端不平行度,不超过 ±0.05 mm;

试件端面不平整度误差不超过 ±0.005 mm

试件端面垂直于试件轴线最大偏差不超过 ±25°。

3.2.3.2 试样素描

为了日后分析实验结果的需要,在试验前对每一个试件的颜色、岩石结构、裂纹发育程度、产状及脉石充填情况等都进行了详细描述,对裂隙分布及产状还作了素描图,选取完整、无肉眼可见裂隙和缺陷的试件进行试验。

3.2.3.3 研究的技术路线

岩爆是在坚硬岩体的岩柱和洞壁发生的一种动态破坏现象,换句话说,岩爆是在单向应力状态和二向应力状态下,即:有自由面存在的情况下,坚硬岩体在其所受应力达到极限应力状态时,由于弹性变形能的突然释放,导致裂纹迅速扩展而发生的崩裂式破坏。这种破坏与坚硬岩石在普通的柔性试验机上单轴压缩条件下发生的猛烈破坏相似,因此,研究岩爆倾向性一般都采用单轴压缩试验。

然而,极坚硬的岩石即使在刚性试验机上也会发生猛烈的破坏,说明岩石试件本身储存的弹性变形能也会导致岩石发生猛烈破坏。对于这种岩石,要在电液伺服控制试验机上进行试验,并且在极限荷载时要逐步卸载,岩石才不会发生猛烈破坏。说明岩石在极限应力状态下的破坏与 3 个方面的因素有关,一是试验机的刚度,二是岩石试件储存弹性变形能的能力,三是试验机的载荷或变形控制能力。

这样看来,岩石在单轴压缩条件下发生猛烈破坏并不能证明岩石一定具有岩爆倾向性,岩石的岩爆倾向性应该是岩石自身的特性,在研究中应当避免试验机刚度和试验机的载荷或变形控制能力的影响。因此,我们研究冬瓜山矿岩的岩爆倾向性采用了下面的技术路线:

(1)首先通过矿区代表性岩石的试验判定这些岩石是否真正具有岩爆倾向性;

(2)对具有岩爆倾向性的岩石测定其岩爆倾向性指标;

(3)根据这些岩石的岩爆倾向性指标对这些岩石的岩爆倾向性进行排序,为后续的有针对性的岩爆预测和防治打基础。

3.2.3.4 试验研究方案

试验研究方案必须兼顾到岩爆倾向性判定,岩爆倾向性指标测定两个方面。因此,我们将每种岩石试件分为四组,第一组用于沉淀荷载—变形全图,根据峰值荷载计算岩石单轴抗压强度,计算冲击能指标,研究岩石从受力至完全破坏过程中的行为;第二组用于做峰值前的卸载试验,计算岩石的弹性变形能指标;第三组用于做峰值荷载下的松弛试验;第四组试件用于测定岩石单轴抗拉强度,结合抗压强度和变形特性计算岩石的脆性指标。

除单轴抗拉强度测定外,所有试验都是在中南大学测试中心 INSTRON1346 电液伺服控制试验机上完成的,试验系统如图 3-5 所示。

图 3-5 INSTRON 1346 型电液伺服控制试验系统
a—主机;b—控制系统

荷载-变形全图测定与全应力应变曲线测定相似,峰值前的卸载试验前面已经叙述,岩石抗拉强度测定采用劈裂法。

下面介绍用于判定岩石岩爆倾向性的试验。为了排除试验机的刚度、载荷(或变形)控制能力以及变形速率对峰值载荷后岩石破坏的影响,我们采用了一种新的试验方法——峰值荷载下的松弛试验,即:在岩石的荷载-变形试验中,当荷载达到岩石试件的峰值强度时,保持变形不变,让岩石只在本身储存的弹性变形能的作用下继续发生破坏。

在峰值荷载下,将试验的控制变形的加载试验转变为荷载松弛试验,是一种技术要求很高的试验。试验的两个阶段是连续进行的,在峰值荷载前,按较低的变形速率(0.003 mm/s)加载,以便捕捉曲线峰值点,当荷载达到岩石的极限承载力时,保持变形不变。试验人员细心观察试验曲线的变化,捕捉曲线的峰值点。一旦捕捉到这个峰值点,马上将试验机的控制方式转换为变形不变的控制方式,并将原来的变形坐标变换为时间坐标。于是,试验曲线的两个阶段分别为:峰值前的荷载-变形($p-s$)曲线和峰值后的力-时间($p-t$)曲线,两段曲线是连接在一起的,形成一条组合曲线,如图 3-6 所示。

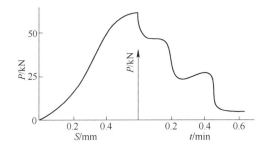

图 3-6 峰值前加载和峰值后松弛试验曲线
(栖霞组大理岩(试件号:100-5-4-3),试件初始完整)

3.2.3.5 岩爆倾向性的分析和判定

A 从荷载—变形全图初步分析岩爆倾向性的存在

通过不同变形速率下的荷载—变形全图可以做出如下分析：

(1) 对于闪长玢岩,测不出荷载—变形(曲线)全图的峰值后区,当荷载达到岩石强度时,试件全部崩裂无存,说明这种岩石的岩爆倾向性强;

(2) 有一部分岩石试件的荷载变形曲线峰值前区或后区存在阶梯或滞环,如图 3 - 7 所示 其试件号见表 3 - 7。

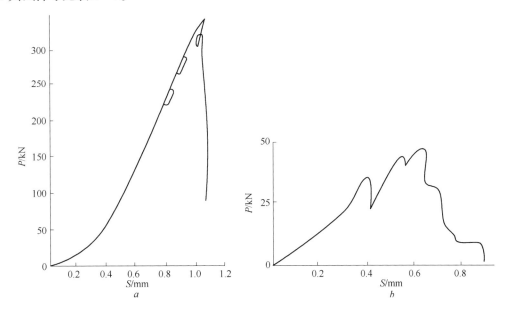

图 3 - 7 岩石在低应变速率下的自动松弛现象(变形速率:0.003 mm/s)
a—闪长岩;b—矽卡岩

表 3 - 7 具有阶梯或滞环的力 - 变形曲线的试件编号

试 件 编 号	岩 石 名 称
78-7-4,77-7-1	闪长玢岩
88-12-9-2,88-12-11-5,88-12-11-4,88-12-11-3	石榴子石矽卡岩
104-10-9-3,105-10-10-2,104-10-9-2	黄龙组大理岩
118-13-13-2,119-7-7-1,119-7-5-1,119-7-2-2	石英砂岩
164-11-10-2,164-11-5-1,163-16-1,164-11-10-1,164-11-4-1	粉砂岩
42-12-11-2	矽卡岩

这种现象说明,在变形速率较低(例如:0.003 mm/s)的情况下,在峰值前区和后区都可能因微裂纹的扩展而自动地发生应力松弛现象,而后应力又继续增大。无论坚硬岩石(如闪长玢岩)或软弱岩石(如黄龙组大理岩),在有微裂纹的情况下都可能发生这种现象。这种现象,不能作为分析岩爆倾向性的依据。

(3) 黄龙组大理岩强度低,荷载—变形全图在峰值前后出现较大曲折(如图 3 - 8 所示),说明这种岩石的裂纹扩展是稳定的,没有岩爆倾向性。

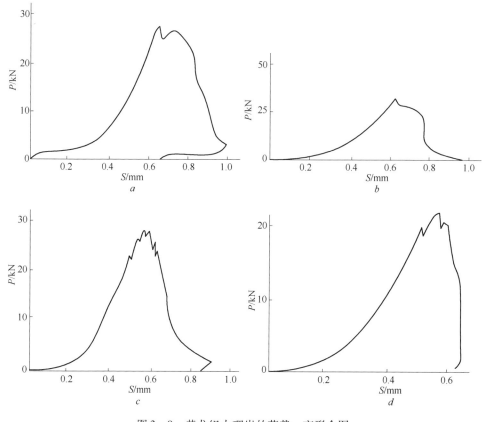

图 3 - 8 黄龙组大理岩的荷载—变形全图

a—104 - 9 - 2 试件;b—105 - 10 - 10 - 2 试件;c—104 - 10 - 6 - 2 试件;d—104 - 10 - 6 - 3 试件

B 从峰值荷载下的松弛试验判定岩爆倾向性

除黄龙组大理岩外,其他几种岩石都做了峰值荷载后的松弛试验。其中闪长玢岩得不到松弛曲线段,如图 3 - 9a 所示,说明这种岩石本身储存的弹性变形能释放就足以引起裂纹迅速扩展而发生崩裂式破坏,因此,定义这种岩石具有本源性岩爆倾向,即这种岩石一旦受力达到其极限应力水平,就会发生岩爆。

在粉砂岩、栖霞组大理岩、石榴子石矽卡岩和矽卡岩的松弛试验中,岩石试件多次发出裂纹扩展的破裂声,试验基本不崩裂,最后荷载趋近于一个定值(残余强度),松弛曲线呈台阶形,如图 3 - 6 和图 3 - 9b、图 3 - 9c、图 3 - 9d 所示。说明这些岩石内部所贮的弹性变形能不会导致岩石发生猛烈破坏,微裂纹分阶段扩展,直至完全破坏,故定义这几种岩石具有诱导性岩爆倾向。因为这些岩石在某种诱导因素作用下,可能导致裂纹迅速扩展而发生岩爆,这种诱导因素可能是爆破产生的应力波,也可能是附近的开挖作业产生的围岩应力叠加效应,实际的岩爆往往在爆破作业(采矿或掘进爆破)后一定时间发生,可以印证这点。

峰值载荷后的松弛曲线呈台阶形发展,表明了硬脆性岩石裂纹扩展破坏的一个过程。在裂纹扩展期间,应力松弛很少,一旦裂纹贯通,就发生突然的应力松弛,并伴随破裂声,接着下一条(或一批)裂纹又开始扩展,当它(或它们)贯通时,又发生应力松弛,并发出破裂声,如此下去,直至完全破坏或者峰值前区储存的弹性变形能释放完毕。这种现象与现场岩爆发生的同时发出断续爆裂声的情况是一致的,所以它们是岩爆式脆性破坏的基本特征。与此相反,非岩爆式破坏或延性(塑性)破坏中能量逐渐消耗于塑性变形之中,不会有突然的应力松弛、能量释放和伴随强烈的爆裂声。

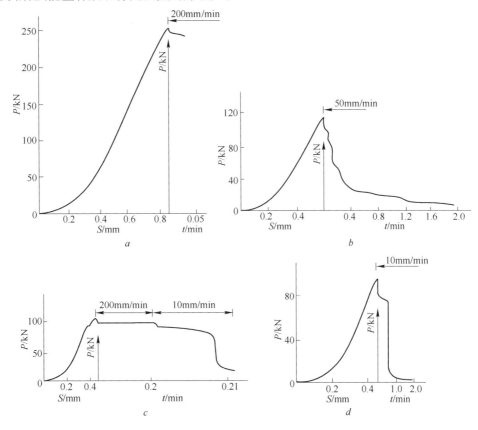

图 3-9　峰值前加载和峰值后松弛试验曲线

(峰值前变形速率:0.003 mm/s)

a—闪长玢岩;b—粉砂岩;c—石榴子石矽卡岩;d—矽卡岩

松弛曲线的台阶越来越长,说明开始的裂纹扩展时间较短,越到后来裂纹扩展的时间会更长。这可能有两方面的原因:(1)开始扩展的裂纹是比较容易扩展的裂纹,或者用格里非斯理论解释,就是处于最有利于扩展的那些方向的裂纹,其后扩展的裂纹,是不容易扩展的裂纹或处于不易扩展方向的裂纹;(2)裂纹扩展的速率越来越低。开始时,由于储存的能量较多,所以释放速率大,裂纹扩展快;越往后,由于剩余的能量越来越少,释放速率降低,因此裂纹扩展速率减慢。

3.2.3.6　矿岩的岩爆倾向性指标计算及排序

判定了矿岩的岩爆倾向性,就可以进一步测定岩石的岩爆倾向性指标,并根据指标对矿岩的岩爆倾向性强弱进行排序。

A　岩石的抗拉强度

根据在普通材料试验机上进行的劈裂试验,按式 3-2 计算岩石抗拉强度。几种岩石的抗拉强度测定结果见表 3-8。

表 3 - 8　几种矿岩的抗拉强度

岩石名称	试件编号	抗拉强度/MPa	平均值/MPa
栖霞组大理岩	100-5-1-1 100-5-1-2 100-5-3 100-5-4-1 100-5-4-2	6.2 6.0 7.2 7.3 6.0	6.8
粉砂岩	163-16-3 163-16-4 163-16-5 163-16-11	20.9 26.5 23.9 19.0	22.6
石榴子石矽卡岩	88-12-7-1 88-12-7-2 89-18-4-1	12.6 13.8 12.7	13.0
矽卡岩	40-15-1 40-15-1-1 40-15-1-3	15.6 18.1 15.4	16.4
闪长玢岩	77-7-3-1 77-7-3-2 77-7-3-5	23.1 20.1 19.5	20.9
石英砂岩	118-13-13-1 119-7-4 119-10-1 119-10-1-1 119-10-2	20.42 13.58 19.79 18.20 16.33	17.66
蛇纹岩	211 212 213 214	8.09 13.07 11.98 8.90	10.51

注:前六种岩石的抗拉强度测定是在普通材料试验机上进行的,试件编号为:回次号 - 总段数 - 段号 - 试样号,以下同。蛇纹岩的单轴抗拉强度试验是 2005 年在中南大学测试中心 INSTRON 伺服控制试验机上完成的。

B　岩石的单轴抗压强度确定

根据低变形速率(3 mm/1000 s ~ 3 mm/1300 s)荷载—变形全图曲线峰值点对应的荷载,按式 3 - 1 计算出岩石的抗压强度。各种岩石的平均抗压强度见表 3 - 9。

表 3 - 9　几种矿岩的单轴抗压强度

岩石名称	平均单轴抗压强度/MPa	试件个数	标准偏差	备注
栖霞组大理岩	78.3	5	7.82	1999 年报告
矽卡岩	132.2	4	7.51	1999 年报告
粉砂岩	171.3	5	39.2	1999 年报告
石榴子石矽卡岩	128.6	7	9.15	1999 年报告
闪长玢岩	304.2	5	34.6	1999 年报告
石英砂岩	237.2	8	38.5	1999 年报告
蛇纹岩	131.43	4	–	2005 年报告

C　岩石的脆性特征

根据式 3 – 19 计算岩石的脆性比见表 3 – 10。

表 3 – 10　几种矿岩的脆性比

岩石名称	脆性比	岩石名称	脆性比
栖霞组大理岩	1.8	石英砂岩	10.0
矽卡岩	5.5	粉砂岩	12.9
石榴子石矽卡岩	6.9	闪长玢岩	—

注:因为黄龙组大理岩和蛇纹岩已定性地确定没有岩爆倾向,故对其脆性比未作计算。

根据式 3 – 20 计算岩石的脆性系数见表 3 – 11。

表 3 – 11　几种矿岩的脆性系数

岩石名称	K_b	岩石名称	K_b
栖霞组大理岩	2.01	粉砂岩	7.8
矽卡岩	4.4	石英砂岩	13.4
石榴子石矽卡岩	6.8	闪长玢岩	—

我们发现用式 3 – 17 计算出的脆性系数比用式 3 – 14 计算的结果更能反映不同岩石之间脆性的区别。例如,用式 3 – 14 计算冬瓜山铜矿大理岩的脆性系数比石榴子石矽卡岩还大,而实际上石榴子石矽卡岩的其他倾向性指标都比大理岩大。

D　岩石的冲击能指标

根据岩石的荷载—变形全图,按式 3 – 15 计算的各种岩石的冲击能指标见表 3 – 12。

表 3 – 12　几种矿岩的冲击能指标 (W_{CF})

岩石名称	试样编号	冲击能指标	平均值	备注
黄龙组大理岩	104-10-9-3	0.99	1.36	
	105-12-2	1.3		
	105-10-10-1	1.8		
栖霞组大理岩	100-5-1	2.25	2.42	
	100-5-1-3	3.47		
	100-5-1-5	1.54		
矽卡岩	40-15-1-5	7.03	3.67	
	41-12-2-7	3.08		
	41-15-1-3	2.31		
	41-15-2-3	1.25		
	42-12-11-2	2.76		
	42-12-11-3	5.90		
	42-12-3-1	3.37		

岩石名称	试样编号	冲击能指标	平 均 值	备 注
石榴子石矽卡岩	88-12-1	6.80	4.86	
	88-12-9-3	4.83		
	88-12-11-1	3.63		
	88-12-11-5	4.16		
石英砂岩	118-13-13	4.99	6.52	
	119-5-6	6.53		
	119-7-1	7.95		
	119-7-2-2	6.04		
	119-7-4	7.09		
粉砂岩	164-11-1-1	10.50	7.35	
	164-11-5-1	5.03		
	164-11-5-2	7.58		
	164-11-6-1	7.25		
	164-11-10-1	9.46		
	164-16-1	4.30		
闪长玢岩	73-11-2-3			猛烈破坏
	73-11-2-5	13.40		
	77-7-3			猛烈破坏
	77-7-4-4			猛烈破坏

E　岩石的弹性变形能指标

根据峰值荷载前的加卸载试验曲线和式 3 - 13 算得各种岩石的弹性变形能指标见表 3 - 13。

表 3 - 13　几种矿岩的弹性变形能指数(W_{ET})

岩石名称	试件编号	W_{ET}	W_{ET}平均值	岩石名称	试件编号	W_{ET}	W_{ET}平均值
黄龙组大理岩	104-10-5-2	1.66	1.33	石榴子石矽卡岩	88-12-1	6.5	5.76
	104-16-9-3	1.38			88-12-9-3	5.2	
	105-16-10-1	1.05		石英砂岩	119-5-6	5.81	6.38
	105-10-10-2	1.11			119-7-1	6.12	
	105-12-2	1.56			119-7-2-2	7.22	
栖霞组大理岩	100-5-1-7	2.90	3.11	粉砂岩	163-16-1	7.02	7.27
	100-5-1-8	3.43			164-11-1-1	7.17	
	100-5-4-1	3.0			164-11-5-2	7.63	
矽卡岩	40-15-1-5	4.40	3.97	闪长玢岩	73-11-2-3	11.50	10.57
	42-12-11-2	3.97			73-11-2-5	6.73	
	42-12-11-3	3.60			77-7-4-4	13.5	

将表 3－13 与表 3－14 的岩爆倾向性指标与前面国外的规定指标相比可知,除黄龙组大理岩外,其余 6 种岩石都有岩爆倾向,这与前面根据荷载－变形全图分析所得结果一致。

F　矿岩的岩爆倾向性排序

将前面计算的平均 W_{CF}、W_{ET} 和 K_b 按式 3－21 相加,获得岩爆倾向性综合指标,见表 3－14。

表 3－14　几种矿岩的岩爆倾向性综合指标

岩石名称	W_{CF}	W_{ET}	K_b	K_c
闪长玢岩	—	10.57	—	—
石英砂岩	6.52	6.38	13.4	26.3
粉砂岩	7.35	7.27	7.8	22.42
石榴子石矽卡岩	4.86	5.76	6.8	17.42
矽卡岩	3.67	3.97	4.4	12.04
栖霞组大理岩	2.42	3.11	2.01	7.54

结合前面的分析和表 3－15 可以得出结论:闪长玢岩的岩爆倾向性最大,栖霞组大理岩的岩爆倾向性最小。按岩爆倾向性大小排序则为:闪长玢岩＞粉砂岩＞石英砂岩＞石榴子石矽卡岩＞矽卡岩＞栖霞组大理岩。

另外,岩石储存弹性变形能的能力也可作为岩爆倾向性强弱的佐证。根据荷载－变形全图峰值前区面积近似计算的弹性变形能见表 3－15。

表 3－15　几种矿岩的单位体积极限储能

岩　石　名　称	单位体积极限储能/$J \cdot m^{-3}$	平均极限储能/$J \cdot m^{-3}$
闪长玢岩	$(6.3 \sim 28.7) \times 10^5$	14.8×10^5
石英砂岩	$(2.6 \sim 18.5) \times 10^5$	7.6×10^5
粉砂岩	$(1.0 \sim 8.36) \times 10^5$	4.79×10^5
石榴子石矽卡岩	$(1.2 \sim 6.5) \times 10^5$	2.99×10^5
矽卡岩	$(1.1 \sim 3.2) \times 10^5$	1.97×10^5
栖霞组大理岩	$(1.56 \sim 2.1) \times 10^5$	1.8×10^5
黄龙组大理岩	$(0.47 \sim 1.05) \times 10^5$	0.86×10^5

由表 3－15 可见,按岩石储存弹性变形能的能力排序与表 3－14 的岩爆倾向性综合指标排序是一致的。

值得指出的是,前面提到荷载—变形全图峰值前区的面积不是纯弹性变形能,冲击能指标计算存在缺点。

将冲击能指标计算公式的分子改为纯弹性变形能,定义了一个新的冲击能指标,即有效冲击能指标。

如图 3－10 所示,设 M 点为测定弹性变形能指数测定的卸载点,假定卸载曲线与加载曲线斜率相同,即

$$K_{OB} = K_{MN} = K_{GC} \qquad (3-22)$$

则可以根据 M 点的卸载曲线,确定峰值点 C 的卸载曲线,从而计算出峰值荷载时所储存的弹性变形能。

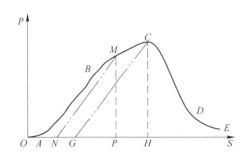

图 3 – 10　有效冲击能指标计算

由图 3 – 10 可知,弹性变形能指标为 $W_{ET} = S_{CGH}/S_{CGO} = S_{MNP}/S_{MNO}$ 冲击能指标为 $W_{CF} = S_{CHO}/S_{EDCH}$,设 W_{EF} 为峰值荷载前试件中储存的纯弹性变形能与峰值后所消耗的能量之比,定义为有效冲击能,则有:

$$W_{EF} = \frac{W_{ET}}{W_{ET}+1} \cdot W_{CF} \qquad (3-23)$$

可见,在式 3 – 22 的假定下,有效冲击能指标是一个与弹性变形能指标和冲击能指标有关的一个量。

将根据式 3 – 23 计算的有效冲击能指标和前面计算的弹性变形能指标及冲击能指标统一列在表 3 – 16 中。由表 3 – 16 可见,三种指标所表示的岩爆倾向性大小顺序是一致的。

表 3 – 16　几种岩石的弹性变形能指标、冲击能指标和有效冲击能指标对照

指　标	矿　岩　类　型						
	栖霞组大理岩	黄龙组大理岩	矽卡岩	石榴子石矽卡岩	石英砂岩	粉砂岩	闪长玢岩
W_{ET}	3.11	1.33	3.97	5.76	6.38	7.27	10.57
W_{CF}	2.42	1.36	3.67	4.86	6.52	7.35	13.4
W_{EF}	1.83	0.76	2.93	4.14	5.64	6.46	12.2

考虑到冲击能指标计算公式的分子并非完全是弹性变形能,而弹性变形能指数又没有与峰值后的变形特征发生联系,为了克服这两个指标存在的问题,提出了一个新的表征岩石的岩爆倾向性的指标,即剩余能指数。

如图 3 – 11 所示,如用峰值前的卸载曲线下的面积与加载曲线下的面积之比 ω 表征岩石储存弹性应变能的能力,则有:

$$\omega = \frac{\int_{\varepsilon_A}^{\varepsilon_B} \sigma d\varepsilon^e}{\int_0^{\varepsilon_A} \sigma d\varepsilon} \qquad (3-24)$$

以此作为比例系数,计算峰值荷载前储存的总弹性应变能为:

$$W_e^M = \frac{\int_{\varepsilon_A}^{\varepsilon_B} \sigma d\varepsilon^e}{\int_0^{\varepsilon_A} \sigma d\varepsilon} \cdot \int_0^M \sigma d\varepsilon \qquad (3-25)$$

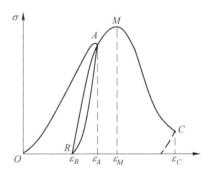

图 3 – 11　剩余能指数计算模型

显然,该值是一个近似值,岩石越坚硬,越接近准确值。

定义峰值前试件中储存的弹性应变能与峰值后试件继续破坏所消耗的应变能之差为剩余能,剩余能与峰值后继续破坏所消耗的能量之比为剩余能指数。

设剩余能指数为 W_R,剩余能指数与前面计算的冲击能指标和弹性变形能指标统一列入表 3 – 17。

表 3 - 17　几种岩石的弹性变形能指标、冲击能指标和剩余能指数对照

矿岩类型	W_{ET}	W_{CF}	W_R
黄龙组大理岩	1. 33	1. 36	- 0. 31
栖霞组大理岩	3. 11	2. 42	- 0. 08
石榴子石矽卡岩	5. 76	4. 86	1. 83
石英砂岩	6. 38	6. 52	3. 57
闪长玢岩	10. 57	6. 80	4. 96

　　表 3 - 17 中栖霞组大理岩和黄龙组大理岩的剩余能指数为负, 意味着这两种岩石的峰值前储存的弹性应变能小于峰值后继续破坏所需的能量, 因此, 确定为没有岩爆倾向性, 而另外三种岩石的岩爆倾向性强弱顺序与按前面计算的冲击能指标和弹性变形能指标一致。

3. 2. 3. 7　矿岩岩爆倾向性的声发射检测

　　由前述可知, 岩爆是在高应力状态下, 岩体中裂纹扩展, 延伸, 积蓄在岩体中的弹性变形能突然释放, 产生爆炸式破坏的一种现象。而岩体中的裂纹扩展会发生声发射现象, 因此, 矿岩的岩爆倾向性还可借助于声发射技术进行检测。

　　A　有岩爆倾向岩石破坏过程中的声发射频谱特征

　　采用图 3 - 12 的测试系统, 对冬瓜山铜矿矽卡岩变形破坏过程的声发射频谱特征进行了研究。发现有岩爆倾向性的岩石在破坏过程中具有如下声发射频谱特征:

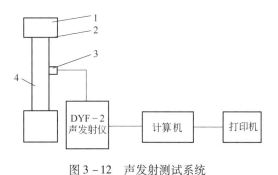

图 3 - 12　声发射测试系统
1—加载头; 2—滤纸; 3—声发射探头; 4—试件

　　(1) 当应力达到峰值应力的 60% 时, 声发射频谱出现突跳, 此时试件内部出现主裂隙;

　　(2) 声发射波形在峰值荷载附近出现前沿变陡的状况;

　　(3) 随着荷载的增加, 主频由低频 (1 kHz) 向高频 (2. 6 kHz) 过渡; 当荷载到达峰值的 60% 左右时, 主频基本稳定, 约为 2. 6 kHz, 这与声发射突跳点较为一致。频谱分布可作为另一个重要的参数, 它全面地反映了声发射所携带的岩石破坏信息;

　　(4) 随着荷载增加, 能量呈现逐步向主频集中的趋势, 临近峰值点更为明显; 但随着载荷的进一步增加, 能量集中程度反而降低。

　　B　矿岩岩爆倾向性的声发射模式检测

　　采用 MTS 815 Rock Mechanics Test System 电液伺服控制试验系统对冬瓜山铜矿闪长玢岩、蛇纹岩、含铜磁黄铜矿、矽卡岩、粉砂岩 (石英砂岩) 和大理岩的岩爆倾向性进行了声发射检测。

　　在单轴压缩状态下, 进行全应力 - 应变试验, 试验过程中, 岩石微破裂产生的声发射信

号首先被声发射探头检测,经放大器放大后传输到计算机采集分析系统,并实时显示声发射的测定数据曲线,同时将数据存入计算机;载荷、变形数据则由 MTS 815 Rock Mechanics Test System 电液伺服控制试验系统单独自动记录,并实时显示测定数据曲线和保存数据。试验结果可根据需要进行多种处理和分析。

在对试验数据进行整理之后,试验结果以图形形式给出。根据岩石声发射变化特性分析的需要,绘制出岩石变形破坏过程载荷与变形关系曲线、载荷与时间关系曲线、岩石变形破坏过程中的声发射事件率与时间的关系曲线、声发射事件累积与时间关系曲线以及声发射能量累积与时间关系曲线等试验曲线,如图 3-13~图 3-16 所示。

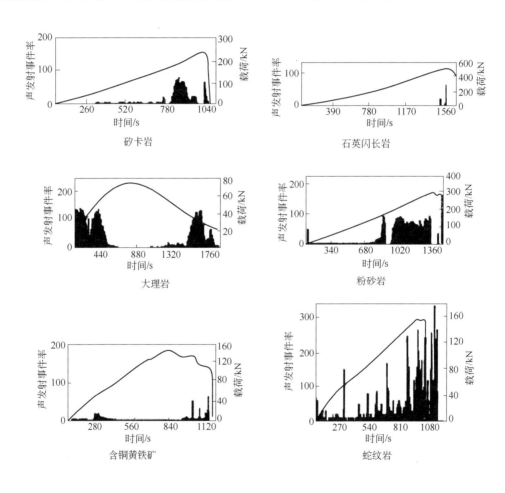

图 3-13 声发射事件率-时间序列

a 声发射事件数时间序列的特征

声发射事件数的时间序列可分别用事件率-时间曲线和声发射累积事件数曲线表示。

(1) 几种岩石的声发射事件率-时间序列的特征。从声发射事件率-时间曲线(图 3-13)可以看出:

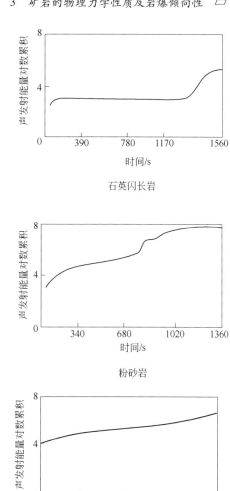

图 3 – 14 岩石声发射累积事件数曲线

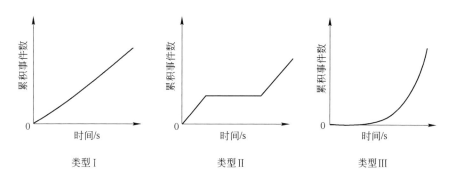

图 3 – 15 声发射类型(声发射数累积)

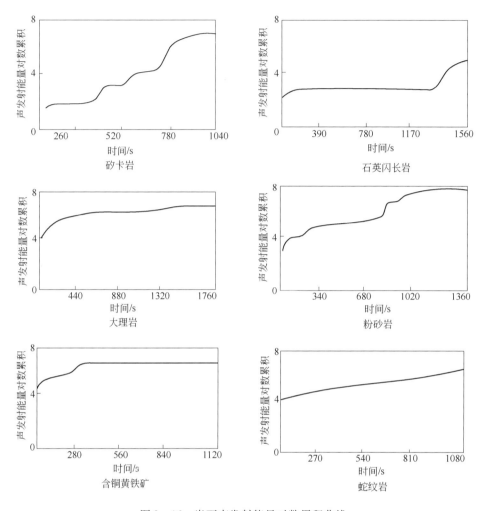

图 3 – 16 岩石声发射能量对数累积曲线

因为矽卡岩矿物颗粒较硬、结构致密,无明显节理,加载初期没有声发射事件产生,在接近 10% 的极限载荷时开始有声发射,以后很长一段时间内声发射率都很低。大约在极限荷载的 70% 时,声发射率显著增加,在达到极限载荷 80% 时,声发射率达到最大。随后,声发射率开始下降,但仍保持较高的活动水平。而在岩石将要发生主破裂前的短暂时间内,声发射现象消失,出现了声发射现象的相对平静期,这种现象在地震研究中也出现过,即在地震到来之前有时也会出现一段相对平静期。峰值载荷过后,应力迅速下降,又迎来了一次声发射高峰,由于矽卡岩脆性较大,峰值后区变形很小,因此,这段声发射持续时间也很短,从整个破坏过程来看,声发射主要集中出现在峰值载荷的 70% ~ 80% 之间。

闪长玢岩在刚开始加载时,就有一些声发射出现,这可能是与微裂纹闭合作用有关。这一过程大概只持续了 90 s,即从加载初期到峰值载荷的 9% 这一段。随后的很长一段时间内,只有很少的随机的一些声发射出现,而这段时间内,载荷却一直在增加,直到达到 92% 峰值载荷时,声发射才开始增加,在峰值载荷时声发射率达到最大。整个峰值前区,岩石的变形几乎是线弹性的。由于闪长玢岩是一种脆性很大、强度很高的岩石,刚度很大,岩石在峰值后区很快破裂,未能检测到峰值后区的声发射。

大理岩加载后就出现很高的声发射率,这一声发射活跃期从开始一直持续了约550 s,即从开始加载到峰值载荷的90%,不过,在此期间声发射率有两次高峰和一个低谷,两次高峰分别在峰值荷载的22%和67%,但整个加载过程中声发射活动水平都较高。由于大理岩的峰值强度不明显,在接近最大载荷时,声发射率开始降低,直至没有声发射产生。但从大约900 s后,声发射现象又开始出现,不过声发射率很低,到1320 s后声发射事件急剧增加,在1500 s左右达到最大,随后声发射事件迅速降低,在1650 s时,出现了一个小的高潮后继续降低,直至试件被破坏。

粉砂岩在加载初期载荷较小的情况下其存在少量声发射且变化不大,但在20 s时出现了较高的声发射,这可能是由于局部受力不均引起裂纹闭合。这一阶段应该属于压密阶段,内部的微裂纹还没有产生扩展,因此,声发射率较低。岩石在处于载荷峰值的48%时声发射率呈现明显的增大,但到了790 s时声发射又停止,大概持续了80 s,在达到峰值载荷的58%时,声发射再次明显增加,一直持续到岩石的峰值强度。在峰值后区,岩石强度迅速下降到零,但也有少量较高的声发射产生。

含铜黄铁矿也是从加载时就会有声发射事件产生,但活动水平很低。在大约200 s时,声发射有一小的突增,这与载荷-位移曲线及载荷-时间曲线小出现的转折是相对应的,即为内部的节理或裂隙破裂所致。在载荷达到峰值载荷的50%的随后很长一段时间内声发射进入平静期,一直延续到峰值荷载后区。直到840 s以后声发射事件才开始出现,这时岩石的载荷降到了峰值载荷的90%,在峰值后区,出现了几次较为明显的应力降,在对应后两次突然的应力降时的声发射率也较高,其余的声发射率也较低。这跟含铜黄铁矿的矿物晶粒结构比较特殊有关,其晶粒颗粒较粗,晶界清晰光滑,破坏是沿晶界面破坏的,破坏呈渐进形式,试件被破坏程度很大,几乎全部被压碎,破坏的碎块尺寸与晶粒在同一数量级上。

蛇纹岩因为相对均匀,岩石矿物晶粒很小,破坏是渐进式的,整个变形过程中都有声发射事件产生,从开始加载到破坏,声发射率总体上呈现逐渐上升的趋势,并且声发射率相对前面5种岩石都高,另外,声发射的一个特点就是:虽然总体上声发射率呈上升趋势,但是,声发射率的高低是间歇出现的,这种声发射率的阵发式增大,正说明了蛇纹岩的破坏过程是一个微裂纹不断扩展成较大裂纹,再汇合成更大裂纹,小破裂、大破裂不断更替累积,最终达到破坏的过程。

(2)几种岩石破坏过程的声发射数时间序列的类型。

从岩石整个破坏过程中的声发射累积事件数曲线(图3-14)可以看出,这几种岩石的声发射累积事件曲线表现出不同的特点。根据6种岩石的声发射累积曲线特点,结合它们的声发射事件率-时间序列曲线与全应力应变关系曲线,可以把这6种岩石的声发射数时间序列归纳为3种类型,如图3-15所示。蛇纹岩属第一类,大理岩和含铜黄铁矿属第二类,矽卡岩、闪长玢岩和粉砂岩属第三类。

第一类:岩石在受载过程中不断有声发射发生,声发射事件逐渐增多,没有突然增强的现象,而且在峰值后区仍然保持较高的声发射。由于这类岩石在峰值后区仍然没有完全解体,宏观破裂面产生相对滑移,因而峰值后区声发射可以理解为由岩石宏观破裂面相对滑移产生的。由于能量的持续释放,岩石发生突然断裂的可能性小,因而无岩爆倾向性。

第二类:在加载初期,就有声发射发生,在峰值后的一定范围内,声发射出现沉寂现象,而在峰值过后一定时间后声发射又明显增强。由于峰值后岩石并未解体,其承载能力的丧失是渐进的过程,不会发生突然而猛烈的破坏,因此,其岩爆倾向性弱。

第三类:在载荷较小时声发射很少甚至无声发射现象,当应力接近峰值时声发射突然迅速增大,岩石很快发生突然而猛烈破坏,其岩爆倾向性较强。

b　声发射能量累积特征

声发射能量累积对数曲线如图 3 - 16 所示。由图 3 - 16 可见,蛇纹岩声发射能量累积对数值随时间持续增大,直至岩石丧失承载能力完全破坏,其变形破坏是稳定的过程,无能量积聚和突然释放的情况,因此,蛇纹岩无岩爆倾向性。大理岩和含铜黄铁矿声发射能量累积对数值在载荷很小时,随时间增大,但其增大速率逐渐减小,载荷较大时,能量增大很小,能量累积对数曲线近于水平,这也是不发生强烈破坏和岩爆的声发射特性。矽卡岩、石英闪长岩和粉砂岩的声发射能量累积对数随时间变化比较明显,声发射能量累积对数在峰值破裂前具有明显的增大,岩爆发生强烈破坏,是发生岩爆倾向的特征。

由上述分析可见,声发射能量对数累积时序列也具有相应的 3 个变化类型,如图 3 - 17 所示。

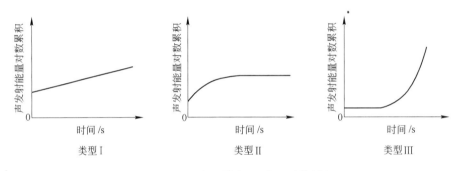

图 3 - 17　岩石声发射类型(能量对数累积)

c　几种矿岩变形破坏过程中的声发射模式

归结起来,冬瓜山铜矿典型矿岩变形破坏过程具有 3 种声发射模式:

模式 I:在岩石变形破坏过程中,声发射事件率、事件数累积和能量累积对数均随时间持续增大,岩石产生稳定破坏,无岩爆倾向。具有该类声发射模式的岩石有蛇纹岩。

模式 II:峰值前区声发射随应力增大持续增加,但在峰值前后一定范围内,声发射出现沉寂现象,之后重新产生声发射。该声发射模式表征岩石不会发生突然和强烈破坏,其岩爆倾向性弱。具有该类声发射模式的岩石有大理岩和含铜黄铁矿。

模式 III:在应力接近峰值前,声发射事件很少甚至无声发射现象,当应力接近峰值时声发射事件突然迅速增多,能量突然释放,岩石发生突然而猛烈破坏,该类岩石具有较强的岩爆倾向性。具有该类声发射模式的岩石有矽卡岩、石英闪长岩和粉砂岩。

3.2.4　矿岩的岩爆倾向性分类和排序的意义

目前对矿岩岩爆倾向性的划分大多采用指标法,即按照某些岩爆倾向性指标(如冲击能指标、弹性变形能指数、脆性指标数等),结合现场岩爆发生情况来划分岩爆倾向性的等级,如,弱岩爆、中等岩爆和强岩爆,这对于岩爆的预测和防治无疑是有帮助的。然而,这些岩爆倾向性等级划分的界限太过严格,带有一定的人为因素,或者说带有人的主观因素。本书介绍了岩爆倾向性分类和排序相结合的方法。即首先通过荷载－变形全图和峰值荷载后的松弛曲线的测定和分析,判定岩爆倾向性的存在与否,然后根据岩爆倾向性指标的计算,对具有岩爆倾向性的岩石进行岩爆倾向性排序,排除了试验机对岩石受力达到其峰值强度后的破坏过程的影响和人为因素对岩爆强弱的划分的影响。本书所提出的两种岩爆倾向性(本源性岩爆和诱导性岩爆)的概念,既表明了岩爆发生的机理,又说明了两类岩爆的发生条件的不同。根据多项岩爆倾向性指标相加,获得一个综合性指标,并根据这个综合指标,对不同岩石类型的岩爆倾向性强弱进行了排序。

通过声发射法对岩石变形破坏过程的声发射检测,获得了几种矿岩破坏过程的声发射特征模式,并印证了通过岩爆倾向性指标计算的岩爆倾向性排序的正确性。

岩爆倾向性的分类和排序,为进一步的有针对性地进行岩爆预测和防治打下一个较好的基础。对于具有岩爆倾向性的岩体,要进行岩爆的预测和防治,并且,对于岩爆倾向性强或对采矿影响大的岩体要重点进行预测和防治,而对于无岩爆倾向的岩体,则只需进行工程围岩稳定性分析和地压的控制。这是两类性质不同的岩体力学问题,应当区别对待。

这种岩爆倾向性分类对于岩爆的监测和防治方案的制订也具有指导意义。具有本源性岩爆倾向的岩体,当应力达到其强度时,可立即触发岩爆,但是,当发生初次岩爆后仍然不能放松戒备,因为,这种岩体中发生的岩爆一般比较强烈,且发生时的应力较高,初次岩爆的发生可能导致应力高峰区的转移,从而导致连锁式岩爆发生。具有诱导性岩爆倾向的岩体,岩爆触发慢、迟,触发因素更复杂,如爆破影响,采矿作业影响等外因,都可能成为触发条件。因此,在岩爆监测和防治中,在一次爆破或采矿作业之前,要结合爆破和采矿作业的位置,为监测岩爆和防治岩爆危害制定周密的方案,在爆破和采矿作业之后,要加强岩爆监测,密切注意岩爆前的微震活动趋势和岩爆发生的规律。

至于无岩爆倾向的岩石,可根据全应力应变曲线直接进行判断,也可以通过岩爆倾向性指标来判断,其特点是岩石强度不高,岩爆倾向性指标很低,荷载－变形全图或全应力应变曲线在峰值前后出现较大的曲折,说明这类岩石储存弹性变形能的能力差,不会发生岩爆,即无岩爆倾向。

参 考 文 献

[1]　王文星,潘长良,冯涛. 某矿矿岩岩爆倾向性的实验研究[J]. 中南工业大学学报,1998,29(2).
[2]　王文星,潘长良,冯涛. 确定岩石岩爆倾向性的新方法及其应用[J]. 有色金属设计,2001,28(4):42～46.
[3]　潘长良,祝方才,曹平,冯涛. 单轴压力下岩爆倾向岩石的声发射特征[J]. 中南工业大学学报,2001,32(4):336～338.
[4]　唐礼忠,潘长良,王文星. 用于分析岩爆倾向性的剩余能量指数[J]. 中南工业大学学报,2002,33(2):129～132.
[5]　冯涛,潘长良,王宏图,曹平,王文星. 测定岩爆岩石弹性变形能量指数的新方法[J]. 中国有色金属学报,1998,8(2):352～355.
[6]　祝方才,潘长良,郭然. 一个新的岩爆倾向性指标——有效冲击能指标. 矿山压力与顶板管理[J],2002,3:83～84.
[7]　潘一山,章梦如. 用突变理论分析冲击地压发生的物理过程[J]. 阜新矿业学院学报,1992,11(1):

12 ~ 18.

[8] 冯涛,王文星,潘长良. 岩石应力松弛试验及两类岩爆研究[J]. 湘潭矿业学报,2000,15(1):27 ~ 31.

[9] S P Singh. The Influence of Rock Properties on the Occurrence and Control of Rockbursts[J]. Mining Science and Technology,1987,5:11 ~ 18.

[10] S P Singh. Technical Note Burst Energy Release Index[J]. Rock Mechanics and Rock Engineering,1988, 21:149 ~ 155.

[11] Wang Wenxing,Pan Changliang,Feng Tao. Fountain Rockburst and Inductive Rockburst[J]. Journal of Central South University of Technology[J]. 2000,7(3):129 ~ 132.

[12] 唐礼忠,深井矿山地震活动与岩爆监测及预报研究[D].长沙:中南大学,2008.

4 冬瓜山铜矿地热与地温

对于冬瓜山这样一个大型深埋矿床,地下热环境是制约矿山正常生产的重要因素之一。为了做好矿山降温工程和减少基建投资和生产成本,矿山建设过程中开展了矿山地热与地温的调查研究工作。

4.1 矿山及其地热研究概况

冬瓜山矿区恒温带深度(20 ± 5)m,恒温带温度 17.5℃,平均地温梯度每100 m 为 2.1℃。矿体赋存范围内原岩温度为 30 ~ 39.8℃。按目前国内有色金属矿山的技术水平和开采条件来衡量,冬瓜山矿床属于埋藏深、规模大、品位不高的矿床。根据已经进行的调查和研究工作,矿体范围原岩温度较高,已达 I 级或 II 级热害标准。矿石含硫较高,有氧化发火的可能。

4.1.1 矿床勘探期间的地热调查结果

在冬瓜山矿床勘探期间,321 地质队已经进行过不少地温调查工作。这些工作对初步了解矿床的地热地质环境有着重要作用。通过对共 34 个钻孔进行过测温。其中 58 线以南的测温孔达到 100 m × 100 m 的网度,58 线以北的网度为 200 m ×(200 ~ 250)m。钻孔测温点间距一般为 10 m 一个测点。根据这些测温资料确定了矿区恒温带深度为(20 ± 5)m,恒温带温度为 17.5℃,平均地温梯度每 100 m 为 2.1℃,矿体标高原岩温度为 30 ~ 39.8℃。

勘探期间还进行了一些地层的岩石热物理性质的测定。已进行的岩石热物理性质测试的样品绝大部分都取自大团山矿床的一个勘探孔,该孔距冬瓜山矿体约 1 km。曾对该孔从孔深 31 ~ 762 m 所揭露的地层连续取样(36 个),测定了岩石的热导率和热扩散系数。从地层分布来看,已有的试样多取自三叠系小凉亭组及以上地层。但是在矿床范围内,这些地层位于矿体上方距矿体 400 m 以上。冬瓜山矿床矿体本身、矿体顶底板、涉及大量开拓工程的近矿体围岩的热物理性质方面没有资料。

在已进行过测温的钻孔中,有些孔的测温深度未达到矿体标高。这些孔处的深部温度靠下推获得。孔底的温度是最接近原始岩温的。矿区内只有很少部分的钻孔测温测到孔底。一些孔测温孔段距孔底的距离达百米以上。大部分孔测温的最低点距孔底有 20 ~ 50 m 的距离。由于钻进时的冲洗液的影响,孔底以上温度恢复到原始岩温的时间与钻孔所用时间有关。前人的理论研究表明,钻孔扰动温度完全恢复所需时间为钻孔时间的 10 ~ 20 倍,90% 恢复所需时间为钻孔时间的 0.5 ~ 1.5 倍。根据静井时间和测点距孔底的距离推测,因未测到孔底所产生的误差可能达到 1℃ 的量级。有些孔受地下水等因素的影响,测温数据比较离散。另外,对测温结果的进一步分析工作做的不多。尽管存在上述的不足,321 地质队所进行的测温工作仍是目前已知的地温方面资料的主体。

4.1.2 "九五"期间的地热调查研究

"九五"期间,北京有色冶金设计研究总院对矿床开展了地热调查研究,研究工作主要包括:调查矿区的地热地质条件,为热害评价提供基础背景资料;了解和掌握矿体及其顶、底板岩石的热物理性质,为矿山降温和通风提供必要的参数,满足井下热环境控制的需要;掌握地温在自然条件下的空间变化规律及在人为因素(通风及降温措施)影响下围岩温度随时间的变化规律;预测主要开采中段原岩温度,评定矿山开采期间将面临热害的严重程度;调查、分析井下各放热源的类型、性质、空间分布范围等特征,评价各放热源的放热能力及对开采的影响;相应的各项降温措施建议。

主要的工作内容和方法包括:

(1) 对当时正在进行开拓的区域利用炮孔或其他钻孔直接进行测温。直接了解不同岩石类型、不同构造位置、不同标高的岩温的空间分布规律。测温的同时进行地热地质调查,研究地热源的类型和岩温分布的地质规律。结合勘探阶段的测温成果对矿区内不同区域、不同标高的岩温进行预测。

(2) 对矿石和不同岩石采取有代表性的试样测试其热物理性质,根据热物理性对矿区内的岩石进行分类和分区。

(3) 以导水构造分析为主预测矿区地下热水的分布。对地下水与岩石温度间相互影响关系进行调查和分析。预测较大出水构造的空间分布及涌水水温的动态变化,结合其他水文地质条件预测热水流量及放热量。

(4) 根据岩温、热水的空间分布、热物性分区及其他热源的放热能力预测矿区内的总放热量,为通风和降温设计提供依据。搜集有关的矿体、地层及构造等地质资料,分析地温与这些基本地质参数间的相互关系。

4.2 矿山地热地质条件

4.2.1 区域地热地质背景

从大的区域性空间分布来看,地热活动的强度决定于该地区地壳的活动性。古老稳定的地区地热活动程度低。而年轻的活动性强的地带,如新生代造山带,大地热流值高。扬子准地台在燕山运动以前属于较稳定的地区,燕山运动以来开始活化。大地构造运动以块段运动为主。主要表现为断裂带的挤压、剪切和拉张活动。就本矿及其邻近地区而言,中生代以来有重要影响的大断裂带有郯庐断裂带和下扬子破碎带。燕山运动后期在庐江以南郯庐断裂带局部曾有火山活动。下扬子破碎带控制了长江中下游一带江段的走向,现代的一些小地震也沿该带呈线状分布。这些表明这一地区的构造仍具有一定的活动性。然而,本区现代的地壳活动性应属于中等(或中等偏弱)的地区。这里没有剧烈的隆起和凹陷,也没有强烈的火山活动以及频繁的大地震发生。矿区距东南沿海活动的板块俯冲带相对较远,受现代板块运动所伴随的地热活动的影响也较小。所以,从大地构造背景来看矿区及附近不会有强烈的地热活动,矿区深部地热从成因上看应属于正常的地热增温为主。

安徽境内的郯庐断裂附近的大地热流测量结果为 1.84 HFU(1 HFU = 1 μcal/(cm² · s))高于全球的平均值 1.47 HFU;但低于大陆上的一些活动的火山带的 2~2.6 HFU。这表明,即使是正常的地热增温,断裂附近也会存在相对较高的热流值。从大地构造角度看,矿区仍属于邻近郯庐断裂带和下扬子破碎带的地区。这两个主要构造带和它们的旁侧次级构造对其周边的地热分布仍会有一定影响。矿区及附近地区除了在垂直向上的正常的地热增温以外,依距离深大断裂的远近不同,在水平方向上深部地温会有一定的趋势性变化。矿区北部丘陵与沿江平原交界地带的地形突变可能受下扬子破碎带控制。该区域也临近铜陵 - 南陵深断裂。因此,矿区深部地温应有向北增高的趋势。

4.2.2　矿床地热特征

矿区内地表除部分地段为第四系冲积、坡积层覆盖外,出露的地层主要为三叠系中下统地层。向深部采矿工程所涉及的地层有二叠系、石炭系及泥盆系上统地层。

矿区内主要褶皱为青山背斜,它是主要的控矿构造。背斜全长 22.5 km,宽 8 km。轴线略呈 S 形,总的方向为 40°～50°,向北东倾伏。两翼地层倾角 15°～30°。由于断裂作用和岩浆侵入的影响,次级褶皱很发育。主矿体位于背斜轴部,赋存在中上石炭统(C_{2+3})大理岩中,底板为五通组石英岩和石英砂岩。

矿区内成矿前的断裂走向以北东和东西向为主。它们构成了后期岩浆侵入的通道,也控制了矿体的大致位置。褶皱变形过程中,各时代地层之间的层间滑脱构造也很发育,是本矿区内典型的容矿构造。这些构造的规模较大、切割深,但形成较早。从对地温分布角度来看,它们主要控制了不同热导率岩层(岩体)的分布,特别是硅质热液活动带的分布,进而对地温的空间分布起到控制作用。矿区中部的大地热流值为 1.94 HFU。按矿区边缘的大地热流值为 1.55 HFU。由此看出矿区边缘的大地热流接近全球陆地的平均值,表明矿区范围没有明显的热异常。矿区中部因成矿热液交代作用强,物质组分的差异使地层热导率增高。即:这一类构造的附近地带大地热流值较高,相应的,地温也相对较高。矿区北部山区与平原的交界地带(75 线左右)可能存在这种次级构造。

成矿后断裂的走向以北西为主,次为近东西和北东向。断裂性质为张性和张扭性。已被工程控制的有阴涝 - 大冲破碎带、铜塘冲破碎带和龙塘湖破碎带。这些构造因其力学性质决定它们常常是导水构造。由于这些构造切割相对较浅,它们是通过影响浅部地下水渗流和循环途径来影响地温的分布。沿这些构造带附近常出现低温区。

矿区内出露的岩浆岩约占矿区面积的 1/10,主要沿青山背斜轴部呈岩株或岩墙产出。岩性分别为闪长岩、闪长斑岩和石英闪长岩等。晚期的脉岩,如辉绿岩、煌斑岩及闪长正长斑岩也较发育。根据岩体与地层的接触关系和同位素年龄测定结果,岩浆侵入时代为中晚侏罗世 - 早白垩世。从岩体形成的时代来看,岩浆活动距今已经历了较长的地质时代,岩浆活动的残余热量早已消失。它对矿区的现代热环境不再有影响。

4.2.3　矿岩的热物理性质

除原岩温度(VRT)指标外,矿岩的热物理性质是矿山降温计算将要用到的重要基础参数。在矿体围岩的原岩温度一定的情况下,它是影响采矿场气温高低的重要的自然因素之一。勘探期间所进行的岩石热物理性质测试的样品代表性不足。本次岩矿热物理性质测试在取样时把重点放在矿体中和顶底板围岩方面。在样品数量分配上考虑了地层岩性的差异以及与采场和巷道关系的密切程度。

岩矿热物理性质试验样品的采取共分两次进行。第一批试样大部分取自 ZK423 孔的岩心(在 321 地质队岩心库中采取),主要为矿体顶盘各地质时代的代表性地层。小部分取自－730 m 的辅助井附近的溜井超前钻孔和巷道掘进的岩块,主要为岩浆岩、矽卡岩及部分矿体。第二批试样主要采自－730 m 矿体中及近矿围岩,岩性以矿石为主,其次为底盘石英岩。

样品块度标准为其最小方向的直径大于 5 cm。测试时所有样品都为自然风干状态。每个试样测 10 个点取其平均值作为最终结果。从测试结果总体来看,岩石的矿物组成(或化学组成)对热导率值影响最大。含硅质或含石英越多的岩石热导率越高,如:五通组石英岩和粉砂岩热导率最高。平均值为 5.692 W/(m·K)。含硅质较多的大隆组岩石热导率也较高。矿体因含有较多的金属矿物,热导率也较高。为了解金属硫化物含量(即硫品位高低)对热导率的影响,对几组矿石样进行了硫含量分析。从对比结果来看,在本矿床矿体内,硫品位高低对热导率的影响没有明显规律。但总的来看,含有金属硫化物的矿石或围岩的热导率相对较高。

在岩性差不多的情况下,地层时代越老热导率越高。本次测得的岩石热导率值相对于勘探阶段在大团山矿区取样测定的上部地层普遍偏高(类似岩性热导率高20% 左右)。岩石形成和埋藏时间的长短可能是引起这种差别的原因之一。另一个可能的原因是钻孔相对于主矿体的位置不同,地层所受到的变质作用或热液交代的程度不同导致了热物性的差异。本次取样的数据自地表至矿体顶板按岩层厚度加权平均值的热导率值为 3.944 W/(m·K),与321 地质队在 ZK3233 孔取样的平均值 3.155 W/(m·K) 相比有较大差别,也可能与取样位置处硅质交代强度不同有一定关系。

本矿岩石热导率的变化规律提醒我们在今后进行矿区地层的热导率研究时要注意取样位置的选择。影响多数有色金属矿床成矿过程的热液活动常导致矿体附近硅质和金属矿物的富集。这将对矿体附近地层的热导率值产生影响,值得取样时注意。

在全矿区范围内,根据地层的空间分布、不同地层之间岩石热物性的差异以及它们与矿体之间在空间上的相互关系等因素,将矿区地层进行了热物性分组。共分 6 个组,自上而下分别为:三叠系灰岩、大理岩夹角岩组;二叠系硅质岩、粉砂岩夹页岩组;栖霞—黄龙船山灰岩组、大理岩组;矿体及矽卡岩组;五通组石英岩砂岩和粉砂岩组;闪长岩体组等(见表4-1)。

表 4-1　各岩石分组热物理性质

热物性分组	热导率/W·(m·K)$^{-1}$	密度/g·cm^{-3}
三叠系灰岩、大理岩夹角岩组	3.747	2.695
二叠系硅质岩、粉砂岩夹页岩组	4.193	2.685
栖霞—黄龙船山灰岩、大理岩组	3.991	2.835
矿体及矽卡岩组	5.075	3.651
五通组石英岩、砂岩、粉砂岩组	5.692	2.761
闪长岩体组	3.229	2.688

从分组的热导率值来看,矿床底板的五通组石英岩和粉砂岩热导率最高,矿体次之。由于矿体和矿床底板是开拓和采矿活动所涉及最多的地层,它们的热导率较高对降温是一个不利的因素。热导率最低的岩组是闪长岩体。尽可能将一些巷道和硐室布置在闪长岩体中有利于减少地温的不利影响。

4.3 地温的测量及其变化规律

4.3.1 测温所采用的方法

测温工作主要是利用已开拓的或正在开拓的井巷工程进行地下测温。工作方式为跟踪开拓工作面进行炮孔测温,以详细地了解地温的空间分布与地层岩性变化之间的相互关系以及地温量值的大小。同时,利用探矿孔、探水孔和各类工程孔进行深孔测温。了解工程开拓及通风对岩温的干扰程度、地层中热释放速度以及开拓工程周围调热圈尺度。

炮孔测温利用热敏半导体便携式数字温度计。仪器的测量精度能达到 0.1℃。每断面测 4~6 孔。将探头直接伸到孔底,待温度显示稳定后开始读数。由于探头尺寸较小,对孔底温度干扰小,一般两三分钟即能稳定。

热敏半导体便携式数字温度计的测量深度只有 5 m,深度超过 5 m 的钻孔用热敏电阻测温仪测温。仪器的测量精度能达到 0.1℃。一般每 5~10 m 一个测点。由于该仪器的探头较大,具有较大的热容量,探头与孔壁之间达到温度平衡的时间较长。在充水的钻孔中测量时一般要 3~5 min 读数才能稳定。

正常情况下测量打完 30 min 以上的炮孔。有时遇到放完炮的工作面只能测残孔,因残孔较浅,一般测得的温度要低一些。因井下工作面掘进进度无明显规律,影响测温安排和进度。开拓施工和井下环境条件变化对测温也有一定影响。因此原始测温数据需进一步修正。不同深度的炮孔温度在深度方向的梯度约为 1℃/m。

井下由于施工干扰因素较多,并不总能测到原始岩温。在那些距离较近的测点中,一般选其中温度高的值来代表那一区域的岩温值。拿这些值与勘探期间的测量结果相比,有的部位差别不大,有的部位差别可达 2~3℃。由于井下干扰因素,如通风、凿岩冲洗冷水以及测温探头与岩温未达平衡等因素一般都是趋向于使测得的岩温偏低。因此,有理由认为,勘探阶段在矿体赋存标高范围内的测温结果有些可能偏低 2~3℃。这并不意味着勘探时期的测温数据都不准确。只在进行岩温预测时要有分析地使用。

4.3.2 测温范围

测温范围原则上限于前期投产方案所涉及的开拓范围内。平面上从 34 线到 52 线,垂向上主要为 -730 m 以下。其中部分测点分布在主井、辅助井和副井的下部,在空间上扩大了勘探阶段的测温范围,最深的测点标高为 -970 m。大部分测点分布于 -730 m 和 -790 m 开拓平巷中,主要起加密和验证勘探时测温结果的作用。除深部(-730 m 以下)的测量外,还在 -520 m、-460 m 平巷适当了解地温情况。

除了测量岩温外还同时调查地下水的温度、分布及水量,评价热水以及其他热源对矿床开采的影响,进行较大出水点的水温监测。

4.3.3 地温的变化规律分析

4.3.3.1 热导率对地温空间分布的影响

经过统计分析 321 地质队的一些测温孔的资料发现,从地表向下不同深度,地温梯度是不同的。其量值变化从每百米小于 1.5℃ 到接近 2.5℃。地温梯度的峰值有两个,一个在

-400 m 标高,另一个在 -700 m 标高。对比矿区的地层剖面可以发现,热导率峰值的深度
正好位于具有高热导率的大龙 - 孤峰组硅质角岩和矿体及五通组石英岩之上(见图 4 - 1)。

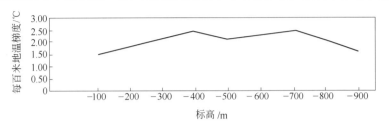

图 4 - 1　矿区平均地温梯度随标高的变化

由于下部有热导率高的地层而引起上部地温的升高。这一现象表明地层的热物性的差
异对地温的空间变化有相当的影响。由于这个因素,在开采标高的同一平面上的地温是不
同的。不同热导率地层的空间分布主要受青山背斜的控制,因此,青山背斜是控制矿区地热
分布的主要构造因素。除此以外,沿青山背斜分布的一系列岩株和岩墙说明在成矿期这里
曾是一条深断裂。目前这条断裂没有正在活动的证据,但在成矿期它是热液活动的通道。
沿着断裂带硅化、矿化和其他交代变质作用更强,往往形成热导率高的岩石从而影响到地热
的分布。由于该断裂及其分支断裂的存在,使矿区地温场进一步复杂化。

4.3.3.2　地下水对地温的影响

可能引起地温场局部异常变动的另一个因素是地下水的活动。在中等深度的 -500 m
和 -600 m 标高的平面上,ZK7116 和 ZK7112 孔处的温度偏高的幅度较大,而 ZK672 孔和
ZK675 孔则偏低较明显。两处地温高于或低于同标高的平均地温值 3℃ 左右。一般来讲,
沿断裂带上涌的水流使得其附近地温增高,而下降的水流使断裂附近的地温降低。这是较
大尺度的地下水的活动。另一种可能的情况是地下水流沿测温钻孔向上或向下流动。沿钻
孔向下流的水流使得测得的地温偏低,而向上的水流使测得的温度偏高。这是较小尺度的
地下水活动。从矿区的地下水位的分布和断裂构造的导水性来看,勘探期间不大可能发生
大规模的地下水的垂向流动。沿钻孔局部流动引起地温变化的可能性更大。即使如此,这
些钻孔附近也是因为有了导水构造才会造成水的流动。从地热的角度看,这些构造的规模
可能不大。0～300 m 左右深度的平均地温梯度较低,一些钻孔甚至为负数,这都与浅层地
下水的循环较强烈有关。矿床开采后,地下水的垂向运动的分量明显加大。当地层的导水
性较强时,这种人工引起的地下水流动也会对地温场产生较大的影响。如开滦矿区尽管开
采深度很大,但深部地温明显低于其周边地区就是因开采使地下水循环深度和强度加大,改
变了矿区的热环境。本矿床深部地层的导水性很低,开采年限也远不如开滦矿区,垂向水循
环引起的地温降低不会有开滦矿区那么明显,但这种趋势应是存在的。

4.3.3.3　硫化物氧化

坑内炮孔测温中发现,有时同一工作面的炮孔中有的孔测得的温度明显高于其他孔
(高 2～4℃),有时较浅的孔测得的温度高于同一工作面的较深的孔。如 -730 m 团山废石
井石门转弯处的 5 号测点和 -790 m 团山副井石门 125 m 处的 35 号测点等。这类异常孔的
共同特点是孔内都是潮湿的。这些孔都位于黄铁矿较集中的矽卡岩中。根据这些共同特
点,可推测是由于炮孔中残留岩粉氧化所引起的。停工较长时间的工作面(如停了几个月
的工作面)即使是在矿体中也没发现孔温的异常。这个现象表明在有限的岩(矿)粉存在的

条件下,明显放热的氧化作用在几天之内即基本完成。因氧化放热引起的岩(矿)石表面的温度升高值约为 2~4℃。从空间上看,这种较明显放热的氧化不普遍,只发生在黄铁矿很集中的部位。

对巷道壁面状况的观察表明,施工后 2~3 个月内岩(矿)壁面就发生了明显的氧化,巷道壁面发红,含铜矿物呈现星点状的孔雀绿。几个月以后变化就不明显了,与开拓了多年的巷道不再有什么差别。这表明,由于深部岩体和矿体都较致密,矿体和矽卡岩壁面的氧化作用主要发生在前几个月。本矿床硫品位不算很高,矿石致密,在这样的条件下,评价岩(矿)壁氧化放热时,其空间范围应以几个月至 1 年内新暴露的面积为限度。超过 1 年的巷道壁面因粉尘和已有氧化层的覆盖,氧化放热可以忽略不计。

4.3.3.4 人为活动对岩温的影响程度

因通风作用巷道壁面岩石的温度逐渐降低。了解通风导致的降温范围和降温的幅度可以为通风降温计算提供参数。因通风降温而造成的这种人为的温度梯度随通风时间的长短不同而不同。在数日到 1 个月内为短期的梯度,数月至半年以上为长期的梯度。据第 10、12、13、16、20 等测点的测量结果统计,在正常掘进的条件下,短期的降温梯度平均为 0.77℃/m。一般降温影响的范围为 2~4 m 左右。根据 55 号(DK4805 孔)和第 8 号测点处的深孔测量,长期通风导致的降温梯度为 0.2~0.3℃/m,温度影响范围为 15~20 m(见图 4-2)。

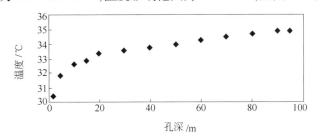

图 4-2 DK4805 孔孔深-温度变化

从巷道通风降温的影响范围来推测,一步采场的开采和充填能使二步采场的围岩温度显著降低。充填对减少放热面积和充填体起到的降温作用是煤矿等其他非充填矿山所不具备的条件。

当原岩温度为 34~36℃时,长度 100~500 m 的独头巷道在正常施工的条件下,工作面的气温为 28~31℃。停止通风后工作面气温可以很快恢复到接近岩温。空气的自由扩散导热作用对独头巷道工作面温度有影响的范围为 100~150 m。超出这一距离,无人工通风措施的情况下,工作面气温接近原岩温度。

4.3.4 主要中段的地温预测

根据上述地温资料的分析,对矿区范围开采标高的地温进行预测。就整个矿区而言,在垂直矿体走向的方向上,原岩温度的平面分布主要受青山背斜轴控制。矿体和五通组的高热导率有利于大地热流的汇集。因此,青山背斜轴部一带的岩温较高,向两翼温度逐渐降低。在矿体所在深度范围内,同一标高(如 -790 m),由轴部到两翼温差可达 3~4℃。沿走向方向矿体的中部和南部温度差别不大,北部地温有所升高。在同一标高,北部温度可高于中南部 2~3℃。同时在水平方向上北部的温度变化也较大,如 ZK672 孔附近。

本章所指的中段温度一般指的是矿体及其附近区域的温度变化范围,主要根据等温线图进行预测。制作中段等温线图时,矿区北部主要采用321地质队的测温资料,中、南部同时使用本次测温资料和321地质队的资料。利用本次测温资料作图时,根据测点空间分布的疏密程度对测点进行了适当的取舍。测点过密的地方取消了重复的测点。新打的工作面的完整炮孔中测得的温度值直接利用,已打过一段时间的工作面的观测值或较浅残孔的观测值按孔深不同利用上节确定的短期地温梯度进行了矫正。

可以认为沿走向地温的变化可能与横向断层有关。沿着横断层大地热流值相对高一些,地温也相对升高。从地貌和遥感资料判断,北部的横断层规模相对较大,引起北部的热流值升高。另外,水平方向上地温变化较大,还与地下水活动有密切关系。如:2K672孔处及主井附近有导水断裂通过,该处的地温变化最明显。所不同的是2K672孔处因浅部地下水的活动引起地温降低,而主井部位则因深部裂隙带导水使地温升高。根据已获得的测温资料,预计主要中段的原岩温度大致变化范围见表4-2。

表4-2 中段的原岩温度大致变化范围预测

中段标高/m	-730	-790	-875	-910
原岩温度/℃	34~36	35~37	36~39	37~40

4.3.5 原岩放热量的评价

4.3.5.1 评价方法

原岩放热是坑内主要的放热源之一。计算原岩放热量的经验公式有多种。这里使用Ramsden公式、平松良雄法及侯祺棕介绍的算法三种方法对比计算了原岩的放热量。

(1) Ramsden公式:

$$Q = 5.57(W \cdot F + 0.255)(VRT - DB)(CF)$$

式中 $CF = (PERIM/12)^{0.437}(AGE/3)^{-0.147}(\lambda/5.5)^{0.153}$;

Q——散热量,kW/100 m 巷道长;

VRT——原岩温度,℃;

DB——风流的干球温度,℃;

CF——校正系数;

$PERIM$——巷道周长,m;

AGE——巷道年龄,a;

λ——岩石的热导率,W/(m·℃)。

(2) 平松良雄法:

$$\theta_r = K \cdot P \cdot L(t - t_N)$$

式中 θ_r——围岩对空气的散热量,kJ/h;

P, L——分别为井巷断面周长和长度,m;

t, t_N——分别为原岩温度和风流平均温度,℃;

K——围岩对空气的传热系数,W/(m²·℃):

$$K = \eta \cdot \lambda / P$$

$$\eta = e^A;$$

$$A = B^{-\alpha1} K_1^{\alpha2} e^{(\alpha3 + B + \alpha4)};$$

$$B = \lambda \cdot \tau / (c \cdot \gamma_g \cdot r_0^2);当 \tau > 10^4 时,取 \tau = 10^4;$$

$$\alpha_1 = 0.2210881, \alpha_2 = 0.076865145, \alpha_3 = -0.29862581, \alpha_4 = 0.5458454;$$

η——无量纲综合系数;

λ——岩石热导率,$W/(m \cdot ℃)$;

r_0——巷道当量半径,m,一般 $r_0 = 2S/P$,巷道非常粗糙时 $r_0 = 1.4S/P$;

S——巷道断面积;m^2;

c——岩石比热容,$kJ/(kg \cdot ℃)$;

γ_g——岩石体重,kg/m^3;

τ——井巷通风时间,h;

α——岩壁对空气的散热系数,$kJ/(m^2 \cdot h \cdot ℃)$:

$\quad \alpha = 22.19 + 15.07v$;

v——空气流速,m/s。

(3)侯祺棕介绍的算法:

$$\theta_r = K \cdot P \cdot L(t - t_N)$$

式中 $K = \lambda^{0.65} (c \cdot \gamma_g)^{0.2} a^{0.15} / 2r_0^{0.45} \tau^{0.2}$;

τ 取 $13140 \sim 17520 \, h$;

$a = 5.3 + 3.6v \, kcal/(m^2 \cdot h \cdot ℃), (v 为风速,m/s)$;

其余符号意义同上。

在本矿具体的开采方式和地热条件下,各种参数(通风时间、风速、巷道周长等)在可能的范围内变化时,由于上述公式考虑的因素不尽一致,不同公式计算的结果有一定的差别。有时差别的幅度可达 $25\% \sim 30\%$。因此,使用现有公式进行计算时,参数的选取对计算结果有较大影响。

为了便于今后在地热计算中合理选择计算公式和相关参数,有必要分析产生这种差别的原因。为此,根据热传导和地下水渗流在微分方程上的相似性,移植单井地下水稳定流的涌水量计算公式来模拟巷道围岩的放热量。从另一个不同的角度(即巷道围岩的传热能力)来衡量围岩的放热量,即:

$$Q = 2\pi\lambda \cdot L \cdot \Delta T / 1000 \ln(R_1/R_0) \tag{4-1}$$

式中 Q——放热量(巷道围岩的传热能力),kW;

λ——岩石的热导率,$W/(m \cdot ℃)$;

L——巷道长度,m;

ΔT——巷道壁面温度与原始岩温的差值,℃;

R_1——通风引起降温的影响半径,m;

R_0——巷道半径,m。

除其他共同参数外,放热量随影响半径的变化而变化。影响半径可以根据测温数据推算,在冬瓜山矿,通风 $0.5 \sim 1.0a$ 的巷道影响半径为 $15 \sim 20 \, m$,通风 $1 \sim 2a$ 以上的巷道影响半径为 $20 \sim 25 \, m$(也可以利用经验公式,如 $R_1 = (\lambda \cdot \Delta T \cdot R_0)^{1/2}$ 来大致估算)。

式(4-1)是根据微分方程推导出来的解析解,代表了在一定影响半径下的巷道围岩的传热能力。而前面提到的经验公式在计算时都采用原岩温度与巷道内气流之间的温差这一指标。实质上它们计算的是气流能够带走的热量。由于风速的影响、巷道壁面潮湿的影响，巷道壁面与气流的热交换强度不一样。在较短的时期内，非稳定的条件下围岩的传热能力与气流带走的热量有时是不同的。这可能是上述几个公式有时计算结果不很一致的原因之一。在长期稳定的生产状态下，围岩的放热能力与气流带走的热量应是一致的。前面提到的不同的经验公式包含的计算参数有所不同。如，巷道壁面的潮湿状况在 Ramsden 公式中占有重要位置，这一参数对计算结果有较大的影响。按冬瓜山矿可能出现的巷道潮湿情况，该式计算的放热量比按围岩的放热能力计算的结果以及其他公式的结果都大得多。可见该公式更适用于水分起直接放热作用的巷道，即巷道壁的渗水温度等于或高于原始岩温情况。所以，实际上该公式计算的结果包括了地下水的放热量，使用时应注意这一点。

考虑了巷道内风速对散热量的影响，风速增大，散热量相应增加。对于全矿来讲，风速增大意味着风量增加。当用这种公式来估算围岩散热量，并简单地依据计算的散热量来确定全矿的通风量看起来是矛盾的。从这个意义上看，采用本书提出的放热能力公式更合适一些。这不意味这两个公式是错的，它用于有限巷道段是合适的。利用它们计算全矿的围岩散热量时需较多的参数，需要较烦琐的迭代计算。

所以从理论上来说，可以用上面提出的"稳定流传热计算公式"来预测巷道的放热量。从实际计算结果的对比来看，该公式的结果大部分情况下都位于已有的不同经验公式计算结果的变化范围之内。可见，这种分析方法也不失为一种估算围岩放热量的一种简便方法。

4.3.5.2　散热量

由计算得知，在本矿床开采涉及的标高范围，巷道围岩的一般放热量的变化范围为每 100 m 10 ~ 20 kW。上部中段，低热导率围岩内的平巷的放热量为每 100 m 10 kW 左右，下部中段，较高热导率围岩的放热量为每 100 m 20 kW 左右。计算全矿围岩散热量时，参与计算的井巷的总长度约 25000 m。该长度不包括出风侧的巷道，同时考虑了采区的一些巷道的逐渐拉开，采完后可以逐步封闭等因素。计算时按巷道所在位置的地温和热导率取值。风流温度（或岩壁温度）依其位于风流的上下游不同，取值由低到高（22 ~ 28℃）。用不同的计算方法得到的全矿围岩总放热量为 3800 ~ 4600 kW。这里取其中不同算法较接近的值 4500 kW 作为矿床围岩放热量的预测值。从热量的空间分配来看，－875 m 主运输中段约 1800 kW，采矿中段各类平巷 1700 kW，竖井、斜坡道以及外围的其他巷道和硐室合计 1000 kW。－875 m 运输中段因其位置低、围岩热导率高，放热量占全矿的主要部分。

4.4　地下水的分布及其放热量

4.4.1　地下水的空间分布

在第 2 章已经指出，矿区范围地表出露的岩石以碳酸盐岩为主，发育有溶洞和溶蚀裂隙地表植被相对发育，雨量充沛，地下水补给条件良好。200 ~ 300 m 以上的浅层地下水较丰富。矿区北部有一些供水井在开采地下水，但没有造成地下水位的明显下降。受狮子山和大团山矿床疏干的影响，冬瓜山矿区南部在其降落漏斗范围，但目前没有实测的水位资料。总体来看，矿区浅部地下水位还没有大幅度下降。矿区深部导性变弱，加上龙潭－孤峰组的页岩－角岩相对隔水。浅层地下水不会大规模直接补给矿坑，矿区深部地层含水很弱，甚至基本不含水。深部地下水的存在直接取决于断裂构造的分布及其力学性质。矿区勘探期间已揭露的导水构造有:龙塘湖破碎带,铜塘冲破碎带及阴涝 – 大冲破碎带。主井施工揭露了另一条导水构造。这些构造的走向一般为北西或近东西向。另外,五通组常常形成构造滑脱面(在铜陵地区比较普遍),它也构成潜在的导水构造。上述的几个破碎带构成了本矿的导水构造框架。但它们都没有切穿矿体形成连续的导水带。但它们之间或与其他构造相互交切时很可能形成大的出水点,它们是矿区充水的直接来源。

利用卫星遥感影像资料(照片)进行的构造解释,可以找出一些线性构造的迹象。它们主要分为两组。一组走向北北西,另一组走向近东西。这些线性构造有些与已知的导水构造一致。它们可以作为推测深部富水区的依据之一。根据已知的导水构造的位置和这些线性构造的分布规律,深部岩体对其周围地层的切割以及深部地层产状的变化特点综合分析,推测在矿区范围内由南向北存在 3 个相对富水区,分别为南部(34 ~ 40 线)、中部(54 ~ 60 线)和北部(71 ~ 75 线)富水区。从平面上看,矿体的东翼地层或被岩体侵蚀或被矿体所占。岩体和矿体的导水性都较差,导水构造一般表现为较小的出水点。如 –730 m 和 –790 m 中段团山副井石门所见的水点。矿体西翼上盘为大理岩,下盘为石英岩,导水性好一些。在富水区内大理岩中可能出现大的较集中的突水点。而下盘的石英岩中则易形成一些零散水点组成的出水区段。相对而言,矿体西翼的出水量将大于东翼。从垂向上来看,矿体的导水性低,其上盘的大理岩和底盘的石英岩出水点应多于矿体内部,即水量更集中分布于矿体的顶盘和底盘。

4.4.2 地下水温预测

开拓工程已经揭露了一些导水断裂,已揭露的水点的初始温度和流量为:团山副井 –730 m 和 –790 m,石门巷出水点 33 ~ 34℃,流量 10 m³/h,主井 –900 m 以下探水孔涌水水温 39 ~ 40℃,单点流量 10 ~ 15 m³/h 居多,少数大于 20 m³/h,个别的达 60 m³/h 以上。从控制地热分布的角度来看,这些构造带的规模都不大,一般延长在数百米至近千米。较高温度的热水通常与切割较深的断裂有关。矿体及其附近区域不存在这类断裂,因此本矿床开发所涉及的范围内不会存在温度很高的地下热水。

综合考虑构造的规模、构造的导水性、涌水点附近的地下水流场等几个因素来看,本矿床出水点的涌水在导水构造中的局部循环深度可能比涌水点本身标高深(低)100 ~ 200 m。因此涌水的初期水温可比其附近的围岩岩温高 2 ~ 3℃。但从开采标高到地表范围来看,矿区浅部富水性好于深部。地下水的最原始的补给来自降雨。随着降落漏斗的形成,浅部补给量的相对增大,涌水水温将呈逐步降低的趋势。涌入巷道的水温衰减与涌水点的大小和原始水温高低有关。水温小的水点受巷道通风和浅部低温水补给的双重影响,水温衰减较快。且水温高的水点温度衰减相对较快。大的水点受通风影响小,温度衰减相对较慢。水温衰减主要与浅部低温水补给有关。在中部深度的页岩 – 角岩弱透水层导水性一定的情况下,浅部水的补给是一定的,–730 m 和 –790 m 水点涌水 1 ~ 2 年后,水温降至 30 ~ 31℃,平均每年降低 1 ~ 2℃。如果以这些观测资料为已知值,根据上述分析,可用简单的比拟法对水温的衰减进行预测。以平均流量、初始水温与恒温带温度之差为基本参数,当涌水点平均流量为 25 ~ 30 m³/h,平均温度 36℃时,涌水水温的降低速度约为 0.5℃/a。按导水构造规模和性质来看,平均流量为 25 ~ 30 m³/h,平均温度 36℃应是较典型的情况。因此矿坑水点水温的可能衰减速度大约为 0.5℃/a。以主井大突水为例,1994 年 9 月, –890 m 工作面探水孔出水时测得的水温为 40.6 ~ 40.7℃。1999 年 7 月 2 日,与大突水点为同一出水构造的 -875 m 马头门较大出水点的水温为 39.4℃。在不到 3 年的时间里,水点的涌水温度降低了 1.3℃,说明这种预测是可信的。水温及水量的空间分布:在开采标高范围,不同层位(标高)的地层出水点的水温有相当的差别。主要可分为两种情况:第一种情况是出水点位于矿体上盘的大理岩或接近大理岩的矿体顶部。出水点深度相对较浅,地下水主要循环于热导率相对较低的大理岩中。这部分涌水的温度相对较低。 -730 m 和 -790 m 揭露的水点属于这类。另一种情况为出水点位于矿体底盘的石英岩中。这时其位置相对较低,地下水主要循环于热导率最高的石英岩和其他深部地层中,涌水的温度较高。预计水温较低的涌水的稳定温度平均为 28 ~ 30℃,较高温度的涌水水温平均为 36 ~ 38℃。

4.4.3 热水的放热量

出露于上盘大理岩及矿体上部的涌水的稳定温度预计为 28 ~ 30℃,这些涌水主要汇集于回风巷和上部各中段巷的水沟。与回风巷相连的出风井基本上在碳酸盐地层中掘进,浅部含水层将残留一定的较冷的淋水(18 ~ 20℃)。矿体上部的涌水与出风井浅部残留淋水混合后水温将低于相应标高的岩温。因此在正常生产期,可以不考虑矿体上部涌水的放热。但在基建,涌水水温相对较高。而且各工作面相对独立,没有与冷水混合的条件。此时这部分涌水是有放热能力的。用水沟散热公式计算的热水放热量为 5 ~ 6 kW/(100 m)。相应标高巷道围岩的放热量为 10 ~ 12 kW/(100 m)。由此可见有热水流动的巷道,热水的放热量约为原岩放热的一半。如果以 2500 m³/d 上部涌水的水温在坑内径流过程中由揭露初期的平均 33℃降至 28℃,则总放热能力为 605 kW。

矿体下盘涌水将主要出现在下盘运输中段,另一部分来自主井下部。预计这部分涌水的温度为 36 ~ 38℃。这部分水主要分布在矿体西部,正常生产期间难以与较凉的浅部水相混合,它们将成为一个永久的放热源。特别是基建期间,通风系统不完善,而此时这部分水的温度相对较高,流量相对较大,它们放热所产生的影响更大。当较高水温的涌水的平均温度按 37℃计,在进入水仓前流动过程中水温降至 28℃,则其放热能力约为 870 kW。如果揭露了北部富水区(71 线以北)的出水点,较热水的放热量将大于 1300 kW。

4.5 其他热源的调查和评价

4.5.1 坑内设备放热

从原岩温度的绝对值来看,本矿床的岩温不算很高。相对而言坑内设备放热将占相当比例。坑内设备的放热的特点是放热量不随环境温、湿度的变化而变化。根据北京有色冶金设计研究总院所进行的可行性研究资料统计,本矿坑内的产热设备总计有近百台(套),总装机功率(额定功率)超过 15000 kW。

设备的类型不同(电动或柴油机驱动)、功能不同(如水泵或风机),放热的效率也不同。风机的能量主要用于克服空气的摩擦阻力,其消耗的能量绝大部分转化为热量。本矿风机总的装机容量达 4900 kW,除了位于出风侧的以及浅部短期使用的以外,装机功率超过 2000 kW,其产生的热量相当可观。即使风机平均按 60% 的时间工作,它们产生的热量也将达到 1200 kW。

一般柴油设备的平均热负荷等于发动机额定功率的 1.475 倍。据南非黄金矿山的试验结果,柴油铲运机每 1 kW 额定功率产热 2 kW,最高时达 3 kW。冬瓜山矿井下柴油设备总功率超过 1500 kW。如果它们同时工作,放热量将达到 2500 ~ 3000 kW。但这种可能性较小。更常见的情况是按作息时间的规律在某段时间内相对集中工作。如果在每日集中工作时间有一半设备在工作,则在这个时段内柴油设备的放热量能达到 1500 kW。因此,在柴油设备较集中的地段和时段,它们的放热量占重要地位。

从可行性研究给出的柴油日消耗量(675 ~ 1300 kg/d)来看,柴油机放热对全矿来讲影响相对较小。如果每天柴油设备集中工作的时间为 6 h,按矿山可行性研究确定的柴油耗量,在这 6 h 集中工作时段平均放热量为 700 kW。因此,从柴油设备的放热特性和每日油耗分析,可知柴油设备的放热量的范围为 700 ~ 1500 kW。

主要电动铲运机等设备的放热量计算时参考了前联邦德国在煤矿中的方式。经现场观察,穿过矿体或含黄铁矿的矽卡岩体的巷道几个月后表面全部因氧化变成红褐色。因此,这里井下最常见到的氧化现象的反应过程可用下式表示:

$$4FeS_2 + 15O_2 + 8H_2O = 2Fe_2O_3 + 8H_2SO_4 - 5740.5 \text{ kJ}(11961.3 \text{ kJ/kgFeS}_2) \quad (4-2)$$

括号中为用千克为单位的热效应。这一反应式也是放热量较大的反应式之一。

尽管放热的机理已经清楚,但井下的条件十分复杂,准确的确定氧化放热量还是比较困难的。采矿设计手册给出的经验公式为:

$$Q_0 = P \cdot L \cdot K_0 \quad (4-3)$$

式中　Q_0——氧化放热,kJ/h;

　　　K_0——氧化散热系数,kJ/(h·m²);

　　　P,L——分别为井巷断面的周长和长度。

其中,对于硫品位 15% ~ 18% 的工作面,对应于无氧化、氧化不均匀及氧化严重三种情况的 K_0 值分别为 0 kJ/(h·m²)、70 kJ/(h·m²) 和 225 kJ/(h·m²)。由此可见,因 K_0 的取值不同,氧化放热量计算的可能变化范围很大。为了准确确定可能的氧化放热量,必须将理论分析、现场现象的调查、已有经验公式的应用综合起来考虑,以尽量达到定量化计算。

定量计算 K_0 值的方法之一,可以根据硫化物放热试验资料推算。当环境温度低于 60℃时胶状黄铁矿和磁黄铁矿的发热率约为 0.3 W/m²。试验是将矿物含量达 70% ~ 96% 的胶状黄铁矿等硫化矿物粉碎至 -0.8 mm 的颗粒后进行。我们有可能根据实际矿物中硫化矿物的大致的粒度得出其比表面积。再根据巷道表面的平整程度、裂隙发育程度等参数导出矿物可能与氧的接触面积,进而把发热率试验值换算成设计手册中的散热系数。冬瓜山矿床矿石中黄铁矿颗粒相对较粗,但其他硫化物颗粒很细。矿石中硫化物实际颗粒的比表面积比试验矿物颗粒的比表面积大得多。因固体的化学反应速度与比表面积成正比,氧化放热反应的速度会因矿物颗粒较细而相应加快。氧化反应的中间产物 SO_4^{2-} 也有助于加快反应速度。试验结果与实际矿石间有了比表面积的对比关系。首先,实际矿物颗粒与试验矿物颗粒的比表面积的比约为 10 倍。其次,由于爆破裂隙、天然裂隙、晶隙等的存在以及岩壁表面的不平整,巷道中实际能与氧接触发生反应的表面积要大于巷道的表面积。单位面积内岩石实际接触空气的面积可达相应平面面积的 2 倍。第三,按硫品位反推,硫化物在巷道及裂隙表面所占的面积约为 30%。用这 3 个参数修正试验得到的发热率值,可得到我们所需的散热系数:

$$K_0 = 0.3 \text{ W/m}^2 \times 10 \times 2 \times 30\% = 6.5 \text{ kJ/(h} \cdot \text{m}^2)$$

这种换算给 K_0 的取值找到了 1 个相对定量的办法。尽管其中仍存在不确定的因素,但比起直接人为给出氧化散热系数的做法有了较大改进。

另一种定量估算 K_0 值的方法是根据化学反应式中的热效应来估算氧化放热量。以黄铁矿为代表的硫化物氧化时的放热效应为 12000 kJ/kgFeS$_2$。矿石中的硫按 19% 的平均品位折算成黄铁矿含量为 40%,矿石体重 3.2 t/m^3。地热调查中实地对矿体氧化现象的观察表明,目前 -730 m 探矿巷道壁面强烈氧化层的厚度约 3~5 mm。局部范围的含铜粉砂岩等少数矿石类型的氧化层厚度在 10 mm 以上。假定 1 年中形成平均厚 4 mm 的氧化层,则每平方米面积 4 mm 厚度的体积内氧化的黄铁矿量为:

$$1 \times 1 \times 0.004 \times 40\% \times 3.2 \times 1000 = 5.12 \text{ kg}$$

这些黄铁矿氧化后的散热量为 1.95 W/m^2,相当于 7.0 kJ/(h·m^2)。

上述两种方法估算的 K_0 值为 6.5 kJ/(h·m^2) 和 7.0 kJ/(h·m^2),两者比较接近。

可能产生氧化放热的表面有采场、采切巷道及采下的矿石。对于采切巷道,开拓时间在 1 年内的应该参加放热计算,1 年以后它们一般随着盘区的结束而消失。即使有的巷道没有消失,因氧化产物的覆盖使氧化速度大为降低,可不再参加放热计算。采场放热计算按采场、采准巷道和采下的岩(矿)石分别计算:

考虑正常出矿采场及为处理事故等因素处于等待状态的采场等,共按 16 个采场计算,各采场按暴露一半考虑。采场的总面积为:

$$16 \times (15 \times 2 + 45 \times 2) \times 75/2 = 7.2 \text{ 万 m}^2$$

按万吨采掘比(850 m^3/万 t,75% 在矿体中)反推的采准巷道(按 3×4 m^2 断面)每年的总面积约为 23.6 万 m^2。

每天采下的矿石按 0.2 m 的立方块体计算的表面积为 9.4 万 m^2。总的氧化放热表面积为 40.2 万 m^2。

这样可以得出总的氧化放热量为:

$$Q_0 = PLK_0 = 40.2 \text{ 万 m}^2 \times 6.5 \text{ kJ/(h} \cdot \text{m}^2) = 725 \text{ kW}$$

或者

$$Q_0 = PLK_0 = 40.2 \text{ 万 m}^2 \times 7.0 \text{ kJ/(h} \cdot \text{m}^2) = 780 \text{ kW}$$

因此可认为本矿的氧化放热量平均取 750 kW 是比较合适的。

根据放热试验和上述计算过程我们还可以看出,要达到设计手册中不均匀氧化的 70 kJ/(h·m^2) 的散热系数,要求环境温度要 75℃ 以上。另一方面,按黄铁矿的放热反应式中的放热效应来计算,要求每年巷道壁面的氧化深度要达到 40 mm。这些都与实际情况有较大差距。所以按设计手册 K_0 取值标准来看冬瓜山矿应接近于基本不氧化的矿山。

4.5.2 空气自压缩生热

空气自压缩生热的本质是它由地表位移到井下时的势能差转换成了热能。这部分热量是不可避免的,随通风量和通风标高的变化而变化。具体的计算公式为:

$$Q_p = 35.30Q(H_1 - H_2)(\gamma_1 + \gamma_2)/2 \qquad (4-4)$$

式中 Q_p——空气自压生热,kJ/h;

Q——井巷空气流量,m^3/s;

γ_1, γ_2——井口和用风标高的空气密度,kg/m^3;

H_1,H_2——井口和用风工作面的标高,m。

矿山可行性研究确定的风量为 660 m³/s。进风井口标高为 +95 m。主要需风的中段为 −850 m 以上的出矿水平、上部的凿岩充填水平、−875 m 运输水平及主要硐室。因此,需风标高按 −850 m 计算。由此计算的自压生热量为 8000 kW。

4.5.3 采出的岩、矿石放热

按矿山设计规模,每天采出的矿石量为 10000 t/d,开拓的废石量为 2000 t/d,合计12000 t/d。采出的岩、矿石因呈碎块状,散热的表面积大大增加,在装、运、卸及破碎过程中有充分的机会与气流接触,散热的条件较好。这些岩、矿石的原始温度平均为 36℃,由于穿、爆过程中的降温及一步充填体对二步开采矿石的降温作用,预计等待装运的矿石的平均温度为 32℃。岩、矿石的平均热容量为 0.857kJ/(kg·℃)。假定在被提升至地表前温度降至 27.5℃。则降温幅度为 4.5℃。如果每天装、运矿、岩的时间按 20 h 计,采出的岩、矿石的放热量接近 650 kW。这是从采下的岩矿石的总热量方面说明了他们具备 650 kW 左右的放热能力。

为了考察采出的矿岩在什么条件下能放出这些热量需要进一步计算:采下的矿岩与空气的热交换借用巷道岩壁与空气的热交换系数,kJ/(m²·h·℃);经验公式 $a = 22.19 + 15.07v$,v 为风速,m/s。当已爆破的岩矿石在堆存的条件下,以及岩、矿石块表面空气的风速为 0.1 m/s 左右时,$a = 23.7$ kJ/(m²·h·℃)。每日的 12000 t 矿岩如按 0.2 m 边长的立方块体计共有表面积 11.5 万 m²。岩、矿石温度由 32℃ 降至 27.5℃ 过程中矿石与空气闸的平均温差为 2.25℃。在这种情况下,矿石的放热量可以达到 1700 kW。即矿石如有 1/3 天的时间(或面积)暴露于 27.5℃ 的空气中即可完成放热。因此,采下的岩矿石的放热量为 650 kW 是能够完成的。

4.5.4 其他热源

矿区地面气候潮湿,月平均相对湿度为 72% ~ 80%,空气中本身含有大量潜热。夏季多数时间的平均气温高于 28℃,平均湿度 77%。平均每年日均气温高于 30℃ 的天数达 80 天左右。这时,入风本身就是一个附加的热源。

如果以 27.5℃、80% 的相对湿度作为井下合格空气温度指标的话,则当气温为 30℃,相对湿度为 77% 的空气输入井下时,就相当于附加了一个 7150 kW 的热源。每年这种情况可能持续的时间为 80 d 左右。炸药爆破产生的总热量不算很大。其中大部分会随炮烟排走,不会对工作环境产生影响。少量残余的爆热忽略不计。凿岩、防尘和充填泄水构成一个负的热源,可以起到降温作用。按照 10000 t/d 的设计规模,井下生产泄水总量可达 5000 t/d 左右。根据生产水的来源(部分井下水用于生产)和气候条件,生产水进入井下前,冬、春季平均温度约为 18℃,夏、秋季平均约为 24℃。因能量转换因素,进入井下后温度分别为 20℃ 和 26℃,平均 24℃。当这些水在井下吸热升温至 28℃ 时,冬、春季可吸收热量约 2000 kW,夏、秋季吸热量为 500 kW,平均 1000 kW。

4.6 各类热源的综合评价和降温措施建议

4.6.1 各类热源的综合评价

冬瓜山铜矿较大的放热源有:原岩放热、热水放热、机械放热、氧化放热、空气自压缩生热以及采下的岩、矿石放热。合计的放热量为 18400 kW。各类热源散热量统计见表 4-3。

表 4-3 矿山地热来源统计

热量来源	原岩	热水	机械	氧化	空气自压	岩矿石	合 计
放热量/kW	4500	1000	3500	750	8000	650	18400

根据矿山开采的可行性研究报告确定的 600 m³/s 通风量,按工作面允许温度 28℃、相对湿度 80% 作为出风的标准,以多年旬平均气温、月平均相对湿度为参数计算了通风能够带走的热量(见图 4-3)。

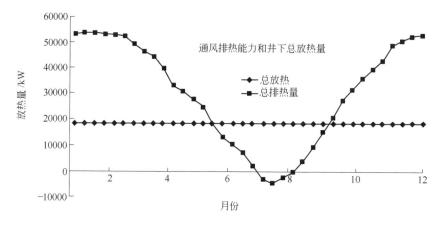

图 4-3 1 年间矿井通风排热量预测

4.6.2 利用浅部采空区降温

冬瓜山矿区浅部 -280 m 以上经过几十年的崩落法开采留下了大量的采空区。这些空区范围的岩温一般在 20℃ 左右。采空区与进风井相邻,夏季地表气温较高时可以使空气先在采空区范围降温然后送入井下。利用采空区对空气预冷还有利于转移部分空气自压生热量到浅部中段。在 6~9 月的 100 d 里,如将 440 m³/s 的平均温度为 30℃、76% 相对湿度的地表空气经过采空区降温到 23℃、90% 相对湿度。这样,井下入风风流的排热能力会提高12000 kW。每年只剩少数的几天平均的巷道气温会达到 30℃ 以上(见图 4-4)。

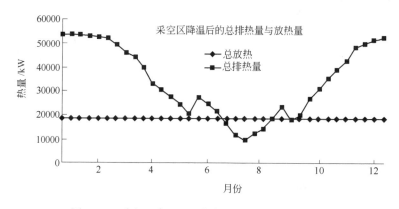

图 4-4 采空区降温后 1 年间矿井通风排热量预测

为了达到空气预冷的目的,必须使空气流过采空区及崩落区的岩石空隙使其有机会进行热交换。只靠浅部原有的进风井和沿脉巷是不够的。据估算如果只用原有的旧巷道进行降温,需要巷道的总长度要 6 万 m 以上。如果单靠冷水喷淋来降温,需要的喷淋冷水将超过浅部中段所能提供的水量。为此,应将喷淋和空区的降温有机地结合起来才可能达到目的。

上述计算中没有考虑冬季冷空气对生产区巷道的预冷作用。如果同时考虑冬季冷空气的预冷作用及生产泄水的降温能力,井下生产区的平均温度将会低于 $28℃$ 。

4.6.3 淋水的处理和热水的疏干

从全矿范围来看,空气带走热量大部分是靠空气中水分含量的变化来实现的。水的汽化热指标很高,它在哪里汽化就降低哪里的温度。如果通风道上游有大量水分汽化,上游的气温就会明显降低。这样加大了空气与岩壁的温差,空气从岩石中吸收的热量也将增加。在这种情况下通风风流达到生产区时,降温散热的能力就会降低。因此,进风井和进风巷中存在的较大淋水要集中引出,水沟应有盖板,尽量减少通风道上游空气与水分的接触。使空气保持吸收水分的能力,这时再增加工作面喷水、喷雾降温效果才明显。

热水不仅本身大量放热,它还在岩石中对岩石起加热作用。因此,对于富水区的地下水应采用疏干钻孔放水使水量集中,减少它们向空气和附近岩石散热。集中的热水一方面便于管理,如,用管道或有盖板的水沟输送。还可以使集中的热水与较凉的生产泄水混合以降低水温,进而减少放热量。

4.6.4 生产中的降温和合理布置采区

从热源总体评价可以看出,从全矿范围和全年的平均值来看,通风的散热能力为坑内热源放热量的 1.5 倍以上。各热源总的放热量小于通风所能带走的热量。如果合理布置通风系统,尽量采用贯穿风流通风,冬季的冷空气对巷道有预先冷却作用。这样,夏季高温期间巷道原岩的散热量会相对减少。

合理布置采区,使开采范围尽量集中,采过区域的巷道尽量封闭,减少岩石的暴露面,可以减少围岩的直接放热和氧化放热面积,从而减少放热量。

4.7 结论

(1)经实地调查和对区域地质条件的分析证明矿区内不存在较大规模的地热异常。矿区地热主要来自正常的地热增温,矿区的平均地温梯度每百米为 $2.06℃$ 。矿体及其底板石英岩具有较高的热导率($5.07 \sim 5.69 \ W/(m \cdot ℃)$),是导致采区原始岩温较高的一个主要因素。

(2)矿区垂向上的地温分布受地下水和岩性的影响。浅部(200 m 以上)因地下水的循环,地热梯度较低。深部因矿体和五通石英岩的导热性好,影响了其上方的地热分布。水平方向的地温分布受青山背斜的控制,沿青山背斜轴部形成走向北东的高温区。向北因靠近沿江破碎带,可能有 1 个高温区及地下水富水区。矿区开拓范围内的地温变化范围在 32 ~ 40℃之间,主要采矿标高的地温变化范围在 33 ~ 38℃之间。只有主井底部和 - 875 m 中段的局部地段地温超过 38℃ ,为 H 级热害区,矿区其余部分属于 1 级热害区。

（3）矿区的热害是多个热源共同作用的结果。依放热量的大小这些热源主要有：空气自压缩、原岩放热、机械散热、地下热水、矿石氧化以及采下的矿岩放热。在 600 m³/s 通风量的条件下，预计全矿各种热源总的放热量为 18400 kW。从全矿范围和全年的平均值来看，通风的散热能力为坑内热源放热量的 1.5 倍以上，只要通风系统布置合理，靠正常通风降温是可以解决热害问题的。

（4）矿山基建和生产范围内热量的时、空分布是不均匀的。夏季地表湿热入风风流构成一个短时的附加热源。有两个月左右的时段通风的排热量小于坑内的放热量。合理设计通风系统，充分利用冬季冷空气对开采区已有巷道的预冷作用和夏季浅部采空区对入风风流的预冷作用，可以将巷道的平均气温保持在安全规程规定的合理范围。

（5）矿区内标高较低的独头开拓巷道是原岩放热、空气自压生热、机械热等各热源集中放热的位置，应是局部制冷的重点。

参 考 文 献

［1］ 安徽省地矿局 321 地质队. 冬瓜山铜矿 58 线以南勘探地质报告［R］. 1994.
［2］ 中国科学院地质研究所地热室. 矿山地热概论［M］. 北京：煤炭工业出版社，1981.
［3］ 北京有色冶金设计研究总院. 铜陵有色金属（集团）公司冬瓜山铜矿可行性研究报告［R］. 1998.
［4］ 采矿设计手册编委会. 采矿设计手册（矿床开采卷，下）［M］. 北京：中国建筑工业出版社，1988.
［5］ 吴超，孟廷让. 矿井内因火灾防治理论与技术［M］. 北京：冶金工业出版社，1995.
［6］ A D S Gillies. 矿井热预测的概率法. 美国第三届矿山通风学术会议译文选集［C］，1988.
［7］ 马秉衡等译. 南非金矿通风［M］. 北京：冶金工业出版社，1984.
［8］ A M Patterson. 无轨开采的深热金矿通风制冷的设计. 见：国际深井采矿大会译文集［C］，北京有色冶金设计研究总院，1993.
［9］ W S Chlotte, J. Vob. 井巷环境的研究与预报. 深井开采技术资料汇编［C］. 北京有色冶金设计研究总院，1993.
［10］ 侯祺棕. 高温矿井气温计算探讨［J］. 煤矿设计，1981（1）：4～8.
［11］ J N Middleton. 深井机械化开采向环境提出的挑战. 见：国际深井采矿大会译文集［C］，北京有色冶金设计研究总院，1993.
［12］ 北京有色冶金设计研究总院，铜陵有色金属（集团）公司. 高温矿床热源调查及地温规律研究报告［R］. 1999.

第二篇
安全高效采矿
理论与技术

5 矿山开采系统

5.1 引言

矿山开采系统是多工序、多环节、多设备组成的"人—机器—环境"的复杂系统,不仅具有一般系统的特点,还具有自身的特色;由于地下作业的特殊环境和作业场所的动态性,随着矿业技术的发展,计算机信息技术、大型装备的应用,矿山生产集中程度和机械化程度,以及现代化水平越来越高。对矿山而言,一个合理的矿山开采系统是实现安全高效低成本运行的保证,从而在服务年限内能够较长时间达到稳产高产,创造良好的经济效益。

冬瓜山铜矿床是狮子山矿区的深部矿床,矿区内上部的矿床已由原狮子山铜矿开采。为充分利用老系统原有设施,节约成本,加快新区冬瓜山矿床的开发,经多方案比较,形成了新老区结合的提升、运输、通风、排水、供风、供水、供电、充填、通讯等系统。

5.2 开拓提升运输系统

冬瓜山铜矿采用主井—副井—辅助井开拓,坑内破碎的提升运输系统。

(1)主井:主井(净直径 $\phi 5.6\,m$)布置在矿床的西南端33线附近,青山东坡上,井口标高 $+95\,m$,井深 $1120\,m$,井筒内配置一套载重量为 $30\,t$ 的双箕斗。由塔式布置的 4.5×6 多绳摩擦式提升机(配 $4400\,kW$ 电机)提升矿石,提升能力为 $13000\,t/d$,既担负冬瓜山新区 $10000\,t/d$ 矿石的提升,又担负老区 $3000\,t/d$ 矿石的提升任务。

(2)副井:副井由原狮子山矿的老鸦岭混合井延深并改造而成,位于矿体南端。井口标高 $+107\,m$,井筒深 $1023\,m$。井筒内装配为一套 5180×3000 双层单罐带平衡锤,由落地式布置的 3.5×6 多绳摩擦式提升机(配 $900\,kW$ 电机),担负冬瓜山人员、材料、设备提升任务并兼作进风井,少量进风。提升人员(最大功能 50 人/次,846 人/h)、材料和设备(最大载重 $10.5t$/次)。

(3)辅助井:辅助井位于矿床东南侧狮子山的西坡上,是由狮子山东副井延深为冬瓜山探矿井后改造而成。井口标高为 $+135\,m$,井深 $1072\,m$,井筒净直径 $-160\,m$ 以上为 $4.0\,m$,$-160\,m$ 以下为 $4.5\,m$。井筒内配置为单箕斗-罐笼(两者为一体化)带平衡锤,箕斗载重量为 $15\,t$,罐笼为 8 人/次。该井主要承担基建期废石提升少量人员的上下,并作为生产期间的管缆井和充采不平衡时的废石提升,提升废石能力可达 $2400\,t/d$。

(4)进风井:位于矿体南端,井口标高 $+85\,m$,净直径 $\phi 6.9\,m$,井深 $972\,m$。

(5)回风井:位于矿体西北侧,井口标高 $+96\,m$,净直径为 $\phi 7.0\,m$,井深 $946\,m$。

(6)主斜坡道:主斜坡道($-670 \sim -875\,m$)连通各中段,净断面为 $14.76\,m^2$,主要作为无轨设备的联络通道。

在 $-670\,m$ 中段至 $-875\,m$ 中段各斜坡道口安装交通信号灯,对井下无轨车辆实行交通管理。利用 RFID2.4G 射频识别、微处理控制、总线通信、计算机管理等技术实现对矿山井下斜坡道交通信号自动控制。

（7）坑内运输系统：运输系统分有轨运输和无轨运输两种。主运输水平设在 -875 m 水平，为有轨运输。首期开拓 -850 m 以上矿体，主井、副井、进风井、回风井服务于 -875 m 以上各个水平。-875 m 中段与冬瓜山主井、冬瓜山副井、冬瓜山辅助井、冬瓜山进风井、冬瓜山回风井以及斜坡道相通。中段运输采用环形运输方式，穿脉间距 100 m，运输量 13000 t/d，其中冬瓜山新区 10000 t/d，老区 3000 t/d。采场矿石运输采用电动铲运机装矿，卸入采场旁的盘区矿石溜井。矿石通过盘区矿石溜井下放到 -875 m 中段经振动放矿，由 20 t 电机车牵引轨距 900 mm、有效载重量为 17 t 的 10 m³ 底侧卸式矿车，运到主井旁侧的卸矿站。

冬瓜山废石从掘进工作面直接用坑内卡车运到需充填的采场充填采空区。采充失调时，冬瓜山废石从掘进工作面直接用坑内卡车运到辅助井旁溜井，通过辅助井提到地表，运输到狮子山老采空区或外卖。老区废石通过溜井下放到 -790 m 中段，用坑内卡车运到需充填的采场充填采空区。4 个生产中段与主运输中段之间采用斜坡道连接。

-850 m 中段主要作为出矿层的进风和无轨设备进出通道，该中段与冬瓜山副井、冬瓜山辅助井、冬瓜山进风井、冬瓜山回风井以及斜坡道相通。-790 m 中段主要作为出矿层的进风和无轨设备进出通道，该中段与冬瓜山副井、大团山副井、冬瓜山辅助井、冬瓜山进风井以及斜坡道相通。-730 m 中段主要作为凿岩充填层的进风、无轨设备进出、充填管路铺设以及老区废石运输通道，该中段与冬瓜山副井、大团山副井、大团山废石溜井、冬瓜山进风井、冬瓜山回风井、冬瓜山辅助井以及斜坡道相通。-670 m 中段主要作为凿岩充填层的进风、无轨设备进出以及充填管路铺设通道，该中段与冬瓜山进风井、斜坡道和大团山副井相通。-875 m、-850 m、-790 m、-730 m 和 -670 m 中段之间用斜坡道联络。

在 -875 m 中段建立了 KJ15A 机车运输调度系统。该系统于 2006 年 10 月投入运行，实现 -875 m 中段机车运输全程监控，自动控制道岔和红绿灯，自动统计车数，它的建成运行极大地提高了井下机车运输的工作效率和安全系数。

（8）坑内破碎系统：为满足冬瓜山主井箕斗提升的要求，在主井附近的 -910 m 水平设置坑内集中破碎站，破碎站装备 1 台 42 -65MkII 型美卓公司旋回式破碎机，将井下采出的最大块度为 800 mm 的矿石破碎至 200 mm 以下。破碎后的矿石通过 -962 m 水平的胶带运输机运到箕斗计量硐室，装箕斗后经主井提至地表矿仓。矿山开采主要系统如图5-1所示。

5.3 矿山其他系统

5.3.1 供气系统

原狮子山矿有 1 座空压机房，装备了 4 台 103 m³/min、2 台 100 m³/min、1 台 60 m³/min 的空压机，能提供 672 m³/min 的压缩空气，冬瓜山铜矿的备用压缩空气量由现有空压机房提供。根据矿山现在生产用气情况，新增 1 台 D-100/7 型空压机。新建空压机站设在原有空压机站附近，压缩空气通过 1 根 $\phi325 \times 8.5$ 的无缝钢管从辅助井送到井下各中段。在 -670 m、-730 m 中段，改用 $\phi159 \times 4$ 的无缝钢管将压缩空气送到中段用气点；在 -790 m、-850 m、-875 m 中段，改用 $\phi133 \times 4$ 的无缝钢管将压缩空气送到中段用气点。

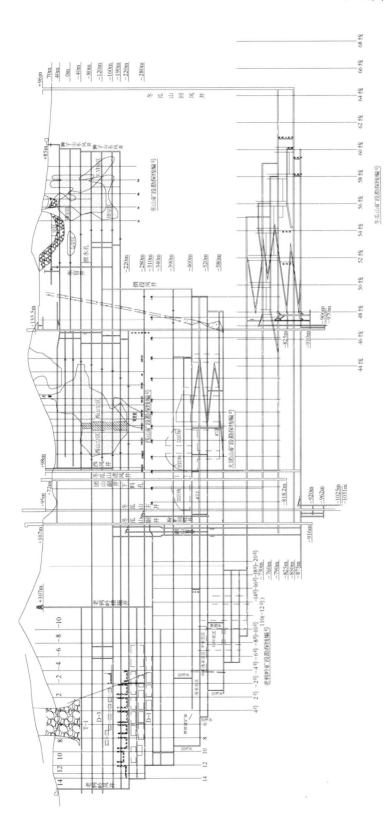

图 5-1　冬瓜山铜矿矿山开采系统示意图

为满足 Simba261 钻机的用气压力要求,在每台钻机使用地点设置 1 台空气增压机,将管网的供气压力由 0.8 MPa 提高到 1.5 MPa。

5.3.2　坑内供水系统

冬瓜山铜矿井下生产用水量为4500 m³/d,该水是由地表高位水池提供,并在 −280 m 和 −730 m 水平处设置两段减压水池,降低供水压力。通过设在辅助井内的一条 φ219 × 7 无缝钢管将坑内用水送到井下各中段,在各中段马头门处通过减压阀再次减压后,直接供到 −670 m、−730 m、−790 m、−850 m 和 −875 m 各中段生产作业点,供水压力为 0.4 ~ 0.7 MPa。

冬瓜山坑内用水在 −670 m 中段建一循环储水池,生产用水通过 −850m 循环水仓用水泵将水打到循环储水池,沉淀后,送到 −730 m、−790 m、−850 m 和 −875 m 中段生产作业点,如图5 − 2 所示。

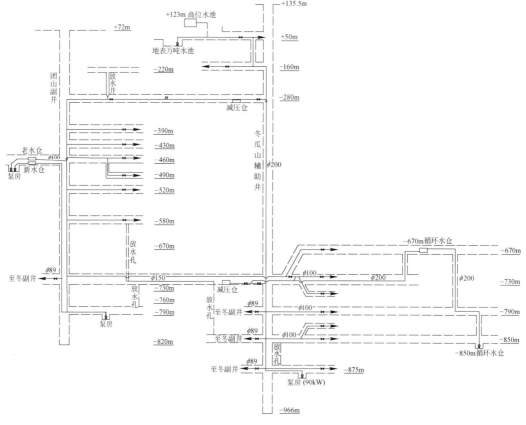

图 5 − 2　冬瓜山供水系统

5.3.3　供电系统

外部供电电压采用两路 110 kV 供电,新建 110 kV/6 kV 总降压变电所 1 座,变电所安装两台容量为 31500 kV·A 的主变压器,负荷率为 74.4%。用电负荷按满足冬瓜山新老区生产需要的总负荷容量为 49797 kV·A 计算。为了减少矿区内外部输电损耗,将原有狮矿 35 kV/6 kV 变电所改为老区 6 kV 配电站。届时把原 35 kV/6 kV 变电所内 11000 kV·A 用电容量转移至新建 110 kV/6 kV 总降压变电所内,其中冬瓜山新区用电负荷容量为 37156 kV·A,狮子山老区用电负荷为 11000 kV·A。

主变压器配置在室外,其余均在室内配置。主变压器选用带有载调压装置,强迫风冷,低损耗节能型油浸三相双绕组电力变压器 SFZ9-31500/110,31500 kV·A,110 kV8%±1.25%/6.3 kV,阻抗 10.5%,配防污型瓷套。110 kV 开关选用六氟化硫组合电器,即 ZF4-110 系统;6 kV 配电装置选用金属移开中置式成套高压开关柜。

根据用电负荷情况,在主井、副井、磨浮车间等处设配电站 11 座,在磨浮车间、精矿脱水车间等设 20 座变电所。所有配电站均选用分布式微机测控保护装置。采用智能型免维护直流电源屏控制电源。

冬瓜山采选生产(包括老区 3000 t/d 矿石的提升、破碎和选矿)的装机总负荷是 58774 kW,全年耗电量为 247186.8 kW·h。每吨矿石耗电量为 57.6 kW·h。

冬瓜山工程 6 kV 负荷安装工作容量为 29610 kW,占总安装容量的 55%;加之原狮矿供电电压为 6 kV;为此,冬瓜山工程供电电压确定采用 6 kV 电压等级。冬瓜山工程供电系统由 110 kV 经主变压器降压后采用 6 kV 向各个比较集中的负荷点供电。

5.3.4 排水系统

冬瓜山铜矿 -875 m 中段以上的坑内涌水量正常涌水量为 4320 m³/d,最大涌水量为 9510 m³/d,采矿生产、充填回水量约为 6500 m³/d。 -875 m 水泵房要求排水能力:正常涌水时 $Q=541$ m³/h,最大涌水时 $Q=800$ m³/h,排水高度 $H=1032.2$ m。

因此,在 -875 m 中段的辅助井附近设置井下排水泵房,安装 4 台 DKM360-88×12 大功率水泵,单台水泵的排水量 $Q=360$ m³/h,水泵扬程 $H=1043$ m,配带电机型号 Y5607-4,电动机功率 $N=1800$ kW,系统最大排水能力可达到 18700 m³/d,水仓容积为 3200 m³。正常涌水时,两台水泵同时工作,在 18.8 h 内完成排水任务。最大涌水时,3 台水泵同时工作,在 17.1 h 内完成排水任务。沿辅助井井筒共敷设两根公称直径为 DN350 的排水管,将坑内涌水排到地表污水池。为减少排水管的重量,从 -875 ~ -510 m 采用 φ402×24 的无缝钢管,从 -510 ~ -280 m 采用 φ402×16 的无缝钢管,从 -280 m 到地表污水池采用 φ402×10 的无缝钢管。

深井排水系统采用一段直排式排水系统,冬瓜山铜矿建设了国内第一座采用软启动,扬程逾千米的井下大型排水泵站。

5.3.5 通风系统

冬瓜山铜矿采用对角式、多风机多级机站通风系统。新鲜风流主要是由位于矿床东南端的专用进风井和冬瓜山副井及大团山副井进入,由位于矿床西北端的出风井排出,系统总风量为 600 m³/s。冬瓜山新区风机站分为三级:系统一级机站(5 个进风中段 10 台风机)控制系统进风量并克服进风段通风阻力,新鲜风流由进风段经采准联络道进入工作面;采区通过无风墙辅扇实时调控分风导向。二、三级机站(-790 m 和 -850 m 中段回风巷道 12 台风机)采用风机两两串并联形式控制系统总风量并克服采区及回风段通风阻力,污风由回风机站抽出通风回风井排到地表,通风系统多级机站装机总容量为 3090 kW。老区大团山、老鸦岭矿段及地表装机容量为 600 kW,共 4 台风机。系统总装机容量为 3690 kW。

在中段盘区网路中使用低风压、大风量、低噪声辅扇和无压风门等通风设施进行风量调节,为了保证系统的可靠性和有效性,建立了风机地表集中控制站,由计算机对多级机站的风机运行进行控制和监测,从而实现节能和保证有效的通风与降温。如图 5 - 3 所示。

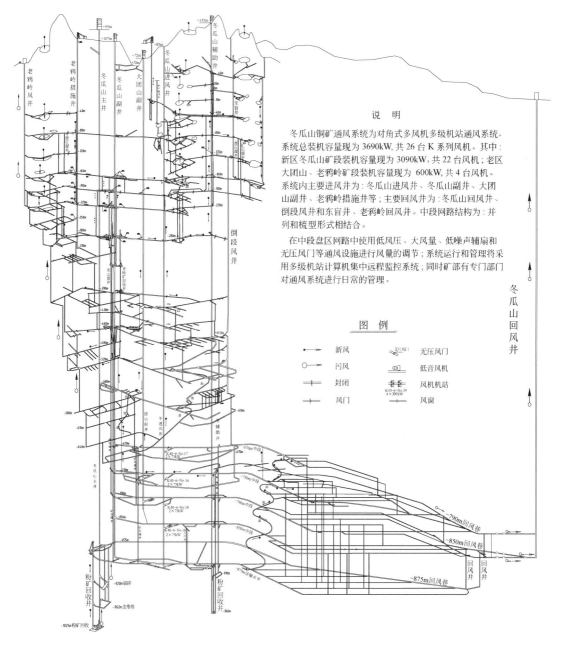

图 5 - 3 冬瓜山通风系统立体示意图

5.3.6 充填系统

冬瓜山铜矿采用全尾砂、废石和全尾砂胶结充填,其设计宗旨是实现无废开采。冬瓜山每天需充填采空区3125 m³,其中冬瓜山新区和老区生产的废石约1500 t,全部用于充填,实现废石不出坑,废石可充填空区535 m³,而另需全尾砂砂浆3800 m³/d,充填采空区2590 m³/d。

充填站制备系统建在冬瓜山选厂附近,站内共建有6套相同但相互独立的立式砂仓充填砂浆制备系统,每座立式砂仓直径8 m、高28 m,有效容积1164 m³(贮存尾砂2527 t),总计可贮存尾砂15162 t,由选厂输送来的全尾砂直接进入立式砂仓,从立式砂仓添加絮凝剂后,通过风水造浆系统,制备出72%~76%高浓度的全尾砂浆。全尾砂胶结充填按配比要求加入水泥,水泥通过仓下的$\phi250 \times 2500$的双管螺旋给料机输送到搅拌槽(充填制备站设有6个水泥仓和6个水泥代用品仓,水泥仓的断面为10 m×5 m,有效高度10 m,总高度19 m),与砂仓底部放出的全尾砂。在2000×2100的高浓度搅拌槽充分搅拌后,制备成浓度达73%~74%的水泥砂浆自流输送进充填钻孔,进入采场充填采空区;流量为100~120 m³/h,每天充填井下采空区的全尾砂浆量平均3000 m³/d,充填材料制备过程中的尾砂、水泥、水及砂浆的质量、浓度和流量均设有计量、检测仪表和计算机自动控制,以确保充填材料的质量和充填系统的正常运转。实现了高浓度充填料连续排放,降低了充填成本,保证了日采1万t矿石的特大型深井矿山的正常生产,为无废开采奠定了技术基础。

5.3.7 通信系统

冬瓜山铜矿通信系统由有线通信、无线泄漏通信组成,并把有线通信和无线泄漏通信连成一网,整个系统覆盖了全矿地表、井下各办公、工作场所,有效地保证了安全、生产的正常运行。

5.3.7.1 有线通信系统

矿办公行政电话为RSMⅡB型(1000门)数字程控交换机,生产调度电话是DH-2000数字程控调度机,实现了等位拨号,使该矿调度电话在生产中得到了充分发挥作用。地表有线电话通信分布在办公室、各生产区队、车间及生产工作主要场所,井下有线电话主要分布在各井口、配电所、水泵房、炸药库、修车库等主要工作地点。

5.3.7.2 无线移动通信系统

A 无线泄漏通信系统

2005年2月,冬瓜山铜矿建成并开通了无线泄漏集群对讲系统,它由前端机(5个信道)、泄漏电缆、电源耦合器、放大器、分支器、终端器和TK-280对讲机组成。该系统将对讲权限分为三级管理,并以各生产区(队、车间)为单位设立群呼组,还能和矿有线通信相互沟通,矿部生产调度指挥中心为一级,最高权限,可监听全部通话,并能实现点对点通讯、电话拨号等;生产区队管理人员为二级,可在本单位范围内的对讲机实现点对点通讯、电话拨号等;工人手持机为三级,功能为组内群呼,即所谓的一呼百应。这样,既保证了各单位内部通信,又保证了矿生产调度指挥的快捷和畅通。从地表至井下主要工作地点实现无线信号覆盖,构成了一个完整的移动通讯系统。

B 矿井无线打点泄漏通信系统

矿井打点泄漏通信由通信(信号基地台)、泄漏电缆、中继器、负载盒和对讲机组成,以点对点、一呼百应的通信模式进行通话。主要在大团山副井、冬瓜山副井两条竖井中使用,目的是罐笼运行时,打点工与卷扬操作工进行通话打点,以保证卷扬提升的安全正常运行,该系统是一套完全独立的移动通信系统。

C 坑下巷道数字移动通信网室内信号分布系统

2005年11月,该矿开通由联通公司投资建设的工程为国内首创。信号覆盖了该矿大团山副井、冬瓜山副井、井下-730 ~ -850 m主巷道以及-670 ~ -850 m斜坡道。改变了该矿井下作业人员无法实现手机通信的局面,为井下与地面随时取得联系、进行生产调度以及安全生产等提供了通讯保障,同时为作业机器的无线定位提供了实用平台,将大大提高冬瓜山铜矿的生产效率和信息化管理水平。

5.3.7.3 电视监控系统

视频监控系统从2003年开始建设,到2008年底已建成121个监控点,基本覆盖全矿井下、井上重点部位。根据其工作原理和传输方式分为以下三部分:

(1)团山副井视频监控系统。这套系统的主要特点是:由摄像机产生的模拟信号经过视频服务器转换为数字信号后直接接入矿局域网。用户通过安装客户端经过授权就可以浏览图像、控制云台、本地录像;也可通过IE浏览器查看。它的图像质量主要取决于网络的带宽,有一定的延时;它的稳定性主要取决于视频服务器的工作状态和其所处的环境、温度、电源等因素。

(2)冬瓜山副井主要工作地点、地表技防系统、办公楼、坑口服务楼视频监控系统。这套视频监控系统的工作方式是:由摄像机产生的模拟信号直接接入数字硬盘录像机进行监控、录像、管理。对远距离监控点通过光端机把模拟信号转换为光信号用光缆传输。这套系统的最大优点是图像质量接近真实效果,不丢帧,录像存储时间长。客户端通过安装客户端或IE浏览器查看图像。这套系统目前存在的问题主要是监控点的分布范围广,线路长,环境恶劣,维护量大。现在这套系统已经覆盖该矿井下、地表室内外90余处。

(3)矿井斜坡道交通信号监控系统。冬瓜山矿井斜坡道交通信号监控系统主要由车辆检测、信号控制、信息管理、系统通讯四大单元所构成,以实现对矿井斜坡道交通信号的管理。

这套系统的基本工作原理是:在井下每台车辆上安装信号发生装置,在斜坡道入口安装信号检测装置,信号控制系统通过判断检测装置的信号控制红绿灯状态;信息管理系统负责记录、统计、管理各种信息以供查询,如闯红灯、巷道内滞留等异常行驶情况;系统通讯系统通过光缆将井下红绿灯、检测装置各类信号传输到地表。各路口红绿灯既可通过设定规则自动控制也可远程手动控制。目前共安装了-670 ~ -730 m、-730 ~ -760 m、-760 ~ -770 m、-770 ~ -790 m、-790 ~ -850 m、-850 ~ -875 m六段斜坡道交通信号监控。

5.3.8 微震监测系统

为全面掌握回采区域的地压活动,实现对深井矿床开采岩体地压的动态、连续、实时监测,设计构建先进的微震监测系统,并开展基于微震监测的深井开采地压活动规律研究,为有效控制地压灾害提供技术依据。

　　2005 年 8 月,冬瓜山铜矿在首采地段引进并建成了南非 ISS 微震系统,系统由硬件和软件组成,硬件系统由 16 个传感器、4 个地震仪(Quake Seismometer,QS)、1 个地震仪转发器(QS-Repeater)、1 个地下控制器、1 个地表监测控制中心及与之相连的通讯电缆组成。传感器采集的地震模拟信号通过 QS 转换为数字信号后传输到井下通信控制中心,再通过光缆传输到地表监测控制中心进行处理和分析。

　　软件系统包括:(1)控制和管理微震监测系统运行的控制软件(RTS);(2)对采集的波形进行地震波波形分析、处理和参数计算,提供地震学分析平台的地震学处理软件(JMTS);(3)在三维窗口中显示,对采集地震数据分析的各类图像提供多种参数的时间序列曲线和图表,满足不同空间和时间范围地震活动研究需要的微震事件可视化解释软件(JDI)。地表控制中心可以监视系统运行状况,并发出控制指令,以控制和管理监测系统的运行。震源定位误差小于 10 m,系统灵敏度为里氏震级 -2.0。监测范围随开采范围的变化而扩大到整个矿体的开采区域。

参 考 文 献

[1] 古德生,李夕兵. 现代金属矿床开采科学技术[M]. 北京:冶金工业出版社,2006.

[2] 王新民,肖卫国,张钦礼. 深井矿山充填理论与技术[M]. 长沙:中南大学出版社,2005.

[3] 谢和平,陈忠辉. 岩石力学[M]. 北京:科学出版社,2004.

[4] 钱鸣高,石平五. 矿山压力与岩层控制[M]. 徐州:中国矿业大学出版社,2003.

[5] 郭然,潘长良,于润沧. 有岩爆倾向硬岩矿床采矿理论与技术[M]. 北京:冶金工业出版社,2003.

[6] 北京有色冶金设计研究总院. 铜都铜业股份有限公司冬瓜山铜矿初步设计[G]. 北京:北京有色冶金设计研究总院编写,2001.

[7] 童光煦. 高等硬岩采矿学[M]. 北京:冶金工业出版社,1995.

[8] 《采矿手册》编辑委员会. 采矿手册(第 4 卷)[M]. 北京:冶金工业出版社,1990.

[9] 周昌达等. 井巷工程[M]. 北京:冶金工业出版社,1979.

[10] 古德生. 金属矿床深部开采中的科学问题[M]. 见:香山科学会议编. 科学前沿与未来(第六集). 北京:中国环境科学出版社,2002,192 ~ 201.

[11] 于润沧. 论当前地下金属资源开发的科学技术前沿[J]. 中国工程科学,2002,18(3):9 ~ 12.

[12] 何满潮. 深部的概念体系及工程评价指标[J]. 岩石力学与工程学报,2005,24(16):2854 ~ 2858.

[13] 何满潮,谢和平,彭苏萍等. 深部开采岩体力学研究[J]. 岩石力学与工程报,2005,24(16):2803 ~ 2813.

[14] 杨承祥,胡国斌,许新启. 复杂难采深部铜矿床安全高效开采关键技术研究[J]. 有色金属(矿山部分),2005,57(3):5 ~ 7.

[15] Wilson Blake,Davie G F Hedley. The Rockburst Phenomenon. Rockbursts Case Studies from North American Hard-Rock Mines. Society for Mining[J],Metallurgy,and Exploration,2003:1-2.

6 采矿方法

6.1 引言

采矿是一项复杂的系统科学工程,其复杂性既在于开采高水压结构的复杂性,也在于开采条件和环境的复杂性;深井开采又存在高井深、高地应力、高温,强烈的采矿扰动等"四高一扰动"的恶劣环境,更增加了开采的复杂程度。采矿的多步开挖过程是一个反复对非线性岩体加卸载的过程,前一次开挖对以后每一次开挖都产生影响。开挖过程、开采顺序不同,就会产生不同的应力—应变历史变化过程和不同的最终力学效应。因此,不同的采矿模式,不同的开拓、采准系统布局,不同的回采顺序、回采步骤,不同的采矿工艺,不同的采准、切割、支护、落矿、出矿、充填工序、施工顺序等,都会产生不同的力学效应和历史变化过程,出现最终不同的稳定性状态。深井开采就要采用先进的设计思想和技术,减少与岩体破坏相关的事故,提高生产能力。研究在高应力条件下采用先进的局部支护技术,最大限度地回收矿石。采用先进的微震监测等手段,深入了解采矿活动诱发地震的变化发展规律,尤其是地震活动与地质构造的关系及其控制措施。借助有效的非线性固体力学数值分析方法,用计算机辅助设计和模拟技术进行开采方案评价。从而采取有利于回采形成的二次应力场的采场结构和回采顺序、更好的支护方法和更有效的采矿方法。因此,合理的采矿方法对高效安全开采具有决定性的作用。

深井金属矿床安全高效开采理论要求选择的采矿方法,回采工艺与岩层控制工艺技术相互关系处理得当,对回采形成空区和采取技术措施消除空区矛盾解决合理。综观矿产资源在国民经济中的地位,资源供给现状及未来需求,反映了深井开采的必然性和重要性。综合开发现状及发展面临的问题,需要从国家经济安全和发展战略角度考虑安全高效地进行深井开采。深井开采带来高地应力、高地温、高水压、高井深的"四高及强烈的开采—扰动"的特征,存在复杂的力学环境。针对复杂的开采技术条件,深井开采需要重点开展多相多场耦合环境下的矿岩非线性动力学特征、新的采矿工艺技术与装备、热力系统及其环境控制以及利用高科技手段进行管理、控制等综合技术研究,以实现深部金属资源的安全、高效、经济开采。

合理的采矿方法就是:(1)安全。能在生产安全的前提下,最大限度地减少开采成本。(2)矿石回采率高。最大限度地回采资源,充分利用矿产资源。(3)生产能力大和生产效率高。尽可能选择有持续稳定生产能力和劳动生产率高的采矿方法。(4)效益好。企业有最大的经济效益、社会效益和环境效益。(5)贫化小。选择的采矿方法要贫化小、满足加工部门对矿石质量的要求。(6)符合矿山安全生产法规。采矿方法选择必须符合矿山安全、环境保护和矿产资源保护等法规的有关规定。安全可靠、高效、低成本、大规模开采是深井开采的发展趋势,也是深井开采研究优化的标准。所谓高效,就是实行强化开采,能够大规模机械化开采,采场生产能力大。所谓安全,就是采场和开采区域岩层稳定,没有大的地压灾害。设计合理的采矿方法、合理的采矿布局、合理的回采顺序和开挖步骤,以便围岩的应力变形趋于合理。采用合理而先进的技术手段进行控制,特别是地压控制措施得当而有效。

如,及时充填空区,并对开采诱发的地压活动进行实时监测,对矿柱等重点工程进行应力应变监测,对监测数据分析和现场观察的不稳固地段进行有效地支护,保证回采作业安全,所谓经济,就是综合生产能力高,贫化损失低,设备利用率高,矿山经济效益达到最大化。

采矿方法就是研究矿块中的开采方法,从矿块中开采矿石而进行的采准、切割和回采三项工作的总称。

采矿方法一般分为空场采矿法、充填采矿法、崩落采矿法三大类。在金属矿床开采方法中,空场法(不含空场嗣后充填)一般不适用于高应力有岩爆或有岩爆倾向矿床开采,充填法和崩落法在深井矿床开采中都能运用,两种采矿方法都有利于控制矿体开采后周围岩体内的应力集中和所积聚应变能的均匀释放。根据深井矿床开采的特点和它所处的战略地位,以及市场竞争的要求,从现代矿山企业的理念出发,综观国内外深井开采的研究现状和发展趋势,审视深井矿床开采的技术问题,核心问题就是新的采矿方法问题。

冬瓜山采矿方法选择的目标是:(1)采准系统布局合理,降低采切比和回采成本。(2)合理确定盘区隔离矿柱宽度,优化采场结构参数,降低贫化损失,保证安全。(3)回采顺序合理,回采工艺简化,生产组织和管理相对简单,作业采场少、设备利用率高,尽快达产达标,保持稳定生产能力。(4)选择最佳底部结构形式,充分发挥大型无轨出矿设备的效率,利于出矿巷道的稳固、维护及通风管理。(5)通过拉底、切割、二次破碎、凿岩硐室布置、通风等回采工艺研究,实现高效、安全、低成本回采。

6.2　冬瓜山矿床采矿方法选择

6.2.1　冬瓜山矿床采矿方法选择的主要因素

采矿方法选择的主要因素有两个方面,就是矿床的地质条件和开采技术经济条件。矿床地质条件对于采矿方法选择有直接影响,起控制作用。采矿方法选择是否合理衡量的标准就是有没有针对具体的矿床地质条件和开采技术经济条件,确定合理的开采工艺流程,达到安全、经济、高效的采矿目标。

冬瓜山矿床 I 号主矿体呈似层状、透镜状产出,矿体走向 NE35°~40°,倾向随围岩产状分别向北西、南东倾斜。矿石含铜品位平均为 1.02%,含硫品位平均为 17.6%。矿体顶盘主要为大理岩,底盘主要为粉砂岩和石英闪长岩。矿体由含铜磁黄铁矿、含铜矽卡岩、含铜黄铁矿、含铜蛇纹岩、含铜磁铁矿等构成。矿体构造简单,节理裂隙不发育,矿岩坚硬,稳定性较好,$f = 8 \sim 16$。矿体赋存于 $-690 \sim -1007$ m,埋藏深($-690 \sim -1007$ m)。原岩应力高(量值在 $30 \sim 38$ MPa),原岩温度高($30 \sim 39.8$℃),矿岩有岩爆倾向性,复杂的开采技术条件对采矿系统影响很大,因此,在冬瓜山深井开采采矿方法选择中,要求控制岩层、降低矿体总体回采过程中的平均能量释放率 ERR 和超量剪切应力 ESS,把岩爆和地压灾害的控制作为选择的主要因素。

岩石力学研究结果表明:原岩应力在方向和量级上主要受地质构造控制。最大主应力方向与矿体走向大体一致,为 NE-SW 方向,近似水平,量值在 $30 \sim 38$ MPa 之间,地应力系数 $K > 0.2$,属高应力区。矿体中含铜磁黄铁矿、顶板矽卡岩和底板粉砂岩、石英闪长岩均有岩爆倾向。硫铁矿中局部有少量胶状黄铁矿,开采过程中这部分矿石有氧化结块和自燃发火的可能性。

矿区恒温带深度 20±5 m,恒温带温度 17.55℃,平均地热递增率 2.1℃/100 m。矿体所处层位的原岩温度 30~39.8℃。地表有大量的工业设施、民用建筑、道路和大面积高产农田,地表不允许崩落。

根据基建勘探结果,50~58 线矿石品位较高,易选矿石铜的平均地质品位为 1.226%,难选矿石铜的平均地质品位为 1.009%,均高于矿区平均地质品位(矿区易选矿石铜的平均地质品位 1.09%、难选矿石铜的平均地质品位 0.92%)。高品位的矿石有利于提高出矿品位和选矿回收率,也有利于矿山生产初期资金回笼和还贷。同时,冬瓜山开拓工程主要在50~58 线之间,为缩短建设周期,尽快建成投产,矿山先在 50~58 线进行采准工程的施工。因此把 50~58 线确定为矿山的首采地段。该段矿体走向长 400 m,平均宽度为 380 m,最大宽度为 420 m,中部倾角较缓,一般 10°,平均为 20°,平均厚度为 38.1 m。

冬瓜山矿体开采规模大,采矿强度高,设计日产 1 万 t。矿体储量大、品位低、深井开采成本高,需要降低深井开采成本,提高经济效益,这就要求实行大规模强化开采。冬瓜山采矿方法选择逻辑结构见图 6-1。

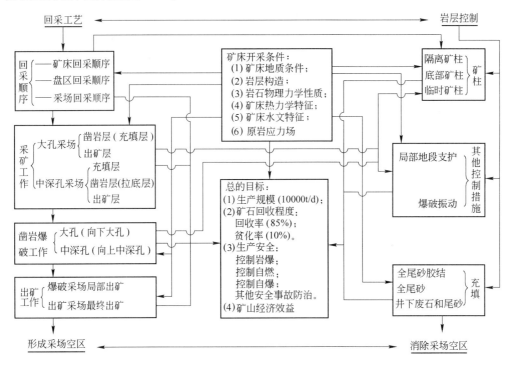

图 6-1 深井安全高效开采采矿方法逻辑结构

6.2.2 应用采矿方法选择专家系统初步选定采矿方法

采矿方法的选择要求在技术上可行,在经济上合理。为保证持续稳定日产 1 万 t 的生产能力,必须采用高强度的采矿方法。根据冬瓜山矿床开采技术条件和铜陵公司所属矿山使用大孔崩落采矿方法的经验,考虑到矿石品位以及不同生产规模所带来的不同经济效益等因素,根据《采矿方法选择的专家系统》的优化选择,初选的采矿方法为阶段空场嗣后充填采矿法(方案1),如图 6-2 所示。采矿方法的主要特点是:以盘区为回采单元,盘区参数为 150 m×100 m,盘区及采场连续,不留盘区矿柱;采场沿矿体走向布置,使采场长轴方向与最大主应力方向呈小角度相交,让采场处于较好的受力状态,以利于控制地压的应力集中;每个盘区内布置 20 个采场,采场参数为 50 m×15 m。盘区推进方向垂直矿体走向,先采矿体厚大部分;采场以"隔 3 采 1"方式回采,即隔 3 个采场回采 1 个采场;根据矿体厚度的不同,分别采用大直径下向深孔(直径 165 mm)和扇形中深孔(直径 76 mm)爆破落矿;采空区采用全尾砂胶结或全尾砂充填。

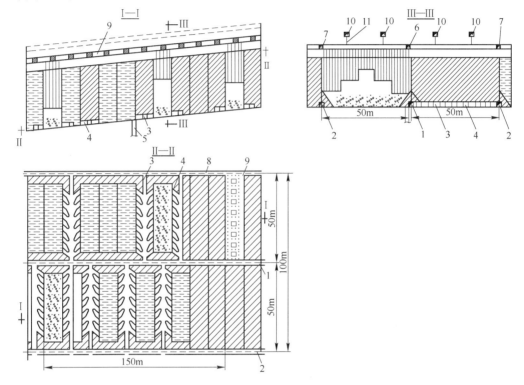

图 6-2 初选的阶段空场嗣后充填采矿方法

1—出矿水平出矿穿脉;2—出矿水平回风穿脉;3—出矿巷道;4—出矿进路;5—溜井;6—凿岩水平穿脉巷道;
7—凿岩水平回风巷道;8—凿岩联络道;9—凿岩硐室;10—充填巷道;11—充填天井

　　尽管初选的采矿方法技术上可行,适合有岩爆倾向、高应力、高温、品位低、似层状缓倾斜特大型金属深井矿床进行开采设计的指导思想。但仍难以满足高效组织生产及保证稳定日产万吨的生产能力、达到矿床安全高效大规模开采的要求,存在着以下主要不足:

　　(1)回采工艺复杂,生产组织管理难度大。由于盘区和采场连续布置,采用全尾砂胶结充填,这就要求盘区之间、盘区内的采场之间的衔接紧密,必须严格按照"隔 3 采 1"方式回采,才能使生产有序进行。一旦凿岩、爆破、掘进、支护、充填等工序衔接不顺,将导致整个矿山的生产难以正常运转、生产效率低下,从而制约日产 1 万 t 的生产能力实现。

　　(2)采场小,矿量少,不能充分发挥大型无轨设备的效率,生产能力难以提高。经测算,要达到 1 万 t/d 的生产能力,作业面积达 9 万平方米,年作业的采场数近 120 个,消失的采场数约 30~40 个。不难想象,采场数量之多,作业面积之大给生产组织和管理带来的难度。

　　(3)盘区回采顺序不利于产量稳定。盘区沿垂直矿体走向推进,先采矿体厚大部分,造成前期深孔采场回采,中深孔凿岩设备不能发挥作用;而后期回采中深孔采场时,产量难以保证,深孔凿岩设备也将闲置。

(4) 深孔采场凿岩硐室布置在脉外,炮孔利用率低,在围岩中掘进量大。

(5) 采切工程量大,采切比为 840 $m^3/$万 t,掘进成本高。

因此,在大的生产系统、采矿方法和生产规模均确定以后,如何保证有效地组织生产,生产能力持续稳定,生产成本低,矿山有较好的经济效益。通过深入分析研究,需要对采准系统、采场和盘区回采顺序、采场结构参数等方面的问题进行优化研究。

6.2.3 采矿方法经济技术比较

为加大采场结构参数,简化回采工艺,提高采场生产能力,降低采切比。通过对不同采场结构参数条件下、开采过程中,围岩、矿柱的应力分布、位移状态及采场自身的稳定性,进行的分析和优化,结合选用的凿岩和出矿设备的适用条件,选择采用暂留盘区隔离矿柱的阶段空场嗣后充填采矿法(方案2),见图6-3。

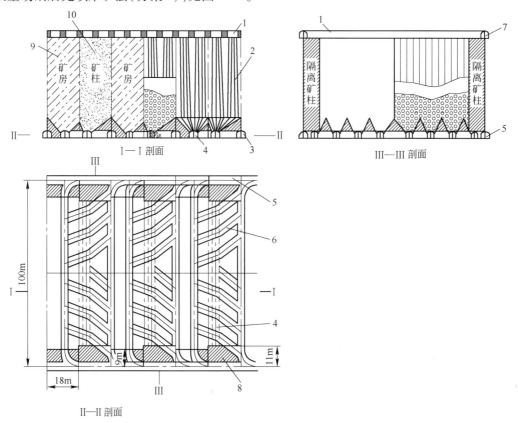

图6-3 暂留隔离矿柱大直径深孔阶段空场嗣后充填采矿方法
1—凿岩硐室;2—炮孔;3—出矿巷道;4—堑沟巷道;5—出矿联络道;6—出矿进路;7—凿岩联络道;
8—隔离矿柱;9—矿房(胶结充填);10—矿柱(尾砂充填)

暂留隔离矿柱大直径深孔阶段空场嗣后充填采矿方法主要特点是:(1)盘区沿走向布置,盘区之间暂留隔离矿柱。在盘区内垂直矿体走向划分采场,同时布置深孔采场和中深孔采场,提高设备的利用率,维持生产的均衡。采场长轴与矿体走向基本一致,让采场处于较好的受力状态。(2)隔离矿柱长度为矿体宽度,约350~420 m,宽为18 m。采场长为78 m

(尾砂充填采场)或82 m(胶结充填采场),宽为18 m。(3)盘区回采沿矿体走向推进。在沿矿体走向上由中央厚大部位向两端推进,局部遇断层和岩墙等地质弱面时,由弱面向远处推进。(4)盘区内由背斜轴部向两翼推进,开采厚大矿体时(大于50 m),采用"隔3采1"回采方式;开采中厚矿体时,采用"隔1采1"或"隔3采1"回采方式。先采矿房,后采矿柱,矿房采用全尾砂胶结充填;矿柱采用全尾砂充填。

方案1和方案2主要技术经济比较见表6-1,优缺点比较见表6-2。

表6-1 两方案主要技术经济比较

指 标 名 称	方案1	方案2
采切比/m³·万 t⁻¹	590	450
所需铲运机台数/台	4	4
所需大孔凿岩机台数/台	5	4
所需中深孔凿岩机台数/台	5	2
铲运机设备利用率/%	98.33	94.29
大孔凿岩机设备利用率/%	50	90
中深孔凿岩机设备利用率/%	50	90
所需采场数	24	20
大炮孔利用率/%	80	95

表6-2 两方案优缺点比较

方案比较	方案1 采场规格:50 m×15 m	方案2 采场规格:78(82) m×18 m
优 点	(1)采场小,有利于控制地压和岩爆; (2)矿石损失相对较少	(1)回采工艺简便。生产采场不受左右关系影响,回采顺序相对灵活,采场可按照隔3采1或隔1采1的顺序进行生产,组织管理相对高效; (2)采场加宽有利于出矿进路布置和铲运机作业; (3)采场数比方案1减少60%,采矿强度和采矿效率提高20%以上; (4)矿山生产能力容易实现
缺 点	(1)回采工艺复杂。由于是全尾砂胶结充填,回采工艺要求采场的衔接相当紧密,且盘区间存在相互影响,必须严格按照隔3采1的回采顺序,才能使生产有序地进行。生产组织管理难度大,生产能力受制约因素多。要达到1万 t/d的生产能力,年作业的采场数近120个,作业的面积达9万 m²,1年消失的采场数30~40个。生产组织和管理难度大,制约生产能力的因素多; (2)采场矿量少,消失快,不利于生产组织; (3)在围岩中掘进量大,废石多; (4)废孔多,炮孔利用率低,凿岩成本高	隔离矿柱需要二次回采

通过比较,设计采用暂留隔离矿柱的盘区回采方式,盘区沿矿体走向布置,长度为矿体水平厚度,宽度为100 m;优化采准系统,配合采准设计,将首采地段(50~58线)划分为4个大盘区,即50~52线4号盘区、52~54线1号盘区、54~56线2号盘区、56~58线3号盘区,见图6-6。

暂留隔离矿柱有利于控制地压,使盘区及采场生产灵活机动,隔离矿柱在相邻两盘区采场回采充填结束后再回采,但两侧均为已经全尾砂与全尾砂胶结相间充填的采场,回采难度加大。为此,在设立隔离矿柱时,将矿柱作为盘区整体的一部分,已经考虑了矿柱的回采问题。矿柱回采的采矿方法仍为大孔落矿的阶段空场嗣后充填的采矿方法,在实际回采时把隔离矿柱作为一个特殊的盘区来看待,在隔离矿柱两边的盘区回采充填结束后才回采隔离矿柱,隔离矿柱的回采顺序是从矿体厚大部分向较薄的另一端推进。采场布置是将隔离矿柱划分矿房和较小的永久损失矿壁。

6.2.4 大孔采矿和中深孔采矿落矿方式优化

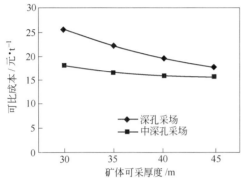

图6-4 两种落矿方式比较

不同落矿方式的采切工程布置与凿岩爆破成本不同,为降低生产成本、适应缓倾斜矿体厚度变化大的特点,采用两种落矿方案,即大直径深孔落矿和扇形中深孔落矿,两种落矿方式的优缺点比较见表6-2。

现以一个标准回采单元(一个矿房采场和一个矿柱采场)为研究对象,分析矿体不同厚度时的采切成本和凿岩爆破成本。可比成本对比结果见图6-4和表6-3。

表6-3 大孔落矿和中深孔落矿可比成本比较

名称	矿厚30 m		矿厚35 m		矿厚40 m		矿厚45 m	
	深孔	中孔	深孔	中孔	深孔	中孔	深孔	中孔
采切成本/元·t⁻¹	21.82	12.85	18.11	11.15	15.47	9.94	13.51	9.04
凿岩爆破成本/元·t⁻¹	3.86	5.10	3.90	5.46	3.96	5.90	4.02	6.46
可比成本总计/元·t⁻¹	25.68	17.95	22.01	16.61	19.43	15.84	17.53	15.50
采切成本差/元·t⁻¹	8.97		6.97		5.53		4.47	
可比总成本差/元·t⁻¹	7.73		5.40		3.95		2.03	

从表6-3可以看出:

(1)无论是大孔落矿还是中深孔落矿,采矿成本均随矿体厚度的增加而降低,尤其是深孔采矿降低的幅度更大。

(2)当矿体厚度为30 m时,深孔落矿的采切成本比中深孔落矿高8.97元/t,可比总成本高7.73元/t;当矿体厚度为40 m时,深孔落矿的采切成本比中深孔高5.53元/t,可比总成本高3.95元/t。同样厚度的矿体,深孔落矿的凿岩爆破成本比中深孔低,但采切成本比中深孔高得多。矿体厚度越大,两种落矿方式的可比成本差距越小。当矿体厚度达到一定数值时,由于中深孔凿岩设备能力限制,必须采用分层凿岩回采,这样中深孔落矿的成本将超过深孔落矿成本。

由于深孔采矿顶部凿岩硐室工程量大,单纯从采切和凿岩爆破成本比较,深孔采矿和中深孔采矿的矿厚分界线应当大于 45 m。深孔采场凿岩采用 Simba261 高风压潜孔钻机,打下向垂直深孔,孔径 165 mm,凿岩效率 40 m/(台·班);扇形中深孔采用 SimbaH1354,打上向扇形孔,孔径 76 mm,凿岩效率 90 m/(台·班)。实践表明,SimbaH1354 打扇形孔,一般孔深超过 40 m 时,设备钻进效率降低,钻孔偏斜增大,对后续的爆破作业影响较大。另外,冬瓜山矿体厚度变化大,走向和倾向上均存在较大的落差,采准工程对矿体的可采厚度影响较大。

综合考虑技术、经济、设备性能和矿体的可采厚度等因素,确定矿体可采厚度小于 30 m 时,采用中深孔落矿;矿体可采厚度大于 40 m 时,采用深孔落矿;矿体可采厚度介于 30 ~ 40 m 之间时,视左右两边采场情况灵活选择,两侧为深孔采场时,采用深孔采矿,两侧为中孔采场时,采用中深孔采矿。

6.3　采矿方法方案优化

6.3.1　盘区布置优化

根据冬瓜山首采地段的矿体分布情况,盘区布置可为连续布置和间隔布置两种形式。盘区连续布置回采方式的主要特点是:矿床按一定大小划分为盘区,盘区间不留隔离矿柱。盘区垂直走向布置,在盘区内划分采场。盘区回采充填结束后进行下一盘区回采。根据冬瓜山首采地段的矿体分布情况,将矿体划分为 12 个盘区,盘区尺寸 150 m × 100 m,盘区布置如图 6 – 5 所示。这种盘区及采场布置如前所述,主要是回采工艺复杂,生产组织管理难度大,必须严格按照"隔 3 采 1"方式回采。采场小,矿量少,不能充分发挥大型无轨设备的效率,生产能力难以提高。

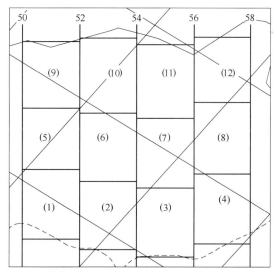

图 6 – 5　盘区连续回采方式
(注:顶排数字为勘探线编号;括号数字为盘区编号)

盘区间暂留隔离矿柱回采布置方式,其主要特点是:盘区沿矿体走向布置,盘区长度为矿体水平厚度,宽度为 100 m,盘区间暂留隔离矿柱。将首采地段(50 ~ 58 线)划分为 4 个大盘区,即 50 ~ 52 线 4 号盘区、52 ~ 54 线 1 号盘区、54 ~ 56 线 2 号盘区和 56 ~ 58 线 3 号盘区,如图 6 – 6 所示。在盘区内垂直矿体走向划分采场,盘区内的采场既可采用"隔 1 采 1"(隔

1 个采场回采 1 个采场),也可采用"隔 3 采 1"的方式进行回采。

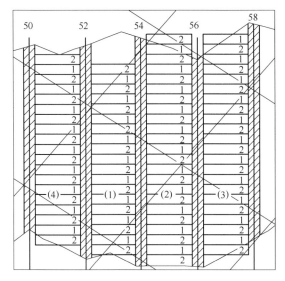

图 6-6　盘区间暂留隔离矿柱回采方式(阴影部分为隔离矿柱)

1—胶结采场;2—全尾砂采场

(注:顶排数字为勘探线编号;括号数字为盘区编号)

按日产 1 万 t 的生产能力对两种盘区及采场布置方式进行了技术经济比较,结果见表 6-4。

表 6-4　主要技术经济比较

序　号	比 较 指 标	盘区连续回采方式	暂留隔离矿柱回采方式
1	采场采切比/m³·万 t⁻¹	590	450
2	所需铲运机台数/台	4	4
3	所需深孔凿岩机台数/台	5	4
4	所需中深孔凿岩机台数/台	5	2
5	铲运机设备利用率/%	98.33	98.29
6	深孔凿岩机设备利用率/%	50	90
7	中深孔凿岩机设备利用率/%	50	90
8	达产所需出矿采场数	8	6
9	深孔炮孔利用率/%	80	95

对上述两种回采方式分析表明,暂留隔离矿柱的盘区回采方式主要优点有:(1)采场回采方式灵活。既可采用"隔 1 采 1",也可采用"隔 3 采 1"的回采方式,有利于保持生产的稳定;(2)改善了盘区采场回采的安全条件,有利于控制地压;(3)简化了回采工艺过程,消除了左右采场之间作业各工序相互交叉的影响,便于大规模生产组织管理。(4)有利于采准工程布置,可有效提高设备的利用率,大幅降低采切工程量。因此,采用暂留隔离矿柱的盘区回采方式。

6.3.2 盘区隔离矿柱宽度及采场结构参数优化

为合理确定盘区隔离矿柱宽度和采场结构参数,采用二维有限元数值模拟方法进行优化研究。

6.3.2.1 计算模型和计算方案

考虑到冬瓜山矿采用斗容为 6.5 m³ EST-8B 的无轨电动铲运机出矿,铲运机运行要求采场宽度 16 m 以上,选取采场宽度为 18 m。对两个盘区范围内开采过程进行有限元数值模拟,简化的计算模型如图 6-7 所示。

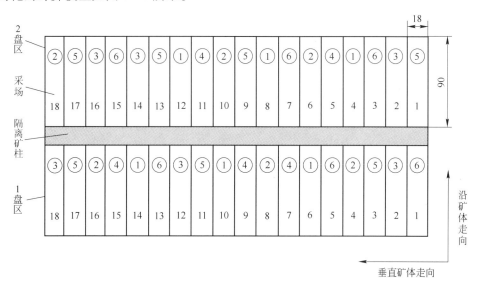

图 6-7 计算模型

(1~18 为采场序号,①~⑥为开挖步骤)

计算方案为:

方案 1 中的矿房、矿柱宽度为 18 m,长度为 90 m,隔离矿柱宽 10 m。

方案 2 中的矿房、矿柱宽度为 18 m,长度为 88 m,隔离矿柱宽 12 m。

方案 3 中的矿房、矿柱宽度为 18 m,长度为 84 m,隔离矿柱宽 16 m。

对上述三种不同的方案进行模拟,模拟时都分成 6 步回采,以模拟 6 步不同的开采状态,具体的模拟回采过程和相应的状态如下:

状态 1　回采 1 盘区 6、10、14 采场,2 盘区 4、8、12 采场;

状态 2　回采 1 盘区 4、8、12 采场,2 盘区 6、10、18 采场;充填 1 盘区 6、10、14 采空区,2 盘区 4、8、12 采空区;

状态 3　回采 1 盘区 2、12、18 采场,2 盘区 2、14、16 采场;充填 1 盘区 4、8、12 采空区,2 盘区 6、10、18 采空区;

状态 4　回采 1 盘区 7、9、15 采场,2 盘区 5、9、11 采场;充填 1 盘区 1、10、18 采空区,2 盘区 2、14、16 采空区;

状态 5　回采 1 盘区 3、15、17 采场,2 盘区 1、13、17 采场;充填 1 盘区 7、9、15 采空区,2 盘区 5、9、11 采空区;

状态 6 回采 1 盘区 1、5、13 采场，2 盘区 3、7、15 采场；充填 1 盘区 3、15、17 采空区，2 盘区 1、13、17 采空区。

6.3.2.2 计算结果分析

两个盘区采场全部采完后，对盘区周边单元及隔离矿柱最大主应力、拉应力最大值进行了对比分析。计算结果见表 6-5~表 6-7。

表 6-5 整个开采过程中单元内出现的最大主应力比较

矿房长度/m	90	88	84
单元中最大主应力/MPa	90.8	85.7	79.1

表 6-6 1 盘区采完时盘区采场中间剖面周边应力分布比较

矿房长度/m	90	88	84
最大主应力/MPa	65.01	63.69	61.82
最大拉应力/MPa	2.75	2.43	2.05

表 6-7 两个盘区都采完时隔离矿柱应力分布比较

矿房长度/m	90	88	84
最大主应力/MPa	92.38	85.65	83.29
最大拉应力/MPa	3.03	2.29	1.87

表中计算结果表明：(1)加大采场长度，矿房、矿柱中应力集中程度要略大，整个开采过程中单元内出现的最大主应力变化规律是：采场越长，最大主应力和最大拉应力越大。采场长 84 m、隔离矿柱宽 16 m 时最小，采场长 90 m、隔离矿柱宽 10 m 时最大。采场顶板中央部位与矿柱中间将出现局部拉应力，最大值 2~3 MPa。因此，采场越长，受力状态越差，但从整体上分析，出现受力较差的只是采场顶板的局部位置，对采场整体稳定性影响较小。矿柱和隔离矿柱在开采过程中整体是稳定的。(2)增大隔离矿柱宽度，由 10 m 增大到 16 m 时，隔离矿柱边缘出现拉应力值将变小，而且大多数单元的拉应力只有 2 MPa 左右，因此，适当增加隔离矿柱的宽度将有助于改善其受力状况。

鉴于隔离矿柱宽度对其受力状态影响较大，考虑隔离矿柱今后回采的要求，确定隔离矿柱宽度与矿房宽度一致，均为 18 m，采场长度为 82 m。

6.3.3 回采顺序优化

回采顺序包括盘区回采顺序和采场回采顺序。根据优化的盘区布置方式，盘区回采顺序采用沿矿体走向推进的回采方式，可同时布置大孔采场和中深孔采场，提高设备的利用率，维持采矿生产的均衡。考虑部分矿岩具有岩爆倾向性，为控制地压和岩爆，并借鉴国外有岩爆倾向矿床开采的实际经验，从岩层控制稳定性出发，矿体总体回采顺序确定为：在垂直矿体走向方向上，由背斜轴部向两翼推进，在沿矿体走向上由中央厚大部位向两端推进，局部遇断层和岩墙等地质弱面时，由弱面向远处推进。首采地段盘区的回采顺序为 50→52→54→56→58。从保证产量、便于生产组织和盘区结构稳定性来考虑，按两个盘区同时回采,在整体上再向两边推进。见本书计算机三维有限元 Flac-3D 的数值模拟。

采场的回采顺序为:在开采厚大矿体时(大于 50 m),采用"隔 3 采 1";在中厚矿体开采时,采用"隔 1 采 1"或"隔 3 采 1"的回采顺序;先采矿房,回采结束后对采场进行全尾胶结充填;后采矿柱,回采结束用全尾砂充填。

矿山生产能力的稳定性主要取决于其出矿工序的连续性,它不仅与设备、人员配置有关,也与采场数量及其回采顺序有关。为了在同时作业的采场数、设备、人员数最小的前提下,保证生产能力,采场回采顺序的合理安排显得尤为重要。通过对冬瓜山矿阶段空场嗣后充填采矿方法工艺分析,结合最优化理论,按照"从定性到定量的综合集成方法",确定同一工序单采场作业时的采场回采顺序为在采场平面尺寸相同的条件下,由厚大采场向薄采场推进。

矿山生产的关键是要有矿石可出,因此出矿工序之前(包括出矿工序)的时间对顺序的安排非常关键。由前所述冬瓜山矿床的采矿方法为阶段空场嗣后充填法,根据采场厚度的变化,又分为大直径深孔阶段空场嗣后充填法和中深孔阶段空场嗣后充填法。其中,当矿体可采厚度小于 30 m 时,采用中深孔落矿。当矿体可采厚度大于 40 m 时,采用大孔落矿。而当矿体可采厚度介于 30~40 m 之间时,视左右两边采场情况灵活变化,两侧为大孔采场时,采用大孔采矿,两侧为中孔采场时,为减少采切工程量,采用中孔采矿。

采准工程以一个基本开采单元为单位进行设计及施工,一个标准回采单元的采准工程有出矿联络道、构成底部结构的出矿巷道、出矿进路、堑沟巷道,顶部凿岩联络道、构成顶部工程的凿岩巷道、凿岩硐室、凿岩巷道联道以及单线顶部充填回风巷道等;切割工程有大孔采场的水平拉底和中深孔采场的切割等。考虑到采矿工程本身的特点,如作业过分集中,不同采场之间各工序的交叉影响将较大,某一种回采顺序对采场结构稳定性的影响,等等,在具体安排回采顺序时,除按照前述确定的总体原则——从大到小进行外,还必须考虑采矿工程本身在各个方面的要求,通过其他方面的研究和分析予以合理的、综合的研究,并最终做出决策。

实际开采阶段,通过对深井复杂、厚大、缓倾斜、高温、有岩爆倾向、品位较低的冬瓜山矿床的研究和分析,为实现其通过大的生产规模、先进的工艺技术、大型的采矿设备、严密的组织计划来实现安全、高效、低成本、无废开采的目标,应用信息技术和手段,在真实反映冬瓜山深部矿床特征和开采过程复杂情况的条件下,借助于计算机模拟手段基于产量稳定性和结构稳定性两个方面进行优化和决策,确定了较优的回采顺序和原则。这对冬瓜山矿的安全、高效开采以及其经济效益的充分有效发挥具有重要的理论和实践价值。

6.3.3.1 回采顺序数值模拟

为满足冬瓜山矿大规模开采的要求,并有效避免回采过程出现应力过于集中,致使采场和采矿巷道围岩发生大的位移,造成岩体失稳,开展冬瓜山矿床深井开采回采顺序数值模拟研究,以优化开采过程。采用 FLAC^{3D}(Fast Lagrangian Analysis of Continua in 3 Dimensions)进行深井开采开挖过程回采顺序和稳定性的数值模拟。

6.3.3.2 基于 DIMINE 的数值模拟前处理模型构建

回采顺序数值模拟计算模型是在 Dimine 块段模型基础上形成的。根据在 Dimine 中块段模型的构建方法以及对前处理模型的要求,确定块段模型构建流程如图 6-8 所示。

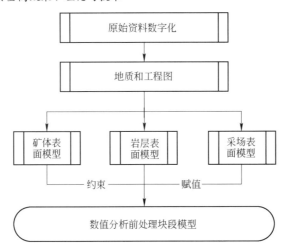

图 6 - 8　块段模型构建流程

6.3.3.3　数值分析前处理块段模型构建

Dimine 中建立块段模型的步骤为:(1)根据确定的参数建立一个模型原型,即空块段模型;(2)分别用岩层模型、矿体模型、难易选矿石分界面模型和首采地段采场模型对块段模型进行约束,并对其中的单元块赋相应的属性。(3)对表面模型设置两种单元块属性,Layer 表示所有层状模型约束后的单元块属性,Rock 表示采场模型约束后的单元块属性。(4)将第二步建立的模型依次相加,生成最终的模型。

为使建立的块段模型包含以上表面模型,并考虑回采过程模拟结构稳定性分析的需要,确定块段模型单元大小。单元划分需要考虑三方面的问题。(1)体现矿体的地质特征,以确保计算模型能够真实反映岩体的几何形态;(2)应力、位移等计算结果的连续性;(3)计算机的运算能力。

根据以上原则,块段模型的单元块都采用 3 m × 3 m × 6 m 六面体单元的结合方式进行划分,水平方向上采用 3 m 单元进行细分,表达采场结构和 18 m 隔离矿柱变化,高度方向上采用 6 m 单元划分。整个模型在 3 个方向的尺寸为 2196 m、1548 m、1368 m,模型原型的基本参数见表 6 - 8。前处理块段模型共有 642785 个单元和 673920 个节点。

表 6 - 8　块段模型原型的基本参数

参　　数	取　　值
绝对模型原点东坐标(X)/m	84355. 5
绝对模型原点北坐标(Y)/m	22302. 5
绝对模型原点标高(Z)/m	- 841
相对模型原点东坐标(X)/m	0
相对模型原点北坐标(Y)/m	0
相对模型原点标高(Z)/m	0
模型 X 方向单元块尺寸/m	6
模型 Y 方向单元块尺寸/m	6
模型 Y 方向单元块尺寸/m	6

参 数	取 值
模型 X 方向单元块块数/个	155
模型 Y 方向单元块块数/个	143
模型 Y 方向单元块块数/个	30

6.3.3.4 三维地质建模软件与数值模拟软件的耦合方式

三维地质建模软件和数值模拟软件耦合可通过完全紧密耦合、DDE 或 OLE 耦合以及松散耦合三种方式实现。

完全紧密耦合方式实际上是代码耦合,即利用三维地学软件的二次开发语言开发出能进行力学计算的功能模块,也可以利用其他编程语言将力学计算代码编译成函数库,供地学软件通过 DLL 动态连接库调用。这样三维地质建模和数值模拟就集成到同一个平台中。但代码耦合方式存在明显的缺点,它要求开发者必须有较强的计算机编程能力,需要非常了解三维地质建模软件和数值模拟软件的程序代码及相关数据结构和算法等细节性的问题,一般用户往往难以办到,而且地学软件提供的二次开发语言一般属于解释型语言,代码重写方式执行的效率不高或者根本无法实现,只能适用于较为简单的模型。DLL 调用方式效率有所提高,在可扩充性和复杂模型使用上也受开发语言的限制。

DDE 是指动态数据交换,OLE 指对象链接与嵌入,两种方式都能使不同的 Windows 应用程序之间彼此通信。当建模和数值分析软件都支持该方式时,就可进行两者之间的耦合应用。应用中,一方为客户端(Client),另一方为服务端(Server),即一方为另一方提供数据服务或更复杂的服务。对于数值计算模型和地学模型耦合来说,地学模型为客户端,而数值计算模型为服务端。但对一般通用的数值计算软件或地学软件来说,一般不会做到支持 DDE 或 OLE,这就限制了该耦合方式的应用。

松散耦合方式是通过数据转换程序将两者结合起来。数据转换程序的作用是将地质建模软件的数据转换为数值模拟软件可以接受的格式并输入。松散耦合方式的优点是两者互相独立,互不影响,只需最小的编程就可以提供全部功能。实现松散耦合方式的关键是要了解地学软件是否能将空间地层模型剖分成数值模拟软件能进行计算的“网格”,了解地学软件输出“网格”的数据文件格式以及数值模拟软件能接受的输入的数据文件格式,然后通过转换程序的编写实现文件格式的转换,这对一般用户是比较容易办到的。本书采用松散耦合方式实现三维地质建模软件 DIMINE 与数值模拟软件 FLAC[3D] 的耦合建模。

6.3.3.5 DIMINE 前处理块段模型导入 FLAC[3D]

采用前述的松散耦合方式,将 Dimine 前处理块段模型导入数值分析软件 FLAC[3D],建立数值模拟模型。

A Dimine 软件可视化网格与 FLAC[3D] 软件数值计算网格

数值建模时可采用多边形网格来描述地质体和开采过程所形成的形体边界。Dimine 软件块体建模是通过在三维实体空间区域划分 8 个同样大小的有一种或者多种属性三维网格的八叉树法来实现的。在遇到属性不同的岩体边界时,若网格过大,网格就不断细分,一直到同一区域的属性单一为止。通过不断细分的方式,在形体上就可以模拟出地质体的边界,同时该网格也就包含了所处空间位置的岩石性质。于是,在多介质复杂条件下,就可建立完全反映地质结构以及岩性在空间上分布的、具有精确地质信息的三维地质模型。

FLAC^{3D}在计算求解中将连续介质离散为若干个六面体单元。在建模时,为了较快地建立计算模型,FLAC^{3D}软件为用户提供了 12 种初始单元网格模型,即:Brick、Degenerate brick、wedge、Tetrahedron 等。运用这些初始单元网格模型,以及 FLAC^{3D}二次开发语言 Fish,能较快地建立规则的三维地质模型,然而,对建立较复杂的地质体模型,FLAC^{3D}处理起来相当困难。

B Dimine 与 FLAC^{3D}软件数据文件格式

Dimine 三维岩体的块段模型采用六面体对岩体的表面模型进行三维剖分。剖分后的块段模型能输出后缀为.str 的文件。该文件的格式为:(1)标题信息;(2)每个单元块的中心点坐标、单元块各边长度、该单元块所在采场编号(属性)、岩层编号(属性)。

FLAC^{3D}前处理数据文件格式为.dat 文本文件。其产生网格的命令流和赋力学属性的命令格式为:

产生网格的命令为 gen zone brick p0 x y z p1 x y z p2 x y z p3 x y z size a b c group m,通过此命令流可以定义 zone 大小、坐标、划分的单元数,该 zone 所在的组。

赋力学属性的命令为 prop 力学参数 rang 坐标范围或 zone 组或者 zone 的 ID 号。

通过数据文件格式实现模型单元数据的转换,实现 Dimine 块段模型在 FLAC^{3D}中重现。

C 模型转换程序

编写转换程序将 Dimine 输出的.str 数据文件转换为 FLAC^{3D}能接受的.dat 的命令流文件。其步骤如下:

(1)输出的文件中每个单元块的中心点坐标加上或减去该单元块各边长度的一半得到.dat 命令流文件所需要的八角点坐标。每个单元取 P0,P1,P2,P3,P4,P5,P6,P7 点的 X、Y、Z 坐标。

(2)将上述计算得到的节点坐标编号,n 为节点编号,格式如:G n xo,yo,zo。

(3)查询构成每个单元的节点,并给单元编号,m 为单元编号,格式如:Z B8m,n0,n1,n2,n3,n4,n5,n6,n7。

(4)将单元按采场分组,格式如:ZGROUP Km。

根据以上原则,采用 Visualbasic 程序语言并结合 ACEESS 数据库编写了 Dimine 到 FLAC^{3D}的数据转换程序 DTOF.exe。

D 前处理模型导入 FLAC^{3D}

在 Dimine 中将块段模型导出,形成表达单元块中心和属性的 EXCEL 文件,然后运用转换程序进行转换,形成能在 FLAC^{3D}中执行的 *.dat 文件。

在 FLAC^{3D}中将转换后数据文件用 import grid 命令调入 FLAC^{3D}中,形成计算模型。如图 6 - 9 为回采顺序优化计算模型,图 6 - 10 为数值模型的矿房、矿柱采场。

6.3.3.6 力学模型和力学参数

如图 6 - 9 和图 6 - 10 所示,模型范围为冬瓜山首采地段的 4 个盘区,既考虑了反映回采岩体实体模型的主要特征,真实反映首采地段每一个采场的空间位置、大小及其矿量,准确反映采场参数(主要是高度),并且,在数值计算模型中,体现矿房、矿柱的编号,也就是说,在进行回采模拟时,能方便地对每步开挖进行控制,又考虑了首采地段 4 个盘区生产(开挖)时产量和结构的稳定。确定的数值模型计算范围参数见表6-9。

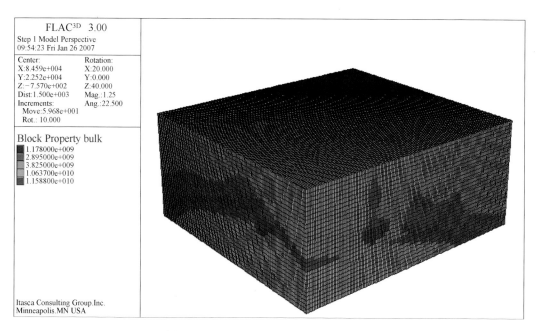

图6-9 回采顺序优化 FLAC^{3D}计算模型(不同颜色代表不同的岩性)

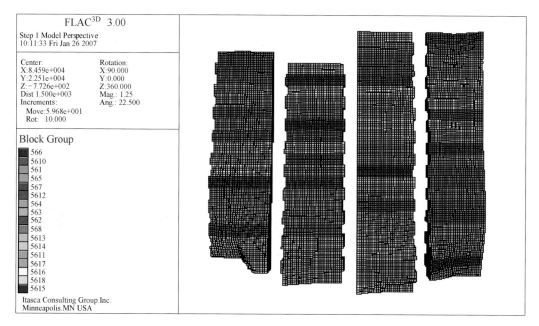

图6-10 数值模型的矿房、矿柱采场(4 个盘区之间的空挡为隔离矿柱)

表 6 - 9　模型尺寸参数

X 方向尺寸/m	Y 方向尺寸/m	Z 方向尺寸/m
465	429	174

参与计算的岩体有栖霞组大理岩、黄龙组大理岩、蛇纹石、石英闪长岩、含铜磁黄铁矿 5 种及全尾砂胶结和全尾砂 2 种充填体,其强度参数是对冬瓜山岩石力学参数折减而得。参照国内外专家提出的各种岩体强度参数的折减方法,内摩擦角 ϕ 按 0.85 折减,内聚力按 1/7 ~ 1/10 折减,弹性模量按 2/3 折减,全尾胶充填体弹模取 1 GPa,全尾砂弹模取 0.5 GPa。计算力学参数见表 6 - 10。

表 6 - 10　计算岩体力学参数

项　目	黄龙组大理岩	栖霞组大理岩	蛇纹石	石英闪长岩	矿体	尾胶充填体	尾砂充填体
密度 ρ/g·cm^{-3}	2.70	2.71	3.30	2.72	3.97	2.0	1.9
体积模量 K/GPa	8.317	10.2	6.28	21.27	23.177	0.67	0.181
剪切模量 G/GPa	3.21	5.916	4.325	11.89	14.197	0.357	0.24
泊松比 μ	0.329	0.257	0.22	0.264	0.253	0.25	0.04
抗拉强度 σ_t/MPa	1.7	2.24	2.102	2.78	3.04		
内聚力 C/MPa	1.604	1.714	2.323	2.75	3.69	0.4	0.24
摩擦角 ϕ/(°)	33.5	45.02	49.64	45.9	45.07	33	26

由于 FLAC^{3D} 中采用体积模量和剪切模量描述弹性模量和泊松比,因此,由式 6 - 1 计算岩体的体积模量和剪切模量。(E, μ) 与 (K, G) 的转换关系如下:

$$\left. \begin{array}{l} K = \dfrac{E}{3(1 - 2\mu)} \\ G = \dfrac{E}{2(1 + \mu)} \end{array} \right\} \qquad (6 - 1)$$

式中　K——体积模量;

　　　G——剪切模量;

　　　E——弹性模量;

　　　μ——泊松比。

6.3.3.7　边界条件与初始条件

模型边界约束采用位移(在 FLAC^{3D} 中实质上是速度约束)约束的边界条件。底部所有节点取 X, Y, Z 3 个方向的约束;对 Y 方向的边界取 X 方向的边界,Y, Z 方向自由;对 X 方向的约束,取 Y 方向约束,X, Z 方向自由。即模型的左右(X 方向)边界、前后(Y 方向)边界和底边界均施加位移约束条件,上边界(Z 方向)为自由边界。对边界应力,取该处相对应的地应力进行约束。

由于模型矿体处于缓倾斜状态,在 −730 m 水平上下,因此,初始应力场选择以 −730 m 地应力量测点实验测定结果的应力值。σ_2 近似为垂直应力,且在深部冬瓜山矿体大致等于上覆岩体的自重应力;最大主应力方向与矿体走向大体一致,为 NE-SW 方向,近似水平。因为该矿矿体及其上下盘岩层形态为背斜,在轴部和两翼的岩层中原岩应力可能有所不同,但由于矿体及其顶板岩层两翼比较平缓,其内部的构造应力相差不会很大,计算时所采用的原岩应力值代表该矿的原岩应力。因此,本次数值模拟计算采用表 2 − 3 原始地应力量测及实验测定参数,以测点 2 数值为主。$\sigma_1 = 33$ MPa 为 X 采场长轴方向,与矿体走向基本一致,$\sigma_2 = 17$ MPa 近似为垂直应力。

6.3.3.8 回采顺序模拟方案

由于冬瓜山矿岩具有岩爆倾向,为起到对地压的控制作用,在垂直矿体走向方向上,矿床总体回采顺序由背斜轴部向两翼推进;沿矿体走向上,盘区回采顺序由中央厚大部位向两端推进。采场回采顺序与盘区有关,首采地段 4 个盘区共有 83 个采场。盘区中间矿体厚大,往南矿体厚度都在 40 m 以上,往北矿体厚度较小。按照 6.2.3 节确定的落矿方式优化原则,盘区南面为深孔采场,北面为中深孔采场,中深孔采场约占盘区采场的 1/3。冬瓜山日产万吨的生产能力,要求同时回采采场数目多,按照每个采场出矿能力 2400 t/d 计算,4 个采场正常出矿,加上副产,就可达到日产 1 万 t 的达产能力。然而,矿山生产能力的稳定性主要取决于其出矿工序的连续性,它不仅与设备效率、采场的矿量大小有关,还与凿岩、爆破、出矿、支护、充填等工序有关。

综合考虑以上各因素,并结合冬瓜山采场分布状况,确定回采顺序模拟方案的原则是:(1)分别考虑盘区间隔同时回采和相邻盘区同时回采两种不同的方式。(2)满足生产能力的要求。考虑不均衡系数,按 6 个采场组织回采,保证日产万吨持续稳定的生产能力。为提高设备利用率,保持均衡生产,兼顾深孔采场和中深孔采场的搭配,每步开挖同时布置 4 个深孔采场和 2 个中深孔采场。(3)兼顾全尾砂胶结和全尾砂充填方式的搭配。每步开挖一般有 2 个以上采场采用全尾砂胶结或全尾砂充填。(4)为控制地压和创造好的生产条件,先开挖的深孔采场按"隔 3 采 1"方式布置在矿体厚大部位。

根据上述模拟方案确定原则,结合首采地段回采区域 4 个盘区、83 个采场大小分布和位置,设计以下两种可行的回采顺序模拟方案。

方案 1:1 号、2 号相邻盘区同时先行回采,然后分别转到 4 号、3 号盘区回采,兼顾深孔和中深孔采场、全尾胶和全尾砂充填方式的搭配;1 号、2 号每个盘区尾胶充填采场先按"隔 3 采 1"方式分别布置 2 个深孔采场,在两个盘区再分别布置 1 个中深孔采场,每个盘区 3 个采场;回采区域共 4 个盘区每步 6 个采场同时回采出矿,按分步开挖嗣后充填的回采顺序进行回采模拟计算,如图 6 − 11 所示。

方案 2:1 号、3 号盘区间隔同时先采,然后分别转到 4 号、2 号盘区间隔回采;1 号、3 号盘区先各自按"隔 3 采 1"方式布置 2 个深孔采场,在两个盘区再分别布置 1 个中深孔采场,兼顾深孔和中深孔采场、全尾胶和全尾砂充填方式的搭配,每个盘区 3 个采场;回采区域共 4 个盘区每步开挖 6 个采场同时回采出矿。按分步开挖嗣后充填的回采顺序进行模拟计算,如图 6 − 12 所示。

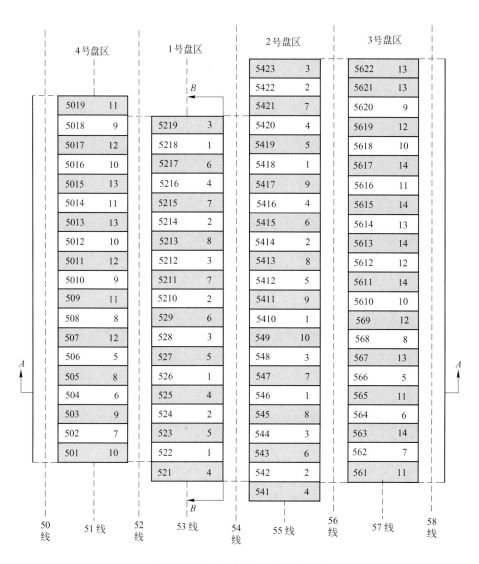

图 6-11 方案 1 回采顺序开挖步骤

在图 6-11 和图 6-12 中,方框代表采场,方框中左边数字为采场号,右边数字为开挖顺序号。其中,采场号为双号的是矿房采场,采用全尾砂胶结充填;采场号为单号的是矿柱采场,采用全尾砂充填。两个回采步骤方案如下:

(1)回采步骤方案 1

第 1 步:按图 6-11 中设计的开采顺序,在 1 号和 2 号盘区开挖矿房采场,以隔 3 采 1 方式分别布置 2 个深孔采场(如 1 号盘区的 526、522 采场)和 1 个中深孔采场(如 2 号盘区 5418 采场),共 6 个采场回采。

第 2 步:开挖矿房采场,全尾砂胶结充填第 1 步采场;以隔 3 采 1 方式,分别布置 2 个深孔采场(524 只能隔 1 采 1 布置)和 1 个中深孔采场,共 6 个采场回采。

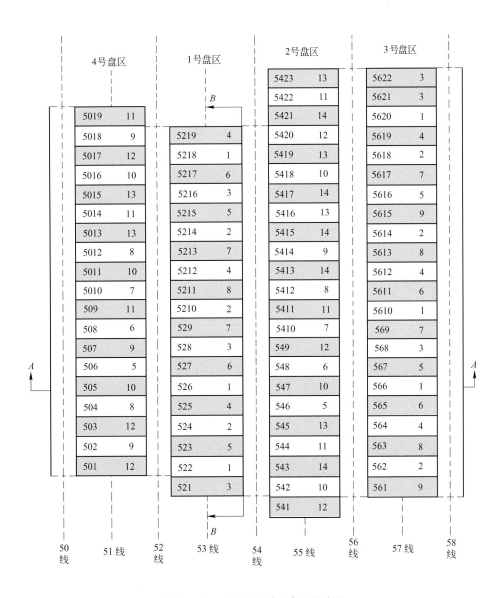

图 6-12　方案 2 回采顺序开挖步骤

第 3 步:开挖第 3 步采场,充填第 2 步采场;从这步开始布置矿柱全尾砂充填采场。在 1 号和 2 号盘区分别安排 1 个矿柱充填采场、2 个全尾砂胶结充填矿房采场回采。

第 4 步:开挖第 4 步采场,充填第 3 步采场。1 号盘区只有 1 个全尾砂胶结充填采场待采,就安排 2 个全尾砂充填采场;2 号盘区安排 2 个全尾砂胶结、1 个全尾砂充填采场回采。

第 5 步:开挖第 5 步采场,充填第 4 步采场。为增加胶结充填采场,从这步起分别在 4 号和 3 号盘区各开挖 1 个胶结充填采场(如 506 和 566);在 1 号盘区安排 2 个全尾砂充填采场,在 2 号盘区安排 1 个全尾砂胶结、1 个全尾砂充填采场回采。

第 6 步:开挖第 6 步采场,充填第 5 步采场。为便于后序采场布置,3 号盘区和 4 号盘区全尾砂胶结充填采场按隔 1 采 1 方式分别布置 1 个;1 号盘区和 2 号盘区分别安排 2 个全尾砂充填采场(只有全尾砂充填采场)回采。

第 7 步~第 10 步省略。

第 11 步:开挖第 11 步采场,充填第 10 步采场。在 3 号盘区和 4 号盘区分别安排 2 个全尾砂、1 个全尾砂胶结充填采场回采。

第 12 步:开挖第 12 步采场,充填第 11 步采场。4 号盘区已没有全尾砂胶结采场可采,安排 3 个全尾砂充填采场回采;在 3 号盘区安排 2 个全尾砂、1 个全尾砂胶结充填采场回采。

第 13 步:开挖第 13 步采场,充填第 12 步采场。由于 4 号盘区只有 2 个尾砂采场待采,为便于计算模拟,在 3 号盘区安排 4 个采场回采,其中 1 个为全尾砂胶结充填采场。

第 14 步:开挖第 14 步采场,充填第 13 步采场。4 个盘区只有 3 号盘区 5 个全尾砂充填采场开挖,开挖完,再对其进行充填。

(2) 回采步骤方案 2

第 1 步:按图 6-12 中设计的开采顺序,在 1 号和 3 号盘区开挖矿房采场,以隔 3 采 1 方式分别布置 2 个深孔采场(如 3 号盘区 566、5610),分别布置 1 个中深孔采场(如 3 号盘区 5620),共 6 个采场回采。

第 2 步:开挖矿房采场,全尾胶充填第 1 步采场;以隔 3 采 1 方式,分别在 1 号和 3 号盘区布置 2 个深孔采场(524 只能隔 1 采 1 布置)和 1 个中深孔采场,共 6 个采场回采。

第 3 步:开挖第 3 步采场,充填第 2 步采场;从这步开始布置矿柱尾砂充填采场。在 1 号盘区安排 1 个矿柱全尾砂充填采场、2 个全尾砂胶结充填矿房采场回采。在 3 号盘区安排 1 个全尾砂胶结、2 个全尾砂充填采场(尾部)回采。

第 4 步~第 9 步省略。

第 10 步:开挖第 10 步采场,充填第 9 步采场。3 号盘区采完,在 2 号盘区安排 1 个全尾砂、2 个全尾砂胶结充填采场,在 4 号盘区安排 2 个全尾砂、1 个全尾砂胶结充填采场回采。

第 11 步:开挖第 11 步采场,充填第 10 步采场。在 2 号盘区安排 1 个全尾砂、2 个全尾砂胶结充填采场,在 4 号盘区安排 2 个全尾砂、1 个全尾砂胶结充填采场回采。

第 12 步:开挖第 12 步采场,充填第 11 步采场。4 号盘区已没有矿房采场可采,安排 3 个全尾砂充填采场回采;在 2 号盘区安排 2 个全尾砂、1 个全尾砂胶结充填采场回采。

第 13 步:开挖第 13 步采场,充填第 12 步采场。由于 4 号盘区只有 2 个全尾砂充填采场待采,为便于计算模拟,在 2 号盘区安排 4 个采场回采,其中 1 个为全尾砂胶结充填采场。

第 14 步:开挖第 14 步采场,充填第 13 步采场。4 个盘区只有 2 号盘区 5 个全尾砂充填采场开挖,开挖完,再对其进行充填。

6.3.3.9 模拟结果及分析

方案 1 和方案 2 部分开挖步骤典型剖面应力、位移、塑性区模拟计算结果如图 6-13~图 6-32 所示和见表 6-11~表 6-18。

A　模拟结果部分开挖步骤典型剖面应力、位移、塑性区分布图

a　最大主应力分布图

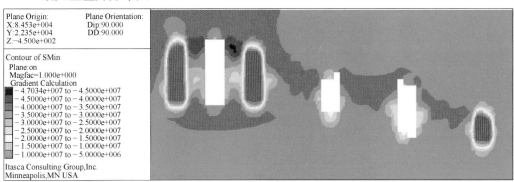

图 6－13　方案 2　53 线剖面最大主应力分布（第 2 步）

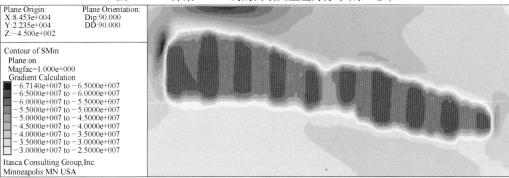

图 6－14　方案 1　53 线剖面最大主应力分布（回采结束）

图 6－15　方案 1　55 线最大主应力分布（开挖第 2 步）

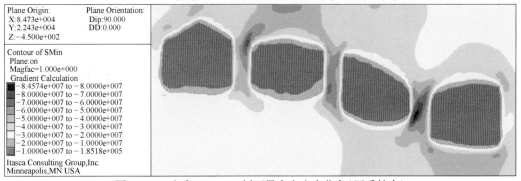

图 6－16　方案 2　A—A剖面最大主应力分布（回采结束）

b 最小主应力分布图

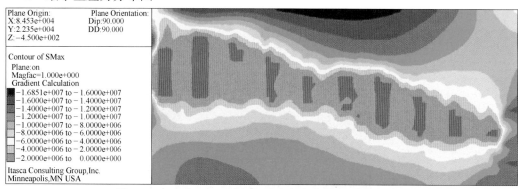

图 6 - 17 方案 1 53 线剖面最小主应力分布（回采结束）

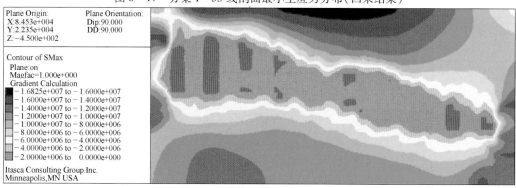

图 6 - 18 方案 2 53 线剖面最小主应力分布（回采结束）

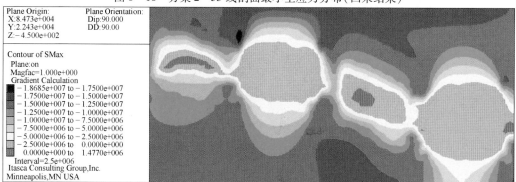

图 6 - 19 方案 2 A—A剖面回采最小主应力分布（第 6 步）

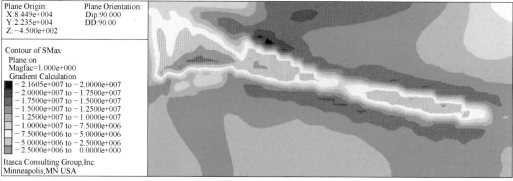

图 6 - 20 方案 1 52 线隔离矿柱剖面最小主应力分布（回采结束）

c 垂直方向位移分布图

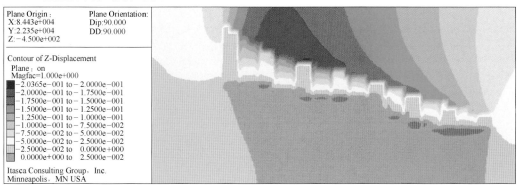

图 6-21　方案 2　51 线剖面垂直方向位移分布(回采结束)

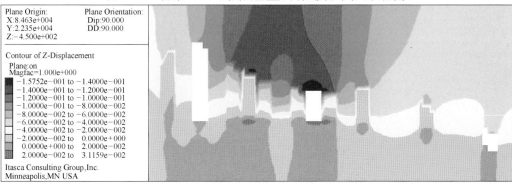

图 6-22　方案 2　54 线隔离矿柱剖面垂直方向位移分布(第 11 步)

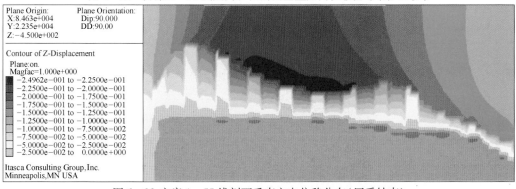

图 6-23　方案 1　55 线剖面垂直方向位移分布(回采结束)

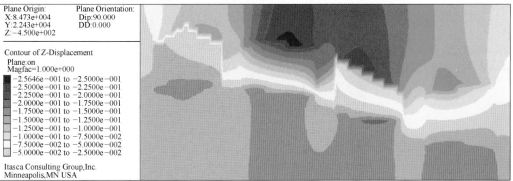

图 6-24　方案 1　A—A 剖面垂直方向位移分布(回采结束)

d 塑性区分布图

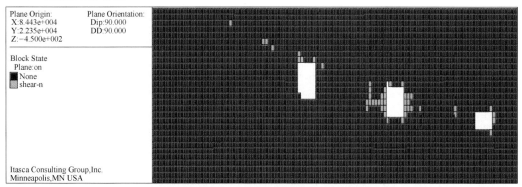

图 6 - 25 方案 2 51 线剖面开挖塑性区分布(第 11 步)

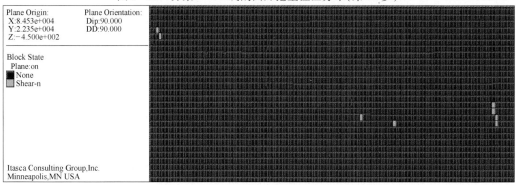

图 6 - 26 方案 2 53 线剖面塑性区分布(回采结束)

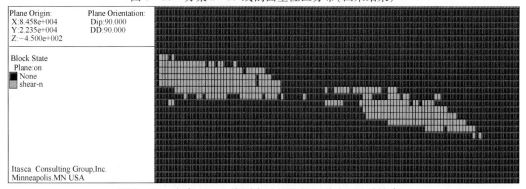

图 6 - 27 方案 1 54 线隔离矿柱塑性区分布(回采结束)

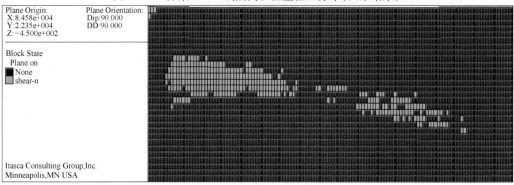

图 6 - 28 方案 2 54 线隔离矿柱剖面塑性区分布(回采结束)

e X 方向位移分布图

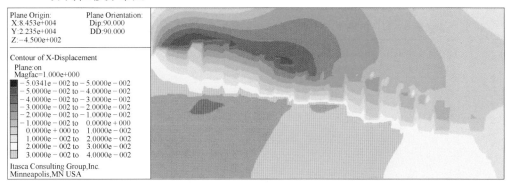

图 6 - 29　方案 2　53 线剖面 X 方向位移分布(回采结束)

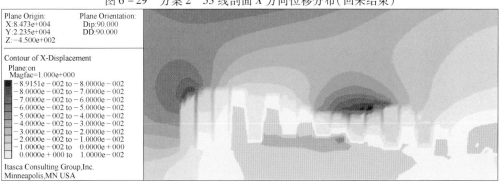

图 6 - 30　方案 1　57 线剖面 X 方向位移分布(回采结束)

f 位移矢量分布图

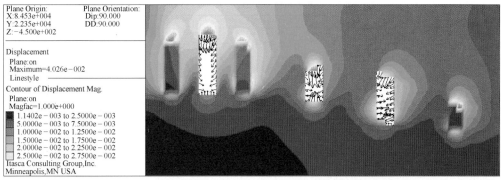

图 6 - 31　方案 2　53 线剖面回采位移矢量分布(第 2 步)

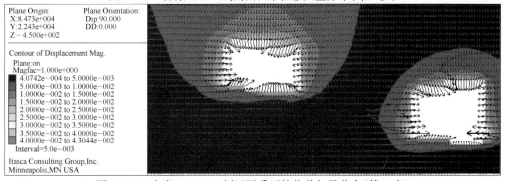

图 6 - 32　方案 2　A—A 剖面回采开挖位移矢量分布(第 1 步)

B 模拟结果典型剖面位置各参数最大值表

表 6-11 方案1 53线各步开挖采场应力、位移、塑性区计算结果

开挖步骤	最大主应力 /MPa	最小主应力 /MPa	最大拉应力 /MPa	最大垂直位移 /cm	塑性区 /m²	X方向最大位移 /cm
1	40.21	16.01	1.03	2.72	828	2.21
2	46.51	16.61	1.10	4.02	1998	2.02
3	51.94	16.73	0	5.46	1836	1.58
4	54.61	15.80	0	9.97	2016	3.03
5	63.58	15.71	0.86	18.79	594	5.20
6	64.82	15.87	0.34	20.02	504	4.81
7	65.54	16.12	1.02	20.73	396	4.88
8	67.39	16.24	0.18	22.7	324	5.17
9	67.60	16.47	0.71	23.01	378	5.22
10	67.81	16.57	0	23.47	288	5.27
11	67.01	16.70	0.6	23.80	414	5.20
12	67.85	16.78	0	24.81	432	5.58
13	67.66	16.84	0	25.12	504	5.56
14	67.01	16.85	0.53	25.61	612	5.11

表 6-12 方案2 53线剖面各步开挖采场应力、位移、塑性区计算结果

开挖步骤	最大主应力 /MPa	最小主应力 /MPa	最大拉应力 /MPa	最大垂直位移 /cm	塑性区 /m²	X方向最大位移 /cm
1	39.82	16.46	1.00	2.66	270	2.21
2	47.01	16.57	1.13	3.95	1350	2.44
3	50.72	15.73	1.18	6.12	1530	3.8
4	54.69	15.85	1.14	8.96	936	3.83
5	59.94	15.68	0.63	16.36	306	5.52
6	61.85	15.70	0.34	17.74	198	5.57
7	62.23	16.35	0.20	18.22	180	5.54
8	62.06	16.66	0.83	18.62	144	5.22
9	61.88	16.68	0.82	18.92	234	5.25
10	61.67	16.65	0.78	20.60	162	5.30
11	61.53	16.73	0.70	21.81	216	5.48
12	63.43	16.74	0.68	22.72	234	5.14
13	64.69	16.75	0.56	23.73	360	5.32
14	66.70	16.82	0.46	25.48	108	5.03

表6-13 方案1 55线各步开挖采场应力、位移、塑性区计算结果

开挖步骤	最大主应力/MPa	最小主应力/MPa	最大拉应力/MPa	最大垂直位移/cm	塑性区/m²	X方向最大位移/cm
1	38.01	15.01	0.49	2.96	180	2.08
2	46.02	15.21	0.72	3.50	1278	2.65
3	46.50	16.30	0	4.60	3420	3.32
4	48.71	16.21	0	5.61	990	4.51
5	49.18	16.32	1.76	7.84	1008	5.20
6	60.02	16.31	1.69	11.02	1206	5.58
7	61.81	16.74	1.15	11.79	1530	7.26
8	64.53	16.50	0.9	16.90	774	7.60
9	64.70	16.51	0.84	17.51	324	7.65
10	64.96	16.73	0	20.33	216	7.93
11	65.01	16.71	0.85	21.11	288	7.87
12	65.54	16.83	0	22.05	432	7.92
13	66.00	16.81	1.00	23.23	54	7.75
14	66.71	16.80	0	24.91	360	7.51

表6-14 方案2 55线剖面各步开挖采场应力、位移、塑性区计算结果

开挖步骤	最大主应力/MPa	最小主应力/MPa	最大拉应力/MPa	最大垂直位移/cm	塑性区/m²	X方向最大位移/cm
1	32.06	13.68	0	0.43	0	0.38
2	32.23	13.72	0	0.80	0	1.03
3	32.45	13.69	0	1.69	0	1.75
4	32.46	13.82	0	2.45	0	2.11
5	37.09	15.92	0.72	3.87	144	3.52
6	37.88	16.01	0.70	5.92	522	3.70
7	38.55	16.48	0.31	7.62	990	3.76
8	40.49	16.56	0.44	9.05	900	3.43
9	43.82	16.34	0.93	9.97	1206	3.45
10	49.38	16.75	0.73	12.10	1800	5.17
11	50.00	16.72	1.08	15.75	2214	5.70
12	50.82	16.78	0.84	19.83	1458	6.36
13	54.70	17.45	0.84	21.51	1998	7.21
14	65.01	16.85	0	25.05	216	7.30

表 6-15 方案 1 54 线隔离矿柱剖面各步开挖应力、位移、塑性区计算结果

开挖步骤	最大主应力 /MPa	最小主应力 /MPa	最大拉应力 /MPa	最大垂直位移 /cm	塑性区 /m²	X 方向最大位移 /cm
1	40.13	17.62	0	1.13	36	1.49
2	46.81	17.98	0	2.21	72	2.36
3	40.23	16.78	0	3.26	72	2.78
4	43.78	17.96	0	5.41	576	3.74
5	54.21	18.29	0.16	9.37	486	6.76
6	56.12	18.62	0	11.61	1620	6.42
7	57.18	18.45	0.20	12.90	2304	6.38
8	63.52	19.28	0.19	17.25	5220	6.04
9	67.81	19.24	0.16	17.83	5328	6.08
10	73.30	19.20	0	19.39	5274	5.79
11	75.31	19.52	0	20.00	5850	5.76
12	78.05	20.05	0	20.62	6480	6.28
13	80.80	20.58	0	21.21	6300	6.00
14	84.71	21.41	0	21.82	6516	5.46

表 6-16 方案 2 54 线隔离矿柱剖面各步开挖采场应力、位移、塑性区计算结果

开挖步骤	最大主应力 /MPa	最小主应力 /MPa	最大拉应力 /MPa	最大垂直位移 /cm	塑性区 /m²	X 方向最大位移 /cm
1	38.91	15.00	0	0.83	0	1.63
2	40.24	15.14	0	1.71	0	2.88
3	38.43	15.54	0	2.43	18	3.32
4	40.99	16.51	1.22	3.88	18	4.12
5	47.65	16.80	0.56	6.69	90	5.96
6	49.89	17.89	0.53	8.11	270	6.34
7	50.93	18.42	0.10	9.25	684	6.40
8	51.59	18.57	0	10.68	720	6.09
9	52.72	18.58	0	11.43	504	6.26
10	55.02	20.89	0	13.18	1350	6.48
11	60.48	19.51	0	15.18	1836	6.42
12	68.90	20.14	0	17.46	2178	6.36
13	72.90	21.57	0	19.14	3132	5.94
14	85.29	21.73	0	21.85	5292	5.38

表 6-17　方案 1　沿走向 A—A 线剖面各步开挖应力、位移、塑性区计算结果

开挖步骤	最大主应力/MPa	最小主应力/MPa	最大拉应力/MPa	最大垂直位移/cm	塑性区/m²	X方向最大位移/cm	Y方向最大位移/cm
1	38.26	18.77	0.28	2.83	198	2.46	2.29
2	38.91	17.32	0.51	4.04	0	2.82	2.49
3	49.41	18.25	0	5.14	1602	2.92	2.99
4	47.36	15.81	0.95	8.03	162	3.82	2.28
5	57.79	19.23	1.44	14.58	1008	5.55	3.22
6	60.81	19.63	1.43	16.51	234	5.82	3.20
7	62.72	20.16	1.42	17.96	738	7.41	2.80
8	63.20	21.48	1.24	20.72	1296	7.61	3.45
9	64.39	21.52	1.18	21.55	1188	7.77	3.45
10	70.96	21.75	0	23.05	1512	8.67	3.38
11	73.22	21.93	0.91	23.61	1260	8.53	3.56
12	76.54	19.92	0.59	24.77	1980	8.48	4.70
13	75.78	19.98	0.85	25.21	1422	8.32	4.65
14	82.76	19.90	0.72	25.61	1116	8.01	4.55

表 6-18　方案 2　沿走向 A—A 剖面各步开挖应力、位移、塑性区计算结果

开挖步骤	最大主应力/MPa	最小主应力/MPa	最大拉应力/MPa	最大垂直位移/cm	塑性区/m²	X方向最大位移/cm	Y方向最大位移/cm
1	39.00	17.53	0	2.62	126	2.00	1.75
2	38.75	17.46	0.42	3.57	0	4.25	2.13
3	39.46	15.74	0.36	4.12	0	4.47	2.23
4	45.75	16.04	0.98	7.08	36	4.80	1.54
5	49.36	17.99	1.44	9.35	522	5.44	2.81
6	56.76	18.68	1.47	14.25	1602	6.07	2.41
7	60.05	19.01	1.26	16.13	1386	6.08	2.50
8	61.44	19.44	1.23	17.16	684	6.10	2.79
9	64.58	18.83	0.91	18.08	648	6.11	2.84
10	67.15	19.16	1.11	20.00	1656	6.12	4.37
11	71.16	19.27	0.75	21.46	1656	6.16	4.82
12	72.46	19.54	0.79	22.54	1134	6.68	4.95
13	77.22	19.84	0.78	23.60	1494	7.44	4.93
14	84.57	20.24	0	25.48	1206	7.77	5.01

6.3.3.10 模拟结果分析

A 方案 1 结果分析

a 应力场分析

最大最小主应力随着开挖的进行,其值均随之增大。回采区域开挖结束,最大主应力一般达到最大值。先回采的 1 号和 2 号相邻盘区回采结束时,最大主应力只是相对达到最大值,1 号盘区第 8 步回采结束,53 线剖面最大主应力为 67.39 MPa;2 号盘区第 10 步回采结束,55 线剖面最大主应力为 64.96 MPa。受 3 号和 4 号盘区开挖的影响最大主应力继续增大,1 号盘区 53 线剖面在第 12 步开挖达到最大值,其值为 67.85 MPa,2 号盘区 55 线剖面在开挖结束时达到最大值,其值为 66.17 MPa,说明盘区之间回采存在相互影响。采场剖面的最大主应力主要分布在采空区的两边拐角和顶底部。回采结束后,应力集中在盘区左侧(南面)厚大矿体部位的顶部和拐角。在先回采的盘区中间 54 线隔离矿柱最大主应力开始主要分布在对应的回采区域两侧、顶部、周围及左侧,在回采后期,隔离矿柱剖面和 A—A 剖面最大值分布隔离矿柱中间和顶底部位,在隔离矿柱中部的中间最大值达 85.82 MPa。盘区采场剖面最大值分布在厚大矿体左侧及顶部。沿走向 A—A 剖面,刚开始回采最大主应力分布在回采盘区的顶底部,随着开挖的进行,应力逐渐扩大到盘区周围,回采结束,在 56 线隔离矿柱中间最大值达 82.76 MPa。

盘区采场剖面最小主应力在开挖 1~3 步后就达到相对较大值,1 号盘区第 2 步 53 线剖面最小主应力就有 16.61 MPa,到回采区域回采结束该值为 16.81 MPa,接近最大值 16.84 MPa;2 号盘区第 3 步 53 线剖面最小主应力为 16.30 MPa,到回采区域回采结束该值达最大值 16.80 MPa,其值一般在最大值上下 1 MPa 范围变化。隔离矿柱剖面,也是开挖不久达到相对较大值,在回采区域结束一般达最大值,其值的变化范围有 3~4 MPa。采场剖面最小主应力最大值在 16.60~16.85 MPa;隔离矿柱和沿走向 A—A 剖面数值在 21.0~22.76 MPa。最小主应力主要分布在回采区域的顶底部,盘区左侧厚大矿体部位该值较大,随着回采范围的扩大,该值范围也向中间扩大;在回采区域局部产生了最大 2.23 MPa 以下的拉应力,小于矿体的抗拉强度 3.04 MPa,不会产生破坏,随着采空区的充填,拉应力逐渐减小甚至消失。

b 位移场分析

随着回采区域开挖的进行,不同位置剖面位移的范围在扩大,垂直方向最大位移值增大,与最大主应力的变化趋势基本一致。从 53 线、55 线剖面产生的位移来看,所在盘区回采结束,位移并没停止变化,而且随回采区域开挖的进行,位移继续增大。说明位移场的变化受最大主应力的影响最大。盘区采场剖面及沿走向 A—A 剖面产生的位移较大,最大位移在 53 线剖面盘区中间采场顶盘,达 25.61 cm;隔离矿柱剖面产生的位移相对较小,最大位移在 54 线隔离矿柱 B—B 剖面为 22.21 cm。因此,回采区域岩体的破坏和失稳不仅受本身开挖应力场的影响,还受周围采动爆破作用,以及回采区域应力场的作用。

c 塑性区分析

随着回采过程的逐步推进,开始盘区采场剖面周围围岩的塑性区面积不断增大,主要分布在采空区的两侧及拐角。2 号盘区第 3 步开挖,55 线剖面塑性区面积就达最大值 3420 m²。随着采空区的充填,塑性区面积变小,甚至消失。回采结束后,55 线剖面塑性区面积只有 360 m²,零星地分布在盘区周围。沿采场长度方向的 A—A 剖面,回采结束后,塑性区主要分布在盘区之间的隔离矿柱。隔离矿柱的塑性区随回采时步的扩大,塑性区相对不断增大,54 线隔离矿柱的塑性区面积最多,开挖第 12 步 B—B 剖面塑性区面积达最大值 7830 m²。回采结束,B—B 剖面还有 6390 m²,54 线隔离矿柱的塑性区面积为 6516 m²。开始主要分布在对应的厚大矿体左侧,逐渐扩大到隔离矿柱大部分范围。

B 方案 2 模拟结果分析

a 应力场分析

最大最小主应力随着回采开挖的不断推进,同样随之增大。最大主应力在回采区域开挖结束一般达到最大值。但是,先回采的 1 号和 3 号间隔盘区回采结束,最大主应力只是相对达到最大值,1 号盘区第 8 步回采结束,53 线剖面最大主应力值为 62.06 MPa;3 号盘区在回采区域右边,该盘区第 9 步回采结束,第 8 步 57 线剖面最大主应力达到最大值为 56.37 MPa。受 2 号和 4 号盘区开挖的影响,最大主应力继续增大,1 号盘区 53 线剖面回采区域开挖结束才达到最大值,其值为 66.70 MPa;回采区域两边盘区最大主应力值要小于中间盘区的最大主应力值,最大值相差 6~10 MPa,说明盘区之间回采存在相互影响,相距越近影响越大。采场剖面的最大主应力主要分布在采空区的两边拐角和顶底部,回采结束,应力集中在盘区左侧厚大矿体部位的顶部和拐角,最大值为 66.70 MPa。隔离矿柱最大主应力开始主要分布在对应的回采区域两侧、顶部、周围及左侧。在回采后期,最大值由对应的厚大矿体部位的中下部向盘区 Y 方向中间转移。回采结束,54 线隔离矿柱中部中间的最大主应力最大值达 85.29 MPa。沿走向 A—A 剖面,回采开始最大主应力分布在回采盘区的顶底部,随着开挖进行,应力逐渐扩大到盘区周围。回采结束,在 56 线隔离矿柱局部位置,最大值达 84.57 MPa。

最小主应力在盘区刚开挖 1~3 步也比较快地达到较大值后,一般在最大值 ±1 MPa 范围变化。最小主应力主要分布在回采区域的顶底部,盘区左侧厚大矿体部位,随着回采范围的扩大,范围也向中间扩大。采场剖面最小主应力最大值在 16.50~16.90 MPa,只是 55 线剖面第 13 步采场顶盘最小主应力有 17.45 MPa,说明回采区域中间盘区该值还是比边上盘区值大一点。隔离矿柱和沿走向 A—A 剖面最小主应力值在 22.0~23.40 MPa 范围。

在回采区域局部开挖第 4 步时,54 线隔离矿柱 B—B 剖面产生了最大 2.22 MPa 的拉应力,其他位置各步开挖拉应力都小于该值,更小于矿体的抗拉强度 3.04 MPa,一般不会造成矿体产生破坏,随着采空区的充填,拉应力逐渐减小甚至消失。

b 位移场分析

随着回采区域开挖的进行,不同位置剖面位移的范围在扩大,垂直方向最大位移值在增大,与最大主应力的变化趋势基本一致,从 53 线、57 线剖面产生的位移来看,所在盘区回采结束,位移也没停止变化,而且随相邻盘区回采的进行,位移值和范围均继续增大,在采场的顶板位移云图从点状逐渐扩大成拱状,说明位移场的变化受最大主应力的影响最大。盘区采场剖面及沿走向 A—A 剖面产生的位移较大,最大位移为 25.48 cm。隔离矿柱剖面产生的位移相对较小,最大位移为 22.07 cm。回采区域结束垂直位移达到最大值。

c 塑性区分析

随着回采过程的逐步推进,开始盘区采场剖面周围围岩的塑性区面积不断增大。在回采区域中间盘区后回采的 2 号盘区 55 线采场剖面,在开挖第 11 步达到盘区采场剖面最大塑性区,其面积有 2214 m²,塑性区主要分布在采空区的两侧及拐角。随着采空区的充填,塑性区面积变小,甚至消失。沿采场长度方向的 A—A 剖面,回采结束后,塑性区主要分布在盘区之间的隔离矿柱。隔离矿柱的塑性区随回采时步的扩大,塑性区不断增大,54 线隔离矿柱的塑性区面积最多,开挖结束时,B—B 剖面塑性区面积达最大 6264 m²,54 线隔离矿柱的塑性区面积为 5292 m²。开始主要分布在对应的厚大矿体左侧,后来逐渐扩大到隔离矿柱大部分范围。这将影响布置在隔离矿柱内的凿岩、出矿巷道的稳定性,因此,对隔离矿柱内的采矿巷道加强监测,并对不稳固地段进行有效合理的支护,有利于保证巷道的稳定和安全。

通过应力场、位移场、塑性区不同位置计算结果对比发现,盘区内采场,采用"隔 3 采 1"的回采方式布置比采用"隔 1 采 1"回采方式各计算结果数值要小。因此,"隔 3 采 1"的回采方式比"隔 1 采 1"有利,所以,盘区内采场尽量采用"隔 3 采 1"的方式布置回采。

C 两方案对比分析

方案 1 和方案 2 的不同位置各步开挖应力、位移、塑性区最大值列于表 6 - 19。

表 6 - 19 不同位置各步开挖两方案应力、位移、塑性区最大值比较

位 置	方案	塑性区 /m²	最大垂直位移/cm	最大主应力 /MPa	最小主应力 /MPa	最大拉应力 /MPa	X 方向水平最大位移/cm	备 注
51 线	1	1206	20.39	60.36	16.67	2.23	9.26	方案 2 数值小,说明方案 2 优
	2	846	20.36	59.94	16.57	1.43	9.01	
53 线	1	2016	25.61	67.85	16.85	1.10	5.58	方案 2 主要数值小,说明方案 2 优
	2	1530	25.48	66.70	16.82	1.18	5.57	
55 线	1	3420	24.91	66.71	16.83	1.76	7.93	数值说明方案 2 优于方案 1
	2	2214	25.05	65.01	17.45	1.08	7.30	
57 线	1	1890	18.20	46.81	16.66	1.46	8.90	塑性区方案 2 小,最大主应力方案 1 小
	2	1530	17.68	56.37	16.89	1.48	9.02	
52 线隔离矿柱	1	2052	20.02	71.31	22.06	1.28	4.41	主要计算数值说明方案 2 优于方案 1
	2	2034	19.85	72.45	21.44	1.54	4.06	
54 线隔离矿柱	1	6516	21.82	84.71	21.41	0.20	6.76	主要数值说明方案 2 优于方案 1
	2	5292	21.85	85.29	21.73	1.22	6.48	
54 隔离矿柱 1 - 1 剖面	1	7830	22.21	82.02	22.76	2.03	8.36	主要数值说明方案 2 优于方案 1
	2	6264	22.07	82.08	23.34	2.22	6.59	
56 线隔离矿柱	1	4248	17.93	85.82	21.22	1.14	9.44	方案 1 稍优于方案 2,塑性区小 612 m²
	2	4860	17.93	84.20	20.01	1.14	9.20	
A—A 剖面	1	1980	25.61	82.76	21.93	1.44	8.67	主要数值说明方案 2 优于方案 1
	2	1656	25.48	84.57	20.24	1.47	7.77	

从表 6 - 19 中的方案 1 和方案 2 的最大值统计分析来看,回采区域不同位置塑性区、最大垂直位移、X 方向水平最大位移、最大主应力、最小主应力、最大拉应力各指标,只有 56 线隔离矿柱的最大塑性区面积方案 1 比方案 2 小,其他指标方案 2 均优于方案 1,显然,方案 2 回采顺序较优。

　　选取盘区53线、55线两个中间剖面,52线、54线、56线3个隔离矿柱剖面,以及沿走向的A—A剖面位置,分别对位移最大值、主应力最大值和塑性区面积最大值进行对比分析如下所述。

　　a　位移对比分析

　　方案1和方案2的最大位移值对比如图6-33所示。

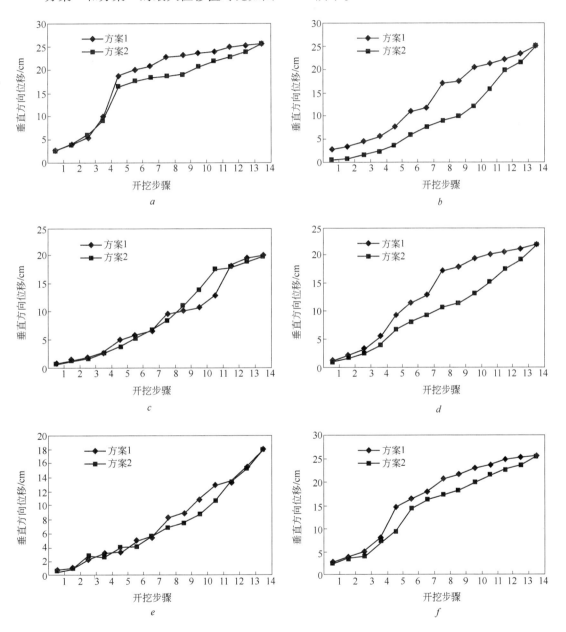

图6-33　方案1和方案2垂直方向最大位移对比

a—53线剖面垂直方向位移;b—55线剖面垂直方向位移;c—52线隔离矿柱剖面垂直方向位移;

d—54线隔离矿柱剖面垂直方向位移;e—56线隔离矿柱剖面垂直方向位移;

f—沿走向A—A剖面垂直方向位移

由图 6 - 33 可以看出,53 线、55 线、54 线隔离矿柱剖面方案 2 各步回采过程引起的垂直方向位移最大值小于方案 1,特别是 55 线和 54 线隔离矿柱两方案的剖面最大位移相差较大,方案 2 明显优于方案 1;52 线隔离矿柱剖面在第 9~12 步,方案 1 引起的垂直方向位移最大值要小于方案 2,其他各步,方案 2 优于方案 1;56 线隔离矿柱剖面和沿走向的 A—A 剖面各步垂直方向最大位移方案 2 优于方案 1,因此,总体上从垂直方向引起的最大位移来看,方案 2 优于方案 1。

　b　应力对比分析

　方案 1 和方案 2 主应力最大值对比如图 6 - 34 所示。

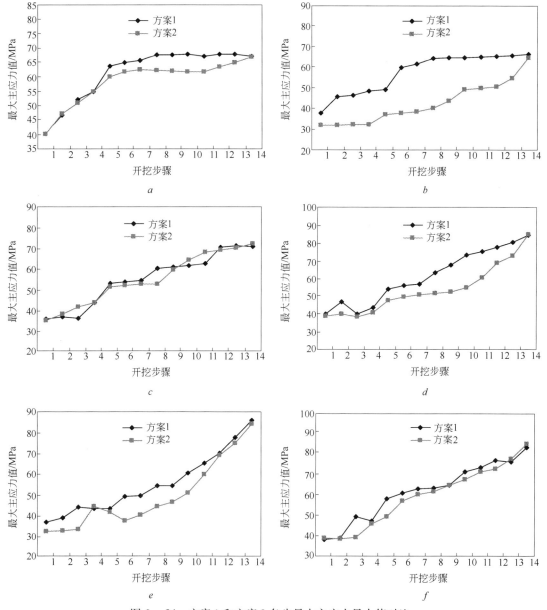

图 6 - 34　方案 1 和方案 2 各步最大主应力最大值对比
a—53 线剖面最大主应力;b—55 线剖面最大主应力;c—52 线隔离矿柱剖面最大主应力;d—54 线隔离矿柱剖面最大主应力;e—56 线隔离矿柱剖面最大主应力;f—沿走向 A—A 剖面最大主应力

从图 6 - 34 来看,只有在 52 线隔离矿柱剖面两方案的指标基本相当,难分优劣,其余各图均表明方案 2 优于方案 1,特别是在 55 线和 54 线隔离矿柱剖面方案 2 明显优于方案 1,因此,方案 2 的回采顺序较优。

　　c　塑性区对比分析

　　方案 1 和方案 2 塑性区面积最大值对比如图 6 - 35 所示。

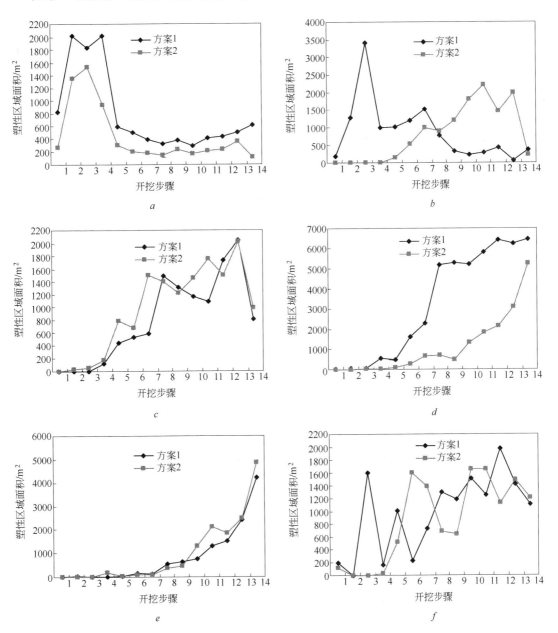

图 6 - 35　不同位置方案 1 和方案 2 各步塑性区域面积最大值对比

a—53 线剖面塑性区面积;b—55 线剖面塑性区面积;c—52 线隔离矿柱剖面塑性区面积;d—54 线隔离矿柱
剖面塑性区面积;e—56 线隔离矿柱剖面塑性区面积;f—沿走向 A—A 剖面塑性区面积

从图 6-35c 52 线隔离矿柱剖面、图 6-35e 56 线隔离矿柱剖面和图 6-35f 沿走向 A—A 剖面来看,两方案各步塑性区面积相差不大。但图 6-35a 53 线剖面、图 6-35d 54 线隔离矿柱剖面,方案 2 明显优于方案 1。图 6-35b 55 线剖面因两个方案开挖开始时步不同,方案 1 第 1 步就开始开挖,第 10 步结束,塑性区开始面积大,回采结束后,塑性区就变小了;方案 2 第 5 步才开始开挖,到第 14 步最后结束,塑性区是不断增大的。从数值上看,两方案该剖面大于 500 m² 的塑性区有 7 步;方案 1 塑性区最大值出现在第 3 步为 3420 m²,方案 2 塑性区最大值出现在第 11 步有 2214 m²,比方案 1 小,故 55 线剖面方案 2 稍优。因此,总体上方案 2 优于方案 1。

以上两个方案位移、最大主应力、塑性区最大值的对比分析表明,盘区间隔回采有利于避免回采过程应力过于集中、产生较大的位移和塑性区,有利于回采区域在开挖过程中的结构稳定,采用回采区域盘区间隔回采的方案 2 回采顺序较优。因此,选择方案 2 为冬瓜山矿最终回采顺序。

综上所述,冬瓜山深井开采合理的回采顺序应当遵循的基本原则是:在垂直矿体走向方向上,矿床总体回采顺序由背斜轴部向两翼推进;沿矿体走向上,盘区回采顺序由中央厚大部位向两端推进。以 4 个盘区作为 1 个回采区域进行回采,2 个间隔盘区同时先回采,每个盘区各布置 2 个深孔采场和 1 个中深孔采场,并兼顾深孔和中深孔落矿、全尾砂胶结和全尾砂充填方式的搭配;在先回采的盘区矿房采场采完后,在另两个盘区布置矿房采场,以弥补全尾砂胶结充填采场的不足;回采区域保持 6 个采场回采出矿,以保证持续稳定日产万吨的生产能力。

6.4　隔离矿柱回采方法

隔离矿柱的回采,可充分利用已有的采准工程,采切工程量少,矿柱回采方案利用已使用的技术成熟、技术可靠的采矿方案,从而实现隔离矿柱安全高效回收。

6.4.1　采矿方法

考虑到隔离矿柱宽 18 m,长为矿体的垂直宽度(300～500 m),其两侧均为已经全尾砂充填与全尾砂胶结充填相间的采场,从有利于控制地压、保障回采安全、满足矿山生产能力的要求出发,隔离矿柱仍采用大孔落矿阶段空场嗣后充填法回采的方法。

6.4.2　回采顺序

实际上隔离矿柱就是一个特殊的盘区,其具体回采时间是在两边盘区回采充填结束后回采。隔离矿柱的回采顺序是从矿体厚大部分(东端)向较薄的另一端(西端)推进。

6.4.3　采场的布置形式和结构参数

首先将隔离矿柱划分为矿块,矿块长度 36 m,宽 18 m。在矿块的端部留宽为 4 m、长 18 m 的矿壁(图 6-36)以防止尾砂的混入,减少贫化,这些矿壁均为永久矿柱。

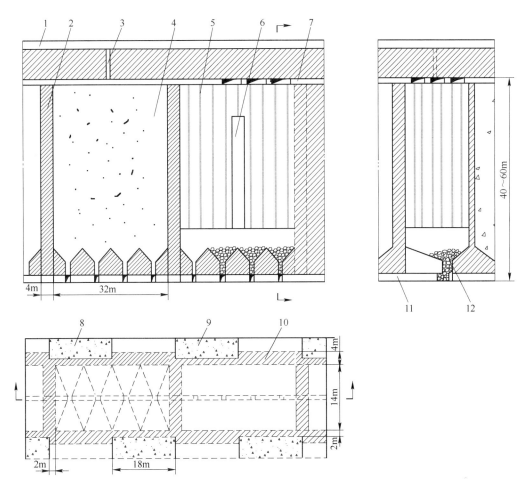

图 6 - 36　大孔落矿阶段空场嗣后充填回采隔离矿柱采矿方法

1—充填巷道;2—永久矿柱;3—充填钻孔;4—全尾砂;5—深孔;6—切割槽;7—凿岩巷道;8—全尾砂充填采场;

9—全尾胶充填采场;10—预留矿壁;11—出矿巷道;12—崩落矿石

6.4.4　采准切割工程

采准工程主要包括出矿巷道、放矿口、拉底巷道、凿岩巷道、凿岩硐室、切割天井、切割平巷、拉底平巷、充填回风平巷等工程。

矿块凿岩巷道利用原来布置在隔离矿柱中的凿岩穿脉,凿岩硐室部分利用原来的凿岩联络巷道,还需新开掘部分凿岩巷道。回风充填联络平巷根据矿块具体情况,或者利用原来的巷道,或者重新开凿巷道。矿块出矿巷道利用原来布置在隔离矿柱中的出矿穿脉巷道,底部结构采用堑沟形式,V 形拉槽,即崩矿与拉底同步完成,出矿口间距为 9 m。在拉底巷道中钻凿垂直扇形中深孔,排距 1.8 ~ 2.0 m,爆破后形成 V 形拉底空间。

采准工程量见表 6 - 20。

表 6 - 20　隔离矿柱回采采准工程量

序　号	工程名称	面积/m²	长度/m	体积/m³
1	凿岩硐室	25.6	3×13	998.4
2	出矿口	9.0	10.5	94.5
3	堑沟凿岩平巷	16.6	28	464.8
4	切割天井	5.0	50.0	250
5	切割平巷	6.25	13	18.82
6	拉底平巷	16	28	448
7	充填回风平巷	4.84	36	174.2
合　计				2448.7

6.4.5　回采作业

（1）凿岩与爆破落矿。采用 T-150 或 Simba261 潜孔钻机在凿岩巷道进行下向深孔凿岩，钻凿孔径为 165 mm 的垂直钻孔或微斜钻孔，炮孔排距为 3.0 m，孔间距为 3.0 m，采用梯段落矿，深孔落矿时，在采场中央向上掘进切割井，沿矿房宽度方向掘进切割巷道，深孔爆破形成切割槽；每次落矿高度为 8~10 m。以切割槽为中心，全宽度落矿。

（2）出矿。采用堑沟受矿、振动运输列车等连续输送矿石设备出矿。采场崩落矿石由受矿堑沟，经振动出矿机给矿至振动运输列车，再进入溜井。

（3）通风。新鲜风流从回采中段进风巷道、斜坡联络道进入出矿巷道，冲洗出矿巷道后经回风巷道排出地表。深孔凿岩和爆破通风通过上中段水平的通风、回风巷道进行通风。中孔采场上分段凿岩和爆破通风，新鲜风流由回采中段水平进行巷道进风，通过切割井、充填钻孔后，污风进入上中段回风巷道。

（4）充填。出矿结束后进行封闭，嗣后一次性充填高浓度全尾砂。

6.4.6　技术经济指标

回采隔离矿柱主要的技术经济指标见表 6 - 21。

表 6 - 21　技术经济指标

名　称	采切比/m³·万t⁻¹	贫化率/%	损失率/%	生产能力/t·d⁻¹	采矿成本/元·t⁻¹
指　标	350	10~12	25~30	600~800	42.5

6.5　采空区精密探测

6.5.1　空区精密探测技术

采空区三维激光精密探测系统(3D Cavity Monitoring System,CMS)是 20 世纪 90 年代初由加拿大 Noranda 技术中心和 Optech 系统公司共同研制开发的，主要适用于井下采空区的探测和精密测量，探测空区效率高，探测结果可视化效果好。对于二步骤回采阶段空场嗣后充填采矿方法的深井矿山，采用 CMS 空区精密探测技术有利于指导空区充填、矿柱爆破设计、回采贫损控制以及空区稳定性分析等相关矿山生产技术管理和控制过程，对提高矿床开采质量和资源回收率,优化回采工艺,实现安全高效生产具有重要现实意义,可为矿山创造显著的安全经济效益。

CMS 空区的探测主要是通过可 360°旋转并集成有激光测距仪的扫描头实现。扫描头可做 360°旋转并收集距离和角度数据,每完成一次 360°的扫描,扫描头将自动按照操作人员事先设定的角度抬高其仰角进行新一轮的扫描,收集更大旋转圈上的点的数据,直至完成全部的探测工作。CMS 的基本构成包括激光扫描头、电源和数据接收器、手持式控制器及数据处理软件。CMS 工作的基本原理如图 6-37 所示。

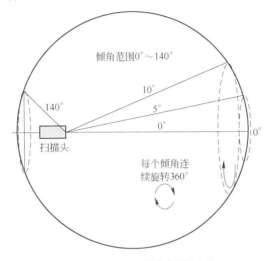

图 6-37 CMS 激光扫描原理

6.5.2 探测方法

6.5.2.1 采空区现场探测

为便于说明探测方法,现仅对用 CMS 探测的冬瓜山铜矿 52-2 号、52-6 号、52-8 号、52-10 号采场空区为例,并以探测结果为基础,介绍开展的空区三维模型建立、空区体积的计算、空区模型剖切、空区探测边界与实际边界对比分析、采场超欠挖量精确测定及采场空区充填量计算等相关技术研究。探测时将探测扫描头伸入到待测空区内,运用 CMS 无线控制器实施探测并监控探测过程,如图 6-38 所示。

图 6-38 扫描头伸入采空区实施探测

6.5.2.2 探测数据处理和空区模型

运用 CMS 探测空区所获得的原始探测数据为". txt"格式文件,其记录的是两个角度和 1 个距离值。在对原始数据进行应用之前,采用 CMS 自带的处理软件 CMSPosProcess 将 ". txt"格式的原始数据文件转换成"dxf"格式的文件。RPAC 及 DIMINE 等软件处理的 DXF 文件。在完成原始探测数据的处理后,通过读取 SURPAC 形成的空区三维线框模型,应用 冬瓜山使用的 DIMINE 矿山软件再现空区三维模型(见图 6 – 39、图 6 – 40、图6 – 41)。所生 成的空区模型在 DIMINE 中能进行三维立体显示、旋转、缩放及沿任意方向切剖面,计算模 型体积、剖面面积等多功能操作,极大地方便了矿山工程技术和管理人员充分利用空区模型 进行采矿管理和设计等工作。

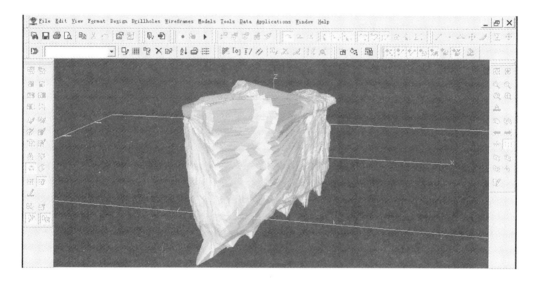

图 6 – 39 激光探测应用 DIMINE 软件形成 52-6 号空区三维线框模型

图 6 – 40 探测空区 DIMINE 线框模型平面分布

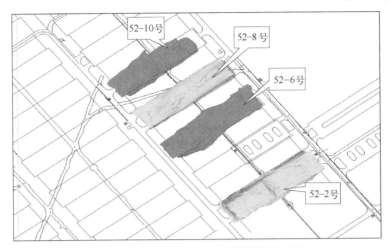

图 6 – 41 探测空区 DIMINE 线框模型空间分布

6.5.3 探测空区模型应用

6.5.3.1 采空区体积计算

采用上述空区线框模型体积计算方法获得探测空区体积(见表 6 – 22),其中所探测的 4 个空区总体积为 240819 m³。

表 6 – 22 空区体积计算结果

空区编号	52-2 号	52-6 号	52-8 号	52-10 号	合 计
体积/m³	65577	84056	52115	39071	240819

6.5.3.2 空区剖面生成

利用采空区 CMS 模型,可以在 QVOL、SURPAC 及 DIMINE 中沿空区任意方向进行剖切,生成空区剖面,为矿山充填设计计算充填量、二步骤矿柱回采设计布置凿岩爆破参数等相关开采设计工作提供必要的基础性资料,这是采用 CMS 探测采空区主要用途之一。52-6 号采空区实体模型(如图 6 – 42 所示)在 −730m 水平生成的剖面采用坐标网格显示,将探测边界与设计边界对比,可以清楚地看出空区剖面的水平位置,如图 6 – 43 所示。

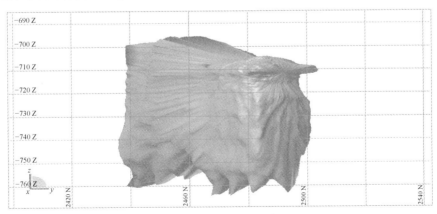

图 6 – 42 52-6 号空区实体模型

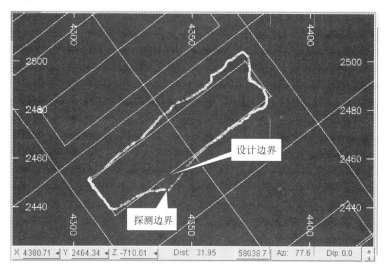

图 6 – 43　52-6 号空区 –710 m 剖面探测边界与设计边界对比

6.5.3.3 探测边界与设计边界的比较

将 52-2 号、52-6 号、52-8 号和 52-10 号采场的设计边界与实际探测边界对比,可以看出采场实际探测位置和范围与设计的基本吻合,但局部明显存在超采和欠挖现象。图 6 – 44 显示 52-6 号空区在 –710 m 水平剖面处最大超挖处的实际边界与设计边界之间距离相差 6 m 之多,这将严重影响二步骤矿柱回采爆破设计。从图 6 – 44 探测所形成的三维模型也可以明显地看出,它们的边界是不规则,各自均不同程度地存在超欠挖现象。总体来说,空区两端较规则,说明爆破边界控制较好;但中间部分出现较明显的超挖,超挖现象比欠挖现象更为突出。这可能是由于中间部分岩体的地质构造较弱(存在裂隙、节理)或凿岩爆破参数或钻孔偏差所致。

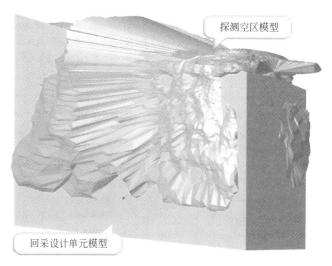

图 6 – 44　52-6 号回采设计单元与探测空区模型边界范围对比

6.5.3.4 采场探测边界与设计边界范围三维对比

为了更清楚地展示实际探测到的采场边界与设计边界对比效果,先建立回采设计单元模型,然后再将回采单元模型与探测模型复合,即可清晰地展示出实测边界与设计边界的出入情况。通过对两个模型进行对比分析,可以准确获得采场的超挖量、欠挖量、废石量及目前还未放出的矿石量,并由此得出该采场的贫损指标。

创建回采单元三维模型根据采场爆破设计剖面图获得回采单元范围,通过空间三维坐标转换使采场剖面线置于空间实际位置,编辑采场剖面线,形成闭合线,再将剖面间依次连接生成采场实体模型。

以52-6号采场为例详细介绍创建回采单元三维模型方法。(1)确定回采单元范围。以爆破设计剖面图为主要建模依据,其中顶板边界为矿块顶板线,底板边界为出矿巷道底板,左右两帮参考 -730 m 水平中段图上回采单元边界。(2)提取回采单元范围边界线。分别提取出采场爆破设计剖面图中的回采设计单元范围边界线,保存为".dxf"格式文件。(3)剖面线编辑。分别编辑回采单元边界线,注意线上无断点、重复点。(4)剖面线坐标 3D 转换及位置调整。对所有剖面线进行坐标 3D 转换并进行位置调整,确保剖面线位置和实际位置相符。(5)生成回采单元三维模型。依次连接各个剖面,生成回采单元三维模型,结果如图 6-44 所示。将创建好的回采设计单元模型与探测空区模型复合,反映出两者边界范围之差。

从回采设计单元与探测空区模型边界范围对比图中可知:(1)采场周边普遍超挖,以52-6 号采场最为典型,局部超挖厚度达 6 m,在进行矿柱回采时要根据采场实际边界进行凿岩爆破设计,调整好凿岩爆破参数。(2)采场周边欠挖较少,但 52-10 号采场在 52-11 号采场边位置欠挖量较多。爆破完的采场矿体顶板都有超爆现象,顶板岩层不够稳固,爆破震动引起了废石垮落,以 52-10 号采场居多,增大了采场的贫化。

6.5.3.5 采场超欠挖量计算

A 超挖量计算

为了更清楚地反映采场各面超挖情况,依次对每个采场的 4 个面超挖体积进行计算,图 6-45 为采场超挖量直方统计图。

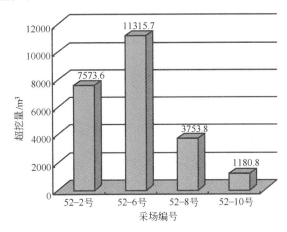

图 6-45 采场超挖体积直方统计图

从图中看出,所有采场都存在超挖现象,超挖量不等,最少的为 52-10 号采场,超挖量为 1180.8 m³,最多的为 52-6 号采场,超挖量为 11315.7 m³,4 个采场总超挖量为 23823.9 m³。

　　针对各采场的超挖情况，在矿柱回采中要严格按空区探测实际模型进行二步骤凿岩爆破设计，合理调整布置凿岩爆破参数，避免爆破破坏充填体，影响充填体的稳定性，造成充填体混入采场的贫化。

B　欠挖量计算

计算每个采场的欠挖量见表 6 – 23。

表 6 – 23　采场欠挖量计算结果

空区编号	52-2 号	52-6 号	52-8 号	52-10 号	合　计
体积/m³	2564.9	4566.2	2939.4	2427.3	12497.8

　　从表 6 – 23 中数据可知，所测采场都存在欠挖现象，欠挖量不等，最少的为 52-10 号采场，欠挖量为 2427.3 m³，最多的为 52-6 号采场，欠挖量为 4566.2 m³。除 52-10 号采场外，采场的欠挖量均小于超挖量，超欠挖量相差 11326.1 m³。针对各采场的欠挖情况，在今后的矿房矿柱采场回采中要合理调整布孔参数，尽量减少矿量损失。

6.5.3.6　回采贫化损失精确测定技术

　　采场贫化率和损失率传统的计算方法难以获得准确的指标，特别是采空区传统的测量方法无法测量时，采场的贫损指标更难以计算。运用 CMS 对回采单元中的采空区探测获得的空区数据，生成采空区的三维实体模型；将回采设计单元的三维模型与采空区的三维模型复合；利用所形成的复合模型进行相关布尔运算，准确获得采场回采时的超挖量、欠挖量及采场内存留矿量，从而精确计算出该采场回采的贫化率和损失率指标。

　　以 52-6 号和 52-8 号采场为例，说明贫化损失率的计算步骤。这两个采场除了矿体顶板以上有废石，采场底部也有废石，边界均为矿体，分别计算各个采场的设计贫化率和回采贫化率。

　　以 52-6 号采场为例，详细的贫化、损失率计算步骤如下：

　　(1) 在回采设计单元和实际空区三维模型的基础上，建立矿体顶板 DTM 模型，如图 6 – 46 所示；(2) 通过模型布尔运算用矿体顶板 DTM 剖切探测空区模型，生成矿体顶板以上废石实体模型 (见图 6 – 47 ~ 图 6 – 48)；(3) 计算矿体顶板废石 19279.6 t；(4) 根据回采单元、回采单元矿体及底部结构模型计算采场底部废石为 9416.3t；(5) 根据采下废石量和混采的矿石量通过以下公式计算的贫化率和损失率见表 6 – 24 和表 6 – 25。

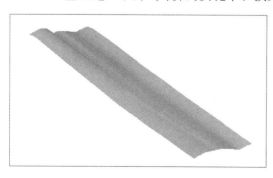

图 6 – 46　52-6 号采场矿体顶板 DTM

图 6 – 47　52-6 号采场矿体顶板废石实体模型

$$贫化率\rho = 采下废石量\ R/采下矿石量\ Q \times 100\% \tag{6-2}$$

$$损失率\ q = \frac{Q - Q'}{Q} \times 100\% \tag{6-3}$$

式中　Q——采场工业储量,t;

　　　Q'——开采后所得矿石量,t。

表 6 – 24　采场损失率计算

采场编号	设计矿量/t	实际矿量/t	存留矿量/t	视在损失率/%	实际损失率/%
52-6 号	268464.9	333954.2	14716.9	5.48	4.41
52-8 号	172910.3	206554.7	7641.8	4.42	3.70
总　计	447184.2	546318.0	22358.7		

表 6 – 25　采场贫化率计算

采场编号	矿石量/t			废石量/t			贫化率/%		
	采切	回采	总计	采切	回采	总计	采切	回采	采场
52-6 号	57899.6	281417.5	339317.1	9416.3	19279.6	28695.9	16.26	6.85	8.46
52-8 号	42725.9	164710.5	207436.4	6530.1	11723.3	18253.4	15.28	7.11	8.8
52-10 号	42039.5	176602.0	218641.5	0.00	23340.1	23340.1	0	13.22	10.68

从表中可以看出 52-6 号、52-8 号、52-10 号 3 个采场矿体顶板废石都比较多,尤其 52-10 号废石量有 23340.1t。据工程技术和现场工作人员反映,凿岩硐室开挖后,硐室在矿岩接触带的大理岩中,岩层节理发育,不够稳固。在破顶爆破时,硐室垮落高度就达 5 m,采场爆破后,由于周围爆破地震波的作用,致使顶板进一步冒落。

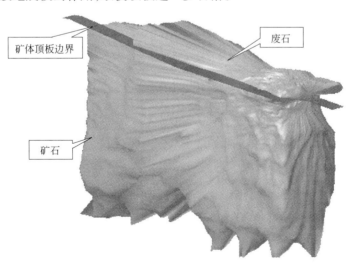

图 6 – 48　52-6 号采场回采矿废石实体模型

6.5.3.7　采场内存留矿量精确计算

通过 CMS 对空区探测并形成空区的实体模型,发现在空区下部有矿石存留现象,局部地段还比较集中。将 52-6 号空区模型、回采单元模型及底部结构模型复合,见图 6 – 49。通过模型剖切可以明显看出采场内存留了不少结块的矿石。52-8 号采场,也有存留矿石不能出完,52-10 号采场还正在出矿。

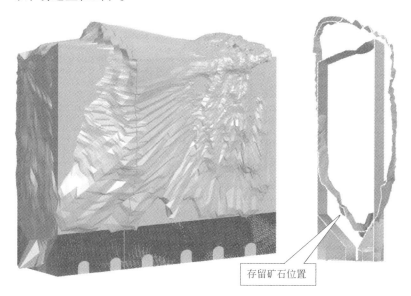

存留矿石位置

图 6-49 52-6 号空区模型、回采单元与底部结构位置关系

结合回采单元、底部结构及探测空区实体模型,通过下面公式计算采场内存留的矿石量和采场的损失率,见表 6-26。

表 6-26 采场内存留矿量精确计算结果

采场编号	起始标高	体积/m³					存留矿石/m³	存留矿量/t
		回采设计单元	探测空区	底部结构	出矿进路	超挖		
52-6 号	-745 m 以下	28741.7	12191.4	10225.7	448.7	671.6	3977.5	14716.9
52-8 号	-752 m 以下	21276.4	6862.3	10225.7	448.7	130.6	2065.3	7641.7
52-10 号	-745 m 以下	39649.1	10711.2	10225.7	448.7	410.7	12639.4	46765.9
总 计		89667.1	29764.9	30677.1	1346.1	1212.9	18682.2	69124.5

$$存留矿量 = (回采设计单元 - 底部结构 - 出矿进路 - 空区 - 欠挖$$
$$+ 顶板废石 + 超挖)体积 \times 体重/松散系数$$

式中,矿石松散系数为 1.4,体重为 3.7 t/m³。

6.5.3.8 采场充填量计算

探测了空区体积,可计算出单次充填高度的充填量,为矿山充填提供重要的基础性依据,便于充填技术管理;特别是对于底部结构充填意义重大。在充填的灾害预防控制中谈到底部结构充填严格控制充填量和充填高度,单次充填高度为 1.3 m,以确保充填挡墙的受力安全,这是在没有存留矿石的情况下计算的。通过空区探测,由于矿石结块原因,空区里有存留矿石,占了部分充填体积,单次的充填量就要重新计算。就 52-6 号采场来说,经现场观察,底部结构部分约有一半的体积存留矿石,按 1.3 m 的充填高度重新计算的充填量见表6-27;由于采场回采时有超欠挖现象,在采场上部按 1 m 剖切平面计算 1 m 的空区体积,就是 1 m 的充填量,累计上部充填为 83191 m³,采场充填量为 85485 m³。

表 6 – 27　52-6 号采场底部结构单次充填量

单次充填序数	1	2	3	4	5	6	7	8	合　计
底部充填量/m³	34	111	183	250	296	355	460	605	2294
上部充填量/m³					83191				
总计/m³					85485				

6.5.3.9　空区顶板安全管理

从图 6 – 44 采场探测边界与设计边界三维对比不难看出,52-6 号采场的顶板垮落较高,52-8 号和 52-10 号也存在不同程度的垮落现象,为掌握各采场顶板上面工程的安全情况,现以 52-6 号采空区实际探测成果为基础,对采场顶板进行安全状况分析。

运用 52-6 号采场回采设计单元与探测空区边界对比复合模型,选择空区顶板最高最危险位置,对空区实测模型切剖面,与 52-6 号采场的爆破设计剖面一起形成空区上部边界与采场顶部工程(凿岩硐室和充填回风道)位置对比分析见图 6 – 50。

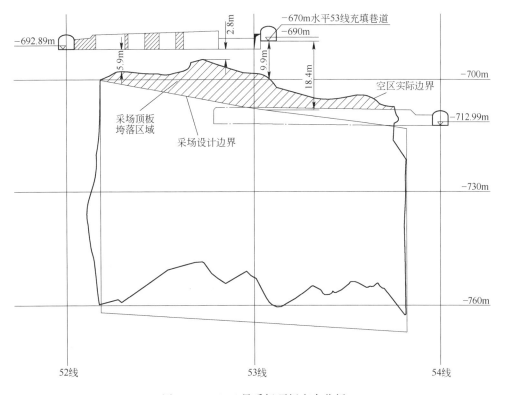

图 6 – 50　52-6 号采场顶板安全分析

从图 6 – 50 中看出,采场上部凿岩硐室底板与空区顶部边界距离为 2.8 ~ 5.9 m,最小距离仅为 2.8 m,采空区已经危及上部凿岩硐室的安全。因此,凿岩硐室为危险区,对入口应尽快封闭,禁止人员出入,以免造成安全事故。局部地段还有进一步垮落的可能,根据空区探测发现的情况,矿里在 2007 年 1 月份对 53 线充填回风道中充填孔长度进行了量测,充填钻孔的实测长度为 9.5 ~ 10 m,进一步验证了空区探测的准确性。建议矿山对该充填孔进行一定时期的观测,以便及时掌握空区进一步垮落的情况,加强安全生产管理,确保 53 线充填回风道的安全。

通过探测分析,运用国际先进的空区精密探测系统 CMS 激光精密探测技术对冬瓜山形成的采空区进行探测,以探测数据为基础,运用 Surpac、Dimine 软件,建立采场空区三维可视化模型,可清晰地反映出采场回采边界状况,精确测定实际采矿过程中超(欠)挖情况,精确测绘出冬瓜山采空区实际边界,准确地计算出空区体积,回采贫化损失率,单次充填量。为调整爆破设计参数提供第一手资料,检验爆破设计效果,并为下一步骤回采爆破设计和充填设计提供依据。

6.6 实践和结论

采用选择的暂留隔离矿柱阶段空场嗣后充填采矿方法进行采准工程设计施工,从冬瓜山生产情况来看,2004 年试投产,至 2008 年底,采准工程完成了 6 个盘区的布置,累计完成掘进工程量 135.6 万 m³,其中开拓工程 76.9 万 m³,探矿 9.6 万 m³,采切 49.1 万 m³。30 个采场实现采出矿,累计出矿量 743 万 t。采场出矿生产能力达到 2400 t/d。采准工程量大大减少,采场的实际采切比为 610 m³/万 t,比攻关目标 680 m³/万 t 低 10%,相对原初步设计的 840 m³/万 t 则降低了 27%,其采切比达到了国内先进指标,矿石损失率 10%,贫化率 6%。首采地段主要技术经济指标见表 6-28。采场及矿柱稳定,采区未发生大的地压活动,采场作业环境安全稳定。为企业带来可观的经济效益,创造了 10 亿多元的经济效益。

表 6-28 首采地段经济技术指标

项 目	指 标	备 注
采场生产能力/t·d⁻¹	2400	达到设计指标
采切比/m³·万t⁻¹	610	相对原设计的 840 m³/万 t 降低 27%
损失率/%	10	比设计 13% 低 23%
贫化率/%	8	比设计 10% 低 20%
采场数/个	83	比设计 240 个减少 65%

从生产实践来看,首采地段采矿方法及采准系统布置,盘区隔离矿柱宽度和采场结构参数,能够满足大规模安全生产的要求,采用长进路双采场堑沟式底部结构,有利于出矿进路布置和铲运机作业,提高了大型无轨出矿设备效率。

采用大风量多级机站通风系统和节能控制技术措施,通风降温和风量的实时调控使得井下的温度由 38° 降低到 28°,大大改善了井下作业环境和作业条件。通过对深井硬岩高应力矿山建立的地压监测系统,实现了对生产过程中矿岩的破坏过程与非崩落区工程系统的运行进行有效的、全方位的实时监测,有助于及时掌握深部开采过程中的矿岩破坏事件,以便采取必要的技术和安全措施,对确保矿山的安全高效生产具有十分重要的意义。形成的采空区,通过采用高浓度全尾砂料浆充填,不仅解决冬瓜山极细粒级全尾砂直接制备成高浓度砂浆,通过深井料浆自流管输充填采空区,保证回采区域开采的安全,保证了日产 1 万 t 特大型深井矿山的正常生产。

针对冬瓜山矿床深井开采特有的复杂开采技术条件和矿山日产 1 万 t 生产能力要求,验证了暂留隔离矿柱阶段空场嗣后充填采矿方法的有效性和可靠性,采矿方法实践表明,技术经济指标先进,采场出矿能力达到 2400 t/d,作业环境安全稳定,采矿方法能够充分地满

足矿山实际生产要求。其结论如下:

(1) 在国内率先开展千米深井特大型缓倾斜金属矿床采矿方法优化研究,在深井开采中首创了暂留隔离矿柱大盘区大采场大产能的回采工艺技术,丰富了深井开采理论。

(2) 形成了大盘区、大采场、大产能安全高效的暂留隔离矿柱阶段空场嗣后充填采矿方法。该方法具有回采工艺简单、效率高、产量大等特点,提高了大型无轨设备的效率,有利于矿山获得持续稳定的生产能力,实现安全高效大规模开采的目标。

(3) 优化了盘区和采场布置方式,简化了采准工程,确定了合理盘区隔离矿柱宽度和采场结构参数。

(4) 提出了高应力条件下深井缓倾斜厚大矿体安全高效开采的回采顺序,为确保冬瓜山矿持续稳定的日产 1 万 t 的生产能力奠定了基础。

(5) 创造性地提出了长进路双采场堑沟式底部结构形式。

(6) 大规模开发深部金属矿产资源,是我国矿业可持续发展所面临的重大前沿课题之一。采矿方法研究和实践,使得冬瓜山深部资源能够得到充分有效的开发利用。

(7) 带动了当地经济和社会的发展。给铜陵有色公司创造了 12 亿多元经济效益,为铜陵有色公司自产铜量翻番(由 2 万 t 上升到 4 万 t),实现安徽省政府打造千亿元企业奠定了基础。

(8) 冬瓜山铜矿床存在的深井开采典型和共性技术问题的研究和解决,为我国矿产资源的开采向深部转移提供了可靠的技术保障。研究成果不仅在我国的深井开采矿山具有应用参考价值,可为我国深部矿产资源开发提供技术借鉴,而且将引领和促进我国深井开采理论和技术水平的提高,对于缓解我国资源短缺以及促进国民经济可持续发展具有重要意义。

参 考 文 献

[1] 古德生,李夕兵. 现代金属矿床开采科学技术[M]. 北京:冶金工业出版社,2006.

[2] 汪云甲. 论我国矿产资源安全问题[J]. 科学导报,2003(2):58~61.

[3] 王旭昭,王洪勇,曲金洪. 红透山铜矿岩爆灾害特征及其地质条件分析[J]. 地质与勘探,2005,41(6):102~106.

[4] Johnson R A S. Mining at Ultra-depth, Evaluation of Alternatives[A]. In:Proceedings of the 2nd North America Rock Mechanics Symposium[C]. Montreal:NARMS'96,1996,359~366.

[5] Vogel M,Andrast H P. Alp Transit-safety in Construction as a Challenge,Health and Safety Aspects in Very Deep Tunnel Construction[J]. Tunneling and Underground Space Technology,2000,15(2):147~151.

[6] Gurtunca R G,Keynote L. Mining below 3000 m and Challenges for the South African Gold Mining Industry[A]. In:Proceedings of Mechanics of Jointed and Fractured Rock[C]. Rotterdam:A. A. Balkema,1998. 3~10.

[7] Diering D H. Ultra-deep Level Mining:Future Requirements[J]. Journal of the South African Institute of Mining and Metallurgy,1997,97(6):249~255.

[8] 冯巨恩. 金属矿深井充填系统的安全评价与失效控制方法研究[D]. 长沙:中南大学,2005.

[9] 郭然,潘长良,于润沧. 有岩爆倾向硬岩矿床采矿理论与技术[M].北京:冶金工业出版社,2003.

[10] Handley M F,De Lange J A J,Essrich F, Banning J A. A Review of the Sequential Grid Mining Method Employed at Elandstand Gold Mine[J]. The Journal of The South African Institute of Mining and Metallurgy,2000,100:157~167.

[11] Bluhm S and Biffi M. Variation in Ultra-deep,Narrow Reef Stoping Configuration and the Effects on Cool-

ing and Ventilation[J]. The Journal of The South African Institute of Mining and Metallurgy,2001,101：127～134.

[12] Cook N G W,Hoek E,Pretorius J P G,Ortlepp W D and Salamon M D G. Rock Mechanics Applied to the Study of Rock Bursts[J]. The Journal of The South African Institute of Mining and Metallurgy,1996,66：435～528.

[13] 李云武. 国外深井矿山采矿方法的应用及发展[J]. 有色矿山,1998,4:5～8,19.

[14] 李元辉,刘炜,解世俊. 矿体阶段开采顺序的选择及数值模拟[J]. 东北大学学报(自然科学版),2006,27(1):88～91.

[15] 吉学文,唐绍辉,李爱兵. 某地下矿山采场与围岩稳定性三维有限元模拟研究[J]. 矿业研究与开发,2003,23(2):7～9,34.

[16] 马明军,方祖烈. 西石门铁矿盘区开采顺序的优化[J]. 有色金属,1993,4:12～15.

[17] 赵德孝,姜谙男,鲁炳强等. 金山店铁矿合理开采顺序的力学研究[J]. 矿业研究与开发,2003,23(1):12～14.

[18] 韩斌,吴爱祥,刘同有等. 金穿二矿区多中段机械化盘区回采顺序的数值模拟优化研究[J]. 矿冶工程,2004,24(2):4～7.

[19] 谢和平,陈忠辉. 岩石力学[M]. 北京:科学出版社,2004.

[20] 钱鸣高,石平五. 矿山压力与岩层控制[M]. 徐州:中国矿业大学出版社,2003.

[21] 唐礼忠,潘长良,谢学斌. 深埋硬岩矿床岩爆控制研究[J]. 岩石力学与工程学报,2003,22(7):1067～1071.

[22] B H G 布雷迪,E T 布朗.地下采矿岩石力学[M]. 冯树仁,佘诗刚,朱祚铎等译. 北京:煤炭工业出版社,1990.

[23] Jackson,E Atlee. Perspectrues of Nonlinear Dynamics[M]. Cambridge University Press,1993:9～42.

[24] 方建勤. 地下工程开挖灾害预警系统的研究[D]. 长沙:中南大学,2004.

[25] 刁心宏. 房柱式采矿地压动态控制及人工智能应用研究[D]. 沈阳:东北大学,2001.

[26] 吴爱祥,郭立,张卫锋. 深井开采岩体破坏机理及工程控制方法综述[J]. 矿业研究与开发,2001,21(2):4～7.

[27] 郭立. 深部硬岩岩爆倾向性动态预测模型及应用[D]. 长沙:中南大学,2004.

[28] 于学馥,刘同有. 金川的充填机理与采矿理论,金川镍矿开采的工程地质与岩石力学问题[R]. 金川有色金属公司,中国岩石力学与工程学会金川分会,1996.

[29] 熊代余,顾毅成. 岩石爆破理论与技术新进展[M]. 北京:冶金工业出版社,2002.

[30] 北京有色冶金设计研究总院. 狮子山铜矿冬瓜山矿床岩石力学试验报告[R]. 1992.

[31] 中南工业大学.铜陵有色金属集团公司. 岩爆预测理论与技术研究[R].2001.

[32] 顾秀华. 采矿方法选择专家系统及其在冬瓜山铜矿的应用[J]. 中国矿业,2001,10(6):71～72.

[33] 杨承祥,罗周全. 深井高应力高温缓倾斜矿床开采技术研究[J]. 金属矿山,2005,346(4);7～10.

[34] 王贻明,杨承祥,余佑林,等. 深井高应力缓倾斜铜矿床回采方案优化[C]. 见:《矿业研究与开发》编辑出版. 采矿科学技术前沿论坛论文集,2006,增:20～23,70.

[35] 杨承祥,罗周全. 深井高温矿床多级机站通风系统优化[J]. 金属矿山,2006,347(11):79～81.

[36] 杨承祥. 深井金属矿床高效开采与地压测控技术研究[D]. 长沙:中南大学,2007.

[37] Kecojevic,Vladislav J,Wilkinson,et al. Production Scheduling in Coal Surface Mining Using 3D Design Tools[J]. World of Mining-Surface and Underground,2005,57(3):193～196.

[38] Bonini M,Barla M,Barla G. FLAC Applications to the Analysis of Swelling Behavior in Tunels [A]. Billaux D. et al., Eds. Proceedings of the 2nd International FLAC Conference [C],Lisse：Swets amp；Zeitlinger,2001.

［39］ Yastli N E,Unver B. 3D Numerical Modeling of Longwall Mining with Top-coal Caving［J］. International Journal of Rock Mechanics & Mining Sciences,2005,42(2):219 ~ 235.

［40］ Carranza-Torres C,Fairhurst C. The Elasto-Plastic Respone of Undergound Excavations in Rock Masses that Satisfy the Hoek-Brown Failure Criterion［J］. International Journal of Rock Mechanics & Mining Sciences,1999,36(6):777 ~ 809.

［41］ 施建俊,孟海利,汪旭光. 数值模拟在矿山的应用［J］. 中国矿业,2004,13(7):53 ~ 56.

［42］ Jing L. A Review of Techniques Advanced and Outstanding Issues in Numerical Modeling for Rock Mechanics and Rock Engineering ［J］. International Journal of Rock Mechanics and Mining Sciences,2003,40(3):283 ~ 353.

［43］ 龚纪文,崔建军. FLAC 数值模拟软件及其在地学中的应用［J］. 大地构造与成矿学,2002,26 (3):243 ~247.

［44］ Itasca Consulting Group Inc. FLAC³ᴰ(Fast Lagrangian Analysis of Continua in 3 Dimensions),Version 2. 10,Users manual. USA: Itasca Consulting Group Inc,2002.

［45］ 王李管,何昌盛,贾明涛. 三维地质体实体建模技术及其在工程中的应用［J］. 金属矿山,2006,356 (2):58 ~62.

［46］ 李梅,董平,毛善君. 地质矿山三维建模技术研究［J］. 煤炭科学技术,2005,33(4):46 ~49.

［47］ 王纯祥,白世伟,贺怀建. 三维地层可视化中地质建模研究［J］. 岩石力学与工程学报,2003,22(10): 1722 ~ 1726.

［48］ 王明华. 工程岩体三维地质建模与可视化研究［D］. 武汉:中科院武汉岩土力学研究所,2004.

［49］ 李讯. 复杂条件下建模技术与岩体开挖稳定性研究［D］. 长沙:中南大学,2006.

［50］ 侯恩科,吴立新,李建民. 三维地学模拟与数值模拟的耦合方法研究［J］. 煤炭学报,2002,27(4): 388 ~ 392.

［51］ Brady B H G,Brown E T. Energy Changes and Stability in Underground Mining［J］: Design Application of Boundary Element Methods. IMM,1981:A61 ~ A67.

［52］ 喻六平,张传信. 数值计算在矿山地压灾害安全评价中的应用［J］. 金属矿山,2005,352(10):65 ~ 67.

［53］ 杨承祥,罗周全,孙忠铭等. 束状孔爆破新技术在深井高应力矿床的应用［J］. 中国矿业,2006,15(11):66 ~67,70.

［54］ 刘殿中. 工程爆破实用手册［M］. 北京:冶金工业出版社,1999.

［55］ 刘敦文,徐国元,黄仁东等. 金属矿采空区探测新技术［J］. 中国矿业,2000,9(4):34 ~ 37.

［56］ Optech System Corporation, 1996. Cavity Monitoring System(CMS)［J］. User Manual, Version 2. 3, May 1996, North York(Toronto), Ontario, Canada.

［57］ A Jarosz,L Shepherd. Application of Cavity Monitoring System for Control of Dilution and Ore Loss in Open Stopes［C］. Proc. XI Congress ISM,Krakow,Poland,September 2000:155 ~ 164.

［58］ 过江,罗周全,邓建等. 三维动态空区监测系统 CMS 在矿山的应用［J］. 地下空间与工程学报,2005, 1(7):994 ~ 996.

［59］ Cavity Monitoring System User Manual(Version 2.3)［J］. Canada:Optech System Corporation,1996.

［60］ 罗周全,杨彪,刘晓明等. 采用 CMS 辅助矿柱回采爆破设计研究［J］. 金属矿山,2007,(3):15 ~ 17.

7 采 准 系 统

7.1 引言

冬瓜山铜矿矿床埋藏深,矿体走向长 1800 m,水平宽 204～882 m,厚 30～50 m,主井井深超过 1000 m,开采规模大,日产 1 万 t,对提升系统要求高。矿体所处地段地应力高,−910 m 原岩应力测试点最大主应力 $\sigma_1 = 38.1$ MPa,地应力系数 $K > 0.2$,属高应力区。矿石及部分围岩有岩爆倾向性,对采矿系统的岩层及地压控制有较高的要求。矿体所处地层原岩地温高,部分胶质黄铁矿有结块和自燃发火倾向,因此,对系统通风和降温措施提出较高要求。矿体形态简单,呈似层状,矿体中部倾角较缓,一般约 10°;而西北及南东边部较陡,一般 30°～40°。矿体形态与背斜形态相吻合,空间上以背斜隆起部位的赋存标高为最高,呈一个不完整的"穹隆状"。针对冬瓜山矿体形态复杂,首采地段矿体的厚度变化较大 (16～100.67 m),平均厚度 38.11 m。矿体的顶底板标高变化也较大,造成了采准系统的多层次性和复杂性。因此,冬瓜山矿床的采准系统必须适应大型无轨设备的运行和大规模产量的要求。

7.2 影响采准系统的主要因素

根据采矿方法选择结果,采矿方法采用阶段空场嗣后充填的采矿方法,采准工程必须满足采矿方法的要求:

(1) 设计生产规模 300 万 t/a,采用大型无轨设备,如深孔凿岩采用 Simba261 高风压潜孔钻机,EST-8B 电动出矿铲运机等设备,来保证日产 1 万 t 的生产能力,因此,采准系统必须适应大型无轨设备的运行和大规模生产的要求。

(2) 首采地段矿体的厚度变化较大,矿体的顶底板标高变化也较大,造成了采准系统的多层次性和复杂性。因此,矿石的贫化和损失、矿体的赋存状态、采出设备、矿山产能都是影响采准系统的主要因素。

(3) 生产规模大要求多工序同时作业。因此,需风量大而集中,采准系统在满足作业要求时还应考虑分层进风。实际生产时各工序作业点可能交叉,因此,对风流组织的要求较高,采场通风的复杂性对采准系统提出了较高的要求。

(4) 冬瓜山矿体埋藏深,地应力高,部分矿岩有岩爆倾向性,底部含铜蛇纹岩稳定性相对较差,采准系统必须适应这些不利条件,确保生产期间系统的稳定性与安全生产巷道的畅通。

7.3 采准系统优化

针对冬瓜山矿体形态复杂,首采地段矿体的厚度变化较大,平均厚度 38.11 m。矿体的顶底板标高变化也较大,造成了采准系统的多层次性和复杂性。冬瓜山矿床的采准系统必须适应大型无轨设备的运行和大规模产量的要求。基于简化采准工程的原则,在首采地段进行采准系统优化,在前述各工程优化的基础上,将拉底层与出矿层、凿岩层与充填层合一,减少工程量,降低施工难度,简化工程布置;确定采准工程尽量布置在脉内的原则,降低大孔采场的废孔率,减少矿石贫化损失,增加副产矿量,有利于达产和提高矿山经济效益;盘区之间的出矿层布置在不同水平,既可减少矿石的贫损指标,也有利于实现各盘区分区进风,有利于通风管理和改善通风质量;同时有利于降低出矿巷道及进路的坡度,有利于发挥电动铲运机的效率。

基于简化采准工程的原则,优化后的采准系统布置为:

(1) 将拉底层与出矿层合一,减少工程量,降低施工难度,简化工程布置。

(2) 深孔采场拉底和切割一次形成,采用中深孔爆破,拉底高度为13.5 m。

(3) 确定采准工程尽量布置在脉内,提高深孔采场的炮孔利用率,减少矿石贫化损失,增加副产矿量,有利于达产和提高矿山经济效益。

(4) 为提高出矿设备效率,出矿巷道及出矿进路的坡度控制在10%以内。在矿体走向上,盘区出矿巷道布置在不同水平,既可降低矿石的贫损指标,实现各盘区分区通风,改善通风质量;也有利于降低出矿巷道及出矿进路的坡度,发挥铲运机的效率。在部分穿脉上(如54线穿脉、56线穿脉)布置两层出矿穿脉,每一层出矿穿脉负责一个盘区的出矿任务,如图7-1所示。

7.3.1 顶部凿岩水平的确定及工程布置

针对冬瓜山矿体赋存情况,凿岩硐室的位置布置有在矿体顶板脉外和顶板脉内两个方案:

方案1:凿岩巷道和凿岩硐室布置在矿体中,靠近矿岩接触带;在隔离矿柱中布置凿岩联络道,在采场中间矿体顶板布置专用充填回风巷道。

方案2:凿岩巷道和凿岩硐室布置在矿体顶板围岩中,矿体回采结束时,凿岩巷道和凿岩硐室仍存在,凿岩巷道兼作充填巷道,该方案凿岩巷道和充填巷道合二为一。从安全角度考虑,一般充填巷道需位于矿体回采顶板界线15 m以上。两种方案的优劣对比结果见表7-1。

表7-1 凿岩硐室位置方案对比

项目	方案1(凿岩硐室布置在矿体中)	方案2(凿岩硐室布置在围岩中)
优点	(1) 也可实现凿岩与充填工程合二为一; (2) 凿岩硐室在矿体中,炮孔利用率高,废孔少; (3) 不需另外打废石充填井; (4) 采场通风好,凿岩联络道可以作为矿柱回采时的凿岩工程; (5) 采准工程在矿体中,副产矿石多,有利于提高矿山效益	(1) 凿岩工程与充填工程合二为一; (2) 矿石损失少; (3) 不需增加中深孔设备及人员; (4) 充填接顶效果好,凿岩水平不需工程封闭
缺点	(1) 为提高充填率和充填效果,需另掘专用充填巷道; (2) 部分矿体在凿岩硐室以上,需增加部分中深孔爆破; (3) 隔离矿柱中凿岩联络道需构筑充填挡墙	(1) 在围岩中掘进工程量大; (2) 有相当量的炮孔在岩石中,炮孔利用率低,凿岩成本高; (3) 受矿体勘探程度限制,矿体顶板变化较大时,容易造成工程浪费(如53线顶板巷道)

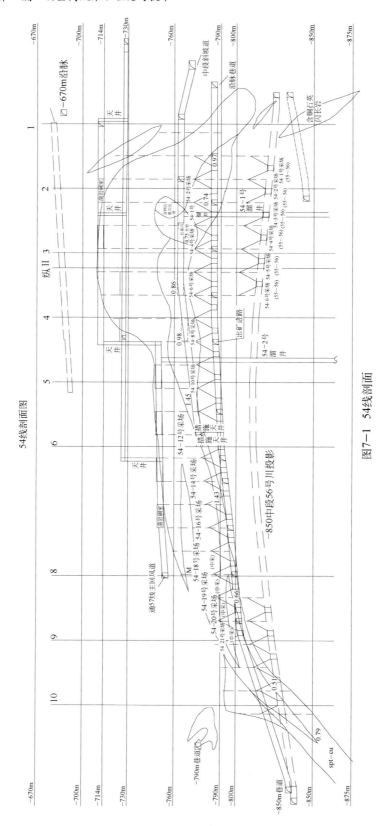

图7—1 54线剖面

显然,方案1具有炮孔利用率高,凿岩成本低;副产多,有利于提高矿山经济效益等突出优势,因此,确定凿岩巷道和凿岩硐室布置在矿体中。

7.3.2 底部出矿水平的确定及工程布置

底部出矿水平的确定涉及三个方面的问题:(1)下部难选矿石的回采;(2)矿体顶板产状;(3)出矿设备对出矿巷道坡度的要求。

(1)关于难选矿石。冬瓜山铜矿上部为易选的含铜磁黄铁矿,下部为难选的含铜蛇纹岩,难选的含铜蛇纹岩主要表现在选矿回收率低,与易选矿石混选将影响易选矿石的回收率。同时,难选矿石的品位及厚度在走向及倾向上均存在较大变化。根据中国有色工程设计研究总院于2002年1月提交的《冬瓜山铜矿若干技术方案的论证》报告,研究表明,当难选矿石的品位低于Cu 0.7%时,开采效益较差。在当时国际国内铜市场环境价格低廉的特定情况下,经攻关单位共同研究讨论,确定品位低于0.7%的难选矿石缓采,以提高出矿品位和选矿回收率。

(2)矿体底板产状与出矿设备对出矿巷道坡度的要求。冬瓜山矿体走向NE35°~40°;倾向与背斜两翼一致,分别倾向NW和SE;矿体中部倾角较缓,一般约10°;而西北及南东边部较陡,一般30°~40°。矿体形态与背斜形态相吻合,空间上以背斜隆起部位的赋存标高为最高,呈一个不完整的"穹隆状";沿走向及倾向均显舒缓波状起伏,结合矿床北矿段矿体的产状,总趋势向北东倾伏,倾伏角10°左右。矿体产状的起伏多变给底部结构的布置带来难题。出矿设备选用EST-8B电动铲运机,载重13.64 t,斗容5.4~6.5 m³,尾绳长150 m,出矿距离50~150 m,出矿效率800 t/(台·班),最大爬坡能力约35%。采场残留矿石采用遥控铲运机回收,遥控铲运机出矿效率400 t/(台·班)。根据国内外电动铲运机的运行情况和冬瓜山铜矿对电动铲运机出矿能力的要求,设计中尽量控制出矿联络道、出矿巷道及出矿进路的坡度不超过10%。

(3)底部结构水平布置。根据矿体的纵横剖面中产状的变化情况,在矿体的主要回采地段,也是大量回采出矿的地段,必须保证出矿联络道和出矿巷道的坡度小于10%。因此,当矿体底板倾角大于10%,由于采场较长(100 m),为控制出矿巷道的坡度,综合考虑难选矿石的品位和相邻川脉联络道位置,平衡矿石贫化和损失,川脉出矿联络道将一部分在脉外,一部分在难选矿石内。矿体的端部倾角太大,采准工程难以控制,考虑在下中段回采。同时,两端联络道很少重载行车,仅用于通风和联络。因此,从全局的需要出发,一般调大两端联络道的坡度,降低中部主要出矿巷道的坡度。在矿体的走向上,矿体底板落差较大,为保证出矿水平坡度控制在10%以内,相邻盘区的底部结构需布置在不同水平。因此,在部分双线川脉上(54线、56线)布置有两层出矿联络道,每一层出矿联络道负责一个盘区的出矿任务,这样,既可以平缓出矿巷道坡度,又可以减少盘区间的相互干扰,实现分层分区通风,改善采场作业环境。

7.4 底部结构选择及优化

7.4.1 底部结构选择的主要影响因素

底部结构是采矿方法的重要组成部分,它的工程量约占采切总工程量的40%~50%,

在很大程度上决定着采矿方法的效率、矿石损失与贫化以及放矿工作的安全。冬瓜山铜矿由于矿石含硫高，存在氧化结块性，矿体埋藏深、地应力大，对底部结构的选择影响较大。因此，底部结构的选择及优化主要考虑因素有：

（1）整体结构稳定性及作业安全状况好，能承受大量崩矿、放矿、二次破碎、机械震动以及各种往复荷载的冲击影响，保证生产过程中人员和设备的安全。

（2）矿柱矿量和残矿回收量小，矿石损失率和贫化率低，矿石回收率高，相关成本低，综合效益好。

（3）利于无轨出矿铲运机设备等发挥最佳效率，以增加采场出矿能力，提高开采强度。

（4）工程量小，结构简单，施工方便。

7.4.2 底部结构形式选择

矿块的底部结构是采矿方法的重要构成要素，它在很大程度上决定了采矿方法的生产能力、劳动生产率、矿石的损失和贫化及出矿作业的安全。

由于首采地段底部结构布置在矿体底部的蛇纹岩内，出矿采用大型进口 EST-8B 电动铲运机，因此，可采用的底部结构形式有平底式、堑沟式、漏斗式三种。

平底式底部结构的特点是拉底水平和二次破碎水平在同一高度上，采下的矿石在拉底水平上形成三角矿堆，上面的矿石靠自重经出矿口溜到出矿进路中。其优点是结构简单，采准工程量少，其缺点是底板上三角矿堆不易回收；堑沟式底部结构的特点是用上向中深孔同时开凿一个 V 形槽，这样不仅简化了底部结构，而且也提高了切割工作的效率；漏斗式底部结构的特点是在拉底层下面布置出矿漏斗，上部崩落矿石经漏斗下放至斗颈斗穿。其优点是底部结构破坏较小，有利于底部结构的稳定，其缺点是结构复杂，采切工程及劈漏工程量大，大块容易卡斗，不利于铲运机能力的发挥。三种形式的底部结构技术经济比较见表 7-2。

表 7-2 不同底部结构形式的技术经济比较

项 目	平底式	堑沟式	漏斗式
矿岩稳定性	适 合	适 合	适 合
高应力、岩爆倾向	一 般	适 合	适 合
矿石含硫高具有结块性	差	一 般	一 般
效率高、产量大	适 合	适 合	不适合
使用灵活性	限制出矿巷道的布置，中深孔采场不太合适	灵活性较好	布置灵活，劈漏难度较大；结构复杂；采切工程量大
矿石回收	矿石损失小 遥控铲运机出矿量大	矿石损失较大 遥控铲运机出矿量小	底柱矿石损失大

由表 7-2 不难看出，就冬瓜山矿床的开采而言，堑沟式底部结构最佳，因此选定堑沟式底部结构。

7.4.3 堑沟式底部结构方案优化

针对冬瓜山矿床的赋存条件,对堑沟式底部结构设计了以下4种实施方案:

方案1:在充填体中布置出矿巷道的底部结构,见图7－2。一步骤矿房回采结束后,胶结充填时底部10 m用1:4的全尾砂胶结充填,二步骤回采矿柱时在充填体中开挖出矿巷道,原出矿巷道改为堑沟。该方案减少了工程开挖量,但要在胶结混凝土中开挖巷道,巷道的稳定性难以保证。

方案2:长进路双采场底部结构,见图7－3。一条出矿巷道和出矿进路负担一个矿块(矿房、矿柱)两个采场的出矿任务,出矿巷道布置在矿房与矿柱的边界上。此方案避免了在胶结体中开挖,巷道工程量小,但增加了一步骤回采铲运机出矿的运距,一步骤出矿成本高。

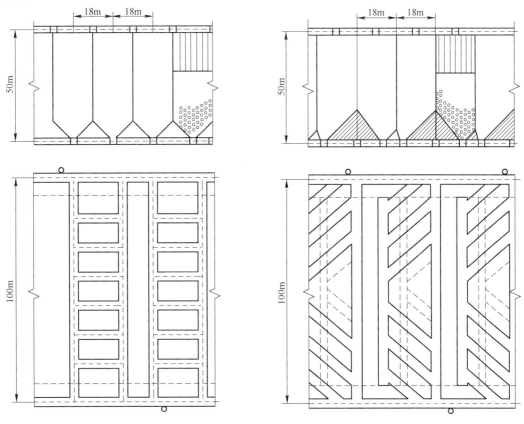

图7－2 堑沟式底部结构(方案1)   图7－3 堑沟式底部结构(方案2)

方案3:矿块间隔墙的底部结构,见图7－4。矿房矿柱间采用小隔墙,避免在胶结充填体中开挖,一条出矿巷道两条堑沟。该方案工程量稍大,底柱矿石损失多,底部结构切割量较大,不利巷道的稳定性,也降低了矿房充填体和出矿巷道的稳定性。

方案4:先短进路回采矿房,后延伸进路回采矿柱底部结构。见图7－5,为方案2的变换形式,通过先开挖矿房堑沟回采矿房,充填后再进行矿柱底部结构的采准。避免了一步骤回采矿房时工程量大、出矿运距长的缺点,但矿房底部结构需用1:4灰砂比胶结充填,并在充填体中开挖,增加了支护工程量。

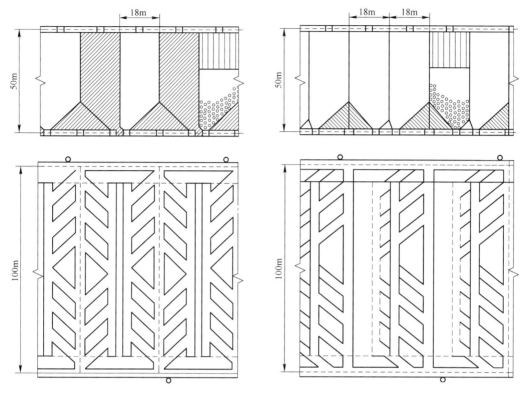

图 7-4 堑沟式底部结构(方案 3)　　图 7-5 堑沟式底部结构(方案 4)

对上述 4 种底部结构实施方案,进行底部结构工程量、胶结料浆开挖量、巷道工程量和矿房底部结构充填全尾砂料浆用量(以底部 10 m 计算)对比分析,结果见表 7-3。

表 7-3　堑沟式底部结构方案比较

序号	项　目	单　位	方案 1	方案 2	方案 3	方案 4
1	巷道工程量					
	堑沟	m	100	164	164	164
	出矿巷道	m	100	100	100	100
	出矿进路	m	81	90	152.4	90
	小计	m	281	354	416.4	354
	工程量	m³	5282.8	6655.2	7828.32	6655.2
	单价	元/m³	97.16			
	工程费用	元	513276.85	646619.23	760599.57	646619.23
2	胶结尾砂料浆开挖					
	长度	m	100			27
	工程量	m³	1880			508
	单价	元/m³	68.72			
	工程费用	元	129193.6	0	0	34882.3
3	巷道支护量					
	出矿巷道支护量	m³	72	16	32	16
	进路支护量	m³	16	0	0	24
	小计	m³	88	16	32	40
	单价	元/m³	800			
	工程费用	元	70400	12800	25600	32000

序号	项 目	单 位	方案 1	方案 2	方案 3	方案 4
4	充填尾砂料浆用量			按底部 10 m 计算		
	充填体积	m³	8118	7380	6068	2952
	水泥用量	t	4870	922	758	2325
	单价	元/t	220			
	工程费用	元	1071400	202840	166760	511434
5	合计 1 + 2 + 3 + 4	元	1784270.5	862259.23	952959.57	1224935.5

显然,方案 2 不在胶结充填料中开挖巷道,支护工作量少,成本最低,且矿量损失小,布置灵活性大,具有明显的优势,因此,确定长进路服务同侧双采场堑沟式底部结构形式为冬瓜山采场最终的底部结构形式。

7.4.4 堑沟式底部结构参数的确定

底部结构堑沟位置优化,这里采用位置参数来描述底部结构堑沟位置,如图 7 - 6 所示。底部结构堑沟位置参数 L_1 和 L_2 分别表示在矿柱、矿房中位置。L_1 和 L_2 与底部三角矿柱损失量、矿石运输功、充填时水泥用量有关。另外,它还关系到二步骤回采矿柱时胶结充填体的稳定性和矿石的贫化。

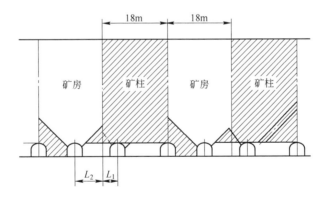

图 7 - 6　堑沟位置参数示意图

对底部结构堑沟位置参数 L_1 和 L_2 优化过程如下所述。

7.4.4.1 在矿柱中位置 L_1

在二步骤回采矿柱时,堑沟位置主要由出矿进路长度满足铲运机运行要求决定,同时考虑矿石的损失大小。经分析,在 $L_1 = 2 \sim 5$ m 时,均可满足铲运机运行要求。在分别对 $L_1 = 2$ m、3 m、4 m、5 m 的情况下底部矿石损失情况进行比较见表 7 - 4。

表 7 - 4　底部矿体损失对照

项　目	数　值				
位置 L_1/m	2	3	4	5	6
底部三角矿柱面积/m²	128	117	106	97	90
损失矿量/t	33587	30700	27814	25452	23616
差率/%	0	-8.4	-18.2	-25	-29.7

从表 7-6 看出，L_1 越大，损失矿石量越小，当 L_1 从 3 m 增到 4 m 时，矿石损失可降低 10%，从 4 m 增到 5 m 时，矿石损失可降低 7%，当 $L_1 = 5$ m 时，出矿进路长度刚好满足铲运机运行要求，当 $L_1 = 6$ m 时，矿石损失可降低 4.7%，降低幅度逐渐减少，但这种以降低铲运机效率换取回收率的提高是不可取的。因此，为充分发挥铲运机效率，在矿柱中位置 L_1 取 5 m。

7.4.4.2 在矿房中位置 L_2

为保证胶结矿房采场底部结构的稳定性，L_2 应大于 4 m，这里分别取 $L_2 = 4$ m、5 m、6 m、7 m、8 m、9 m 进行对比分析。

以经济效益为优化目标，确定目标函数，对 L_2 的位置进行优化。以 $L_2 = 4$ m 时为基本参照，以回收矿石利润、充填成本、巷道掘进成本和运距成本作为优化的成本参量，当改变成本参量的数值，目标函数值及优化结果不同。

目标函数：
$$C_{总} = C_{矿} + C_{掘} + C_{充} + C_{运} \tag{7-1}$$

式中 $C_{总}$——增加利润，元；

$C_{矿}$——多回收矿石增加利润，元：
$$C_{矿} = \Delta V \times \rho \times f_1 \tag{7-2}$$

式中 ΔV——底部多回收矿石体积，m^3；

ρ——矿石密度，t/m^3；

f_1——平均每吨矿石利润，元/t；

$C_{掘}$——增加掘进成本，元：
$$C_{掘} = n \times \Delta l \times s \times f_2 \tag{7-3}$$

式中 n——出矿进路数量；

Δl——增加巷道长度，m；

s——巷道断面，18.8 m^2；

f_2——掘进单价，97.16 元/m^3；

$C_{充}$——增加充填成本（以水泥含量计算），元：
$$C_{充} = \Delta V \times f_3 \tag{7-4}$$

式中 ΔV——底部多回收矿石体积，m^3；

f_3——平均每 1 m^3 增加充填费用，元/m^3；

$C_{运}$——运距增加导致增加的成本，元：
$$C_{运} = q \times \Delta l \times \eta \times f_4 \tag{7-5}$$

式中 q——矿量，t；

η——铲运机铲效降低率，%；

f_4——铲运中材料、工资单价，元/t。

通过分析计算，矿房矿量对优化结果影响不大，即中深孔采场和深孔采场可以取相同的优化结果。

对深孔采场优化结果：
$$C_{总} = (\rho \times f_1 - f_3)(l_2^2 - 18l_2 + 56) - \Delta l(nsf_2 + q\eta f_4) \tag{7-6}$$

当 $l_2 = 9 - (nsf_2 + q\eta f_4)/[125.6 \times (\rho f_1 - f_3)]$ 时，$C_{总}$ 得到最大值，经济上最合理。

（1）以 $\rho = 3.2$，$f_1 = 35.09$，$f_2 = 97.16$，$f_3 = 27.55$ 代入，计算结果见表 7-5。

表 7-5 每吨矿石利润 $f_1 = 35.09$ 元/t 时方案比较

序号	项目	数 值						
	堑沟位置 L_2/m	4	5	6	7	7.5	8	9
1	底部矿石损失/m³	8692	7954	7380	6970	6826	6724	6642
	底部矿石损失/t	27814	25453	23616	22304	21843	21517	21254
	差值/t	0	-2362	-4198	-5510	-5971	-6298	-6560
	每吨矿石利润/元	35.09						
	多回收矿石利润/元	0	82869	147322	193360	209529	220983	230190
2	增加掘进工程量/m³	589	737	884	1031	1105	1178	1326
	单价/元·m⁻³	97.16						
	工程量差值/m³	0	147	295	442	516	589	737
	差值/元	0	-14312	-28624	-42936	-50092	-57248	-71561
3	增加充填量/m³	0	-738	-1312	-1722	-1866	-1968	-2050
	充填成本/元·m⁻³	27.55						
	增加充填成本/元	0	-20332	-36146	-47441	-51408	-54218	-56478
4	运输增加费用/元	0						
	深孔(矿量23.6万t)	0	-3894	-8184	-11682	-13629	-15576	-19470
	中深孔(14.1万t)	0	-2327	-4653	-6980	-8143	-9306	-11633
合计	相对收益增加 1+2+3+4							
	深孔/元	0	44331	74368	91300	94400	93940	82682
	中深孔/元	0	45898	77899	96003	99886	100210	90520

经计算,此时深孔采场 $L_2 = 7.60$ m,中深孔采场 $L_2 = 7.75$ m,相对收益最佳。

从表 7-5 不难看出,无论深孔采场还是中深孔采场堑沟位置 L_2 在 7~8 m 时,目标值相差不大。而出矿巷道距堑沟距离决定出矿巷道稳定性和支护工作量大小,当 $L_2 = 6$ m 时,出矿巷道与堑沟岩层最小厚度为 5.43 m,$L_2 = 7$ m 最小厚度为 4.73 m,$L_2 = 8$ m 最小厚度为 4.03 m。综上考虑,为了设计和工程施工方便,取 L_2 为 7 m。

(2)底部难选矿石导致利润降低至 $f_1 = 17.15$,代入计算结果见表 7-6。

表 7-6 每吨矿石利润 $f_1 = 17.15$ 元时方案比较

序号	项目	数 值						
	堑沟位置 L_2/m	4	4.5	5	6	7	8	9
1	底部矿石损失/m³	8692	8302	7954	7380	6970	6724	6642
	底部矿石损失/t	27814	26566	25453	23616	22304	21517	21254
	差值/t	0	-1248	-2362	-4198	-5510	-6298	-6560
	每吨矿石利润/元	17.15						
	多回收矿石利润/元	0	21403	40501	72003	94503	108004	112504
2	增加掘进工程量/m³	589	663	737	884	1031	1178	1326
	单价/元·m⁻³	97						
	工程量差值/m³	0	74	147	295	442	589	737
	差值/元	0	-7156	-14312	-28624	-42936	-57248	-71561
3	增加充填量/m³	0	-390	-738	-1312	-1722	-1968	-2050
	充填成本/元·m⁻³	27.55						
	增加充填成本/元	0	-10745	-20332	-36146	-47441	-54218	-56478

续表 7-6

序号	项 目	数 值						
	堑沟位置 L_2/m	4	4.5	5	6	7	8	9
4	运输增加费用/元	0						
	深孔矿量(23.6万t)	0	-1947	-3894	-8184	-11682	-15576	-19470
	中深孔矿量(14.1万t)	0	-1163	-2327	-4653	-6980	-9306	-11633
合计	相对收益增加 1+2+3+4							
	深孔/元	0	1556	1963	-951	-7556	-19039	-35004
	中深孔/元	0	2339	3531	2580	-2854	-12769	-27167

此时,深孔采场 L_2 =4.68 m,中深孔采场 L_2 =5.13 m 时,相对收益最佳。

从表 7-6 可以看出,在低利润矿石中布置底部结构,当堑沟位置 L_2 =5 m 时,深孔采场和中深孔采场目标值皆为最大值,故取 L_2 =5 m。

根据上述分析结果,并考虑充填体稳定性等因素,在矿房和矿柱中,深孔采场和中深孔采场底部结构堑沟位置均取 5 m,即 L_1 =5 m, L_2 =5 m。

综上所述,冬瓜山矿床开采采用 V 形堑沟底部结构,一条出矿巷道和进路负担一个矿块(矿房、矿柱)两个采场的出矿任务;堑沟位置参数:对于底部为易选等利润高的矿石,堑沟位置 L_1 =5 m, L_2 =7 m;对于底部利润低的矿石或废石,堑沟位置 L_1 =5 m, L_2 =5 m;进路间距 13.5 m,出矿进路与出矿巷道交角 50°,堑沟坡面倾角 45°。拉底巷道与堑沟巷道合一。最终确定的底部结构形式如图 7-7 所示(利润高的矿石)。

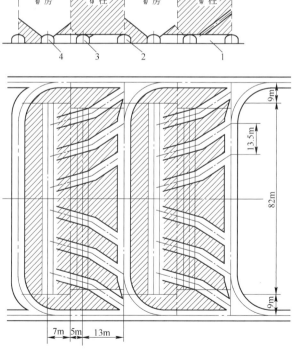

图 7-7 长进路双采场堑沟式底部结构

1—出矿进路;2—出矿巷道;3—矿柱堑沟;4—矿房堑沟

7.5 采准工程设计

7.5.1 采准工程

在考虑采准工程的布置时,需充分利用已有工程。冬瓜山首采区段开拓工程已经完成,部分采准工程也于先期施工。已经施工的开拓工程包括主井、副井、主进风井、采区主斜坡道(−670 ~ −850 m)、主回风巷(−790 ~ −850 m)、各水平沿脉及联络道(−730 ~ −790 m 联络道、−790 m 水平 51 线及 53 线措施联络巷、−850 m 水平 57 线穿脉联络巷)等。已施工的探矿和采准工程有 −730 m 水平的探矿巷道、−670 m 水平的部分单线充填回风巷(51 线、53 线)。从整个矿山开拓通风系统的布置和矿山首采矿块的分布情况,采准工程共分为 −670 m、−714 m、−730 m、−760 m、−790 m、−850 m 水平,各水平的联络道均从矿体南端的采区斜坡道及南沿脉开口,经穿脉联络道与主回风道相通。

7.5.2 切割工程

对于大孔采场,从回采工艺上要求先拉底后落矿,因此必须先形成拉底空间。拉底方法采用扇形中深孔拉底,拉底高度由一次爆破高度确定。根据爆破专题的研究成果,一次爆破高度约 7 m。冬瓜山铜矿矿石碎胀系数为 1.5,因此拉底高度要求不小于 10.5 m,设计拉底高度 13.5 m。拉底层的爆破与普通中深孔采矿的方法相同,先掘切割井和切割巷,拉开切割空间,然后逐排后退式爆破形成拉底空间。

中深孔采场的切割工程包括切割巷和切割天井,切割工程原则上是布置在采场中矿体最高处。根据冬瓜山铜矿首采区段矿体产状,采场矿体最高处多靠近隔离矿柱,因此切割工程也应布置在采场两端矿体较高的一侧。同时,为改善中深孔采场的通风状况,切割天井与上水平凿岩通风巷连通。

7.5.3 充填巷道

回风充填联络平巷根据矿块具体情况,或者可以利用原来的巷道,或者重新开凿巷道。凿岩巷道和凿岩硐室布置在矿体顶板围岩中,矿体回采结束时,凿岩巷道和凿岩硐室仍存在,凿岩巷道作为充填巷道。凿岩硐室既可用于凿岩,也可用于充填,无需再掘充填巷道。

由于矿体顶板高度变化较大,在盘区的单线顶板一般布置一条专用充填巷道,主要用于尾砂或尾胶充填通道,提高采场充填率和接顶效果。从安全角度考虑,一般充填巷道位于矿体回采顶界 15 m 以上。矿体回采结束时,凿岩巷道和硐室消失,隔离矿柱中的凿岩联络道保留,可以作为废石充填及尾砂(胶)充填道。

7.5.4 溜放系统

溜井的布置与出矿设备(电动铲运机)的最佳运输距离、溜井负担采场矿量及底部结构形式等因素有关。冬瓜山铜矿采用 EST-8B 电动铲运机出矿,最大尾绳长度为 150 m。为充分发挥铲运机的工效,因此确定 1 台铲运机只负担半边采场的出矿量,即只负担 50 m 长采场的矿量。在此前提条件下,根据 −875 m 主运输水平的运输环线(已施工)的布置情况,设计在双线隔离矿柱内布置溜井,溜井间距 80 ~ 120 m,50 ~ 58 线双线穿脉各布置 3 ~ 4 条溜井,共布置溜井 12 条。首采区段采切工程量 986249.7 m³,实际采切比 610 m³/万 t,小于攻关目标 680 m³/万 t 的指标要求,实现了攻关目标。

7.5.5 采区通风工程

冬瓜山采用多级机站通风系统,采区各采场总的需风量是由系统提供的,采区的通风阻力也是由系统风机克服的,新鲜风流由进风井通过各中段进风侧多级机站,经采准联络道进入工作面;通过无风墙辅扇在采区分风导向,在盘区实时调控来满足作业需求。每个工作面皆形成贯穿风流通风,污风经回风巷道排到 −790 m 和 −850 m 专用回风道,由 Ⅱ 级回风机站风机抽出,通过回风井排到地表。

采风通风一般分为上、下两层,凿岩充填层,一般新鲜风流通过上中段水平进入,冲洗凿岩充填巷道(硐室)作业面后,污风通过隔离矿柱顶部凿岩联络道或充填回风道,由回风侧回风巷道汇入专用回风道。底部出矿层,新鲜风流经各水平沿脉巷(或联络巷)进入底部结构出矿层后,经无风墙辅扇分风导向通风后,污风通过各穿脉巷、出矿巷道(顶部为凿岩联络巷),再沿回风穿脉汇到总的回风联络巷。

从冬瓜山井下系统来看,采区进风水平有 −670 m,−730 m,−790 m 及 −850 m,而回风水平在 −790 m(一条回风巷)及 −850 m(两条并联回风巷),因此,−670 m 中段需风量由本中段进入;−730 m 及 −760 m 需风量由 −730 m 中段进入,也可考虑由 −670 m 经斜坡道下一部分风;−790 m 中段需风量由本中段进入;−825 m 需风量由 −850 m 中段进入。由于 54 线及 56 线采准设计考虑了双层出矿穿脉巷,因此各盘区的进、回风均可通过盘区本身的穿脉巷来实现,在盘区交界处避免了出现进、回风处于同一条穿脉巷的情况。盘区之间的出矿层布置在不同水平,既可减少矿石的贫损指标,也有利于实现各盘区分区进风,利于通风管理和改善通风质量。

无风墙辅扇通风是一种辅助通风方法,由于它无需安设风墙,因此对井巷中的运输、行人以及扇风机的安设和移动都很方便、灵活。它主要用来调节风量和加强一些地点的通风,而它的最大特点就是不设风墙,可以释放爆破冲击波的破坏,并且依靠扇风机出口风流的动压引射风流,得到比风机风量更大的巷道风量。实际应用结果也表明了无风墙辅扇具有上述优点,冬瓜山采场通风即依此采用无风墙辅扇通风技术。

参 考 文 献

[1] 中国有色工程设计研究总院. 冬瓜山铜矿若干技术方案的论证[R],2002.
[2] 唐礼忠,潘长良,谢学斌等. 冬瓜山铜矿深井开采岩爆危险区分析与预测[J]. 中南工业大学学报(自然科学版),2002,33(4):335~338.
[3] 蔡美峰. 金属矿山采矿设计优化与地压控制[M]. 北京:科学出版社,2001.
[4] 长沙矿山研究院,铜陵有色狮子山铜矿. 冬瓜山高温矿床通风技术和降温技术研究[R],1999.
[5] 中国有色工程设计研究总院. 冬瓜山初步设计[R],2003.
[6] 古德生. 地下金属矿采矿科学技术的发展趋势[J]. 黄金,2004,25(1):18~22.
[7] 于润沧. 论当前地下金属资源开发的科学技术前沿[J]. 中国工程科学,2002,18(3):9~12.
[8] 何满潮,谢和平,彭苏萍等. 深部开采岩体力学研究[J]. 岩石力学与工程报, 2005,24(16):2803~2813.
[9] Wilson Blake,Davie G F Hedley. The Rockburst Phenomenon. Rockbursts Case Studies from North Ameri-

can Hard-Rock Mines. Society for Mining[J]. Metallurgy,and Exploration,2003:1~2.

[10] 韩志型,尹健生. 南非的深井采矿研究[J]. 世界采矿快报,1999,15(10):11~14.

[11] Farsangi P, Hara A. Consolidated Rockfill Design and Quality Control at Kidd Creek Mines[J]. CIM Bulletin,1993,86(972):68~74.

[12] Landriault D A,Brown R E, Counter D B. Paste Backfill Study for Deep Mining at Kidd Creek[J]. CIM Bulletin,2000,93(1036):156~161.

[13] 杨承祥,胡国斌,许新启. 复杂难采深部铜矿床安全高效开采关键技术研究[J]. 有色金属(矿山部分),2005,57(3):5~7.

[14] 宋焕斌,张兵,王瑞花. 国际矿业发展趋势分析[J]. 昆明理工大学学报(社会科学版),2005,5(3):37~42.

[15] 王运敏. 冶金矿山采矿技术的发展趋势及科技发展战略[J]. 金属矿山,2006,355(1):19~25,60.

[16] Chanda E K, Katonga C. Evolution of Vertical Crater Retreat Mining at Mindola Mine, Zambia[A]. Conference on Massmin 2000[C]. 2000(7):685~695,2000.

[17] 《采矿手册》编辑委员会. 采矿手册(第4卷)[M]. 北京:冶金工业出版社,1990.

[18] 童光煦. 高等硬岩采矿学[M]. 北京:冶金工业出版社,1995.

[19] 冯夏庭. 深部大型地下工程开采与利用中的几个关键岩石力学问题. 科学前沿与未来:第六集[M]. 北京:中国环境科学出版社,2002,202~211.

[20] 蔡美峰. 岩石力学在金属矿山采矿工程中的应用[J]. 金属矿山,2006,355(1):28~33.

8 束状孔当量球形药包大量落矿采矿技术

8.1 地下大量采矿爆破技术及其发展概况

追溯采矿技术的发展历史,破岩方法一直是一个最活跃的主导因素。

早期的采矿起源于手工作业,中国明朝开始有了绳凿法,16世纪初火药用于采矿破岩;1849年发明了蒸汽凿岩机;1857年发明压汽凿岩机;1845年发明了硝化甘油炸药;1918年发明了硝铵炸药,伴随提升与排水技术发展,采矿技术随之进入了现代发展阶段。此后,在采矿破岩领域值得记载的主要技术成就有:气动活塞式凿岩机(1890)、微差爆破(1946)、铵油炸药(1956)、潜孔钻机(1955)、高风压潜孔钻机(1973.3)、乳化炸药(1969)。如果以机械切割为主要破岩手段的连续采矿机大规模用于硬岩矿物开采,将是采矿技术变革性的重大进步。

以大直径深孔大量落矿为主要工艺特点的地下大直径深孔高效采矿技术是20世纪地下采矿技术发展的重大成就,集中了20世纪70年代初期凿岩设备、爆破器材、爆破技术、爆破理论等方面现代发展成就。

早于20世纪50年代,加拿大国际金属公司在萨德伯里矿区采用金刚石钻机试验过深孔采矿,孔径为50 mm,孔深不超过38 m;1962年开始试验潜孔钻机,主要因为钻头的问题而未获成功;早期的牙轮钻机因为体形大,运搬困难,钻头寿命短等原因未能推广。1973年3月,在铜崖北矿重新试验改进的潜孔钻机和将十字钻头改为柱齿形钻头(152 mm),取得成功并迅速在国际金属公司所属的12个矿山有效推广,仅两年就有18台高风压潜孔钻机投入应用,后来经过进一步改进的钻机是由Atlas Copco,Joy和Ingersoll-Rands三家公司生产的。

目前,地下大直径深孔采矿采用165 mm孔径的为多,凿岩速度可达0.8 m/min,台(班)效率超过110 m,每米孔崩矿量30~50 t。Ingersoll-Rands公司的Cmm2E型钻机最大凿岩孔深230 m,直径可达254 mm。20世纪90年代,发达的采矿大国已经完成了凿岩作业的自动化和智能化开发研究工作并已进入实用化阶段。

大直径深孔采矿工艺设计一般在采场的上部水平开挖凿岩硐室,采用大直径深孔钻机打下向深孔,采用球形药包以自下而上顺序向采场下部已开挖好的拉底空间逐层崩矿,或者以切割立槽为自由面和补偿空间进行阶段崩矿,崩落的矿石从采场下部的出矿巷道运出,大直径深孔采矿的全部回采工艺在大型设备配套的情况下,可以获得相当高的效率和采场生产能力,所有作业都在经过维护的巷道内进行,有利于作业安全和提供良好的作业环境。

大直径深孔采矿技术与大型无轨装运配套,不仅以其高效率、高强度、低成本和作业安全直接推动了金属矿地下开采大型化、连续化、集中作业的发展趋势,同时,还由于大直径深孔大参数大量落矿技术选择的灵活性,影响改变采矿工程结构和回采工艺的传统设计概念,可以根据矿体的规模和开采的技术条件在更大的范围内进行技术选择,以获得矿床开采最大的技术经济效果。如,瑞典基鲁那铁矿采用大直径深孔采矿技术设计了地下开采的超级采场,沿矿体划分的矿块长100 m,宽90 m,高154 m,矿块矿量500万t。矿块划分为采场,每个采场的矿量50万t,在凿岩巷道进行凿岩作业,上向孔24 m,下向孔130 m。如,加依铜矿采用阶段崩落法,段高 160 ~ 180 m,阶段深孔孔深 150 m;芒特艾萨矿铜矿体采用嗣后充填分段空场法,阶段高度为 240 m。

　　大直径深孔的大量落矿方案、爆破方法和技术是实现大直径深孔采矿技术应用效果的关键。根据矿体开采条件和技术应用的目标,大量落矿一般可分为采用球形药包以自下而上的顺序分层落矿和采用柱状连续或分段装药的阶段爆破,也有联合采用球形装药与柱状装药梯段爆破。

　　球形药包分层落矿,也就是 VCR 采矿法,这一成就应归功于美国学者 W. C. 利文斯通(W. C. Livinsgton)经过长期研究提出的球形药包漏斗爆破理论,以及加拿大工业公司 L. C. 朗(L. C. Lang)先生结合大直径深孔采矿条件提出的倒漏斗爆破的新概念,区别于常规的漏斗爆破,倒漏斗(群)爆破不仅爆破破碎带范围内的矿岩被崩落,在重力和相邻药包互相扰动下,应力带的大部分矿岩也会崩落,崩落的总高度可远超过药包上端的最大高度。

　　经 C. W. 利文斯通和 L. C. 朗等人在理论上的研究与 VCR 采矿法的实践,建立了一系列球形药包漏斗爆破各参量之间的关系,并提供了如下相应的技术经验:

　　(1) 长度与直径之比不大于 6 的短柱状装药可视为球形药包。

　　(2) 要求必须使用高密度、高爆速、高体积威力的炸药,并与矿岩的物理力学性质适宜的匹配。

　　(3) 一定的炸药—岩石的匹配关系,药量与埋深之间的关系是:

$$N = EW^{1/3} \qquad (8-1)$$

式中　N——临界埋深;

　　　　E——应变能系数,一定炸药—岩石匹配下为常数;

　　　　W——药包质量。

　　在具体的矿岩条件下,一定质量的球形药包漏斗爆破,一定存在一个爆破漏斗体积最大,破碎质量最好的埋深,称为最优埋深。

$$d_0 = \Delta E W^{1/3} \qquad (8-2)$$

式中　Δ——最优埋深与临界埋深之比。

　　(4) 爆破与装药参数设计必须以就地进行的模拟漏斗爆破试验的数据为依据。

　　据分析,VCR 法球形药包爆破是在大孔径深孔、短抵抗线、采用高爆速、高密度、高体积威力炸药、耦合装药、强力起爆等一系列独特条件下的漏斗爆破。炸药的爆轰对岩体加载、卸载以及鼓包运动等过程都大大加快,因而,可以推断,VCR 球形药包爆破的更重要的实质是岩体在爆破的作用下的破碎是以密集的短裂隙为主,避免了主裂隙的充分发展,这可能是 VCR 球形药包爆破矿岩破碎块度细碎均匀,对其他岩体(如,矿壁、充填体、落矿后的顶板)破坏很小的主要原因。

　　一些发达国家,因为天井钻机应用得很普遍,以及为了追求更高的效率和采场生产能力,一般情况下,先用天井掘进机沿采场全高形成切割天井并扩大为切割立槽,并以切割槽为自由面和补偿空间采用阶段深孔进行阶段崩矿。爆破设计一般仍沿用炮孔爆破的基本原理,研究工作多见于:根据一定的爆破条件为预期爆破效果建立相应的块度数学模型或以最终成本为目标函数的爆破参数优化等;由于阶段爆破一般规模比较大,又多采用连续耦合柱状装药,爆破作用控制、爆破动应力诱发地压灾害、爆破地震参数分析和破坏判据等方面的研究工作普遍受到重视。

我国自 20 世纪 80 年代初期开始,以大直径深孔大量落矿为主要工艺特点的大直径深孔高效率采矿技术进行了系统、大规模试验和应用研究,包括以球形药包分层落矿的 VCR 采矿法,阶段深孔的台阶崩矿采矿法,带补偿槽的阶段挤压崩矿盘区连续崩落采矿法,带临时隔离矿柱的嗣后充填阶段深孔连续采矿法,束状孔盘区连续崩落采矿法,束状孔当量球形药包盘区大量落矿嗣后充填采矿法。在大直径深孔大量落矿爆破技术方面试验应用了球形药包分层爆破、阶段深孔台阶爆破、阶段深孔挤压爆破、球形与柱状装药联合爆破以及梯段爆破、束状孔等效直径当量球形药包大分层爆破等。为预期可能的爆破效果和预防爆破有害效应可能的破坏作用,根据爆破条件建立相应的块度数学模型、爆破参数优化、爆破地震观测以及邻近装药的充填体爆破动应力响应和界面效应等方面都进行了相应的工作,积累了必要的技术经验。

上述工作基本形成了我国适用于不同技术条件的大直径深孔高效率采矿比较齐全的方案类型和相应的工艺。

8.2　束状孔等效直径当量球形药包爆破新技术

8.2.1　问题的提出

大直径深孔大量落矿,国内外一直基于两种原型爆破技术,一是球形药包分层爆破,二是柱状装药的炮孔爆破,其他基于上述两爆破方法的演化变形技术有球形与柱状联合装药爆破、球形装药自拉槽的梯段式爆破等。

最优埋深条件下的球形药包漏斗爆破是一种合理利用炸药能量的破岩爆破方法,VCR 法实际应用表明,矿岩破碎块度均匀、细碎,爆破有害效应低微;但装药爆破施工操作比较复杂,在现有 165 mm 孔径条件下,落矿分层高度仅 3 m 左右,限制了采场爆破规模。柱状装药阶段深孔爆破,施工工艺简单,效率高,爆破规模几乎不受限制,在采用天井钻机切割拉槽的条件下,可以获得很高的效率和采场生产能力,但是增加了获得预期的矿岩破碎效果和爆破有害效应控制的难度;如果没有天井钻机,则切割槽将是一项效率低,作业艰苦的工程。

地下大直径深孔采矿采用的下向孔,基本采用方形、矩形、三角形的均匀布孔方式,采场凿岩水平需形成大面积凿岩硐室,增加了支护的难度;采用下向扇形深孔可以改用断面较小的凿岩巷道,但组成扇形孔的大部分炮孔都是倾斜孔,凿岩作业保证炮孔的方位角和倾角的精度有一定难度;与下向垂直平行深孔比较,每米孔崩矿量、爆破块度等指标也明显恶化。

基于上述分析,进行必要的技术知识转移和综合,创立一种地下大直径深孔新的落矿方法,使其兼有球形药包合理利用炸药能量、矿岩破碎质量好,又具有阶段崩矿效率高、能力大和扇形孔在巷道进行凿岩作业,简化采场地压管理并减少采准工作量的共同特点。将有利于促进地下大直径深孔采矿技术的进一步发展、扩大应用范围和应用的技术经济效果。

8.2.2　束状孔当量球形药包爆破技术

事实上,VCR 球形药包漏斗爆破,只有当孔径大到一定尺寸时,才有其工程应用价值,目前,常用的 165 mm 孔径条件下,3 m 左右的分层高度和相对复杂的施工工艺,限制了效率和生产能力进一步提高,这也是目前在大直径深孔采矿领域,VCR 球形药包落矿应用比重较低的主要原因。采用更大直径的深孔,必然导致钻机机体更加庞大、笨重,在井下运输和作业空间有限的条件下,其应用一定受到更大的制约。

束状深孔也称平行密集深孔,可以直观地理解为数个平行深孔,当使其相互间的距离逐渐缩小到一个适宜的距离时,将其同时起爆,对周围介质爆破作用等效于一个更大直径的爆破作用,一束孔的孔间距视矿岩物理力学性质,一般为孔径的 3~6 倍,组成一束孔的孔数则根据工程爆破性质和技术条件可由 2~30 个孔组成,在工程应用上有很大的灵活性和实用性。

束状孔的研究工作最早见于前苏联东方金属矿科学研究院(Воcтнигри),通过试验研究首先揭示了同时起爆数个间距为 3~9 倍孔径的一组平行炮孔具有提高炸药能量利用率和矿岩破碎效果的特点,在随后完成了一系列应用前期研究工作之后,首先,在乌拉尔的西比利(Сибири)矿应用于地下采矿爆破,并进一步推广应用至很多矿山,我国也于 20 世纪 80 年代进行了束状阶段深孔崩矿技术的试验和应用研究。

研究表明,束状孔与对应的等效大孔比较,单位装药量所负担的装药与孔壁接触面积增加了 $\sqrt{n}$ 倍,造成了冲击波能量均匀分布的条件,降低了爆轰压力对孔壁的作用时间,同时,由于近距离相邻装药强烈破碎区的部分重合,从而大幅度降低了炸药能量在爆破近区的消耗比重;同时,也可以推断,由于过粉碎区的减少,改善了爆破的准静压力作用期间能量向岩体传递的条件。

同时起爆由数个孔组成的束状孔,各个孔的冲击波相互作用形成合成的应力场和波震面,在继续扩展和传播过程的应力波的波阵面仍然具有多孔的应力场相互作用和合成的特点,已经不是一个没有几何厚度的面,而是有一定厚度且呈网状结构,与等效装药的大孔比较,应力波的压力、能量密度、正压作用时间、单位作用冲量都明显增加。有利于增强装药中远区的爆破作用。

基于等效爆破阻抗的概念,将由数个炮孔组成一束孔等同于一个更大直径的单一炮孔,那么,可以简单地将这单一炮孔的孔径理解为这一束孔的等效直径,在工程设计上,一般将这一关系简化为:

$$D = \sqrt{n}d \qquad\qquad (8-3)$$

式中　　D——束状孔的等效直径;

　　　　n——组成束状孔的孔数;

　　　　d——组成束状孔的孔径。

以束状孔布孔形式和以束状孔等效直径的新概念进行 VCR 球形药包大量落矿,预期可以获得如下技术经济效果:

(1)这一大量落矿技术综合利用了最优埋深条件下球形药包漏斗爆破合理利用炸药能量最优条件和有利于增强装药中远区爆破作用的束状孔效应,是一个通过合理利用炸药能量提高矿岩破碎质量大量落矿的新方法。

(2)以束状孔等效直径设计球形药包,可以根据条件和需要选择组成束状孔的炮孔数,从而,球形药包装药参数和崩落分层高度已经不直接依赖于炮孔直径,而取决于组成束状孔的孔数和相应的等效直径,为参数、效率、能力、规模的设计计算提供了较大的选择性。

(3)采用大参数球形药包漏斗爆破设计,由于装药约束条件的改善,可以采用无任何特殊性能要求的普通炸药加之合理利用炸药能量以及提高每米孔崩矿等原因,将显著降低爆破成本。

(4)束状孔的大参数束间距为将凿岩硐室布置成凿岩巷道的形式创造了条件,巷道间可以留较大尺寸连续矿柱,简化了采场地压管理和支护工作;采场高分层落矿可在较大的范围内选择采场爆破规模、周期,而且完全避免了切割井、拉切割槽等辅助工程。总体上简化了采场工程结构,减少了工程量,缩短了准备周期。

8.3 大量采矿爆破技术条件

8.3.1 矿岩物理力学性质、原岩状态及可爆性评价

根据冬瓜山矿床开采技术条件,采用暂留隔离矿柱阶段空场嗣后充填采矿方法,盘区沿矿体走向布置,盘区长度为矿体水平厚度,宽度 100 m,盘区间暂留隔离矿柱。采场长为78 m(尾砂充填采场)或82 m(胶结充填采场),宽为18 m,采场高度为矿体的厚度。当矿体可采厚度小于30 m时,采用中深孔落矿;矿体可采厚度大于40 m时,采用165 mm直径的大直径深孔落矿。矿岩可爆性主要取决于其强度参数、岩体结构、原岩应力等,因矿体主要由含铜矽卡岩、含铜黄铁矿、含铜蛇纹岩、含铜磁铁矿等构成。矿体构造简单,节理裂隙不发育,岩性坚硬,力学强度高稳定性好。

矿岩物理力学性质见表1-5,根据 Deere 和 Miller 完整岩石强度分类表,可以把试验的7种岩石分为以下几种类型:

强度低的岩石:黄龙组大理岩;强度中等的岩石:栖霞组大理岩;高强度的岩石:粉砂岩、矽卡岩及石榴子石矽卡岩;强度很高的岩石:石英闪长岩及含铜磁铁矿。

8.3.2 岩体结构

矿体中发育的三组节理为:
(1)主节理组:走向北西—南东,倾角75°~85°,倾向南西。
(2)次节理组:走向北西西—东西向,倾角60°~75°,倾向南。
(3)零星节理:走向北东—西南,倾角70°~90°。

栖霞组大理岩中发育的三组节理为:
(1)主节理组:走向北西—南东,大部分倾向南西,倾角75°~85°,小部分倾向北东,倾角80°以上。
(2)次节理组:走向北东东—近东西,倾角70°~85°,倾向南略偏东。
(3)零星节理:大部分走向北东,倾向西东,倾角60°左右。

石英闪长岩中发育的三组节理为:
(1)主节理组:走向北东东—近东西,绝大部分倾向西北,倾角50°~80°,部分倾向南东,倾角60°~80°,此组节理为方解石充填,胶结较好。
(2)次节理组:走向北西—南东,倾角70°~90°,倾向南西西。
(3)零星节理:大部分走向北东,倾向南西,倾角50°~80°。

在被测量的上述三种岩性中,断层、节理、裂隙均不发育,这和上部-460 m的测量结果

（1 条/m）相似。岩石属于块状裂隙岩体—大块状岩体。在这三种节理中,以北西—南东和北东东—近东西向的两组相对发育,这和矿区内断裂构造的分布方向基本一致。绝大部分节理倾角较陡,常无充填物,部分节理中有方解石充填。地质队对矿床 511 个测点进行了节理统计,结论相似。需注意的是,二组节理交汇的部位,特别是与层面相交的地段,局部仍会产生三角冒落。

从矿岩结构特征看,矿体中发育的三组节理倾角较陡,采用束状孔球形药包分层下向崩落矿石,有利于减少爆破大块的产生。

总体上看,冬瓜山矿岩强度高,节理、裂隙不发育,岩体完整性较好,属于坚硬难爆岩体。

8.4 束状孔当量球形药包爆破机理效应和参数

8.4.1 束状布孔的动态光弹试验

试验采用 WZDD-1 型多次火花动态光弹仪。该仪器可一次拍摄几幅不同瞬间的爆破模型的应力条纹图片,因而可以根据不同形式的束孔布孔形式、参数的模型爆破中应力传播衰减规律并结合模型的破坏情况借以分析其爆破作用机理和破岩特性。

试验进行了 3~6 个孔的直线、弧线、圆形等不同的布孔形式和布孔参数。试验表明,密集平行束状孔爆破形成了叠加应力场,且由于各不同的布孔形式和参数其效应也有不同。直线布孔方式均可见椭圆形应力场,在其短轴方向,即炮孔连线的中垂线方向较侧向变密,且形成近似平面形状的波前,因而应力衰减也较其侧向慢得多。如 4 孔直线形束状孔在距爆破中心 50 倍孔径的距离时,正向应力大约是侧向应力的 1.8 倍。这一结果同国外的研究结论基本一致。同时也说明,在同样孔径的条件下,采用束状孔布孔可以成倍或几倍增加抵抗线,同时保证良好的破碎质量。

8.4.2 高应力条件下介质爆破与径向裂隙特性的动态光弹试验

冬瓜山矿体埋藏深度达 1000 m,矿区的原岩应力在其方向与量级上主要受构造控制,差别较大。由于矿体内存在高应力和各向应力的不均衡性,采场爆破崩矿时,矿岩在爆破动应力作用下,各炮孔孔壁近区动态参量及介质径向裂隙必存在一些差异。对不同高应力条件下介质爆破作用特性进行动态光弹模拟试验研究,探索研究在高应力条件下介质的动应力状态、破碎带的特征参数及炸药能量消耗规律。

8.4.2.1 试验方案

为了模拟现场矿体在高应力条件下的爆破特性,主要试验方案是模型在附加单轴或双轴载荷条件下,施加爆破动载的动光弹试验。其特点是:不但施加爆破动载,还附加单轴或双轴静载,即模型在有附加载荷下再进行动光弹分析。为了对比分析不同受载情况下的爆破动应力特性,进行了下列几组方案进行试验。

不附加静载的爆破动光弹试验;附加单轴载荷 p1 的爆破动光弹试验;附加双向载荷 p1、p2 的爆破动光弹试验。

8.4.2.2 条纹计级分析

在未加载荷或两方载荷一样时,任何时刻两方向的条纹是相同的;应力波反射前($t = 15\ \mu s$),8 组未开挖的实验应力波形状及大小基本一致。在 $t = 15\ \mu s$ 时刻的应力波条纹图,基本上是同心圆;开挖情形,应力反射前($t = 15 \mu s$),除开挖区附近及爆破中心与前 8 组有所不同外,其他区域与前 8 组类似为同心圆。

爆炸最初的瞬间,附加应力对其影响较小;但到 $t = 28 \mu s$ 时刻后,水平方向(p_2 方向)与垂直方向(p_1 方向,下同)的条纹明显不同。

两方向的附加应力不同,受压区与受拉区的条纹级次不同,峰值位置也不同。

水平方向的附加应力相同,模型在水平方向条纹级次随距离的变化规律在此时刻相似。

对不同附加载荷的动光弹分析可以得出:在 p_2 相同而 p_1 从 392 N 变化到 1568 N 时,此方向的最大条纹级数的变化可见,随着附加载荷(p_1)的增加,受拉的条纹级数减小,而受拉的条纹级数增加,因附加应力与爆炸产生的拉伸应力波相消叠加,而膨胀波反之,介质主要是靠拉应力破坏,说明介质在高应力条件下相对难爆。

开挖模型的共同特性是:在 $t = 28 \mu s$ 时,最大条纹级数出现在圆弧角上,受拉区的最大条纹级数高于受压区的最大条纹级数,圆弧以下至底线出现低应力区;在开挖区的直线底板区域因应力波反射有一拉伸区,再往中心有一应力波缩区。在 $t = 40 \mu s$ 时,因有开挖区,造成应力波在介质中的传播距离变短,在此时刻,应力波有一部分已过开挖区,应力波衰减,进入低应力区,最大条纹级数在圆弧的垂直角上。11 号模型在 $t = 52 \mu s$ 时,因开挖区相对较大,反射拉伸使开挖区的底线出现裂纹。

8.4.2.3　裂纹扩展分析

裂纹扩展与附加载荷的大小与方向有极大的关系。裂纹的扩展方向不是在主应力线上,而是与主应力成一定角度,且与主应力差有关。如 $p_1 = p_2$ 时,最大裂纹在 45° 左右的方向上,而其他情形的主裂纹与主应力成 15° ~ 45° 角不等,一个共同的特性是主裂纹不在应力线上,但与最大主应力的角度不大于 45°。附加载荷对最大裂纹、裂纹大小及裂纹扩展方向有明显影响,自由状态的主裂纹不明显,裂纹的扩展形式是一个同心圆。单轴加载模型的主裂纹(或最大裂纹)为 15.0 mm,主裂纹与主应力 σ_1 的夹角为 15°;$p_1 = p_2 = 392$ N 的 2 号模型与 $\sigma_1 = \sigma_2 = 1568$ N 的 8 号模型,两者裂纹总体扩展形状类似,主裂纹(最大裂纹)与主应力成 45° 角,主裂纹长度分别为 45.0 mm 与 30.0 mm,两模型的四条较明显裂纹总长分别为 121 mm(2 号模型)与 107 mm(8 号模型),附加载荷高 1 倍,最大裂纹小 30%,裂纹总长小 13%。3 号、4 号、5 号模型在水平方向的附加应力相同均为 392 N,而垂直方向的应力分别为 784 N、1176 N、1568 N,其裂纹扩展特征是:主裂纹分别为 32.0 mm、30.0 mm 和 29 mm;主裂纹与最大主应力的夹角分别为 19°、23°、24°;各模型的四条较大的裂纹总长分别为 103.0 mm、99.0 mm 和 92.0 mm;还有一不同点是 3 号模型水平方向的次一级裂纹相对较为发育,而 5 号模型水平方向的次一级裂纹最少。由此说明在高应力条件下,当其他地质条件相同时,矿岩难爆,炸药单耗要增加;裂纹扩展及爆破效果与附加应力有关,附加应力愈大,裂纹扩展愈小。对存在高应力的冬瓜山矿体,必须适当采用较小抵抗线的凿岩爆破方案。3 个开挖模型因有开挖,爆源不在模型中心,其裂纹扩展特征如下:主裂纹分别为 17.0 mm、19.0 mm 和 20.0 mm;主裂纹与最大主应力的夹角分别为 15°、28° 和 21°;各模型的四条较大的裂纹总长分别为 58.0 mm、60.0 mm 和 63.0 mm;但并未与爆区贯通,这主要是反射拉伸波形成的。裂纹扩展统计分析结果见表 8 - 1。

冬瓜山原岩应力场 3 个主应力的方位角分别为:$\beta_1 = 61°$,$\beta_2 = 151°$,$\beta_3 = 353°$。盘区沿矿体走向布置,矿体走向 35°。第一步回采采场侧帮边孔爆破切割预期方向与最大主应力夹角在26°左右。在该方向上有利于爆破裂纹的贯穿,形成平整的切割面。

表8-1 裂纹扩展统计分析结果

模型号	主裂纹/mm	主裂纹与σ_1的夹角/(°)	四条主裂纹的总长/mm	备 注
1	15	15		单轴
2	45	45	121	
3	32	19	103	
4	30	23	99	
5	29	24	92	
8	30	45	107	
9	17	15	58	开挖
10	19	28	60	开挖
11	20	21	63	开挖

8.4.3 束状孔爆破等效应力场水下模拟

束状孔爆破以其良好的爆破效果和方便安全的操作性得到矿山工作者的肯定,并在矿山生产进行过一系列的工业实验,取得了一定的效果。但是由于缺乏足够的理论研究,束状孔爆破多采用一些经验公式,给其应用带来很大的局限。

目前我国资源生产形势严峻,多种资源不能满足经济发展需要,实行大规模高效率采矿是提高生产率的主要途径。束状孔爆破利用应力波叠加原理,采用几个规则排列的小孔径药包视同一个等效大直径药包,为解决制约矿山大规模高效率采矿的高成本问题提供了解决的途径。能够有效地节约成本,为工人提供安全的凿岩工作环境,并显著的改善爆破效果。

8.4.3.1 水下爆破相似模型

虽然水中冲击波参数的计算相当复杂,但是也遵循爆炸相似律。根据影响水中爆炸的各物理量,水下爆破质点运动可以用下式表示:

$$U = f(W, \rho_0, p_0, \rho_{u0}, C_{u0}, n, R, t) \tag{8-4}$$

式中　W——炸药的质量,kg;

ρ_0——装药密度,kg/m^3;

p_0——未经扰动水的压强,N/m^2;

ρ_{u0}——未经扰动水的密度,kg/m^3;

C_{u0}——未经扰动水的声速,m/s;

n——水的状态指数,无量纲;

R——距离,m;

t——时间,s;

U——质点运动速度,m/s。

根据π定理及相似律,取彼此独立的物理量R,C_{u0},ρ_{u0}经过计算无量纲因子并代入式中有:

$$\frac{U}{C_{u0}} = f\left(\frac{W}{R^3\rho_{u0}}, \frac{\rho_0}{\rho_{u0}}, \frac{p_0}{C_{u0}^2\rho_{u0}}, n, \frac{tC_{u0}}{R}\right) \tag{8-5}$$

如果炸药密度ρ_0不变,水的初始状态不变,则上式变为:

$$\frac{U}{C_{u0}} = f\left(\frac{\sqrt[3]{W}}{R\rho_{u0}^{1/3}}, \frac{tC_{u0}}{R}\right) \tag{8-6}$$

上式说明,炸药在水中的爆炸的相似条件为:当无量纲量 $\dfrac{\sqrt[3]{W}}{R\rho_{u0}^{1/3}}$,$\dfrac{tC_{u0}}{R}$ 对应相等时,质点速度与水中声速的比值相等。

由于介质的初始状态是一定的,ρ_{u0}、C_{u0} 不变。质点的速度,是随着炸药的药量增加而增加,随着距离的增加而减小。故 U 函数可化为:

$$U = \varphi\left(\frac{\sqrt[3]{W}}{R}, \frac{t}{R}\right) \tag{8-7}$$

即:U 可以由 $\sqrt[3]{W}$,R,t 确定。

8.4.3.2　水下爆破试验

A　试验原理

利用试验确定单孔爆破应力场质点运动参数,再叠加求得束状孔爆破应力场质点运动参数,并用试验进行验证。

由质点运动波形图,单孔爆破应力场质点速度表达式为:

$$U = f\left(\frac{\sqrt[3]{W}}{R}, \frac{t}{R}\right) = Ae^{-\frac{t}{s_0}}\sin\left(\pi \cdot \frac{t-t_0}{\omega_0}\right) \tag{8-8}$$

由爆炸相似律,如果 $\dfrac{\sqrt[3]{W_1}}{R_1} = \dfrac{\sqrt[3]{W_2}}{R_2}$,则这两次爆炸后冲击波阵面上的各参数分别对应相等。因此,A,S_0,t_0,ω 是由 $\dfrac{\sqrt[3]{W}}{R}$ 确定的。

$$A = f_1\left(\frac{\sqrt[3]{W}}{R}\right), S_0 = f_2\left(\frac{\sqrt[3]{W}}{R}\right), t_0 = f_3\left(\frac{\sqrt[3]{W}}{R}\right), \omega = f_4\left(\frac{\sqrt[3]{W}}{R}\right) \tag{8-9}$$

B　实验内容

以 7 根导爆索为一束,长度分别为等效直径的 1,3,5,9,11 倍。分别为 14.4 mm,43.2 mm,72 mm,129.6 mm,158.4 mm。布置 4 个测点:由于试验现场的限制,测点距束状孔中心的距离分别为 40 cm,80 cm,120 cm,200 cm。

C　试验数据及处理

试验数据见表 8-2。

表 8-2　试验数据

W/kg	R/m	$\dfrac{1}{R}/\text{m}^{-1}$	$\sqrt[3]{W}/\text{kg}^{\frac{1}{3}}$	$\dfrac{\sqrt[3]{W}}{R}$ $/\text{kg}^{\frac{1}{3}}\cdot\text{m}^{-1}$	A	s_0	t_0	ω
0.4536×10^{-3}	0.4	2.5	0.076834	0.192085	0.22631	0.04153	0.10761	0.00218
	0.8	1.25		0.0960425	0.20162	0.03837	0.11702	0.00213
	1.2	0.8333		0.0640283	0.21993	0.10266	0.21993	0.00428
	2	0.5		0.038417	0.10063	0.00425	0.09041	0.00175
1.3608×10^{-3}	0.8	1.25	0.110815	0.138519	0.2513	0.059215	0.147459	0.00289
	2	0.5		0.055408	0.11016	0.0573	0.09863	0.00195
3.1752×10^{-3}	0.8	1.25	0.146980	0.183725	0.45587	0.0463	0.15394	0.00303
	2	0.5		0.07349	0.18992	0.09018	0.22953	0.00462
4.0824×10^{-3}	0.8	1.25	0.159823	0.199779	0.50733	0.0556	0.0556	0.00162

代入试验数据得到,水下单孔爆破,在距离炮孔 R 处质点速度有如下关系:

$$U = Ae^{-\frac{t}{S_0}}\sin\left(\pi \cdot \frac{t - t_0}{\omega_0}\right) \qquad (8-10)$$

其中: $A = -0.0532 + 5.20\left(\dfrac{\sqrt[3]{W}}{R}\right) - 40.95\left(\dfrac{\sqrt[3]{W}}{R}\right)^2 + 146.75\left(\dfrac{\sqrt[3]{W}}{R}\right)^3$

$\qquad S_0 = -0.1829 + 7.502\left(\dfrac{\sqrt[3]{W}}{R}\right) - 66.41\left(\dfrac{\sqrt[3]{W}}{R}\right)^2 + 174.793\left(\dfrac{\sqrt[3]{W}}{R}\right)^3$

$\qquad t_0 = -0.07742 + 6.3056\left(\dfrac{\sqrt[3]{W}}{R}\right) - 46.646\left(\dfrac{\sqrt[3]{W}}{R}\right)^2 + 98.817\left(\dfrac{\sqrt[3]{W}}{R}\right)^3$

$\qquad \omega_0 = -0.00213 + 0.1473\left(\dfrac{\sqrt[3]{W}}{R}\right) - 1.182\left(\dfrac{\sqrt[3]{W}}{R}\right)^2 + 2.766\left(\dfrac{\sqrt[3]{W}}{R}\right)^3$

由于试验所采用的导爆索的炸药是黑索金,对于别的装药 We 根据下式给出 $W = W'\dfrac{Q'_v}{Q_v}$, W' 是所采用的炸药质量(kg), Q'_v 是所采用炸药的爆热(J/kg), Q_v 是黑索金的爆热(J/kg)。

束状孔布孔方式见图 8-1。

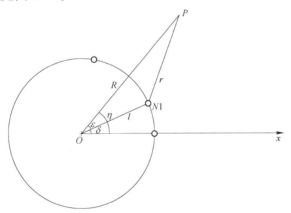

图 8-1 束状孔爆破炮孔布置

设组成束状孔的孔数为 n,均匀布置在半径为 l 的圆周上,每个孔装药为 W, O 为束状孔中心, OX 为束状孔中心与其中一个孔的连线, δ_i 为第 i 个炮孔与 x 轴的夹角,对于爆破应力场内一点 p 有:

$$U(R,t) = \sum_{i=1}^{n} u_i \qquad (8-11)$$

其中: $u_i = A_i e^{-\frac{t}{S_{0i}}}\sin\left(\pi \cdot \frac{t - t_{0i}}{\omega_i}\right)$

$\qquad A_i = -0.0532 + 5.20\left(\dfrac{\sqrt[3]{W}}{r_i}\right) - 40.95\left(\dfrac{\sqrt[3]{W}}{r_i}\right)^2 + 146.75\left(\dfrac{\sqrt[3]{W}}{r_i}\right)^3$

$\qquad S_{0i} = -0.1829 + 7.502\left(\dfrac{\sqrt[3]{W}}{r_i}\right) - 66.41\left(\dfrac{\sqrt[3]{W}}{r_i}\right)^2 + 174.793\left(\dfrac{\sqrt[3]{W}}{r_i}\right)^3$

$\qquad t_{0i} = -0.07742 + 6.3056\left(\dfrac{\sqrt[3]{W}}{r_i}\right) - 46.646\left(\dfrac{\sqrt[3]{W}}{r_i}\right)^2 + 98.817\left(\dfrac{\sqrt[3]{W}}{r_i}\right)^3$

$\qquad \omega_i = -0.00213 + 0.1473\left(\dfrac{\sqrt[3]{W}}{r_i}\right) - 1.182\left(\dfrac{\sqrt[3]{W}}{r_i}\right)^2 + 2.766\left(\dfrac{\sqrt[3]{W}}{r_i}\right)^3$

$$r_i^2 = R^2 + l^2 - 2Rl\cos\varepsilon_i$$

$$\varepsilon_i = \eta - \delta_i$$

$$\delta_i = 2\pi(i-1)/n$$

式中, $i = 1, 2, \cdots, n$, n 为组成束状孔的孔数, 其他参数参见表 8 - 3。

表 8 - 3 计算值与实测值比较

实验序号	测点序号	t/s	$v_{(计算值)}$ /m·s^{-1}	$v_{(实测值)}$ /m·s^{-1}	$\delta_{误差}$	t/s	$v_{(计算值)}$ /m·s^{-1}	$v_{(实测值)}$ /m·s^{-1}	$\delta_{误差}$
1	1	0.0080	-11.1549	-13.876	0.196101	0.0120	-14.5580	-16.715	0.129046
	2	0.0120	-0.1898	-0.1621	0.17088	0.0290	0.4144	0.5013	0.173349
	3	0.0150	0.5146	0.5326	0.033796	0.0220	0.5890	0.5746	0.02506
	4	0.0127	0.2820	0.2948	0.043419	0.03211	0.1945	0.1765	0.10198
2	1	0.0009	5.1824	5.7106	0.092495	0.0270	-5.1309	-4.9768	0.03096
	2	0.0012	-0.7223	-0.9427	0.233797	0.0170	0.5850	0.6742	0.132305
	3	0.02148	0.2953	0.3124	0.054738	0.02246	-0.3138	-0.2975	0.05479
	4	0.0127	0.5468	0.6217	0.120476	0.03711	-0.6047	-0.8374	0.277884
3	1	0.0122	-2.4362	-2.135	0.14108	0.0332	7.9441	8.493	0.06463
	2	0.0140	-0.3722	-0.4125	0.097697	0.0370	-0.1164	-0.1527	0.237721
	3	0.00586	0.0883	0.1374	0.357351	0.0127	0.1419	0.1462	0.029412
	4	0.0120	0.2720	0.3116	0.127086	0.0360	0.0722	0.0684	0.05556
4	1	0.0340	10.5054	12.738	0.175271	0.0625	-5.0376	-6.417	0.21496
	2	0.0050	1.5216	1.4736	0.03257	0.0170	-0.4105	-0.5821	0.294795
	3	0.0018	0.5418	0.4932	0.09854	0.0340	0.4488	0.5824	0.229396
	4	0.0140	0.4970	0.6230	0.202247	0.0380	0.3805	0.4352	0.125689

D 验证试验

为了验证公式的可靠性, 进行束状孔爆破补充试验, 束状孔孔数为 5。

通过试验中取得随机数据, 计算值和实际值符合得比较好, 所得经验公式可信度比较高。

8.4.3.3 束状孔与等效大孔爆破应力场质点速度比较

经过分析得:

(1) 随着质点到束状孔中心距离 R 的增大, 到一定距离后, 束状孔叠加效果逐渐减小, 逐渐接近于等效大孔爆破时的状态, 束状孔孔间距 L 越小, 这种变化趋势越明显。束状孔孔间距 L 增大到一定程度时, 对于 P 点的破坏作用相当于最近单孔的爆破效果。经计算分析, 当 $L = (3.5 \sim 9)d$ 时叠加效果好, 推荐使用 7 d , 最小抵抗线为等效大孔直径 30 倍。

(2) 束状孔波叠加超过一定距离后衰减很快, 这有助于减小地震波。

(3) 叠加作用会使峰值略低于等效大孔, 但是正压作用时间增大, 叠加后质点运动频率降低。

8.4.3.4 小结

(1) 建立了水下爆破数学模型。

(2) 通过试验得出水下爆破应力场质点运动速度公式, 推导出束状孔爆破应力场质点运动速度公式, 并通过做补充试验验证了公式的可行性。

(3) 通过对束状孔爆破应力场质点速度运动情况的分析, 当组成束状孔的单孔间距 3.5 ~ 9 倍的药包直径时, 叠加效果较好, 推荐单孔间距使用 7 倍药包直径。

8.4.4 束状孔当量球形药包爆破漏斗试验

为束状孔当量球形药包大量落矿采矿技术的应用提供合理的爆破工艺参数和设计依据。

8.4.4.1 试验设计

当地炸药厂现可提供3种类型的炸药:乳化硝酸铵炸药、多孔粒状铵油炸药和膨化硝酸铵炸药。

束状深孔爆破拟采用乳化硝酸铵炸药,起爆药包采用膨化硝酸铵炸药,中深孔爆破拟采用粒状铵油炸药。

按试验的具体目标将试验分4个系列:束状孔当量球形药包最佳埋深试验;束状孔当量球形药包与单孔对比试验;束状孔当量球形药包爆破最佳束间距试验;粒状铵油炸药爆破漏斗对比试验。

试验地点在 -670 m,52线盘区联络道顶板处。该处可供试验的巷道长约60 m,试验地段位于矿体内。

8.4.4.2 炮孔布置

试验在巷道顶板进行。炮孔布置如图8-2、图8-3所示。束孔孔径:45 mm,每束5个孔,孔间距225 mm,单孔孔径:100 mm。

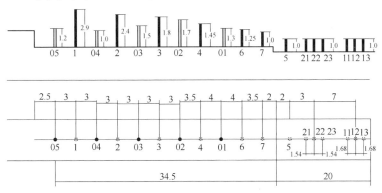

● 大孔 ※ 束状孔

图8-2 爆破漏斗试验炮孔布置

8.4.4.3 装药参数及材料

爆破试验分两次进行。

起爆网络:每束孔中各炮孔孔内均采用1段瞬发非电雷管起爆,于孔口处与两只电雷管捆扎一起,各束间电雷管串联,一次起爆。

硝铵乳化炸药采用非电雷管直接起爆,多孔粒状铵油炸药采用25 g膨化岩石起爆药包引爆。

8.4.4.4 试验结果

A 束状孔当量球形药包最佳埋深与临界埋深

根据爆破漏斗体积与埋深的关系曲线可知,爆破的临界埋深 $N = 2.4$ m。

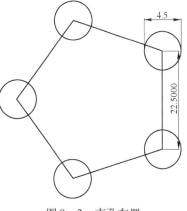

图8-3 束孔布置

根据单位炸药爆破的体积和实际埋深与临界埋深之比的关系,可知爆破的最佳埋深 $d_0 = 0.70$ m。此时爆破所形成的漏斗体积最大,破碎效果最好。

最佳埋深时爆落矿岩粒级组成见表 8 – 4。

表 8 – 4 矿岩粒级组成

粒级/mm	– 80	80 ~ 160	160 ~ 250	250 ~ 360	+ 360
百分比/%	77.64	3.12	2.87	4.55	11.82
累计/%	77.64	80.76	83.63	88.18	100

B 束状孔当量球形药包与单孔对比试验

束孔爆破漏斗深 0.6 m,漏斗体积 V_0:0.782 m³。比能: $V_0/W = 0.196$;大孔爆破漏斗深 0.31 m,漏斗体积 0.194 m³。比能: $V_0/W = 0.049$。等效束状孔爆破效果明显比大孔爆破好。

C 束状孔当量球形药包爆破最佳束间距试验

当束间距 $L > 2d_0$ 时,束孔爆破漏斗在束间形成矿岩脊柱。合理的束间距范围应为: $L_0 = (1 - 1.5)d_0$。

另外,多束孔同时起爆,其爆破作用效果比单束孔的好,每束孔所形成的爆破漏斗体积都比单束爆破的漏斗体积大。而且束间距越趋近于合理的束间距 L_0,爆破效果也越好。

D 不同炸药爆破漏斗对比试验

多孔粒状铵油炸药系列大漏斗爆破:爆破最佳埋深为 1.1 m。爆破漏斗深:0.91 m;体积 V_0:0.71 m³。比能: $V_0/W = 0.142$。

乳化硝铵炸药大孔爆破形成的漏斗深:0.31 m;体积 V_0:0.194 m³。比能: $V_0/W = 0.049$。

从爆破比能看,多孔粒状铵油炸药比乳化硝铵炸药爆破效果好。

8.4.4.5 束状孔漏斗模拟爆破补充试验

由于考虑大规模应用的机械化装药,应就多孔粒铵油炸药的束状孔当量球形药包漏斗爆破参数关系进行补充模拟爆破试验。

A 场地条件

井下巷道的顶板基本平整,宽大于 3 m 或比较直立平整的侧帮,高大于 3 m。

B 布孔参数

由 5 个孔组成的束状孔布置成边长为 19 cm 的等五边形,孔径为 38 mm。本次共试验五束炮孔,组成束状的孔相互平行,且垂直于巷道顶帮。束孔深度分别为 1.0 m,1.15 m,1.30 m,1.5 m 和 1.8 m,每束间距为 2.0 m。试验参数按图 8 – 4 进行。

C 装药与起爆

每束孔中各炮孔装 800 g 乳化炸药(具有雷管起爆感度),孔内均采用 0 s 瞬发非电雷管起爆。雷管置于距孔口第 2 个药卷。每束炮孔导爆管于孔口捆扎并用两发雷管起爆,各束状微差一次起爆。

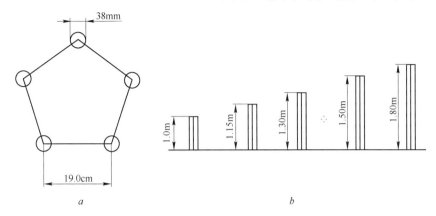

图 8-4 束状孔漏斗爆破试验布孔
a—束状孔布置；b—系列漏斗实验埋深

D 测定参数

爆破漏斗尺寸,大于 360 mm 块度数量。

E 爆破器材

爆破器材见表 8-5。

表 8-5 爆破器材

名 称	规 格	数 量	备 注
乳化炸药	$\phi 38$ mm	20 kg	
非电雷管	即发	25 枚	
电雷管	2 段、4 段、6 段、8 段、10 段	各 2 枚	

F 爆破试验结果

试验地点选择在 52 线附近 3 号采场矿体内。

试验爆破漏斗如图 8-5 所示,爆破试验结果见表 8-6。

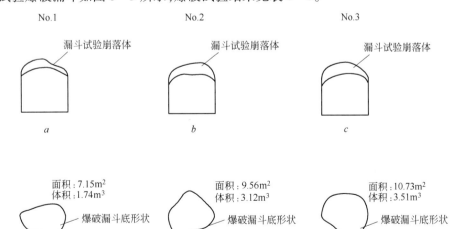

图 8-5 试验爆破漏斗
a,d—1.0 m 埋深爆破漏斗;b,e—1.15 m 埋深爆破漏斗;c,f—1.3 m 埋深爆破漏斗

表8-6　爆破试验结果

孔　号	漏斗深度 /m	爆破漏斗体积 /m³	漏斗矿石量 /t	药量/kg	比能(V_0/W)	炸药单耗 /kg·t⁻¹
1	1.37	1.74	5.568	4	0.087	0.7184
2	0.77	3.12	9.984	4	0.156	0.4006
3	1.07	3.51	11.232	4	0.1755	0.3561
4	1	3.27	10.464	4	0.1635	0.3823
5	0.7	1.87	5.984	4	0.0935	0.6684

爆破炮孔深度与爆破漏斗体积、比能、炸药单耗的关系如图8-6所示。

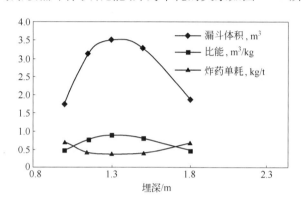

图8-6　埋深与漏斗体积、比能、炸药单耗关系

1号孔炸药埋深较浅,爆破的比能小,炸药单耗高,说明炸药的能量利用率较低。炸药能量利用率最高的是孔深为1.3 m的3号炮孔。其炸药单耗为0.3561 kg/t。随着炮孔深度加大,爆破的能量利用率下降,如4号、5号孔。

G　结论

(1)冬瓜山矿岩属难爆矿岩,乳化硝铵炸药最大比能$V_0/W=0.196$。(2)等效束状孔爆破效果明显好于大孔爆破。(3)合理的束间距范围应为:$L_0=(1-1.5)d_0$。且多束孔同时起爆,其爆破作用效果比单束孔的好。(4)从爆破比能看,多孔粒状铵油炸药比乳化硝铵炸药爆破效果好。

8.4.4.6　双密集孔边孔参数的小台阶模拟爆破试验

A　试验目的

采用大直径深孔落矿技术回采矿房采场时,保持矿房采场边帮的平整和稳定不仅是参数工艺合理性的重要标志,同时,对第二步回采的顺序进行也有重要意义,为保证试验采场回采的实施效果,就边孔布孔方式和参数确定进行如下小台阶模拟爆破试验。

B　试验场地条件

对于在矿体中正在施工或已形成的采挖空间中有条件以侧向自由面进行浅孔爆破的地点,方向不限,如:扩帮、挑顶、下挖都可。

C　试验参数和试验内容

扩帮条件下用38 mm孔径,台阶和布孔参数如图8-7所示。

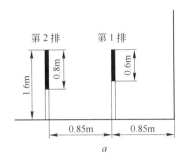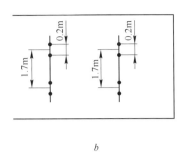

图 8 - 7 布孔参数

a—每排炮孔装药深度;b—每排炮孔布置

D 装药起爆

每孔连续柱状装药,第 1 排药柱长 0.6 m,装药量 600 g;第 2 排药柱长 0.8 m,装药量 800 g,双孔瞬发雷管同时起爆,各双孔顺序微差起爆。

E 检测

侧帮形成及平整度。

F 爆破器材

爆破器材见表 8 - 7。

表 8 - 7 爆破器材

名 称	规 格	数 量	备 注
乳化炸药	φ38 mm	2.4 kg 3.2 kg	第 1 排 第 2 排
非电雷管	即发	8 枚	
电雷管	4 段	4 枚	
第 1 排、第 2 排分 2 次进行爆破			

G 爆破试验结果

试验地点选择在 52 线附近 3 号采场矿体内。试验选在巷道侧帮进行。由于现场条件限制,进行了一排 4 个炮孔的试验。炮孔孔口距侧帮 0.8 m,孔底距侧帮 1.5 m。装药 3.2 kg。

双密集孔间能有效贯穿,爆破后边壁平整,未留残孔。

8.5 束状孔当量球形药包采场大量落矿

8.5.1 束状孔当量球形药包采场大量落矿采矿技术

基于束状孔当量球形药包组合漏斗爆破技术,大量落矿采矿技术如图 8 - 8 所示。

在矿体顶部布置凿岩巷道与硐室。凿岩巷道与硐室尺寸按束孔控制宽度来确定。由于束孔内炮孔个数并不严格限制,因而,可根据需要增加或减少束孔内炮孔数来调整束孔爆破控制的范围。如以 5 个 165 mm 炮孔组成的束孔,其爆破漏斗半径可达 5 ~ 7 m,凿岩巷道间距可达 7 m。

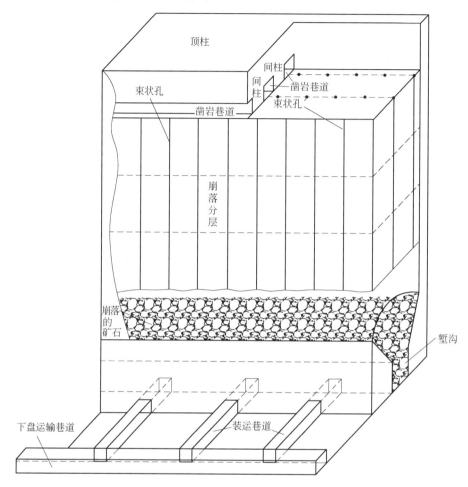

图 8-8 束状孔当量球形药包大量落矿采矿技术

采场底部布置出矿工程。底部结构向上形成 10 m 左右的拉底空间。拉底空间可在施工底部结构时同时形成。

凿岩与爆破施工均在矿体顶部的布置凿岩巷道与硐室中进行。采用地下大直径深孔钻机凿岩。在凿岩巷道中钻凿下向垂直平行大直径深孔至底部拉底层顶。

由数个束孔进行组合漏斗爆破,可实现高分层(7 m 左右)大量爆破落矿。由于采用束状孔大参数束间距布孔方式和药包埋深的成倍增加,炸药爆破约束条件得到极大改善,可以采用无任何特殊性能要求的普通低成本炸药,从而大大降低采矿成本。该方案在提高每米崩矿量、降低炸药成本方面具有显著的效果。

在采场上部的凿岩巷道与硐室中装药。为了达到束孔共同作用效果,要求束孔内的装药同时起爆。起爆系统可采用环形导爆索起爆或高精度雷管起爆。

在回采过程中,采场逐次向上高分层落矿。回采至距凿岩水平一定距离(一般在大于一个分层高度,小于两个分层高度范围内)时,进行揭顶爆破。揭顶爆破作用相当于爆破作用方向一个向上、一个向下的两个组合漏斗爆破。其爆破作用的范围更大,这样可以在保证凿岩巷道与硐室安全的顶柱厚度条件下,实现安全作业并取得了良好的爆破破岩效果。

在工程工艺方面,采用束状孔大参数束间距,凿岩硐室可以布置成凿岩巷道的形式,凿岩水平可以留有大尺寸连续矿柱,简化了采场地压管理;采场爆破完全避免了切割井、拉槽等低效率作业辅助工程;分层落矿采用拱形顶板工艺参数设计,避免了大型采场回采直接顶板的自然垮落。

采场通风:束状孔当量球形药包大量落矿采场属半封闭式采场。爆破后的炮烟主要通过大直径炮孔向上流入凿岩巷道,或向下通过爆堆流入底部出矿巷道。然后经矿山通风系统排出地表。

采场出矿一般采用铲运机出矿。高分层的分层落矿和厚大揭顶爆破,使采场爆破周期更趋合理,保证了采场大量连续供矿。束孔漏斗爆破共同应力场作用使矿岩破碎效果更好,降低了采场二次破碎率,提高了出矿效率。

8.5.2　采场凿岩硐室底板安全厚度数值分析

为了探讨试验采场上部凿岩硐室底板安全厚度(采场最后一次揭顶爆破高度),因而采用美国 Itasca consulting group INC. 公司 FLAC 软件对铜陵冬瓜山铜矿应用束状孔当量球形药包大量落矿揭顶层进行数值计算分析,旨在:

(1) 分析在现有矿山条件下试验采场矿房采准凿岩硐室的稳定性情况;

(2) 研究在现有矿山条件下试验采场矿房采准在回采过程中揭顶层的稳定性,为回采设计提供参考依据。

8.5.2.1　数值分析原始条件

A　岩石物理力学参数

岩石物理力学参数见表 8－8。

由于取样地点、深度的不同,所获得的同种岩石的力学参数差别很大。建议设计采用的岩石单轴抗压强度为:

栖霞组及黄龙—船山组大理岩:　　　　40~60 MPa

粉砂岩、矽卡岩及石榴子石矽卡岩:　　80~100 MPa

石英闪长岩及含铜磁铁矿:　　　　　　100~140 MPa

数值模拟采用值见表 8－8。

表 8－8　数值模拟岩石物理力学参数

项　目	矿　石	围　岩	充　填　体	
			1:8,70% 分级尾砂	1:8,70% 全尾
$\rho/\text{g}\cdot\text{cm}^{-3}$	3.96	2.7	2.2	2.25
E_d/E	1.93	1.44		
E_d/GPa	51.48	45.11		
μ	0.2532	0.264	0.26	0.28
σ_c/MPa	304.2	305.68	1.72	1.56
σ_t/MPa	9.12	13.9	0.21	0.18
C/MPa	44.33	33.01	1.62	1.78
$\phi/(°)$	53.02	57.01	28	22

注:物理量见表 1－5 下注。

B　原岩地应力

原岩应力 3 个方向主应力方向和大小:原岩应力在方向和量级上主要受地质构造控制,

最大主应力方向与矿体走向大体一致,为 NE-SW 方向,近似水平,量值在 30～38 MPa 之间,属高应力区。

地应力量测及实验测定结果见表 8-9。

表 8-9 数值模拟采用原岩应力

项　目	实　测	按比例值计算	按比例值计算
	σ_{yy}/MPa	σ_{xx}/MPa	σ_{zz}/MPa
-730 m 处	32.5	27.625	26

C　边界条件

位移边界:侧面限制水平位移,底面限制垂直位移,上部边界为地表,垂直荷载视为零。

应力边界:根据工程实际,矿体原岩应力中,水平构造应力较大,因此,在计算时,侧面加一定的水平应力以满足现场水平构造应力的要求。

D　破坏准则

FLAC3D 采用的 Mohr-Coulomb 材料变形模型,其材料破坏与剪切破坏相关:

$$f_s = \sigma_1 - \sigma_3 N_\phi + 2c\sqrt{N_\phi} \tag{8-12}$$

式中　$N_\phi = (1 + \sin\phi)/(1 - \sin\phi)$;

σ_1——主应力;

σ_3——最小主应力;

ϕ——摩擦角;

c——内聚力。

当 $f_s < 0$,则材料发生剪切破坏。

当材料所受法向应力为张应力,且最小主应力 σ_3 等于材料的单轴抗拉强度 σ^t 时,材料进入拉伸应变区。

$$f_t = \sigma_3 - \sigma^t$$

当 $f_t > 0$,材料发生拉伸破坏。

8.5.2.2　数值分析模型

冬瓜山铜矿矿体采用单阶段大直径深孔空场嗣后充填采矿方案。按设计开采划分为盘区,盘区矿柱宽 18 m,采场长 82 m,宽 18 m。采用堑沟式底部结构,铲运机进路出矿。试验采场凿岩硐室(巷道)布置及采场剖面见图 8-9。矿岩原始状态的模拟模型:采场长 82 m,宽 18 m,高 73 m(-760～-687 m 标高)。

总体模型尺寸:300 m×100 m×1050 m。矿体模型以 yz 面对称,计算模型共划分 22400 个块体单元,25787 个节点。模型 x 轴向与矿房宽度方向一致,y 轴与矿房长度方向一致,z 轴向上。

8.5.2.3　计算结果与分析

比较采场回采前与回采后的受力状态可知,采场回采后凿岩硐室周围岩体的受力状态没有大的改变,只是凿岩硐室周围和底板岩体中应力集中程度增加了。

从总体上看,当采场凿岩硐室底板厚度 8 m 时,凿岩硐室底板是稳定的,但凿岩硐室间

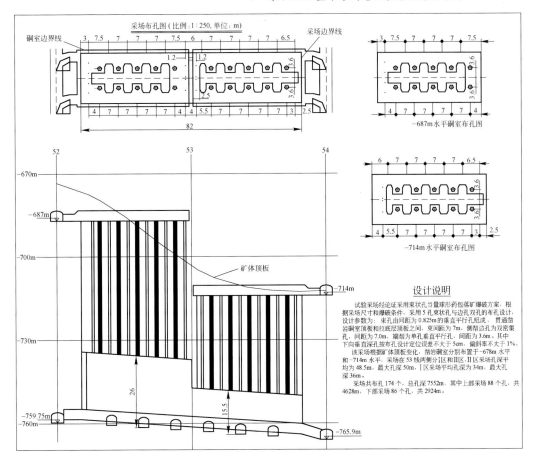

图 8 - 9　试验采场采准工程布置

的间柱出现了塑性破坏区。在进行采准作业时,应严格作业,减少对矿柱的破坏并加强支护。

　　由于数值模拟矿岩条件、原岩应力、开采状态等因素进行了很大的简化,矿岩作为均匀介质来处理,与矿山实际情况差异较大,矿山在进行采准设计时,应充分考虑不良地质因素、爆破作业等因素的影响。采场凿岩硐室底板厚度一般应大于 12 m,并通过控制爆破,使采场凿岩硐室底板形成拱形,增加稳定性。回采过程中应加强地压监测与管理,同时揭顶爆破时间不应与上一次分层爆破时间间隔太长。

　　适当的揭顶爆破高度(即凿岩硐室底板最后留层的厚度)应根据采场尺寸及岩体的变化通过工程预测确定。

8.5.3　试验采场采准与爆破方案设计

8.5.3.1　试验采场爆破采准与落矿方案

　　束状孔当量球形药包落矿试验采场为 52-2 号采场。位于矿体中部最厚大部分,该采场根据矿体顶板变化,凿岩硐室分别布置于 -687 m 水平和 -714 m 水平,以及 -730 m 水平,采场最深孔深 37.7 m,最浅孔 18.4 m。

　　采场总的落矿顺序依次为 -730 m 硐室(两次)、-687 m 硐室(四次)、-714 m 硐室(四次),共 10 次爆破。采场采准布置和落矿顺序如图 8 -10 所示。

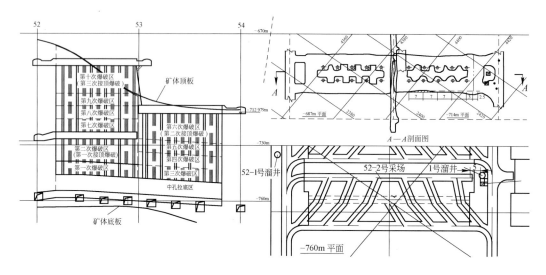

图 8 - 10　52 - 2 号采场采准布置与落矿顺序

根据采场尺寸和爆破条件,采用 5 孔束状孔与边孔双孔的布孔设计,设计参数为:束孔由间距为 0.825 m 的垂直平行孔组成,贯通凿岩硐室顶板和拉底层顶板之间,束间距为 7 m,侧帮边孔为双密集孔,间距为 7.0 m,端帮为单孔垂直平行孔,间距为 3.6 m。其中下向垂直深孔按布孔设计定位误差不大于 5 cm,偏斜率不大于 1%。

采场共布孔 262 个,总孔深 7994.9 m,其中 -687 m 采场 88 个孔,共 2340.8 m, -714 m 采场 86 个孔,共 3093.9 m, -730 m 采场 88 个孔,共 1703.4 m(其中不包含 -687m 的两个通风孔各 21.5 m,及 -714 m 1 号室放水孔 46.6m 和 2 号室放水孔 46.9 m)。

考虑到保护 -730~714 m 和 -730~714 m 天井, -714 m 的 14 号、19 号不施工,15号~18 号孔整体偏移 2.0875 m。

布孔范围的矿石量 246792 t,每米崩矿量:30.87 t/m。

现场施工要严格按照图纸要求,确保施工质量达到设计要求。

8.5.3.2　爆破参数的确定

束状深孔爆破是以由数个密集平行深孔形成共同应力场的作用机理为基础的深孔爆破技术。n 个直径为 d 的孔所组成的束孔,其所等效的大孔直径 D 按公式 8 - 3 计算。

采用 5 个直径为 165 mm 的大直径深孔组成束孔,束间距和抵抗线为 7 m。依据漏斗爆破试验和小台阶爆破模拟试验,采场边帮双密集孔间距为 7.0 m,在采场中间部位布置束状深端帮单孔间距取孔径的 21 倍,即 3.6 m。

试验采场采用乳化硝酸铵炸药。根据爆破漏斗试验的结果,设计采场炸药单耗为:0.38 kg/t。采场侧帮边孔为双密集孔。采场侧帮边孔爆破切割预期方向与最大主应力夹角在 26°左右。在该方向上有利于爆破裂纹的贯穿,形成平整的切割面。

8.5.3.3　爆破顺序

爆破起爆顺序:首先起爆采场中部束状深孔,然后起爆采场两侧及两端深孔。束孔内各孔同时起爆,束孔、边孔间采用孔口微差起爆,爆破作业微差起爆间隔为 1 段。孔内采用双导爆索起爆,主起爆网络采用导爆索双回路环形起爆系统。爆破网路如图8-11所示。

图8-11　爆破网路

8.5.3.4　装药结构与束状孔起爆方法

根据不同的爆破方式采用4种不同的装药结构。揭顶爆破时采用球形药包与连续柱状药包联合爆破,边孔以侧向崩落为主。

7 m分层爆破装药结构如图8-12所示,揭顶爆破装药结构如图8-13所示。距孔底0.5 m处堵孔,然后充填2.0~2.5 m河号。采用双导爆索孔内全长起爆方式起爆炸药。将

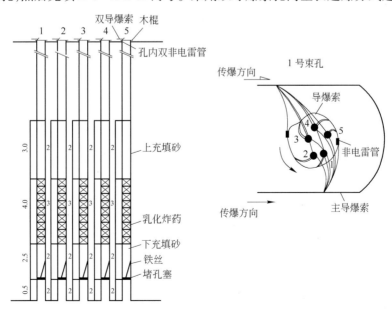

图8-12　7 m分层爆破装药结构

双导爆索绑扎于袋装乳化炸药上,下放至孔底,再装填乳化炸药至设计高度。然后充填3.0 m河号。每个炮孔距孔口 10 cm 处,在孔内双导爆索上连接两发非电雷管。双孔与束孔形成孔内与孔口双起爆系统。孔口与孔内连接如图 8 – 13 所示。

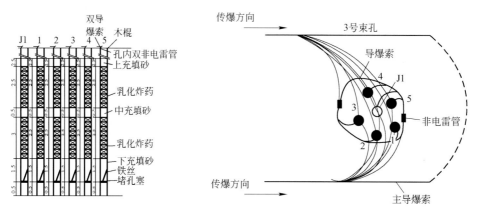

图 8 – 13　揭顶爆破装药结构

8.5.4　采场爆破

束状孔当量球形药包落矿试验采场为 52-2 号采场。该采场根据矿体顶板变化,凿岩硐室分别布置于 – 687 m 水平和 – 714 m 水平,以及 – 730 m 水平,采场最深孔深 37.7 m,最浅孔 18.4 m。

采场总的落矿顺序依次为 – 730 m 硐室(两次)、– 687 m 硐室(四次)、– 714 m 硐室(四次),共 10 次爆破。

8.5.4.1　试验采场 7 m 分层爆破

从 2005 年 8 月起,在 52-2 号采场分别进行了 3 次 7 m 分层爆破。分层爆破炸药量 7 t,落矿达 1.85 万 t。

通过检测,分层爆破效果很好。设计的爆破参数与起爆网络合理、可靠。爆破大块率较少,爆破后顶板平整。孔口保护较好,爆破震动破坏较小,见图 8 – 14。

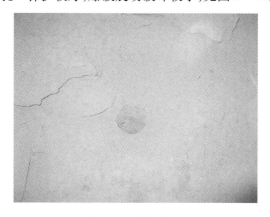

图 8 – 14　爆后孔口

经过试验,该爆破设计的相关设计参数可作为标准,在以后的生产中采用。

采场顶板管理与分层爆破效果叙述如下。

A −730 m 水平第一分层爆破

a 初始顶板形状

底部拉槽设计时,考虑采场顶板稳定性,采场中部束孔位置处,拉槽较高,采场边部(边孔处)拉槽深度较小。根据炮孔实测情况看,边孔初始孔深 19.03 m,束孔初始孔深 18.36 m。即采场中间高,四周低采场顶板形成了拱形,如图 8−14 所示。

b 分层崩落情况

−730 m 水平第一分层崩落设计高度与实测高度如图 8−15 所示。

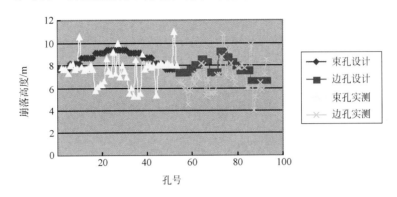

图 8−15 −730 m 水平第一分层崩落设计高度与实测高度

平均崩落高度:设计 8.24 m,实测 7.29 m。其中:束孔平均崩落高度 7.60 m,边孔平均崩落高度 7.06 m;边孔设计平均崩落高度 7.76 m,束孔平均崩落高度设计 8.61 m。

由于采场中部部分地方拉槽高度不够,第一分层束孔爆破分层高度平均达 8.61 m。从崩落结果看,在现布孔参数条件下,该分层高度偏大。束孔实际崩落高度为 7.60 m。

c 分层爆破后采场顶板形状实测

边孔平均深 12.35 m,束孔平均深 10.76 m。分层爆破后采场顶板仍保持了拱形。

B −714 m 水平第一分层爆破

a 初始顶板形状

底部拉槽设计时,考虑采场顶板稳定性,采场中部束孔位置处,拉槽较高,采场边部(边孔处)拉槽深度较小。

根据炮孔实测情况看,边孔初始孔深:35.09 m,束孔初始孔深 33.42 m。即采场中间高,四周低,采场顶板形成了拱形。

b 分层崩落情况

−714 m 水平第一分层崩落设计高度与实测高度如图 8−16 所示。图中异常点为被堵塞孔。

束孔平均崩落高度实测:6.62 m,边孔平均崩落高度实测:6.96 m。束孔平均崩落高度设计:6.23 m,边孔平均崩落高度设计:6.38 m。

分层崩落高度平均值:设计 6.44 m,实测 6.76 m。实际崩落高度比设计高度稍大。

c 崩落后顶板形状

爆破后进行实测,束孔深 26.80 m,边孔深 28.26 m。分层爆破后采场顶板仍保持了拱形。

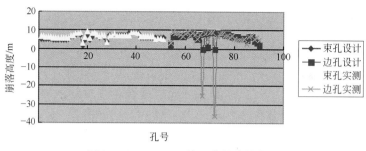

图 8 - 16　-714 m 第一分层崩落高度

C　-714 m 水平第二分层崩落情况

-714 m 水平第二分层崩落设计高度与实测高度如图 8 - 17 所示。

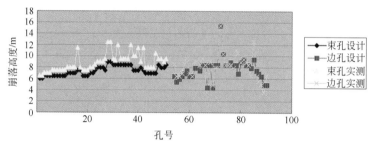

图 8 - 17　-714 m 第二分层崩落高度

a　分层崩落情况

边孔实际平均崩落高度 8.14 m,边孔设计平均崩落高度 7.76 m;束孔实际平均崩落高度 8.86 m,束孔设计平均崩落高度 7.41 m。

实际崩落高度比设计高度大很多。这是由于上一次分层爆破时,矿岩已部分被破坏。束孔的作用比边孔的作用更明显。

第一分层爆破时的堵塞孔在本分层装药进行爆破,但炮孔下部被堵塞部分未能装药,使边帮残留了部分矿石。

b　崩落后顶板形状

边孔实测平均深 20.12 m,束孔实测平均深 17.95 m。分层爆破后采场顶板仍保持了拱形。

8.5.4.2　试验采场 -730 m 水平揭顶爆破

根据试验采场炮孔实测资料,结合 7 m 分层爆破试验研究工作的成果,完成了 730 m 水平揭顶爆破设计,提交施工实施。设计包括爆破参数的确定、落矿方案、装药结构、起爆顺序、起爆网络、爆破量与器材以及爆破有害效应的控制与安全措施等内容。

由于揭顶爆破冲击波影响较大,在爆区上下水平的 -760 m 出矿进路及 -730 m 分层,分别设计了堆方及阻波墙防止冲击波破坏措施。

冬瓜山矿精心组织了 -730 m 水平揭顶大爆破。爆破规模达到 10 t,落矿量 3.28 万 t。炸药单耗 0.307 kg/t。揭顶爆破高度平均 11.5 m。爆破后采场顶板标高至 -730 m 水平凿岩硐室顶板,经现场观察采场顶板、边帮平整。

从爆破结果看,爆堆块度较好,大块很少。爆破后采场顶板非常平整。堆方及阻波墙防范这些措施是非常有效的。对出矿系统和相邻设施起到了保护作用。

8.5.4.3 爆破主要技术数据与指标

试验采场 7 m 分层爆破、揭顶爆破主要爆破技术指标见表 8 – 10 ~ 表 8 – 13。

表 8 – 10 爆破主要设计技术指标

项　目	爆破量/t	炸药量/kg	炸药单耗/kg·t^{-1}
一次 7 m 分层爆破	18950	7480	0.39
一次揭顶爆破	37901	14120	0.37
试验采场	246792	94720	0.38

表 8 – 11 7 m 分层主要爆破材料

段　数	1 d	2 d	3 d	4 d	5 d	总　计
孔　数	2 束	4 束 + 8 单	4 束 + 8 单	16 单	6 单	
单段药量/kg	850	2380	2380	1360	510	7480
雷管数/发	4	24	24	32	12	96
导爆索/m						5178

表 8 – 12 揭顶爆破材料

段　数	1 d	2 d	3 d	4 d	5 d	6 d	7 d	8 d	总　计
孔　数	2 束	4 束	8 单	2 束 + 4 单	2 束 + 4 单	8 单	8 单	6 单	
单段药量/kg	1500	3080	1360	2220	2220	1360	1360	1020	14120
雷管数/发	4	8	16	12	12	16	16	12	96
导爆索/m									5278

表 8 – 13 试验采场爆破材料

装药量/kg	非电微差雷管/发	导爆索/m	堵孔塞/个
94720	960	52080	880

8.5.5 爆破矿石块度测试

8.5.5.1 矿石爆破效果

为了统计矿石爆破效果,采用照相方式对 52-2 号采场爆堆块度采集了数据。如图 8 – 18 所示为出矿爆堆。

图 8 – 18 爆堆

爆堆块度分布如图 8 – 19 所示,爆堆平均块度:19.72 cm。

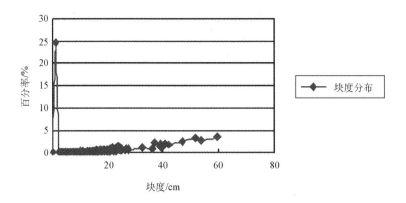

图 8 – 19 爆堆块度分布

8.5.5.2 爆堆块度分布规律

A 按 G-G-S 分布

$$y = 100\left\{1 - \exp\left(-\left(\frac{x}{b}\right)^a\right)\right\} \tag{8 – 13}$$

式中 y——块度为 x 的矿石筛下百分数;

a,b——分布特征常数。

拟合如图 8 – 20 所示。

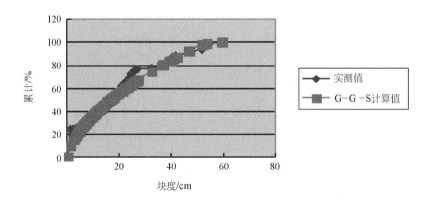

图 8 – 20 块度 G-G-S 分布拟合

B 按 R-R 分布

$$y = 100\left(\frac{x}{x_0}\right)^n \tag{8 – 14}$$

式中 y——块度为 x 的矿石筛下百分数;

x_0,n——分布特征常数。

拟合如图 8 – 21 所示。

从拟合情况看,爆堆块度分布符合 G-G-S 分布规律。$a = 0.8396,b = 230.304$。

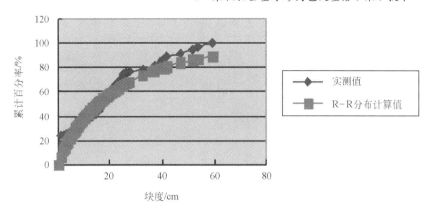

图 8 - 21 块度 R-R 分布拟合

8.5.5.3 大块率统计

大块定义:单向尺寸大于 1 m。

大块率统计:出矿 9 万 t,二次破碎使用雷管 2120 发,炸药 2880 kg。

对大块的形状进行测定,根据实测大块以六面体为主,其三向特征尺寸:1∶0.632∶0.486,形状系数 0.65~0.75。大块平均最大尺寸 1.20 m,大于 2.0 m 大块按两个大块计算。大块率 3.21%。大块二次破碎炸药消耗 0.032 kg/t。

8.5.6 爆破有害效应控制与安全措施

爆破产生的有害效应包括:爆破地震效应、爆破空气冲击波、爆破产生的有毒气体。

8.5.6.1 爆破地震效应及控制

爆破产生的地震波对岩、土及构筑物等的影响称为"爆破地震效应"。地震波中包括各种波,其中体波分为纵波(P 波)及横波(S 波),面波分为勒夫波(L 波)和瑞利波(R 波)等。爆破地震波与各种因素有关,特别是药量、距离、介质特性、爆破条件和方法及地形有关。一般考虑振动强度、频率及持续时间 3 个重要参数,并以此作为分析和评价爆破地震效应的根据。

振动强度参数包括:质点运动的最大振幅 A,质点位移 u,质点振动速度 v,加速度 a。爆破相似原理分析表明:在介质和爆源条件相同的情况下,忽略重力影响,振动强度取决于离爆源的距离,而在距离一定,介质条件相同的情况下,振动强度参数主要取决于齐发爆破的药量。爆破应力场和速度可用下式表示:

$$\Phi = k\left(\frac{Q^{1/3}}{R}\right)^{\alpha} \qquad (8-15)$$

式中 Φ——振动强度参数(位移、速度或加速度);

Q——炸药量;

R——测点至爆源中心距离;

$\dfrac{Q^{1/3}}{R}$——比例药量;

k,α——与介质、场地条件有关的常数;

ρ——比例药量,$\rho = \dfrac{Q^{1/3}}{R}$。

将上式用于质点最大震速上得到震动速度经验公式:

$$v = k\left(\frac{Q^{1/3}}{R}\right)^{\alpha} \qquad (8-16)$$

场地系数 k、α 值是根据岩体允许的最大质点位移速度确定爆破的分段药量最重要的设计依据。

取类似条件下的 $k = 105 \sim 280$,$\alpha = 1.2 \sim 2.0$。

按经验公式计算的爆破震动速度及震动安全距离见图 8-22。

对于矿山巷道,地震安全速度 v 的值为:围岩不稳定,有良好支护时,$v = 10$ cm/s;围岩中等稳定,有良好支护时,$v = 20$ cm/s;围岩稳定,无支护时,$v = 30$ cm/s。

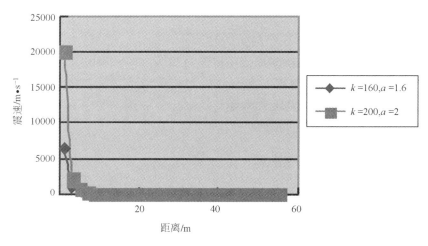

图 8-22　距离与震动速度关系($Q = 1000$ kg)

按爆破地震对井巷影响的安全距离经验计算式:

$$R = k\sqrt[3]{Q} \qquad (8-17)$$

式中　R——爆包到被保护巷道的安全距离,m;

　　　Q——同时起爆的最大炸药量,kg;

　　　k——系数,对于岩石稳定的巷道,$k > 2$;对于岩石不稳定的巷道,$k > 1.5$。

取同段起爆的最大炸药量 $Q = 1000$ kg,取 $k = 2$,代入得 $R = 2 \times 10 = 20$ m,表明为保护运输巷道的安全,巷道上部矿石厚度不应小于 20 m。

炸药量与安全距离的关系如图 8-23 所示。

按爆破地震对地下建筑物影响的安全距离经验计算式:

$$R \geqslant k \cdot W \qquad (8-18)$$

式中　W——最小抵抗线;

　　　k——系数,坚硬稳定岩石,$k = 2 \sim 3$;中等稳定岩石,$k = 3 \sim 4$。

根据矿山实际条件,取 $W = 7$ m,$k = 3$,则安全距离为 $R \geqslant 3 \times 7 = 21$ m。

爆破地震波的主振频率(或主振周期)计算公式为:

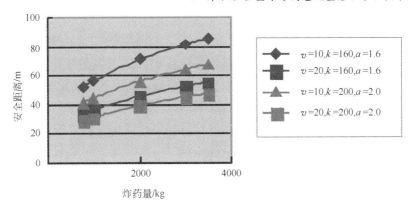

图 8 - 23 炸药量与安全距离的关系

$$f = k\left(\frac{Q^{1/3}}{\log R}\right)^{1/2} \tag{8-19}$$

式中 k——衰减系数,对于硐室爆破 k 取 $0.8 \sim 5.0$;对于台阶爆破 k 取 $5.0 \sim 50$;对于拆除爆破 k 取 $1.0 \sim 100$。

药量大时系数取小值,反之取大值。

从式 8 - 19 可知,爆破地震波的主振频率与爆破药量、距离有关。爆破药量越大,爆破地震波的主振频率越高。距离越近,爆破地震波的主振频率越高。

根据式 8 - 19,计算不同距离和炸药量条件下爆破地震波的主振频率关系,如图 8 - 24 所示。

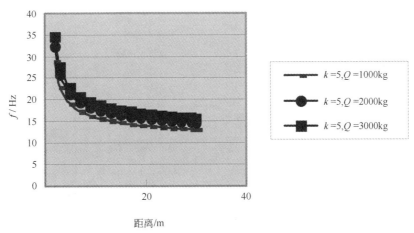

图 8 - 24 爆破震动频率

预计冬瓜山铜矿大直径束状深孔爆破时产生的地震波在距离爆心 20 m 时的主振频率在 150 Hz 左右。

微差起爆技术:合理选用微差爆破的时间间隔,可以有效降低地震效应。先爆孔可以为后炮孔提供有效临空面,要想减小爆破地震效应,必须采用适当的时间间隔。目前毫秒雷管可以避免地震波的合成与叠加。

为取得较好的降震效果,应尽可能分散集中药包,降低最大一段药量,合理选择孔网参数与起爆间隔时间。

频率和振动强度:地震波的主频率范围为 0.5～200 Hz,大小取决于传播介质、同时段炸药量。由于土壤的吸收系数比岩石大,高频部分易被吸收,且其传播距离往往比在岩石中短。而建、构筑物在爆破作用下破坏的最主要因素是振动强度和振动频率。一般的,建筑物的自振频率较低,所以在其他条件相同的情况下,低频波比高频波对建筑物的危害大。同时结构动力学证明,结构受到主频率不同振动激励时响应程度也不同。主振相频率是随装药量的增加而递减的,上中频率较低,岩石则较高。此外,振动持续时间在一定程度上反映了爆破震动衰减快慢。当爆区附近存在较发育的节理、裂隙、溶洞时,爆破震动衰减较快。实践证明,有无减震沟或卸载槽也将直接影响着爆破地震效应的波及范围和程度。

基于冬瓜山地下开采落矿的具体情况,除了严格计算分段药量外,采用微差起爆和合理的微差时间间隔是控制爆破震动最为有效的方法。

8.5.6.2 束状孔当量球形药包爆破震动测试

冬瓜山铜矿矿体埋藏较深,爆破规模较大,爆破震动影响是一个必须考虑的问题。在进行束状当量球形药包爆破试验的同时,进行了采场爆破震动影响的测试。爆破震动测试线分别设于 52-2 号采场底部 760 m 出矿水平,采场顶部 687 m 水平和地表。

A 测点位置

测点坐标见表 8-14。

表 8-14 测点坐标

测　　点		坐　　标		
		x	y	z
地　表	1	2374.094	4343.561	83.982
	2	2363.653	4323.557	77.185
	3	2335.098	4279.081	64.409
	4	2321.171	4246.356	56.065
670 m	1	2323.242	4395.637	−679.366
	2	2347.479	4376.881	−681.986
	3	2371.543	4358.969	−684.388
	4	2383.349	4368.288	−685.262
760 m	1	2317.395	4399.647	−758.213
	2	2340.626	4382.811	−758.367
	3	2365.247	4367.829	−758.216
	4	2381.719	4377.473	−758.925

B 爆破作业情况

揭顶爆破位置: −730 m 水平 52-2 号采场;

爆心坐标: $x = 22306, y = 84370, z = -730$;

炸药类型: MRB 型岩石乳化炸药;

爆破炸药量: 10700 kg,分 9 段起爆;

最大同段爆破药量: 1500 kg。

C　测试仪器

北京矿冶研究总院 DSVM-4C 型震动测试仪。

D　监测结果

各测点振动速度与频率分布见表 8 – 15、图 8 – 25 ~ 图 8 – 32。

表 8 – 15　测点振动速度与频率分布

测　点		坐　标			距爆心距离	最大振动速度	振动频率
		x	y	z	/m	/cm · s^{-1}	/Hz
地　表	1	2374.094	4343.561	83.982	817.253	0.108	15
	2	2363.653	4323.557	77.185	810.5729	0.066	45
	3	2335.098	4279.081	64.409	800.1241	0.147	50
	4	2321.171	4246.356	56.065	795.8745	0.498	102
670 m	1	2323.242	4395.637	−679.366	59.31563	3.344	30
	2	2347.479	4376.881	−681.986	63.82162	3.044	85
	3	2371.543	4358.969	−684.388	80.61031	2.772	101
	4	2383.349	4368.288	−685.262	89.37163	0.058	359
760 m	1	2317.395	4399.647	−758.213	42.48251	3.703	57
	2	2340.626	4382.811	−758.367	46.5593	7.884	1
	3	2365.247	4367.829	−758.216	65.65868	7.88	1
	4	2381.719	4377.473	−758.925	81.39944	3.448	62

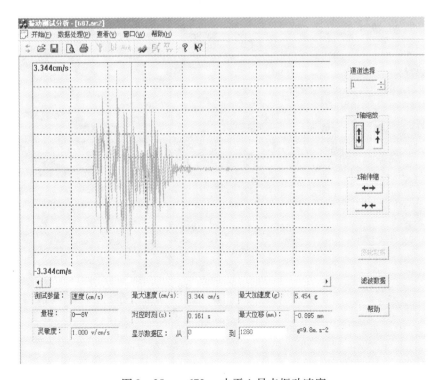

图 8 – 25　−670 m 水平 1 号点振动速度

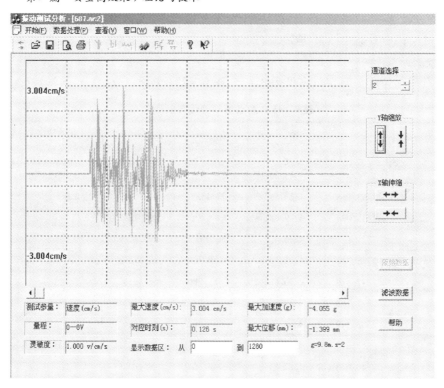

图 8 - 26 - 670 m 水平 2 号点振动速度

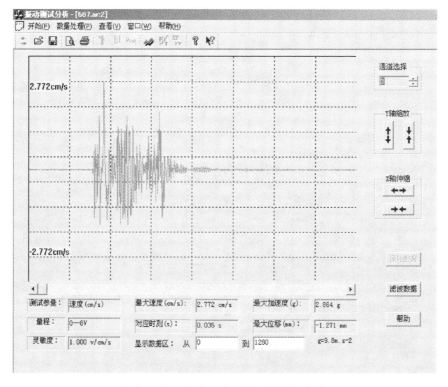

图 8 - 27 - 670 m 水平 3 号点振动速度

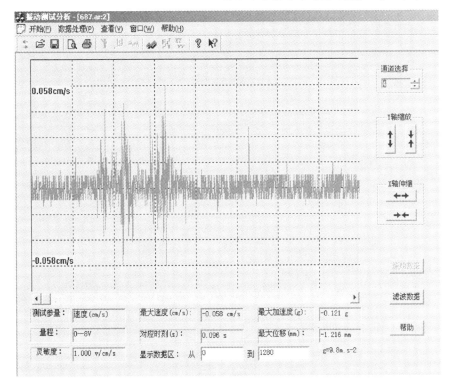

图 8 – 28   – 670 m 水平 4 号点振动速度

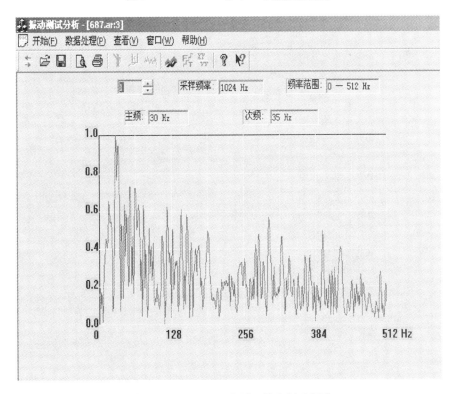

图 8 – 29   – 670 m 水平 1 号点振动频谱

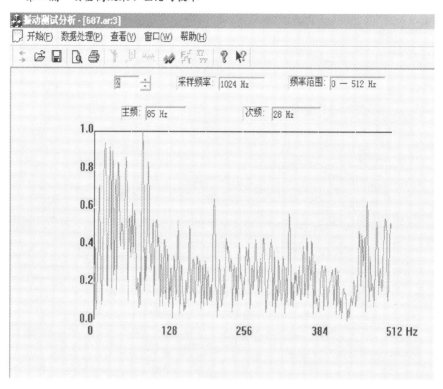

图 8 – 30　 – 670 m 水平 2 号点振动频谱

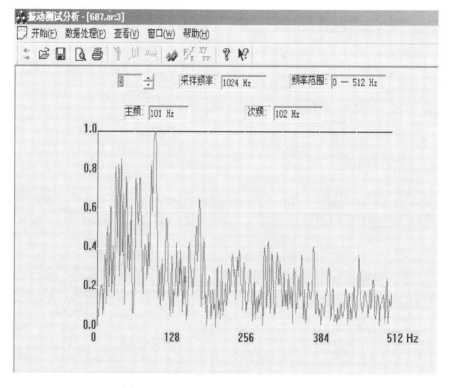

图 8 – 31　 – 670 m 水平 3 号点振动频谱

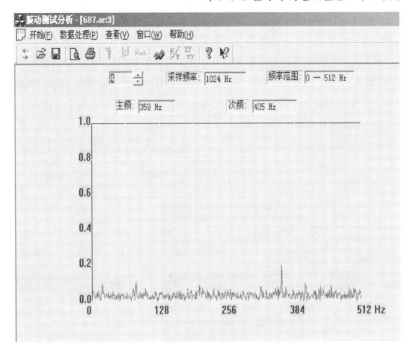

图 8 – 32　– 670 m 水平 4 号点振动频谱

测试表明采场 – 730 m 水平揭顶爆破,在 – 760 m 水平和 – 670 m 水平测点产生的爆破振动 $v < 8$ cm/s,地表测点产生的爆破振动 $v < 1$ cm/s。

8.5.6.3　井下大量落矿空气冲击波危害的控制

大量爆破落矿的空气冲击波超压与爆破规模、所用炸药类型、装药结构参数有关。在爆破近区为间歇性脉冲,中远区逐渐衰减为声波。除对人体会造成伤害,对近区的建筑物和构筑物也会造成破坏作用。特别是在井下相对有限的空间条件下,中远区的构筑物也会有所影响。

预计冬瓜山大量爆破落矿条件下,分层成梯段爆破条件下,采场下部留有缓冲垫层,向上仅有相当数量的大直径深孔通至凿岩硐室,属半封闭型。在装填参数合理的情况下,空气冲击波不会造成中远区设备、构筑物的破坏。由于阶段深孔多次装药爆破,合理的装填参数、保护深孔的孔口不被破坏是很重要的。

井下大爆破空气冲击波超压计算:

$$\Delta p = 146\left(\frac{\eta Q}{V}\right)^{1/3} + 920\left(\frac{\eta Q}{V}\right)^{2/3} + 4400\left(\frac{\eta Q}{V}\right) \qquad (8-20)$$

式中　Q——最大段起爆炸药量,kg;

　　　　V——由爆区到观察点的巷道总体积,m^3;

　　　　η——炸药爆炸转化为空气冲击波的系数。

夹制条件下的深孔爆破时,$\eta = 0.3 \sim 0.35$。

按 $Q = 10$ t,$\eta = 0.30$,$V = 2000$ m^3 计算,$\Delta p = 7.97$ kPa;$\eta = 0.35$,$V = 2000$ m^3 计算,$\Delta p = 9.21$ kPa;

按 $Q = 1.5$ t,$\eta = 0.3$,$V = 2000$ m^3 计算,$\Delta p = 1.42$ kPa;$\eta = 0.35$,$V = 2000$ m^3 计算,$\Delta p =$

1.625 kPa;

-730 m 水平距爆破采场不同距离范围内空区体积:-730 m 揭顶爆破时,采场内凿岩硐室与下部空场体积:凿岩硐室中间矿柱 200 m²,凿岩硐室面积为 640 m²,采场水平面积 840 m²。凿岩硐室体积为:2500 m³,下部空场高度按 10 m 计算,空场体积 8400 m³。本次爆破采场内空区体积为:10900 m³。

采场外,按巷道体积计算空区体积值。

按 $Q = 1.5$ t,计算距爆破采场不同距离处的超压值如图 8 - 33 所示。

距爆破采场不同距离处超压值

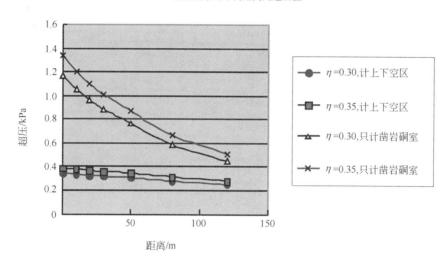

图 8 - 33　距采场不同距离的超压

预计冬瓜山大量爆破落矿分层爆破条件下,采场下部留有缓冲垫层,向上仅有相当数量的大直径深孔通至凿岩硐室,属半封闭型。在装填参数合理的情况下,空气冲击波不会造成中远区设备、构筑物的破坏。由于阶段深孔多次装药爆破,合理的装填参数、保护深孔的孔口不被破坏是很重要的。

在只计上部凿岩硐室空区情况下,考虑安全系数 2.5,距采场 80 m 处设置阻波墙,阻波墙前超压按 2.5 kPa 计算。则阻波墙上受超压冲击力为:5000 kg(巷道断面积 20 m²)。

预计冬瓜山采场分层大量落矿条件下,采场下部留有缓冲垫层,大部分的大直径深孔通至凿岩硐室,属半封闭型。在装填参数合理的情况下,空气冲击波不会造成中远区设备、构筑物的破坏。由于阶段深孔多次装药爆破,合理的装填参数、保护深孔的孔口不被破坏是很重要的。

揭顶爆破的空气冲击波会直接通过采场进入盘区矿柱中主巷,有可能对邻近设施造成破坏,所以在揭顶爆破时有必要在采场硐室进路处建阻波墙。对人员的允许超压为 0.02 × 105 Pa。大爆破时,人员应撤离到地表。

阻波墙结构设计如图 8 - 34 所示。

8.5.6.4　爆破后通风与生产恢复

视爆破规模,一般大爆破后加强通风时间为 3 ~ 5 h。风速为 3 ~ 4 m/s。经检查空气合格后方可恢复井下生产。

全断面柔性阻波墙

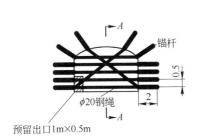
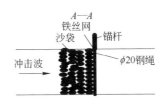

说明：
预留出口用木板支护，
采场爆破网络联结完毕
后，人员从预留出口撤
离，用沙袋将出口封堵。

| 材料表 | | 巷道规格:4.7m×3.8m | |
名 称	规 格	单位	数量
锚 杆	$\phi 40m×2m$	根	12
钢 绳	$\phi 20$	m	35
钢绳卡		个	6
铁丝网		m^2	16
沙袋墙	2m长	m^3	32
木 板	3cm×30cm	m	20

图 8 - 34　全断面柔性阻波墙

大爆破起爆前，井下工作人员应停止作业并撤离。爆破后，经加强通风、工作面安全检查后方能恢复生产。

有关事项均遵照国家标准 GB6722—2003 爆破安全规程执行。

8.6　关于束状孔当量球形药包大量落矿的经济技术分析

8.6.1　主要技术经济指标

采用束状孔当量球形药包大量落矿采矿法与原设计大直径深孔阶段矿房法技术经济比较见表 8 - 16，采用束状孔当量球形药包大量落矿采矿法仅凿岩爆破成本回采每吨矿石可节省 0.7172 元，则每年可节省 127.8 万元。

表 8 - 16　不同大直径深孔采矿法主要技术经济比较

项　目	束状孔当量球形药包 大量落矿采矿法	大直径深孔阶段 矿房法	VCR 法	备 注
回收率/%	87	87	87	
贫化率/%	8	8	8	单采场
生产能力/$t \cdot d^{-1}$	800	600	600	
每米崩矿量/t	30.87	28	26	
炸药单耗/$kg \cdot t^{-1}$	0.32	0.43	0.385	
大块率/%	3.21	4.2	2.9	
采掘千吨比/$m^3 \cdot kt^{-1}$	46.8	55.1	55.1	
二次爆破炸药单耗/$kg \cdot t^{-1}$	0.032	0.12	0.1	
凿岩爆破成本/$元 \cdot t^{-1}$	3.96	5.14	5.77	
采准工程/m^3	4500	5000	5000	单采场
20 万 t 采场爆破次数	<10	>20	>20	

主要技术经济指标见表 8 - 17。

表 8 - 17 主要技术经济指标

序 号	项 目	单 位	指 标	备 注
1	年工作日	d	330	
2	采场矿石量	万 t	24.68	
3	矿山服务年限	a	30	
4	Cu 品位	%	1.04	
	S 品位	%	18.276	
5	生产能力	t/d	10000	其中：采矿 9000 t/d，副产 1000 t/d
6	束状孔当量球形药包大量落矿采矿法	t/d	5400	占 60%
7	回收率	%	87	
8	贫化率	%	8	
9	采切工程	m³	8400	
10	采矿设备效率			
	Simba 261 潜孔钻机	m/(台·班)	40	
	Simba H1354 钻机	m/(台·班)	90	
	EST-8B 电动铲运机	t/(台·班)	800	
	CY-4 柴油铲运机	t/(台·班)	250	按 2750 t/d 计
11	凿岩爆破成本	元/t	3.96	
12	每米崩矿量	t	30.87	
13	炸药单耗	kg/t	0.38	
14	二次爆破炸药单耗	kg/t	0.01	
15	大块率	%	3.21	
16	成本与费用		达产年平均	
16.1	总成本费用	万元	24115.32	
16.2	经营成本	万元	20070.72	
16.3	单位矿石总成本费用	元/t	135.33	
16.4	单位制造成本	元/t	123.23	
	其中：采矿	元/t	79.3	
	选矿	元/t	43.92	
17	销售收入、税金及利润			
17.1	销售收入	万元	33843.42	
17.2	销售税金及附加	万元	468.18	
17.3	利润总额	万元	9260.46	
17.4	所得税	万元	3007.26	
17.5	税后利润	万元	6253.2	

以上单位成本费用按全矿平均计算，总成本费用、收入、利润等按大直径深孔采矿所占比例计算。回采作业成本根据矿山估算为：7.15 元/t 矿，采矿车间作业成本 33.79 元/t 矿。

采矿车间劳动生产率16.89 t 矿/(人·d)，全矿12.05t 矿/(人·d)。项目销售税金及附加的内容包括：

（1）增值税：产品销项税税率为13%，原辅材料及燃料动力的进项税税率为17%；

（2）城市维护建设税：以增值税为计算依据，税率为7%；

（3）教育费附加：以增值税为计算依据，费率为3%；

（4）资源税：按 7 元/(t·矿)征收；

（5）所得税：本项目缴纳所得税税率按33%计。

8.6.2 技术经济分析与结论

（1）束状孔等效直径当量球形药包大量落矿采矿技术，综合利用了增强装药中远区爆破作用的束状孔效应和最优埋深条件下的球形药包漏斗爆破合理利用炸药能量的最优条件，是一个有科学依据和实用价值的高效采矿新技术，属国内外首创。

（2）研究就高应力岩体在爆破载荷作用下径向裂隙延伸与主应力方向的关系、岩体的附加强度、束状孔等效应力场、爆破参数的系列漏斗爆破模拟试验等系统的试验，并作为设计依据，成功地进行了试验采场高分层落矿和揭顶爆破的工业试验，同时进行了大爆破有害效应防治技术设计和地震效应的观测分析。

（3）在工程工艺方面，该方案具有：1）由于采用束状孔大参数束间距，凿岩硐室可以布置成凿岩巷道的形式，凿岩水平可以留有大尺寸连续矿柱，简化了采场地压管理；2）采场爆破完全避免了切割井、拉槽等低效率作业辅助工程；3）分层落矿采用拱形顶板工艺参数设计，避免了大型采场回采直接顶板的自然垮落；4）高分层的分层落矿和厚大揭顶爆破，使采场爆破周期更趋合理，有利于保证作业安全和采场大量连续崩矿。

（4）工业试验表明，由于创造了充分利用炸药能量和控制爆破作用的良好条件，在保证矿岩破碎质量、边帮、直接顶板的完整性取得了良好效果。

（5）由于采用束状孔大参数布孔方式，装药约束条件的改善，采用无任何特殊性能要求的普通低成本炸药，在提高每米崩矿量、降低炸药成本方面取得了如期效果。

（6）由于束状孔当量球形药包大量落矿技术简化工艺、安全、高效并兼有成本低的特点，是地下大直径深孔采矿领域最具有竞争力的一个新技术。

（7）应就当量球形药包大分层落矿的束状孔等效直径作进一步研究。

参 考 文 献

[1] R H Brooks,R E Myers. Blasthole Stoping at Inco's Birchtree Mine[J]. CIMulletin,1979,Jun:68~75.

[2] P R Day,W K Webster. Controlled Blasting to Minimize Overbreak with Big Boreholes Underground[J]. CIM Bulletin,1982,Feb:112~121.

[3] C L Zimmerman,M E Verne. Large Hole Rotary Sublevel Stoping[J]. Mining Congress Journal,1981,Jan: 20~23.

[4] E A Ladne. In-the-hole Drilling at Heath Steele Mines Limited[J]. CIM Bulletin,1979,Oct:59~65.

[5] Robert B Maclachlan. Cratering By A Row of Short Charges[J]. CIM Bulletin,1978,Jan:66~69.

[6] Garfield R Green. Big Hole Blasthole at Inco[J]. Mining Congress Journal,1976,Dec:21~28.

[7] L C Lang. Method of Underground Mining[J]. USA,United States Patent,4135450, Jan.23,1979.

[8] C W Livingston. Mine Layout Applicable to Natural Resources Development[J]. USA,United States Patent,

3762771,Oct. 2, 1973.

[9] 孙忠铭. VCR 法回采工艺的试验研究[J]. 有色金属,1984,2:7~16.

[10] 孙忠铭. 地下大直径深孔采矿技术的试验研究和应用[J]. 北京矿冶研究总院学报,1992,1(1):
8~13.

[11] 孙忠铭,邱晓悌,饶绮麟等. 束状深孔阶段崩矿及连续出矿运输回采工艺的工业试验[J]. 有色金
属,1992,专刊:63~71.

[12] 孙忠铭. 硬岩矿物井下半连续采矿技术的研究发展[C]. 见:中国有色金属学会编. 中国有色金属
学会第三届学术会议论文集. 长沙:中南工业大学出版社,1997. 27~29.

[13] 孙忠铭,陈何. 束状孔等效直径当量球形药包大量落矿采矿技术[C]. 见:《矿业研究与开发》编.
金属矿采矿科学技术前沿论坛论文集. 湖南长沙:中南大学,2006.4.

[14] В Н Мсинец,С К Руьцов. Применение Параллельно-Сближенных Зарядов на Карьерах Сложноструктурных
Месторо[J],Горный Журнал,2002,No. 3:39~41.

[15] Ю П Акапленко, А Д Загородный, В И Израйлевич. В Влияние РАС-Пожения Параллельно-
Сближенных Скважин на Качество Дробления при Отбйке Крепких Рул[J], Извыс-Учебных
Заведений,Горный Журнал,1971,No. 11:65~68.

[16] Г П Ермак,С Н Зйсмонт,В К Гришаев. Совершествование Разра-ботки Абаканского Месторождения
[J], 1997,No. 11:42~44.

9 全尾砂高浓度充填理论与工艺技术

9.1 引言

矿山的开发促进了社会经济的发展,同时也造成了环境的污染和资源的减少,全尾砂高浓度充填技术作为一种新型的充填方法,能有效地减少环境污染,保护土地,节省水资源,提高资源回收率;在保护资源、保证矿山可持续发展等方面有着重要的意义,同时,也极大地影响着矿山的经济效益,是实现矿山无废、安全、高效开采的重要途径。

9.1.1 充填技术的发展与研究现状

矿山充填技术是指制备合格的充填料并将其输送到井下采空区贮存或形成一定强度的充填体以支撑体围岩,从而达到安全采矿、提高资源回收率、防治水、保护地表耕地和建筑物,以及减少地表废弃物排放等目的的一项技术。矿山充填技术主要包括充填料制备技术、充填料输送技术、采场充填工艺技术等三部分。

矿山充填技术是为了满足采矿工业的需要而发展起来的,主要经历了干式充填、水砂充填、胶结充填、膏体充填以及全尾砂高浓度充填的发展过程。目前,最常用的充填料是矿山选矿厂生产出的尾砂。为了使充填料在采场形成需要的强度或尽可能少脱水,通常需要在充填尾砂中按一定的灰砂比添加水泥等胶结料并搅拌制备成一定浓度的充填料浆。尾砂充填经历了低浓度分级尾砂充填、高浓度分级尾砂充填、高浓度或膏体全尾砂充填的发展阶段。尾砂充填料浓度的高低往往能反映出充填技术水平的高低,在制备合适浓度的尾砂充填料方面,国内外已采用或研究的主要方式有如下几类:在尾砂浆体中添加其他干料;采用旋流器或其他离心设备、过滤机或其他过滤设备对尾砂脱水;采用砂仓或砂池直接将尾砂沉淀脱水等。

立式砂仓具备脱水和储砂两大功能,从20世纪60年代以来作为一种方便实用的尾砂脱水设施一直为矿业界所广泛采用,80年代开始试用于我国,并得到了迅速的发展,1989年中国有色工程设计研究总院(中国恩菲工程技术有限公司,以下简称"设计院")成功地设计了以锥形底为代表结构的立式砂仓;为进一步满足全尾砂脱水工艺的需要,2001~2002年中国有色工程设计研究总院联合铜陵有色金属集团控股有限公司研制了立式砂仓简易搅拌装置,半工业试验证明,带简易搅拌的立式砂仓具备提供稳定高浓度全尾砂料浆(或膏体)的可行性和优越性。

20世纪末,随着采矿工业的快速发展,原有的充填工艺已不能完全满足回采工艺和进一步降低采矿成本以及环境保护的需要,因而国内外开始发展膏体充填和全尾砂充填等新技术。膏体充填是指充填料呈膏状,充填料在采场不需脱水设施的一种充填方法;全尾砂充填是指尾砂不分级脱泥,经脱水浓密后用于矿山充填的一种充填方法。在我国,中国有色工程设计研究总院分别在金川镍矿、铜录山铜矿设计了膏体充填系统。近几年,中国有色工程设计研究总院在会泽铅锌矿设计了一套全尾砂膏体充填系统,实现了矿山的无废开采。膏体或高浓度全尾砂制备技术是全尾砂充填技术的重要环节,由于国际上现有膏体或高浓度全尾砂充填料制备工艺的投资和生产成本较高,使得膏体或高浓度全尾砂充填工艺难以普及应用,开发低成本、高性能的全尾砂脱水新工艺、新设备的需要非常迫切。在这方面,国内外科研人员一直进行着有关方面的研究和试验。目前,国内矿山普遍采用还是较为成熟的高浓度胶结等充填工艺,这方面典型的有中国有色工程设计研究总院设计的安庆铜矿、谦比西铜矿、武山铜矿、焦家金矿、阿舍勒铜矿、孙村煤矿等矿山。

在矿山充填控制系统方面,过去即使在美国、俄罗斯、澳大利亚以及加拿大等应用尾砂胶结充填较多的国家,其自动化水平同其他行业比较亦相距甚远。近年来,随着检测仪表的发展、设备性能的提高以及对工艺流程的改善(如:采用充填料的批量制备技术等)使得其自动化水平得到了较大的提高。目前,我国大部分矿山的充填过程自动检测和自动控制水平仍然较低。

9.1.2 冬瓜山铜矿充填系统的特点与难点

为了建设成世界先进水平的现代化矿山,冬瓜山铜矿采用全尾砂胶结、全尾砂和废石充填,每天需充填采空区 3125 m³,其中冬瓜山和大团山生产的废石约 1500 t/d,全部用于充填,实现废石不出坑,废石可充采空区 535 m³/d,另需全尾砂砂浆 3700 m³/d,充填采空区 2590 m³/d。选厂生产出的多余尾砂送往东西狮子山老空区及尾矿库。充填系统的选择考虑了采矿方法的需要和以下因素:

(1) 全尾矿粒级细,20 μm 以下颗粒占 40% 左右;

(2) 矿山开采深,输送距离长,充填倍线小,各采场充填倍线为 3 ~ 3.9;

(3) 矿区上部有老空区,可以储存部分多余的尾砂;

(4) 地表尾矿库选址和征地困难。

选厂初期尾矿的物理性质波动较大,工业试验期间测定的一次全尾砂粒级组成见表 9 - 1;两次测定的全尾砂化学成分平均值见表 9 - 2;三次测定的全尾砂密度平均为 3.09 t/m³。

表 9 - 1 冬瓜山全尾砂粒级组成

粒径/μm	-5	-10	-20	-50	-75	-100	-150	-180	+180
累计/%	17.35	26.22	37.84	60.13	72.42	81.75	91.68	94.58	100

表 9 - 2 冬瓜山全尾砂化学成分

化学成分	SiO_2	Al_2O_3	CaO	MgO	TFe	S	Cu
含量(质量分数)/%	30.16	3.37	14.92	5.87	14.06	6.06	0.14

采用传统的分级尾砂充填技术,分级后的细颗粒尾砂无论是存放于采空区还是地表尾矿库,都将涉及安全和费用方面的问题。而采用全尾砂充填所面临的最大难题就是全尾砂的脱水问题,传统的尾砂脱水技术难以满足低成本全尾砂充填的要求。现有国内外的全尾砂脱水工艺比较复杂,充填设备以及生产和维护成本较高,使得许多矿山都望而止步。研究和开发新的低成本的全尾砂脱水新工艺新设备是世界范围内迫切需要解决的问题,也是一直困扰国内外矿山工程技术人员的难题。采用砂仓直接将尾砂沉淀脱水具有节能、缓冲、不间断等优点。改变砂仓结构,改善传统砂仓的性能,使之能适应细颗粒全尾砂的脱水和储

存,使之能够生产出更高浓度的全尾砂浆,这是冬瓜山铜矿充填的研究方向和最大的技术难点。

冬瓜山铜矿属于深井矿山,充填料输送距离长,充填倍线小,采用高浓度充填需要严格控制充填料的稳定性,避免浓度和输送阻力的过大波动。在采场工艺方面,需要研究和选择合理的充填料配比及浓度,采用经济的采场脱水方式与充填挡墙结构以解决了高应力缓倾斜深部高大采场嗣后充填工艺方面的脱水、挡墙等技术难点。

9.1.3 全尾砂充填的实现及其意义

冬瓜山铜矿是我国第一座使用细粒级全尾砂进行大规模充填的大型矿山,其在"十五"科技攻关中所开发出来的全尾砂高浓度或膏体充填技术能满足新时期绝大部分金属矿山充填的需要。与传统的充填工艺相比较,简化了工艺流程,减少了设备投资、占地面积、生产成本、耗电量和耗水量,为高浓度或膏体全尾砂充填的大规模推广应用奠定了基础。

目前已有多座矿山采用冬瓜山充填试验研究中开发并在实践中应用的相关技术。冬瓜山全尾砂充填系统的开发与应用具有如下意义:

(1) 解决了全尾砂低成本脱水的难题,为国内外推广高浓度和膏体全尾砂充填技术起到了促进作用;

(2) 有利于减少矿山开采中尾矿库的占地,所研发的全尾矿脱水技术具有工艺简洁、占地少等优点;

(3) 减少矿山开采中尾矿库对周边地区的危害,能取消或减少尾矿库的建设,减少尾矿库中细粒级颗粒的含量;

(4) 提高尾矿水的回收率,节约水资源;

(5) 有利于矿山开采中的节能降耗;

(6) 减少矿山井下排水排泥费用,实现清洁化开采,保护矿山环境,改善工人的劳动条件;

(7) 促进矿产资源的充分回收与利用。

9.2 全尾砂高浓度充填料制备技术

9.2.1 全尾砂充填料制备工艺与难点

全尾砂充填是矿山无废开采的关键技术。冬瓜山铜矿尾砂粒级细,分级后粗尾砂产率较少,而且还带来细颗粒尾砂处理的后续问题,设计选用全尾砂充填工艺。该矿山属于深井开采,充填倍线小,需要尽量提高和稳定充填料的浓度,减少管路磨损,使充填料在采场不脱水或少量脱水,减少水泥胶结料的流失,改善井下作业环境,减少井下排泥量。全尾砂充填工艺需要解决全尾砂的脱水问题,在不外加干料的条件下,只有将全尾砂脱水到膏体或接近膏体的程度,才能稳定地制备出高浓度或膏体的充填料来,以满足充填工艺的需要。

20 世纪国内外诸多矿山的实践表明尾矿脱水是充填料制备的核心问题,是整个充填工艺成败的关键,也是一直制约矿山充填技术发展(包括尾矿干堆)的重大障碍。目前提高充填料浓度的方式见表 9-3。

表 9 -3 目前提高充填料浓度的主要方式

方 式	存在的主要缺点及其适用范围
采用卧式砂池浓缩尾砂	占地面积大,脱水效率低,自动化程度不高,生产连续性差。适用于小规模矿山充填
采用立式砂仓浓缩尾砂	底流浓度提高有限,底流浓度和流量稳定性较差。适用于分级尾砂或粗粒级全尾砂高浓度充填
采用过滤或离心脱水设备浓缩尾砂	占地面积大,设备性能不稳定,维护量大,耗能高。工程投资高,经营费用高。适用于膏体充填
采用旋流器分级并浓缩尾砂	尾砂的利用率低,需考虑细颗粒尾砂的处理,需考虑选厂生产与充填作业的衔接问题。通常与立式砂仓组合使用
采用深锥浓密机浓缩尾砂	设备需连续运转,设备贮料和缓冲功能不足,需考虑选厂生产与充填作业的衔接问题,价格贵,耗能高,可能出现压耙现象。可用于高浓度和膏体充填
添加干砂等物料提高充填料浓度	当地需有充足的充填干料。适用于各种充填方式

结合冬瓜山铜矿的实际情况,经过国内外调研和分析,决定通过研发新型全尾砂立式砂仓来解决充填料制备中尾砂脱水的难题,并在此基础之上设计和施工了充填搅拌站。新型全尾砂立式砂仓需要适应于细粒级全尾砂的脱水,底流浓度需要达到膏体的程度。

冬瓜山搅拌站设有 6 套配置相同但相互独立的充填料浆制备系统,生产中可以根据实际情况选择多套制备系统同时工作。每套系统包括:进砂管路、新型全尾砂立式砂仓、水泥仓、粉煤灰仓、放砂管路、搅拌槽和充填管路及钻孔等组成。冬瓜山充填搅拌站如图 9 -1 所示,充填系统示意图如图 9 -2 所示。

图 9 -1 冬瓜山充填搅拌站

选矿厂的全尾砂以 25% 左右的浓度经 DN600 的尾矿管路自流至尾矿泵站,经尾矿泵站内渣浆泵分配到 6 座新型立式砂仓内贮存。当仓内沉淀的尾砂达到一定的高度后,即可进行充填作业,同时进砂系统可以连续进砂以保证充填作业连续性。充填作业时,从新型立式砂仓底部放出全尾砂料浆至高浓度搅拌槽,按试验的配比要求加入水泥和其他辅料,在搅拌槽内经充分搅拌混合并调节至要求浓度后,自流输送到井下充填采空区。考虑到自流输送对充填浓度的限制,制备的胶结充填砂浆浓度确定为 73% ~76%,这样立式砂仓放砂浓度需要控制在 73% ~75% 之间。

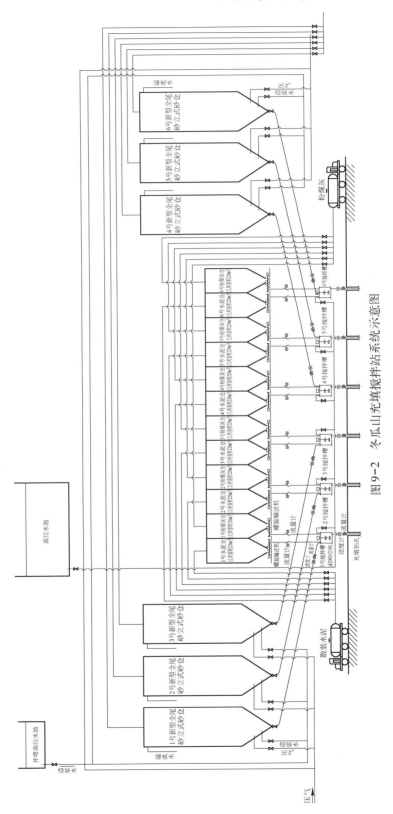

图 9-2　冬瓜山充填搅拌站系统示意图

充填料制备系统生产的全尾砂浆和胶结充填砂浆的浓度、流量以及水泥(或其他辅料)的添加量均采用自动检测与控制。

9.2.2 全尾砂制备理论探讨

9.2.2.1 新的流体力学模型

长期以来,人们习惯于按流变学的方法将混合体的切应力表示为屈服应力、剪切速率和黏度等的函数,其中黏度通常可以通过实验或相关的一些公式得出。这种经典的方法在分析和解决实际问题时非常简便,但在深入分析和处理工程中的某些问题时却会碰到一些困难。

摩擦定律和牛顿内摩擦定律分别体现了固体和固体以及牛顿液体之间相对滑动的基本规律;牛顿内摩擦定律反映了切应力与剪切变形速度成正比的本质关系,黏度 η 与温度和压强以及流体属性相关,实验表明在 10 MPa 以内,压强对黏度的影响一般可以忽略不计。黏性是分子间的吸引力和分子不规则的热运动产生的结果,对于液体,分子间吸引力是主要因素,所以温度高黏度越低,而气体则相反。屈服强度可以解释为由于固体表面之间的范德华力、静电吸引力、固体桥联、液体桥联等力的作用结果;黏度可以用牛顿内摩擦定律来解释。

宾汉流体属于非牛顿型流体中的一种,其他几种非牛顿型流体也是按类似的方法将切应力表示为屈服应力、剪切速率和黏度的关系,这里不一一列举。

对于复杂的混合流体,剪应力可以表示为剪切速率、混合物浓度、平均容积、定向常数、形状常数、微粒或颗粒及团块的形成速度和破坏系数、沿剪应力方向的微粒或颗粒及团块的排列速度系数与混乱系数、混合体的弹性模量等的函数。如果总试图用牛顿流体的类似方法通过确定某种特定状态下流体的黏度来描述流体的流变性能,有时候容易在理论上和实践上造成一些误解或困难。比如:宾汉流体方程,在某些情况下,流体的本质内因被隐含起来了,不利于对流体力学属性本质的认识和进一步的深入工作。设计院在吸收相关领域的经验和观点的基础之上,结合高浓度全尾砂的特点提出了一种混合流体力学模型,如式 9 – 1 所述。

$$\tau = \tau_0 + (\sigma - u)\tan\phi + \eta_s \frac{\mathrm{d}v}{\mathrm{d}y} \qquad (9-1)$$

式中　τ——切应力,Pa;

τ_0——屈服值,Pa;

u——孔隙压力,Pa;

σ——总法向应力,Pa;

ϕ——内摩擦角,(°);

η_s——黏度,Pa·s;

$\frac{\mathrm{d}v}{\mathrm{d}y}$——流速梯度或剪切速率,s^{-1}。

孔隙压力是在 1920 年由 Terzaghi 发现的,其标志着近代土力学的开始。孔隙压力可以分为三种基本的类型,分别为初始静孔隙压力、初始超空隙压力、剪切作用产生的孔隙压力。

式 9 – 1 可以理解为浆体由很多固体颗粒组合而成,部分固体颗粒彼此接触,其中的间隙充满或充有液体或水。这样就存在着孔隙压力的问题,即总法向应力 σ 一部分通过固体颗粒直接传递给固体颗粒,另一部分应力(大小为 u)由固体传递给液体,或再由液体传递给固体。前一部分力按固体相对滑动来考虑,后一部分力可以按类似牛顿流体来考虑。

如果固体颗粒较大,流体中液体的渗透性很好,则在一定的外部条件下,式中孔隙压力 u 基本一定,变化较小;如果固体颗粒很小,混合体的渗透性比较差,则式中孔隙压力 u 为时间的函数。流变学行为变化缓慢的流体广义看作非稳定流体。对于充填尾砂,通常在一些简单的管道输送以及试验中,由于流体的受力特性,当 σ 变化时,u 也会随之相应变化,($\sigma-u$)的值变化较小,所以这时传统的力学方程可以看作是式 9-1 的近似表示,但如果将这样的流体当作宾汉体,不利于对问题进行客观有效的分析,有时还可能起到误导的作用。充填料浆的输送与制备是一个比较复杂的问题,仅用宾汉流体的模型来分析是不够的,而式 9-1 中孔隙压力的引入有望提高砂仓放砂性能和改善充填管道输送情况。

有试验表明充填流体在经剪切后,其剪切屈服应力会变化,式 9-1 能很好地解释这一现象,其原因就是因为孔隙应力 u 的残余造成的,可见式 9-1 更加客观地反映了流体的力学特性,孔隙应力 u 的引入,提供了一种进一步深入研究的方法。进一步运用模糊数学的方法,将流体力学模型定义为介于纯固体相对滑动和纯液体(牛顿流体)相对滑动之间的一种模型,可以进一步得出如下流体模糊流变方程如下:

$$\tau = \tau_0 + k_s \sigma \tan\phi + k_1 \eta \left(\frac{\mathrm{d}v}{\mathrm{d}y}\right)^n \tag{9-2}$$

式中　　τ——切应力,Pa;

　　　　τ_0——屈服值,Pa;

　　　　k_s——固基隶属度;

　　　　σ——总法向应力,Pa;

　　　　ϕ——固基内摩擦角,(°);

　　　　k_1——液基隶属度;

　　　　η——液基黏度,Pa·s;

　　　　n——流变参数。

模糊数学诞生于 1965 年,起源于控制领域,是研究当代科学技术的一种有力工具,隶属度和特征函数(也称为"隶属函数")是模糊数学中的基本概念和理论基础。流体一方面表现出固体(固基)的性质,一方面体现出液体(液基)的性质,所以在流变力学上可以利用模糊数学的方法用固基和液基的隶属度来定义流体,k_s 的大小表示流体体现理想固基属性(流变特性)的程度,定义为固基隶属度;k_1 的大小代表流体体现理想液基属性(流变特性)的程度,定义为液基隶属度。k_s 的函数表达称为理想固基的特征(或隶属)函数,参照式 9-1 通常为 $k_s = \dfrac{\sigma - u}{\sigma}$;$k_1$ 的函数表达称为理想液基(不能仅仅理解为其间的牛顿流体)的特征(或隶属)函数。这样,就可以根据式 9-2 通过研究流体的固基和液基隶属度来研究流体的特性。可见式 9-2 提供了一种新的解决问题的方法或途径。

值得强调的是对混合物黏度的理解,前面对式 9-2 只是一种形象简单的解释,实际上,式 9-1 后一部分由于黏性产生的力不仅是液体部分的黏性而产生的,固体颗粒也会对之产生很大的影响。一定的混合体的黏度是固体体积浓度的函数,是有极值的。

利用上述基本的公式,还可以方便地推导出管道输送阻力等公式。

立式砂仓是矿山充填采矿工艺中的一个关键装置,其作用是将选矿厂生产出的尾砂浆浓缩并贮存在砂仓内,然后从其底部的放砂管路放出,制成充填料岩浆送往矿山井下采空区储存或支撑岩体,同时起到减少环境污染的作用。立式砂仓底部放出尾砂浓度的高低通常是衡量工艺好坏的一个十分重要的参数。在研制适合的砂仓过程中,一直没有非常有效的理论作为指导,使技术难以进步。下面结合上述公式,介绍一下新型立式砂仓中控压助流设施。

在砂仓内当浆体刚开始沉淀浓缩时,在到达一定浓度的地方,由于颗粒间的液体不能及时地渗流出,在一定的时间内,孔隙压力是存在的。在试验中也观察到了孔隙压力存在的现象,这种现象相当于以前曾提到的"触变"现象,与砂土的振动液化相似,如,振动能明显增加浆体的流动性等。当沉淀的尾砂存放时间较长后孔隙压力逐渐消失,这时将颗粒分离开来,就需要克服较大的摩擦力,甚至会产生负的孔隙压力,这时,颗粒间的临界摩擦力即式 9 - 2 中的 $(\sigma - u)\tan\phi$ 项比较大,这些特性对于全尾砂来说较分级尾砂更加明显。所以,在立式砂仓生产实践中新鲜尾砂要较陈砂容易放出。孔隙压力与渗透系数、时间,沉淀速度以及其他参数有关,通过研究孔隙压力和这些参数的关系就可以尽量减少砂仓结底事故的发生,提高生产质量和效率。

实际生产中通常在砂仓内采用"流态化造浆",以提高尾砂的流动性能,式 9 - 2 认为起主要作用的因素是孔隙压力的变化,并不是通常所说的流体流动时摩擦力的作用。通过向砂仓底部注入水或气能提高孔隙压力 u,从而使 $(\sigma - u)\tan\phi$ 项减小,达到使浆体的流动性增加的目的,这里的解释和流态化的解释在理论上是明显不同的。新型立式砂仓设置造浆控压助流设施,就是为了使得砂仓内砂浆的孔隙压力保持在一定的范围内,而不是当脱水后尾砂排放出来时才大量地冲入水或气体。

另外,在实际生产中,有很多采用水作为立式砂仓流态化介质的实例,但当砂面较低时就很难放出高浓度的尾砂出来。按照上述理论分析,就可以在试验或生产中做一些有意义的工作,比如:随着 σ 的减小,同时,也减小注水或注气的压力,基本保持 $(\sigma - u)\tan\phi$ 项不变,以提高砂仓放出砂浆的浓度等。

充填料的制备和输送系统通常是一个时变、滞后、非线性的系统,模糊流变式的引入可以比较方便地与系统的智能控制方法相结合起来。

9.2.2.2 充填料配比的"软批量"控制

发达国家许多充填系统采用批量配料工艺来制备充填料浆(见图 9 - 3),国内混凝土行业也普遍采用了批量配料工艺来保证混凝土的质量。由于传统观念的影响和批量配料工艺

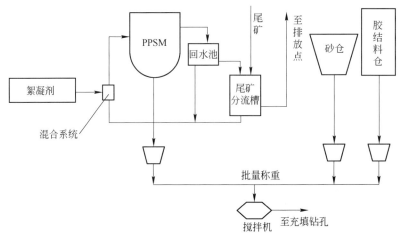

图 9 - 3 1997 年国外某矿山充填系统

存在环节多、占地多、投资高等缺点,国内绝大多数矿山均采用连续配料工艺来制备充填料浆。充填料中水泥添加量的多少往往决定了充填成本的高低,为了降低充填成本,当前,国内技术人员的研究重点主要集中在水泥等充填料添加剂的成分方面,通过提高充填料添加剂的性能来减少水泥用量。

国内常用的连续配料制备工艺主要由立式砂仓和搅拌槽组成(如图 9 - 4),由于立式砂仓本身具有的滞后性、非线性以及模型的不确定性,其放砂浓度和流量是时变的,而设计的水泥添加量是和立式砂仓放砂干量成比例关系的,由于滞后和模型不确定等原因,常用的比例调节控制难以制备出高质量的充填料浆,并由此带来充填料浆质量的下降和充填成本的上升。

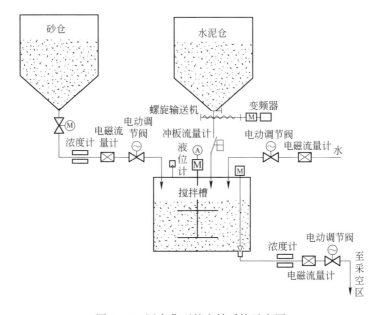

图 9 - 4 国内典型的充填系统示意图

批量配料工艺将充填料的各种物料称量好后,再放入搅拌槽中进行搅拌,当混合物搅拌成为均匀的充填料后,将该批充填料倒入缓冲斗中,这样就完成了一批料的制备。接着,系统将在上一批料搅拌期间已经称量好的各种物料放入搅拌槽中,开始下一批制备作业。缓冲斗用于向充填钻孔或充填泵供料,通过设计系统各部分的能力能保证缓冲斗在生产过程中始终存有物料。虽然,上述批量制备技术与我们常用的连续制备技术相比有很多缺点,但存在控制容易,充填料浆质量易保证等明显的优点。

为了使充填料浆的配比均匀,尽管实际的料浆制备过程是连续的,这里提出了一种模仿批量制备过程的控制方法,其思路如图 9 - 5 所示。该控制方法吸收了批量生产工艺的优点,有效地克服了传统连续制备控制方法上的缺点。即使系统的水泥或水

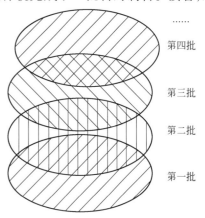

图 9 - 5 连续料浆的"分批"示意图

的添加量在短时间内由于滞后或其他各种原因没有能跟上尾砂浆给入量的变化,但控制系统仍可以在一定的时间内比较方便地将其差值给补上,这样就形成一批批料浆,每批料浆中各物料的总配比是比较准确的,再通过搅拌槽的搅拌作用,就能得到比较均匀的充填料了。这样的控制系统,也没有必要很灵敏地跟随砂仓放砂量的强烈波动。"软批量"控制在常规的比例控制环的基础上增加"批量"补偿,即:控制的添加量在满足目前比例环要求的前提下,同时对该计算批料的添加量进行累计补偿。通过初步分析,软批量补偿控制可以采用全程补偿算法、限次补偿算法、模糊补偿等算法。

限次补偿算法与全程补偿算法的主要区别是批量的大小和范围的不一样,两种补偿算法均能保证充填料质量的均匀性。但是,全程补偿算法可能受到累计误差的影响,在调节量连续超过调节范围时,这种误差可能给后面的几批料都带来不利的影响,以至于系统不能及时恢复正常。如,在某段时间,砂仓由于某种特殊的原因放出浓度很低的尾砂浆,虽然这段时间内搅拌槽的添加水少到最少,但搅拌槽放出的充填料浆的浓度依然低于要求。这样,搅拌槽内水的添加量的补偿值会变成很大的一个负数,当砂仓放砂恢复正常后,会造成相当长的时间内搅拌槽内添加水的减少和浓度的升高,严重时,可能会出现浓度过高的堵管事故。根据工艺要求,有时在每次充填作业开始时需要向井下充填一定量的水或低浓度的充填料以润滑管路;而且,砂仓刚开始放砂时对砂仓喷水,初始放砂浓度可能比较低,此时也可能出现上述这种补偿"饱和"的情况。而限次补偿算法只将近一段时间内物料平衡作为目标来进行补偿,当上述情况发生时,在砂仓放砂浓度恢复正常后,能及时地使得搅拌槽内的充填料配比趋向正常。但限次补偿算法需要保持期内各个周期内的差值,所占用的内存相对较大。

水泥带"软批量"补偿的比例环控制原理如图9-6所示。如果取消了"软批量"补偿器,系统就变成了一个常用的比值控制回路。

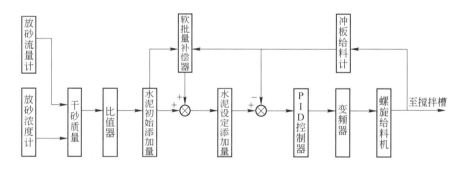

图9-6 水泥配比"软批量"控制系统原理

9.2.2.3 充填料浓度的模糊控制

充填料浓度的稳定性是目前充填系统是否优良的最重要判断依据,是充填料质量最关键的控制指标之一,也是目前常用控制的参数中对充填工艺的影响最为直接的一个。常用电磁流量计与尾砂浆管路串联安装,料浆对管路和流量计的磨损与腐蚀是目前充填料制备站生产维护中所碰到的最为棘手的问题之一,流量计磨损或腐蚀后其准确程度也就发生了变化。选矿厂尾砂密度通常也是缓慢波动变化的,这样也会造成控制系统误差的积累,造成搅拌槽排料浓度出现偏差。为了消除系统的累积误差或偏差,保证充填质量的关键参数,设计院提出了充填料浆浓度模糊控制原理图,如图 9 - 7 所示。

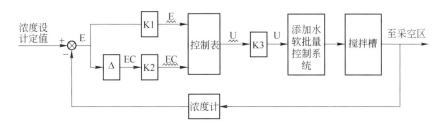

图 9 - 7　充填料浆浓度模糊控制原理

在工艺上充填料浓度的确定需要考虑多个方面的因素,其中主要有:

(1) 制备工艺能够达到的浓度;通常此浓度越高,制备难度就越大,成本也越高。

(2) 输送系统能够输送的浓度;在通常的浓度范围内,浓度越低输送越容易,但在充填倍线较小时需要适当增加浓度尽量形成满管输送。

(3) 充填料进到采空区后能在规定的时间内形成需要强度的充填体,并满足接顶要求的浓度考虑充填料浆;在井下污染,水泥流失和充填体强度的影响方面,充填料浆浓度越高越好。

目前,大型矿山可通过试验来确定的充填浓度。有专家认为,充填料的输送经济浓度略高于充填料的临界流态浓度。因为尾砂的性质是变化的,所以经济的充填浓度也应该是变化的,尤其是当有的矿山所使用新旧尾砂的比例也变化时。

综上所述,为了进一步提高充填体的质量,在满足输送的条件下,应尽量提高充填体的浓度。设计院提出对充填料浓度设计定值进行迁移,这对浓度控制起到了"纠偏"的作用。实质上是对工艺参数的自动寻优,同时也改善了浓度的控制特性。通常,可以取搅拌槽的电机电流或搅拌力矩作为充填料浆浓度迁移的依据。充填料浆浓度模糊迁移回路如图 9 - 8 所示。

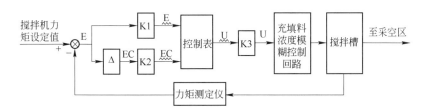

图 9 - 8　充填料浆浓度模糊迁移控制回路

9.2.3　控压助流脱水技术

冬瓜山铜矿在尾砂脱水方面,设计准备了多套技术方案,其中有立式砂仓喷嘴"流态化"方案、控压助流方案、底伸式局部搅拌方案、顶伸式局部搅拌方案。这里介绍冬瓜山铜矿目前所采用的控压助流方案。

控压助流方案根据上述新的流体力学模型,在优化砂仓结构的基础之上增加了一套控压助流辅助设施,其试验软件界面如图 9 - 9 所示,其简易原理如图 9 - 10 所示。在系统工业试验期间,辅助设施采用一定的喷水、喷气的方法在一些部位向仓内注入高压水、低压水或压气来控制砂浆孔隙压力和改善沉淀尾砂的流动性能,以保持或增加仓底尾砂的流动性,提高立式砂仓放砂浓度和流量的稳定性、可控性。

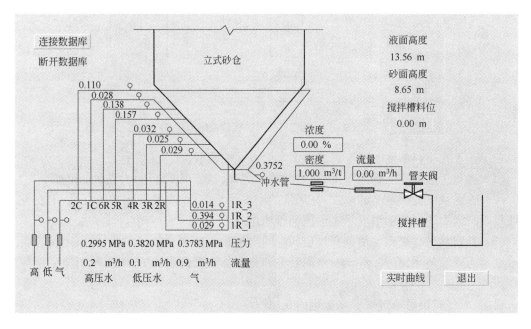

图 9-9   控压助流设施放砂软件界面

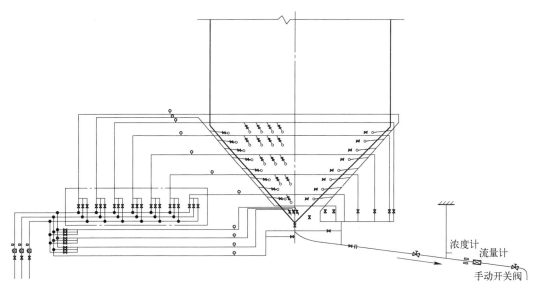

图 9-10   控压助流设施简易安装原理示意图

9.2.4   全尾砂脱水工业试验

在工业试验期间,放出的尾砂由搅拌槽出口管路经渣浆泵送至尾矿泵站,然后由泵站输送管路送到井下采空区,或者由尾矿泵站送至尾砂浓密池贮存处理。控压助流设施用水压力有 0.8 MPa 和 0.4 MPa 两种,根据试验情况选择使用;压缩空气通过管路由现有坑口空压机站提供压气管网引入充填搅拌站。

控压助流放砂试验主要分为两个阶段:第一阶段为对比自然放砂阶段,第二阶段为控制放砂阶段。第一阶段主要工作为自然状态放砂,其目的是为了摸索在连续进砂、放砂过程中自然沉淀全尾砂的放砂特性;第二阶段采用加入一定控制行为的连续放砂,根据前一阶段放砂效果进行适当的调整。

第一阶段自然放砂:先在砂仓内贮满选厂产出的全尾砂,保持砂面高度距仓顶溢流面至少 2~3 m。然后,立式砂仓底部开始放砂,同时,立式砂仓顶部保持连续进砂状态。此一阶段的连续放砂是进砂经过沉淀后自然状态下的放砂,只有当在仓内的尾砂难于放出的时候才采用高压水、压气活化造浆。

该阶段持续近 50 个小时的连续进砂、放砂过程如下:

(1) 开始放砂前 5 h 内,浓度保持在 82%~78% 之间,呈缓慢下降趋势。料浆呈黏稠状,当难于放下时用高压水造浆活化,流量基本稳定 50~70 m³/h。

(2) 接下来的 8 h 内,浓度保持在 78%~74% 之间,呈逐渐下降趋势。个别时间段出现低于浓度 72% 的情况,料浆流动性很好,在大多数状态下,流量稳定在 45~60 m³/h。

(3) 接下来的 30 多小时中浓度变化范围较大,有 78%~80% 浓度较高的情况,也出现过浓度较低 68% 的情况,流量稳定在 55 m³/h 左右。

放砂过程大部分时间保持连续,偶尔短时中断,通过启动控压助流辅助设施可以很快恢复连续放砂作业。放砂时间与浓度的对应关系曲线参见图 9-11。

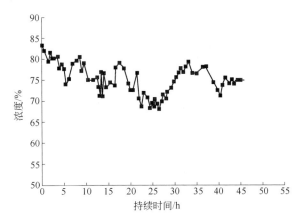

(时间:10 月 27 日 8:30~10 月 29 日 5:00)

图 9-11 第一阶段连续放砂浓度

试验中放砂流量受到了给料系统的能力的限制,如果放砂流量过大,立式砂仓中的砂面会不断下降。本阶段连续试验,没有主动启动砂仓部分控压助流设施,仅体现了砂仓各种结构优化后的自然脱水放砂特性。

第二阶段控制连续放砂:首先在仓内贮满全尾砂,在仓底放砂的同时保持仓顶连续进砂。根据第一阶段连续放砂的情况,加入人为控制以达到放砂浓度和放砂流量可控的目的。

在持续近 55 h 的连续进砂、放砂过程中:可以基本保持稳定的放砂浓度,浓度一般在 78%~82% 之间小幅波动;放砂流量的可控性得到了提高,可以稳定在 40~60 m³/h 之间。放砂时间与浓度的对应关系曲线参见图 9-12。

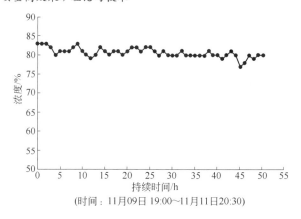

(时间：11月09日 19:00～11月11日20:30)

图 9-12 第二阶段连续放砂浓度

第二阶段连续试验前期可以保证在较长时间内(约 48 h),保持 80% 的放砂浓度,以后浓度有所降低,保持在 78% 以上,流量基本保持在 40～60 m³/h 之间。试验验证了控压助流设施的合理性,同时,也间接验证了脱水装置的控制思路的合理性。采用一定的溢流脱水设施后,配合絮凝剂的合理添加,溢流脱水效果有了明显的改善,试验的全尾砂脱水效果如图 9-13 所示。

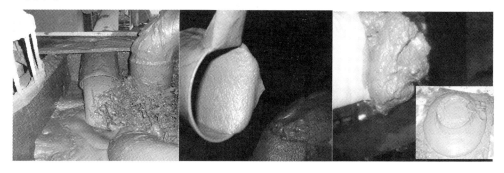

图 9-13 全尾砂脱水效果

在工业试验时,为了便于观察和比较试验效果,采用了透明分支管,而且喷口数量也比较多。这样,加工和维护工作量较大。工业试验放砂浓度比较高,考虑到冬瓜山充填需要的浓度可以降低。所以,在实际生产中,对系统的设计作了适当的简化,取消了环管系统,减少仓壁喷口数量。经过两年多的生产使用,新型脱水装置全尾砂脱水浓度达到了 75%,每套系统充填能力为 80～120 m³/h。截至 2009 年 4 月 30 日,已在 20 个采场进行充填,累计充填空区 115.4 万 m³。

冬瓜山铜矿所采用的全尾砂脱水技术,脱水效果明显,可以用于改善现有传统脱水装置,也可以用于高浓度或膏体充填的低成本脱水环节,能满足新时期国内外矿山资源开发的需要。

9.3 全尾砂充填料输送技术

9.3.1 深井管路系统的设计

冬瓜山铜矿床为大型的深井矿山,充填料通过管路高浓度自流输送至井下采空区,容易发生的堵管、不满管输送、管路磨损过快等问题。冬瓜山充填料浓度的提高和稳定对管路输送起到了重要的作用。设计的管路输送系统如图 9 - 14 所示,井下充填管路如图 9 - 15 所示。为了保证充填料输送的顺利,充填管路在生产使用前进行了环管输送试验与研究。

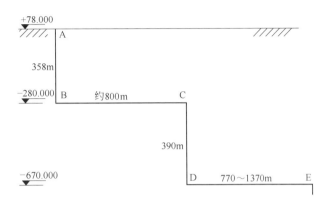

图 9 - 14　充填管路系统简图

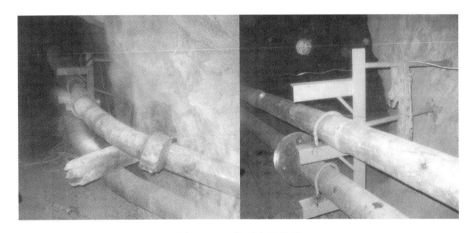

图 9 - 15　井下充填管路

9.3.2　充填料环管输送试验

9.3.2.1　试验管路输送系统

在地表生产现场建了一套环管试验系统,环管试验系统与 1 号砂仓配套的搅拌槽相连接,该管路以搅拌槽作为喂料仓和储仓,可将充填料浆循环泵送,以测定不同配比和不同浓度下料浆在不同流速下输送的管路损失。同时,该管路泵送系统也负责系统放砂时的排砂工作,可将尾砂送入尾矿浓密机或返回立式砂仓中。环管的有效使用部分(测阻力部分)全部采用与井下充填管路相同的管道,有效弯头包括 U 形弯头(测阻力段的弯头)也与井下充填管路采用相同的材质和制作方法。环管试验管路在需要清理拆卸处采用法兰连接。

试验环管管路规格为 $\phi133 \times 8$,内径 $\phi117$,与井下正在施工的 $\phi120$ 管径相近。从渣浆泵出口处至搅拌槽的循环管路,管路总长约 320 m。另从回流管路上引三通至尾矿泵站。在 12 点、13 点(见图 9 - 17)处设置 R800 的 U 形弯头,15 点处为 150°的弯头,其余弯头均为 90°。5-6 和 9-10 段分别为上行和下行垂直管道,6-9 为水平段。图中大写字母 A-R 表示压力变送器,共 18 块,Ynd_2 和 Ynl_2 分别表示浓度计和电磁流量计。

图 9 – 16 为环管试验管路,环管试验系统示意图如图 9 – 17 所示。

图 9 – 16　环管试验管路

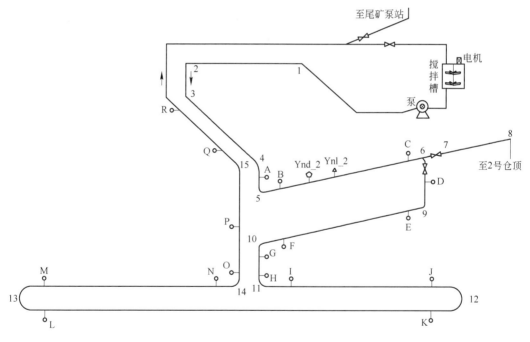

图 9 – 17　环管管路系统示意图

9.3.2.2　试验检测内容

A　阻力损失

试验测定的充填料浆输送阻力损失主要为水平直管段阻力损失,由测量所得的管路各点压力和长度计算而来。另外,本次试验对垂直上升直管段输送阻力损失和垂直下降段直管段输送阻力损失也进行了一定的观察和分析。

B　流动性简易测定

采用自制的流动性简易测试装置,测试装置由一个容器和支架构成,通过测定容器内砂浆放出时间的长短来初步判断其流动性。并寻找排放时间与阻力的关系,为今后采用简易法初测砂浆阻力奠定基础。试验用的容器为标准可乐瓶,支架采用型钢现场加工制作。

C 坍落度

在试验中,对应每组料浆的浓度和配比,都需要取样测量其坍落度。由于现行的坍落度壶是按照混凝土标准建立的,本次试验拟试用新式的坍落度壶,将原坍落度壶尺寸缩小为原尺寸的一半。在每次测量中,均采用老式、新式坍落壶测量一次,并探求其对应关系。

9.3.2.3 充填料试验组方

试验充填料灰砂比取值范围为 0:1、1:4、1:6、1:8、1:10、1:20,其中 0:1 表示非胶结充填;试验充填料配比见表 9-4。本次重点试验胶结料全为水泥的情况,即表中的 1、2、3、4、5、6 组方。

表 9-4 充填料试验组方配比

组　方	灰　砂　比	尾砂:水泥:粉煤灰	混合密度/t·m^{-3}
1	0:1	1:0:0	3.07
2	1:4	4:1:0	3.076
3	1:6	6:1:0	3.074
4	1:8	8:1:0	3.073
5	1:10	10:1:0	3.073
6	1:20	20:1:0	3.071

注:表中尾砂密度(ρ_S)取 3.07 t/m^3、水泥密度(ρ_C)取 3.1 t/m^3 计算而得。

9.3.2.4 试验工况选择

A 浓度范围

试验充填料浓度取值范围见表 9-5,表中包含了充填料从高浓度到膏体的浓度变化范围。根据试验情况和测定结果,对输送浓度的范围做一定的调整。

表 9-5 试验料浆的浓度取值范围

名　称	料　浆　浓　度														
浓度/%	67	68	69	70	71	72	73	74	75	76	77	78	79	80	81

充填料的密度可以根据质量浓度由下式计算:

$$\rho_w = \frac{\rho_m}{C_W + \rho_m(1 - C_W)} \tag{9-3}$$

式中　C_w——充填料质量浓度,%;

　　　ρ_m——固体混合密度,t/m^3。

B 速度范围

输送速度根据充填料的浓度、输送阻力以及输送中料浆的变化情况来确定,试验用的渣浆泵可以通过电机变频来调节流量。在测量阻力时,流速按表 9-6 中的数值来选取。

表 9 - 6　试验流速及流量的取值范围

流速/m·s⁻¹	0.8	1.0	1.2	1.4	1.6	1.8	2	2.2	2.4
流量/m³·h⁻¹	31	38.7	46.4	54.2	61.9	69.7	77.4	85.14	92.9
浓度/%									
67						√	√	√	√
68						√	√	√	√
69					√	√	√	√	√
70				√	√	√	√	√	√
71				√	√	√	√	√	√
72			√	√	√	√	√	√	√
73			√	√	√	√	√	√	
74			√	√	√	√	√	√	
75		√	√	√	√	√	√	√	
76	√	√	√	√	√	√	√		
77	√	√	√	√	√				
78	√	√	√	√					
79	√	√	√						
80	√	√		√					
81	√	√	√						

注:表中"√"表示计划测定的工况,根据泵的输送能力等实际情况现场调整,试验用渣浆泵型号为 80ZGB。

9.3.2.5　试验组方配料

由于充填搅拌站在试验过程中给料添加系统尚未完善,试验过程中需要人工配料。试验用搅拌槽有效容积约为 5.8 m³,试验环管总长度约为 320 m,试验拟一次配料 6 m³,配料参考表 9 - 7 进行。

为了使得试验结果更接近正常生产的实际情况,测量结果更准确,拟每个组方配料一次,试验材料损耗见表 9 - 7。

表 9 - 7　试验配方组成　　　　　　　　　　　　　　（t）

组号	水泥(G_1)	尾　砂　浆			水量(G_4)	总重(G)
		浆体重(G_3)	尾砂重(G_{31})	水重(G_{32})		
1	0	$6\rho_w C_w/C_0$	$6\rho_w C_w$	G_3-G_{31}	$G-G_3$	$6\rho_w$
2	$1.2\rho_w C_w$	$4.8\rho_w C_w/C_0$	$4.8\rho_w C_w$	G_3-G_{31}	$G-G_3-G_1$	$6\rho_w$
3	$0.857\rho_w C_w$	$5.143\rho_w C_w/C_0$	$5.143\rho_w C_w$	G_3-G_{31}	$G-G_3-G_1$	$6\rho_w$
4	$0.667\rho_w C_w$	$5.333\rho_w C_w/C_0$	$5.333\rho_w C_w$	G_3-G_{31}	$G-G_3-G_1$	$6\rho_w$
5	$0.545\rho_w C_w$	$5.455\rho_w C_w/C_0$	$5.455\rho_w C_w$	G_3-G_{31}	$G-G_3-G_1$	$6\rho_w$
6	$0.286\rho_w C_w$	$5.714\rho_w C_w/C_0$	$5.714\rho_w C_w$	G_3-G_{31}	$G-G_3-G_1$	$6\rho_w$

注:表中 C_0 表示制备前尾砂浆的原始浓度,取值计算时 G_{32} 不能为负值;表中水泥的添加没有考虑水化作用。

由于配料的需要,试验对每一组方尾砂料的初始浓度有要求,由于当时试验过程中砂仓放砂浓度尚难完全高于本次环管试验的所有浓度,砂仓放砂浓度达不到初始浓度要求时,采用桶装尾砂沉淀后再添加进搅拌槽的方法调节,C_0 的最小取值范围可由下式计算或见表 9 - 8。

表9-8 各组方初始尾砂料的最低浓度(质量分数)

组 方	1	2	3	4	5	6
$C_{0min}/\%$	81	77.3	78.5	79.1	79.5	80.2

注:表中的结果在计算水泥的添加时没有考虑水化作用,表中计算时 C_{wmax} 取值为81%。

$$C_{0min} = \frac{C_{wmax}}{1 + i - iC_{wmax}} \qquad (9-4)$$

式中　C_{0min}——各组方尾砂料初始配料最低浓度;

　　　C_{wmax}——各组方充填料最高试验浓度;

　　　i——各组方试验充填料灰砂比。

试验按组方的不同分成6组,每组按浓度和流速的不同需要进行多种工况的试验。除第一组外每组试验的组方浓度调节按先高浓度,再加水稀释的方法,待上一次试验读数完成后,再计算加水调节至下一个浓度工况,边加水边取样测定,并循环泵送。改变浓度需加水多少可以参考表9-7计算而得到,或计算如下:

$$\Delta Q = Q(C_{w1} - C_{w2})/C_{w2} \qquad (9-5)$$

式中　ΔQ——添加水量,t;

　　　Q——上一种试验料质量,t;

　　　C_{w1}——上一种试验料浓度,%;

　　　C_{w2}——下一种试验料浓度,%。

管路中料浆的流量或流速的调节由电机变频器改变渣浆泵的转速来实现。

9.3.3 试验结果与数据分析

9.3.3.1 流动性测量结果与数据分析

流动性简易测量装置由2 L容器瓶和支架构成,测量从砂浆开始排出到停止排料的时间间隔。砂浆在组方1(全尾砂)只有在较高浓度(约80%左右)才会出现部分砂浆未能流出的现象。从趋势上看,简易流动性曲线与屈服强度曲线接近,所测数据点的4阶多项式拟合结果见图9-18,斜率最大值点在79%以上,说明浓度在79%以上时料浆的流动性变化较大。

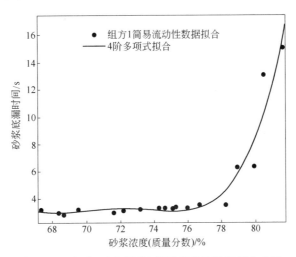

图9-18 组方1(全尾砂)简易流动性数据拟合曲线

9.3.3.2 坍落度测量结果与数据分析

坍落度是料浆因为自重而流动,因内部阻力而停止的最终变形量,它反应的是料浆的流动性能,随着料浆坍落度的降低,管道的阻力会明显呈上升趋势。

标准坍落度壶规格 $\phi100$ mm×200 mm,高300 mm,除采用常规的标准坍落度壶外,在试验中还将其规格尺寸缩小一半制成一个非标准的坍落度壶来进行测量,小坍落度壶规格为 $\phi50$ mm×100 mm,高150 mm,坍落度数据分析见表9-9。

表9-9 坍落度数据对比

组 方	浓度(质量分数)/%	流量/m³·h⁻¹	坍落度/cm 标准容器	坍落度/cm 小容器	每百米阻力损失/MPa
1	70	51.12 / 74.59	27.8	13.4	0.0322 / 0.0477
	73	49 / 76	27.2	13.0	0.0482 / 0.0688
	76	50 / 73.92	26.5	12.8	0.0543 / 0.0689
2	70	55.6 / 76.87	28.5	12.8	0.1144 / 0.1193
	73	51.56 / 70.55	27.1	12.0	0.2078 / 0.2149
	76	54.46 / 73.92	23.9	10.8	0.3738 / 0.3917
3	70	50.88 / 72.44	28.5	13.5	0.1181 / 0.1248
	73	54.01 / 74.39	27.8	13.0	0.1630 / 0.1696
	76	53.98 / 72	26.6	12.7	0.2414 / 0.2606

试验测出的标准容器坍落度(P1)与小容器坍落度(P2)的换算式为:

$$P1 = 1.5 \times P2 + 8 \ (\text{cm}) \tag{9-6}$$

9.3.3.3 管道阻力损失数据分析

A 输送流量对管道阻力损失的影响

(1)不同组方相同浓度,流量变化对阻力损失影响。

图9-19和图9-20分别是浓度为68%和72%时组方1、2、5随流量变化的阻力损失曲线。随着流量的增加,阻力损失变大。组方1全尾砂阻力损失随流量的变化范围较大,而添加水泥的组方2和组方5,相对而言,阻力损失随流量的变化范围则较小。

(2)同一组方不同浓度流量变化对阻力损失影响。

图9-21~图9-24分别是组方1、2、5、6不同浓度流量变化对阻力损失的影响。同样,随着流量的增加,不同组方的各个浓度的阻力损失均随之变大。从以上4图中更能反映出组方1全尾砂的阻力损失随流量的变化范围大,而灰砂比越大则阻力损失随流量的变化范围越小。同时,灰砂比越大,阻力损失也越大。灰砂比1:4的组方2当达到76%的浓度,流量80 m³/h时阻力损失达到了0.4 MPa/100 m;而当78%浓度料浆流量在95 m³/h时,管路

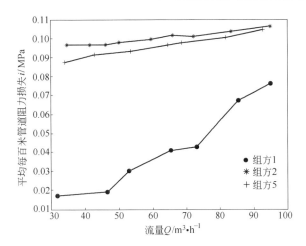

图 9 - 19　不同组方流量变化的阻力损失曲线(68%)

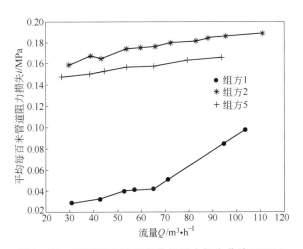

图 9 - 20　不同组方流量变化的阻力损失曲线(72%)

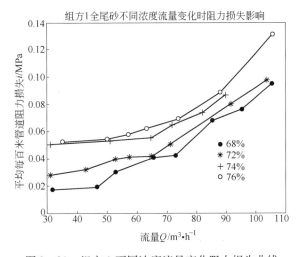

图 9 - 21　组方 1 不同浓度流量变化阻力损失曲线

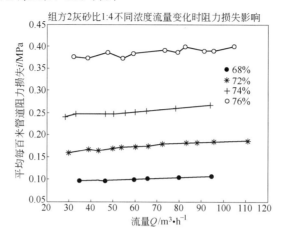

图 9-22 组方 2 不同浓度流量变化阻力损失曲线

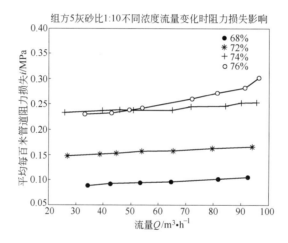

图 9-23 组方 5 不同浓度流量变化阻力损失曲线

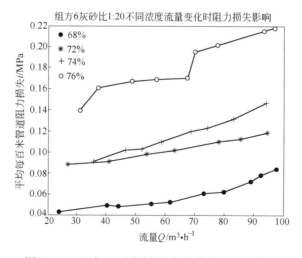

图 9-24 组方 6 不同浓度流量变化阻力损失曲线

的阻力损失每百米接近 0.55 MPa。

    B 料浆浓度对管道阻力损失的影响

    (1) 不同组方相同流量浓度变化时阻力损失影响,见下述图表所示。

    图 9 - 25 和图 9 - 26 分别是组方 1、2、5 在 45 m³/h 和 75 m³/h 随浓度的变化阻力损失的影响。浓度变大时阻力损失也增加。灰砂比大的组方阻力损失变化较大,即,在一定范围内,水泥添加量越多对阻力损失的影响越大。

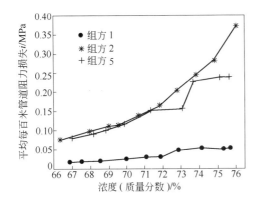

图 9 - 25 不同组方浓度变化的阻力损失曲线
(45 m³/h)

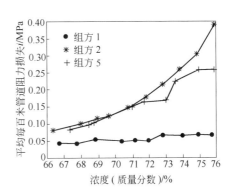

图 9 - 26 不同组方浓度变化的阻力损失曲线
(75 m³/h)

    (2) 同一组方不同流量浓度变化时阻力损失的影响见下述图表。

    图 9 - 27、图 9 - 28 和图 9 - 29 分别是组方 1、2、6 不同流量浓度变化对阻力损失影响。浓度增加时,阻力损失相应增大。灰砂比越大,不同流量间阻力损失变化范围越小,组方 1 的三条曲线则间隔较大,组方 2 的三条曲线之间的间隔很小,组方 6 则介于两者之间。

    C 水泥添加量对管道阻力损失的影响

    图 9 - 30、图 9 - 31 和图 9 - 32 为相同浓度、相同流量料浆随灰砂比变化对阻力损失的影响,灰砂比越大,阻力损失越大。

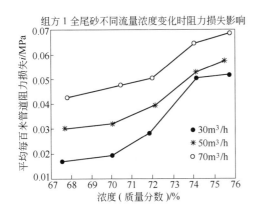

图 9 - 27 组方 1 不同流量浓度变化的
阻力损失曲线

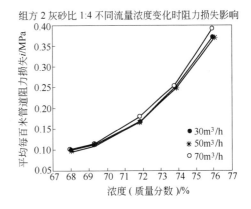

图 9 - 28 组方 2 不同流量浓度变化的
阻力损失曲线

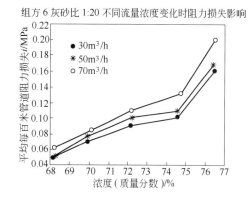

图 9-29 组方 6 不同流量浓度变化的
阻力损失曲线

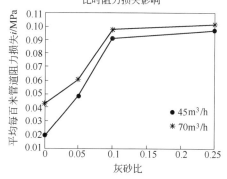

图 9-30 不同流量灰砂比变化的
阻力损失曲线(68%)

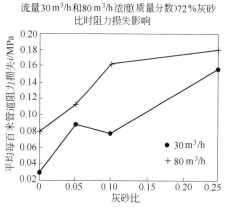

图 9-31 不同流量灰砂比变化的
阻力损失曲线(72%)

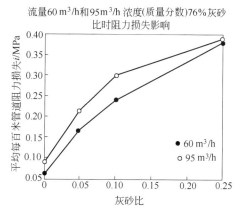

图 9-32 不同流量灰砂比变化的
阻力损失曲线(76%)

D 试验结论

试验表明,环管的平均阻力损失与输送流量(流速)、料浆浓度和灰砂比有关,平均阻力损失随着浓度增大而增大,随着流速加快而增大(在所测流速范围内),随着水泥添加量的增加而增大。因本次环管试验管路直接采用井下铺设的管路管径,没有设置变径管路段,所以对管路阻力损失的影响暂没考虑管径的因素。环管管路的平均阻力损失在本次试验的最高灰砂比最高浓度最高流速(灰砂比 1∶4,浓度 78%,流量 95 m³/h)时接近每百米 0.55 MPa,此时料浆的流动性能较差,而且稠度很高。结合冬瓜山充填料输送管路系统,可以方便地确定在各种充填配比下的最大输送浓度。

9.4 全尾砂采场充填工艺技术

采场充填工艺技术研究是为了选择合理的充填料配比及浓度,采用经济的脱水方式与充填挡墙结构以实现安全采矿与回填的目的。本节主要介绍:全尾砂及其充填料的各性能参数的测定、充填料配比、充填挡墙力学分析与结构选择、采场脱水与接顶技术等。

9.4.1 充填料浆配比与浓度

冬瓜山铜矿全尾砂粒径较细,其中 2006 年 11 月全尾砂样品 $-20~\mu m$ 的含量(质量分数)为 37.84% , -200 目为 72.42% ,尾砂含硫 5.67% ~ 6.44% ,但不同灰砂比的试块均能正常凝结硬化,充填体强度满足采矿方法要求。全尾砂充填料配比强度测定结果见表 9 – 10。

表 9 – 10   不同灰砂比及浓度条件下试块强度

灰 砂 比	浓度/%	强度/MPa			
		3 d	7 d	28 d	60 d
1:4	66	0.45	0.82	1.64	2.04
	68	0.57	1.01	1.71	2.45
	70	0.74	1.23	1.82	3.17
	72	0.77	1.49	1.98	3.66
	74	1.04	1.73	2.27	4.93
	76	1.14	2.15	2.77	5.61
1:6	66	0.30	0.74	0.90	1.45
	68	0.32	0.77	1.09	1.46
	70	0.35	0.80	1.17	1.47
	72	0.37	0.83	1.28	1.67
	74	0.39	0.86	1.38	1.98
1:8	66	0.22	0.36	0.63	0.76
	68	0.24	0.38	0.66	0.79
	70	0.25	0.42	0.72	0.96
	72	0.28	0.47	0.83	0.98
	74	0.35	0.55	1.06	1.23
1:12	66	0.21	0.27	0.38	0.52
	68	0.20	0.28	0.40	0.53
	70	0.21	0.30	0.43	0.57
	72	0.22	0.32	0.47	0.63
	74	0.23	0.34	0.51	0.67

通过不同的方法分析充填体应力状态,根据应力的不同提出了相应的充填配比要求,如图 9 – 33 所示。

9.4.2 采场充填挡墙技术

通过受力分析和参考国内外充填挡墙应用的成功经验,根据冬瓜山铜矿采用大直径深孔嗣后充填采矿方法,其充填挡墙优先选择木制钢筋网过滤布结构和钢丝绳钢筋网过滤布结构,而在出矿堑沟两端与盘区巷道出口,应当采用钢筋混凝土结构挡墙,见图 9 – 34,图 9 – 35。

通过理论分析计算,可得出充填料浆不同条件下对挡墙的作用力在充填料浆未凝结硬化时,一次充填料浆上升高度是决定充填挡墙稳定性的核心参数,而充填料浆凝结硬化并具有强度时,充填体不再对充填挡墙产生压力。为了确保挡墙的稳定,制定了相应的

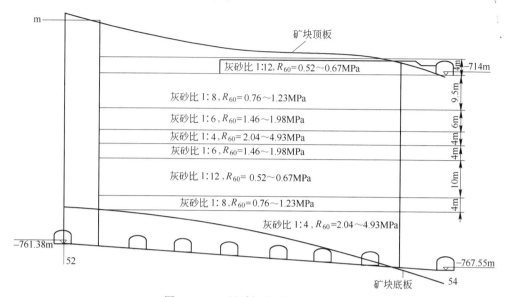

图 9 - 33 6 号采场充填配比示意图

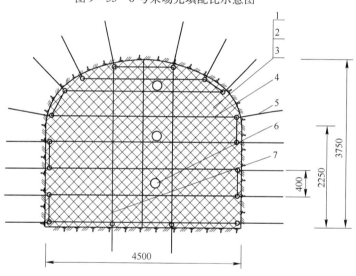

图 9 - 34 钢丝绳钢筋网过滤布挡墙结构

1—土工布;2—钢筋网;3—钢板网;4—废旧钢丝绳;5—水泥锚杆;6—观察脱水管;7—绳夹

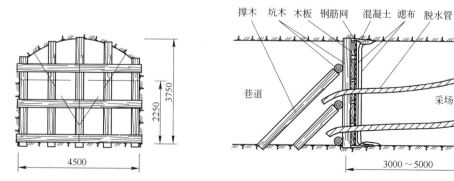

图 9 - 35 木制钢筋网过滤布挡墙结构

充填制度,确定了各挡墙的最低点至最高点都必须遵循一次充填料面上升限高的原则,在各挡墙上均布置了观测管,以使一次充填料浆上升高度受到严格控制,从而确保充填作业的安全。

9.4.3　采场脱水与接顶技术

根据小型试验和相关矿山的经验,脱水管采用国产螺旋弧形塑料波纹管,采用电钻在复合管上钻凿 φ12 mm 的钻孔,钻孔呈梅花形布置,排距 50 mm,孔间距 30~50 mm。在管外部采用 100 目尼龙滤布包两层,然后再用麻袋布包好,外部采用铁丝缠绕管体以防止滤布脱离。根据采场高度的实际长度需要来决定脱水管长度,脱水管之间采用接头加管卡的方式连接,沿脱水管全长采用钢丝绳连接以承载整个脱水管质量。整条脱水管的连接制作最好在布置脱水管巷道的位置进行,由上部巷道下放麻绳至下部巷道,将麻绳固定在脱水管的钢丝绳上,然后由上部巷道中的慢动绞车牵引绳索,通过锚杆固定的悬吊滑轮将脱水管慢慢拉到上部巷道中,将脱水管上的钢丝绳固定在巷道的锚杆上,以防止脱水管滑落。脱水管下部固定在充填挡墙上,其固定位置分布距巷道底板高 1~1.6 m 处。

矿房采场长度 82 m,宽 18 m,矿柱采场长度 78 m,宽 18 m,矿房采场采用嗣后全尾砂胶结充填,矿柱采场采用嗣后全尾砂充填,采场高度为矿体厚度。矿房采场面积达 1476 m²,矿柱采场面积达 1404 m²。根据其采场特点,只有在采场两端(见图 9−36)选择采场上部巷道对应下部的巷道的位置安装脱水管。

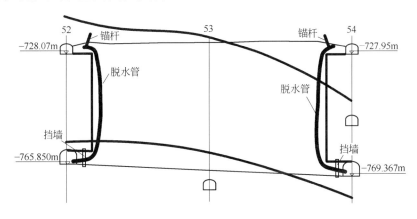

图 9−36　采场脱水管布置

生产中根据采场顶部结构确定接顶方式;采场顶部进行分次充填,挡墙位置一次充填高度限定为 1.3 m;采场充填至采场顶板 0.3~0.5 m 时,停止充填一段时间到充填体完全凝结;最后一次强制挤压接顶采用灰砂比 1:4 高浓度充填料浆,当充填钻孔或不封口脱水管出浆时停止充填。

9.5　全尾砂充填实施效果及应用前景

9.5.1　工业试验与生产运用

自充填系统 3 号、4 号系统投入生产运行后,2007 年 1 月 26 日,冬瓜山铜矿对52-6号、

52-8 号矿房进行全尾砂胶结充填。通过试生产,对充填系统进行了改造和完善,充填能力和充填质量达到或超过设计水平,截至 2009 年 4 月 30 日,共有 18 个采场进行充填,共完成采场充填量 115.4 万 m³,充填浓度控制在 74% ~75%,每套系统充填流量为 80 ~ 120 m³/h。见表 9 - 11。现有 52-2 号、52-6 号、52-8 号、52-10 号,54-6 号、54-8 号、54-10 号、54-12 号采场已充填接顶;52-4 号、52-12 号、52-14 号、52-16 号、52-18 号、54-2 号、54-14 号、54-16 号、56-2 号、56-6 号等采场正在充填。

生产实践表明,高浓度全尾砂充填技术解决了全尾砂低成本脱水等难题,首次大规模地实现了低成本全尾砂脱水充填,保证了日采万吨矿石的特大型深井矿山的正常生产,整体研究成果达到了国际先进水平,其中利用立式砂仓控压助流的低成本全尾砂脱水制备高浓度砂浆的技术提供了实现膏体充填和无废开采的技术基础,达到了国际领先水平,申请了多项专利。

表 9 - 11 采场充填数据统计

序号	采场	充填量/m³	充填浓度(质量分数)/%	水泥用量/t	灰砂比	备 注
1	52-2 号	140000	74.1	34706	1:4.97	已充填接顶
2	52-4 号	75865	74.3	16228	1:7.10	正在充填
3	52-6 号	108000	73.70	26227	1:5.10	已充填接顶
4	52-8 号	53600	73.9	13051	1:4.98	已充填接顶
5	52-10 号	59549	73.6	14458	1:5.09	已充填接顶
6	52-12 号	62000	74.0	4945	1:7.25	正在充填
7	52-14 号	35500	74.0	8656	1:5.08	正在充填
8	52-16 号	30000	73.9	7315	1:5.05	正在充填
9	52-18 号	61000	73.2	13733	1:6.85	正在充填
10	54-2 号	72000	74.0	17556	1:5.1	正在充填
11	54-6 号	52000	73.7	12679	1:4.98	已充填接顶
12	54-8 号	55186	73.9	15857	1:4.91	已充填接顶
13	54-10 号	71400	73.8	17632	1:5.0	已充填接顶
14	54-12 号	32800	73.7	7966	1:4.99	已充填接顶
15	54-14 号	74200	74.2	18092	1:4.98	正在充填
16	54-16 号	50000	73.9	12191	1:5.06	正在充填
17	56-2 号	67200	74.1	16825	1:5.11	正在充填
18	56-6 号	53700	73.9	13108	1:5.03	正在充填
合 计		1154000	73.65	271225	1:6.24	

9.5.2 主要技术成果应用前景

9.5.2.1 全尾砂充填新技术

传统矿山生产将不可避免地产生大量固体废料(废石和尾矿),不仅占用大量的土地,而且严重破坏矿区及周边的环境;另外,废石场和尾矿坝的垮塌将会导致严重的泥石流等安全问题,直接威胁着人民的生命和财产安全。

随着矿产资源的减少以及贫矿和难采矿的开发,未来采矿方法将形成两大趋势,一是低成本的采矿方法(崩落法),二是高回收率和环保的采矿方法(充填法)。其中,充填采矿方法,尤其高浓度全尾砂或膏体充填法,在提高回采率、保护环境及地表设施、防治水等方面有着不可替代的作用,是实现矿山清洁无废开采的基本条件,具有广阔的应用前景。

9.5.2.2 新型砂仓控压助流脱水技术

中国有色工程设计研究总院和铜陵有色金属集团控股有限公司开发的全尾砂脱水新技术对立式砂仓进行了一系列重要的改进。对细粒级全尾砂(小于 20 μm 含量约占 40%)连续底流排放浓度在 80% 左右。由于实际生产中充填浓度不需要太高,降低标准施工安装后,实际底流浓度在 75% 左右。具有如下优点:

(1)底流浓度较高,能适用于全尾砂又能适用于分级尾砂的浓缩,可满足各种高浓度尾砂充填,甚至膏体充填的需要;能实现井下少脱水或不脱水,减少排泥费用,改善井下的作业环境;

(2)尾砂溢流浓度低,可达到直接排放标准;

(3)底流浓度和流量波动小,能降低充填成本;

(4)自动控制程度高,工人劳动强度低;

(5)可靠性高。

全尾砂脱水新技术能实现全尾砂浓缩、贮存和充填,符合环保的要求,能减少水的消耗,节省能源,节约用地,降低工人劳动强度,实现全过程自动化控制。与国外产品相比,投资低、功能全,更适合矿山充填的实际需要,具有广泛的应用前景和推广价值。

本装置主要应用领域:

(1)新建矿山充填系统;

(2)现有充填系统的改造,解决矿山生产中的实际问题;

(3)尾矿干堆等。

9.5.2.3 底伸式局部搅拌脱水技术

本次备用脱水方案——底伸式局部搅拌方案,采用了一种新的底伸式传动搅拌装置,从工作原理上解决了底伸式搅拌装置的密封和渗漏问题。该底伸式传动搅拌装置目前已经完成了工厂试制和模拟试验,由于控压助流脱水技术成功而暂时未进行现场工业试验。该方案可以在许多不便或不能采用顶伸式等其他传动方式的场合应用,适用于各种浓密机、沉淀池、砂仓、反应釜、搅拌槽等。

9.5.2.4 顶伸式局部搅拌脱水技术

顶伸式局部搅拌方案作为另一种备选方案,综合了传统贮仓和国外先进脱水设备的优点,其原理如图 9-37 所示。采用砂仓简易搅拌装置目的是在加强砂仓沉淀尾砂流动性的同时不影响其放砂浓度,放砂的浓度取决于砂仓的设计结构和脱水效果,简易搅拌装置作用是协助沉淀后的尾砂直接从底部放砂管流出,这样使得砂仓的两个主要工作环节——沉淀和排放过程变得相对独立,互不影响和制约,从而使得砂仓的放砂性能得以提高和稳定。与底伸式局部搅拌方案类似,该方案适用于各种浓密机、沉淀池、砂仓、反应釜、搅拌槽等。

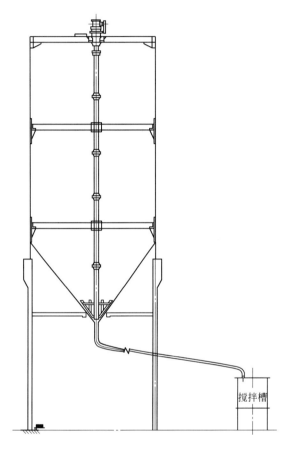

图 9-37 顶伸式脱水试验装置总图

9.5.2.5 充填系统智能控制技术

国内常用的立式砂仓放砂、搅拌槽连续制备的工艺是一个滞后、非线性、时变的系统,目前自动化程度普遍较低。"软批量"控制技术与模糊控制技术能提高充填料的质量,促进充填料制备控制技术的发展,具有较好的应用前景。

9.5.2.6 尾砂流动性的简易测量方法

本次试验研究所采用的尾砂流动性的简易测量方法简便快速,为研究工作提供了方便,适用于现场进行简单的尾砂流动性能测试,具有较大的实际意义。

参 考 文 献

[1] 施士虎. 深井高浓度全尾砂充填无废开采技术研究(综合报告)[R]. 2007.

[2] 施士虎,李浩宇. 立式砂仓脱水与充填料输送技术研究报告[R]. 2007.

[3] 杨耀亮,王发芝. 采场充填技术研究[J]. 矿业研究与开发,2007,27(04):3~4,20.

[4] 施士虎. 矿山充填料浆质量控制的研究[D]. 北京:北京科技大学,2007,5.

[5] 施士虎. 全尾矿浆体的流体力学特性探讨[C]. 见：ENFI 科技论坛-2004 年学术论文集. 北京：冶金工业出版社,2004.

[6] 刘同有. 充填采矿技术与应用[M]. 北京：冶金工业出版社,1998.

[7] 王新民,肖卫国,张钦礼. 深井矿山充填理论与技术[M]. 长沙：中南大学出版社,2005.

[8] 杨耀亮,邓代强,惠林等. 深部高大采场全尾砂胶结充填理论分析[J]. 矿业研究与开发. 2007, 27(4):3~4,20.

[9] 王发芝,朱应胜,惠林. 影响冬瓜山铜矿充填质量的因素探讨[J]. 采矿技术. 2006,6(2):11~12.

10 深井采矿巷道的支护技术

在高地应力作用下,巷道开挖后扰动岩石介质,岩体原有的平衡状态被打破,岩体中的应力重新分布,将使巷道围岩发生变形甚至破坏。因此,冬瓜山矿高地应力条件下采矿巷道的围岩稳定控制及支护技术是保证矿山经济、安全开采的关键问题之一。深井高应力条件下硬岩巷道支护问题,特别是有岩爆倾向的硬岩巷道支护问题,目前国内的研究不多。高应力条件下有岩爆危险巷道的支护技术研究是冬瓜山矿岩爆防治与控制研究的主要内容之一,为了保证采矿作业的安全,结合国家"九五"、"十五"科技攻关课题的需要,冬瓜山铜矿首次在国内系统地进行了高应力条件下有岩爆危险硬岩巷道的支护技术研究,对采矿巷道岩爆破坏特点、破坏机制和破坏模式进行了深入的研究,初步形成了系统的高应力条件下硬岩采矿巷道的支护理论和技术。针对冬瓜山铜矿采矿巷道不同的赋存地质条件、不同的服务功能与服务期限,以及预测的可能破坏模式,提出了不同的支护策略和与其相适应的支护技术措施,有效地控制了采矿巷道的局部冒落现象,确保了矿床采准系统与备采矿量的快速形成,以及回采作业的安全,在实际应用中取得了良好的经济效益。

10.1 硬岩矿山有岩爆倾向岩层中的巷道支护技术

10.1.1 国外硬岩矿山岩爆倾向巷道支护概述

10.1.1.1 国外硬岩矿山岩爆倾向巷道支护方法

对于高应力有岩爆倾向条件下的巷道支护,由于具有动力破坏的特点,因而不能完全采用常规的巷道静态破坏条件下的支护经验。国外深井硬岩矿山对于岩爆条件下巷道支护技术的研究起步较早,已积累了较为丰富的经验,处于国际先进水平的、有代表性的国家有南非、前苏联、加拿大、美国、智利等国,这些国家在有岩爆倾向条件下的巷道支护技术简介如下。

在前苏联,有岩爆倾向的矿山目前开采深度一般在 700~1500 m 左右,岩爆灾害程度为弱岩爆和中等强度岩爆。有岩爆倾向的巷道支护方式有改进的普通锚喷支护、喷射钢纤维支护、柔性钢支架支护、锚喷网 + 柔性钢支架联合支护等形式。特别值得一提的是前苏联在有岩爆灾害巷道中采用喷射钢纤维支护研究方面取得了较好的效果,并在一些矿山得到推广应用,如,北乌拉尔铝土矿。研究资料表明,在喷射混凝土中掺入直径为 0.25~0.4 mm,长度为 20~30 mm 的钢纤维(掺量为每立方米混凝土 80~100 kg),可以明显改善喷射混凝土的力学性能,如抗压强度提高 50%,抗拉强度提高 50%~80%,抗弯强度提高 60%~100%,韧性提高 20~50 倍,抗冲击性能提高 8~30 倍,其优良的抗拉、弯、抗冲击性能及耐热性能、高韧性等方面的特点,使得它很适宜于岩爆条件下的支护。

在美国,有关岩爆支护方面的经验主要来自于爱达荷(Idaho)州 Coeurd'Alene 地区的矿山,岩爆支护一般为常规支护形式的改造,如,通过加密锚杆之间的间距、增强锚杆的强度和变形能力、改善金属网之间的搭接方式及其变形能力等。比如,Lucky Friday 矿在有岩爆倾向巷道中主要的支护形式为:间距 0.9 m,长 2.4 m 的树脂高强变形锚杆(Dwyidag 锚杆)和链接式金属网,并配置中等间距的管缝式锚杆,这种联合支护形式可以抵御中等强度的岩爆。

　　在智利,关于岩爆支护方面的经验来自于 El Tenienle 矿,该矿主要是采用砂浆高强变形钢筋锚杆(类似于 Dwyidag 锚杆)并配置链接式金属网,必要时喷上混凝土。金属网间距为 100 mm × 100 mm,锚杆长度则视具体情况不同进行调整。

　　在加拿大,为了控制岩爆带来的破坏,从 20 世纪 90 年代初期开始,以加拿大 Laurentian 大学的岩石力学研究中心为主,进行了为期 5 年的硬岩矿山岩爆灾害条件下岩体支护设计研究,并在这些研究工作的基础上编制了加拿大岩爆支护手册。通常支护系统的选用一般是根据开挖空间的跨度、岩体质量和所设计区域内的静态应力水平选择的。如果预测到岩爆活动可能会发生,则选择增加支护系统的强度,一般通过增加锚固单元来实现。在极端条件下,如出现严重岩爆危险或开挖空间非常重要,才考虑使用钢索带的支护方式。通过研究和试验,加拿大将有岩爆倾向巷道的支护设计分成 3 个支护强度不同的类级:

　　类级 1:采用无砂浆胶结的机械式端锚锚杆,通常配以链接式网或焊接式网,有时也用木垫板作为托盘托住金属网。其典型的支护形式为:机械式锚杆长为 1.8 m,直径 16 mm,以 1.2 m × 0.75 m 的间距安装,金属网为 6 号铁丝网,网孔为 100 mm × 100 mm,在一些矿山还采用了镀锌的链接式网(网孔呈菱形布置,间距为 50 mm × 50 mm)以防止腐蚀。

　　类级 2:在类级 1 支护系统的基础上增加锚杆的密度和锚杆的长度,增强锚杆的变形能力,增大金属网的覆盖面积或增加网丝的直径,以及增喷混凝土等,以提高支护系统的支护能力,它适用于岩爆危险性比类级 1 高的区域。例如在类级 1 支护方式基础上再加上直径为 20 mm、长 118 ~ 214 mm 的树脂浆变形预应力锚杆,以适中的间距锚入岩体作进一步加固,或者将金属网布置到边帮的下部(离底板 1 m)或在边帮再安装管缝式锚杆等。

　　类别 3:采用非加固围岩的方法,即采用钢索带(Cable lacing)支护,它适用于高岩爆危险区。有代表性的支护形式为采用 7 股 16 mm 直径的钢绳用作索带,锚固件呈菱形花形式布置,间距为 1.5 m × 1.2 m,锚杆采用软钢(mild steel 低碳钢),直径为 16 mm,用砂浆锚入孔内,在外露的端部弯曲。

　　南非是迄今为止在岩爆研究领域取得成就较大的国家。他们研究岩爆支护的主要对象是针对 3000 m 以下的大深度支护问题。此时的原岩应力高达 100 MPa 以上,这样的高应力值范围已超过围岩的强度极限,巷道主要表现为大变形破坏。南非金矿岩爆巷道常用的支护方式有锚杆这类固定支护和金属网、喷网、索带等这类柔性支护,对喷射混凝土支护抑制岩爆的作用也作了较深入的研究。

10.1.1.2　国外硬岩矿山岩爆倾向巷道支护经验

　　根据国外采矿发达国家岩爆灾害条件下巷道支护的实践,在岩爆条件下矿山巷道支护有以下若干经验:

　　(1) 在岩爆条件下,保证支护系统的承托单元在整个支护区内的完整性是特别重要的,否则,会出现岩体片落,导致巷道垮塌或功能性破坏。同样地,在岩爆条件下,锚固单元(如锚杆)与支承单元(如金属网)之间应有良好的连接设计是很重要的,因为,单个单元的破坏可能会导致链锁式破坏的后果。

　　(2) 机械式点锚锚杆作为加固岩石的单元在岩爆条件下常常会失去它的作用效果,这是由于在托盘端头的承载力丧失和锚头处可能产生滑移而产生的。但它作为承托支护系统(retaining/holding)则相对地具有良好的延展性,与金属网相连作为悬吊锚杆,仍能起到非常重要的作用,但这种作用在与焊接式脆性金属网相配使用时会大大减少,因为在冲击荷载的作用下网与锚杆的连接处易于破坏。

（3）砂浆变形钢筋锚杆经常在紧靠垫板处失效,但许多实例说明它仍继续起到有效的加固围岩的作用。

（4）一般而言,在岩爆条件下链接式网作为托载(承托)单元明显优于焊接式金属网。

（5）在智利、加拿大等已有越来越多的实例表明喷射混凝土在岩爆支护系统中起着非常重要的作用,喷射混凝土作为一种"表面网"有许多有用的特性,包括紧贴岩石表面、较高的初始刚度和足够的延展性,作为托载结构可全区域覆盖,防止金属网腐蚀,加强金属网与锚固单元之间的连接。另外,喷射混凝土在某种程度上保持岩体的自锁也起到非常重要的作用,且在有较大的变形时限制各岩块的运动自由等。

（6）管缝式锚杆在破碎岩体中相当容易安装,且在锚杆的轴向明显地提供较好的延展性,但由于腐蚀问题(甚至在镀锌后),它一般仅是用作短期支护。

10.1.1.3　国外硬岩矿山岩爆条件下巷道支护系统的特性

根据国外采矿发达国家岩爆灾害条件下巷道支护的实践,在高地应力、岩爆条件下矿山巷道所采用支护系统具有以下若干特性:

（1）用作加固岩体的锚杆单元应具有较高的初始刚度。

（2）提高支护系统的延展性,特别是在承托支护系统中更是如此。提高延展性可以通过采用大变形金属网或采用屈服型锚固单元或两者同时采用。

（3）保证承托支护系统在整个支护域内的完整性,以及承载单元与锚杆单元之间连接的完整性。

（4）组成较低级别支护系统的各单元的有效结合可以上升为较高级别的支护系统。

（5）对于任何级别的支护系统应具有较广泛的适应性,来避免必须精确预计岩爆的潜在性或必须详细地确定岩体的特性和对动荷作用的响应。

10.1.2　硬岩矿山有岩爆倾向巷道的支护设计

由于岩爆事件造成巷道破坏的机理与通常意义上的巷道破坏不尽相同,因此,巷道支护设计的方法,采用的支护技术、支护构件与一般意义上的巷道支护也不完全相同。岩爆破坏巷道最突出的特点是巷道围岩突然发生破坏,这种破坏不仅要求支护系统提供一定的静抗力,同时还要求支护系统能吸收岩块突然破坏释放的动能。要求支护构件具有让压或屈服特性,具有较强的吸收动能的能力。在高应力引起变形破坏或岩爆发生瞬间能够先屈服变形,同时仍然保持一定的抗力,在允许最大变形前能耗尽岩爆破坏所释放的动能,这是高应力有岩爆倾向巷道支护设计的特殊要求。本节介绍有岩爆倾向巷道的破坏与支护机理,以及相应的设计方法。

10.1.2.1　岩爆巷道破坏机理与破坏严重程度

A　岩爆巷道破坏机理

一般地,巷道发生岩爆时,巷道周边岩石破坏有以下几种表现形式:

（1）巷道临空面岩石突然破坏产生裂隙,导致岩石体积向空区内突然膨胀,有时甚至导致巷道完全闭合而被堵死。

（2）巷道周边岩石呈板状或片状突然弯曲折断。

（3）节理裂隙切割的岩块被震落或弹射出，这时岩爆的震源与岩体破坏地点不在一处。

（4）接近失稳状态的巷道顶板岩块因震动而突然掉落。

根据巷道岩爆破坏的具体形式，加拿大学者将岩爆破坏的机理归纳为如图 10 – 1 所示的三种形式：

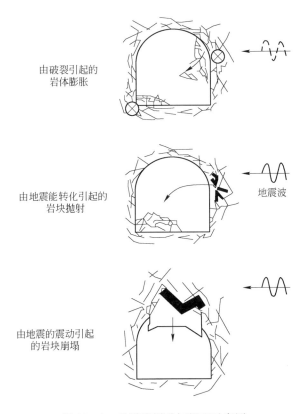

由破裂引起的岩体膨胀

地震波

由地震能转化引起的岩块抛射

由地震的震动引起的岩块崩塌

图 10 – 1　巷道岩爆破坏机理示意图

a　由岩石破裂引起的岩体膨胀

当开挖空间附近的应力超过岩石强度时，由于岩体出现断裂而导致岩体的体积膨胀。如果岩石破裂突然、快速发生的话，这种破坏机理通常看做是应变岩爆。在开挖面周围，高的围岩应力是这种破坏发生的前提，这是在有岩爆倾向岩层中的采矿巷道最常见的破坏形式。不管有无岩块抛射，膨胀过程都会发生，并可能导致大的侧向位移。这种破坏形式可能自行产生，如果开挖产生的应力超过岩石强度，或者可能由较远震源传来的动应力增量触发，虽然地震波可能触发破坏过程，但岩石发生破坏和膨胀的最基本的能量来源于开挖面周围岩石中储存的应变能。这种破坏机理的危险性和严重性与原岩应力、岩石强度、巷道断面的几何尺寸、岩石的韧性等因素相关。岩爆引起的小破坏形式可以从岩石的喷出（弹射）至周围巷道岩石的片落和剥落，引起的帮壁位移取决于破坏岩石环形裂缝的深度和面积范围，也取决于周围岩石的韧性。如果断裂带的外延区域很小以及裂缝不扩展，则在相对小的变形以后，岩体膨胀将终止，支护系统的变形只要能够达到适应这种膨胀即可。然而，在极端情况下，断裂和膨胀过程会延伸到岩体内，导致巷道闭合。以前，人们还没有认识到体积膨胀量对支护设计的影响以及为控制膨胀过程所需支护能力的重要性。现在发现，在易爆地层中岩体体积膨胀是支护破坏的一个主要原因,例如,在加拿大,许多矿井中发生的破坏都和它有明显的关系。

b 由地震能转化引起的岩块抛射

由于到达开挖面的地震应力波把地震能传递到松动的岩块或者受地质构造切割的离散岩块时,可导致这些岩块发生猛烈弹射或抛射运动。岩块弹射的速度和可能造成破坏的严重程度与震源震级、震源距巷道自由面的距离有关。岩块抛射最可能出现在岩石节理发育的地方和断裂处,根据加拿大和南非的经验,这种机理造成的岩块弹射速度很少超过3 m/s。当岩块弹射破坏机理和岩体膨胀破坏机理联合作用时,则可能产生更高的弹射速度,如:弹射速度可高达 10 m/s。

c 由微震振动诱发的岩块崩塌或冒落

当一低频地震波作用于静止条件下接近稳定的岩体并使之加速运动,在岩体濒于塌落时,地震波将引发岩块崩塌。当围岩深部存在裂缝使岩体松动,或者由于存在有形成方块或楔形岩块动态运动进入开挖面内的不良地质构造时,就形成了这种破坏机理。虽然是地震振动触发这种破坏,但重力仍然是起支配作用的重要推动力。这类破坏可能涉及大范围的岩石并且产生巨大的破坏,破坏形式包括大量岩石冒落和引起大的破坏。

B 破坏的严重程度

上述三种破坏机理会使地下开挖作业区遭受小的、中等的或大的岩爆破坏,视其原岩条件而定。破坏程度以及破坏过程的强烈程度取决于:

(1)靠近开挖空间的潜在破坏力,即存在的与岩体强度相当的帮壁应力。

(2)支护效果(即支护的完整性)。

(3)矿岩的强度,它对岩石的破坏过程有影响。

(4)地震诱发的应力、岩石的移动加速度或速度。

(5)巷道的几何形状、断面规格与布置方向和主节理方向以及不良地质构造等。

10.1.2.2 岩爆巷道支护机理

加拿大的 D. R. McCreath 和 P. K. Kaiser 等人深入地研究了岩爆巷道支护的机理。经过研究认为:当任何一个复杂的支护系统被简化之后,都可以划分为如图 10 - 2 所示的两种主要的支护功能:加固围岩和悬吊 - 承托。在这两种功能中,加固围岩和起悬吊作用的支护单元为锚杆,而承托单元则由金属网、喷混凝土、索带或它们之间的组合形式来完成。

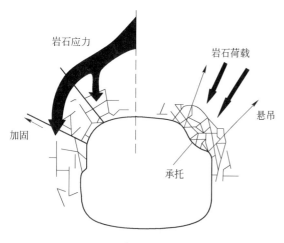

图 10 - 2 岩爆巷道支护原理

如图 10 - 2 岩爆巷道支护原理图所示,通过锚杆加固围岩体是提高围岩的强度,在围岩体中形成一个能承载岩石应力的岩石拱,加固锚杆与被加固围岩一道共同承担围岩传递的应力。悬吊 - 承托作用就是通过起悬吊作用的锚杆和承托单元把破碎的岩石限制在深部岩体上。在通常的低应力条件下,这种作用主要是基于安全考虑,而不是对围岩自身的稳定性考虑。但已有研究表明,这种承托作用的锚杆和承托单元(如:金属网、喷混凝土)把破裂岩石限制在深部岩体上,在保证受高应力作用条件下的巷道稳定性方面可以起到一个非常重要的作用。在高应力作用下,巷道岩石破裂通常伴有较大的岩体变形,而且,岩体的破坏通常伴随岩体剥落的过程而发展。因此,可以通过悬吊 – 承托作用保持破裂岩石层来对岩块连续运动过程进行有效的运动控制。深部的节理(或破裂)岩体的强度对侧限压力的增加是极其敏感的,而受限制的破碎岩石正好给深部的岩石提供了这一侧限力。另外,这一层破碎岩石还起到分配载荷到承托结构(金属网)上的作用,来保护承托结构免受集中冲击载荷的作用,同时,它还可以起到耗散(或吸收)传递过来的微震能量作用。对于前述的各国采用的各种不同的支护形式,都可以简化分解成这里所解释的两种支护功能。在一些情况下,这两种功能也不是孤立的,它们可以共同作用来抵御岩爆,也可能由加固功能向承托 – 悬吊功能转化。岩爆巷道支护结构在性能上必须具有抗动荷作用的能力,也就是说它除了具备静荷条件下的一切功能之外,还必须能抵御动荷作用,这是岩爆支护的一个根本特点。

完成上述的两种支护功能是由支护结构的各个单元所起作用的组合而获得的。在一个支护系统中对围岩起主要加固作用的元件为锚杆,锚杆打入加固围岩体中之后,在与围岩共同作用过程中将吸收弹性变形能,提高围岩体的自承能力。在悬吊 – 承托支护结构中,锚杆为维系这一结构的基本单元,一旦锚杆失效则整个支护系统失去作用。喷射混凝土则可以对表层裂隙岩体起加固、锁合作用,它与金属网一起还有较好的抗弯刚度,它可以使冲击荷载较均匀地分摊到加固单元(锚杆)中去,特别是它可以使锚杆处于单拉状态而不是剪切状态,从而使锚杆结构的作用功能得到优化。喷射混凝土与金属网共同作用可起到与锚杆相连的"托盘"作用,以防止托盘与网之间产生扯脱现象。另外,喷射混凝土作为一个整体性支护单元还有一定的支撑效果,使巷道周边更光滑而消除应力集中,通过提供侧向或切向剪切阻力而限制围岩膨胀等作用。

金属网主要是一个承托单元,其次,是它可以改善喷射混凝土的力学作用功能。但作为动态荷载作用的金属网,它自身亦应有吸收动能的能力和防破坏(防撕扯松散)的能力。对于有岩爆倾向岩层中的各支护单元来说,必须具有良好的韧性。所谓韧性是指材料或结构在荷载作用下到破坏或失效为止吸收能量的性能,通常多用应力 – 应变曲线或荷载 – 变形曲线所围成的面积表示。实际上材料的韧性反应了其吸收弹性应变能的能力,韧性越好吸收能量的能力越强。韧性不仅取决于材料的强度,还取决于材料直至破坏时的变形能力。图 10 – 3 给出了三种不同韧性的材料的受力 – 变形曲线,A 为高强低变形能

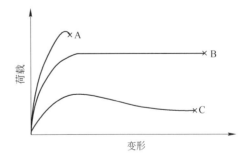

图 10 – 3　不同韧性材料荷载 – 变形曲线

力的材料,C 为低强高变形能力的材料,只有 B 为理想的高韧性材料,是岩爆支护中希望获得的材料。

10.1.2.3　有岩爆危险巷道的支护设计

A　岩爆破坏对支护系统响应的要求

一个支护系统对动静荷载的力学响应特性决定了该支护系统所能完成的功能,有岩

爆危险巷道支护方法和支护系统的选择基于支护系统的承载变形特性(刚性、承载能力和变形或能量消散能力)和预计的岩体破坏特性和严重程度,要求所采用支护系统在受到岩爆的冲击作用之后,应当能保证围岩的稳定,或由加固功能转化为悬吊 – 承托功能而继续保证围岩的稳定。具体来说,对于岩石膨胀破坏机理形式的巷道,设计支护系统的目的是用来控制或消除岩石变形或膨胀,要求支护系统具有良好的变形能力。对于岩石崩塌冒落破坏机理的巷道,支护的首要作用应是防止破坏的发生,所设计的支护结构应能承担为抵抗由于方形或楔形岩块加速而形成的附加惯性力而增加的静荷载,通过用更多的支撑和加强的构件来防止地震条件下的破坏,使抗崩塌的安全系数得到提高。当岩爆引起剧烈的岩块抛射时,支护必须能够承受大的位移,并能吸收抛射岩块的动能。因此,对于易爆岩层的支护来说,首先要求支护结构必须具有很好的延展性,如果支护系统没有让压和屈服性质,就不可避免发生破坏。要想保持支护系统和巷道的稳定,要求支护系统在岩爆发生瞬间先屈服变形,同时仍然保持一定的抗力,在允许最大变形前耗尽岩爆释放的动能。其次,岩爆既然是岩体破坏的一种形式,必须满足静态失稳条件下常规支护系统应具备的所有功能。第三,支护构件一般还应具有以下特点:

(1)具有较高的承载能力,即支护体系的屈服强度较大,远超过静态平衡所需要的强度。

(2)支护系统对巷道开挖面的表面覆盖率高,因为岩爆发生的地点难以确定。

(3)支护系统破坏前允许的岩体位移比较大,因而吸收岩石释放的动能大。

B 支护系统的设计方法

在岩爆破坏条件下,设计合适的支护结构(单元)或系统时,要求在巷道出现破坏之前,必须通过支护加固来提高岩体强度,尽可能保证岩体的完整性,以便岩体和支护共同形成一个连续体。只要有可能,就要提高这种加固系统吸收微震能的能力。一旦岩石破裂且产生了破坏,支护结构必须能承托住破碎岩体且锚固系统仍能够使被托住的破碎岩石保留在原位,同时,还必须能够耗散喷出的岩石的动能,要求支护系统在产生一定的变形(位移)之后,能重新建立一个静态平衡。

传统的支护结构设计方法主要考虑两点:(1)潜在破坏模型的确定。(2)适宜的支护能力与支护需要的比较。通过计算安全系数或破坏概率,确定所需要的人工支护。有岩爆倾向巷道支护设计不能严格按照传统的支护结构设计方法进行,这是由于岩爆事件具有不确定性、随机性的特点导致巷道破坏模型以及地点的不确定性和支护承受荷载的不确定性。

综合考虑有岩爆危险巷道的破坏方式、破坏机理、支护结构的要求以及支护机理等因素,在进行有岩爆倾向巷道支护设计时,可以采用以下设计程序:

(1)确定可能的岩爆破坏机理;(2)预测目标巷道可能发生岩爆的强烈程度;(3)比较不同支护构件或系统的特性和功能,选取能满足功能要求的、合适的支护类型;(4)采用理论或经验类比方法,确定支护元件或系统的结构参数。

在确定岩爆破坏机理和预测可能的岩爆破坏强烈程度时,根据加拿大岩爆巷道的支护研究成果,可参照表10 – 1中的经验选取。表10 – 1列出了与不同岩爆机理和破坏程度有关的预计岩石负载、变形量、移动速度和动能。

表 10 – 1 岩爆破坏机理和预计的破坏特性

破坏机理	破坏程度	岩爆破坏的原因	厚度/m	负载/kN·m^{-2}	闭合/mm	V_e/m·s^{-1}	能量/kJ·m^{-2}
无喷出的鼓胀	小 中等 大	很少超过贮藏的应变能的高应力岩石	<0.25 <0.75 <1.5	<7 <20 <30	15 30 60	<1.5 <1.5 <1.5	无临界值 无临界值 无临界值
引起喷出的鼓胀	小 中等 大	大大超过应变能的高应力岩石	<0.25 <0.75 <1.5	<7 <20 <50	50 150 300	1.5~3 1.5~3 1.5~3	无临界值 2~10 5~25
喷出	小 中等 大	远处地震传来能量的节理或破碎岩石	<0.25 <0.75 <1.5	<7 <20 <50	<150 >300 >300	>3 >3 >3	3~10 10~20 20~50
岩石冒落	小 中等 大	地震加速度加压，岩石强度不够	<0.25 <0.75 <1.5	<7 g/(a+g) <20 g/(a+g) <50 g/(a+g)	— — —	— — —	— — —

注：V_e 是岩石变形或喷出速度；a 和 g 分别是地震加速度和重力加速度。

在采用工程类比方法选择确定合理的支护系统以及相应支护结构参数时，可以参照表 10 - 2 中加拿大岩爆支护经验选取。

表 10 – 2 适用于有岩爆倾向岩层的支护系统

机 理	破坏程度	支护系统能力			推荐的支护系统
		承载/kN·m^{-2}	变形/mm	能量/kJ·m^{-2}	
无岩石喷出的鼓胀	小	50	30	无临界值	锚杆或砂浆螺纹钢筋锚杆加钢丝网（和喷射混凝土）
	中等	50	75	无临界值	锚杆或砂浆螺纹钢筋锚杆加钢丝网（和喷射混凝土）
	大	100	150	无临界值	可让压锚杆和砂浆螺纹钢筋锚杆加钢丝网（和喷射混凝土）
引起岩石喷出的鼓胀	小	50	100	无临界值	锚杆和缝管式锚杆加钢丝网（和喷射混凝土）
	中等	100	200	20	螺纹钢筋锚杆和可让压锚杆加钢丝网（和喷射混凝土）
	大	150	>300	50	高强度可让压锚杆和螺纹钢筋锚杆加钢丝网（和喷射混凝土）（和束紧））
远处地震引起的岩石喷出	小	100	150	10	锚杆和缝管式锚杆加加固的喷射混凝土
	中等	150	300	30	锚杆和可让压锚杆加加固的喷射混凝土（和束紧）
	大	150	>300	>50	高强度可让压锚杆和螺纹钢筋锚杆和束紧加加固喷射混凝土

机 理	破坏程度	支护系统能力			推荐的支护系统
		承载 /kN·m⁻²	变形 /mm	能量 /kJ·m⁻²	
岩石冒落	小	100	—	—	砂浆螺纹钢筋锚杆和喷射混凝土
	中等	150	—	—	砂浆螺纹钢筋锚杆加钢丝网和锚索或钢丝网加固的喷射混凝土
	大	200	—	—	同上,加密度较大的锚索
MPSL		200	300	50	实际的最大支护限度

给定预计的破坏程度、要求的支护作用和各支护元件的特性,就可根据表 10 - 2 选择推荐的支护系统。在表 10 - 2 的支护系统中,标准的锚杆布置设定为每平方米 1 根,以 1.2 m×1.5 m 的网度菱形布置。如每平方米多于 1 根锚杆,则锚杆交错布置。对于永久性巷道和大跨度巷道,应在表中推荐的支护系统基础上采用附加支护,对腐蚀环境中的巷道,应该采用全注浆锚杆取代机械式锚杆,以提高支撑元件的使用寿命。在采用目前的支护技术并考虑加拿大矿山支护成本的条件下,由钢丝网加固的喷射混凝土和锚杆组成的支护系统提供的实际能量消散能力最大,被称为"实际的最大支护限度"。虽然这一支护极限取决于许多因素,尤其是实际喷出(弹射)速度,但这一极限一般是在下述情况下达到:岩爆中破坏深度超过 1.5 m 左右或帮壁位移超过 0.3~0.5 m 时,每米巷道破坏岩石量约 10 t,岩石强烈膨胀或喷出期间动能消耗超过约 50 kJ/m²。超过这一极限,现有支护构件、系统不能有效支护巷道,为减少岩爆危害,必须补充有全局重要意义的矿山设计措施,如修改巷道几何形状、掘进顺序、采用大范围的有效的应力消除措施,以改变引发岩爆的条件。

10.2 冬瓜山矿采矿巷道布置方式与失稳破坏模式

10.2.1 阶段嗣后充填采矿法采准巷道的布置

在国家"九五"和"十五"科技攻关研究成果的基础上,根据冬瓜山主矿体的开采技术条件和 10000 t/d 大规模强化开采产能的要求,冬瓜山矿设计采用阶段空场嗣后充填采矿法回采。其基本特点是以盘区为单元组织生产,盘区沿矿体走向布置,盘区长为矿体水平厚度,宽为 100 m。盘区间暂留隔离矿柱,矿柱宽 18 m。盘区内布置采场,采场长轴方向与矿体走向一致,采场长为 78 m(尾砂充填的采场)或 82 m(胶结充填的采场)。采场宽 18 m,采场高度为矿体厚度。根据矿体厚度不同,采用不同爆破回采方式。对于位于矿体边缘部位、高度较小的采场,采用中深孔(直径 76 mm)爆破方式采矿,对于位于矿体中间厚大部位、采场高度较大的采场,采用大孔(直径 165 mm)深孔爆破方式采矿。为满足采矿的要求,布置的采切工程有:

(1)在隔离矿柱内布置凿岩穿脉、出矿水平穿脉和出矿溜井。(2)大孔采场采准巷道分为三层,一层为顶部充填回风道,一般布置在大理岩中。二层为凿岩硐室和凿岩联络道,一般位于含铜磁黄铁矿和大理岩接触带附近。三层为底部结构出矿水平,底部结构由出矿穿脉、出矿巷道、出矿进路和堑沟巷道组成,主要布置在含铜蛇纹岩以及含铜蛇纹岩与石英砂岩的接触带中。(3)中深孔采场采准巷道只有一层和三层。冬瓜山矿典型剖面(53 线)的采准巷道布置方式如图 10 - 4 所示,主要的采准巷道及硐室断面设计如图 10 - 5 所示。

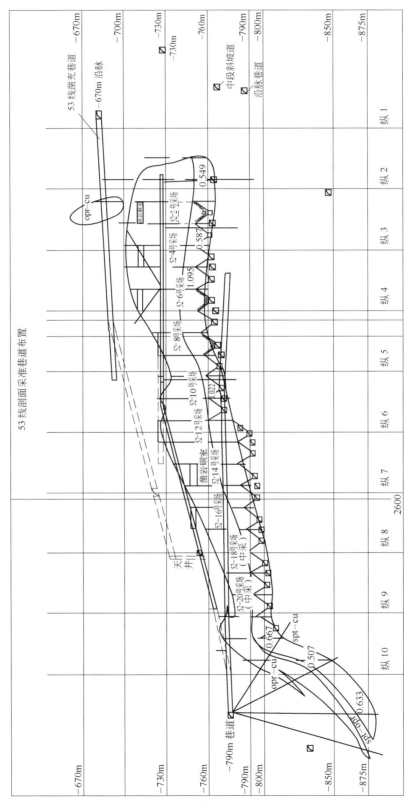

图 10—4　典型剖面（53 线）采准巷道布置方式

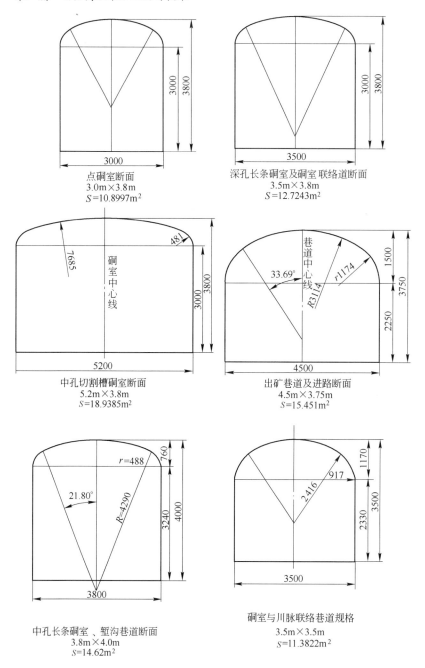

点硐室断面
3.0m×3.8m
$S=10.8997m^2$

深孔长条硐室及硐室联络道断面
3.5m×3.8m
$S=12.7243m^2$

中孔切割槽硐室断面
5.2m×3.8m
$S=18.9385m^2$

出矿巷道及进路断面
4.5m×3.75m
$S=15.451m^2$

中孔长条硐室、堑沟巷道断面
3.8m×4.0m
$S=14.62m^2$

硐室与川脉联络巷道规格
3.5m×3.5m
$S=11.3822m^2$

图 10-5　采准巷道与硐室设计断面

10.2.2　采准巷道的失稳破坏模式

冬瓜山矿的基建和生产实践表明:冬瓜山矿区岩体工程总体上是稳定的,但由于采矿巷道密度大,应力集中程度高,且采矿巷道多位于矿岩接触带或蚀变带,加之井下爆破作业频繁,导致采矿巷道的局部地段常出现失稳破坏。通过对井下巷道大量破坏事例的现场调查,分析总结出了冬瓜山采矿巷道在高应力条件下变形破坏的一般规律性特点,其失稳模式分述如下。

10.2.2.1 有岩石弹射的动态失稳破坏模式

A 典型岩爆事件观测记录

在高应力作用下,冬瓜山矿在基建和生产期间在井巷施工中曾多次发生以岩石弹射为主要特征的岩爆破坏事件,典型的岩爆事件记录如下。

1997 年 1 月,在 −730 m 中段盲掘施井的施工中首次出现弱岩爆事件。1998 年 9 月,在 −790 m 中段东石门迎头,以小断面掘进至 53 线时,在成巷的坑道顶部,发生破裂。当时采取锚网支护后,继续向前掘进,但支护段破坏越来越严重,部分支护钢筋网整体被抛出,锚杆被剪断或拔出。岩爆破坏段处岩性为蛇纹石。

1999 年 3~5 月,在 −790 m 向上斜坡道与运输巷交汇处的施工期间发生岩爆。岩爆最先出现在拱顶左侧,有的断面在与拱顶对称的帮壁也发生了岩爆。随着巷道向前施工,逐渐过渡到整个拱顶,岩爆发生一般退后掌子面 1~2 m,在 36 h 内活动较频繁,岩爆活动延续 2 个月左右的时间后逐渐减弱或停止。部分地段采用锚网支护后,锚杆被切断。该处岩性为矽卡岩。

1999 年 3 月,于 −850 m 水平中断巷道施工时,巷道侧帮顶板发生岩爆。岩爆发生时,岩石呈劈裂状破裂,并伴随炸裂声。随着裂纹逐渐扩展,大小不等的碎片从巷道围岩表面剥落或弹射出,岩爆活动历时约 20 余天。在有的地段,还发生锚网支护破坏现象,一般首先是锚杆被拔出,然后部分钢筋网整体被抛出。发生岩爆地点的岩石为矽卡岩,距岩爆发生地点约 40 m 处的岩石则为石英岩。

1999 年 5 月,在 −875 m 水平的水仓施工过程中,在巷道直角拐弯处,顶板发生岩爆,破坏面积约为 10~15 m²。

如图 10−6 所示,为冬瓜山矿采准巷道发生岩爆劈裂和弹射破坏后的巷道表面情形。

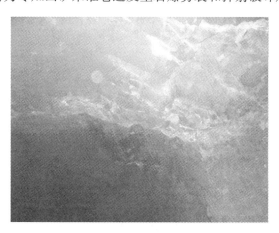

图 10−6　发生岩爆破坏后的巷道表面

B 岩爆动态失稳特点

矿山基建和生产期间共发生了 10 余起弱岩爆事件,使得巷道工程发生程度不同的动态失稳破坏现象。经过分析,这些破坏程度不同、发生地点各异的动态失稳破坏现象具有以下共同的特点:(1)均发生在石英闪长岩、闪长玢岩、蛇纹石和矽卡岩等具坚硬、脆性特征的巷道岩体中;(2)发生在刚度不同的岩石交界处,特别是巷道工作面自刚度较小的岩体向刚度较大的岩体推进时,岩爆发生在刚度大的巷道岩体中;(3)发生在巷道工程交接或交叉处;(4)发生时间在爆破作业后 2 ~ 3 h,最多也不超过一个班。(5)岩爆事件发生前,巷道岩体普遍具有凿岩速度快、爆破质量好的特点。

10.2.2.2 岩体膨胀失稳破坏模式

这类失稳主要发生在位于蛇纹岩的巷道中。在高地应力作用下,加上由于蛇纹岩节理发育,具有遇水易风化、膨胀的特点,当巷道位于该岩层时,开挖后随着时间的延续,蛇纹岩由于风化及膨胀而引发了巷道较大面积的片帮坍落。如图 10 - 7 所示,分别为 52-6 号采场蛇纹岩出矿进路坍落和 - 760 m 水平 54 线蛇纹岩穿脉顶帮风化坍落破坏的情形。

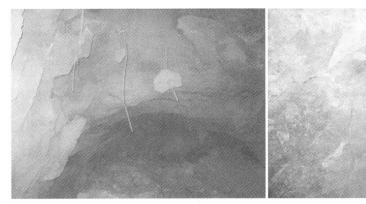 

a   b

图 10 - 7 位于蛇纹岩层中的采矿巷道失稳坍落

a—52-6 号采场蛇纹岩出矿进路坍落;b— - 760 m 水平 54 线蛇纹岩穿脉顶帮风化坍落

10.2.2.3 岩体坍落破坏模式

在高应力、不良地质结构面、微震地震能以及爆破震动等因素综合作用下,采矿巷道沿构造弱面坍落破坏有以下 3 种情况:

(1)采场顶部凿岩硐室和凿岩联络道沿矿体(含铜矽卡岩)和顶板(大理岩)的接触带破坏。由于矿体上部呈弧形产出,采场凿岩硐室和凿岩联络道顶板部分处于矿岩交界处,若矿体和顶板的接触带为缓倾斜,而且存在倾角较大的节理、断层和破碎带时,则在巷道顶部可能发生上述沿矿岩接触带破坏模式。巷道中这种破坏模式的具体情形如图 10 - 8 ~ 图 10 - 11 所示。其中图 10 - 8 为巷道沿节理裂隙坍落破坏,图 10 - 9 为巷道沿破碎带剥落破坏,图 10 - 10 为凿岩硐室水平离层冒落破坏,图 10 - 11 为凿岩硐室沿矿岩接触带的中风化破碎带坍落破坏。

(2)采场底部的采矿巷道,如:出矿进路、出矿巷道等,沿蛇纹岩矿体与含铜矽卡岩接触带破坏。若巷道位于蛇纹岩岩层中,发生的失稳现象除高应力导致的岩体膨胀失稳破坏外,还包括沿构造弱面的坍落失稳。在这种破坏模式中,当巷道顶板坍落到含铜矽卡岩岩层时,破坏就不再继续而停止了。

(3)底部结构出矿水平巷道沿矿体底盘(石英砂岩)和矿体(含铜蛇纹石矿)的接触面破坏。这种破坏发生与否取决于巷道顶板与接触带层面的相对位置关系,当巷道顶板(石英砂岩)距离接触面 3 m 以上时,如图 10 - 12a,不会发生破坏;当接触面穿过巷道时,如图

10 - 12b，巷道发生破坏；当巷道一侧顶角刚好与接触面相交时，如图 10 - 12c，巷道相对稳定。

图 10 - 8　 - 670 m53 线巷道沿节理裂隙坍落

图 10 - 9　 - 670 m53 线联络道沿破碎带剥落

图 10 - 10　 - 670 m 凿岩硐室水平离层冒落

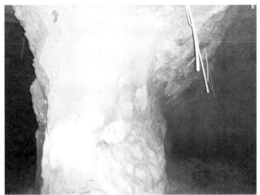

图 10 - 11　 - 670 m 采场凿岩硐室矿岩
接触带岩层风化坍落

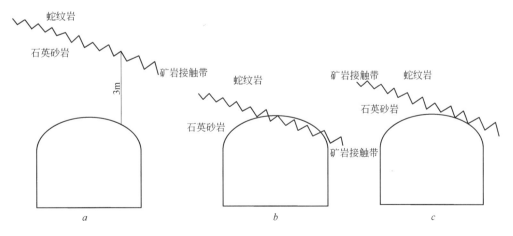

图 10 - 12　沿底盘和矿体接触面失稳示意图

a—巷道顶板距离接触面 3 m 以上；b—巷道顶板穿过接触面；c—巷道一侧顶角与接触面相交

10.3　冬瓜山铜矿采准巷道支护

10.3.1　采准巷道支护方案的选择

10.3.1.1　采准巷道围岩岩体质量评价

影响采准巷道支护方案选择的因素众多,主要包括岩石物理力学性质、岩体结构特征、原岩应力大小、支护工艺方式、矿山支护施工水平和所能承受的支护成本等。岩体是一切地下工程的环境,充分研究和掌握采准巷道所处的地质环境条件,是合理进行采准巷道支护设计的重要前提与基础。而工程岩体分级是对影响岩体质量和稳定性的各因素,如,岩石强度力学性质、岩体结构特征与原岩应力等进行综合评价的一种基本方法,是地下巷道工程支护设计必不可少的基础研究工作,是支护设计工程经验类比法赖以存在和应用的依据。为了选择合理的支护方案与参数,在对本书前述的冬瓜山矿体与围岩的主要特征、原岩应力测量结果、岩石物理力学性质与岩爆倾向性预测研究等相关基础资料仔细研究基础上,通过井下岩体结构质量调查,对冬瓜山主要矿岩的岩体质量进行了评价。利用 *RQD* 值分级法和南非 Bieniawski 提出 *CSIR* 分级体系对矿岩进行了岩体质量评价研究,分级的结果详见表 10 - 3。

表 10 - 3　岩体质量分级结果

岩　石	*RQD* 分类		*CSIR* 分类	
	数　值	分　类	数　值	分　类
含铜蛇纹岩	57.5	较好	62.0	较好
黄龙组大理岩	66.2	较好	72.0	好
栖霞组大理岩	69.3	较好	72.0	好
粉砂岩	92.2	很好	75.0	好
矽卡岩	94.7	很好	77.0	好
石英闪长岩	96.6	很好	78.0	好
含铜磁黄铁矿	97.4	很好	81.0	好

10.3.1.2　巷道岩爆破坏机理和可能破坏强烈程度的确定

综合分析冬瓜山矿岩爆倾向性研究结果、矿山在基建和生产阶段发生的巷道破坏情况,得出冬瓜山矿深井采准巷道破坏机理如下:

(1)已发生的具有岩石弹射现象、动态破坏特征的巷道破坏模式属于应变岩爆,强度等级为弱岩爆。

(2)发生于底部结构蛇纹岩巷道中破坏现象属于高应力条件下无弹射的岩体膨胀破坏。

(3)受高应力、不良地质结构面、微震地震能以及爆破震动等综合因素作用,形成采矿巷道的顶帮岩体沿构造弱面塌落破坏的模式,在这种破坏模式中,重力仍是驱动破坏的主要力源。

10.3.1.3　支护方案的选择

根据冬瓜山矿采准巷道所处地质环境条件,巷道岩爆破坏机理以及破坏程度的分析结果,结合我国金属矿山井巷支护的技术现状,特别是在冬瓜山矿的可行性和支护成本等因素,确定采用喷射混凝土、锚杆(锚索)和金属网单独或联合使用的支护方案。基于加固岩体的支护机理,在该支护系统中对围岩起主要加固作用的元件是锚杆,锚杆打入加固的围岩体中之后,在与围岩共同作用过程中将吸收弹性变形能,提高围岩体的自承能力。喷射混凝土可以对表层裂隙岩体起加固和锁合作用,它与金属网一起还具有较好的抗弯刚度,以使冲击载荷较均匀分配到加固单元(锚杆)中去,而且可以使锚杆处于单拉状态,而不是剪切状态,从而使锚杆结构的作用得到优化。喷射混凝土与金属网共同作用可起到与锚杆相连的"托盘"作用,以防止托盘与网之间产生扯脱现象。另外,喷射混凝土作为一个整体单元还有一定的支撑效果,使巷道周边更光滑而消除应力集中,通过提供侧向或切向剪切阻力而限制围岩膨胀。金属网主要为承托单元,同时,它也应具备吸收动能的能力。在上述总体支护方案选择基础上,所选择的锚杆、喷射混凝土和金属网的主要技术性能介绍如下。

A 锚杆

对于有岩爆危险岩层的支护锚杆,要求具有较好的延展性,即具有较强吸收弹性应变能的能力。假定在岩爆发生时弹射的岩块能够完全脱离围岩,锚杆处于完全塑性状态,并且能保持岩块位于原位上,则一块质量为 m,具有弹射速度 v 且高度为 h 的岩块所具有的能量 W_{rk} 为:

$$W_{rk} = mgh + 0.5mv^2 \tag{10-1}$$

一根处于完全塑性状态的屈服锚杆要阻止岩块运动所要吸收的能量 W_{rb} 为:

$$W_{rb} = nKmgh \tag{10-2}$$

式中 n——动态强度因子;

K——静态安全系数;

g——重力加速度。

当 $W_{rk} = W_{rb}$ 时,可以得出锚杆在极限状态时允许的岩块最大弹射速度 v_{max}

$$v_{max} = \sqrt{2gh(nK-1)} \tag{10-3}$$

从以上两式可以得知:锚杆吸收能量的能力越强,则其防冲击破坏的能力越大。

根据矿山实际的加工能力和技术上的可行性、工人的操作技能以及锚杆成本等因素,选取全长受力型的管缝式锚杆作为支护锚杆。管缝式锚杆是有预拉力锚杆,安装后可以立即受力,锚杆采用的托盘形式如图 10-13 所示,这种托盘在锚杆的轴向方向有较强的变形能力,从而较好地增加了锚杆的防冲击能力。锚杆的有关参数指标为:

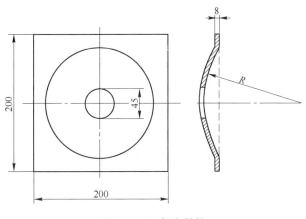

图 10-13 托盘结构

锚杆长:1.8~2.0 m;

锚杆直径:40 mm;

拉拔力:大于35 kN;

托盘类型:球面形;

托盘尺寸:200 mm×200 mm×8 mm;

钻孔直径:38 mm。

B 喷射混凝土

水泥:强度32.5 MPa以上的普通硅酸盐水泥;

配合比:水泥与砂、石质量比为1:(3.5~4.0);

水灰比:0.4~0.5;

喷射混凝土强度等级:C20。

C 钢丝网

钢丝网由 $\phi6$ mm钢丝编制而成。

10.3.2 不同采准巷道的支护结构参数

在现场岩体结构调查统计分析与岩体质量评价研究的基础上,根据国际上硬岩矿山有岩爆倾向巷道支护经验和国内地下工程《锚杆喷射混凝土支护技术规范》的规定,采用工程类比与数值模拟相结合的综合方法,确定了冬瓜山矿不同位置、不同功能采准巷道具体支护形式与参数,各种支护方式与参数详细介绍如下。

10.3.2.1 充填回风道支护

充填回风道一般布置在大理岩中,岩石强度虽然不太高,但岩石致密,岩体厚大,质量较好,一般不需要支护。对于处于局部破碎,节理发育的不稳固地段的巷道采用"锚网"支护。支护构件采用管缝式锚杆,其长度为2.0 m,网度为1.0 m×1.0 m;金属网片大小为2 m×3 m,直径6 mm,网格尺寸为100 mm×100 mm。

10.3.2.2 凿岩硐室、凿岩穿脉和联络道支护

根据凿岩硐室、凿岩穿脉和联络道所处的不同位置,采用不同的支护策略和参数:

(1)如果凿岩硐室、凿岩穿脉和联络道位于大理岩中,如图10-14a所示,不需要支护。

(2)如果凿岩硐室、凿岩穿脉和联络道位于矿体中,巷道顶板距矿岩接触带3 m以上时,如图10-14b所示,不需要支护。

(3)当上述巷道(硐室)位于矿岩接触带附近时,如图10-14c所示,巷道可能发生沿矿岩接触带塌落破坏。对于巷道局部不稳固地段,采用锚杆或注浆锚索支护。锚杆的长度以打到大理岩上0.5~1.0 m为宜,其网度为1.0 m×1.0 m。如果接触带顶板岩层超过2 m,用注浆锚索支护,锚索为直径19~24 mm的废旧除锈钢丝绳,长度4~6 m,网度2 m×(2~3) m,砂浆配合比为水泥:砂:水=1:1:0.4。

10.3.2.3 底部结构支护

底部结构一般位于石英砂岩或蛇纹石岩层或在它们的接触带,对于位于蛇纹石岩层的底部结构巷道,是需要支护的重点区域。

(1)如果巷道顶板上部2.0 m以上都在石英砂岩内,为保证原岩结构不破坏,该段巷道只进行喷射混凝土支护,喷射混凝土厚度50~80 mm。

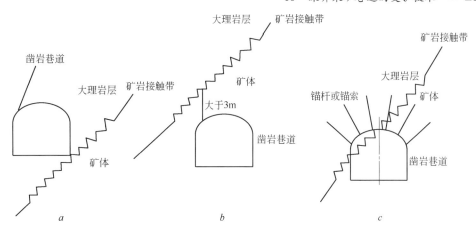

图 10 – 14 凿岩巷道（硐室）位置示意图

a—凿岩巷道位于大理岩中；b—凿岩巷道位于矿体中；c—凿岩巷道位于矿岩接触带

（2）堑沟巷道服务时间短,在能满足凿岩和装药爆破施工安全要求的前提下,原则上不进行支护。如果在拉底爆破过程中可能由于爆破震动影响会使局部松石冒落,可采取临时性锚杆与金属网支护。

（3）对位于蛇纹岩或矿岩接触带位置的出矿巷道和出矿进路,在巷道掘进时要求采用光面爆破技术,巷道开挖后应及时支护。原则上一星期 1 个掘进和支护循环,掘进 1 个星期后,停下来先对巷道进行喷浆 30 mm,再打锚杆挂金属网,以保持围岩稳定。锚杆长度为 1.8 ~ 2.0 m,网度为 1.0 m × 1.0 m。金属网片大小为 2 m × 3 m,直径 6 mm,网格尺寸为 100 mm × 100 mm。在每个月的月底,最后进行喷浆达到 100 mm 的永久喷层厚度。

（4）对位于蛇纹石岩层的出矿穿脉,采用"喷—锚—网 + 锚索"联合支护,如图 10 – 15 所示。锚杆为管缝式锚杆,锚杆长度与间距同出矿巷道和出矿进路。金属网直径 6 mm,网格为 100 mm × 100 mm。锚索材质同上,长度 6 m,网度为 1.5 m × 3 m。喷浆厚度为 100 mm。在施工时锚杆和锚索尽量垂直原岩层面,避开断裂构造。锚索通过注入的砂浆与孔内壁胶结成一体,实现沿锚索全长与矿岩之间的黏结力或摩擦力进行锚固,从而改变矿岩自身的力学性态,提高矿岩的自支承能力。

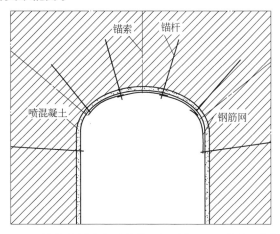

图 10 – 15 蛇纹岩层中出矿穿脉"喷 – 锚 – 网 + 锚索"联合支护

10.3.2.4 出矿口眉线支护

出矿口在出矿进路和堑沟的交汇点,它既要承受出矿期间矿石的磨损,还要承受大块堵塞时二次爆破的冲击,眉线处矿岩的稳固程度直接影响出矿效率及出矿作业的安全。眉线部位巷道掘进前采用超前预锚杆进行预支护,如图 10 - 16 所示,使待掘进巷道上部矿岩先形成 1 个拱形承载结构,掘通巷道后再进行"喷锚网"联合支护,参数见表 10 - 4。

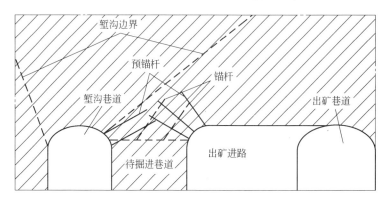

图 10 - 16 超前预锚杆支护示意图

表 10 - 4 超前预锚杆参数表

超前锚杆间距 /cm	锚杆外斜角 /(°)	锚杆长度 /m	早强剂掺入量 /%	达到大于 30 kN 锚固力所需时间 /h
40 ~ 45	35 ~ 40	3.5	4.0 ~ 4.5	2.0 ~ 2.5

10.4 采矿巷道锚喷支护工艺

由于冬瓜山铜矿采矿巷道所处的不良地质环境,底部结构采矿巷道密度大,应力集中程度高等因素的影响,使得采矿巷道支护工作量大。为此,冬瓜山铜矿采矿巷道锚喷支护采用了湿式喷射混凝土工艺和相应的具有国际先进水平的锚喷支护机械化施工设备,从而有效地提高了锚喷支护作业的质量与进度,为冬瓜山铜矿采准作业实现快速成巷,确保与冬瓜山铜矿 10000 t/d 产能相适应的备采矿量的快速形成,提供了可靠的技术保障。

10.4.1 锚杆与金属网的安装

由于管缝式锚杆对安装孔径的要求高,安装时需要较大外力将锚杆打入,人工作业劳动强度大,冬瓜山铜矿引进了芬兰山特维克(Sandvic)公司生产的 Tam Rock 锚杆台车,利用 Tam Rock 锚杆台车实现了锚杆和金属网片安装的机械化施工,保证了管缝式锚杆和金属网安装的质量与高效率。

10.4.2 湿式喷射混凝土工艺

10.4.2.1 湿式喷射混凝土工艺的优越性

喷射混凝土是新奥法的核心技术之一,喷射混凝土施工工艺主要可分为干喷法和湿喷法两种。干喷法是最早发展起来的喷射混凝土施工工艺,具有施工工艺流程简单,所需施工设备少,输送距离长,粉尘污染严重,回弹量大,混凝土质量不易控制等优缺点。从发展趋势看,湿式喷射混凝土将逐渐取代干喷法成为主要的喷射混凝土施工方法,湿式喷射混凝土的基本原理是将搅拌好的混凝土送入湿式喷射机,用压缩空气在喷嘴处与从计量泵压到喷嘴的雾化速凝剂混合,形成料束,喷到受喷面上,其工艺流程如图 10 - 17 所示。

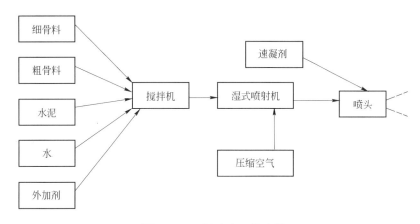

图 10 - 17　湿喷法工艺流程

根据国内外研究,与干喷法相比,湿式喷射混凝土主要具有以下优越性:

(1) 湿喷混凝土配合比易于控制。施工时,湿喷的混凝土配合比完全处于受控状态,从而保证了混凝土的质量。干喷的混凝土质量不易控制,特别是混凝土的水灰比带有随意性,是由喷射手根据经验及肉眼观察来进行调节的,混凝土质量在很大程度上取决于喷射手操作正确与否。

(2) 回弹率低。据资料统计,干喷回弹率一般达35% ~45%,而湿喷回弹率为15% 左右,因此湿喷的生产成本低,效益高。

(3) 施工时的粉尘浓度低。

(4) 劳动生产率高。

(5) 设备材料磨损少。

10.4.2.2　冬瓜山湿喷作业生产线的方案选择

从图 10 - 17 湿式喷射混凝土工艺流程可知,可以将湿喷工艺过程分成 3 个基本步骤:(1)混凝土拌和;(2)混凝土运输;(3)混凝土喷射。根据不同的混凝土拌和、输送、喷射方式和设备可以组合形成不同的喷射混凝土作业生产线。在对国内外湿喷混凝土作业生产线以及相应配套设备充分调研基础上,综合分析选择的适合于冬瓜山铜矿湿喷作业生产线方案为:从地表采用钻孔集中输送砂、石原材料,井下合适位置设置一中型规模的混凝土集中拌和站,采用全机械化配套作业方式输送和喷射混凝土。

该生产线作业采用的设备如下。

A　混凝土拌和

为满足集中混凝土拌和的需要,需要在井下建一个中型规模的混凝土拌和站,该种方式具有生产能力大,容易实现拌和作业机械化与自动化,混凝土拌和质量容易控制与保证等优点。井下拌和站需要的拌和配套设备主要有:

（1）混凝土搅拌机，选用强制式搅拌机，以保证拌和质量。

（2）皮带输送式配料机，应具备可以自动完成砂、石和水泥等骨料的计量配料功能。

（3）混凝土骨料筛分设备（由各种粒径筛网构成，机械自动筛分）和混凝土坍落度筒、水泥与速凝剂凝结时间测定仪等混凝土质量检测与试验设备。

B 混凝土输送

与国内有关汽车改装生产厂家合作，研制符合冬瓜山矿采准巷道行走尺寸要求的无轨混凝土搅拌输送车。

C 喷射台车

采用国外进口、喷射能力大的喷射台车，实现喷射作业的机械化。

10.4.2.3 湿喷工艺参数与喷射混凝土质量控制

A 湿喷工艺参数

喷射混凝土强度等级：C20

喷射混凝土配合比：

灰骨比（水泥与砂子和石子的质量比）为 1:3.7，水泥:砂子:石子 = 1:1.96:1.74，每立方米喷射混凝土水泥用量为 460 kg，水灰比为 0.48 ~ 0.50，砂率为 53%。

无碱液体速凝剂掺量：占水泥质量的 5% ~ 7%

减水剂掺量： 占水泥质量的 0.8% ~ 1%

拌和后混凝土坍落度：10 ~ 15 cm

B 喷射混凝土质量检查

喷射混凝土质量检查主要有抗压强度和喷层厚度两项指标。必要时进行混凝土与岩石的黏结强度和回弹率测试。

a 喷射混凝土厚度检测

采用埋设控制标志或钻芯法。检查点中 60% 以上点应符合设计，平均厚度不得小于设计厚度，且最小厚度不得小于设计厚度的 1/2。厚度检测不够时，应采用加厚喷层办法处理。

b 喷射混凝土外观检查

喷射混凝土表面宜光亮平整，喷层质量均匀，外观表面上不得出现裂缝、脱落、渗漏和钢筋网外露现象，检查过程中若发现有蜂窝、空洞现象，应进行返工补喷。

c 喷射混凝土抗压强度检测

采用喷大板切割法或钻芯取样法置备混凝土抗压强度试件，在标准条件下进行养护，到 28 d 后进行单轴抗压强度试验。平均抗压强度应大于设计强度，且单个试件的最小抗压强度测试值应大于或等于设计强度的 85%。

d 喷射混凝土与围岩黏结力检测方法

采用劈裂法或直接拉拔法。

参 考 文 献

[1] 冬瓜山铜矿. 冬瓜山采准巷道岩层控制技术研究阶段报告[R]. 中南大学, 2007.

[2] 高谦, 乔兰, 吴顺用, 等. 地下工程系统分析与设计[M]. 北京: 中国建材工业出版社, 2005.

[3] 王文星. 岩体力学[M]. 长沙: 中南大学出版社, 2004.

［4］ 郭然,潘长良,于润沧.有岩爆倾向硬岩矿床采矿理论与技术［M］.北京:冶金工业出版社,2003.

［5］ 中华人民共和国国家标准.锚杆喷射混凝土支护技术规范［M］(GB50086—2001).北京:中国计划出版社,2001.

［6］ 徐干成,白洪才,郑颖人等.地下工程支护结构［M］.北京:中国水利水电出版社,2001.

［7］ 长沙矿山研究院,铜陵有色金属集团公司［R］.岩层控制技术和高应力区支护研究报告.1999.

［8］ 杨承祥,罗周全.有岩爆倾向深井矿山采矿巷道的失稳模式分析及其控制技术［J］.矿冶工程,2007, 27(2):1~4.

［9］ 李新元,马念杰.加拿大矿山具有岩爆倾向的硬岩支护技术［J］.煤炭科学技术,2005,33(4):14~17.

［10］ 王传江,樊炳辉,孙秀娟.喷射混凝土作业的优化方案［J］.西部探矿工程,2004(4):82~83.

［11］ 秦立荣.湿式混凝土喷射技术［J］.隧道建设,2003,23(1):38~40.

［12］ 杨成宽,王炳军.湿喷混凝土施工技术总结［J］.西部探矿工程,2003(4):96~97.

［13］ 祝方才,潘长良.岩爆条件下的防护技术［J］.矿山压力与顶板管理,2003(1):109~111.

［14］ 郭然,于润沧.有岩爆危险巷道的支护设计［J］.中国矿业,2002,11(3):23~26.

［15］ 李庶林.试论深井硬岩矿山岩爆巷道支护［J］.中国矿业,2000,9(1):57~60.

［16］ 李庶林,桑玉发.有岩爆倾向的岩层控制与巷道支护问题［J］.湖南有色金属,1998,14(2):5~7.

［17］ 肖通遥,王坚.有岩爆倾向岩层中的巷道支护［J］.世界采矿快报,1996(16):9~12.

［18］ Dwayne D Tannant, Peter K Kaiser, Dougal R McCreath. Rockburst Support Research in Canada［J］. International Society for Rock Mechanics News Journal, 1996, 4(1): 15~18.

第三篇
灾害监测理论与
技术

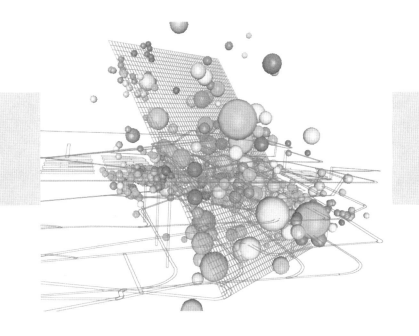

11   地压与岩爆监测理论与技术

11.1   引言

在浅部开采的矿山,岩体应力相对较低,岩体的破坏形式通常是指在稳定变形过程中产生的静态破坏,其主要的破坏形式有采空区围岩片帮、冒落或坍落;与浅部开采相比,深井开采的显著物理环境特点是岩体埋藏深,应力大,岩体在高应力的作用下,深井开采存在着引发岩体产生动态失稳破坏的潜在可能性,从而造成大规模地压破坏与岩爆灾害,这正是深部资源开发所面临的重大安全问题。虽然一些主要深井开采国家已经进行了数十年的系统研究,取得了许多理论与技术的重大突破与成功经验,但是,在深井开采条件下大规模地压与岩爆的机理、控制和预测的理论与方法等各个方面仍然存在着许多重大问题需要研究,特别是距岩爆的准确预报相距更为遥远。因此,对深井开采大规模地压破坏与岩爆的防治仍然是世界性重大理论和技术难题。

目前,我国深井开采的矿山不多,特别是金属矿山的深井开采才刚刚起步,仅见辽宁红透山矿、广西高峰矿等矿山,它们不具备良好的研究条件,虽在岩爆倾向性预测与控制方面开展了一些零星的研究,但未见以具体深井开采条件下的硬岩金属矿山为对象,开展矿山安全监测与预测及控制的系统性研究的报道,因而缺乏解决深井开采所面临安全问题的理论、方法与经验。因此,开展深井开采条件下的安全问题研究是我国资源开发的急需而重大课题。

以冬瓜山铜矿深井开采岩爆为研究对象,在该矿建立起以矿山地震监测系统为主的岩爆监测系统,并以之作为研究平台,开展深井开采岩爆监测及控制技术研究,这无论对深井开采岩爆监控理论与技术的发展,还是对冬瓜山铜矿持续高效安全开采,以及我国深部资源的安全开发都具有重大意义。本章开展深井开采大规模地压破坏与岩爆预测研究,包括冬瓜山铜矿岩爆危险区预测、大规模深井开采岩爆监测系统研究和矿山地震活动规律及危险性地震与岩爆预报研究。

11.2   冬瓜山铜矿岩爆危险区综合预测

岩爆发生的可能性既取决于岩石的岩爆倾向性,也取决于矿山开采活动引起岩体应力变形状态及其变化特征。冬瓜山铜矿区赋存多种岩性岩层,矿区范围大,开采活动复杂,显然矿区岩层的岩爆发生可能性分布是非均匀的。因此,对冬瓜山铜矿岩爆危险区域进行预测不仅是矿山开采合理设计的依据,也对建立合理的安全监测系统网络具有重要意义。

本书第一篇中第4章已研究了冬瓜山典型矿岩的岩爆倾向性。结合冬瓜山铜矿区岩层赋存状态,可见,矿体和底板岩石都具有中等岩爆倾向,属诱导性岩爆倾向;矿体顶板以大理岩为主,其岩爆倾向不强,处于无岩爆倾向和中等岩爆倾向的过渡范围。由于闪长玢岩分布于顶板局部区域且分布量很少,对顶板总的岩爆倾向只产生很小的影响,因此,矿体顶板岩爆总体上具有诱导性岩爆倾向。除此之外,本节将结合矿体回采中围岩岩爆数值分析和开拓巷道现场岩爆研究,对冬瓜山铜矿岩爆危险区进行综合预测。

11.2.1 矿体回采中围岩的岩爆倾向性

对矿山开采条件下围岩的岩爆倾向性预测具有多种理论与判据,但主要采用强度理论和能量理论,如:多尔尼诺夫 N. A. 强度理论经验判据;Cook,Black 和佩图霍夫等人的矿山刚度理论;Braunerr 的剩余能量理论;Kwasniewski 等的弹性应变潜能和 Heunis 等的平均能量释放率等。采用硐室围岩周边最大应力 $\sigma_{\theta 1}$ 与岩石单轴抗压强度 σ_c 比值作为岩爆倾向判据,即:

$$\left.\begin{array}{ll} \sigma_{\theta 1}/\sigma_c < 0.2 & \text{几乎不发生岩爆} \\ 0.2 < \sigma_{\theta 1}/\sigma_c < 0.388 & \text{可能发生岩爆} \\ 0.388 < \sigma_{\theta 1}/\sigma_c < 0.55 & \text{非常可能发生岩爆} \\ \sigma_{\theta 1}/\sigma_c \geqslant 0.55 & \text{几乎肯定发生岩爆} \end{array}\right\} \quad (11-1)$$

利用该判据进行空区围岩岩爆倾向性预测,相对比较简单,因为它指出某个特定空区围岩是否发生岩爆的可能性,这种结果在一定程度上满足工程上对岩爆预测的要求。采用该判据进行岩爆倾向性预测时,要先采用数值模拟计算采空区围岩应力,然后计算 $\sigma_{\theta 1}/\sigma_c$ 预测围岩的岩爆倾向性。

采用有限元法进行数值模拟,分析和预测矿体回采引起的岩爆发生区域和强度。根据推荐的初步设计方案,该矿深部开采拟采用阶段空场嗣后充填法,采场分矿房、矿柱两步回采。为了反映两步骤采矿方法矿房与矿柱之间的暴露关系,计算模型包括两个矿房、1 个矿柱共 3 个空间采场,模拟了 −730 m 水平 52 线附近两个采场同时存在的情况。模型中矿房、矿柱长 85 m,宽 18 m,与设计方案相同,采场高度为矿体平均厚度 40 m,基本模型如图 11−1 所示。

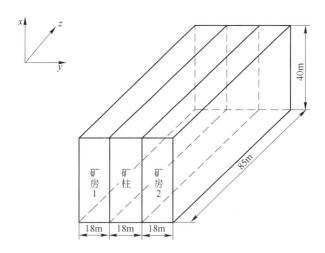

图 11−1 基本模型示意(z 轴沿矿体走向)

模型采用如下假设:

(1) 由于矿床岩石除黄龙组大理岩外,其破坏前的变形主要为弹性,因此将岩石视为各向同性、均质的线弹性体。

(2) 综合考虑研究对象附近的地质情况,将数值模型简化成矿体直接顶板、矿体和直接底板 3 种线弹性介质,其中顶板为栖霞组大理岩,矿体为含铜矽卡岩,底板为粉砂岩。

(3)原岩应力采用 −750 m 水平的实测值,见表 11 −1。因该矿矿体及其上、下盘岩层为背斜形态,在轴部和两翼的岩层中的原岩应力可能有所不同,但由于矿体及其顶底板岩层两翼比较平缓,其内部的构造应力相差不会很大。因此,计算所采用原岩应力值对该矿具有一定的普遍性。

表 11 −1　矿床原岩应力

应　　力	大　　小	倾角/(°)	方　　位
σ_1	34.33	6.37	248.42
σ_2	16.47	44.39	152.13
σ_3	248.42	−44.90	164.81

注:倾角以向下为正,向上为负;方位角以顺时针为正。

(4)由于采场凿岩、出矿等各种辅助巷道几何尺寸与采场相比要小得多,它们对采场围岩整体应力分布的影响很少,在模型中忽略了它们的影响。

计算使用的岩体物理力学参数见表 11 −2。因矿床岩体节理不发育,完整性好,因此,除岩体弹性模量是对室内岩石力学试验结果按 2/3 系数折减外,其他参数均为岩石的力学参数,未加折减。

表 11 −2　矿岩岩体力学参数

岩体名称	弹性模量 E/GPa	泊松比 μ	容重/g·cm^{-3}	抗压强度 σ_c/MPa
大理岩	15.97	0.257	2.71	74.04
矽卡岩	36.80	0.312	3.22	190.30
粉砂岩	28.93	0.209	2.71	187.17

首先将模型边界表面结点法向约束,将原岩应力直接赋予各单元。在此基础上,采用释放荷载的方法,模拟开挖效应。根据矿体厚度与设计的落矿步距,在矿体高度方向上分 3 步模拟整个回采过程。

计算表明:

(1)在垂直走向的剖面上,采场顶板部位的 $\sigma_{\theta1}/\sigma_c$ 大于采场两个侧壁和底板,采场周边围岩 $\sigma_{\theta1}/\sigma_c$ 的范围在 0.18 ~ 0.50 之间;

(2)沿走向方向的剖面上,采场周边围岩 $\sigma_{\theta1}/\sigma_c$ 的范围为 0.10 ~ 0.50,比垂直走向剖面上的采场周边围岩 $\sigma_{\theta1}/\sigma_c$ 的范围大,最低值 0.10 对应于采场两个端部的中央部位;

(3)顶板 $\sigma_{\theta1}/\sigma_c$ 比值普遍较高,介于 0.44 ~ 0.52 之间;

(4)矿柱中 $\sigma_{\theta1}/\sigma_c$ 沿垂直方向的分布比较均匀;

(5)各个剖面上 $\sigma_{\theta1}/\sigma_c$ 比值较大的区域均为采场四角应力集中部位,较低的区域为采场侧壁与顶板的中央部位。

由岩爆应力判据式 11 −1,开挖后采空区周围有发生岩爆的可能性,而且周边围岩不同部位岩爆倾向强弱不同。岩爆发生部位将集中于采场顶板、矿柱和采场四角的局部区域,而采场侧壁中央部位 $\sigma_{\theta1}/\sigma_c$ 之值为 0.18,不具备岩爆发生的应力条件,不可能发生岩爆。

11.2.2 井巷围岩岩爆特征

对冬瓜山铜矿井巷围岩已产生岩爆进行了现场调查。该矿在开拓期间开拓井巷围岩中发生了多起岩爆。第一次岩爆发生于1996年12月5日。自1997年初开始,作者对该矿岩爆展开了现场调查,对该矿井巷的岩爆危险区特征进行了分析和总结。

从时间和地点上来看,有的岩爆发生在刚放炮后的掌子面附近,发生的时间多在放炮后不超过1个班的时间内,地点距离掌子面约2~3 m范围。这可能是由于岩体开挖,岩体中应力发生突然变化,进行重新分布,并很快积聚能量,这些能量达到一定限度时得以突然释放,形成岩爆。有的岩爆发生于原有未支护和已支护的巷道围岩,而此时在其他地方通常有巷道爆破作业,这可能是因爆破形成的应力波促使或引导附近巷道围岩中的能量突然释放,为岩爆创造条件,因此,爆破对诱导附近巷道岩爆有重要作用。

岩爆发生地点的另一个特点是,岩爆发生于工程的交叉处附近和不同岩层接触带的较坚硬岩体中。例如1999年3~5月,-790 m斜坡道与运输巷道交汇处施工期间发生的岩爆;1999年5月6日,-875 m水平,在水仓施工过程中,在巷道直角拐弯处,顶板发生的岩爆;以及1997年1月17日在冬瓜山-730 m中段盲措施井下掘进时,东北部井下6 m左右处灰白色和深灰色两种石英砂岩的接触带中较坚硬的深灰色石英砂岩中发生的岩爆。由于这些部位应力高度集中,说明这些岩爆是岩石受到高应力的作用而发生的。

由此可见,井巷中的岩爆不仅与岩石的岩爆倾向性有关,也取决于岩体中的应力大小或储存的变形能大小及其释放形式。因此,岩爆倾向性较大,同时应力集中较高,能够产生能量突然释放的区域都是井巷岩爆危险区域。

11.2.3 冬瓜山铜矿岩爆危险区综合预测

将冬瓜山铜矿岩层赋存性质、典型矿岩的岩爆倾向性、开采条件下岩爆倾向性的数值计算和现场调查的结果结合起来,进行综合分析,可以从总体上掌握该矿床岩爆危险区的空间分布特征,为该矿以岩爆控制为目标的优化设计和岩爆监控系统的建立提供依据。

从冬瓜山铜矿矿岩岩爆倾向性来看,该矿栖霞组大理岩和黄龙组大理岩不具岩爆倾向,其他3种岩石具有不同程度的岩爆倾向性,其岩爆倾向性由小到大的顺序为石榴子石矽卡岩、石英砂岩(石英闪长岩)和闪长玢岩。该矿矿体顶板为大理岩,因此,矿体顶板无岩爆倾向。虽然闪长玢岩具较强岩爆倾向,但该类岩石只在岩体顶板局部位置分布,并距矿体直接顶板较远,开采活动不会引起闪长玢岩发生破坏。矿体主要由矽卡岩类岩石构成,具有一定的岩爆倾向。矿体底板主要由石英砂岩构成,具较强的岩爆倾向。

根据采空区围岩岩爆倾向性的数值计算分析,采场顶板、底板、四角处围岩和矿柱岩石具有发生岩爆的倾向,而侧墙中部区域没有岩爆倾向性。结合岩石岩爆倾向性分析结果,顶板岩层为大理岩,其岩爆倾向性很弱或无岩爆,因此,虽然采场顶板的$\sigma_{\theta 1}/\sigma_c$比值大于采场底板的,但是其岩爆倾向性可能并不一定比底板岩体的岩爆倾向性大。目前该矿井巷围岩发生的岩爆都位于石英砂岩/石英闪长岩、石榴子石矽卡岩和矽卡岩等岩体,还未见到岩爆在大理岩中发生,也可以说明大理岩即使具有一定的岩爆倾向性,其岩爆倾向性也比较弱。

综上所述,可以认为,冬瓜山铜矿具有岩爆倾向的岩体主要分布于采场底板、矿柱和其他应力高度集中的区域。由于冬瓜山铜矿开采范围大,采场和矿柱分布复杂,具有岩爆倾向的岩体空间分布也相当复杂。

11.3 地压与岩爆监测系统

11.3.1 监测目的

由于岩体工程特别是矿山岩体工程的复杂性,在矿山施工之前进行的理论计算和分析都无法全面反映岩体工程实际情况,同时,理论计算本身也无法实时反映岩体工程条件的变化,因此,在岩体工程施工和运营中,现场监测是掌握和评价工程岩体活动状态的真正可靠和有效的措施。特别是有岩爆倾向性的矿山,由于人们对岩爆机理的认识不够充分,计算理论更加难以准确反映实际,而岩爆的突发性和破坏性对矿山安全的危害更大,因此,世界上许多有岩爆倾向的矿山都建立了岩爆监测系统作为矿山安全生产的主要保障措施。

矿山岩爆监测就是监测矿山开采过程中的岩层活动和岩爆危险性,其目的表现在以下4个方面:

(1)通过实时掌握岩体活动状态和岩体稳定性,圈定潜在危险性区域,为实施岩爆控制措施提供依据,即指出实施局部解危措施的必要性、位置和时机,增强控制的针对性和控制效果。

(2)通过连续监测和实时分析,实现岩爆发生时间的预报,为井下采矿人员与设备撤离危险区提供安全预警。

(3)通过岩层活动规律与岩爆特征的分析,评价已采用的岩爆控制措施的有效性,这不仅包括局部或简单的某项支护措施的有效性,甚至包括采矿工程布置、开采顺序和采矿方法及结构参数的合理性。

(4)通过对监测数据和岩爆事例的反分析,研究岩爆机理和成因、提出或改进岩爆控制措施、建立岩爆预测模式、方法与判据,完善岩爆控制和预测的理论与实用技术。

11.3.2 监测手段分析

世界许多国家(如南非、波兰、前苏联、加拿大、美国、澳大利亚、中国、印度、智利、德国和日本等)的某些矿山都在不同时期曾经历岩爆的危害。在矿山岩爆监测方面进行了较多研究的国家主要有南非、波兰、前苏联、加拿大、美国、印度和澳大利亚等。矿山岩爆监测方法是随着人们对岩爆的认识和监测仪器的发展而变化的,而各国采用的监测手段也有所不同。

早期出现的岩爆主要发生在煤矿,如德国和波兰的许多煤矿。由于煤矿岩层强度较低变形较大,常规的压力变形监测和岩屑法是煤矿冲击地压常用的监测方法。直接测量围岩内应力或压力,变形或位移的常规应力/压力和变形法被广泛用于监测矿山地压活动和破坏。这种方法用于监测预先已知可能存在应力集中或具有较大变形位置的局部岩体应力和变形是非常有效的,但是,在金属矿山的岩爆监测中,由于岩石坚硬变形小、破坏位置难以预先确定、仪器安装滞后工程开挖等因素影响,常规地压监测法不宜作为主要监测手段,而只能作为辅助监测工具。在前苏联的一些矿山还采用电阻率法和电磁波法来监测矿山岩爆。

但电阻率法的主要缺点是工程量太大,电磁波法进行矿山岩爆监测其技术尚存在难度。亦不宜作为大规模深井开采岩爆监测的主要手段。

矿山岩爆是一种动力失稳破坏,岩爆产生时伴有较强的地震活动。20 世纪 60 年代 Cook 等人通过对南非金矿的地震监测数据分析论证出了矿山地震活动与矿山开采活动存在直接的关系。目前,国外深井矿山广泛应用微震监测技术进行大规模地压和岩爆监测。通过测定地震波到时和分析地震波形,采用地震学理论和方法可以测定震源位置和震动强度等地震学参数,分析地震活动状态,实现对岩爆的实时预测。

目前,大多数矿山安装的地震监测系统都是针对矿山地震监测而研发的矿山地震监测系统,如南非的 ISS 地震监测系统和加拿大的 ESG 地震监测系统。但也有一些矿山将矿山地震监测系统与区域天然地震监测系统相结合,同时利用两个系统的监测数据。就矿山地震监测系统来说,实际应用中又分为两类,一类是传感器频率较低的地震监测系统,它主要用于矿区地震活动监测;另一类则采用较高频率的传感器,主要用于局部范围如某个矿柱或应力集中区的监测,作为整个矿山地震监测系统的一个组成部分。

冬瓜山铜矿矿床大、埋藏深,采用大规模开采方法开采,开采盘区和采场多,分布范围大,而且多个盘区和采场同时开采,推进速度快,可能发生的岩爆地点分散,分布范围广。因此,可以采用矿山地震监测系统作为该矿岩爆监测的主要监测系统。其监测范围涵盖整个开采影响区,用于监测开采影响区的地震活动,实现对大规模地压破坏与岩爆的评价与预测。由于该矿床岩体坚硬,其总体位移可能不大,以及开采活动范围大、岩层应力和变形活动极不均匀,直接测量位移、变形和应力或压力测量等的常规应力变形监测手段不能作为主要的监测手段,但可考虑作为局部重点区域的监测,因而作为岩爆监测系统的组成部分。另外,根据作者在该矿井巷岩爆调查和井巷岩爆控制研究中的经验,在采掘施工过程中,采矿工人和技术人员实时观察记录开挖坑洞围岩发生的变形和破坏现象,积累经验,逐步总结出围岩变形破坏特征与岩爆发生之间的关系,从而使工人在施工过程中根据围岩的变形和破坏现象预报岩爆,也是提高施工安全、减轻岩爆损失的重要措施。作者将其称为"施工观察法",也作为岩爆监测的组成部分。

综上所述,根据该矿床开采地质条件以及各种岩爆监测方法的特点和适用条件,可以认为,冬瓜山铜矿岩爆监测手段由矿山地震监测、常规应力变形监测和施工观察等 3 个部分共同组成。

11.3.3 监测系统总体结构和实施步骤

如图 11-2 所示是岩爆监测系统组成结构示意图,数据采集、传输、系统控制、生产及安全部门等子系统构成了统一的深井硬岩大规模开采条件下的矿山地压与岩爆监控系统。矿山岩体活动数据的检测和传输由矿山地震监测系统、常规应力变形监测系统和人工观察系统完成;在监测控制中心完成数据处理与分析,以及对监测系统的控制和管理;分析结果提交矿山技术部门、决策部门或执行部门做出相应的决定和采取适当的地压破坏与岩爆灾害控制措施。监测系统各组成部分的信息流是双向的,岩体活动信息从岩体井下流向监测控制中心,进行处理与分析,然后,根据分析结果对数据检测行为进行控制与调整,而执行部门在井下采取的地压破坏与岩爆灾害控制行为和结果又必须告知监测控制中心。监测系统各组成部分之间的信息相互反馈,每个部分都会对其他部分的行为和结果产生影响。

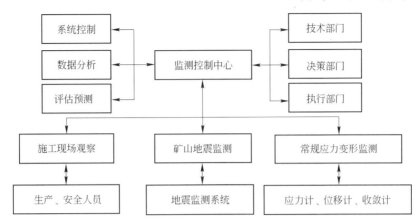

图 11 - 2　冬瓜山岩爆监测系统组成结构方案

冬瓜山铜矿岩爆监测系统的建立是在现有工程条件和认识水平的基础上开始证论和设计与建立的,目前的监测系统监测范围只涵盖冬瓜山铜矿首采区及其开采影响范围,因此,随着开采范围的扩大和监测数据的分析,需要对监测系统进行扩展和改进,以满足监测范围的扩大和矿山实际的岩层活动和岩爆状况。

11.3.4　矿山地震监测系统优化与建立

11.3.4.1　地震传感器参数优化与配置

地震监测系统实际上是一个专用的数据采集与分析系统。地震传感器是地震监测系统的关键组成单元。一旦地层运动被传感器转换成电信号,监测系统的其他部分则只是标定和数据处理的问题。传感器的性能可用频带宽度、噪声水平和动态范围来表示。一个地震事件的频率常由其角频率来衡量,因此,监测范围内地震事件的角频率就决定了传感器必须记录的最小频率范围。图 11 - 3 所示是矿山地震监测系统通常采用的传感器灵敏度和动态范围,图中表示了由常用的传感器测定的地层运动速度和频率范围。图 11 - 3 中的噪声水平是用在时域内的长期平均值来表示的。图中还表示出了具有 132 dB 的动态范围的采集系统的截断水平。

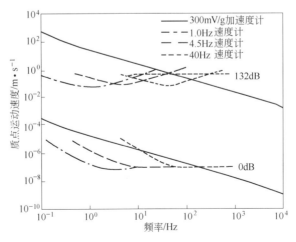

图 11 - 3　地震传感器性能参数

在矿山地震监测中常根据不同的监测目的采用两种地震传感器检测矿山地震,即速度计和加速度计。固有频率在4.5～100 Hz的小型速度计已在矿山开采和石油勘探中广泛应用。这种频率的信号可以几乎无衰减地在岩石中传播,因此,传感器位置就可以相当广地在全矿山布置而且易于安装。速度计用于大范围内检测频率较低的较大地震事件。加速度计的固有频率常为数千赫兹,通常用于小范围内检测频率较高的小地震事件。

在冬瓜山铜矿,由于潜在岩爆和地压活动范围很广,且无法预先分清监测区域的主次,在微震监测系统建立初期,特别是还没有对开采区岩体地震活动规律认识之前,微震监测区域包含整个首采区矿体及其影响区围岩是必要的。因此,在冬瓜山铜矿首采区初期宜采用低频地震传感器。在对冬瓜山采区地震活动规律有了一定认识之后,针对地震活动表现出的分布特征或特定的监测需要,在初期监测系统基础上,增设高频地震传感器,进行更精细的监测或提供某些特定的研究数据。

根据南非深井矿山微震监测经验资料,可得矿山微震监测系统的传感器种类、频率和布置密度与地震强弱和监测范围大小之间具有表11-3所示的经验关系。就冬瓜山首采区而言,其矿体走向长为300 m、倾向水平投影长为400 m、深度区间为200 m,考虑到其回采影响范围和地震可能受采区外围的断层等地质构造影响,其监测范围至少应该长为500 m、宽为600 m和高为400 m,因此,针对首采区,选取其主频为4.5 Hz和30 Hz的速度计作为首采区初期建网的地震传感器。

表11-3 地震监测传感参数变化与监测区大小关系

最小震级	最大震级	平均体积/km×km×km	事件数/d	传感器		最小密度/km	频带宽/Hz
				类型	频率/Hz		
1～0	4～5	30×30×5	100	速度计	1;4.5	第五个传感器间距 >2	0.5～300
0～-1	4	3×3×3	1000	速度计	4.5;28	最少5个传感器间距 <1	2～2000
-3～-4	3	0.3×0.3×0.3	10000	加速度计	10000	最少5个传感器间距 <0.3	3～10000

11.3.4.2 地震传感器空间站网优化

地震传感器站网的空间布置是影响微震监测数据可靠性和有效性的关键因素。虽然地震站网已广泛应用于矿山,但是矿山地震站网优化布置只是近年才开始的事。早先的矿山地震监测系统的传感器布置通常只是根据个人的主观判定进行设计,其性能则常常是在布置之后经过一定时间运转后才能做出评价的。这样做的结果会带来财力限制,同样在观测上会有一些不可能挽回的损失。近年来国外已开始针对地震事件震源定位精度和系统灵敏度对其进行优化的研究。实际上,必须综合多种因素才能得到最优的传感器站网布置,因此,针对矿山实际进行该项研究,才能更有效地指导矿山地震监测系统的建设。

研究表明,地震事件定位误差除与监测系统仪器有关外,主要取决于地震波到时读数的准确性、地震波传播的速度模型和监测网传感器空间布置。系统误差的影响能够通过对走时异常的详细分析或一组地震事件的同时定位以及速度模型的测定来消除,因此,震源参数的随机误差值可以作为地震站网空间分布的定量标准。在给定速度模型时,随机误差依赖于地震波到时读数的准确性和震源与传感器之间的几何形状。所以,优化事件定位问题等价于对地震站网的空间分布的分析,以保证在震源定位过程中随机误差值降到最小。监测系统能够监测的地震大小范围即灵敏度也是地震监测的重要指标,根据特定的地震传感器,监测系统的灵敏度依赖于传感器站网密度及其与震源的空间关系。另外,对于矿山地震监测,监测范围常集中于开采区域及其影响的围岩,其目的是为井下开采提供安全服务,同时出于监测系统建设资金投入方面的考虑,监测对象和范围更加明确。因此,衡量一个矿山地震监测系统的性能和有效性取决于其系统的灵敏度和定位精度,以及满足灵敏度和定位精度要求的监测范围与监测对象是否一致。

设地震事件震源未知数:

$$\boldsymbol{x} = (t_0, x_0, y_0, z_0)^{\mathrm{T}} \tag{11 - 2}$$

式中,t_0, x_0, y_0, z_0 分别为地震事件发生的时间和三维坐标。

Kijko 和 Sciocatti 认为传感器测站位置的优化取决于 x 的协方差矩阵 $\boldsymbol{C}_x$:

$$\boldsymbol{C}_x = k(\boldsymbol{A}^{\mathrm{T}}\boldsymbol{A})^{-1} \tag{11 - 3}$$

式中 k——常数。

$$\boldsymbol{A} = \begin{bmatrix} 1 & \partial T_1/\partial x_0 & \partial T_1/\partial y_0 & \partial T_1/\partial z_0 \\ \vdots & \vdots & \vdots & \vdots \\ 1 & \partial T_n/\partial x_0 & \partial T_n/\partial y_0 & \partial T_n/\partial z_0 \end{bmatrix} \tag{11 - 4}$$

式中,T_1 是计算得到的地震到时,n 是传感器测站数。

该协方差可以用置信椭球体进行图形解释,即协方差矩阵的特征值构成置信椭球主轴的长度。找寻该椭球体最小体积的测站布置,即称之为 D——优化设计。该椭球体的体积与协方差特征值的积成比例,也即与 $\boldsymbol{C}_x$ 的行列式成比例。如果用 1 和 $+\infty$ 之间的范数来估计 x,则 x 的协方差矩阵 $\boldsymbol{C}_x = k(\boldsymbol{A}^{\mathrm{T}}\boldsymbol{A})^{-1}$,式中,$\boldsymbol{A}$ 是计算得到的与 x 对应的地震到时偏微分矩阵,k 是常数。由于 $\det[\boldsymbol{C}_x] = \det[\boldsymbol{C}_x - 1] - 1$ 使 $\det[\boldsymbol{C}_x]$ 最小,也即使 $\det[\boldsymbol{A}^{\mathrm{T}}\boldsymbol{A}]$ 最大,从而满足 D——优化准则。D——优化准则的表达式为:

$$\sum_{i=1}^{ne} p_{\mathrm{h}}(\boldsymbol{h}_i)\lambda_{x_0}(\boldsymbol{h}_i)\lambda_{y_0}(\boldsymbol{h}_i)\lambda_{z_0}(\boldsymbol{h}_i)\lambda_{t_0}(\boldsymbol{h}_i) \tag{11 - 5}$$

式中,ne 为事件数,位于将被监测的地震活动区域;$p_{\mathrm{h}}(\boldsymbol{h}_i)$ 表示描述震源为 $\boldsymbol{h}_i(\boldsymbol{h}_i = (x_i, y_i, z_i)^{\mathrm{T}})$ 的事件的空间分布函数,它可以是一个事件出现于 $\boldsymbol{h}_i$ 临域内的概率函数,也可以是取决于诸如具体采矿区域的寿命等的参数;$\lambda_x(\boldsymbol{h}_i)$ 为 $\boldsymbol{C}_x$ 的特征值。

对监测网所记录到的所有事件,优化的测站位置应使式(11 - 5)最小化。由于对所有的偏导数矩阵 $\boldsymbol{A}$ 具有相同的行数,它隐含假设监测网中的所有 n 个测站被每个事件触发。该问题可以陈述为将上式在所关心的地震能量范围内的累积:

$$\sum_{i=1}^{ne}\sum_{E=E_{\min}}^{E_{\max}} p_{\mathrm{h}}(\boldsymbol{h}_i)p_E(E)\lambda_{x_0}(\boldsymbol{h}_i)\lambda_{y_0}(\boldsymbol{h}_i)\lambda_{z_0}(\boldsymbol{h}_i)\lambda_{t_0}(\boldsymbol{h}_i) \tag{11 - 6}$$

式中,$<E_{\min}, E_{\max}>$ 是所关心的地震能量范围;$p_E(E)$ 是能量的概率密度。

如根据矿山实际情况设计多个测站布置方案,可利用上述方法绘制每种测站布置方案对应的地震事件参数的测定标准误差图,从中确定最优测站布置方案。当除了考虑事件的到时误差外,还考虑地震波速度模型的不确定性时,图形是基于对协方差矩阵 $\boldsymbol{C}_x$ 的计算来绘图的。矩阵 $\boldsymbol{C}_x$ 的对角线元素是地震事件参数 t_0, x_0, y_0, z_0 的方差。定义震中位置的标准差为 1 个圆的半径,其面积等于坐标 x_0, y_0 的标准差椭圆的面积。这样定义的震中位置的标准差表示为:

$$\sigma_{xy} = \left[\{ \boldsymbol{C}_x \}_{22} \{ \boldsymbol{C}_x \}_{33} - \left[\{ \boldsymbol{C}_x \}_{33} \right]^2 \right]^{1/4} \qquad (11-7)$$

其中 $\{ \boldsymbol{C}_x \}_{ij}$ 是矩阵 $\boldsymbol{C}_x$ 的 (i,j) 元素。

这些图形可以表示出事件震中坐标的期望标准误差。另外,也需要事件震源深度坐标的期望标准误差,该误差直接由协方差矩阵求解,即:

$$\sigma_z = \left[\{ \boldsymbol{C}_x \}_{44} \right]^{1/2} \qquad (11-8)$$

这些期望标准差图形是事件震级的函数。换句话说,如果观察所选空间的某个剖面,首先就可确定事件的震级 m 大小。因此,期望的标准误差图就是对该问题的解答。微震监测系统在 h 处能检测的最小震级的地震事件的震级即为构成了监测系统灵敏度的概念,因此,可以通过绘制能检测的最小震级的等值线图来描述监测系统灵敏度。显然,理想的情况是找到一个同时具有良好的灵敏度和定位误差的监测站网配置。

但是,矿山微震监测系统站网设计总是涉及一些技术上的约束,不受限制的站网布置只具有学术上意义。由于微震监测站网是在矿山特定条件下建立,其站网设计必须以这些约束为条件。概括来看,涉及矿山已具备用于微震监测系统安装的工程、微震监测系统的技术性能和计划投入经费。在进行矿山地震监测站网布置时必须针对矿山具体条件进行优化设计。

冬瓜山铜矿初期监测区域包括整个首采区及其开采影响区域。利用现有及设计中位于矿体上下盘及其开采影响范围外的巷道,布置地震传感器,将监测对象必须置于传感器网络之中。该矿引进南非集成地震系统公司(ISSI)的 ISS 微震监测系统建立冬瓜山深井开采微震监测系统。该系统由 QS(Quake Seismometer)接收从与其相连的地震传感器传输来的地震模拟信号并将其转换成数字信号,然后将数字信号传输给监测记录控制中心。每个 QS 具有 6 个通道。共拟定了 16 个地震震感器布置方案进行计算和优化。计算中,根据该矿矿岩声学特性实验结果,取 P 波速为 5500 m/s,误差为 150 m/s,P 波到时误差为 1.5 ms;绘制定位精度图时,取震级 $M_L = 1$;绘制灵敏度图时,取最小有效测点数为 5,地震传感器能分辨的最小峰值质点速度 $PPV = 0.02$ mm/s。

图 11-4 和图 11-5 分别是最后用的传感器空间布置方案的震源定位误差和灵敏度分布图,图中分别表示出 5 个不同深度水平上的定位误差和灵敏度分布。采用不同颜色表示定位误差和灵敏度,图中右下角的图示分别是定位误差和灵敏度的颜色标尺,定位误差颜色标尺和灵敏度颜色标尺上的数字单位分别是"米"和"里氏震级";图中的曲线背景图是各平面上的巷道在 -875 m 水平上的投影,仅作为水平位置坐标的参考。从图 11-4 可见,随深度增加,震源定位误差小于或等于 8~12 m 的区域增大,其空间形态与从首采区矿体形态和赋存状态是一致的,说明矿体及其围岩基本上都处于震源定位精度高的区域,满足定位精度要求;另外,也可看出,在首采区外围不远,震源定位精度衰减很快。因此,从震源定位精度来看,该传感器空间布置方案既很好地满足了定位精度的要求,也使微震监测系统经济合算。从图 11-5 可见,在矿体及其围岩中可测的事件最小震级为 $M_L = -1.7$,局部位置可达 $M_L = -1.9$。在 -820 m 和 -870 m 水平上,虽然图形中间位置区域的灵敏度较低,但由于这些位置不在矿体及其围岩范围以内。因此,该传感器空间布置方案具有足够的系统灵敏度。

冬瓜山首采区开采微震监测系统传感器空间布置方案为:在矿体上部,在 53 线和 57 线穿脉巷道的顶板岩层中各布置了 4 个测站,共 8 个传感器,其中,三维传感器安装孔深度 10 m,一维传感器安装孔深度 40 m;在矿体下部,分别在 52 线、54 线、65 线和 58 线穿脉巷道两端的岩

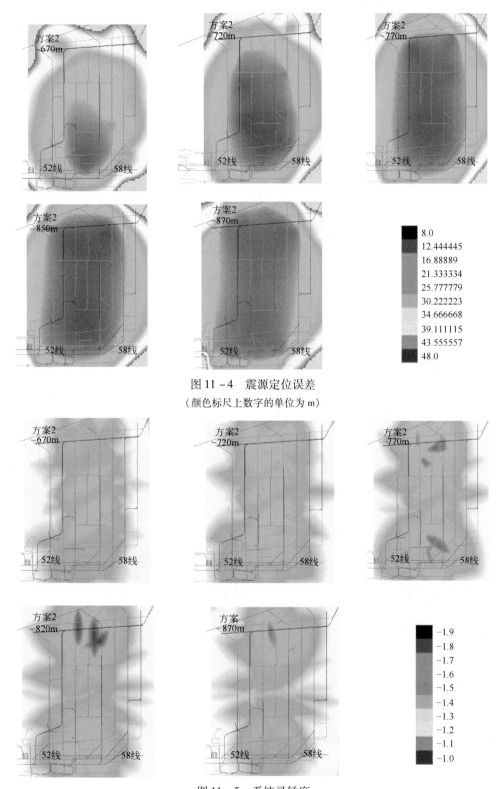

图 11 - 4　震源定位误差
(颜色标尺上数字的单位为 m)

图 11 - 5　系统灵敏度
(颜色标尺上数字的单位为里氏震级)

层中各布置了 1 个测站,共 8 个传感器,孔深均为 10 m。所有安装孔均为上向孔。图 11 - 6 所示是传感器空间位置的三维透视图。图中三棱体位置即为传感器空间位置,双线条为巷道。

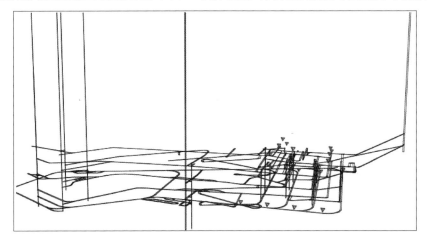

图 11 - 6 首采区地震传感器位置三维透视

11.3.4.3 系统组成结构与性能

在上述传感器站网优化基础上,结合引进的 ISS 地震监测系统技术性能,针对冬瓜山铜矿首采区段监测的需要,整个监测系统网络设计结构如图 11 - 7 所示。监测系统由地面监测控制中心、井下通信控制中心、4 个 QS、一个 QS Repeater 和 16 个传感器等硬件系统和监测控制软件 RTS 等组成。

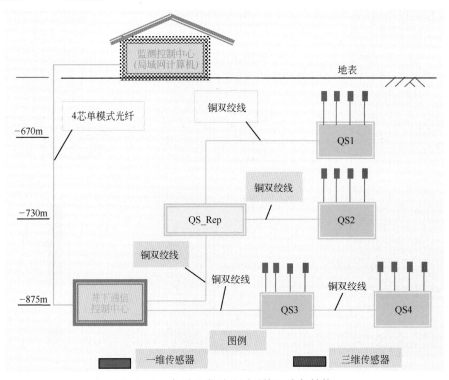

图 11 - 7 冬瓜山微震监测系统组成与结构

地震传感器首先接收到地下各种地震信号,将模拟信号传输到地震仪(QS)进行数模转换和数据滤波等预处理,之后采用单对铜绞线将数字地震信号发送至井下通信控制中心,最后由地震通信控制中心用光缆将地下各传感器地震信号传输至地表监控中心计算机,由地表控制中心监视监测系统运行状况,并发出控制指令控制和管理监测系统的运行。地表监测控制中心计算机位于冬瓜山铜矿信息中心,与矿山局域网连接,除此之外,还在矿技术部和矿调度室内连接了数台专用计算机用于数据处理分析和结果发布。地震传感器、地震仪和井下通信控制中心实物照片见图 11 - 8。

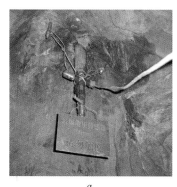

a   b   c

图 11 - 8 地震监测系统井下节点硬件设备实物

a—传感器孔口及接线;b—数字地震仪(QS);c—井下通信控制中心设备

11.3.5 常规应力变形监测系统

冬瓜山铜矿常规应力变形监测系统是与矿山地震监测系统同步开始建立。分两个阶段对常规应力变形监测系统进行了优化,即在矿山开采前的设计阶段,以地压活动规律的定性分析为依据进行监测系统优化,而其优化设计直接用于监测网的建立;在矿山开采之后,根据矿山监测结果进行进一步优化与调整。

11.3.5.1 监测网的优化设计与实施

根据冬瓜山铜矿的开采特点,从矿山地压活动的一般特性可以推测,冬瓜山采区可能存在如下地压活动特点:(1)从一个特定的采场来看,由于采场经历采准、切割、多次爆破、出矿和充填等不同阶段。从采场开始回采到充填结束,围岩的应力变形活动存在着从活跃到静止和从静止到活跃的交替过程。(2)从采区范围来看,当一个采场充填结束后,在其两侧进行矿柱回采时,又将引起充填采场充填体及采场围岩内的应力和变形发生变化,距离较近的多个矿柱的回采可能引起应力和变形的叠加,在更大的范围内形成更强的地压活动,也可能在局部范围引起岩体应力松弛,降低地压活动的强度。(3)由于各矿房采场回采充填作业与矿柱回采作业之间可能间隔很长时间,同时,各采场回采充填作业与隔离矿柱回采之间也将间隔很长时间,在这些工程作业之间,岩体有可能由应力变形活跃状态变化为应力平衡状态从而静止变形。

根据地压的特点,本书提出常规应力变形监测网的优化思想和原则。

A 矿山地震监测因素

冬瓜山铜矿常规应力变形监测系统不是孤立的监测系统,而是作为矿山地震监测系统的辅助手段。前面已经阐述,地震监测系统是对全采区矿岩及其影响岩体的地震活动进行监测,可以得到地震活动的时空强变化,从而评价全采区岩体应力和变形状态及其变化规律,而常规应力变形监测则只是针对局部区域或特定范围或对象进行监测。

B 针对性原则

在目前阶段,监测网主要针对作业空间和特定对象,包括3个部分:(1)采场顶板岩层,监测其沉降变形,用于采区顶板岩层稳定性和充填效果评价;(2)充填回风巷道,监测其稳定性;(3)隔离矿柱下部的出矿联络道和底部结构巷道,监测其稳定性和评价支护效果。由于采区范围很大,采场数量众多,巷道延伸长度大,因此,每种监测对象都只选取代表性的区段布置监测点。每个盘区选取2~3个采场作为监测对象,这些采场顶板岩层被认为在大规模开采条件下将会产生最显著的变形。由于充填回风道的稳定性主要受采场顶板沉降的影响,要求其测点布置位置与采场顶板沉降监测位置一致。出矿联络道和底部结构巷道的测点布置与即将开采和正在开采的采场位置要求对应。

C 临时性与长期性原则

根据对地压活动的定性分析,临时性和长期性不仅是指工程结构的临时性和长期性,而且,也表现为应力变形活动的临时性和长期性。由于开采活动位置的转移而造成应力变形活动的临时静止状态,将会因开采活动的重新进行而重新活跃起来。这种应力和变形活动的暂时性与长期性可能是冬瓜山铜矿地压活动的重要特征。针对这种特征,监测点的布置应考虑到长期地压活动监测的需要。

11.3.5.2 监测网的修正与优化

2005年冬瓜山铜矿首采区开始回采以来,52~56线的许多采场已经回采或正在进行回采工作,个别采场已经充填或正在进行充填。随着开采规模的不断扩大,地压活动呈现出与开采活动之间存在密切的关系。从已进行的微震监测和常规地压监测的数据分析表明,地震活动和地压活动表现出一定的相对集中和迁移,在采场顶板矿体产生较大变形而在底板出矿联络巷道围岩产生较大地压活动,并引起巷道围岩产生一定的破坏。因此,针对已显现出来的地震活动和岩体破坏特性,对原有常规应力变形监测网设计进行了调整,采取了根据监测结果进行动态设计、布置和监测的方法。

11.3.6 矿山地震信号分析与识别技术

微震监测系统可能检测到的信号不仅包括岩体破坏产生的地震波,也包括其他噪声信号,如,各类爆破、矿石移动和机车运动等产生的振动信号等。矿山地震活动是以岩体破坏产生的地震信号为基础的,因此,正确识别地震信号是矿山地震活动分析的前提。在矿山地震监测的发展过程中,人们曾经做出了许多努力,想从理论上找到正确识别地震信号的解决办法,从而在地震监测系统中由软件自动识别地震信号,但是,由于地震监测系统检测到的矿山振动信号波形往往相当复杂,由地震监测系统软件自动识别的效果并不理想。因此,在实际矿山地震监测中仍需采用肉眼识别方法,直接从波形窗中显示的信号波形来识别和区分信号类型。虽然,国外矿山地震监测已进行了数十年时间,但有关矿山地震信号波形识别方法的文章和著作很少见到,因此,本章将针对冬瓜山铜矿地震监测信号对矿山振动信号特征进行研究,提出矿山振动信号波形识别方法。

11.3.6.1 矿山地震信号分析理论与方法

从矿山地震监测实际应用的角度,矿山地震信号特征分析的目的是正确识别不同成因引起的不同种类波形及其特征,因此,矿山地震信号的波形特征主要是指波形形态特征和频谱特征。对波形的形态特征可以直接从地震监测系统的示波窗内的波形来观测;而对于频谱特征分析,采用傅里叶频谱分析和快速傅里叶频谱分析理论。

矿山地震监测系统检测的振动信号可能是由岩体破坏产生、也可能是由人工爆破和机械作业等产生,这些地震信号具有不同的特性。除此之外,地震信号还受地震波的传播路径、穿过的工程岩体介质、传播距离、信号强度和噪声干扰水平等因素的影响。由于矿山爆破和机械振动的振动信号是人为施工活动本身的振动,作者将其称为"人工信号",而将矿山开采活动导致岩体变形破坏产生的弹性振动信号称为"诱导地震信号"或简称为"地震信号"。

冬瓜山铜矿开采过程中的人工信号的原因有采场爆破、巷道和采准掘进爆破和溜矿井的溜矿作业及机车运行等生产活动。生产活动的时间和位置是可以预先确定的,同时,矿山地震监测系统可以得到每个检测信号的产生时间和位置,因此,可采用记录某次开采活动的时间和位置,将它与地震监测系统记录和计算的事件产生时间和位置比较,找出该次开采活动对应的人工地震信号的波形,该波形即为其波形特性研究的波形样品。因此,可以对人工地震波形展开研究,在对人工信号特征有了较明确认识的基础上,可以采用排除法来识别地震信号,不是人工信号即为地震信号。

信号特征研究包括两部分内容。(1)研究波形的形态特征,利用相应的开采活动参数研究人工波形形态,而对于地震波形,则直接阐述形态特征。波形形态特征分析直接通过监测系统示波窗中的波形完成。(2)研究振动信号的频谱特征,利用傅里叶变换分析振动信号的频谱特征。为了考虑地震波传播距离对波形的影响,对每类成因的地震信号要考虑它与震源之间不同距离的波形,此时,针对同一个地震事件,其波形分别取自距震源距离分别为远、中、近不同距离的传感器检测记录的波形。对岩体破坏产生的地震波,除考虑距离之外,还要对不同信号强度和噪声干扰水平的检测波进行分析,此时,检测分析针对的是不同的地震事件。

11.3.6.2 爆破信号特征

冬瓜山铜矿的爆破主要包括采场爆破、掘进爆破和零星小爆破等3种爆破。采场爆破的炸药量大,采准和巷道掘进爆破的炸药量较小,零星小爆破是指小直径点源爆破,它们的段次和时间差不同,结合其发生的时间和位置信息可提取波形样品进行分析。

如图11-9所示是冬瓜山铜矿检测到的典型的采场爆破、掘进爆破和小直径点源爆破在示波窗中的波形示例。

采场爆破波形具如下特点:(1)波形有多个波峰,波峰间的时间间隔一般为100~200 μs,与冬瓜山首采区采场微差爆破时间间隔一致;(2)直接从原始波形上难以区分纵波和横波,每个波峰只表示一个段次的爆破波形,各波峰并不分别表示纵波和横波;(3)各段次爆破形成的波形相互部分重叠,外包络线为波浪形曲线;(4)整个波形持续时间约500~600 ms,这与一次采场爆破持续时间是对应的。掘进爆破在微震监测系统示波窗的原始窗口中同时显示多个波形,波形之间的时间间隔比较均匀,其间距约为0.5 s,这与冬瓜山铜矿巷道掘进各段次爆破相隔时间是一致的,因此,一次掘进爆破形成了多个波形,波形个数视爆破段次而定。小炮孔爆破波形形态受其传播距离的影响,当传播距离较小时,爆破的纵波和横波会产生重叠,但波形为单个震动波形;随着传播距离的增大,爆破波形的纵波和横波的分界逐渐清晰,容易识别横波起震点位置;但当传播距离过大时,由于受不同传播距径的波形叠加形成叠加波形,其高震动位移段持续时间较长。

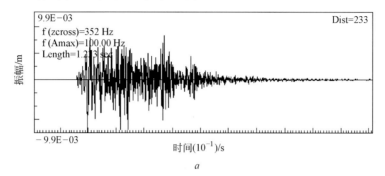

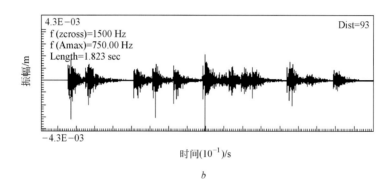

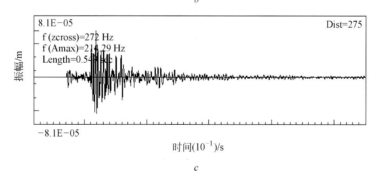

图 11-9　冬瓜山铜矿典型爆破波形示例

a—采场爆破波形;*b*—掘进爆破波形期;*c*—小直径点炮波形

对上述采场爆破波形和小直径点炮波形进行频谱计算得到如图 11-10 所示的质点位移谱。采场爆破波形的主频段小于 100 Hz 左右,而小直径点炮波形的主频段达到 400 Hz 以上到 1000 Hz 左右。在示波窗口,一次掘进爆破波形表现为多个相隔一定距离的独立波形,就某个段次的波形来说,它与前面分析的点爆爆破波形具有相似的频谱特征。因此,考虑一次掘进爆破波形的频谱是没有实际意义的。

11.3.6.3　地震信号特征

图 11-11 是几个典型地震波波形示例。从总体上看,无干扰地震波波形形态特征与小

直径点爆的地震波形形态特征是相似的(见图 11 – 11a);大部分矿山地震信号都受到不同程度的干扰,使传感器检测的波形表现出不同程度的扭曲(见图 11 – 11b);一些弱地震信号在受到较强噪声的干扰后,其波形形态发生了很大变化,很大程度上受到噪声的控制(见图 11 – 11c)。对图 11 – 11 波形进行频谱计算得到对应的质点位移频谱如图 11 – 12 所示。

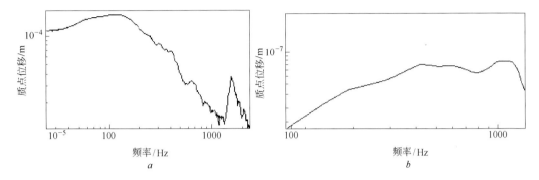

图 11 – 10 爆破波频谱特性示例(P 波 FFT 变换)

a—采场爆破波频谱;b—小直径爆破波频谱

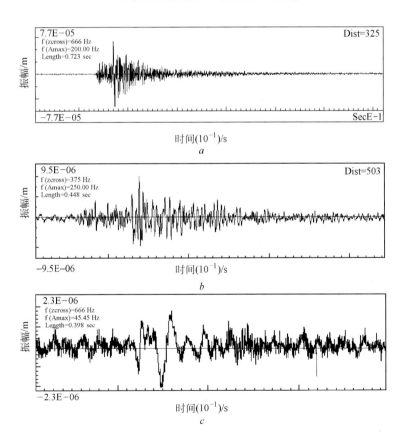

图 11 – 11 地震波波形示例

a—高质无干扰地震波;b—受干扰地震波;c—受较强噪声干扰的弱地震波

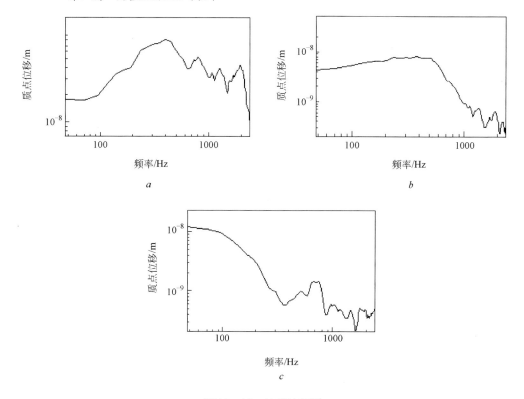

图 11 – 12　地震波频谱

a—高质无干扰地震波；*b*—受干扰地震波；*c*—受较强噪声干扰的弱地震波

11.4　矿山定量地震学理论及方法

　　矿山地震活动理论与参数计算:冬瓜山铜矿微震监测系统采用定量地震学方法处理矿山地震监测数据,从而得到定量地震学参数。通过定量地震参数的计算和分析,可以研究矿山地震力学机理和诱导成因,以及分析评价地震活动时空变化规律,从而实现实时分析和掌握矿山开采地层应力变形的动态响应规律、岩爆与地压破坏的有效预测等目的。本书主要针对冬瓜山铜矿微震监测目的,阐述研究所采用的定量地震学参数及其计算方法和用途。

　　一个地震事件就是一定体积的岩石内产生的突然的塑性变形,从而发射可检测的地震波,产生地震事件的岩体即为震源。对于一个地震事件,当监测系统能够监测记录足够多的有效地震波形时,就可以进行可靠的地震参数计算,主要有下列震源参数:

　　(1)事件的发生时间(t);

　　(2)事件的位置,$X = x, y, z$;

　　(3)地震矩 M,及其张量,它定义了作用于震源上的主应力的全部方向,以及根据其各向同性分量和偏分量定义了同震应变变化的性质;

　　(4)发射的能量 E,和/或地震应力降 $\Delta\sigma$;

　　(5)事件的特征尺寸(l)。

　　通过上述震源参数,还可进一步求得地震震级、视应力、视体积和能量指数等其他震源参数。

求解地震事件的位置等于求解反分析问题,即一组由监测数据求解的未知数。震源未知数为事件的位置和震源产生的时间向量 $\boldsymbol{x} = (\boldsymbol{h}, t_0)^{\mathrm{T}} = (x_0, y_0, z_0, t_0)^{\mathrm{T}}$。在矿山微震监测网中,未知数将从由 P 波和 S 波到时和波阵面方向、速度模型和测点坐标等组成的数据来求解。这些数据存在相关误差,因此,定位时会产生定位误差。冬瓜山铜矿定位的基本假设和要求:

(1) 假设速度场为均匀速度场,但每隔一定时间采用爆破试验测定波的传播速度;

(2) 一个地震事件至少检测到 5 个有效波形才为有效定位波形;

(3) 地震事件定位坐标系为矿山坐标系统。

对检测到 P 波或 S 波的第 j 测点,可以写出如下到时方程:

$$\mathrm{LOC}_j(\boldsymbol{x}) = t_j - t_0 - T_j(\boldsymbol{h}) \tag{11-9}$$

式中 t_j——在测点 j 所观测到事件的 P 波或 S 波的到时时间;

t_0——该事件的未知震源时间;

$T_j(\boldsymbol{h})$——P 波或 S 波传播到第 j 测点的未知传播时间;

$\mathrm{LOC}_j(\boldsymbol{x})$——剩余值,即观测到时时间 $[t_j]$ 与计算到时时间 $[t_0 + T_j(\boldsymbol{h})]$ 之差。

或者,采用对式 11-9 进行中心校正得到的方程:

$$\mathrm{LOC}_j(\boldsymbol{h}) = \bar{V}_j\{t_j - \bar{t} - [T_j(\boldsymbol{h}) - \bar{T}(\boldsymbol{h})]\} \tag{11-10}$$

式中,$\bar{t}$ 和 $\bar{T}$ 分别是平均到时时间和平均传播时间;震源时间由 $t_0 = \bar{t} - \bar{T}$ 得到。

如果把震源体积 V 解释为具有最大的非弹性剪应变降($\Delta\varepsilon = \Delta\sigma/\mu$,$\mu$ 为硬度)的区域,则标量地震矩张量可定义为估算的应力降与震源体积之积:

$$M = \mu\Delta\varepsilon V = \Delta\sigma V \tag{11-11}$$

震源体积被表示为:

$$V = \frac{M}{\Delta\sigma} \tag{11-12}$$

理想平面源的地震矩通常被定义为:

$$M = \mu\bar{u}A \tag{11-13}$$

式中,$\bar{u}$ 是震源面积 A 的平均位移。

应力降被定义为地震前后一个断层上的应力之差,是震源处的应力释放的估算值,依于模型,但提供了合理的估计值和由同一个监测系统记录的相同区域内不同震源之间的直接的比较。可采用下式计算应力降:

$$\Delta\sigma = M/V \tag{11-14}$$

因此,应力降也称为平均应力降,被解释为地震矩的空间密度,应力降也可采用角频率计算如下:

$$\Delta\sigma = c_2 M f_0^3 \quad (\mathrm{Pa}) \tag{11-15}$$

式中,$c_2 = 1.8 \times 10^{-10}$(对硬岩中的 S 波);f_0 为角频率,地震源以该频率发射大部分地震能,该频率是在震源速度谱上的最大值,或在记录的震源位移谱上的恒定的低频趋势线与高频渐近线的交点。角频率与震源特征尺寸的倒数成比例。

本次主要采用两种地震震级,一是由 Charles Richter 引入的局部震级 M_L 即里氏震级,另一个是由 Kanamori 提出的地震矩地震级 M,计算式为:

$$M_0 = 2.3 \lg M - 6.1 \qquad (11-16)$$

式中,M_0 是测量的地震矩,单位是达因/平方厘米($1 \text{ dyn/cm}^2 = 0.1 \text{ Pa}$),地震矩震级完全由地震矩推导而得,$M$ 尺度的优点是它与震源的物理性质有清晰的关系。

地震能量释放是在断裂和滑移期间由于弹性应变能转变成非弹性应变能引起的,但只是其能量的一部分。可采用应力降计算地震能量,即:

$$E \approx \frac{\Delta\sigma}{2\mu} M_0 \qquad (11-17)$$

视应力 σ_A 为:

$$\sigma_A = \xi\bar{\sigma} = \mu\frac{E}{M} = \frac{E}{\Delta\varepsilon V} \qquad (11-18)$$

式中,ξ 是所谓的地震效率;$\bar{\sigma}$ 是平均应力或有效应力,它等于初始应力和最终应力之和的一半,认为该值是一个与模型无关的描述震源区域动态应力释放的测度。

虽然地震波形不直接具有关于绝对应力的信息,但是,仅就震源处的动态应力降而言,可靠的视应力估计可以被用作为应力局部水平的一个指针。当包含 P 波和 S 波对地震能量的贡献时,视应力是一个应力释放的独立参数。通常,视应力代表非弹性同震变形的单位体积内发射的地震能量。

一个事件的能量指数是该事件发射的地震能量与具有相同地震矩的事件发射的平均能量($\bar{E}(M)$)之比:

$$EI = \frac{E}{\bar{E}(M)} \qquad (11-19)$$

$\bar{E}(M)$ 由研究的区域内的 $\lg E$ 与 $\lg M$ 关系曲线确定。可以采用能量指数 EI 来比较具有相同地震矩的地震事件发射的能量。

由于通常 $\Delta\sigma \geqslant 2\sigma_A$,因此,按下式定义视体积 V_A 为:

$$V_A = \frac{M}{2\sigma_A} = \frac{M^2}{2\mu E} \qquad (11-20)$$

对于一个给定的地震事件,视体积测量具有同震非弹性变形的岩体体积。视体积就像视应力一样,依赖于地震矩和发射的能量,而且由于其标量性质,可以容易以累积或等值线图的形式处理,从而可用于深入研究同震变形率其分布和(或)岩体中的应力转移。

为监测岩体对开采的反应,必须连续不断地在时间和空间上量化描述应力和应变状态流动变化的参数。

11.5 地震活动时空强变化规律

冬瓜山微震监测系统于 2005 年 8 月 28 日开始运行,平均每天记录到大约 300 个各种地下微震信号,目前已累积了相当的地震数据。监测的数据不仅包括冬瓜山首采区开采活动引起的岩体破坏产生的地震、采掘爆破和其他振动信号,而且,也监测到狮子山老区的地震活动和采掘爆破信号。从监测系统运行开始,矿山技术人员和科研单位研究人员监测和不断地处理和分析矿山地震信号,在分析地震数据时,坚持将地震数据规律与矿山井下实际开采活动紧密相结合,以探寻矿山开采活动对矿山地震活动的影响关系,从而研究矿山开采过程中岩层活动规律,指导矿山安全生产活动。本章根据目前监测到的地震数据和首采区主要开采活动,研究首采区开采矿岩及其围岩内的地震活动时空变化规律,以及开采活动与矿山地震活动之间的相互关系,从而圈定冬瓜山首采区地震活动相对集中区,并对主要集中区内的地震活动和岩层应力变形活动及岩层状态预测进行了研究。

11.5.1 矿山地震活动与矿山开采模型化

采用 Dimine 矿山建模软件建立冬瓜山铜矿首采区的盘区和采场布置三维模型,如图 11-13 所示。在图 11-13 中,从西南向东北沿矿体走向为 1 号、2 号和 3 号盘区,共 3 个盘区;盘区间的空间为盘区隔离矿柱;盘区内的采场矿体用不同颜色表示。图 11-15 是 1 号盘区纵剖面图,表示 1 号盘区的采场分布。相对而言,首采区矿体厚度及其埋深变化都较小,而其在水平面上的延伸范围大。从采区范围来看,盘区和采场在水平面的分布可以表示盘区和采场的空间关系。如图 11-14 所示为首采区盘区和采场的水平投影。

图 11-13 首采区盘区和采场三维模型

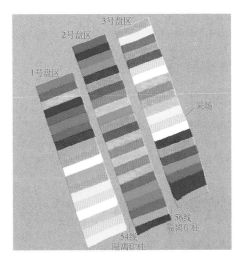

图 11-14 首采区盘区和采场水平投影

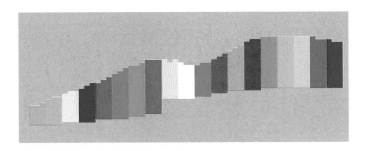

图 11-15 1 号盘区纵剖面

按照岩爆和地压控制要求,采准、凿岩、爆破、出矿和充填各工程的衔接,以及井下设备的有效利用等要求,制定了冬瓜山采区回采计划。回采计划中包括了各工程的施工时间、位置和工程量大小等基本参数。但是,在实际开采过程中,由于种种原因,并没有严格按计划进行。因此,为了掌握井下开采活动、采空区状况和充填状况,还必须进行实际生产过程的记录和测量。为及时反映井下实际状况,本书提出结合冬瓜山铜矿正在进行的矿床模型建模,在 Dimine 平台上开展矿山开采数字模型的建立,将井下开采活动和井下工程结构状态及时反映到开采模型中,用于矿山地震活动的时空分析。

地震事件位置以三维方式表示在(x,y,z)三维迪卡儿坐标系中,地震事件用像素点、球体、圆或沙漏等符号表示;而时间则用不同颜色表示,如图 11 – 16 所示,图 11 – 17 为地震事件的空间和时间表示,右图为时间颜色标尺,球体为地震事件,双线段为井下巷道。地震事件属性参数包括在震源空间位置上,用球体、圆或沙漏等的大小表示震级、能量对数、地震矩对数、视体积/震源半径、位移、视应力、P 波能量与 S 波能量比、定位误差等地震参数的大小。

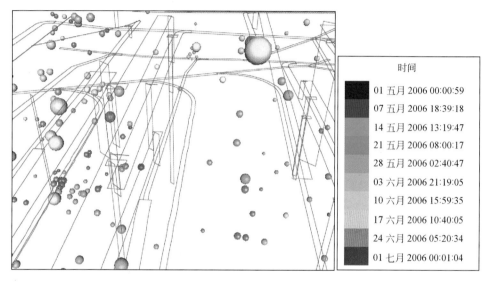

图 11 – 16 地震事件的三维可视化表示

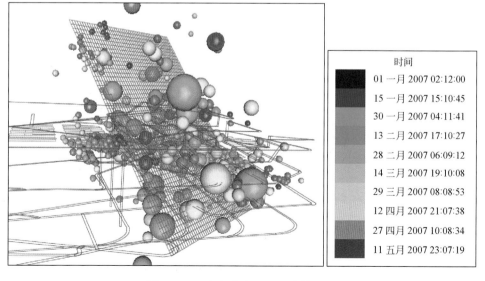

图 11 – 17 空间分布平面及计算网格

在应力和变形分析时,人们习惯于在平面上绘制应力、变形及能量等值线图,通过对应力变形分布的等值线图或云图来研究应力、变形及能量的分布特征。所取得的分析平面是根据研究对象和潜在应力变形特征来确定的。例如:对于矿山工程岩体结构,可以考虑用分析平面切割采场、或沿矿柱、或穿过某个可能的应力集中区、或沿某个地质构造面(如:断层),甚至更一般的,分析平面为不同标高的水平面或不同位置的垂直平面,等等。

首先,根据研究的需要,确定分析平面的产状和平面尺寸。然后设置数据计算网格数,包括平面走向上的网格数 N_S 和倾向上的网格数 N_D,因此,分析平面上计算网格数为 $N_S \times N_D$,网格密度视矩形区域大小设置,(见图 11 - 17)。当一个地震事件的震源与分布平面相交时,则该震源位于分析平面上。按震源的 Brune 模型,该事件在该平面上的位置和大小为分析平面与其震源相交形成的圆。当两个或多个地震事件的震源在某个区域相交时,地震参数为它们各自地震参数的和。如图 11 - 18 所示为图 11 - 17 所示分析平面上的位移分布等值线图和云图。其他地震参数更多的用在二维坐标系中绘制曲线来表示,如:事件率、视体积累积和能量累积等参数与时间的关系曲线等。

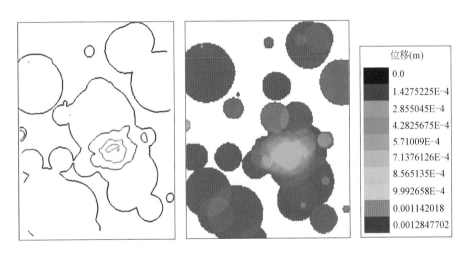

| 位移(m) |
| 0.0 |
| 1.4275225E-4 |
| 2.855045E-4 |
| 4.2825675E-4 |
| 5.71009E-4 |
| 7.1376126E-4 |
| 8.565135E-4 |
| 9.992658E-4 |
| 0.001142018 |
| 0.0012847702 |

图 11 - 18 地震位移分布等值线、色斑图及其颜色标尺

11.5.2 地震活动的聚积特征及相对集中区圈定

由于矿山不断在不同空间和时间进行不同规模和不同类型的开采活动,造成不同区域、不同时刻产生不同的地震活动,因此,首先必须研究开采区内地震活动的时空特征和分布,按其不同时间和空间密度分布划分区域,然后,对不同区域的地震活动进行分析。

以地震事件产生的时间及其空间位置为参数,采用时间和空间聚类或过滤的研究方法,一般可按月或根据具体情况,如:井下重要的开采活动或重大的破坏事件来划分时间段,然后针对不同时间段内的地震事件,分析其空间分布密度,从而据此划分出不同的地震活动相对密度集中区。

由于冬瓜山铜矿矿体产状呈缓倾斜,其采场在平面上展开,最显著的特点就是开采活动在水平面上的不同位置进行,相应的,开采活动引起的地震活动在平面上不同位置也会表现出不同的分布特征。因此,最简便的方法是以水平面为主要参照物,分析地震事件在水平面上的分布及其变化,然后再分析其在深度方向上的变化,从而在三维空间上圈定地震活动集中区。

　　根据冬瓜山铜矿首采区开采实际情况,按月划分时间段。为了说明研究过程和研究结果,以 2005 年 8 月 29 日~2005 年 9 月 30 日和 2006 年 1 月 1 日~2006 年 1 月 30 日的地震活动为例,说明地震活动分布及其集中区圈定。图 11-19a 和图 11-19b 是 2005 年 8 月 29 日~2005 年 9 月 30 日首采区地震事件空间三维分布透视图及其水平投影图。从图中清晰可见几个地震活动密度较大即地震活动相对比较集中的区域,集中区较小且比较分散。在图 11-19 中进行地震活动集中区圈定,得到如图 11-20 所示的地震活动集中区三维透视图和平面投影图。图 11-20a 表示集中区内地震事件及其空间范围;图 11-20b 中红线圈表示地震活动相对集中区在水平面上的投影范围。2005 年 8 月底和 9 月份,冬瓜山铜矿首采区采掘活动频繁,52 线和 54 线的多个采场都在进行回采作业,同时,采准工作也在多个水平和采场展开,因此,采区内存在多个地震活动相对集中区。

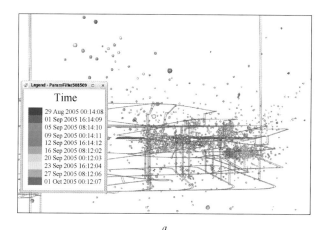

a

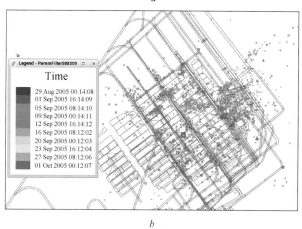

b

图11-19　2005 年 8 月 29 日~2005 年 9 月 30 日地震活动

a—三维透视图;*b*—水平投影图

采用与得到图 11 - 20 同样的方法,可以得到 2006 年 1 月 1 日 ~ 2006 年 1 月 30 日的地震活动相对集中区的空间分布及其在水平面上的投影范围,如图 11 - 21 所示。地震活动相对集中区主要位于 52-6 号采场围岩、58 线矿体上部凿岩水平掘进和底部结构掘进范围,其他较小的相对集中区主要位于首采区的北部的巷道和溜井硐室掘进区域。

将图 11 - 20b 中的地震活动相对集中区范围线改为绿色并与图 11 - 21b 重叠,得到图 11 - 22。该图表明,地震活动区发生了明显的变化。根据井下采掘活动记录,证明地震活动相对集中区的变化与井下采掘活动紧密相关,各地震活动相对集中区与采掘工程位置基本相吻合。

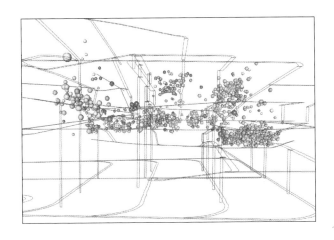

a

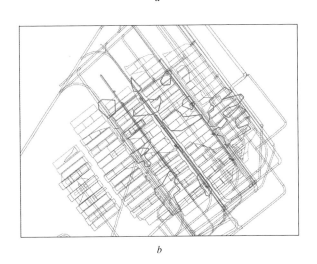

b

图 11 - 20   2005 年 8 月 29 日 ~ 2005 年 9 月 30 日地震活动相对集中区
a—三维透视图; *b*—水平投影图

综上所述,可见目前冬瓜山铜矿首采区里各个地震活动相对集中区之间相对独立,没有相互连接,集中区范围和位置与井下采掘活动位置相对应,这一方面表明冬瓜山铜矿微震监测系统的监测数据如实地反映了冬瓜山铜矿首采区井下采掘引起的地震活动,另一方面也说明该时间段内冬瓜山铜矿首采区地震活动较弱,各采掘活动引起的岩层活动之间的相互

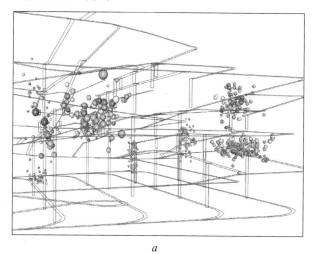

a

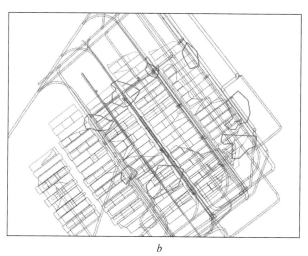

b

图 11－21 2006 年 1 月 1 日～2006 年 1 月 30 日地震活动相对集中区

a—三维透视图；*b*—水平投影图

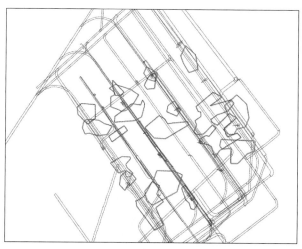

图 11－22 不同时间段里地震活动相对集中区变化

影响很小或根本没有产生相互影响。进一步分析得到更一般性的认识：

（1）该矿首采区地震活动对采掘活动十分敏感。地震事件聚集区紧随开采区域的变化而变化。

（2）地震活动聚集程度和范围与采场开采规模和空区规模大小之间存在正相关性。

11.5.3　地震应力变形特征

采用地震学参数平面震源上的平均位移（$\bar{u}$）和视应力（AS）作为基本分析指标，在水平面上分别绘制 $\bar{u}$ 和 lg（AS）的等值线图，研究其分布特征，从而分析首采区岩层应力和变形活动及其强度分布。与依据地震事件的空间密度分析时采用的方法相似，仍然按月或井下重大的开采活动和重大地震事件划分时段，针对不同时段内的地震活动展开研究。以 2005 年 8 月 29 日~2005 年 9 月 30 日和 2006 年 1 月 1 日~2006 年 1 月 30 日两个时段的地震活动研究为例加以讨论。

图 11－23 是 2005 年 8 月 29 日~2005 年 9 月 30 日首采区水平面上的 $\bar{u}$ 和 lg（AS）等值线图。图 11－23a 是 $\bar{u}$ 说明井下采掘引起的位移分布在靠近 52 线与 53 线的回采区、首采区北部和东部区域。最大位移集中区域位于 52-8 号采场的 53 线顶板岩体，引起约为 0.04 m 左右位移，它很有可能是由于采场回采引起的。其他位移区的位移都小于 0.01 m。回采区其他位移区域位于 52-1 号至 52-6 号采场靠近 52 线隔离矿柱附近，这些变形是由于这期间采场顶板凿岩和采场底部结构施工引起的。图 11－23b 表明较大的视应力主要分布于采场开采活动区，其量值大约为 5.8 左右，结合位移分布可以看出，该应力释放除在很小的范围内引起较大位移外，在绝大部分范围内并没有产生明显的位移，说明其量值并不高。但是，在 56 线附近局部位置出现了视应力集中区，该应力集中区与该处位移发生区基本吻合，说明也引起了一定的位移，但位移并不大。

图 11－24 是 2006 年 1 月 1 日~2006 年 1 月 30 日首采区水平面上的 $\bar{u}$ 和 lg（AS）等值线图。图 11－24a 与图 11－23a 比较，本时间段内首采区位移有两个特点，其一是产生位移的区域减小了，除了回采区具有较大的位移区外，其他只零星地出现在采区西北角和东部局部区域，说明位移区域产生了明显变化；其二，虽然采区内大部分区域无明显变形，但是，采场回采区内产生较大位移的区域增大了，而且其位移比前面的位移有所增大，达到约 0.046 m。

图 11－24b 与图 11－23b 比较，本时间段内首采区仍然有两个相对较大的应力集中区域，其中最大的集中区位于回采范围，但是，这些集中区的范围相对变小了，而且应力水平都有所下降。本时间段内，回采区应力集中区则更加集中在采场位置。

通过上述分析，表明通过地震位移和视应力参数分析可清晰说明首采区岩层应力水平和变形大小的变化及其分布，利用其等值线图可以明确划分岩层变形和应力分布集中区域。对冬瓜山铜矿地震位移和视应力分布特征分析并与地震活动空间聚集对照，得到如下认识：

（1）与地震活动空间聚集相比，地震应力与位移的空间分布特征更加有效地表征了地震活动的强度，其集中性或局部性更明显，屏蔽了分散分布的小地震事件的影响，表征了地震活动的强度。

（2）某些地震活动聚集区不会同时产生明显的应力和变形的集中，具体来说，单个坑道掘进与较大规模的采掘活动,如:采场回采和多个巷道掘进引起了的应力集中或变形活动表现出不同特征。

(3)矿体底板应力集中相对较大,分布范围较广;随着开采区域的增大,其应力集中的范围增大,但是应力集中程度并不是一定在该区域内最高。

(4)应力大小的空间分布与位移大小的空间分布并不完全一致,即:应力高的区域并不一定产生大的位移。地震应力与地震位移的这种相对变化为识别岩体处于弹性状态和非弹性状态提供了重要依据,对于建立正确地反映开采过程中岩体力学性质变化的数值计算模型具有重大意义。

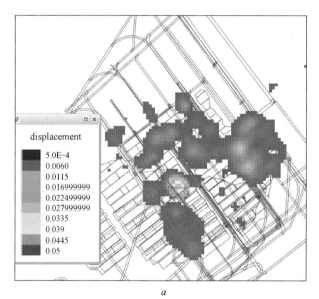

a

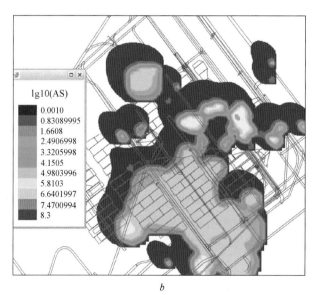

b

图 11-23 2005 年 8 月~2005 年 9 月首采区岩体应力变形分布

a—位移分布;*b*—应力分布

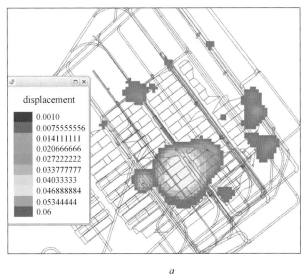

a

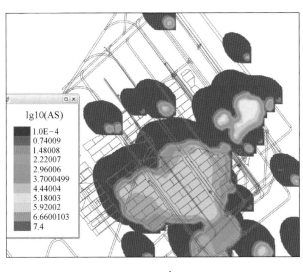

b

图 11 - 24 2006 年 1 月～2006 年 2 月首采区岩体应力变形分布

a—位移分布；*b*—应力分布

11.6 地震活动与岩爆预测

11.6.1 矿山地震与岩爆的关系

深井矿山中除了可以观测到由于剪切破坏引起较大的地震事件外,也可以观测到岩石断裂破坏引起的较小的地震事件。有的地震事件是深部岩体的剪切滑移产生,可能产生较大的能量释放,但并不一定引起开挖面岩体的破坏;而有的地震事件虽是空区围岩破坏产生,但其岩体破坏性质是稳定的,而不是岩爆;大部分地震事件仅是岩体在形成宏观破裂过程中岩体微小破坏产生的。因此,地震事件并不就等于岩爆。

最早的地震定义为由地壳突然破坏引起的瞬时运动,或按岩石力学定义为在一定体积内的突然的非弹性变形,该变形引起可检测的地震波。从根本上讲,地震是一种非稳定变形,它产生可检测的波,主要成分为弹性波。而按国际岩石力学学会岩爆委员会定义,岩爆是一种突然而剧烈的岩石破坏形式,或矿山开挖围岩的扰动,它由地震引起或是与地震伴生的,这些地震具有足以对开挖工程和支护造成明显破坏或同时造成广泛的岩体塌落的震级。由此可见,由于岩体的最终破坏是从微破裂开始逐渐发展而形成的,在岩体从变形到破坏的不同阶段都可能产生不同强度和不同频率的地震活动,而岩爆则是表示岩体最终破坏的强弱和破坏的形式,它是由地震事件引起的地下开挖空间的显著毁坏。同时,由岩爆定义也可以看出,岩爆产生的另一个因素是矿山开挖。矿山开挖为岩爆的产生提供了两个必要条件,一个是应力重新分布,使岩体内部产生应力集中和能量聚积;另一个条件就是提供了能量突然释放和岩体突然动态破坏的自由空间。可见,矿山岩爆应是指在采空区围岩内,产生围岩失稳破坏的地震事件。

Ortlepp 根据南非深井矿山岩爆实例分析,将岩爆产生的机理分为应变型突然破裂、屈曲失稳、工作面破碎或矿柱突然破裂、剪切断裂和断层滑移等四种类型(见表 11-4)。在不同的位置和物理环境条件下,就会产生不同类型的岩爆。应变型突然破裂、屈曲失稳、工作面破碎或矿柱突然破裂只能发生在巷道或采场等采空区等具有自由空间的环境条件下,而在岩体深部由于没有足够的自由空间则只可能发生断层的断裂和滑移型岩爆。为了利用矿山微震监测来分析和描述矿山岩爆,Ortlepp 将岩爆定义为"岩爆是引起矿山巷道或回采采场发生强烈和显著的破坏的地震事件"。这种定义不会造成事件大小或性质的限制,而且范围很广,既承认地震震源与破坏现象之间存在明显独立和不同,又认为岩爆与地震机理之间存在必然联系。

表 11-4　岩爆震级分级

地震事件	假定的震源机理	记录到的初始运动	震级 M_L
应变岩爆	具有强烈碎块弹射的表面剥落	可能是内爆裂的	$-0.2 \sim 0$
屈曲失稳	与硐室表面平行的大而厚的岩片向外排出	内爆裂的	$0 \sim 1.5$
表面压碎(矿柱爆裂)	岩石从采场表面或矿柱两侧剧烈排出	主要是内爆(复杂)的	$1.0 \sim 2.5$
剪切破裂	剪切断裂穿切完整岩体的剧烈传播	双力偶剪切	$2.0 \sim 3.0$
断层滑移	在已有的断层或岩脉接触面上的剧烈重新运动	双力偶剪切	$2.5 \sim 5.0$

由于其位置处于采空区临空面,前三种地震活动可以直接产生岩爆;而后两种则可能只是一种地震活动,不引起采空区内的岩体破坏,只有当这种地震引起采空区围岩产生次级地震时才可能造成采空区围岩产生岩爆。当在对地震事件进行精确定位的情况下,通过对地震发生位置来确定一次地震是否就是一次岩爆就成为可能了。而且通过对地震强度的定量分析可以得到岩爆的强度。

通过上述分析可见,岩爆与地震事件大小没有对应关系,主要取决于地震事件发生的位置、能量释放的形式和岩体破坏的性质。岩爆引起岩体破坏的规模涵盖从巷道表面小块岩块的弹射到大规模采场或采区的毁灭性破坏。通过精确地测定地震事件聚集位置、地震能量发射形式和岩体破坏性质是识别地震活动是否产生岩爆的重要依据。

11.6.2　岩爆危险区预测

全应力变形过程表明岩石变形存在峰值前后区两个性质不同的变形过程。在峰值前区,为变形硬化过程,而后区则是变形软化过程。应变软化或应变局部化是否或什么时候演变成不稳定,取决于软化区域内的能量释放和耗散以及机械能在软化区域和围岩之间的相互转化。在应变软化区内,与应变软化相关的应力降会在围岩中引起某种弹性恢复和应力重新分布。围岩中弹性回弹释放的弹性能提供给软化区从而加速其变形。供给应变软化区的能量大小与其尺寸及应变率成正比关系,或者更准确地说,与围岩的弹性恢复率成正比。一旦围岩的弹性能输入超过应变软化区内的非弹性过程的能量耗散,则系统变成不稳定,此时,应变软化区即为岩爆成核区。

Cook 发现岩石的破坏形态是与岩石和试验机的相对刚度有关的。当试验机刚度大于岩石试样刚度时,岩石发生稳定破坏;而当试验机刚度小于岩石试样的刚度时岩石发生非稳定破坏。在稳定破坏过程中,岩石在峰值强度后区的破坏是渐进式的,最后破坏岩块没有残余动能,不会发生弹射等猛烈破坏的破坏形式;而在非稳定破坏过程中,当岩石受到的应力达到岩石的峰值强度时,岩石则发生剧烈破坏,破坏的岩块具有残余的动能,使破坏岩块产生弹射等剧烈破坏。从能量的观点可表示为:岩石应变软化阶段,岩体承载能力降低,围岩释放的弹性能大于岩体继续稳定破坏所需的能量,促使岩体发生动态失稳破坏,即形成岩爆。判据为:

$$\Delta W_r - \Delta W_m > 0 \quad 稳定破坏$$
$$\Delta W_r - \Delta W_m < 0 \quad 非稳定破坏 \qquad (11-21)$$

式中　ΔW_r——试样产生稳定变形所需外界提供的能量;

　　　ΔW_m——试验机弹性储能的释放。

之后 Cook 等人将这种概念用于解释矿山岩爆机理和分析岩爆产生的条件。他们认为,岩爆成核区内的岩体例如采空区围岩可以视为岩石力学试验系统中的岩石试样,而成核区外面的矿山岩体则被视为岩石力学试验系统中的试验机。如果成核区内的岩体的刚度小于其外面的矿山岩体的刚度则其破坏为稳定破坏,在矿山表现为一般的岩体冒落和片帮等常规地压的静态破坏;而当成核区内的岩体的刚度大于其外部的矿山岩体的刚度时则其破坏为非稳定破坏,岩体产生突然而猛烈的失稳破坏,即岩爆。

唐春安根据岩石试样与试验机相互作用系统原理和突变理论,建立了岩石发生失稳破坏的尖点突变模型。认为岩石发生失稳破坏的条件为:

$$K \le 1 \qquad (11-22)$$

即

$$k - \lambda_1 \le 0 \qquad (11-23)$$

式中,K 为刚度比;k 是试验机的刚度;λ_1 是岩石弱化段曲线的拐点处斜率(即瞬时刚度),认为刚度比 K 完全是由系统的内部性质(尺寸和材料性质)决定的,因此,发生突变的必要条件取决于系统的内部特性。当几何条件不变时,如果岩石材料是强化的或理想塑性的,那么系统一定是稳定的,只有当岩石材料具有相当程度的弱化性质,使式 11-23 成立时,才可能发生突变现象。岩样的弱化特性越强(即 λ_1 越大),则越容易发生突变。

利用成核区岩体刚度与其周围岩体的刚度关系来描述成核区岩体与其周围岩体之间的

能量转换关系,以及成核区岩体的变形状态的变化与非稳定性破坏的可能性,从而进行岩爆评价和预测。本节研究利用矿山地震监测方法实现岩爆的矿山刚度理论在矿山岩爆预测中的应用,研究矿山刚度理论的地震学方法。

利用视应力的概念,即用震源释放能量 E 与地震矩 M 的比来表征震源的刚度大小。将地震事件的 E 和 M 绘制在 lg$E$-lg$M$ 坐标得到 lg$E$ 和 lg$M$ 的散点图。通常,对于一个特定的空间域和时间段,该图数据点呈某种条带状积聚状态(图 11－25),可以采用直线进行回归,得到 $E - M$ 的统计关系:

$$\lg E = c + d\lg M \qquad (11-24)$$

式中,c 和 d 是针对一个给定的 ΔV 和 Δt 的拟合常数。当(lg$M$,lg$E$)点的分布表现出不同的积聚状态时,可以考虑采用不同的直线回归,得到不同的 E-M 关系。式 11－24 中的直线斜率 d 值表征了震源区的地震刚度的大小,即 d 值随震源区的地震刚度的增加而增大;斜率 d 值大小表征震源区的地震刚度。因此,对成核区地震活动进行这种处理与分析,可以确定成核区的地震刚度。

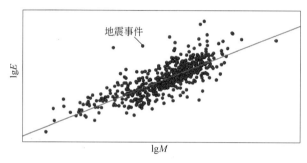

图 11－25 E-M 关系

加载系统应理解为成核区以外的围岩系统,其刚度,即所谓矿山刚度。矿山岩体随开采的进行,由于岩体中形成采空区,岩体发生变形和破坏、岩体结构发生变化等原因,矿山岩体

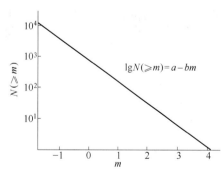

图 11－26 震级分布的 G-R 关系
及参数确定方法

系统的刚度也随之发生变化。但是,实际上对于某些复杂开采条件下的矿山,采用一般方法很难确定围岩系统的刚度。我们考虑利用地震频率—震级分布的 Gutenberg-Richter 关系即 G-R 关系中的 b 来表征矿山围岩系统刚度,见图 11－26。

Gutenberg-Richter 频率—震级分布具有如下幂函数关系:

$$\lg N(\geqslant m) = a - bm \qquad (11-25)$$

式中　$N(\geqslant m)$——大于或等于震级 m 的地震事件数;
　　　a,b——均为常数。

由此可见,b 值通常受岩体和应力的非均匀性、应力水平和加载系统刚度的影响,由于开采活动形成了空区、引起岩体产生变形和破坏,必然降低开采区域岩体的刚度。因此,采用 G-R 关系的 b 值变化可以表征矿山加载系统的刚度变化。

根据 11.5.2 节和 11.5.3 节的分析结果,可以将应力集中区和地震活动聚集区视为可能成为应变区局部化的区域,因而是岩爆成核的潜在区域,而其周围岩体则可视为岩爆成核区处的矿山加载系统,可以通过分析两者的相对大小变化关系得到分析区域岩爆的危险程度。

2006年9~10月期间,冬瓜山铜矿54线矿体下部的运输联络穿脉巷道围岩发生过多起破坏,不仅未支护的围岩发生破坏,部分喷锚支护的围岩也发生了破坏。发生围岩破坏的区段对应于6号~11号采场位置,因此,以此为例说明采用地震刚度方法进行岩爆危险区预测方法。沿54线隔离矿柱中线直立面作位移和应力分布图如图11-27所示,图中时间段为2006年6~11月。由图11-27可见,位移较大区域位于1号~4号采场及7号~9号采场对应的位置,并主要位于矿体下部围岩;而应力较大的区域位于6号~11号采场对应的位置,采场中下部的应力梯度相对较大。

以发生巷道围岩破坏的6号~11号采场位置的矿柱应力集中区域作为成核区,而以其周围一定范围的岩体作为该成核区的围岩区,如图11-28所示。图中较小的深蓝色区为成核区,包围成核区的浅蓝色区为围岩区。对于成核区,绘制lg$E$-lg$M$关系图,确定c值和d值;对于围岩区,绘制事件频率-震级分布图,利用G-R关系确定a值和b值。通过不同时段内成核区和加载区刚度相对大小变化规律分析,可以得到成核区发生岩爆危险性的预测。

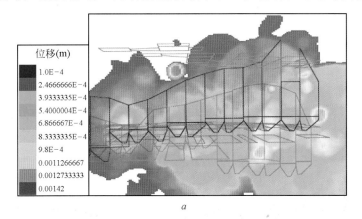

a

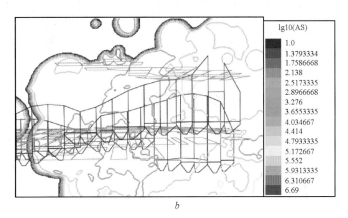

b

图11-27　54线隔离矿柱应力和位移分布

a—位移云图;*b*—应力对数等值图

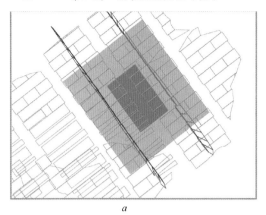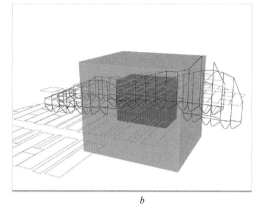

a

b

图 11 - 28　54 线隔离矿柱成核区及其围岩区的提取

a—三维透视图；b—俯视图

11.6.3　岩爆的时间序列预测

地震监测可以得到一系列的定量地震学参数。现代矿山地震监测系统可以实现对多种定量地震参数的快速计算,使之应用于日常地震预测。但是,现有关于这些参数时间序列在矿山地震预测中应用的报道主要体现在其成功的个别事例上,还没有足够深入的阐述,由于在地震预测方面存在许多偶然性和不确定性,利用这些地震参数表示地震序列进行地震预报的成功率如何是值得讨论的。

11.6.3.1　地震事件数时间序列

地震事件数常表示为事件率 $n/\delta t$ 和累积值 $\sum N$ 的形式,表示地震序列中地震事件产生的时间分布即地震序列中地震事件发生快慢,这是地震序列的传统表示方法。在冬瓜山铜矿根据地震事件数或能量时间序列进行岩爆预测时,可以利用岩石声发射预测模式作为矿山岩爆预测模式。

11.6.3.2　变形和应力状态参数时间序列

地震视体积 V_A 是指震源岩体破坏的体积,表示震源的同震变形大小。如果考虑一定的空间区域 ΔV 内的地震事件,将其所有地震事件的视体积的和随时间进行累积,则得到视体积累积 $\sum V_A$ 的时间序列。显然,视体积累积 $\sum V_A$ 时间序列的特征描述了岩体变形随时间的变化特征。因此,某个特定空间区域的 $\sum V_A$ 时间序列可以作为分析岩体变形的地震序列参数。

根据作者对视应力 σ_A 分布与能量指数 EI 分布进行对比分析发现,EI 分布与视应力 σ_A 分布是一致的。这可以从理论上加以解释。已知视应力 $\sigma_A = \mu E/M$,具有同样 M 的地震事件,其发射的能量越大则说明事件震源的 σ_A 越大。因此,如果某个区域的 EI 越大,则说明该区域的应力越高。显然,EI 的分布用于分布应力集中和应变局部化是非常有用的。相应的,可以采用 EI 在时间步距 δt 内的平均值 $\overline{EI}$ 随时间变化的时间序列来描述岩体内的应力变化特征,即

$$\overline{EI} = \frac{\sum_1^{n_{\delta t}} EI}{n_{\delta t}} \tag{11-26}$$

式中,$n_{\delta t}$ 为 δt 内的地震事件数。

将时间序列$\overline{EI}$与时间序列$\sum V_A$相结合,就可以通过地震参数时间序列分析岩体变形和应力随时间的变化规律。由岩石力学理论,岩石在接近破坏时,变形增长加快而应力增长减小;在峰值后区,应力随变形的增大而下降。根据岩石的失稳理论,岩石破坏后区岩石发生应变软化,应力下降越快,岩石失稳破坏越严重,因此,能量指数出现下降是岩石地震的前兆现象。

以11.6.1节的示例来分析。选取分析空间范围如图11-29所示,其中浅蓝色空间为分析范围,包括发生破坏的巷道和相关的采场及其围岩。为了说明该次岩体破坏的形成和破坏过程中的地震活动,分析时间区间取2006年6月1日~2006年10月30日。

图11-30所示是地震能量指数对数与视体积累积的时间序列显示,能量指数出现了两次大的增大与下降的波动。由能量指数的定义和性质,能量指数增大表示岩体应力水平增高和能量的积蓄,而能量指数下降表

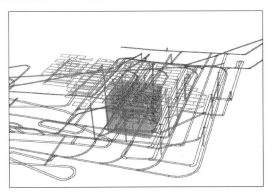

图11-29 事例1分析空间范围选取

征应力下降和能量释放,图中能量指数的两次增大和下降可能预示着两次较大的地震事件的发生,如图中竖向前头所指。

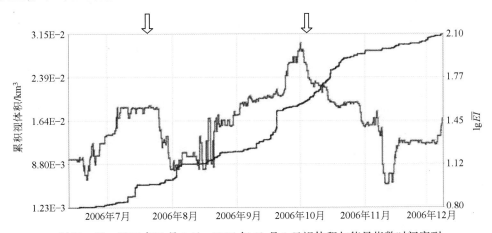

图11-30 2006年7月1日~2006年12月1日视体积与能量指数时间序列

图11-31显示,从6月21日~7月7日左右,能量指数虽然存在波动,但总体呈上升变化特征,其间,视体积保持相对均匀地增加;7月7日~7月25日左右应能量指数保持不变,同时,视体积经历了一个其增大速率快速增长到减小至零的过程;7月25日~8月1日,能量指数迅速减小,同时,视体积开始加速增加;之后,视体积仍加速增加,但能量指数却保持在最低水平,至8月5日左右。可以看出,能量指数和视体积的变化特征反映了岩体变形的全过程特征。能量指数大意味着产生同样大小同震变形的地震事件发射的地震能量大,反映了震源视应力水平。在岩石峰值强度前区,应力是增大的过程,此时,岩体的变形相对较小,随接近峰值,由于非弹性变形的增大,其变形呈现增大的趋势。视体积是震源同震变形的度量,在岩石峰值强度前区其值的变化与岩石峰值前的变形规律应该是一致的。因此,能量指数的增大与视体积慢速增加的状态表明震源区岩体是稳定的,处于能量积蓄的硬化阶

段。在岩石峰值强度之后,由于岩石承载能量下降,应力下降而变形增大,对应的,能量指数下降而视体积增大,这就表明岩石出现应变软化,产生破坏。

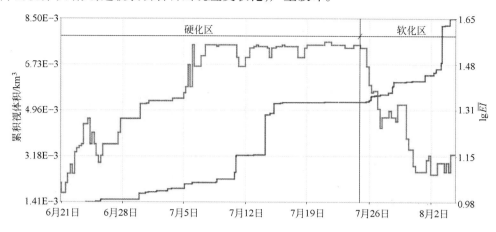

图 11－31 2006 年 6 月 21 日～8 月 2 日视体积与能量指数时间序列

图 11－32 显示,在大约 9 月 30 日之前的应变硬化区,能量指数和视体积呈增大的变化特征,期间,视体积出现了两次明显的快速增大,但能量指数一次出现较大波动,而另一次却出现其增长率下降。这说明能量指数和视体积在应变硬化区的变化趋势并不一致,较大的视体积增长可能促使能量得到更大的释放,从而减小应力的升高速度,表现为能量指数增长率下降。这说明,9 月 10 日～9 月 23 日左右期间,由于视体积的快速增大,使岩体中的应力增长减速,但并未使岩体中的应力释放而下降。在此之后,变形减小,应力重新快速升高,达到峰值。比较图 11－31 和图 11－32 中峰值前区应力硬化区的能量指数和视体积变化特征可见,图 11－31 中峰值前,岩体产生了明显的塑性变形,峰值应力水平相对较低,这预示着峰值后的岩体破坏猛烈程度相对较低,产生失稳破坏即岩爆的可能性较小;图 11－32 中虽然在整个应力增长过程中产生了几次较大的变形,但总的应力水平相对较高,而且岩体应力在临近峰值前增长很快,同时视体积保持低速增长,并且其增长速率开始增大,这预示着峰值后的岩体破坏猛烈程度较强,产生失稳破坏即岩爆的可能性较大。

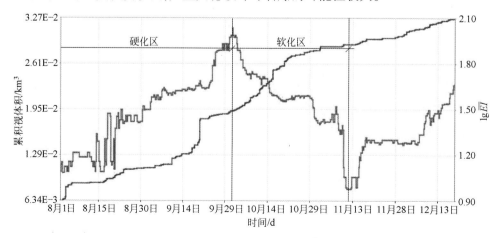

图 11－32 2006 年 8 月 1 日～12 月 21 日视体积与能量指数时间序列

参 考 文 献

[1] 谢学斌. 硬岩矿床岩爆预测与控制的理论和技术及其应用研究:[D]. 长沙:中南工业大学,1999.

[2] 赵本均编. 冲击地压及其防治[M]. 北京:煤炭工业出版社,1994.

[3] 唐春安编. 岩石破裂过程中的灾变[M]. 北京:煤炭工业出版社,1993.

[4] 布霍依诺著. 矿山压力与冲击地压[M]. 李玉生译. 北京:煤炭工业出版社,1985.

[5] 佩图霍夫 N M 著. 煤矿冲击地压[M]. 王右安译. 北京:煤炭工业出版社,1980.

[6] 唐礼忠,潘长良,于润沧,等. 深井开采岩爆与地压监测及控制技术研究[R]. 国家"十五"科技攻关成果鉴定报告. 2006.

[7] 蔡美峰, 王金安, 王双红. 玲珑金矿深部开采岩体能量分析与岩爆综合预测[J]. 岩石力学与工程学报,2001,20(1):38~42.

[8] 艾拉佩强 П Г. 矿井冲击地压的预测与预防[J]. 国外金属矿山,1989(10):17~53.

[9] 艾拉佩强 П Г. 矿井冲击地压的预测与预防[J]. 国外金属矿山,1989(11):30~33.

[10] 科沃岑 B A,柯热夫尼柯夫 E M. 深水平岩体岩爆危险状态的预测及控制[J]. 国外金属矿山,1992(1):11~22.

[11] Gibowciz S J, Kijko A. 矿山地震学引论[M]. 修济刚,徐平,杨心平译. 北京:地震出版社,1998.

[12] J C 耶格,N G W 库克. 岩石力学基础[M]. 中国科学院工程力学研究所译. 北京:科学出版社,1981.

[13] 布雷迪 B H G,布朗 E T. 地下采矿岩石力学[M]. 冯树仁,佘诗刚,朱祚铎等译. 北京:煤炭工业出版社,1990.

[14] Cook N G W, Hoek E, Pretorius J P G, et al. Rock Mechanics Applied to Rockbursts[J]. J. S. Afr. Inst. Min. Metall. , 66, 1966:436~528.

[15] Mendecki A J. Seismic Monitoring in Mines[M]. London: Chapman & Hall, 1997.

[16] Jager A J, Ryder J A. A Handbook on Rock Engineering Practice for Tabular Hard Rock Mines[M]. Cape Town: Creda Communications,1999.

[17] Ortlepp W D. RaSiM Comes of Age-A Review of the Contribution to the Understanding and Control of Mine Rockbursts[A]. In: Controlling Seismic Risk-Proceedings of Sixth International Symposium on Rockburst and Seismicity in Mines(Edited by Potvin Y, Hudyma M) [C]. Nedlands: Australian Centre for Geomechanics, 2005:3~20.

[18] Wang J A, Park H D. Comprehensive Prediction of Rockburst Based on Analysis of Strain Energy in Rocks [J]. Tunnelling and Underground Space and Technology, 2001(16):49~57.

[19] Heunis, R. The Development of Rockburst Control Strateges for South African Goldmines[J]. J. S. afri. Inst. Min. Metall. , 1980, 80(4):139~150.

[20] Scott D F, Williams T J. Investgation of Electromagnetic Emissions in a Deep Underground Mine[A]. In: Controlling Seismic Risk-Proceedings of Sixth International Symposium on Rockburst and Seismicity in Mines (Edited by Potvin Y, Hudyma M) [C]. Nedlands: Australian Centre for Geomechanics, 2005: 593~599.

[21] Cook N G W. The Application of Seismic Techniques to Problems in Rock Mechanics[J]. International Journal of Rock Mechanics and Mining Science, 1964(1):169~179.

[22] Chen D, Gray L, Hudyma M R. Understanding Mines Seismicity-A Way to Reduce Mining Hazards at Barrick's Darlot Gold Mine[A]. In:2005:269~274.

[23] Potvin Y, Hudyma M R. Keynote Address: Seismic Monitoring in Highly Mechanized Hardrock Mines in Canada and Australia[A]. In: Proceedings of Fifth International Symposium on Rockburst and Seismicity in Mines (Edited by van Aswegen G, Durrheim R J, Ortleep W D) [C]. Johannesburg: The South Afri-

can Institute of Mining and Metallurgy, 2001:267~280.

[24] Alexander J, Trifu C-I. Monitoring Mine Seismicity in Canada[A]. In: Controlling Seismic risk-Proceedings of Sixth International Symposium on Rockburst and Seismicity in Mines (Edited by Potvin Y, Hudyma M) [C]. Nedlands: Australian Centre for Geomechanics, 2005:353~358.

[25] Scott D F, Williams T J. Investgation of Electromagnetic Emissions in a Deep Underground Mine[A]. In: Controlling Seismic Risk-Proceedings of Sixth International Symposium on Rockburst and Seismicity in Mines (Edited by Potvin Y, Hudyma M) [C]. Nedlands: Australian Centre for Geomechanics, 2005: 593~599.

[26] Kijko A, Sciocatti M. Optimal Spatial Distribution of Seismic Stations in Mines[J]. Int. J. Rock Mech. and Mining soc., 1995,32,607~615.

[27] Mendecki A J. Real Time Quantitative Seismicity in Mines[A]. In:Proceedings of Sixth International Symposium on Rockburst and Seismicity in Mines (R. P. Young, ed)[C]. Rotterdam : Balkema, 1993:287~296.

[28] Scholz C H. The Mechanics of Earthquakes and Faulting[M]. Cambridge : Cambridge University Press, 1990.

[29] Shearer P M. Introduction to Seismology[M]. Cambridge: Cambridge University Press, 1999.

[30] Ortlepp W D, Stacey T R. Rock Burst Mechanisms in Tunnels and Shafts[J]. Tunnelling and Underground Space Technology, 1994, 9(1):357~362.

[31] Ortlepp W D. Thoughts on the Rockburst Source Mechanism Based on Observations of the Mine-induced Shear Rupture[A]. In: Proceedings of Fifth International Symposium on Rockburst and Seismicity in Mines (Edited by van Aswegen G, Durrheim R J, Ortleep W D) [C]. Johannesburg: The South African Institute of Mining and Metallurgy, 2001:43~51.

[32] Ortlepp W D. Rock Fracture and Rockbursts-an Illustrative Study[M]. Johannesburg: The South African Institute of Mining and Metallurgy, 2001.

[33] van Aswegan G, Mendecki A J. Mine Layout, Geological Features and Seismic Hazard[R]. SIMRAC Final Project Report, GAP303, Department of Minerals and Energy, South Africa, 1999.

[34] Amidzic D. Energy-moment Relation and its Application[A]. In:Controlling Seismic Risk-Proceedings of Sixth International Symposium on Rockburst and Seismicity in Mines (Edited by Potvin Y, Hudyma M) [C]. Nedlands: Australian Centre for Geomechanics, 2005:509~513.

[35] Gutenburg M C, Richter C F. Frequency of Earthquakes in California[J]. Bull. Seism. Soc. Am., 34, 1944:185~188.

[36] Brink A V Z. Application of a Microseismic System at Western Deep Levels[A]. In: Proceedings of Second International Symposium on Rockburst and Seismicity in Mines (Edited by Fairhurst C) [C]. Rotterdam: A. A. Balkema, 1990:355~361.

[37] Mendecki A J, van Aswegan G. Seismic Monitoring in Mines: Selected Terms and Definitions[A]. In: Proceedings of Fifth International Symposium on Rockburst and Seismicity in Mines (Edited by van Aswegen G, Durrheim R J, Ortleep W D) [C]. Johannesburg: The South African Institute of Mining and Metallurgy, 2001:563~570.

12　矿井通风降温与节能控制技术

随着矿井和采掘工作的不断延伸,矿井岩温不断增高,矿井通风也更加困难,矿井热害成为深部开采的重要灾害之一,矿内热环境控制日趋重要。

12.1　矿井主要热源及其散热量

要进行矿井空调设计,首先就必须了解引起矿井高温热害的主要影响因素。能引起矿井气温值升高的环境因素统称为矿井热源。造成矿内热环境的原因包括地表大气温度、空气的自压缩、围岩传热、机电设备放热、氧化热、内燃机械废气排热、爆破热、人体散热等。本节将重点讨论这些矿井主要热源及其散热量的计算方法。

12.1.1　地表大气状态的变化

井下的风流是自地表流入矿井的,因而地表大气温度、湿度的日变化与季节变化必然要影响到井下。

地表大气温度在一昼夜内的波动称之为气温的日变化,它是由地球每天接受太阳辐射热和散发的热量变化造成的。白天,地球吸收太阳的辐射热,使靠近地表大气的温度升高,下午 2~3 点钟气温达到全天的最高值;到夜晚,地面将吸收到的太阳辐射热向大气散发,黎明前是地表散热的最后阶段,故一般凌晨 4~5 点钟气温最低。地表气温的日变化是以 24 h 为周期的。各地的气温虽然都是以 24 h 为周期的周期性波动,但不全是谐波,因为,全日最低温度与最高温度间的间隔小时数,不一定等于下一个最高温度与最低温度间的间隔小时数。

气温的季节性变化也是周期性的,我国最热的时间一般在 7~8 月,最冷的时间一般在元月,所以也不是谐波,但在实际计算中,将它们的周期性变化近似地看做是正弦曲线或是余弦曲线都是可以的。

图 12-1 描绘了气温的日变化与年变化之间的关系。

空气的相对湿度取决于空气的干球温度和含湿量,如果空气的含湿量保持不变,则空气的相对湿度就和它的干球温度成反比,干球温度高时相对湿度低,干球温度低时相对湿度高。就地表大气而言,其含湿量一昼夜内的变化基本不大,而其干球温度却是正午高、夜晚低,因而大气的相对湿度是中午低,夜晚高。

虽然地表大气温度的日变化幅度很大,但当它流入井下时,井巷围岩将产生吸热或散热作用。使风温和巷壁温度达到平衡,井下空气温度变化的幅度就逐渐地衰减。因此,在采掘

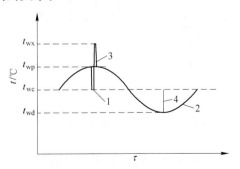

图 12-1　气温的周期变化曲线

1—温度日波动曲线;2—温度年波动曲线;
3—温度日波幅 θ_2,$\theta_2 = t_{wx} - t_{wp}$;
4—温度年波幅 θ_1,$\theta_1 = (t_{wp} - t_{wd})/2$

工作面上,基本上觉察不到风温的日变化情况。据测定,有一进风井,进风量为 87 m³/s,早晨 7 时许,地表进风温度为最低,为 -3.1℃,17 时左右为最高,达 12.0℃,而在距地面 1000 m 的井底车场里,其风温仅从 11.9℃升到 13.4℃。当风量降为 30 m³/s 并流经一条长度为 1200 m 的运输平巷后,日风温波动的幅度衰减到了 0.2℃以下。

当地表大气温度突然发生了持续多天甚至数星期的变化时,这种变化还是能在采掘工作面上觉察的。例如,有一矿井,地表大气平均温度在一星期内自 -6℃升到了 +8℃,在井底车场的风温也自 8℃升到 16℃,距井底车场 1200 m 处测到的风温自 22℃升到 23℃,即上升 1℃。图 12 -2 描绘的是某矿井在 12 天内井上下风温变化的情况。

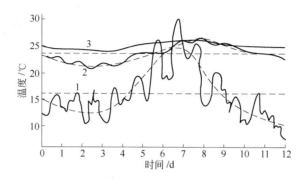

图 12 -2 在 12 天内地表风温的变化曲线及在井下衰减情况
1—地表风温变化曲线;2—井底车场风温变化曲线;3—采区进口处的风温变化曲线

地表大气的温度与湿度的季节性变化对井下气候的影响要比日变化深远得多,甚至在回采工作面的出口处也能测量到这种变化。

对于矿井的气候条件来说,风流含湿量的年变化要比温度的年变化重要得多,这是由于水的汽化潜热远比空气的比热大得多造成的。

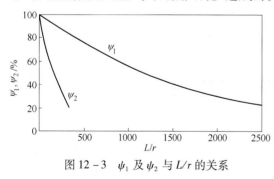

图 12 -3 ψ_1 及 ψ_2 与 L/r 的关系

研究表明,风流沿井巷流动时,其温度波动幅度的衰减量约与两点间的距离 l 成正比,与巷道的等效半径 r 成反比,与风温的波动周期成反比,波动的周期越短,其衰减量越大。

令风温的季节衰减率为 ψ_1,日风温的衰减率为 ψ_2,则它们和 l/r 的关系如图 12 -3 所示。

12.1.2 空气的自压缩温升

前面已提及空气自压缩并不是热源。因为在重力场作用下,空气绝热地沿井巷向下流动时,其温升是由于位能转换为焓的结果,而不是由外部热源输入热流造成的。但对深矿井来说,自压缩引起风流的温升在矿井的通风与空调中所占的比重很大,所以一般将它归在热源中进行讨论。

当可压缩的气体(空气)沿着井巷向下流动时,其压力与温度都要有所上升,这样的过程称之为"自压缩"过程,在自压缩过程中,如果气体同外界不发生换热、换湿,而且气体流速也没有发生变化,此过程称之为"纯自压缩"或"绝热自压缩"过程。根据能量守恒定律,风流在纯自压缩过程中的焓增与风流前后状态的高差成正比,即:

$$i_2 - i_1 = g(z_2 - z_1) \qquad (12-1)$$

式中　i_1, i_2——分别为风流在始点与终点时的焓值,J/kg;

　　　z_1, z_2——分别为风流在始点与终点状态下的标高,m;

　　　g——重力加速度,m/s²。

对于理想气体来说,在任意压力下:

$$di = c_p dt \qquad (12-2)$$

即:

$$i_2 - i_1 = c_p(t_2 - t_1) \qquad (12-3)$$

式中　c_p——空气的定压比热容,J/(kg·K);

　　　t_1, t_2——分别表示风流在始点及终点时的干球温度,℃。

从而

$$t_2 - t_1 = g(z_2 - z_1)/c_p \qquad (12-4)$$

因为:

$$g = 9.81 \text{ m/s}^2, \quad c_p = 1005 \text{ J/(kg·K)}$$

则:

当 $z_2 - z_1 = 1000$ m 时,

$$t_2 - t_1 = 9.81 \times 1000/1005 = 9.76 \text{ K}$$

也就是说,风流在纯自压缩状态下,当高差为1000 m时,其温升可达9.76℃,这是一个相当大的数值。好在实际上并不存在绝热压缩过程,井巷里总是存在着一些水分,因而风流自压缩的部分焓增要消耗在蒸发水分上,用以增大风流的含湿量,所以风流实际的年平均温升没有理论计算值那么大。此外,由于井巷的吸热和散热作用也抵消了部分风流自压缩温升。例如在夏天,由于围岩吸热,风流的温升要比平均值低,而在冬天,由于围岩放热,风流的温升要比平均值高。一般说来,如果年平均的温升为10℃的话,则冬天可能是13℃,夏天可能是7℃。

对采深已超过3800 m的南非部分金矿来说,如果井巷围岩干燥,且不与风流换热、换湿。则风流流入井下后,因自压缩引起的温升可达38℃,即可从12℃增到50℃。风流温升38℃约相当于焓增38 kJ/kg,如果进风量为200 m³/s,则意味着风流的热量增量可达9 MW,这是一个相当可观的热负荷。

同其他的热源相比,在进风井筒里,自压缩是个最主要的热源,由于它所引起的焓增同风量无关,所以,往往成为唯一有意义的热源。在其余的倾斜巷道里,特别是在回采工作面上,自压缩只是诸热源之一,而且,一般是个不重要的热源。

同理,风流沿井筒或倾斜巷道向上流动时,风流因减压而膨胀,焓值要减少,风温要下降,其数值同自压缩增温一样,不过符号相反而已。

实际上,风流沿井筒向下流动时,其湿球温度要比干球温度重要得多,因为湿球温升和井巷的潮湿程度没有多大关系,但它和入风井大气的湿球温度,关系却非常密切。

实测表明,在1000 m深的井筒里,绝热、无摩擦的风流自压缩引起的湿球温升和地表大气的湿球温度间的关系如图12-4所示。

自压缩这个热源是无法消除的,而且随着采深的增加还相应地增大。虽然风流在回风巷里向上流动时,可因膨胀而得到相应的降温效果,但由于受到自然负压的干扰和巷道里水汽的冷凝作用,实际冷却效果甚微。

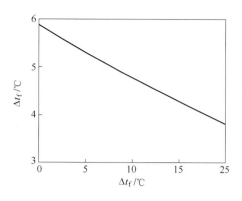

图 12-4　1000 m 井筒中湿球温升
(Δt_f 与大气湿球温度 t_f 间的关系)

水在管道中沿井筒向下流动时,其焓增也是每千米 9.81 kJ/kg。若水一直处在水管中,水压将随着井深的增加而增大。如果摩擦阻力不大且可忽略不计的话,则水压的增值是 9.81 MPa/(1000 m),这时,水温的增值取决于进水的温度。如进水温度为 3℃ 以下时,其温升可略而不计,当进水温度为 30℃ 时,其温升约为 0.22℃/(1000 m)。

水要是不能持续地维持在高压下,其情况将会有所不同。如果让水自由地从管端外流或经减压阀外泄,其温升则可依下式来进行计算:

$$\Delta t = 9.81/4.187 = 2.34℃/(1000\ m)$$

如果让水做些有用功,则这个温升是可以减少的。目前美国、南非以及德国等一些矿内空调量较大、技术较发达的国家,已采用水轮机使输往井下的冷水去扬水或发电,以减少自压缩温升。

12.1.3　井巷围岩传热

12.1.3.1　围岩原始温度的测算

围岩原始温度是指井巷周围未被通风冷却的原始岩层温度。在许多深矿井中,围岩原始温度高,往往是造成矿井高温的主要原因。

由于在地表大气和大地热流场的共同作用下,岩层原始温度沿垂直方向上大致可划分为 3 个层带。在地表浅部由于受地表大气的影响,岩层原始温度随地表大气温度的变化而呈周期性地变化,这一层带称为变温带。随着深度的增加,岩层原始温度受地表大气的影响逐渐减弱,而受大地热流场的影响逐渐增强,当到达某一深度处时,两者趋于平衡,岩温常年基本保持不变,这一层带称为恒温带,恒温带的温度约比当地年平均气温高 1~2℃。在恒温带以下,由于受大地热流场的影响,在一定的区域范围内,岩层原始温度随深度的增加而增加,大致呈线性的变化规律,这一层带称为增温带。在增温带内,岩层原始温度随深度的变化规律可用地温率或地温梯度来表示。地温率是指恒温带以下岩层温度每增加 1℃,所增加的垂直深度,即:

$$g_r = \frac{Z - Z_0}{t_r - t_{r0}},\ m/℃ \tag{12-5}$$

地温梯度是指恒温带以下,垂直深度每增加 100 m 时,原始岩温的升高值,它与地温率之间的关系为:

$$G_r = 100/g_r,\ ℃/100\ m \tag{12-6}$$

式中　g_r——地温率,m/℃;

　　G_r——地温梯度,℃/100 m;

　　Z_0、Z——恒温带深度和岩层温度测算处的深度,m;

　　t_{r0}、t_r——恒温带温度和岩层原始温度,℃。

若已知 g_r 或 G_r 及 Z_0、t_{r0},则对式 12-5、式 12-6 进行变形后,即可计算出深度为 Z_m 的

原岩温度 t_r。表 12 - 1 列出的我国部分矿区恒温带参数和地温率数值(仅供参考)。

表 12 - 1　我国部分矿区恒温带参数

矿区名称	恒温带深度 Z_0/m	恒温带温度 t_{y0}/℃	地温率 g_r/m · ℃$^{-1}$
铜陵冬瓜山	30	16.8	43
辽宁抚顺	25 ~ 30	10.5	30
山东枣庄	40	17.0	45
平顶山矿区	25	17.2	31 ~ 21
罗河铁矿区	25	18.9	59 ~ 25
安徽淮南潘集	25	16.8	33.7
辽宁北票台吉	27	10.6	40 ~ 37
广西合山	20	23.1	40
浙江长广	31	18.9	44
湖北黄石	31	18.8	43.3 ~ 39.8

12.1.3.2　围岩与风流间传热量

井巷围岩与风流间的传热是一个复杂的不稳定传热过程。井巷开掘后,随着时间的推移,围岩被冷却的范围逐渐扩大,其所向风流传递的热量逐渐减少;而且在传热过程中由于井巷表面水分蒸发或凝结,还伴随着传质过程发生。为简化研究,目前常将这些复杂的影响因素都归结到传热系数中去讨论。因此,井巷围岩与风流间的传热量可按下式来计算:

$$Q_r = K_\tau PL(t_{rm} - t)　　　　　　　　(12 - 7)$$

式中　Q_r——井巷围岩传热量,kW;

　　　K_τ——围岩与风流间的不稳定换热系数,kW/(m^2 · ℃);

　　　P——井巷周长,m;

　　　L——井巷长度,m;

　　　t_{rm}——平均原始岩温,℃;

　　　t——井巷中平均风温,℃。

围岩与风流间的不稳定传热系数 K_τ 是指井巷围岩深部未被冷却的岩体与空气间温差为1℃时,单位时间内从每平方米巷道壁面上向空气放出(或吸收)的热量。它是围岩的热物理性质、井巷形状尺寸、通风强度及通风时间等的函数。由于不稳定传热系数的解析相当复杂,在矿井空调设计中大多采用简化公式或统计公式计算。应用时,请参阅有关专著或手册。

12.1.4　机电设备放热

在现代矿井中,由于机械化水平不断提高,尤其是采掘工作面的装机容量急剧增大,机电设备放热已成为这些矿井中不容忽视的主要热源。

12.1.4.1　采掘设备放热

采掘设备运转所消耗的电能最终都将转化为热能,其中大部分将被采掘工作面风流所吸收。风流所吸收的热能中小部分能引起风流的温升,其中大部分转化成汽化潜热引起焓增。采掘设备运转放热一般可按下式计算:

$$Q_c = \psi N　　　　　　　　(12 - 8)$$

式中　Q_c——风流所吸收的热量,kW;

　　　ψ——采掘设备运转放热中风流的吸热比例系数,ψ 值可通过实测统计来确定;

　　　N——采掘设备实耗功率,kW。

12.1.4.2　其他电动设备放热

电动设备放热量一般可按下式计算:

$$Q_e = (1 - \eta_t)\eta_m N \tag{12-9}$$

式中　Q_e——电动设备放热量,kW;

　　　N——电动机的额定功率,kW;

　　　η_t——提升设备的机械效率,非提升设备或下放物料 $\eta_t = 0$;

　　　η_m——电动机的综合效率,包括负荷率、每日运转时间和电动机效率等因素。

12.1.5　运输中矿石的放热

在以运输机巷作为进风巷的采区通风系统中,运输中矿石的放热是一种比较重要的热源。运输中矿石的放热量一般可用下式近似计算:

$$Q_k = mC_m\Delta t \tag{12-10}$$

式中　Q_k——运输中矿石的放热量,kW;

　　　m——矿石的运输量,kg/s;

　　　C_m——矿石的比热,kJ/(kg·℃);

　　　Δt——矿石与空气温差,℃。可由实测确定,也可用式 12-11 估算:

$$\Delta t = 0.0024L^{0.8}(t_r - t_{wm}) \tag{12-11}$$

式中　L——运输距离,m;

　　　t_r——运输中矿石的平均温度,一般较回采工作面的原始岩温低 4~8℃;

　　　t_{wm}——运输巷道中风流的平均湿球温度,℃。

12.1.6　矿物及其他有机物的氧化放热

井下矿物及其他有机物的氧化放热是 1 个十分复杂的过程,很难将它与其他热源分离开来单独计算,现一般采用下式估算:

$$Q_0 = q_0 v^{0.8}PL \tag{12-12}$$

式中　Q_0——氧化放热量,kW;

　　　v——巷道中平均风速,m/s;

　　　q_0—— $v = 1$ m/s 时单位面积氧化放热量,kW/m^2;在无实测资料时,可取(3~4.6)× 10^{-3} kW/m^2;

　　　其余量的符号意义同前。

12.1.7　热水放热

井下热水放热主要取决于水温、水量和排水方式。当采用有盖水沟或管道排水时,其传热量可按下式计算:

$$Q_w = K_w S(t_w - t) \tag{12-13}$$

式中　Q_w——热水传热量,kW;

K_w——水沟盖板或管道的传热系数,kW/(m²·℃);

　S——水与空气间的传热面积:

　　　水沟排水:$S = B_w L$,m²;

　　　管道排水:$S = \pi D_2 L$,m²;

B_w——水沟宽度,m;

D_2——管道外径,m;

　L——水沟长度,m;

t_w——水沟或管道中水的平均温度,℃;

　t——巷道中风流的平均温度,℃。

水沟盖板的传热系数可按式 12 - 14 确定:

$$K_w = 1 \Big/ \left(\frac{1}{\alpha_1} + \frac{\delta}{\lambda} + \frac{1}{\alpha_2} \right) \qquad (12 - 14)$$

管道传热系数可按下式确定:

$$K_w = 1 \Big/ \left(\frac{d_2}{\alpha_1 d_1} + \frac{d_2}{2\lambda} \ln \frac{d_2}{d_1} + \frac{1}{\alpha_2} \right) \qquad (12 - 15)$$

式中　α_1——水与水沟盖板或管道内壁的对流换热系数,kW/(m²·℃);

　　　α_2——水沟盖板或管道外壁与巷道空气的对流换热系数,kW/(m²·℃);

　　　　δ——盖板厚度,m;

　　　　λ——盖板或管壁材料的导热系数,kW/(m·℃);

　　　d_1——管道内径,m;

　　　d_2——管道外径,m。

12.1.8　人员放热

在人员比较集中的采掘工作面,人员放热对工作面的气候条件也有一定的影响。人员放热与劳动强度和个人体质有关,现一般进行如下计算:

$$Q_{w0} = nq \qquad (12 - 16)$$

式中　Q_{w0}——人员放热量,kW;

　　　　n——工作面总人数;

　　　　q——每人发热量,一般参考以下数据取值:静止状态时取 0.09 ~ 0.12 kW 轻度体力劳动时取 0.2 kW;中等体力劳动时取 0.275 kW;繁重体力劳动时取 0.47 kW。

12.2　矿井风流热湿计算

矿井风流热湿计算是矿井空调设计的基础,是采取合理的空调技术措施的依据。一般计算的范围是从井筒入风口至采掘工作面的回风口。本节主要依据矿井风流热湿交换的基本原理,着重阐述矿井风流热湿计算的基本方法及其应用。

12.2.1　地表大气状态参数的确定

在矿井空调设计中,地表大气状态参数一般按下述原则确定:地表大气的温度采用历年最热月月平均温度的平均值;地表大气的相对湿度采用历年最热月月平均相对湿度的平均值;地表大气的含湿量采用历年最热月月平均含湿量的平均值。这些数值均可从当地气象台、站的气象统计资料中获得。

12.2.2 井筒风流的热交换和风温计算

研究表明,在井筒通过风量较大的情况下,井筒围岩对风流的热状态影响较小,决定井筒风流热状态的主要因素是地表大气条件和风流在井筒内的加湿压缩过程。根据热力学第一定律,井筒风流的热平衡方程式为:

$$c_p(t_2 - t_1) + \gamma(d_2 - d_1) = g(z_1 - z_2) \qquad (12-17)$$

式中　c_p——空气的定压质量比热,kJ/(kg·℃);

γ——水蒸气的汽化潜热,kg/kJ;

t_1, t_2——井口、井底的风温,℃;

d_1, d_2——井口、井底风流的含湿量,g/kg;

z_1, z_2——井口、井底的标高,m。

在一定的大气压力下,风流的含湿量与风温呈近似的线性关系:

$$d = 622 \times \frac{\phi b(t + \varepsilon')}{p - p_m} \qquad (12-18)$$

式中　ϕ——风流的相对湿度,%;

t——风流温度,℃;

p——大气压力,Pa;

b, ε', p_m——与风温有关的常数,由表12-2确定。

表 12-2　b、ε'、p_m 参数取值

风温/℃	b	ε'	p_m	
			井 下	地 面
1~10	61.978	9.324	1016.12	734.16
11~17	50.274	19.979	1459.01	1053.36
17~23	144.305	-3.770	2108.05	1522.08
23~29	197.838	-8.988	3028.41	2187.85
29~35	268.328	-14.288	4281.27	3105.55
35~45	393.015	-22.958	6497.05	4692.24

令:

$$A = 622 \times \frac{b}{p - p_m} \qquad (12-19)$$

则:

$$d = A\varphi(t + \varepsilon') \qquad (12-20)$$

将式12-19代入式12-20可解得:

$$t_2 = \frac{(1 + E_1\varphi_1)t_1 + F}{(1 + E_2\varphi_2)} \qquad (12-21)$$

式12-21中组合参数只是为了简化公式而设的,没有任何物理意义。其表达式如下:

$$E_1 = 2.4876A_1 ; E_2 = 2.4876A_2 ; A_1 = 622b/(p_1 - p_m) ; A_2 = 622b/(p_2 - p_m) ;$$

$$F = (z_1 - z_2)/102.5 - (E_2\varphi_2 - E_1\varphi_1)\varepsilon'$$

上面参数计算式中,p_1,p_2 为井口、井底的大气压力,对于井底大气压力可近似按公式 $p_2 = p_1 + gp(z_1 - z_2)$ 推算。其中 gp 为压力梯度,其值为 11.3 ~ 12.6Pa/m;φ_1,φ_2 分别为井口、井底空气的相对湿度(%)。式 12 - 21 即为井底风温计算式。

当井筒中存在水分蒸发时,由于水分蒸发吸收的热量来源于风流下行压缩热和风流本身,这部分热量将转化为汽化潜热,所以当风流沿井筒向下流动时,有时井底风温不仅不会升高,反而还可能有所降低。

12.2.3 巷道风流的热交换和风温计算

风流经过巷道时,由于与巷道环境间发生热湿交换,使风温随距离逐渐上升。其热平衡方程式为:

$$M_b c_p (t_2 - t_1) + M_b \gamma (d_2 - d_1)$$

$$= [K_\tau P(t_r - t) + K_t P_t(t_t - t) - K_x P_x(t - t_x) + K_w B_w(t_w - t)]L + \sum Q_m \quad (12 - 22)$$

式中　M_b——风流的质量流量,kg/s;

K_τ——风流与围岩间的不稳定换热系数,kW/(m² · ℃);

P——巷道周长,m;

t_r——原始岩温,℃;

K_t,K_x——分别为热,冷管道的传热系数,kW/(m² · ℃);

P_t,P_x——分别为热、冷管道的周长,m;

t_t,t_x——分别为热、冷管道内流体的平均温度,℃;

K_w——巷道中水沟盖板的传热系数,kW/(m² · ℃);

B_w——水沟宽度,m;

t_w——水沟中水的平均温度,℃;

$\sum Q_m$——巷道中各种绝对热源的放热量之和,kW;

L——巷道的长度,m。

式 12 - 22 通过变换整理可改写成:

$$(R + E\varphi_2)t_2 = (R + E\varphi_1 - N)t_1 + M + F \quad (12 - 23)$$

由式 12 - 23 可解得:

$$t_2 = \frac{(R + E\varphi_1 - N)t_1 + M + F}{(R + E\varphi_2)}, ℃ \quad (12 - 24)$$

其中组合参数:

$$E = 2.4876A ;$$

$$N_\tau = \frac{K_\tau P_\tau L}{M_b c_p} ; N_t = \frac{K_t P_t L}{M_b c_p} ; N_x = \frac{K_x P_x L}{M_b c_p} ; N_w = \frac{K_w B_w L}{M_b c_p}$$

$$N = N_\tau + N_t + N_x + N_w ; R = 1 + 0.5N ;$$

$$M = N_\tau t_r + N_t t_t + N_x t_x + N_w t_w ; \Delta\varphi = \varphi_2 - \varphi_1 ;$$

$$F = \frac{\sum Q_m}{M_b c_p} - E\Delta\phi\varepsilon'$$

上面参数中，φ_1、φ_2 为巷道始末端风流的相对湿度，% 。

式 12 – 24 即为巷道末端的风温计算式。

如果巷道中的相对热源只有围岩放热，则式 12 – 24 还可简化为下式：

$$t_2 = \frac{(R + E\varphi_1 - N)t_1 + Nt_r + F}{(R + E\varphi_2)}, ℃ \qquad (12-25)$$

12.2.4　采掘工作面风流热交换与风温计算

12.2.4.1　采矿工作面

风流通过采矿工作面时的热平衡方程式可表示为：

$$M_b c_p(t_2 - t_1) + M_b \gamma(d_2 - d_1) = K_\tau PL(t_r - t) + (Q_k + \sum Q_m) \qquad (12-26)$$

式中　Q_k——运输中矿石放热量，kW；

　　　其余符合意义同上。

将式 12 – 21 和式 12 – 18 代入式 12 – 26，经整理即可得出采矿工作面末端的风温计算式，其形式和式 12 – 24 完全一样，只是其中的组合参数略有不同。

对于采矿工作面：

$$N = \frac{K_\tau PL + 6.67 \times 10^{-4} c_m mL^{0.8}}{M_b c_p} \qquad (12-27)$$

$$F = \frac{\sum Q_m - 2.33 \times 10^{-3} c_m mL^{0.8}}{M_b c_p} - E\Delta\phi\varepsilon' \qquad (12-28)$$

式中　m——每小时矿石运输量，$m = \dfrac{A}{\tau}$，t/h；

　　　A——工作面日产量，t；

　　　τ——每日运矿时数，h。

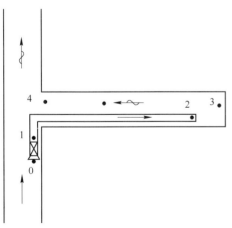

图 12 – 5　风流在掘进工作面的热交换分析
（图中 1、2、3、4 分别表示不同的位置）

当要求采矿工作面出口风温不超过规定时，其入口风温可按式 12 – 29 确定：

$$t_1 = \frac{(R + E\varphi_2)t_2 - Nt_r - F}{R + E\varphi_1 - N}, ℃ \qquad (12-29)$$

12.2.4.2　掘进工作面

风流在掘进工作面的热交换主要是通过风筒进行的，其热交换过程一般可视为等湿加热过程。现以如图 12 – 5 所示的压入式通风为例进行讨论。

A　局部通风机出口风温确定

风流通过局部通风机后，其出口风温一般可按下式确定：

$$t_1 = t_0 + K_b \frac{N_e}{M_{b1}}, ℃ \qquad (12-30)$$

式中　K_b——局部通风机放热系数，可取 0.55 ~ 0.7；

　　　t_0——局部通风机入口处巷道中的风温，℃；

N_e——局部通风机额定功率,kW;

M_{b1}——局部通风机的吸风量,kg/s。

B 风筒出口风温的确定

根据热平衡方程式,风流通过风筒时,其出口风温可按下式确定:

$$t_2 = \frac{2N_t t_b + (1 - N_t)t_1 + 0.01(z_1 - z_2)}{1 + N_t}, \text{℃} \qquad (12-31)$$

其中:

$$N_t = \frac{K_t F_t}{(K+1)M_{b1}c_p}$$

对于单层风筒:

$$K_t = \left(\frac{1}{\alpha_1} + \frac{1}{\alpha_2}\right)^{-1}, \text{kW/(m}^2 \cdot \text{℃)} \qquad (12-32)$$

对于隔热风筒:

$$K_t = \left(\frac{1}{\alpha_2} + \frac{1}{\alpha_1} \cdot \frac{D_2}{D_1} + \frac{D_2}{2\lambda}\ln\frac{D_1}{D_2}\right)^{-1}, \text{kW/(m}^2 \cdot \text{℃)} \qquad (12-33)$$

式中 t_b——风筒外平均风温,℃;

z_1——风筒入口处标高,m;

z_2——风筒出口处标高,m;

K_t——风筒的传热系数,kW/(m^2·℃):

S_t——风筒的传热面积,m^2;

p——风筒的有效风量率,$p = \dfrac{M_{b2}}{M_{b1}}$;

M_{b2}——风筒出口的有效风量,kg/s;

α_1——风筒外对流换热系数,kW/(m^2·℃):

$$\alpha_1 = 0.006(1 + 1.471\sqrt{0.6615v_b^{1.6} + D_1^{-0.5}}) \qquad (12-34)$$

α_2——风筒内对流换热系数,kW/m^2·℃:

$$\alpha_2 = 0.00712D_2^{-0.25}v_m^{0.75} \qquad (12-35)$$

D_1——隔热风筒外径,m;

D_2——风筒内径,m;

λ——隔热层的导热系数,kW/m·℃;

v_b——巷道中平均风速:

$$v_b = 0.4167(K+1)M_{b1}/S, \text{m/s} \qquad (12-36)$$

v_m——风筒内平均风速:

$$v_m = 0.5308(K+1)M_{b1}/D_2^2, \text{m/s} \qquad (12-37)$$

S——掘进巷道的断面积,m^2。

C 掘进头风温确定

风流从风筒口射出后,与掘进头近区围岩发生热交换,根据热平衡方程式,掘进头风温可按下式确定:

$$t_3 = \frac{1}{R}\left[(1 + E\varphi_2 - M)t_2 + 2Mt_r + F\right], \text{℃} \qquad (12-38)$$

其中:

$$M = ZK_{\tau3}S_3; Z = (2KM_{b1}c_p)^{-1}; R = 1 + M + E\varphi_3; F = Z\sum Q_{m3} - E\Delta\varphi\varepsilon' \qquad (12-39)$$

式中　$K_{\tau3}$——掘进头近区围岩不稳定换热系数,kW/(m² · ℃);

　　　S_3——掘进头近区围岩散热面积,m²;

　　$\sum Q_{m3}$——掘进头近区局部热源散热量之和,kW;

　　　　　其余量的符号意义同前。

　　掘进头近区围岩不稳定换热系数可按下式确定:

$$K_{\tau3} = \frac{\lambda\varPhi}{1.77R_3\sqrt{F_{03}}}, \text{kW/(m}^2 \cdot \text{℃)} \qquad (12-40)$$

其中:　　　$\varPhi = \sqrt{1 + 1.77\sqrt{F_{03}}}; R_3 = \sqrt{R_0l_3 + R_0^2}; R_0 = 0.564\sqrt{S}; F_{03} = \frac{\alpha\tau_3}{R_0^2}$

式中　λ——岩石的导热系数,kW/(m · ℃);

　　　α——岩石的导温系数,m²/h;

　　　τ_3——掘进头平均通风时间,h;

　　　l_3——掘进头近区长度,m。

12.2.5　矿井风流湿交换

　　当矿井风流流经潮湿的井巷壁面时,由于井巷表面水分的蒸发或凝结,将产生矿井风流的湿交换。根据湿交换理论,经推导可得出井巷壁面水分蒸发量的计算公式为:

$$W_{max} = \frac{\alpha}{\gamma}(t - t_s)PL\frac{p}{p_0}, \text{kg/s} \qquad (12-41)$$

　　　其中:　　　　　$\alpha = 2.728 \times 10^{-3}\varepsilon_m v_b^{0.8}, \text{kW/(m}^2 \cdot \text{℃)}$

式中　α——井巷壁面与风流的对流换热系数;

　　　γ——水蒸气的汽化潜热,2500 kJ/kg;

　　　t——巷道中风流的平均温度,℃;

　　　t_s——巷道中风流的平均湿球温度,℃;

　　　P——巷道周长,m;

　　　L——巷道长度,m;

　　　p——风流的压力,Pa;

　　　p_0——标准大气压力,101.325 kPa;

　　　v_b——巷道中平均风速,m/s;

　　　ε_m——巷道壁面粗糙度系数,光滑壁面 $\varepsilon_m = 1$:

　　　　　主要运输大巷 $\varepsilon_m = 1.00 \sim 1.65$;

　　　　　运输平巷 $\varepsilon_m = 1.65 \sim 2.5$;

　　　　　工作面 $\varepsilon_m = 2.5 \sim 3.1$。

由湿交换引起潜热交换,其潜热交换量为:

$$Q_q = W_{max}\gamma = \alpha(t - t_s)PL\frac{p}{p_0}, kW \qquad (12-42)$$

式中量的符号意义同前。

必须指出:式 12 - 42 是在井巷壁面完全潮湿的条件下导出的,所以由该式计算出的是井巷壁面理论水分蒸发量。实际上,由于井巷壁面的潮湿程度不同,其湿交换量也有所不同,故在实际应用中应乘以一个考虑井巷壁面潮湿程度的系数,称为井巷壁面潮湿度系数,其定义为:井巷壁面实际的水分蒸发量与理论水分蒸发量的比值,用 f 表示,即:

$$f = \frac{M_b\Delta d}{W_{max}} \qquad (12-43)$$

该值可通过实验或实测得到。求得井巷壁面的潮湿度系数后,即可求得风流通过该段井巷时的含湿量增量:

$$\Delta d = \frac{fW_{max}}{M_b} \qquad (12-44)$$

由含湿量增量,即可求得该段井巷末端风流的含湿量和相对湿度:

$$d_2 = d_1 + \Delta d \qquad (12-45)$$

$$\phi_2 = \frac{p_v}{p_s} \times 100\% \qquad (12-46)$$

式中　p_v——水蒸气分压力;

　　　p_s——饱和水蒸气分压力。

可用下式计算:

$$p_v = \frac{p_2 d_2}{622 + d_2}, Pa \qquad (12-47)$$

$$p_s = 610.6\exp\left(\frac{17.27t_2}{237.3 + t_2}\right), Pa \qquad (12-48)$$

本节介绍了矿井风流热湿计算的基本公式,根据这些公式即可逐段地计算出井巷末端风流的温度和相对湿度。

12.3　有热湿交换的风流能量方程

12.3.1　流动体系的能量方程

空气一经在地下巷道中流动,温度、湿度就会发生变化,现讨论引起这种变化的原因。

取一段在重力作用下不可压缩的非黏性流体稳定流动体系作为研究对象,如图 12 - 6 所示。

图 12 - 6 体系中流体所保有的全能量 $E(kJ/s)$,为内能 $U(kJ/s)$、位能 $E_w(kJ/s)$、动能 $E_d(kJ/s)$ 之和,即:

$$E = U + E_w + E_d \qquad (12-49)$$

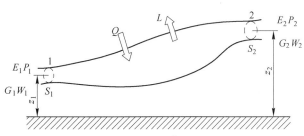

图 12 - 6　稳定流动体系的能量
(图中 1、2 分别表示两个不同断面的位置)

　　设通过体系边界给予流动体系的外热能用热量表示为 $Q(\mathrm{kJ/s})$，体系向外输出的能量为 $L(\mathrm{kJ/s})$。在流动体系入口 1 处，通过流体从入口左方对流体施加的能量为 $E_1(\mathrm{kJ/s})$，在体系出口 2 处，从流体带出的能量为 $E_2(\mathrm{kJ/s})$，则根据热力学第一定律得：

$$E_1 + Q = E_2 + L \tag{12-50}$$

　　先来讨论 E_1。E_1 虽为通过入口 1 的能量，但和式 12-49 表示的体系中流体本身保有的全能量 E 不同。这是因为流体在入口 1 处受到左方 p_1 的压力压入流体，换言之，入口 1 左方的流体对体系流体做了功（流动功），相对应为流体接受了同样大小的能量，此能量和流体本身所保有的能量之和，才是流体流过 1 处的能量 E_1，下面来求 E_1。

　　设流量为 $G(\mathrm{kg/s})$，流速为 $v(\mathrm{m/s})$，单位质量流体的内能为 $u(\mathrm{J/kg})$，离基准面高度为 $z(\mathrm{m})$，重力加速度为 $g(\mathrm{m/s^2})$，则流体流过入口 1 时，质量为 G 的流体所具有的内能、位能、动能分别为：

$$U = Gu \tag{12-51}$$

$$E_\mathrm{w} = Ggz \tag{12-52}$$

$$E_\mathrm{d} = \frac{G}{2}v^2 \tag{12-53}$$

则质量 G 流体所保有的全能量为：

$$E = G\left(u + gz + \frac{v^2}{2}\right) \tag{12-54}$$

　　再来讨论流动功，设入口 1 处流体的有效断面积为 $S_1(\mathrm{m^2})$，当流体向右流动时，一边受 $p_1 S_1$ 的力作用，一边以速度 v 位移，所以在断面 1 处流体具有的压能 $L_{l_1}(\mathrm{J/s})$ 应为：

$$L_{l_1} = p_1 S_1 v_1 \tag{12-55}$$

则单位质量的压能为：

$$w_{l_1} = \frac{L_{l_1}}{G_1} = \frac{p_1 S_1 v_1}{\dfrac{S_1 v_1}{u_1}} = p_1 \nu_1 \tag{12-56}$$

式中　ν_1——流体在断面 1 处的比容，$\mathrm{m^3/kg}$。

　　式 12-56 表明：1 kg 状态为 $(p_1 、\nu_1)$ 的流体，必须对体系内的流体作 $p_1\nu_1(\mathrm{J})$ 的推动功才能进入体系，这项功是外界给予体系的能量；反之，1 kg 状态为 $(p_2 、\nu_2)$ 的流体从体系中流出，也必须对外界流体作 $p_2\nu_2$ 的推动功，这项功是体系给外界的能量，则单位时间流过入口 1 的流体总能量可用下式表示：

$$E_1 = E + L_{l_1} = G\left(u_1 + p_1\nu_1 + gz_1 + \frac{v_1^2}{2}\right) \tag{12-57}$$

同理，出口 2 的流体总能量为：

$$E_2 = E + L_{l_2} = G\left(u_2 + p_2\nu_2 + gz_2 + \frac{v_2^2}{2}\right) \tag{12-58}$$

　　把式 12-57、式 12-58 代入式 12-50，式两边消去 G，并令单位质量热能 $q = Q/G(\mathrm{J/kg})$ 和 $l = L/G(\mathrm{J/kg})$，则有：

$$u_1 + p_1\nu_1 + gz_1 + \frac{v_1^2}{2} + q = u_2 + p_2\nu_2 + z_2 + \frac{v_2^2}{2} + l \tag{12-59}$$

移项整理成：

$$q = (u_2 + p_2 \nu_2) - (u_1 + p_1 \nu_1) + \frac{1}{2}(v_2^2 - v_1^2) + g(z_2 - z_1) + l \qquad (12-60)$$

如把 $i = u + p$ 定义为单位质量流体的焓,则式 12-60 变成:

$$q = (i_2 - i_1) + \frac{1}{2}(v_1^2 - v_2^2) + g(z_2 - z_1) + l = \Delta i + \frac{1}{2}\Delta v^2 + g\Delta z + l \qquad (12-61)$$

对于微元过程,有:

$$dq = di + \frac{1}{2}dv^2 + gdz + dl \qquad (12-62)$$

式 12-61、式 12-62 称为稳定流动的基本能量方程式,是热学上流动体系的能量守恒表达式。因为,流速为 $v < 30$ m/s 时,$\frac{v^2}{2}$ 相对非常小,而矿井通风中风速很少大于 30 m/s,所以,$\frac{v^2}{2}$ 在工程上常忽略不计,这时式(12-62)可简化为:

$$dq = di + dz + dl \qquad (12-63)$$

必须注意,式 12-61、式 12-62 中的每一项,根据不同情况,都可以是正值、负值或零。如 q 为正值,表示外界对流体体系加热;q 为负值,表示流体体系对外界放热。l 为正值,表示对外界做功,反之表示外界对体系做功,$\frac{1}{2}\Delta v^2$ 为正值,表示体系流体的动能增加,反之表示流体的动能减少。基本能量方程式是研究风温预测,制冷计算等实际问题的基础。

12.3.2 风流温度变化的基本方程

推导了流动体系中没有物质发生的能量基本方程,然而,随着地下风流的流动,有水蒸气加入,精确地说,不能把通风量视为定量。如考虑到这一状况,忽略动能一项,则对应于式 12-50 有:

$$G_1(u_1 + p_1 v_1 + gz_1) + Q = G_2(u_2 + p_2 v_2 + gz_2) + L \qquad (12-64)$$

严密地说,加入的水分原保有的能量也需考虑,但此能量往往很小,可以忽略。那么,若把式 12-64 湿空气的流量 G 换写成含湿量和干空气量 G'(kg/s),由于 G' 为一定,则有:

$$G'(1 + d_1)(u_1 + p_1 v_1 + gz_1) + Q = G'(1 + d_2)(u_2 + p_2 v_2 + gz_2) + L \qquad (12-65)$$

所以:

$$(u_1 + p_1 v_1)(1 + d_1) + gz_1(1 + d_1) + \frac{Q}{G'} = (u_2 + p_2 v_2)(1 + d_2) + gz_2(1 + d_2) + \frac{L}{G'} \qquad (12-66)$$

在式 12-66 中,$(u + pv)(1 + d)$ 为每 $(1 + d)$ kg 湿空气的焓,即每千克干空气的焓用 $i[J/(1+d)$kg 或 J/kg]表示,则式 12-66 变化为:

$$i_1 + gz_1(1 + d_1) + \frac{Q}{G'} = i_2 + gz_2(1 + d_2) + \frac{L}{G'} \qquad (12-67)$$

在式 12-67 中,一般 d 远小于 1,如将其忽略,并近似看成 $G = G'$,就可在上式中用 G 代换 G',则有:

$$\frac{Q}{G} = \Delta i + g\Delta z + \frac{L}{G} \qquad (12-68)$$

把焓的表达式代入式 12-68,有:

$$\frac{Q}{G} = c_{pk}\Delta t + \gamma\Delta d + g\Delta z + \frac{L}{G} \qquad (12-69)$$

或：

$$q = c_{pk}\Delta t + \gamma\Delta d + g\Delta z + \frac{L}{G} \qquad (12-70)$$

式 12 - 70 虽为近似式,但误差很小,能满足工程计算的要求。

式 12 - 70 说明:在连续的地下风流中,热源供给每千克风流的热量,等于每千克风流的风温、含湿量、位能变化引起的热量变化及做功的变化之和,式 12 - 70 可作为地下风流温度变化的基本方程式。

将式 12 - 70 加以推演,因为位能变化量 $g\Delta z$、功 l 都可以用热的形式表示,故可认为一切热源发出的总单位热量 $\sum q$,可等于 $q - g\Delta z - l$ 的和,式 12 - 70 则变成:

$$\sum q = c_{pk}\Delta t + \gamma\Delta d \qquad (12-71)$$

在式 12 - 71 中,等式右边第一项,是造成风流温度升高的热量,称为显热;第二项是巷壁或水沟上的水分因蒸发成同温度蒸汽时所需的汽化热,称为潜热,即有:井巷中各热源给予风流的总热量 = 显热 + 潜热。

12.4 高温矿井降温一般技术措施

当矿井气候值超过标准而出现热害时,就必须采取降温措施加以改善。矿井降温的一般技术措施是指除了矿井空调技术外,其他各种用于调节和改善矿井气候条件的措施。它主要包括:通风降温、隔热疏导、个体防护等,本节仅介绍其中几种主要措施。

12.4.1 通风降温

加强通风是矿井降温的主要技术途径。通风降温的主要措施就是加大矿井风量和选择合理的矿井通风系统。

12.4.1.1 加大风量

实践证明,在一定的条件下(如,原风量较小),增加风量是高温矿井最经济的降温手段之一。加大风量不仅可以排出热量、降低风温,而且还可以有效地改善人体的散热条件,增加人体舒适感。所以在高温矿井采用通风降温是矿井降温的基本措施之一。

但增风降温并不总是有效的。当风量增加到一定程度时,增风降温的效果就会减弱。同时增风降温还受到井巷断面和通风机能力等各种因素的制约,有一定的应用范围。

12.4.1.2 选择合理的矿井通风系统

从降温角度出发,确定矿井通风系统时,一般应考虑下列原则:

(1) 尽可能减少进风路线的长度。在井巷热环境条件和风量不变的情况下,井巷进风的温升是随其流程加长而增大,风路越长,风流沿途吸热量越大,温升也越大。所以,在高温矿井应尽量缩短进风路线的长度。同时,在进行开拓系统设计时,要注意与通风系统相结合,避免进风巷布置在高温岩层中和不必要地加长进风路线的长度,以增加其温升。

(2) 尽量避免煤流与风流反向运行。对于煤矿井,在选择采区通风系统时,尽量采用轨道上山进风方案,避免因煤流与风流方向相反,将煤炭在运输过程中的散热和设备散热带进工作面。根据原西德的经验采用轨道上山(平巷)进风与运输上山(平巷)进风相比,回采工作面进风流的同感温度可降低 4～5℃。

（3）回采工作面采用下行风。对于煤矿井，在条件许可时，回采工作面可采用下行风。因为回采工作面采用下行风时，风流是从路程较短的上部巷道进入工作面，且减少煤炭放热影响，故可降低工作面的进风温度。

12.4.2　隔热疏导

所谓隔热疏导就是采取各种有效措施将矿井热源与风流隔离开来，或将热流直接引入矿井回风流中，避免矿井热源对风流的直接加热，从而达到矿井降温的目的。隔热疏导的措施主要叙述如下。

12.4.2.1　巷道隔热

巷道隔热主要用于矿井局部地温异常的区段。目前较为可行的方法是，在高温岩壁与巷道支架之间充填隔热材料，如，高炉或锅炉炉渣等。近年来，我国煤矿还试验用聚氨酯泡沫塑料喷涂岩壁，当喷涂厚度为 10 mm 时，就能产生较好的隔热效果。国外有些国家也曾采用聚乙烯泡沫塑料、硬质氨基甲酸泡沫、膨胀珍珠岩等隔热材料喷涂岩壁，也取得较好效果。但因巷道隔热费用较高，而且，隔热层的时效性较差，随着时间的推移，隔热层的作用将变小；同时，还必须注意防火、防毒等安全问题。由于这些原因限制了这种方法的应用。今后应当重视开发和研究高效、无毒、时效性长，而且廉价的巷道隔热材料。

12.4.2.2　管道和水沟隔热

对高温矿井，温度高的压气管道和排热水管应尽量设在回风流中，如果必须设在进风流中时应采取隔热措施。尤其是对热水型高温矿井，对排热水管进行隔热，应防止热水对风流的增温增湿作用。

对热水涌出量大的矿井可超前将热水疏干，将水位降低到开采深度以下。对局部地点涌出的高温热水，可在出水点附近打排水钻孔，将热水用隔热管道直接排至地面。

12.4.2.3　井下发热量大的大型机电硐室应独立回风

现代矿井井下大型机电硐室的发热量很大，如果这些设备的散热直接进入进风流，将引起矿井风流较大的温升。所以，对高温矿井，井下大型机电硐室（如中央变电所、泵房和绞车房等）应建立独立的回风系统。

12.4.3　个体防护

对个别气候条件恶劣的地点，由于技术或经济上的原因，如不能采取其他降温措施时，对矿工进行个体防护也是一种有效的方法。矿工个体防护的主要措施就是让矿工穿戴轻便、冷却背心或冷却帽，其作用是防止环境热对流和热辐射对人体的侵害；同时，使人体自身的产热量传给冷却服或冷却帽中的冷媒。国外已研制出了许多种适合井下使用的矿工冷却服和冷却帽，例如：南非加尔德—来特公司研制生产的一种干冰冷却背心，干冰用量为 4 kg，冷却功率为 106～80 W，冷却时间可达 6～8 h。近年国内一些科研单位也研制出了同类产品，在煤矿井下试用也取得较好效果。

除了上述措施之外，还有其他一些措施，诸如煤层注水预冷煤体、在进风巷道放置冰块、利用调热圈巷道进风等都可起到一定的降温作用。

由于矿井的高温原因各不相同，热害程度也轻重不一。因此，在作矿井降温设计时，应对具体问题作具体分析,要因地制宜、有针对性地采取降温措施,才能受到良好效果。

12.5 高温矿井制冷空调技术

当采用一般的矿井降温措施,不能有效地解决采掘工作面的高温问题时,就必须采用矿井空调技术。所谓矿井空调技术就是应用各种空气热湿处理手段,来调节和改善井下作业地点的气候条件,使之达到规定标准的一门综合性技术。本节将简单介绍矿井空调系统设计的基本原理和一般方法。

12.5.1 矿井空调系统设计的依据

矿井空调系统设计的主要依据是行业标准和上级主管部门的书面批示。此外还必须收集下列资料或数据:

(1) 矿区常年气候条件,如,地表大气的月平均温度、月平均相对湿度和大气压力等;

(2) 矿井各生产水平的地温资料和等地温线图;

(3) 矿井设计生产能力、服务年限、开拓方式、采区布置和年度计划等;

(4) 采掘工程平(剖)面图、通风系统图和通风网路图;

(5) 矿井通风系统阻力测定与分析数据,如井巷通风阻力、风阻、风量等;

(6) 井巷所穿过各岩层的岩石热物理性质,如导热系数、导温系数、比热和密度等;

(7) 矿井水温和水量。

12.5.2 设计的主要内容与步骤

矿井空调系统设计是一项非常复杂的工作,其主要设计内容和步骤如下:

(1) 矿井热源调查与分析,查明矿井高温的主要原因及热害程度,并对矿井空调系统设计的必要性作出评价;

(2) 根据实测或预测的风温,确定采掘工作面的合理配风量,并计算出采掘工作面的需冷量,做到风量与冷量的最优匹配,以减少矿井空调系统的负荷;

(3) 根据采掘工作面的需冷量、已采取的一般矿井降温措施及生产的发展情况,确定全矿井所需的制冷量,并报请有关部门核准;

(4) 根据矿井具体条件,拟定矿井空调系统方案,包括制冷站位置、供冷排热方式、管道布置、风流冷却地点的选择等,并进行技术经济比较,确定最佳方案;

(5) 根据拟定的矿井空调系统方案,进行供冷、排热设计,并进行设备选型;

(6) 进行制冷机站(硐室)的土建设计,选取合理的布置方式;

(7) 制冷机站(硐室)内自动监控与安全防护设施的设计,制定设备运行、维护的管理机制;

(8) 概算矿井空调的吨煤成本和其他经济性指标。

上述设计内容非常广泛,它涉及采矿、通风、空调、制冷、土建等相关学科。设计中既要注意采用先进的技术和设备,又不能忽视实际经验,更要适合当前我国的技术经济条件和可能的发展趋势,只有这样才能做好一个大型的矿井空调系统设计。

12.5.3 矿井空调系统的基本类型

目前国内外常见的冷冻水供冷、空冷器冷却风流的矿井集中空调系统的基本结构模式,如图 12-7 所示。它是由制冷、输冷、传冷和排热 4 个环节所组成。由这 4 个环节的不同组合，便构成了不同的矿井空调系统。这种矿井空调系统，若按制冷站所处的位置不同来分，可以分为以下三种基本类型：

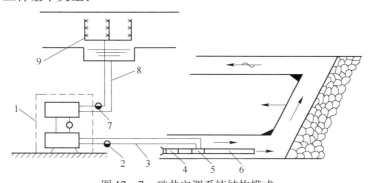

图 12-7　矿井空调系统结构模式
1—制冷站；2—冷水泵；3—冷水管；4—局部通风机；5—空冷器；6—风筒；
7—冷却水泵；8—冷却水管；9—冷却塔

12.5.3.1　地面集中式空调系统

它将制冷站设置在地面，冷凝热也在地面排放，而在井下设置高低压换热器将一次高压冷冻水转换成二次低压冷冻水，最后在用风地点上用空冷器冷却风流。其结构如图 12-8 所示。这种空调系统还可有另外两种形式，一种是集中冷却矿井总进风，这种形式，在用风地点上空调效果不好，而且经济性较差；另一种是在用风地点上采用高压空冷器，这种形式安全性较差。实际上后两种形式在深井中都不可采用。

12.5.3.2　井下集中式空调系统

井下集中式空调系统如按冷凝热排放地点不同来分，又有两种不同的布置形式：一是制冷站设置在井下，并利用井下回风流排热，如图 12-9 所示。

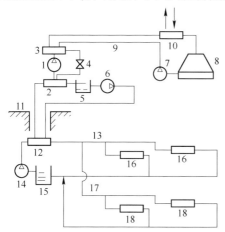

图 12-8　地面集中空调系统
1—压缩机；2—蒸发机；3—冷凝器；4—节流阀；5，15—水池；
6，7，14—水泵；8—冷却塔；9—冷却水管；
10—热交换器；11，13，17—冷水管；
12—高低压换热器；16，18—空冷器

图 12-9　制冷站设在井下，井下排除冷凝热
1—压缩机；2—蒸发机；3—冷凝器；4—节流阀；
5—水池；6—冷水泵；7—冷却水泵；
8—水池；9—冷却塔；10—空冷器

这种布置形式具有系统比较简单,冷量调节方便,供冷管道短,无高压冷水系统等优点,我国孙村煤矿曾采用这种布置方式。但由于井下回风量有限,当矿井需冷量较大时,井下有限的回风量就无法将制冷机排出的冷凝热全部带走,致使冷凝热排放困难,冷凝温度上升,制冷机效率降低,制约了矿井制冷能力的提高,所以这种布置形式只适用于需冷量不太大的矿井;二是制冷站设置在井下,但冷凝热在地面排放,如图 12 - 10 所示。这种布置形式虽可提高冷凝热的排放能力,但需在冷却水系统增设一个高低压换热器,系统比较复杂。

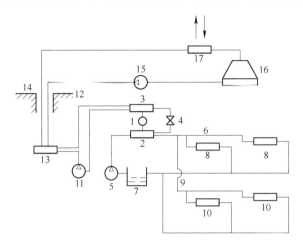

图 12 - 10 制冷站设在井下,地面排除冷凝热

1—压缩机;2—蒸发机;3—冷凝器;4—节流阀;5,11—冷水泵;6,9,12—冷水管;7—冷水池
8,10—空冷器;13—高低压换热器;14—冷却水管;15—冷却水泵;16—冷却塔;17—换热器

12.5.3.3 井上、下联合式空调系统

这种布置形式是在地面、井下同时设置制冷站,冷凝热在地面集中排放,如图 12 - 11 所示。它实际上相当于两级制冷,井下制冷机的冷凝热是借助于地面制冷机冷水系统冷却。

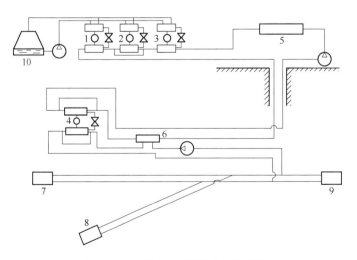

图 12 - 11 井上、下联合式空调系统

1~4—制冷机;5—空气预冷器;6—高低压换热器;7 ~9—空冷器;10—冷却塔

上述三种集中式矿井空调系统相比,在技术上的优缺点见表12-3,设计时究竟采用何种形式应根据矿井的具体条件而定。

表 12 - 3　矿井集中式空调系统技术比较

制冷站位置	优　点	缺　点
地　面	(1) 厂房施工、设备安装、维护、管理方便; (2) 可用一般型的制冷设备,安全可靠; (3) 冷凝热排放方便; (4) 冷量便于调节; (5) 无需在井下开凿大断面硐室; (6) 冬季可用天然冷源	(1) 高压载冷剂处理困难; (2) 供冷管道长,冷损失大; (3) 需在井筒中安装大直径管道; (4) 空调系统复杂
井　下	(1) 供冷管道短,冷损小; (2) 无高压冷水系统; (3) 可利用矿井水或回风流排热; (4) 供冷系统简单,冷量调节方便	(1) 井下要开凿大断面的硐室; (2) 对制冷设备要求严格; (3) 设备安装、管理和维护不方便
联　合	(1) 可提高一次载冷剂回水温度,减少冷损; (2) 可利用一次载冷剂将井下制冷机的冷凝热带到地面排放	(1) 系统复杂; (2) 设备分散,不便管理

此外,对不具备建立集中式空调系统条件的矿井,在个别热害严重的地点也可采用局部移动式空调机组。我国安徽淮南、浙江长广、江苏三河尖、山东新汶等矿都先后在掘进工作面使用过局部空调机组。但若将这种方式在矿井较大范围内使用,显然在技术和经济上都不合理。

12.6　矿用换热器

在矿井降温工程中,对风流进行热、湿处理,使采掘工作面或其他处所达到规定的气候条件,是通过各种换热器来实现的。对空气进行热湿处理的换热器称为空气冷却器。根据它的工作特点的不同,可以分为两大类:直接接触式和表面式。所谓直接接触式空气冷却器,是指与空气进行热、湿交换时,其冷却介质直接与被冷却的空气接触,即用冷水喷淋降温,冷却水直接和空气接触,这种冷却方式的空气冷却器通常又称为喷雾式空气冷却器。所谓表面式空气冷却器,是指与空气进行热湿交换时,其冷却介质不和被冷却的空气接触而是通过冷却器的金属表面来进行交换的,它具有使用方便、不妨碍井下作业和不污染井下作业环境等优点而被广泛使用。但在设计与选用时,必须计算矿井内空气含有粉尘量大、巷道空间狭窄的特点,所以,要求空气冷却器的结构表面应不易积垢而易于清洗;其外形尺寸要小,特别是要求其横断面积要尽量地小,而且,要便于拆卸和搬运。此外还要拥有足够大的换热面积和良好的换热性能,并配有必要的计量指示仪表。

由于经济上的原因,有时要将制冷站设于地面,此时必须向矿井深部输送载冷剂。为克服深部载冷剂回路中的高压。通常采用高低压换热装置,使从地面来的高压回路载冷剂通过它来冷却从工作面空气冷却器来的低压回路中的载冷剂,这样可以有效地避免矿井深部管道存在的高压危险。另外,有时即使制冷站设于井下,但仍需要利用地面供水排热,也需要高低压换热装置来对冷凝器的回水排热。所以,高低压换热装置也是矿井降温中的重要设备。此外,对管道进行隔热以减少沿途冷损也是不容忽视的。

12.6.1 表面式空气冷却器

12.6.1.1 表面式空气冷却器的构造

在矿用空气冷却器中有光管和肋管之分。光管表面式空气冷却器构造简单、粉尘不易沉积,但传热性能不好,金属消耗量较多,故采用者少。肋片管表面式空气冷却器又有横向肋管和纵向肋管之分,在横向肋管中因制造方法不同,而分有皱绕片、无皱绕片和套片,如图12 – 12 所示。在纵向肋管中,也因制造方法不同而有板管式和带管式等。

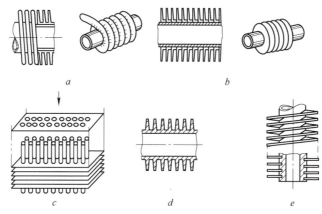

图 12 – 12 各种肋片管构造

a—皱褶绕片;*b*—光滑绕片;*c*—套片;*d*—轧片;*e*—镶片

由传热学理论得知,空气侧的换热系数较水侧的换热系数低得多。因此,采用在空气侧加肋的方法增加换热面积以增强其传热性能,既可以节约金属消耗量,又可以使空气冷却器的整体尺寸减小。但矿尘容易沉积,造成传热性能不稳定。

12.6.1.2 表面式空气冷却器的热工计算和阻力计算

在矿井条件下,表面式空气冷却器起到减焓降湿的作用,它使空气的温度和湿度同时发生变化。

表面式空气冷却器有几种计算方法,如:$\varepsilon_1 - \varepsilon_2$ 法(称为热交换效率系数—接触系数法;或称为干球温度效率法),$\varepsilon_1 - \xi$ 法(称为热交换效率—析湿系数法),$\varepsilon_{1(s)} - \xi$ 法(称为用干球温度表示的湿工况的热交换效率系数—析湿系数法)和 $\xi_{(s)} - BF$ 法(称为用湿球温度表示的湿工况的热交换效率系数—旁通系数法)等,实际上,它们的计算结果都很接近。各种方法的具体计算过程请参考有关设计手册。

12.6.2 喷雾式空气冷却器

喷雾式空气冷却器又称为直接接触式空气冷却器。因为它结构简单,制造非常容易,没有表面式空气冷却器那种因粉尘沉积而使热效率不稳定的缺点,阻力很小,有的甚至不需要附加风机就可以工作。所以,在矿井降温中,有广泛前途。如果要对需冷量很大的区域降温,喷雾式空气冷却器是一种较好的措施。当然它也有缺点,如水回路为开式,容易使水污染,甚至使管道、喷嘴堵塞和泄漏,影响劳动环境,回水的回收也较困难等。不过有时采用它,却正是由于不需回收水的缘故。

近几年国外采用喷雾式空气冷却器的渐多,其中有大型并固定安装的平巷喷雾式空气冷却器(见图 12－13)所示。它的技术数据是,换热量 800 kW,风量 2000 m³/min,进风温度 29℃/24℃(干球/湿球),出风温度 19.5℃/18.4℃,水量 69 m³/h,进水温度 8.9℃,出水温度 18.9℃,以及暗井喷雾式空气冷却器,如图 12－14 所示。此外,还有小型可移动的移动式喷雾空气冷却器(见图 12－15)等。

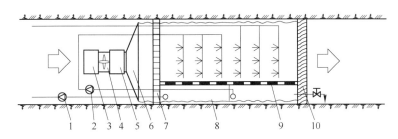

图 12－13 平巷喷雾式空气冷却器示意图
1—回水泵;2—第二级喷水泵;3—消声器;4—风机;5—消声器;6—接头;
7—整流器;8—外壳;9—滤水层;10—挡水板

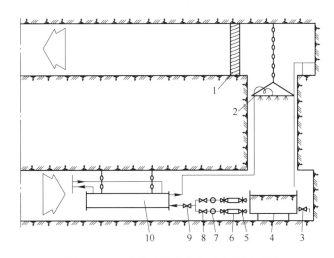

图 12－14 暗井喷雾式空气冷却器示意图
1—挡水板;2—喷头;3—排污阀;4—集水池;5—楔形阀;6—过滤器;
7—冷水泵;8—逆止阀;9—截止阀;10—高低压换热器

图 12－13 是 1 台二级喷雾冷却的喷雾式空气冷却器的示意图。喷雾室为圆筒形,直径 4 m,有效工作段长 10 m,集水池在圆筒内的下部,高为 0.4 m,它只能安装在辅助巷道中,因喷雾断面将占用整个巷道断面。配用风机功率为 40 kW,风量为 2000 m³/min,每一级的冷水喷水量为 70 m³/h,每一级为三排,每一排 10 个喷嘴,第一级冷水进水温度为 8.9℃时,冷却能力可达 800 kW。第二级喷水配 15 kW 水泵,回水泵根据回水的距离,高差配泵。喷水压力为 380 kPa。

当使用的条件为:第一级喷水量 76 m³/h,第二级喷水量 82 m³/h,主巷道进风干球温度为 25℃,湿球温度为 22℃,第一级进水温度为 11.4℃,第二级进水温度为 15.2℃,主巷道进风量为 1630 m³/min 时,这台空气冷却器的实际效果是:主巷道出风干球温度为 17.5℃,湿球温度为 17.0℃。

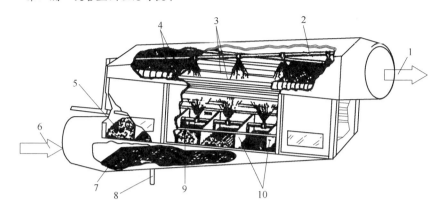

图 12 – 15   移动式喷雾空气冷却器

1—冷风出口;2—除尘管;3—水滴肋条;4—水滴分离器(层);5—塑料网垫;

6—热风进口;7—栅格板;8—排水管(热水);9—冷水管;10—风导流板

图 12 – 14 是 1 台暗井喷雾式空气冷却器的示意图。井筒为水泥构筑,直径 4.5 m,高 20 m。风流从下部向上流动,冷水以逆流方式自上向下喷淋,整个断面布置一排喷嘴,共 76 个,喷水量为 84 m³/h;进水温度为 7℃时,最大冷却效果可达 1300 kW,最大风阻为 100 Pa,因此不需要附加风机。

图 12 – 15 是移动式喷雾空气冷却器,外形尺寸较小。长度为 3050 mm,高度为 1 680 mm,宽度为 406 mm。当风量为 141.6 m³/min,风温为 29.44℃/26.67℃(干球/湿球),水量 45.6 L/min,水温为 10℃时,冷却能力可达 46 kW。

实践表明,喷雾式空气冷却器虽为开式回水,易受污染,但维护工作量很少,所以受现场的欢迎。此种冷却器结构简单,材料消耗极少,尤其是可以不用贵重的钢材,再加上维护简单,很适合我国国情,应逐步开展试制研究,生产出适合我国矿井条件各式喷雾式空气冷却器,以适应生产的需要。

喷雾式空气冷却器的热工计算方法与地面空调的喷水室计算相同,但要根据其结构特性来确定自己的实验系数和指数,不能简单套用地面的数据(表面式空气冷却器也是一样)。应在广泛的实验基础上,结合经验公式才能进行设计计算。此处不作具体介绍。

12.6.3   高压水的减压装置

随着井下空调需冷量的日益增大,井下制冷机的排热也日趋困难,近一些年来,迫使国外一些大型的空调矿井将制冷机安设在井上,用管道将其制出的冷水送到井下的需冷地点,而且,这种空调方式有可能成为今后热害严重矿井的主要空调方式。因而,对于此种空调方式中存在的高压水减压问题,应予以研究分析。

在无摩擦或静止的状态下,水压的上升是由供水地点和用水地点间的高差所决定的,即:

$$\Delta p = \rho \Delta H \cdot g / 1000 \qquad (12 - 72)$$

式中 Δp——水压的增量,kPa;

ρ——水的密度,$\rho = 1000 \text{ kg/m}^3$;

ΔH——两点间的高差,m;

g——重力加速度,$g = 9.8 \text{ m/s}^2$。

所以高差每变化 10 m,水压便变化 9.81 kPa(约等于 1 个大气压)。

但在水流流动的情况下,即在存在摩擦压头损失量为 $h_f(\text{m})$ 时,其水压的改变量为:

$$\Delta p = \rho(\Delta H - h_f)g \tag{12-73}$$

同高差 ΔH 对比而言,摩擦压头的损失量 h_f 一般是不大的,所以在上述两种状态下,水压的改变量都是很可观的。由于高压管路昂贵及安全上的原因,不希望在井下布设高压管路、使用高压水。因此,在井下空调中就存在着一个高压水的减压问题。

12.6.3.1　贮水池或减压阀

最简单的减压装置是在井下用水地点附近建造贮水池,即将高压水直接排到贮水池以卸压,然后根据用水地点的具体条件,采用泵排或自流的方式将水输送到用水地点上去。用贮水池的主要缺点是它的开凿量大,而且经常清洗很费工。

另一个较简单的减压装置是采用减压阀。不管进水量与水压如何变化,减压阀可自动、可靠地将高压进水减压为所需的低压出水,压力的调节可借控制膜片上的压力来实现。当进水压力上升时,其所增大的压力则会将膜片压入到膜片槽里去,从而保持出水压力固定在预定的数值上。

当水流向下流动时,要损失位能,如这部分能量不对外做功,就要全部转换为热能,水温就要上升。温升的幅度可用下式来进行计算:

$$GH = c_p t \tag{12-74}$$

式中　c_p——水的比热容,$c_p = 4.19 \text{ kJ/(kg·K)}$;

t——水的温升,℃。

即当水位每下降 1000 m 时,水的温升为:$\Delta t = 9.81/4.19 = 2.34$℃。

这是一个相当大的数字,而在采用贮水池或减压阀减压时,都存在着这个温升问题,所以有待解决。

12.6.3.2　高低压换热器

当水流在水管里处于有压状态下流动时,其温升只和进水温度有关。当进水的温度为 30℃ 水位下降为 1000 m 时,温升仅约 0.2℃,如进水温度约在 3℃ 以下,则其温升可忽略不计。据此,设计出了高低压换热器,借它来将高压水和低压水进行热交换,以消除冷水显著的温升。常用的高低压换热器多为圆筒管束型,低压水在管束内流动,高压水在圆筒内,管束外流动。这样的布置使薄管外壁可承受较大的压力,且便于对管内进行清扫。常用的高低压换热器如图 12-16 所示。

此高低压换热器的技术特征是:

(1) 壳体为单流程,管内为双流程;

(2) 最大的工作压力为 8600 kPa;

(3) 浮动管头板可抵偿换热管束冷缩热胀的压力,并便于对管束进行清洗;

(4) 集水箱便于观察及清洗管束内侧;

(5) 管束的管子数为 201 根。

图 12-16 的下半部是由 5 台高低压换热器组成的换热器组,高压的冷水从图的左侧进出换热器,进水量为 21 L/s,其流程如图 12-16 所示,进水温度为 6.1℃,出水温度为 18.3℃。被冷却的冷水从图的右侧进出换热器组,其流程也如图 12-16 所示,进水量为

20 L/s,进水温度为 21.7℃,回水温度为 8.9℃,总换热量可达 1000 kW。

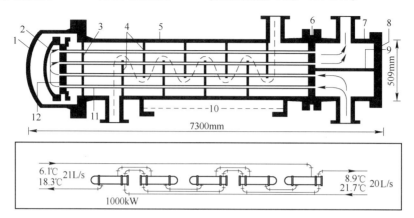

图 12 – 16 高低压换热器

1—筒体顶盖;2—管头板盖;3—支撑板;4—转向隔板;5—筒体;6—固定的管头板;7—集水箱;
8—集水箱盖;9—流程隔板;10—支座;11—换热管束;12—浮动管头板

这种高低压换热器的优点是:

(1)高压水是有压循环,所以温升很小;

(2)由于低压水一般易受污染,今在管子内流动,便于清洗;

(3)高压水为闭路循环,所以将它泵回地面所需的动力最小,费用也最低;

(4)二次低压水的水压可根据需要,借泵输送出去;

(5)蒸发器系统得以保持清洁。

它的缺点是:

(1)在高压进出水和低压进出水间存在着温度跃迁,在图 12 – 16 上为 2.8℃ 及 3.4℃,所以未能充分利用制冷站输送出来的冷量,为了缩小温度跃迁,换热器就需要做得很大;

(2)整套装置非常昂贵,一般可达同容量制冷机组费用的 60% ~ 70%;

(3)需要开凿相当大的硐室;

(4)管理与维护的工作量很大;

(5)整套装置很难移动。

因而在进行设计与建造前,需依据具体条件对其优缺点进行详细的分析,以免造成浪费。

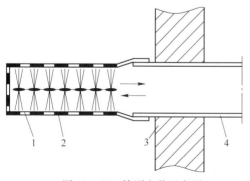

图 12 – 17 管刷安装示意图

1—尼龙毛刷;2—尼龙栅套;3—管头板;4—换热管子

为了能及时和有效地清洗低压水管内壁上的积垢,目前设计并采用了一种特制的毛刷,利用水流将毛刷从管子的一端带到另一端,在管子的端部设一栅套,使毛刷不会完全脱离管端。隔一定时间(如 2 h)后改变水流的流向,毛刷便从另一端冲回到原来的一端,这样来回地冲刷,污垢便很难淤积在管子内壁上,管刷的安装如图 12 – 17 所示。据说运行效果良好。

12.6.3.3　水能回收装置

为了充分利用水的位能,减少水流向下流动时的温升及消除在高低压换热器中的温度跃迁,20 世纪 80 年代以来,一些矿井热害严重的国家,先后采用了数量众多的水能回收装置,如果不用这种回收水能装置来缩减将水排回到地面上去的水泵功率及降低温升,则将制冷站建在井上的经济合理性就不存在。由于井下排热困难,这些国家的深井井下气候条件将要比现在困难得多。

水能回收装置一般被用来协助水泵将水排回到地面上去,所采用的机械多为斗轮式水轮机,水轮机可直接与水泵联结,用它带动水泵排水也可将它和发电机连接,其所发出来的电能则输送到馈电电网上。发电的效率要比水轮机低 15% 左右,但其管理与监控要比前者简易得多,所以采用的较多。它们所能回收的能量可按下式进行计算:

$$W = (\Delta H - h_\mathrm{f}) g \cdot Q \cdot \eta_\mathrm{t}/1000 \qquad (12-75)$$

式中　W——回收的能量值,kW;

　　　Q——水量,L/s;

　　　η_t——水轮机的效率。

例如,当流量为 $Q = 100$ L/s 的水,经 $\phi 250$ mm 的管道沿 1500 m 井筒垂直向下流动时,如其摩擦水力损失 $h_\mathrm{f} = 25.5$ m,水轮机的效率 $\eta_\mathrm{t} = 0.75$,则其回收的能量为:

$$W = (1500 + 22.5) \times 9.81 \times 100 \times 0.75/1000 = 1087 \text{ kW}$$

设水泵的效率 $\eta_\mathrm{p} = 0.75$,电机效率 $\eta_\mathrm{m} = 0.95$,则将水排回到地面上去时水泵所需的功率 N 为: $N = (1500 + 22.5) \times 9.81 \times 100/(1000 \times 0.75) = 1991$ kW

由于采用了水能回收装置——水轮机,其回收的功率为 1087 kW,则水泵实际上所需的功率为 $(1991 - 1087)/0.95 = 952$ kW,则水能回收的效率 η 为:

$$\eta = \left[(1991 - 952)/1991 \right] \times 100\% = 52.2\%$$

如前所述,如不采用水能回收装置,水温要上升 $1.5 \times 2.34 = 3.51$℃,如不计及水管同外界的换热,则水在井底车场里的总能量增量为 $1500 \times 9.81 \times 100/1000 = 1471.5$ kW,今回收能量为 1087 kW,则实际用于温升的能量为 $1471.5 - 1087 = 385$ kW,则其温升为 $385/(4.19 \times 100) = 0.92$℃,所以可减少水温上升的幅度为: $3.51 - 0.92 = 2.59$℃。

12.6.3.4　高低压转换器

最近国外研制出一种新型的水能回收装置——高低压转换器。它的长度为 2.6 m,宽为 1.6 m,高为 4.4 m,其温度跃迁一般可降到 0.2℃,所以它是一种很有前途的降压装置。

高低压转换器的工作原理如图 12-18 所示。在一个缸体里,可以自由移动的活塞将冷水和热水隔离开来。图 12-18a 描述的是从井下低压冷却循环回路中的热水流进缸体的上部,使活塞向下移动,从而将原先处于活塞下部的冷水排到井下的冷水回路中去,当活塞移动到缸体的下端时,转动三通阀,将它和井下的低压冷却循环回路断开,同时将缸体和井上的高压循环回路连通,如图 12-18b 所示。这时,处于缸体中的水便处于高压状态。当通向井上高压循环回路的单向阀打开时,自井上来的冷水便进入缸体,推动活塞向上移动,从而将位于缸体上部的热水排到通往井上的高压循环回路中去,即将热水排到井上去。当活塞移动到缸体的上端时,三通阀再一次发生转动,重新进行上述的低压水转换行程。这样便依次地交换着高压水与低压水的转换行程。为了能使水流连续地流动,需要有三套这种按预定行程交替工作的转换器。这种高低压转换器结构简单,主要是由一个缸体,一只三通阀和两只单向阀组成。在其低压行程中,高压水被暂时地贮存起来,而在高压行程中,低压水被暂时地贮存起来。

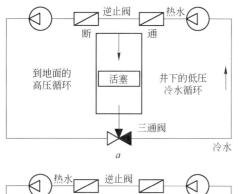

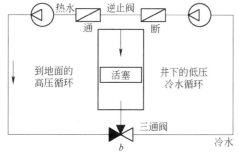

图 12 - 18　高低压转换器结构示意图

a—低压转换行程; b—高压转换行程

另一种带有贮水室的同步行程高低压转换器的工作原理,如图 12 - 19 所示。图 12 - 19a 描述的是低压水转换行程,这时高压逆止阀和流向转换器的控制器处于断开位置,高压循环回路和低压循环回路形成附加的贮水室。在低压转换行程里,高压水流向高压贮水室,使活塞和活塞连杆向上移动,低压贮水室里的活塞也向上移动。这样,原来位于高压贮水室上部的热水便被排送到地面上去,而从地面来的冷水便被吸入到高压贮水室的下部,而井下低压回路的热水便被吸入到低压转换器的上部,原来位于低压转换器下部的冷水便部分地被输送到井下低压回路中去,另一部分则被吸进低压贮水室的下部,原来位于低压贮水室上部的热水便被排到低压转换器的上部。当活塞移动到其终点时,控制器便转换了位置,低压水转换行程便告结束,高压水转换行程宣告开始,如图

12 - 19b 所示。这时,高压贮水室和低压贮水室里的活塞便向下移动,将冷水输送到井下低压回路并将热水排送到地面上去,在这种高低压转换器里,转换时间约为 3 s。

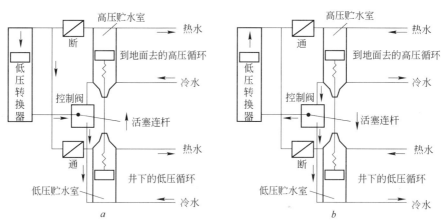

图 12 - 19　同步行程高低压转换器结构示意图

a—低压转换行程; b—高压转换行程

12.7　冬瓜山通风降温与节能监控技术

冬瓜山铜矿床是我国有色金属矿山首例埋藏深度超过千米且矿体均赋存于热害区的特大型高硫铜矿床。矿区年平均气温 16.2℃,夏季年平均气温 27.4℃,极端气温高达 40.2℃。冬瓜山铜矿特殊的开采条件(深井、高温、高硫矿床)决定了井下通风系统除了要满足向井

下供给足够的新鲜风流、有效地排出炮烟和粉尘外,还要排出井下各种热源放出的热量,从而保证井下采矿生产达到安全规程的要求,为井下作业人员创造一个比较安全、舒适的作业环境,并通过通风远程集中监控系统实现节能目标。

对冬瓜山铜矿床的开采来说,其通风环境有以下特点:

(1)上部老区系统影响。冬瓜山铜矿床是上部原狮子山矿的深部矿体,深部开采时与原狮子山老区系统有着较多的联系,冬瓜山通风系统必然会受到上部老区通风系统的影响。

(2)通风系统复杂。冬瓜山矿的采场生产能力大,机械化程度高,各中段同时生产的采场和盘区的数量也较多,而且中段盘区的风路十分复杂,存在复杂角联网络,风量调控困难。系统有效风量率的提高、通风系统的控制与管理均比较复杂。

(3)矿井总风量大。冬瓜山矿采用垂直深孔阶段空场嗣后充填采矿法,为达到冬瓜山矿日产万吨的生产能力。同时,作业的中段、盘区及采场的数量也较多,再加上井下降温要求(深部的岩温较高,局部接近40℃,受此影响,使得井下高温热害比较严重,特别是无贯穿风流的独头作业面,气温达36~38℃左右),通风系统必须提供较大的矿井总风量。

(4)通风节能控制要求高。从投产到达产的生产过程中,以及不同作业工序的需风量都不均衡,大风量的通风系统节能控制要求高。

12.7.1 通风降温技术

12.7.1.1 多级机站通风系统

对于冬瓜山复杂难采千米深井高温大型(开采规模300万t/a)铜矿床,通过加大系统通风量(优化设计总风量600 m^3/s),采用多级机站通风技术并对其进行合理改进,即系统Ⅰ级机站控制系统进风量并克服进风段通风阻力,Ⅱ、Ⅲ级机站采用风机两两串并联形式控制系统总风量并克服采区及回风段通风阻力,降低通风系统装机容量37%(由4935 kW降低到3110 kW),主要作业采区温度降低5~8℃,解决了深井高温矿床通风降温与节能、多级机站通风技术推广应用中存在各级机站风机压力的不合理分配以及进风段和需风段存在大量漏风和污风循环的问题。

A 矿井总风量

按照采矿方法和采准设计优化后冬瓜山铜矿床所采用的阶段空场嗣后充填采矿法需要的采准、凿岩、爆破出矿、充填等作业工序,参照原设计资料,取每个出矿采场需风量25 m^3/s,每个凿岩采场需风量20 m^3/s,每个充填采场需风量12 m^3/s,每个掘进工作面需风量9 m^3/s,计算采区同时作业各工作面所需总风量以及各作业中段所需风量。

采区同时作业各工作面所需总风量:

根据采矿方法的特点,将采场通风分为采场底部平面(出矿层)与采场上部平面(凿岩充填层)分别进行考虑。

(1)采场底部平面(出矿层)。同时作业面数包括4个采准作业,4个出矿作业,2个中孔作业,2个充填作业,所需风量为$4 \times 9 + 4 \times 25 + 2 \times 20 + 2 \times 12 = 200$ m^3/s。

(2)采场上部平面(凿岩充填层)。同时作业面数包括4个采准作业,2个大孔作业,2个充填作业,所需风量为$4 \times 9 + 2 \times 20 + 2 \times 12 = 100$ m^3/s。因此,井下采区同时作业各工作面需风量为300 m^3/s。

把-875 m运输水平所需风量60 m^3/s和井下各类硐室所需风量98 m^3/s(按原设计选

取)考虑进去,井下通风系统实际所需总风量为 458 m³/s,再加上由于风量分配不均及通风系统内、外部漏风原因,取系统漏风系数为 1.2,则矿井总风量为 550 m³/s。

从降温角度考虑,在一定范围内,通过提高风流速度,加大通风量,可以降低井下作业环境的温度,提高作业人员的劳动效率,因而最后确定冬瓜山多级机站通风系统总风量为 600 m³/s。

B 多级机站通风系统优化方案

(1)冬瓜山通风系统采用多级机站形式,进风机站风机型号因设备已按原设计订货而不作改变(分别为 -670 m 两台 K40-6-Nо17, -730 m 两台 K40-6-Nо16, -790 m、-850 m 和 -875 m 均为 K40-6-Nо18),回风机站均设置在 -790 m、-850 m 回风巷,选用同型号风机 K45-6-Nо19,单台风机风量 59.8 ~ 113.2 m³/s,风压 920 ~ 1766 Pa,在三条回风巷中均两两串并联。

(2)系统装机容量 3110 kW,实际运行功率 2424 kW,风机平均效率 80%,系统通风阻力 3851 Pa。

冬瓜山回风井总回风量 604 m³/s,进风井进风量 473 m³/s,东副井、主井、辅助井和团山副井均少量进风。

(3)为使 -790 m、-850 m 3 条回风巷通过的风量和各回风机站负担的井巷通风阻力基本均衡,回风巷道断面均改为 25.03 m²,-850 m 总回风巷断面扩大到 40 m²。

(4)优化设计进、回风机站。根据多级机站通风系统局阻约占风机全压的 1/3 的特点,为减少机站局部阻力,优化设计了进、回风机站结构和 -850 m、-875 m 进风联络巷(因这两中段原进风联络巷将作为下大件通道,不能设置机站,必须重新开凿通往下盘运输巷的进风联络巷)。

另外,在设计选取的风机出口均要求配置相应的扩散器和反风门。

优化设计后仅进风段 -670 m、-790 m、-850 m 和 -875 m 4 个进风机站就减少工程量 1152 m³(-730 m 机站已按原设计施工),机站局阻比原设计减少 20%。

C 实施效果

2006 年 12 月 20 日,对冬瓜山多级机站通风系统主要进、回风机站测定结果如下:

(1)-790 m(一条主回风巷)、-850 m(两条主回风巷)回风量共计 629.5 m³/s,其中 -850 m 右回风巷 4 台风机的变频调速器频率仅为 41.8 ~ 46 Hz,矿井总风量超过设计值并满足通风降温要求;三条主回风巷风温 24.2 ~ 24.5℃。

(2)进风机站 -670 m、-730 m 风机运行,机站进风量分别为 94.3 m³/s、78.6 m³/s,进风巷风温 22.3 ~ 23.4℃ 优于预期效果;-790 ~ -875 m 进风机站根据生产要求未运行。

(3)进、回风机站各风机均配置变频调速器,实现对系统风机工况进行合理控制。

(4)各生产中段联络巷风温由系统形成前的 35 ~ 40℃ 降到 28℃ 以下,较好地解决了深、热矿井开采的系统通风降温难题。

12.7.1.2 复杂盘区角联通风与自动控制

针对冬瓜山矿的大规模、高强度深井开采的特点,系统优化了盘区风流调控技术,提出了以增压调节为主的深井盘区风量调节方案,并采用无风墙辅扇作为盘区风流调控的主要设备,较好地解决了多中段多盘区同时作业时污风串联的难题,并具有调控可靠,提高有效风量率、节省通风能耗、对生产干扰少、通风管理简单等优点。

在国内首次提出了采用微电脑定时控制技术作为盘区调风辅扇的控制方法,该套系统以目前十分成熟的时控开关为基础进行开发,根据辅扇移动性的特点,设计为小型独立控制器,该控制器具有自动控制、定时控制、启动预警和故障报警等功能,能满足调风辅扇自动控制的需要。

12.7.1.3　局部通风降温

开展了巷道掘进工作面强化通风与降温技术研究,通过采用尼龙和阻燃材料经热合工艺制成的隔热风筒,通过风机、隔热风筒将需风量送到掘进工作面,使到达工作面的风量风温稳定达到降温的目的。

12.7.1.4　小结

冬瓜山多级机站通风系统经过优化形成在专用进风井 5 个进风中段分别设置 1 个进风机站(均为 2 台同型号风机并联)、3 条系统回风巷道各设置 1 个回风机站(均为 4 台同型号风机两两串并联)共计 22 台 K 系列系统节能风机的系统模式,通过积极实施,取得较好效果。

(1) 矿井总风量达到 629.5 m^3/s 以上,完全能够满足通风降温需要。污风全部由冬瓜山回风井排出,冬瓜山进风井各中段石门设置进风机站主要进风,其余各井筒少量进风。

(2) 系统装机容量从 4935 kW 降低到 3110 kW,降低装机容量 37%,节能效果明显,通风系统风机平均效率 80%,系统有效风量率 82%。

(3) 原二级机站从采区移到 -790 m、-850 m 总回风巷,避免了采场爆破冲击波的破坏,并方便维护、管理。

(4) -790 m、-850 m 总回风机站统一选取 K45-6№19 风机,采用两两串并联方式设计,避免了由于风机型号太多而带来的备品备件增加及日常管理繁琐问题。

(5) 对系统进回风机站及 -850 m、-875 m 进回风巷进行了优化设计,使 -790 m、-850 m 3 条总回风巷所担负的通风阻力基本均衡,同时降低机站局部阻力 20%,并节约进风机站工程量 1152 m^3。

12.7.2　多级机站通风计算机远程节能监控技术

将计算机网络与通讯技术以及风机变频调速技术结合在一起,对分布于千米深大型高温铜矿井下复杂环境中的各级机站风机进行远程集中监控(包括各风机的开关控制、变频调速控制、运行状态及参数监视等),对主要进、回风巷道风流参数进行自动监测,该技术解决了深热矿井多级机站通风系统存在的风机节能控制和管理的难题。

12.7.2.1　节能监控方案

多级机站通风节能监控系统由 1 台监控主机通过 Ethernet(以太网)、RS-485 通讯网络以及 Ethernet 通讯控制器、RS-485 中继器等与若干远程 I/O 智能模块互连,形成网络,各远程 I/O 智能模块与变频器、继电器及各种传感器相连,从而控制风机的运行和各种数据采集。此监控系统的关键技术及主要内容有:计算机通讯接口技术、网络通讯技术、网络拓扑结构、网络传输介质、变频驱动技术、传感器技术及计算机网络通讯软件和监控系统软件的编制。

A　监控目标和功能

该计算机远程集中监控系统通过通讯网络将位于地表调度室的主控计算机与置于井下的 Ethernet 通讯控制柜、远程 I/O 控制柜以及变频器相连,形成计算机通讯网络,从而通过主控计算机对每 1 台风机进行远程集中启停及调速控制,对风机运行状态和风机电流、主要巷道风量等参数进行监测。具体控制和监测功能如下:

(1) 风机的远程启停控制和反转控制。在调度室主控计算机上可以随时操作,控制任意 1 台风机的启停。在应急状态下还可以使风机反转,实现井下风流反向。

(2) 风机的远程调速控制。在调度室主控计算机上可以随时操作,通过变频器调节控制任意 1 台风机的转速,从而达到对风机运行工况的调整。

(3) 风机的本地控制。在实现上述远程启停控制的同时,仍可通过变频器键盘在原机站控制硐室手动控制风机启停和调速,以便在维修、应急情况下,仍能人工现场启停风机。

(4) 风机开停状态的监测显示。对每 1 台风机的开停状态进行监测,并将监测结果以动画方式直观地显示在主控机的屏幕上。

(5) 风机运行电流的监测显示。对风机的运行电流进行连续监测,电流值以动画表头及数字两种方式显示在主控计算机屏幕上。

(6) 主要进回风巷道风量监测显示。对各进回风机站的主要进回风巷道风量进行连续监测,监测结果显示在主控计算机的屏幕上。

(7) 风机过载自动保护。当计算机检测到风机过载一定时间间隔时,自动关闭过载风机,以保护过载风机不被烧毁。

(8) 风机启动前发出启动警告信号。在调度室主控机远程控制某机站风机启动前,系统能手动或自动发出风机启动警告信号,通知机站处人员注意安全。

(9) 机站允许(禁止)远程控制。在每一个机站控制柜设置两地控制开关,当机站进行维修作业或暂时不允许远程控制时,可关闭两地控制开关,这样,调度室主控机对该机站风机的启停控制功能将被禁止,但其他监视功能不受影响。

(10) 监测数据记录保存、统计及报表打印输出。计算机对操作员操作记录、风机运行记录、报警记录、风机运行实时电流、主要巷道风量、风机运行累计时间等数据进行保存、统计及报表打印输出。

另外,还包括通风系统状态参数的网络发布,即:主控计算机可以把通风系统运行状态参数发布到企业内部局域网,从而相关人员可以通过企业内部局域网,浏览这些状态参数。

B 现场风机分布情况及监控范围

冬瓜山铜矿井下通风系统分新区和老区两部分,通风监控系统也相应地对新区和老区各机站的风机和风流参数进行监控。

a 新区通风系统风机分布

冬瓜山铜矿新区井下多级机站通风系统设有分二级机站,新风从冬瓜山进风井进入,分别经 -670 m、-730 m、-790 m、-850 m、-875 m 进风机站(Ⅰ级机站)送入相应的中段和盘区,由盘区出来的污风汇集于 -790 m、-850 m、-875 m 回风巷,经 -790 m 回风机站、-850 m 左回风机站及 -850 m 右回风机站(Ⅱ级机站)送入回风井并排至地表。在新区,涉及控制的机站有 8 个,共有风机 22 台,采用变频器进行启停和调速控制。这些机站详细分布如下:

(1) -670 m 进风机站,设有两台 K40-6 No17 型 75 kW 风机及变频器;

(2) -730 m 进风机站,设有两台 K40-6 No16 型 45 kW 风机及变频器;

（3）－790 m 进风机站,设有两台 K40-6 No18 型 75 kW 风机及变频器;

（4）－850 m 进风机站,设有两台 K40-6 No18 型 75 kW 风机及变频器;

（5）－875 m 进风机站,设有两台 K40-6 No18 型 75 kW 风机及变频器;

（6）－790 m 回风机站,设有 4 台 K45-6 No19 型 200 kW 风机及变频器;

（7）－850 m 左回风机站,设有 4 台 K45-6 No19 型 200 kW 风机及变频器;

（8）－850 m 右回风机站,设有 4 台 K45-6 No19 型 200 kW 风机及变频器。

b 老区通风系统风机分布

冬瓜山铜矿老区井下多级机站通风系统在改造后,将设有 4 个机站,分别为地表机站、－280 m 老鸦岭机站、－460 m 团山机站和－520 m 团山机站。

在老区,本设计涉及控制的 4 个机站共有风机 4 台。这些机站详细分布如下:

（1）－280 m 老鸦岭机站,设有 1 台 K45-6 No19 型 200 kW 风机及变频器;

（2）－460 m 团山机站,设有 1 台 K45-6 No19 型 200 kW 及变频器;

（3）－520m 团山机站,设有 1 台 K45-6 No19 型 200 kW 及变频器;

（4）地表机站,设有 1 台 K45-6 No19 型 200 kW 及变频器。

c 风量监测点

由于各进回风机站风机采用了变频器调速控制,所以,对主要进回风巷道风量的监测不仅能随时了解各主要进回风机站的风量,而且可以根据监测的风量值,通过变频器调节风机运行频率,在满足生产需要的前提下,降低通风能耗。

监控系统涉及的风量监测点共有 11 个,它们分别是:－670 m、－730 m、－790 m、－850 m、－875 m 进风机站的进风巷道,－790 m 回风机站,－850 m 左回风机站,－850 m 右回风机站的回风巷道,老区－280 m 老鸦岭机站,－460 m 团山机站的回风巷道,－520 m 团山机站的回风巷道及地表回风机站。

因此,监控系统涉及的监控机站有 12 个,共有 26 台风机采用变频器进行启停和调速控制,涉及风量监测的地点共有 12 处。

C 监控系统

随着计算机技术和网络通信技术突飞猛进的发展,应用于工业现场的计算机监控系统也日益普遍和完善。根据冬瓜山铜矿多级机站通风系统的实际情况,经过对各种控制方式的分析比较,本监控系统采用以工控计算机、Ethernet 通讯控制器、远程 I/O 智能模块、RS-485 中继器、风速传感器、变频器以及 Ethernet(以太网)和 RS-485 通讯网络为核心的远程集中监控技术,对全矿的 12 个机站共 26 台风机进行远程集中监控,并对 12 个主要进回风巷道的风量进行监测。监控软件以基于 Windows XP 操作系统的工控组态软件为平台设计开发,其具有形象美观图形界面,可准确的描述工业控制现场的运行情况,使机站风机工作状态和各种监测数据以动画方式、图形方式或文字方式动态显示。另外,监控主机可以把通风系统运行状态参数发布到企业局域网络,相关人员可以通过局域网浏览通风系统运行状态参数。

12.7.2.2 监控系统运行情况

多级机站通风计算机远程集中监控系统已于 2006 年正式投入使用到现在,运行和使用结果表明,该系统技术先进、运行稳定可靠、操作维护简单,其监控功能完全达到了其设计目标要求。

12.7.2.3 小结

（1）在国内首次研究并应用计算机网络通讯及变频调速技术对井下多级机站通风系统进行远程集中监控，解决了井下多级机站通风系统风机控制和管理难的问题。

（2）通过该监控系统，管理人员在地表能随时了解全矿风机的运行情况和主要通风参数，并根据生产需要及时灵活地对某些风机进行开停及调速控制，从而更好地进行风流控制和风量调节，改善井下大气环境条件，使多级机站通风系统成为名副其实的可控式通风系统。同时，也可最大限度地节约通风能耗，降低通风费用，也使矿山通风管理工作提高了一个档次。

（3）该监控系统技术先进，布线简单，其通讯控制系统模块化，通讯网络分区化，故其具有投资省、故障率低、运行稳定可靠、系统维护简单、可扩展性强等优点，适合在井下恶劣环境条件下长期工作。

（4）该监控系统软件界面形象美观，可准确的描述工业控制现场的运行情况，机站风机工作状态和各种监测数据以动画方式、图形方式或文字方式动态显示，使操作人员的察看和操作十分简便。

（5）该监控系统的建立并投入运行，不仅可以取消风机操作工岗位，节约了劳动力，而且具有显著的节能效果。经过理论计算，在目前的情况下，所有风机只需运行在 40 Hz 就可以满足生产需要，仅此一项年（按运行 300 d 计）节电可达 $1\,218 \times 10^4$ kW・h，节约电费约930 万元（按 0.6 元/kW・h 计算）。

参 考 文 献

[1] 余恒昌等.矿山地热与热害治理[M].北京:煤炭工业出版社,1991.

[2] 岑衍强,侯祺棕.矿内热环境工程[M].武汉:武汉工业大学出版社,1989.

[3] 胡汉华,吴超,李茂楠.地下工程通风与空调[M].长沙:中南大学出版社,2005.

[4] 吴超主编.矿井通风与空气调节[M].长沙:中南大学出版社,2008.

[5] McPherson J M. Subsurface Ventilation and Environmental Engineering [J]. Chapman & Hall, London,1993.

[6] Rajive Ganguli, Bandopadhyay S. Mine Ventilation[J]. London: Taylor & Francis, 2004.

[7] The Mine Ventilation Society of South Africa Editorial Committee. The Ventilation of South African Gold Mines[J]. Cape Town:Chamber of Mines of South Africa,1974.

13　矿井内因火灾防治

对于硫化矿床,开采中除了与其他矿床开采中存在同类型的灾害以外,矿石自燃和炸药自爆是硫化矿床开采中经常遇到的两类特有的重大灾害,而且矿石氧化自热和自燃的危险性将随着地温的增加而增大。

13.1　硫化矿石自燃的机理和原因

13.1.1　硫化矿石自燃的机理

由于硫铁矿的含硫量比较高,大多数矿石自燃均为硫铁矿,因此人们对硫化矿石的自燃倾向性研究也就主要集中在硫铁矿上。硫化矿石自燃机理的研究是描述矿石自燃的特征和过程,揭示矿石自燃的原因。硫化矿石自燃的机理学说大致有物理机理、化学热力学机理和电化学机理,三者之间又有密切的联系。

物理机理研究是从宏观上描述了硫化矿石氧化过程的 5 个阶段,即:矿石破碎、氧化、聚热、升温、着火,并研究矿石块度、孔隙率及含水率等矿石物理性质对矿石氧化过程和速度的影响;化学热力学机理是描述硫化矿石的氧化放热过程;电化学机理认为硫化矿石的氧化是一种电化学反应过程,由于硫化物晶格间的某些缺陷或不完整性,在湿空气环境中,产生了微电池作用,因而发生了电化学氧化还原反应,在某种程度上类似于金属的腐蚀过程。

虽然在硫化矿石自燃机理的问题上有多种解释,但从宏观上矿石存在着氧化放热和聚热而自燃的现象的确存在。自燃是由矿石本身的物理化学性质及外部因素共同决定的,其内因条件是矿石氧化放热,而湿空气的存在和良好的聚热环境是必要的外部条件。因此,硫化矿石的氧化性、与湿气充分接触和聚热条件是硫化矿石自燃的三要素。

13.1.2　硫化矿石自燃的事故树分析

本节根据有关硫化矿石自燃机理的研究成果和现场观测采场矿石氧化自燃过程的实践经验,建造硫化矿石自燃发火的事故树,该事故树可以揭示与采场矿石发火有关的主要因素以及它们之间的因果逻辑关系;通过事故树的定性分析可以提出判别硫化矿石自燃倾向性的测定项目和现场防治内因火灾发生的基本途径。

13.1.2.1　事故树的建造

以硫化矿石自燃作为顶上事件,矿石自燃必须是矿石易氧化、矿石与湿空气充分接触和矿石堆能聚热升温这 3 个事件同时发生并且当矿石堆的温度到达矿石冒烟时才发生,这一关系可用条件与门表示。

矿石易氧化是由于矿石含易氧化矿物,而氧化过程离不开氧气,低温氧化过程水也可以参与作用,因此,与矿石易氧化这一事件密切相关的下一级事件是矿石含易氧化矿物、矿石吸氧速度大和矿石氧化增重,这一关系可用与门表示。矿石含易氧化矿物的种类通常有黄铁矿、胶黄铁矿、磁黄铁矿、单体硫等,这一关系可用或门表示。

矿石与湿空气充分接触必须是矿石的比表面积很大和湿空气存在,这一关系可用与门表示。矿石比表面积很大是由于矿石块度很小或为粉矿,也可能是矿石晶体颗粒极细(如胶状黄铁矿),这一关系可用或门表示。

矿石堆能聚热升温是由于矿石堆散热条件差、氧化发热量大和堆放时间长所引起,因此这一关系可用与门表示。散热条件差是由于矿石堆体积大、通风不良或是矿堆周围的环境温度很高,这一关系可用或门表示。环境温度高可能由于相邻火区的热传导或其他火源、热源引起,这一关系可用或门表示。矿石堆氧化发热量大是由于矿石单位表面积的氧化发热率大和矿石的比表面积很大,这一关系可用与门表示。矿石单位表面积氧化发热率大是由于矿石吸氧化速度大和含易氧化矿物量大,这一关系可用与门表示。

经过反复分析和严密的逻辑思维过程,在本节的分析深度,建造起来的硫化矿石堆自燃事故树如图 13 - 1 所示。

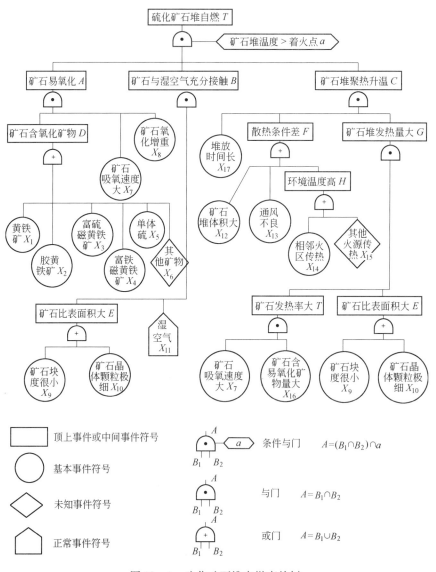

图 13 - 1   硫化矿石堆自燃事故树

13.1.2.2　事故树分析

A　最小割(径)集分析

根据逻辑运算和布尔代数化简法则,图 13 - 1 可用化简的逻辑代数式表示:

$$T = aX_7X_8X_{11}X_{16}X_{17}(X_1 + X_2 + X_3 + X_4 + X_5 + X_6)(X_9 + X_{10})(X_{12} + X_{13} + X_{14} + X_{15})$$

$$(13 - 1)$$

根据最小割集的定义和式 13 - 1 可知,建造的事故树共有 48 个最小割集,即采场矿石自燃的原因组合有 48 种。

根据最小径集的定义和式 13 - 1 可知,图 13 - 1 有 9 个最小径集,即在理论上控制采场矿石自燃的方案有 9 种,它们为:$P_1 = \{a\}$;$P_2 = \{X_7\}$;$P_3 = \{X_8\}$;$P_4 = \{X_{11}\}$;$P_5 = \{X_{16}\}$;$P_6 = \{X_{17}\}$;$P_7 = \{X_1, X_2, X_3, X_4, X_5, X_6\}$;$P_8 = \{X_9, X_{10}\}$;$P_9 = \{X_{12}, X_{13}, X_{14}, X_{15}\}$

由于矿石本身固有的成分不能改变,因此控制矿石自燃的可行方案组合数实际上少于 9 种。

B　结构重要度分析

根据结构重要度的近似判定法,建造的事故树中,有关基本事件的结构重要度的顺序是:

$$I(a) = I(X_7) = I(X_8) = I(X_{11}) = I(X_{16}) = I(X_{17}) > I(X_9) = I(X_{10}) > I(X_{12})$$
$$= I(X_{13}) = I(X_{14}) = I(X_{15}) > I(X_1) = I(X_2) = I(X_3) = I(X_4) = I(X_5) = I(X_6)$$除去矿石本身固有的成分不可改变的因素,结构重要度较大的基本事件在导致矿石自燃时起着较大的作用,应首先加以考虑。

C　硫化矿石自燃倾向性的判定

从建造的事故树和求得的最小割集内容可以看出,在实验室研究矿石的自燃倾向性时,只需要做以下测定:(1)矿石的矿相分析和化学成分分析:测定 X_1、X_2、X_3、X_4、X_5、X_6、X_{10} 和 X_{16};(2)矿石的吸氧速度常数和氧化增重试验:测定 X_7 和 X_8;(3)矿石的着火点和发热率试验:测定 a 和 I。

由建造的事故树和求得的最小割集还可知,在实验室中仅能判定硫化矿石的自燃倾向性,在采场中矿石是否发生自燃还与矿石堆的大小 X_{12}、堆放时间长短 X_{17} 以及其他环境条件(如 X_{13}、X_{14}、X_{15}、X_{11})有关。

D　硫化矿石自燃的控制途径

由建造的事故树和求得的最小径集可知,为了防止采场矿石自燃,可通过以下途径:

(1)缩短采场矿石的堆放时间,控制 X_{17};

(2)采用各种阻化剂和隔氧材料及有关措施控制 X_7 和 X_{11};

(3)防止矿石过分破碎控制 X_9,这一点现场较难做到;

(4)减少一次崩矿量控制 X_{12};加强通风控制 X_{13};防止矿石堆放于高温环境中以控制 X_{14} 和 X_{15}。

E　硫化矿石自燃的早期预测

从建造的事故树可以看出,监测矿石堆中的温度是早期预测硫化矿石自燃的最直接和有效的方法。以上这些分析结果与在实验室和现场的研究结果均相互吻合。

13.1.2.3　讨论

众所周知,导致采场硫化矿石自燃的因素很多,但以前尚没有人明确阐明这些因素之间的因果逻辑关系以及它们对矿石发火的影响程度的大小顺序。对硫化矿石自燃倾向性判定的指标和现场采用的防火火措施的制定也没有十分科学的依据。因此,通过事故树分析方法,结合有关硫化矿石自然发火机理的研究成果和现场观测采场矿石发火的实践经验,把与硫化矿石自燃有关的因素连接成一棵直观的逻辑树;利用事故树的结构重要度分析确定各种因素对矿石自燃影响程度的顺序,利用最小割(径)集分析可确定哪些因素的集合同时失控就可导致矿石自燃,哪些因素的集合同时得到控制就可防止矿石发火,如果可确定各因素的发生概率,还可以进一步预测矿石自燃的发生概率。这些研究对硫化矿石自燃倾向性的科学判别和现场防治矿石自燃均有一定的指导作用。

13.2 硫化矿石自燃倾向性判定及其自燃预测

13.2.1 硫化矿石自燃倾向性的测定

13.2.1.1 测定方法

准确测定硫化矿石的自燃倾向性,可以为设计单位提供依据,以便正确选择采矿方法、通风系统、回采顺序以及采取防火措施,从而达到避免盲目设计、节省投资、保证安全的目的。

矿岩的自燃倾向性是指矿岩中所有矿物的综合自燃倾向性,而不是单一矿物的自燃倾向性。矿岩中与自燃倾向性有关的主要特征是矿岩的物质组成、各组分的结构特征、氧化速度、自热特性、着火温度,等等。由于现阶段对矿岩自燃倾向性的测定技术指标和方法及所用的仪器装置尚未标准化,因此不同的研究者所用的测定方法及装置可能有一定的不同。以下仅介绍一套比较完整且具有代表性的方法,其研究测定流程如图 13 – 2 所示。

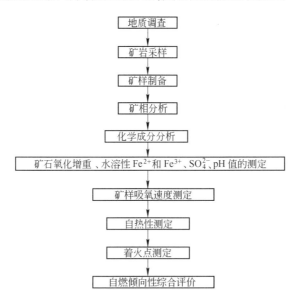

图 13 – 2 硫化矿石自燃倾向性综合测定流程

下面把上述测定流程中的主要步骤及测定方法加以说明。

A 矿样选取

为了正确测定矿石的自燃倾向性,第一步工作是要选取有代表性的矿样,否则后部分工作将会失去意义。一般来说,不同类型的矿石都应该采样。实践经验表明,胶状黄铁矿、磁黄铁矿、微细颗粒黄铁矿容易自燃,这几种矿石可作为采样重点。

B 矿相分析

矿石的矿物成分及其含量不同,结构构造不同,晶体颗粒不同,其氧化性也不同。因此,通过矿相分析可以掌握矿石所含的矿物及其品位、矿物的结构构造、矿物晶体颗粒尺寸等微观特征。

C 矿样加工

为了分析矿石的化学成分含量,进行氧化试验和自热性试验等,必须把矿石破碎成很小的颗粒(通常小于 40 目,0.45 mm),以提高矿石的比表面积。矿样一般采用手工破碎而不采用机械研磨,因为研磨有可能使矿石出现高温而快速氧化,从而影响以后的分析。矿样用手工破碎后,必须用塑料袋包装好并封口,然后放于干燥容器中。

D 矿样化学成分分析

由于矿石的氧化性与矿石所含成分及其含量有关,通过化学成分分析,可以定量掌握矿样的化学组成及其特征。通常要分析矿样所含化学硫、单硫、化学铁、水溶性 Fe^{2+} 和 Fe^{3+}、有机碳、铜、砷等成分。

E 矿样氧化增重、水溶性铁离子、硫酸根和 pH 值测定

硫化矿石低温氧化反应一般都需要水、氧气的参与,其生成物一般都含有水溶性 Fe^{2+}、Fe^{3+}、SO_4^{2-}、H^+ 等,因此,把矿样置放于特定的潮湿环境中(如恒温恒湿箱中)让其缓慢氧化,并不断测定其氧化过程所产生的有关化学成分含量变化情况,从而间接分析其氧化速度与规律。

F 吸氧速度测定

硫化矿石氧化过程离不开氧气参与反应。因此,可通过测定矿样的吸氧速度,判定其氧化性的强弱。如图 13-3 所示,把破碎成 -40 目(-0.45 mm)的矿样 $M(\text{kg})$ 放入容积为 $Q(\text{mL})$ 的密闭容器中,经过一段时间后,由于矿样的氧化,容器中氧的浓度将会降低,且氧气浓度的减少量与矿样的氧化速度成正比。

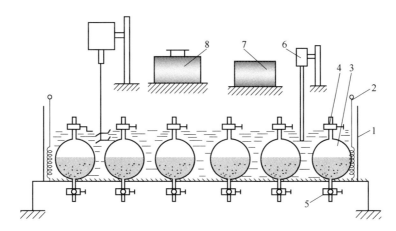

图 13-3 吸氧速度测定装置示意图

1—恒温水浴槽;2—加热电阻丝;3—反应瓶;4—二通活塞;5—三通活塞

6—电导表;7—电子继电器;8—调压变压器

设空气中氧浓度为 $c(\%)$,矿样吸氧后某瞬间的耗氧量为 $dG(mL)$,则:

$$dG = -Qdc \tag{13-2}$$

把式 13-2 两边均除以 Mdt 得:

$$\frac{dG}{Mdt} = -\frac{Q}{M}\frac{dc}{dt}, \quad mL/(kg \cdot s) \tag{13-3}$$

式中 dt——时间微分,s。

实验表明,单位时间单位质量矿样的吸氧量与氧气的浓度的一次方成正比,即:

$$-\frac{Q}{M}\frac{dc}{dt} = Vc \tag{13-4}$$

式中 V——矿石的吸氧速度常数。

将式 13-4 积分,并考虑密闭容器吸氧后气体压力的变化,可得到吸氧速度常数 V 的计算式:

$$V = -\frac{Q}{Mt}\ln\frac{(1-c_0)c_a}{(1-c_a)c_0}, \quad mL/(kg \cdot s) \tag{13-5}$$

式中 c_0——反应瓶中密闭前氧气初始浓度,%;

c_a——经过 t 时间后反应瓶中的氧气浓度,%。

如果用 K 表示单位质量矿样在 t 时间里的平均吸氧速度,则:

$$K = \frac{Q}{Mt}(c_0 - c_a), \quad mL/(kg \cdot s) \tag{13-6}$$

因为矿石的吸氧速度与矿样种类、粒度大小、含水量、环境温度、反应时间等因素有密切关系,为了获得有可比性的数据,必须严格控制反应条件。通常实验用的矿样 100 g,水浴温度控制在 $(40 \pm 1)℃$。在反应瓶中加入适量玻璃球以使抽气取样时均匀进气并保证不抽走矿样。为了使瓶中剩下的氧浓度不太低,以减小测量误差,应根据矿样的吸氧能力大小,确定不同的采样时间。

气体采样时,一般用 50 mL 的注射器抽取瓶中气体,用氧气检知管测定其中氧气浓度 c_a,根据式 13-5 和式 13-6 计算 V 和 K 值;然后,对反应瓶充分换气,再密闭,再检测,并不断循环下去,直到矿样几乎不吸氧为止。根据各次测定的 V_i 和 K_i 值,经平均后即可用于分析矿样在该反应条件下的吸氧速度大小。

经过统计分析研究,发现在常温条件下,矿样的吸氧速度与氧化增重有很好的相关性。因此,可以使用简单的称重方法代替复杂的吸氧速度测定方法。

G 自热试验

为了了解硫化矿石在氧化过程中的有关自热特性,如,矿石明显自热所需的环境温度等。整个测定装置如图 13-4 所示。

试验前,可先做空白试验,以确定反应器内外两热电偶的位置是否合适,当位置合适时,由连接热电偶的温度记录仪打印出来的两条热谱曲线在恒温时应该重合在一起。然后,根据试验的目的配好矿样,装入反应器内后,把反应器置于恒温箱中,将一支热电偶插入矿样中,以测定矿样的温度。另一支热电偶插在恒温箱内对应的位置,以测定环境温度。氧气流经缓冲瓶、流量计、加湿瓶和蛇形预热玻璃管后进入反应器的底部,氧气与矿样反应后形成的气体从反应瓶流出,通过出气管进入气体吸收瓶中,以便观察矿样产生气体的变化情况。

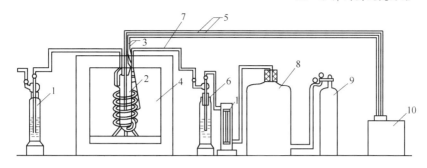

图 13 - 4 硫化矿氧化自热实验装置

1—气体吸收瓶；2—反应器；3—热电偶；4—恒温箱；5—补偿导线；6—加湿器；

7—流量计；8—缓冲瓶；9—氧气瓶；10—温度自动记录仪

试验时采用平衡跟踪法，通过用恒温箱对矿样进行人工加温（一般将恒温箱初始温度定在 30~40℃），并供给适量的氧气，待矿样温度上升到等于环境温度时，恒温等待 1 h 左右，若矿样温度不超过环境温度，则说明矿样无明显自热；此时再升高环境温度，温度升高幅度在 10℃左右。待矿样温度与环境温度平衡后，继续恒温 1 h，再观察矿样有无自热现象，若仍无自热迹象，就按上述方法循环下去，直到发现在某一恒温条件下矿样出现明显自热为止，并记录下此时的环境温度。矿样出现自热时，还可以继续升高环境温度，从而测定不同环境温度下的矿样自热升温幅度。当矿样温度总是小于等于环境温度时，说明矿样不会自热。

比较矿样明显自热所需环境温度的高低，可以比较矿样是否容易自热。

H 着火点测定

如图 13 - 5 所示，把配制好的矿样放于反应瓶中，再把反应瓶放置于坩埚电阻炉里，然后把一支热电偶插在矿样中，以测定矿样的温度。另一支热电偶插在反应瓶旁边，以测定环境温度。两支热电偶由补偿导线接到温度记录仪上，由温度记录仪自动打印出两支热电偶所测定的温度。通过调节自耦变压器使坩埚电阻炉以恒定的增温率升温，同时，氧气瓶中的氧气以适当的流量流经缓冲瓶、流量计、加湿瓶、预热蛇形管进入反应器中。当矿样未燃烧时，矿样中的温度总是低于环境温度，当矿样着火时，其温度就可能超过环境温度，此时，温度记录仪打印出来的两条热谱曲线就会出现交叉点，记录下出现交叉点时的环境温度，就近似定义作为矿样的着火点。比较矿样着火点的高低，可以分析评价矿样是否容易自燃。

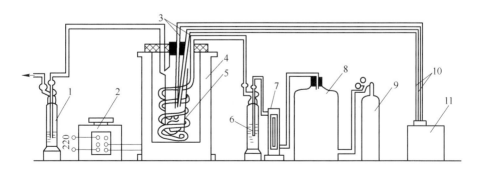

图 13 - 5 硫化矿着火点实验装置

1—气体吸收瓶；2—变压器；3—热电偶；4—坩埚电阻炉；5—反应器；6—加湿器；

7—流量计；8—缓冲瓶；9—氧气瓶；10—补偿导线；11—温度自动记录仪

13.2.1.2 测定实例

应用上述实验装置,表13－1给出了5个矿山的硫化矿石自燃倾向性测定的主要结果,该表所列指标可用作为综合评价其他矿山硫化矿石自燃倾向性测定结果的参考评价。

表13－1 硫化矿石自燃倾向性测定实例

矿 名	新桥硫铁矿	松树山铜矿	武山铜矿	东乡铜矿	天马山硫金矿
矿石名称	致密胶黄铁矿、细颗粒黄铁矿	破碎胶黄铁矿、磁黄铁矿	黄铁矿、胶黄铁矿、白铁矿	胶黄铁矿	磁黄铁矿、胶黄铁矿
硫化矿物含量（质量分数）/%	80～95	70～90	60～90	80～90	80～95
化学硫含量（质量分数）/%	19～49	13～30	28～48	26～37	28～44
水溶性 $Fe^{2+}+Fe^{3+}$（质量分数）/%	0.1～1.5	0.1～0.8	0.8～1.4	1.86	0.1～0.8
吸氧速率 /mL·(kg·s)$^{-1}$	0.33～0.78	0.05～0.09	0.1～0.2	0.04～0.34	0.29～0.54
SO_4^{2-} 含量（质量分数）/%	1.1～4.7	—	—	—	3.0～3.35
初始自热温度/K	329～348	338	343	348	333～363
自热量/kJ·kg^{-1}	149～793	—	—	—	447～757
着火点/K	543～573	418～573	433～553	483	488
采矿方法	分段空场嗣后充填	分段崩落法	分层崩落法	分段崩落法	分段空场法
发火周期/d	20～30	7～15	7～10	未知	未知
发火地点	死角矿堆	采场爆堆	采场爆堆	采场	未知

由于目前有关硫化矿石的测定技术和实验装置还没有标准化,如果测定技术和装置不同,测定的结果也有所差异。图13－6给出了硫化矿石自燃倾向性测定的另一种装置。

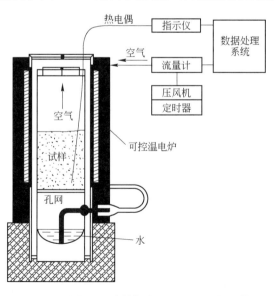

图13－6 硫化矿石自燃倾向性的另一种实验装置

13.2.2 硫化矿石氧化自热速率的测定

虽然纯硫化矿物的标准反应热可以根据化学热力学的方法进行计算;不纯矿物的燃烧热也可以用热工学的测热仪器加以测定。但硫化矿石的氧化放热过程有多种反应模式,需要测定的参数是硫化矿石动态氧化过程的自热速率;由于现场矿石的氧化都是从其表面开始,因此能够测定单位表面积矿石氧化的放热速度(热通量),对研究硫化矿石的自燃性及防灭火方法更有实际意义。过去确定硫化矿石氧化的放热速度一般都在现场中进行测定,而且大都在常温下进行的,目前也没有足够的数据可参考使用。因此,建立实验室测定硫化矿石氧化自热的速率具有十分重要的意义。下面介绍一种间接的测定方法。

13.2.2.1 硫化矿石氧化自热速率数模的建立

在推导硫化矿石氧化自热速率中,利用 13.2.1 节所用的自热试验装置(见图 13 – 5),取装有矿样的长圆形状反应器中的一段作剖面图,并稍加简化如图 13 – 7 所示。

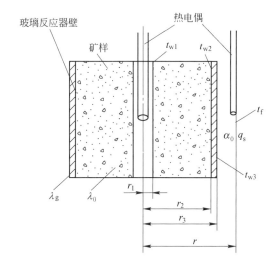

图 13 – 7 一段盛有矿样的反应器剖面

r_1—热电偶绝缘瓷套半径;r_2—反应器内半径;r_3—反应器外半径;t_{w1}—矿样中心温度;

t_{w2}—反应器内壁温度;t_{w3}—反应器外壁温度;t_f—反应器外空气温度;

α_0—反应器外壁和空气间的换热系数;λ_g—玻璃导热系数;λ_0—矿样导热系数

q_s—单位面积的热通量;r—反应器半径

在矿样内部,当导热系数为常数时,根据圆柱坐标一维稳定导热方程和有关边界条件及初始条件,可以推导出玻璃反应器内单位表面积矿石的氧化放热率 q_s 为

$$q_s = \frac{D(t_{w1} - t_f)/6}{(r_2^2 - r_1^2)\left(\dfrac{1}{2\lambda_g}\ln\dfrac{r_3}{r_2} + \dfrac{1}{2r_3\alpha_0}\right) + \dfrac{r_1^2}{4\lambda_0}\left(\dfrac{r_2^2}{r_1^2} - 1 - 2\ln\dfrac{r_2}{r_1}\right)}, \text{W/m}^2 \qquad (13-7)$$

式中 D——玻璃反应器中矿样颗粒的平均直径,m;

t_{w1}——反应器矿样中心的温度,℃;

t_f——反应器外空气的温度,℃;

r_1——热电偶绝缘瓷套的半径,m;

r_2——玻璃反应器内半径,m;

r_3——玻璃反应器外半径,m;

λ_0——矿样导热系数,W/(m·K);

λ_g——玻璃的导热系数,W/(m·K);

α_0——反应器外壁与空气间的自然对流换热系数,W/(m·K)。

13.2.2.2 测定方法

由式13-7结合图13-7可知,t_{w1}和t_f正是两个热电偶测定的温度,r_1、r_2、r_3可根据实验仪器尺寸量得,λ_0、λ_g、α_0可从有关手册查取。因此,由式13-7可以间接测定计算单位表面积矿样的氧化发热率。

如果在某段时间内对q_s积分,就可求得在该段时间里单位矿石表面积的发热量Q_s,即:

$$Q_s = \int_0^\tau q_s d\tau \approx \sum_{i=1}^n q_{si}\Delta\tau_i, J/m^2 \qquad (13-8)$$

试验时采用平衡跟踪法。参照图13-7的试验装置,首先把矿样按设计的粒级和含水率混合后放入反应器内,再置于恒温箱中,将一支热电偶插入矿样中心,另一热电偶插恒温箱内对应的位置。热电偶经补偿导线与温度自动记录仪连接,同时分别记录矿样和环境温度。恒温箱以一定的温升率升温,并供给矿样一定量的氧气。氧气经过加湿和蛇形玻璃管预热后从反应器底部进入矿样中。由于供给氧气的流量很小,又经过预热,因此在计算发热率时忽略进出反应器气体的焓差。当恒温箱保持恒温状态和矿样温度高于环境温度时,矿石快速自热反应就开始;当恒温箱温度升到某一数值并保持恒温时,如果矿样的温度等于环境温度,则矿石自热反应就基本结束。图13-8给出了一个矿样的自热温升曲线的例子。

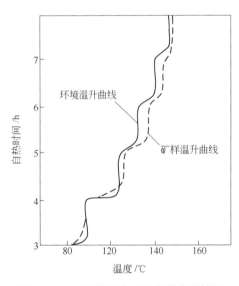

图13-8 矿样明显自热的热谱曲线例子

从图13-8可以看出,矿样自热的温升幅度是随时间和环境温度变化而变化的。因此,当计算某一时刻的自热率时,应以该时刻相应的温升幅度代入式13-8;而计算单位面积矿样自热量时,在把自热时间分为小区间时应该使每一间隔的温升幅度变化不大,以提高计算结果的精度。

13.2.3 硫化矿石自燃的早期预测

13.2.3.1 硫化矿石自燃初期阶段的划分及征兆

鉴于现有文献对矿岩自燃发火初期阶段的概念认识欠统一。为了正确地指导现场生产,必须对发火初期阶段有一个明确的概念,并进行科学的划分,以取得统一的认识,在这个基础上提出的问题,才对指导现场生产发挥作用。下面对早期识别硫化矿岩自燃发火初期征兆的意义和如何划分初期阶段及其主要征兆作一系统阐述。

A　早期识别硫化矿岩自然发火初期征兆的意义

在开采矿岩具有自燃倾向性的矿床,均需要弄清哪些矿石具有自燃倾向性以及发火周期的长短。但是,发火周期的长短受其内因(自燃倾向性)和外因(开采技术条件、地质条件、环境的气象因素——温度、湿度及风速)的制约,准确地确定某一采场或工作面的发火周期是相当困难的。因此,对于有内因火灾发生的矿山,不能单纯依赖发火周期来指导生产,必须尽早准确地识别内因火灾发生的初期征兆,这对防止火灾的发生发展和及时扑灭火灾,确保矿井安全持续的生产具有极其重要的意义。

B　内因火灾发火初期阶段的划分方法

内因火灾的发展过程,要经过氧化自热、着火、燃烧和熄灭阶段,这是人们共识的自然发火规律。但是,何谓发火初期阶段,在现有文献中阐述欠明确,有的文献只提到发火初期,未对发火初期阶段的范围进行说明,因此,列出的某些初期征兆(如:产生 SO_2)与实际情况有些差异。通过对多个硫化矿山的自燃倾向性、发火周期及防灭火措施的研究,对发火初期阶段如何划分有了新的认识。

在认识和划分内因火灾初期阶段这一问题时,应遵循"安全第一,预防为主"的原则,有利于现场指挥生产,有充分的时间采取相应的防火措施,使其防患于未然。根据这一原则,通过大量的室内和现场试验后认为,发火初期阶段是指因内火灾的萌芽或孕育期,即指矿石氧化自热期的初期阶段——孕育期,而不包括氧化自热的全阶段。

以下划分的依据,可以通过现场发火周期试验结果的分析加以说明。

温度的变化可从 3 个方面来分析。

(1)矿石堆本身温度的变化可用升温率来表示。由现场试验结果表明,矿石氧化自热阶段按升温率高低可分为 3 个时期。当温度小于 30 ~ 32℃以前,为氧化自热的孕育期(或称萌芽期),升温率小于 0.5℃/d;当温度为 32 ~ 60℃时,为氧化自热发展期,升温率大于 1℃/d;当温度大于 60℃以后,为临近自燃期,升温率大于 10℃/d。在氧化自热期间,升温率的大小,随矿堆温度的增加而增加。

(2)矿石堆表面附近温度的变化。在氧化自热的孕育期及发展期,温度变化不大,临近发火期时,温度不断增加;

(3)环境温度变化。在孕育期和发展期几乎没有变化,临近发火期也变化很小。

氧浓度的变化。氧化自热的孕育期,发展期和临近自燃期,氧浓度都有减少,说明矿石堆因氧化而消耗了氧,但矿石堆中的氧含量却不因温度增加氧化速度加大而减少,均保持在 17 % ~ 18 %。这是因为矿石堆并非密闭空间,随着矿石堆温度的增加,自然风压(在此可称为热风压)随之增加,空气向矿堆中的流速将随着温度的增加而增加,故仍能保证矿石堆中氧的供给,使矿石堆中的氧浓度保持相对稳定。上述情况说明,测定矿石堆中的氧浓度可以知道矿石有氧化迹象,但不能识别氧化处于什么时期。

二氧化硫的变化。氧化自热的孕育期和发展期均未测出 SO_2,只有临近自燃期才测出 SO_2,并随温度的增加而增加说明 SO_2 气体是临近自燃期和发火期的产物。从室内自热试验也可以证明这一事实,一般胶状黄铁矿温度在 70℃左右才大量产生 SO_2,黄铁矿在大于 120℃时才大量产生 SO_2。

从上述对氧化自热阶段的温度、氧气及二氧化硫浓度变化的分析结果可知:氧浓度的减少只能说明矿石有氧化现象,因它保持相对稳定,不能说明氧化所处的阶段;SO_2是自热后期即临近自燃期和发火期的产物,不能作为划分发火初期阶段的依据;温度的变化既能表示氧化的现象,又能表示氧化的程度,它是一个既可定性又能定量的综合指标。因此,可以按矿石堆升温率的大小来划分发火初期阶段。根据前述划分自然发火初期阶段的原则和依据,硫化矿岩自然发火初期阶段指矿岩氧化自热阶段的孕育期,而不应包括氧化自热的全阶段。因为,在氧化自热阶段的孕育期采取相应的措施,对防止氧化自热的发展,延长发火周期,将会收到显著的效果;若让其温度升高到发展期和临近自燃期才采取措施,则增加了难度;如果到了自燃阶段,则可能出现火灾无法控制的局面。

13.2.3.2 识别硫化矿岩自然发火初期阶段的方法

硫化矿岩自然发火所经历的各阶段,会呈现出各自的特征,其中某些特征是氧化自热、自燃阶段共同的,如,氧含量、pH值相对减少,氧化产物及温度相对增加,只不过是程度不同而已。在氧化自热孕育期,上述变化程度较小,在氧化自热发展期、临近自燃期及自燃阶段变化程度较大。某些特征是临近自燃期及自燃期固有的。如,除上述变化程度较大外,还产生SO_2,并随温度的增加而增加。因此,为了正确地指导现场生产,提出的征兆应能反映发火孕育期的征兆,要把各阶段共同的特征和固有的特征区别开来。

(1)孕育期的主要征兆是,当氧含量相对减少,矿石中有有机物参与氧化时CO及CO_2相对增加,氧化产物水溶性Fe^{2+}、Fe^{3+}及SO_4^{2-}增加,pH值减小,且矿岩中的温度由常温稳定上升到30℃左右时,可认为是发火的初期征兆。

(2)由于O_2减少,CO、CO_2增加及氧化产物(矾类物质)的产生在各阶段都存在,并且迄今在量的方面与各阶段的关系尚未揭露,实践表明,在硫化矿石堆中,有矾类物质存在、氧含量减少或CO、CO_2增加,只能说明矿岩有氧化现象,但不能说明处于何阶段。因此,只能作为定性指标,不能单独作为判定发火初期阶段的依据。

(3)温度的变化,反映了硫化矿岩氧化的本质和程度,又反映了外界诸如地质、采矿技术条件和气象因素等热交换条件,且温度的变化在量的关系上与各阶段的关系已有所揭露,因此,温度是既可定性又可定量的综合指标。在硫化矿井中,只要系统地测定矿岩中温度的变化,便可作为判定矿岩发火初期阶段的依据;必要时,也可测定O_2的含量或Fe^{2+}、Fe^{3+}的含量,以证实温度的变化是否由于氧化自热而形成,但不必系统地测定。由于矿岩表面附近温度或矿石堆表面附近温度及环境温度在氧化自热阶段的孕育期变化甚微,因此,需测定矿岩中的温度。这可通过在矿岩中钻孔或在矿石堆中预埋测温钢管,系统地在钻孔或测温管中测定温度,当温度稳定地从常温上升到30℃左右时,则为发火孕育期的征兆。

(4)SO_2是自热已发展到相当程度临近自燃期及自燃阶段的产物,不能作为发火孕育期的征兆。实践表明,SO_2是不稳定的气体,它很易与空气中的氧化合成SO_3,SO_3又很快与空气中的水蒸气化合形成硫酸雾,即使在采场矿岩着火烟雾弥漫、浓烟滚滚的情况下用检知管也测不出SO_2,只有在直接冒烟处才可测出。已有文献提出产生SO_2作为初期征兆是值得研讨的。

(5)关于巷道壁"出汗"是氧化自热到了相当程度乃至自燃阶段的现象,且金属矿山一般用水较多,大部分井巷均很潮湿,常出现水珠现象,相反,在某些大量崩矿的采场,用水较少,矿石干燥,氧化自热时无水分产生,即使在发火情况下,并不出现"出汗"现象,而且还显得干燥,因此,不能作为孕育期的征兆。

13.2.4 采场硫化矿石堆自燃的预测数模

应用传热学的研究方法建立采场硫化矿石堆氧化自热与散热过程的热平衡方程,定量确定硫化矿石堆从低温氧化自热到自燃所需时间与硫化矿石本身的氧化自热性、矿石的热物理参数、块度、体积和堆放的环境条件等因素之间的关系,通过调查现场硫化矿石堆多次自燃的案例验证所建数模的可靠性,是本节的主要内容。由于与采场矿石自燃有关的因素很多,如果仅用现场试验研究的方法,要研究数十个因素与发火周期之间的定量关系显然非常困难,而且现场条件也不允许;如果采用室内试验的方法,即使能得出某一结果,仍需要在现场验证和修改。因此,比较经济可行的方法是利用传热学的理论建立数学模型,并结合实验室研究测定某些参数,最后再到现场进行验证和完善。

13.2.4.1 建立模型的几个问题

在建立硫化矿石自燃预测数模之前,首先建立几个与该问题密切相关的定义,以便使研究更有针对性。

A 硫化矿石的着火点

在以往的判定硫化矿石自燃倾向性试验中,着火点的确定一般采用"交叉点"法,即通过对矿样不断加热和供氧,并自动记录下矿样和环境温度与时间的关系曲线,当矿样温度超过环境温度时,两条曲线会形成一个交叉点。此时该环境温度就定义为矿石的着火点。由这种方法确定的矿石着火点温度一般高于矿石的冒烟(产生 SO_2)点,并且与试验条件的试验操作方法有很大的关系。在此不采用这一方法,而把矿石出现大量冒烟时的温度定义为着火点,因为当采场矿石堆大量冒烟时,工人没佩戴防毒面具是不能进入采场的,因此,把矿石冒烟点定义为着火点更有实际的意义。根据现场和实验室测定,对于磁黄铁矿有胶黄铁矿,当矿石堆中的温度大于 70~90℃,即有大量 SO_2 气体放出。

B 矿石堆传热散热方式的定义

考虑到实际采场矿石堆的几何形状和传热散热的复杂性,在建立数模时首先以一维情况进行分析,即认为矿石堆仅向垂直于堆放它的底板方向传热和向风流散热,其他情况用系数加以修正。

C 描述矿石堆氧化自热和传热、散热的参数

图 13-9 为采场矿石堆的示意图,描述矿石堆的有关参数的意义及单位如下:

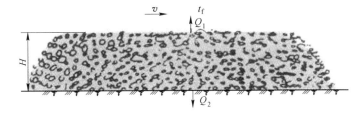

图 13-9 采场矿堆示意图

λ_0——矿石的导热系数,$W/(m \cdot K)$;

a_0——矿石的导温系数,$a_0 = \dfrac{\lambda_0}{\rho_0 c_0}$,$m^2/s$;

ρ_0——矿石的密度,kg/m^3;

c_0——矿石的比热容,$J/(kg \cdot K)$;

K_0——矿石的松散系数;

K_w——矿石的含水率,%;

c_w——水的比热,$c_w = 4.187 \times 10^3$,$J/(kg \cdot K)$;

ρ_w——水的密度,$\rho_w = 1000$,kg/m^3;

λ_r——围岩的导热系数,$W/(m \cdot K)$;

a_r——围岩的导温系数,$a_r = \dfrac{\lambda_r}{\rho_r r c_r}$,$m^2/s$;

ρ_r——围岩的密度,kg/m^3;

c_r——围岩的比热容,$J/(kg \cdot K)$;

t_r——围岩的温度,℃;

$\bar{t}$——矿石堆冒烟时的平均温度,℃;

t_f——采场风温,℃;

α_0——风流与矿石堆的换热系数,$\alpha_0 = 6.184 + 4.186v$,$W/(m^2 \cdot K)$;

v——采场平均风速,m/s;

H——矿堆平均高度,m;

D——矿石的平均块度,m;

A——矿石堆与风流的换热面积,m^2;

K——矿石堆的不稳定传热系数,$K = \dfrac{\alpha_0 r_0}{\lambda_0}$,$W/m^2 \cdot K$;

r_0——采场过风断面的水力半径,m;

τ——矿石崩落后的冒烟时间,s。

13.2.4.2 矿石自燃预测数模的建立

由于采场硫化矿石堆氧化自热与传热散热非常复杂,根据热量守恒定律和有关热传导定律,可以求得矿石崩落后到自燃的时间 τ。当 $\bar{t} \leqslant 100℃$ 时,得:

$$\tau = \left\{ \left[\frac{1}{4} \left[\frac{\lambda_r(\bar{t}/2 - t_r)/\sqrt{\pi a_r}}{(6.184 + 4.168v)r_0(\bar{t}/2 - t_f)/(\lambda_0 - tHq_s/D)} \right]^2 - \right. \right.$$

$$\frac{H\rho_0 c_0(\bar{t} - t_r) + HK_w\rho_w c_w(\bar{t} - t_r)/K_0}{(6.184 + 4.168v)r_0(\bar{t}/2 - t_f)/\lambda_0 - 6Hq_s/D} \Big]^{\frac{1}{2}} -$$

$$\left. \frac{\lambda_r(\bar{t}/2 - t_r)/\sqrt{\pi a_r}}{2(6.184 + 4.168v)r_0(\bar{t}/2 - t_f)\lambda_0 - 6Hq_s/D} \right\}^2 \tag{13-9}$$

同理,当 $\bar{t} > 100℃$ 时:

$$\tau = \left\{ \left[\frac{1}{4} \left[\frac{\lambda_r(\bar{t}/2 - t_r)/\sqrt{\pi a_r}}{(6.184 + 4.168v)r_0(\bar{t}/2 - t_f)/(\lambda_0 - 6Hq_s/D)} \right]^2 - \right. \right.$$

$$\frac{H\rho_0 c_0(\bar{t} - t_r) + HK_w\rho_w[c_w(100 - t_r) + 2501]K_0}{(6.184 + 4.168v)r_0(\bar{t}/2 - t_f)/\lambda_0 - 6Hq_s/D} \Big]^{\frac{1}{2}} -$$

$$\left.\frac{\lambda_r(\bar{t}/2-t_r)/\sqrt{\pi a_r}}{2(6.184+4.168\nu)r_0(\bar{t}/2-t_f)\lambda_0-6Hq_s/D}\right\}^2 \qquad (13-10)$$

13.2.4.3　算例与验证

某硫化矿采场矿石堆及传热散热等条件如下：

$t_r=20℃$，$\lambda_r=2.5$ W/（m·K），$a_r=1.388\times10^{-6}$ m²/s，$K_0=1.4$，$c_0=0.607\times10^3$J/（kg·K），$\rho_0=4.762\times10^3$kg/m³，$\rho_w=1000$ kg/m³，$c_w=4.187\times10^3$J/（kg·K），$r_0=1.091$ m，$\lambda_0=3.865$ W/（m·K），$K_w=0.3\%$，$t_f=25℃$，$H=2$ m，$q_s=1.8$ W/m²，$D=0.1$ m，$\bar{t}=90℃$，$v=0.2$ m/s（各量的符号意义同上所述）。

根据式 13-9 可求得 $\tau=29.5$d。

由于式 13-9 和 13-10 比较复杂，可以应用编程解算法，用计算机模拟任意两个参数之间的变化规律。通过调查某硫铁矿采场矿石堆自燃的五次案例并对其进行验证，上式的可靠性高于 85%。

13.2.5　硫化矿石堆自燃规律现场试验方法及实例

通过在采场进行堆矿试验，定期监测采场中的风温、湿度和矿堆中的温度、SO_2 和 O_2 等参数，可以掌握硫化矿石自燃发火的周期及其规律。同时也可用于验证、完善理论研究和室内试验的结果。

13.2.5.1　试验方法设计

A　试验矿样及地点的确定

通过对某矿矿石自燃倾向性的研究和现场发生过自燃火灾的矿石种类进行调查，确定了自燃可能性较大的矿石类型是胶状黄铁矿和细颗粒黄铁矿。然后，通过在现场采样分析确定了该矿 406 号采场具有该类矿石，并在生产允许堆放的地点进行堆矿试验。

B　矿堆描述

a　矿堆的组成

胶状黄铁矿的质量分数 60%，中细颗粒黄铁矿的质量分数 40%。

b　矿石平均密度

矿石平均密度为 4.2 t/m³。

c　矿石体积

矿石体积约 45 m³，堆放的形状见图 13-10。

d　矿石块度

矿石块度大于 300 mm，30%；300~100 mm，25%；100~50 mm，25%；50~10 mm，10%；小于10 mm，10%。

e　矿堆环境条件

风温 22~23℃，湿度大于90%，风速小于0.1 m/s；底板无积水，较潮湿，岩温约为21℃。

C　测定方法及仪器

测定方法及仪器如图 13-10 所示。在堆放矿石的同时，在矿石堆中插入数根管壁钻有多个小孔的钢管。测定矿堆中的温度采用半导体温度计，将半导体温度计的测温探头放于钢管中，并从上到下移动，即可在表头上读出矿石堆中从上到下的温度梯度。测定矿堆中的气体是采用北川式取样器接橡皮管在有孔的钢管中取样,然后用比长式 O_2 和 SO_2 检知管测定。用普通干湿球温度计测定环境的相对湿度。

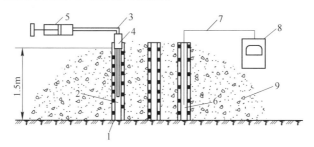

图 13 – 10 矿堆的形状及测试装置和仪器布置示意图
1—钢管;2—透气小孔;3—橡皮管;4—橡皮塞;5—气体采样器;
6—测温探头;7—导线;8—半导体温度计;9—矿堆

13.2.5.2 测定结果与分析

矿堆中的温度、SO_2 和 O_2 的浓度变化规律测定结果如图 13 – 11 所示。从图中可以看出,堆矿 16 d 后,矿堆平均温度为 27℃,温度增加 2℃,增温率为 0.143℃/d;堆矿 28 d 后,平均孔温为 32℃,增温率为 0.23℃/d;堆矿 43 天后,孔 1 温度由 32℃增至 68℃,升温率为 1.69℃/d;堆矿 44 d 后,孔 1 平均温度达 87.25℃,升温率高达 18℃/d,孔 3 的温度及升温率分别为 49℃和 11℃/d;堆矿 45 d 后,孔 1 温度为 97℃,升温率大于 10℃/d。当矿堆温度在 60℃以前,均测不出 SO_2 气体;76~80℃以后,矿堆释放出大量的 SO_2,随着温度的增加,SO_2 的释放量剧增。矿石堆中氧气浓度不随温度的变化而变化,均大于 16%~17%,而且温度较高时,矿堆中的氧浓度还稍有增加。其增大的原因是由矿堆内外的温差增大,空气在矿堆中的对流程度加剧。

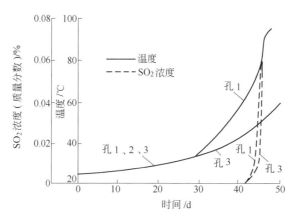

图 13 – 11 矿堆温度和 SO_2 浓度与时间关系

从该现场试验的测定结果可以得出以下几点结论:

(1) 当矿石堆温度达到 70℃以后,增温率急增,其值为 10~18℃/d,并有大量的 SO_2 气体放出,此时矿石堆将临近自燃。

(2) 由于 SO_2 气体在矿堆接近自燃时才大量放出,因此,监测 SO_2 的浓度不能早期预测火灾是否发生。

（3）矿堆中的 O_2 浓度一直变化不大，因此，观测 O_2 气浓度也不能作为预测火灾的征兆。

（4）由于矿堆中的温度明显反映了矿石堆氧化、自热至自燃这一过程，而且监测比较简单，因此，最适宜作为早期预测矿石自燃的指标。

（5）当矿石堆中的温度接近急剧上升阶段，此时必须马上采取有效的措施（如快速出矿、铺开散热、灌水降温等）。最好的方法还是在矿石堆进入快速增温之前把矿出完，对于本试验矿堆来说，最好能在放矿后 30 d 内出完矿。

13.3　冬瓜山矿硫化矿石自燃倾向性的鉴定

13.3.1　硫化矿石的采样与分析

13.3.1.1　硫化矿石的采样与加工

根据冬瓜山铜矿矿床的特点和矿石类型，基于保证矿样具有代表性和针对性的原则，研究过程中共采得了矿样 13 个，编号分别为 D01 ~ D13（见表 13 - 2）。

表 13 - 2　矿样的矿石类型与主要金属矿物

序　号	矿样编号	矿石类型	主要金属矿物与含量(质量分数)/%		
			磁黄铁矿	黄铜矿	黄铁矿
1	D01	含黄铜矿、磁黄铁矿矿石	27	1.5	1
2	D02	致密块状含黄铜矿、磁黄铁矿矿石	88	5	—
3	D03	致密块状含黄铜矿、磁黄铁矿矿石	75	5	—
4	D04	致密块状含黄铜矿、磁黄铁矿矿石	80	5	—
5	D05	块状黄铜矿、黄铁矿矿石	5	5	50
6	D06	脉状黄铁矿矿石	3	2	10
7	D07	致密块状含黄铜矿、磁黄铁矿矿石	89	1	—
8	D08	块状含黄铜矿、黄铁矿、磁黄铁矿矿石	42	2	5
9	D09	浸染状含黄铜矿矿石	—	2.6	14.1
10	D10	块状黄铜矿、黄铁矿矿石	—	7	43
11	D11	条带状含黄铜矿、磁黄铁矿、黄铁矿矿石	6	2	2
12	D12	浸染状含黄铜矿矿石	少量	1	—
13	D13	致密块状含黄铜矿、磁黄铁矿矿石	88	2	—

为避免矿样在运输途中的氧化，现场采样后立即对矿样进行了密封，并迅速运送至实验室。在实验室每种矿样挑选了 3 ~ 5 块有代表性的块样进行矿相分析，其余采用人工破碎的方法加工成 - 40 目以下粒度，并分别密封包装存放于干燥器中备用。各矿样破碎加工的总量按测试总用量的两倍以上准备，以备个别矿样可能需要重复试验。

13.3.1.2　矿样的矿相分析

通过矿相分析，可对所采矿样的矿石类型进行鉴别，并可对矿样的矿物组成与含量、矿物产出特征及结构构造进行分析。以上 13 个矿样的矿石类型、主要金属矿物组成与含量分析鉴别结果见表 13 - 2。从表 13 - 2 可以看出，矿样的主要矿石类型有两大类：一类以磁黄铁矿为主,另一类以黄铁矿为主,两种矿石类型中均含有黄铜矿,其含量变化为 2% ~ 7%之间。

13.3.1.3 矿样的化学成分分析

经分析,13 种矿样的主要化学成分见表 13 - 3。

表 13 - 3 矿样的主要化学成分(质量分数) (%)

矿样编号	TFe	TS	Cu	Pb	Zn	P	Mn	水溶性 Fe^{2+}	水溶性 Fe^{3+}	SO_4^{2-}	pH 值
D01	54.51	31.59	0.81	0.05	0.020	0.018	0.044	痕量	痕量	0.530	5.4
D02	55.63	30.30	0.73	0.05	0.040	0.018	0.040	痕量	痕量	0.085	5.4
D03	56.63	32.26	0.42	0.05	0.010	0.018	0.040	痕量	痕量	0.036	5.5
D04	58.27	34.48	0.64	0.08	0.016	0.020	0.036	痕量	0.0003	0.036	5.4
D05	47.52	29.15	1.67	0.07	0.021	0.017	0.040	0.0001	0.0002	0.11	5.8
D06	48.95	28.23	1.27	0.08	0.030	0.018	0.036	0.0001	痕量	0.078	5.6
D07	57.00	33.09	0.7	0.05	0.010	0.019	0.032	0.0007	痕量	0.087	5.7
D08	51.92	29.42	1.72	0.04	0.022	0.028	0.028	0.0002	痕量	0.022	5.6
D09	12.60	7.67	3.51	0.0024	0.022	—	—	0.0002	0.0001	0.043	5.6
D10	23.18	13.17	0.76	0.04	0.012	0.060	0.060	0.0076	痕量	1.26	5.1
D11	22.26	10.91	1.39	0.14	0.030	0.081	0.081	痕量	0.0001	0.067	5.4
D12	5.59	4.08	1.29	0.04	0.026	0.024	0.024	0.0004	痕量	0.09	5.6
D13	47.71	13.20	0.67	0.07	0.021	0.048	0.048	0.0006	痕量	0.10	5.5

13.3.2 矿样低温氧化性的测定与分析

硫化矿石低温氧化性的测定原理和测定方法,这些方法主要有吸氧速度测定法、氧化增重速度测定法、水溶性 $Fe^{2+} + Fe^{3+}$ 离子测定法、SO_4^{2-} 离子测定法和 pH 值测定法等,以下将利用这些方法对上述采集的 13 种矿样分别进行测定。

13.3.2.1 吸氧速度的测定与分析

A 测试方法

测试方法为静态测定法。

B 测定装置

如 13.2.1 所述。

C 试验条件

恒温温度:(40 ± 1)℃;矿样用量:100 g;

矿样粒度: - 40 目;矿样含水率:10% 和 4%

D 测试结果与分析

测试结果见表 13 - 3。

下面仅列举了矿样吸氧速度随时间的变化情况(图 13 - 12 和图 13 - 13)和各矿样的平均吸氧速度(图 13 - 14)。

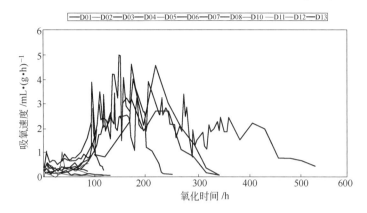

图 13 - 12　矿样吸氧速度随时间的变化(含水率 10%)

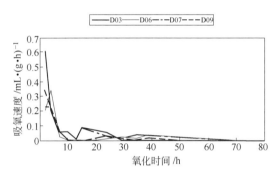

图 13 - 13　部分矿样吸氧速度随时间
的变化(含水率 4%)

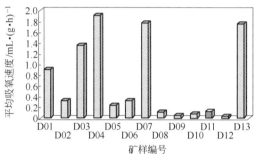

图 13 - 14　矿样吸氧速度平均值

从上述图表可总结各矿样氧化吸氧的规律:

(1) D04、D13、D07、D03 等 4 个矿样的平均吸氧速度较大,而且吸氧速度随时间变化波动大,峰值均较高,高值维持时间较长;

(2) D01 的平均吸氧速度次之,峰值也较高,但高值维持时间较短;

(3) 其他 8 个矿样的吸氧速度均较小,随时间的波动也小,表明氧化耗氧较少。

对于平均吸氧速度较大的 D04、D13、D07、D03、D01 等矿样,在开始反应的前 75 ~ 95 h 的区间内,各矿样的吸氧速度均比较小,而在 75 ~ 95 h 后,吸氧速度迅速上升,这一现象可解释为开始区段是矿样的预氧化过程,属于氧化自燃的"潜伏期"。而经过一段时间预氧化后,矿氧氧化速度迅速增加。这一点与现场常出现的经过一段时间氧化后的矿石在堆积后更容易自燃的现象是相吻合的。

13.3.2.2　矿样低温氧化产物的测定与分析

矿样低温氧化产物的测定,主要是测定氧化产物中水溶性 $Fe^{2+} + Fe^{3+}$ 离子、SO_4^{2-} 离子和 pH 值随时间的变化。

A　测定方法

恒温恒湿环境下自然氧化法。

B 测定装置

恒温恒湿箱。

C 测定条件

矿样质量:10 g;　　　　矿样粒度:-40 目;

环境温度:(40±1)℃;环境湿度:>90%

D 测定结果与分析

图 13-15 列出了矿样水溶性 Fe^{2+}、$+Fe^{3+}$ 离子含量随时间的变化情况,从图中可看出,D03、D04、D07 号矿样的变化量较大,其次为 D01 和 D13 号矿样。其中 D01、D03、D04 号矿样其水溶性 Fe^{2+}、$+Fe^{3+}$ 离子含量从氧化一开始就迅速增加,而且在较长时间内维持在较高的值;而 D07 的 D13 号矿样则氧化开始时,其含量反而有所降低,然后才迅速增加,同样也在较长时间内维持在较高的值。其他矿样的铁离子含量不高,变化也不大。

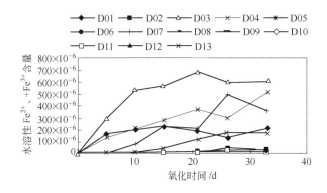

图 13-15　矿样水溶性 Fe^{2+}、$+Fe^{3+}$ 离子含量随时间的变化

图 13-16 是矿样中 SO_4^{2-} 离子含量随时间的变化情况,测试结果表明,绝大部分矿样的 SO_4^{2-} 离子含量都随时间有所变化,且多呈递增,其中 D05、D02、D06、D04 号矿样 SO_4^{2-} 离子含量的变化较大,26 d 内其含量的变化范围在 0.72% ~ 1.15% 之间,其他矿样 26 d 的变化值均小于 0.5%。但值得注意的是矿样 D10,其初始含量就比其他矿样高很多,主要是因为该矿样取自断层破碎带,已经经过漫长时间的缓慢氧化,因此一开始 SO_4^{2-} 离子的含量就很大。

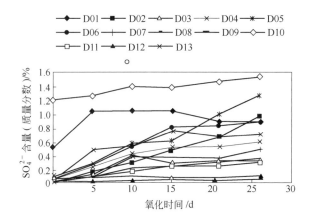

图 13-16　矿样 SO_4^{2-} 离子含量随时间的变化

研究中按同样方法测定了矿样 pH 值随时间的变化情况,但从结果来看,其 pH 值的变化量都不大,均在 0 ~ 0.8 之间,不能作为主要指标,只能作参考。

13.3.2.3　矿样低温氧化增重率的测定与分析

研究表明,矿样的氧化增重率能很好地反映其低温氧化特性,因此本次研究在测试上述各项指标的同时还开展了低温氧化增重率的测定。

A　测定方法

测定方法为室内环境下自然氧化法。

B　测定装置

测定装置为蒸发皿,用精度为 0.1 mg 的分析天平称量。

C　测定条件:

矿样用量:40 g;矿样粒度: - 40 目;

温湿度:室内自然环境(温度 25 ~ 30℃,湿度 70% ~ 90%)

D　测定结果与分析

通过对各矿样在常温常湿条件下氧化 64 d 的过程中增重情况的测定,其中有部分矿样增重率变化显著,如,D01、D04、D07、D13 等,也有些矿样略有变化,如,D06、D02、D03 等,其他矿样变化甚微。图 13 - 17 中列出了部分有变化矿样的氧化增重率随时间的变化测定结果。从结果还可看出,矿样氧化增重率变化情况与吸氧速度的变化情况基本相似,但也存在一些偏差,这主要因为实验条件不一样造成的,吸氧速度是在恒温恒湿的环境下测得的,而增重率是在自然温湿度条件下测得的。后经控制在同样环境条件下对这两个参数进行重新测定发现,增重率和吸氧率之间有很好的相关性。

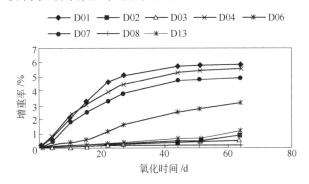

图 13 - 17　矿样增重率随时间的变化

在试验过程中,我们还注意观察了各矿样的结块情况,发现结块性强的矿样有 D01、D02、D03、D04、D05、D06、D07 和 D13,部分结块的矿样有 D08、D11,仅 D09 和 D10 不结块。可见矿样的结块性强弱与各矿样的氧化增重大小有一定的对应关系。也就是说矿样的结块性一定程度上可反映出矿样的氧化性强弱。因此,对现场来说,结块比较严重的矿石类型,要特别注意加强防火。

13.3.2.4　矿样低温氧化性的综合评价

通过对 13 种矿样的吸氧速度、水溶性 Fe^{2+}、$+ Fe^{3+}$ 离子含量、SO_4^{2-} 离子含量、pH 值和氧化增重率等的测定与分析,可以看出:

(1)低温氧化性较好的矿样有 D04、D07、D01;

（2）低温氧化性中等的矿样有 D13、D03、D06；

（3）其他矿样的低温氧化性较差；

（4）氧化性较好和中等的矿样都具有结块性。

综合所有测试结果，13 种矿样按低温氧化性由强到弱的综合排序为：

D04→D07→D01→D13→D03→D06→D05→D02→D11→D10→D12→D08→D09

13.3.3　矿样自热点与自燃点的测定与分析

13.3.3.1　矿样自热点的测定与分析

自热点温度的高低能反映矿样从氧化升温到自热的难易程度，在本章中，采用第 3 章有关自热点的测定原理和方法对冬瓜山矿的 13 种矿样进行了自热性试验。

A　测定方法

测定方法为温度平衡跟踪法。

B　测定装置

同 13.2.1 所述。

C　测定条件

矿样量：100 g；矿样粒度：-40 目；

矿样含水率 4%；氧气流量：30 ~ 60 mL/min

D　测定结果与分析

为了进行比较，在试验过程中，我们分别对原矿样和部分预氧化矿样（预氧化环境温度：(40 ±1)℃，湿度：大于 95%，时间：7 d）分别进行了自热性测定，测定结果的总结分别见表 13 - 4 和表 13 - 5，部分矿样预氧化前后自热点温度的比较参见图 13 - 18。

表 13 - 4　原矿样自热试验测定结果

矿样编号	从升温到自热点时间/h	自热点温度/℃	自热最大幅度/℃	综合自热性描述
D01	5.8	118	28	强
D02	5.5	120	2	弱
D03	6.25	130	30	较强
D04	2.2	90	16	强
D05	3.15	114	30	强
D06	5.2	145	8	弱
D07	—	—	—	无自热迹象
D08	7.15	120	20	较强
D09	—	—	—	无自热迹象
D10	8.25	168	14	弱
D11	1.2	74	42	强
D12	4.2	127	23	较强
D13	4.25	118	19	较强

表 13 - 5　部分预氧化矿样自热试验测定结果总结

矿样编号	从升温到自热点时间/h	自热点温度/℃	自热最大幅度/℃	综合自热性描述
D01	0.2	60	67	强
D02	5.2	130	5	弱

矿样编号	从升温到自热点时间/h	自热点温度/℃	自热最大幅度/℃	综合自热性描述
D03	2.2	94	15	较强
D04	4.1	124	30	强
D07	1.15	80	32	强
D08	1.15	80	25	强
D11	2.2	113	14	较强
D13	7.25	190	4	弱

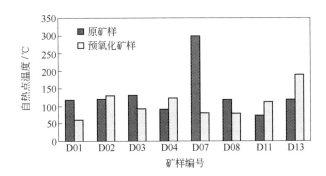

图 13 - 18　矿样预氧化前后自热点温度的比较

根据表 13 - 4 的综合测试结果,在综合考虑各矿样自热点温度的高低和自热幅度、开始自热时间的基础上可得出:自热性大的矿样有 D11、D04、D05、D01,自热性较大的矿样有 D08、D13、D12、D03,自热性较弱的矿样有 D06、D10 和 D02,D07 和 D09 在升温范围内未测到有自热迹象。

比较矿样预氧化前后的自热特性(参考图 13 - 18),可发现各矿样经预氧化后,其自热性均有变化,其中 D01、D03、D07、D08 号矿样的自热点温度有所下降,说明这些矿样经预氧化后更容易自热。特别是 D07 号矿样,原样时测不到自热点(图 13 - 18 中是为了便于比较而假定为 300℃),而预氧化后自热点降到 80℃,其自热容易程度在所有矿样中仅次于 D01 号矿样。但其他矿样预氧化后,其自热点温度均有不同程度的上升。以上测试说明,矿样经过一段时间预氧化后,其氧化特性会发生变化,因此在现场,对于处在断层、破碎等地经过长期预氧化的矿石类型要特别注意。

13.3.3.2　矿样自燃点的测定与分析

自燃点的测定可以掌握矿样从氧化自热发展到自燃的难易程度。以下将根据本节提出的自燃点测定原理和测定方法,在实验室测定从冬瓜山采集的 13 种矿样的自燃点。

A　测定方法

测定方法为恒速连续升温式交叉点温度法。

B　测定装置

如 13.2.1 所述。

C　试验条件:

矿样用量:40 g;矿样含水率:5%;

矿样粒度:-40 目;氧气流量:60 ~ 80 mL/min;

升温速率:2℃/min

D 测定结果与分析

与自热点测定一样,分别对原矿样和预氧化7 d(预氧化环境条件与自热点测定时相同)的矿样进行了自燃点的测定,测定结果参见表13-6和图13-19。

表13-6 预氧化前后矿样的自燃点测定结果

矿 样 编 号	原矿样自燃点 /℃	预氧化矿样自燃点/℃
D01	380	150/233
D02	383	275/409
D03	395	190/419
D04	375	190
D05	280/381	290/395
D06	265/325	368
D07	200/390	150
D08	280/285	300/382
D09	440	未出现自燃迹象
D10	425	365
D11	382	240/378
D12	380	未出现自燃迹象
D13	315/350	370

注:表中出现两个数值的是在测试中出现过两次冒烟,第一个为矿样中的早燃矿物的自燃点。

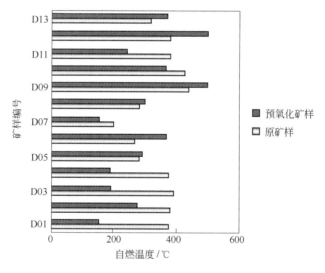

图13-19 矿样预氧化前后自燃点比较

从表13-6和图13-19可以看出,各原矿样的自燃点都较高,如不计早燃矿物的自燃点,则均在300℃以上,这说明原矿样都不太容易自燃,但通过图13-19可以看出(图中对无自燃迹象的矿样,其自燃点温度用500℃表示),经过一段时间的预氧化后,有部分矿样的自燃点显著下降,特别是D01、D04、D07号矿样,下降幅度在150℃以上。从自燃点试验还可看出,绝大多数矿样都存在早燃矿物,这些早燃矿物的自燃点比矿样的自燃点也有显著降低。虽然早燃矿物的量比较少，但在一定条件下也可能对硫化矿石和自燃起重要的促进作用，因此不能忽视其影响。

13.3.3.3 自热、自燃点测定结果分析

综合比较各矿样自热点和自燃点的测定结果，可得出如下结论：

（1）D04 号矿样和经预氧化后的 D01 和 D07 号矿样容易自热，且自热幅度大，自燃点温度低；

（2）D05、D13 号矿样和预氧化后的 D03、D08 号矿样也比较容易自热，自热幅度也较大，但自燃点温度高。

（3）D11 号原矿样自热温度低，自热幅度大，但经预氧化后自燃点反而升高了，自热幅度减小了，而且自燃点温度较高；

（4）其他矿样自热点和自燃点均较高，预氧化后虽自热点有所下降，但自燃点变化不大。

13.3.4 矿样自燃倾向性综合判定

通过综合比较和分析各矿样的低温氧化性、自热性和自燃性测定结果，并参考各矿样化学成分和矿物组成分析结果，可得出各矿样的自燃倾向性强弱排序和等级鉴定结果，见表13-7。

表 13-7 矿样的自燃倾向性强弱排序和等级鉴定结果

排　序	矿样编号	自燃倾向性等级	自燃倾向性描述
1 2 3	D04 D07 D01	I	有自燃性
4 5 6 7	D03 D05 D08 D13	II	有自热、无自燃性
8 9 10 11 12 13	D11 D02 D06 D09 D10 D12	III	无自热、自燃性

由表13-7可知，D04、D07和D01三种矿样存在自燃倾向性。但值得注意的是，自燃倾向性是矿石本身的特性，在实际开采过程中能否发生自燃，还与现场条件有很大的关系。因此，对于有自燃倾向性的矿石类型，我们还必须根据现场的实际条件开展现场堆矿试验，以便确定在现有开采条件下是否存在自燃危险性。因此，可以在现场开展的两期的堆矿试验，第一期为采场自然堆矿试验，在试验过程中，只测得有较强的自热性，但未发生自燃。为进一步验证试验的可靠性，开展了第二期的现场堆矿试验，并采用了辅助加热的方式，这次测得矿堆内部发生了较强烈的自热，但自燃不够明显。两期现场试验表明，在冬瓜山矿现有正常生产条件下，发生自燃的可能性不大，但存在一定的自热性，特别是采场存在局部异常高温的条件下，可能会诱发快速自热甚至自燃，因此现场应该引起重视。

13.4　冬瓜山矿硫化矿石自燃阻化剂

13.4.1　概述

通过对高硫矿床矿石自燃倾向性的综合试验判定研究,已对从冬瓜山矿床采取的 13 个矿样的自燃倾向性进行了综合判定,其中 D01、D04、D07 号矿样有自燃性;D03、D05、D08、D13 号矿样有自热性;其他矿样仅微自热或不自热,即无自燃倾向性。另外,该矿的大部分矿石具有结块性。通过将冬瓜山高硫矿床与国内矿石有自燃倾向性的矿山对比可知,其矿石的自燃性指标相对较低,但由于矿体埋藏深,原岩的温度较高,有利于加速矿石的氧化自热,因此有一定的自燃危险性,现场堆矿试验也证实了这一点。

为了有效防止矿石的自燃,在完成上述自燃倾向性判定研究的基础上,开展了高硫矿石氧化阻化新材料的研究,其内容包括阻化剂的筛选,阻化剂的性能测试,重点对 01、04、07 号有自燃性矿样和 03、05、08、13 号有自热性矿样及部分其他矿样进行大量的阻化试验,从而获得了一组技术与经济指标较好的高硫矿石自燃阻化材料。

13.4.2　阻化剂的选择

对用来做阻化剂的材料必须满足的基本要求主要包括:(1)阻化性能优越,能有效地隔氧、吸热降温;(2)成本低,不至造成采矿成本大幅度增加;(3)无毒无害,对人和生产设备及选冶等工艺无明显影响;(4)具有一定的渗透性和黏附性;(5)作用时间长,一般要求能达数月之久;(6)原材料来源广,制备、使用方便等。

研究表明,在地球上能抑制或延缓硫化矿石氧化的物质有多种多样,但这些物质中能满足上述 6 条基本要求的并不多。根据冬瓜山矿床矿石的特性,进行了大量的调查、测试和筛选工作,最后确定了用来作为阻化剂基料的化合物有水玻璃($Na_2SiO_3 \cdot 9H_2O$)、氯化钙($CaCl_2$)、氧化镁(MgO)和氯化镁($MgCl_2$)等 4 种物质,它们的物理特性见表 13 – 8。

表 13 – 8　阻化材料的物理特性

阻 化 材 料	分子量	颜色与形态	主 要 特 性
水玻璃 $Na_2SiO_3 \cdot 9H_2O$	284.22	白色或灰白色块状	熔点 40 ~ 80℃,100℃失去 6 分子结晶水,易溶于水,溶于稀氢氧化钠,不溶于乙醇
氯化钙 $CaCl_2$	110.99	白色粒状物	极易潮解,易溶于水及乙醇,溶于水放出大量热
氧化镁 MgO	40.30	白色粉状物	熔点 2500 ~ 2800℃,几乎不溶于水,不溶于乙醇,能溶于稀盐酸
氯化镁 $MgCl_2$	203.30	白色有光泽的六方形晶体	熔点为 714℃,沸点为 1412℃,潮解性极强极易潮解,易溶于水,溶于水放出热

通过对表 13 – 8 中 4 种物质进行一种或多种及不同配比的优化组合及正交试验,最后确定进行性能测试的阻化剂配方共有 4 种,分别编号为 A、B、C、D。

13.4.3　阻化剂性能的测试

13.4.3.1　测定方法

采用阻化剂的目的是阻止或减弱矿石的氧化,对于性能优良的阻化剂,当喷洒到硫化矿石表面后,可使其氧化速度大大减弱,因此,我们可以通过测定喷洒阻化剂前后矿样氧化速度的快慢变化来判断阻化剂性能的优劣。

衡量阻化剂性能的主要指标是阻化率,而阻化率的测定方法主要有吸氧速度测定法、电化学法和氧化增重测定法。其中,应用氧化增重法来评价阻化剂的性能,是作者首次提出并应用于实际中的,实际表明,采用氧化增重法来评价阻化剂,其结论是可靠的,而且与吸氧速度测定法、电化学法相比,其测试方法要简单得多,因此值得推广使用。以下主要就利用氧化增重法来评价上述 4 种阻化剂的性能进行介绍。

A　测定方法

测定方法为氧化增重法。

B　测定装置

测定装置为恒温恒湿箱,培养皿。

C　测试条件与参数

阻化剂浓度:10%、20%、30%;

阻化剂添加量:8 mL;

矿样种类:D01、D02、D03、D04、D06、D07、D13,即选用自燃倾向性为自燃和自热的矿样;

矿样用量:40 g;

矿样粒度:−40 目;

环境温度(40 ± 1)℃;

环境湿度大于 90%。

D　具体测试操作过程

具体测试操作过程如下:

(1)试验矿样质量均采用 40 g/份,每种矿样称 13 份(4 种阻化剂,每种阻化剂 3 种浓度,另 1 份不加阻化剂作对比试验),分别置于培养皿中。

(2)将各种阻化剂加水分别配成质量浓度为 10%、20%、30% 的溶液。

(3)将各种阻化剂溶液 8 mL 分别洒在前面已分好的矿样中,并稍加搅拌。

(4)将所有已配好的矿样用精度为 0.1 mg 的分析天平称初重,然后将矿样放入恒温恒湿箱中,并将温度控制在(40 ± 1)℃,湿度大于 90%,然后每隔一段时间称 1 次(初期变化较大,一般 4 ~ 10 d 称 1 次,以后待变化较平稳后每隔 5 ~ 25 d 称 1 次),记录矿样质量的变化情况。

(5)测定时间约为 80 d,然后将所测数据进行处理、分析,求出阻化率。

13.4.3.2　测定结果与分析

通过应用增重法对 4 种阻化剂性能的测试,获得大量有价值的测试数据,通过对数据的分析,可以对上述 4 种阻化剂的性能作如下评价:

A　阻化剂阻化效果随时间变化的 3 个阶段

综合分析各矿样加阻化剂后的增重率以及各阻化剂的阻化率随时间的变化关系可以看出,阻化剂的作用效果可分为如下 3 个阶段:

(1)完全阻化阶段。实验发现,在矿样添加阻化剂后的初始时期(约 10 ~ 30 d),各矿样的质量几乎不增加,即增重率为 0,而未加阻化剂的对比矿样一开始质量就有增加,这说明各种矿样在未加阻化剂时一开始就有氧化发生。由此可知,四类阻化剂初期都能完全阻止矿样氧化的发生,阻化率接近100%。

(2) 高效阻化阶段。经过第一阶段后,加阻化剂矿样的质量开始随时间而增加,这说明各矿样开始发生氧化,使质量增加。但从增重率曲线可以看出,一段时间内,加阻化剂矿样的增重率一般都远低于同一时间内未加阻化剂的对比矿样的增重率。这说明在这一时间段内阻化剂仍然具有较好的阻化效果,这一阶段各阻化剂的阻化率一般都大于75%,持续时间约20 d。

(3) 阻化失效阶段。随着时间的推移,各阻化剂的阻化效果都呈下降趋势,直到最终完全失效。阻化剂完全失效的时间各类阻化剂差异较大,有的阻化剂很快就失效,而且随后还会起到微加速矿样氧化的作用(如,D种阻化剂),有的直到本次试验结束(76 d后)仍有较高的阻化率(如,B、C两种阻化剂)。

B　阻化剂的综合阻化效果分析

对于阻化剂A、B、C,在50 d之内均有较明显的阻化效果,50 d之后,C、B优于A;而对于阻化剂D,初期阻化率较低,而且50 d后的稳定阻化率也很低,整体阻化效果差。因此,从阻化性能考虑,4种阻化剂的效果的优良排序为:C > B > A > D。

C　阻化剂浓度对阻化效果的影响分析

从测试结果分析可知,对于阻化剂A,当浓度增加时,其阻化率有明显提高,因此,在经济许可情况下,适当提高其浓度对提升阻化效果有好处。而对于阻化剂B、C,当浓度为10%时已经能达到较高的阻化效果,而且,过大的用量并不会使其阻化率有明显的增加,因此,没必要用高浓度阻化剂。阻化剂D波动较大,阻化剂浓度要看具体情况而定。

D　阻化剂对不同矿石种类的阻化效果分析

各种阻化剂对D01、D04、D07号等三种有自燃性的矿样的具体作用效果总结如下:

(1) 对于D01号矿样,四种阻化剂阻化效果的顺序为:

C > B > D > A

其中,阻化剂浓度为20%时最佳。

(2) 对于D04号矿样,四种阻化剂阻化效果的顺序为:

C > B > A > D

阻化剂浓度为10%最佳,浓度(用量)增加使阻化率反而下降。另外,如果在50 d之内,A、B、C的效果差别不大。

(3) 对于07号矿样,4种阻化剂的作用效果的顺序为:

C > A > B > D

阻化剂浓度为10%时最佳。

从以上分析可知,对不同的矿石种类,阻化剂的作用效果有差异,因此,在选择阻化剂时,应考虑实用的矿石类型。

13.4.4　阻化剂性能的综合评价

以上对A、B、C、D 4种阻化剂的阻化效果进行了分析,但仅从这一方面来评价阻化剂的优劣是不够的。根据选择阻化剂的必要条件,在评价一种阻化剂时,必须从性能、成本、毒害影响、渗透性、黏附性、作用时间、原材料来源等方面进行综合评价,这样才能更合理地确定适合现场应用的阻化材料。表13-9按上述要求对4种阻化剂进行了综合分析。

表 13 - 9　阻化剂的综合效果

阻化剂	性　　能	成本	毒害作用	流动性	作用时间	原材料来源	制备工艺
A	阻化率较高,能隔氧灭火	中	无	不易流失	较长	广	较简单
B	阻化率高,能隔氧灭火	中上	无	不易流失	长,大于70天	广	较简单
C	阻化率高,能隔氧灭火	中	无	较易流失	长,大于80天	广	简单
D	阻化率低,不能隔氧灭火	中下	弱酸性	易流失	短,小于30天	广	简单

从以上分析可知,A、B、C 三种阻化剂较优,可作为推荐阻化材料。但针对不同的使用要求,有不同的选择,概括如下:

（1）当矿石滞留时间较长（大于两个月）时,为防止矿石氧化自燃的发生,比较适合于作为防火剂的是 B 阻化剂,A 阻化剂次之;

（2）当矿石滞留时间较短（两个月之内）时,比较适合于作为防火剂的是 A 阻化剂,B 阻化剂次之;

（3）当矿石自燃已经发生时,比较适合于作为灭火剂的是 A 阻化剂,C 阻化剂次之;

（4）为便于矿山实际应用和管理,可考虑整个矿山选用单一类阻化剂,由上可知,选用 A 阻化剂为最优,其次可考虑 B 阻化剂;

（5）阻化剂浓度在用于防火时可采用低浓度喷洒（小于10%）,当用于灭火时阻化剂浓度采用20%为宜。

将上述 A、B、C 三种阻化剂的试验结果与国内几个使用阻化剂防灭火的矿山的阻化效果指标比较见表 13 - 10。

表 13 - 10　国内部分矿山使用阻化剂的效果比较

矿名(研究单位)	矿石种类	阻化剂			初期阻化率/%	80 d 后阻化率/%	备注
		主要成分	浓度/%	用量/%			
冬瓜山	硫化矿石	A	20		100	40	
冬瓜山	硫化矿石	B	20		100	82	
冬瓜山	硫化矿石	C	20		100	89	
长沙矿山院	硫化矿	$CaO + NaCl$		2	27.25		室内测定
长沙矿山院	硫化矿	$MgCl_2$		2	10.07		
长沙矿山院	硫化矿	CaO		2	23.8		
蒲沙煤矿	褐煤	铝铁工业废液	20		64.6	50	
老虎台矿	气煤	卤块	20		78.5	67	
王宝山矿	不黏结煤	水玻璃 + 氨盐	10		>95	80	现场试验
老虎台矿	气煤	$CaCl_2$	20		71.3	52	
八道沟矿	长焰煤	$MgCl_2$	20		85.6		
苇湖煤矿	长焰煤	$ZnCl_2$	20	93.7			

从表 13-10 的比较可以看出,针对冬瓜山矿研究的阻化剂配方的效果是较好的。由于目前阻化剂在煤矿防灭火中应用技术比较成熟,因此,在表 13-9 中列出的主要是煤矿应用阻化剂的情况,而对于硫化矿石阻化剂防灭火技术的研究国内开展较少,比较成熟的产品和技术在国内还未见报道,目前,很多矿山还是沿用传统的喷水灭火、加强通风和密闭等方法。出现硫化矿石阻化剂研究滞后的原因很大程度上是由于各个矿山硫化矿石的成分和结构复杂且各不相同,要研究出具有普遍适应价值的阻化剂配方很难,从而使得硫化矿防灭火研究工作在较长时间内呈现停滞状态。由此可看出,硫化矿石自燃阻化剂的研究与应用具有十分重要的意义。

13.5 冬瓜山矿采场矿石安全堆放时间的预测

通过对硫化矿石自燃的数学模型进行研究,提出了硫化矿石安全期(安全堆放时间)的预测模型,在本节中,将利用这一预测模型,对冬瓜山铜矿具有自燃性的 D01、D04、D07 号矿石类型的采场安全堆放时间进行预测,从而为矿山生产提供指导。

13.5.1 矿石自热率的测定

所谓硫化矿石的自热率,就是硫化矿石氧化过程中单位时间单位矿石表面积所放出的热量,也称作硫化矿石的热通量。很显然,硫化矿石能否自燃,或多长时间自燃,其自热率的大小是关键的内在因素。也是安全堆矿时间预测模型中首先必须求得的关键参数。

利用自热装置对 D01、D04、D07 等三种矿样的自热率进行了测定,并根据测定数据利用有关公式求得了这三种矿样在不同温度时的自热率。测定结果见表 13-11。

表 13-11 不同温度下矿样自热率测定结果

矿 样 编 号	矿 石 类 型	矿样温度/℃	自热率/$W \cdot m^{-2}$
D01	粗粒含铜磁黄铁矿	60 78 104	1.850 9.431 16.578
D04	粗粒含铜黄铁矿	124 145 160	3.861 3.872 16.111
D07	胶状黄铁矿	80 100 119	1.992 7.670 15.999

13.5.2 矿石安全堆放时间的预测

根据矿石自热率的测定结果和计算给出的矿石安全期预测模型,对 D01、D04、D07 三种矿石类型,分别预测了在各种不同的一次崩矿量时的安全堆矿时间。对预测模型中要求的其他有关参数,主要是根据冬瓜山矿的开采技术条件和采矿设计资料,并查阅有关热物理手册确定的。表 13-12 是三种有自燃性的矿石类型的安全堆矿时间的预测结果(该结果考虑了 20% 的安全系数)。

表 13 - 12 矿石安全堆矿时间预测结果 （d）

矿 石 类 型	一次崩矿量（堆矿量）/kt						
	2.5	5	10	20	30	40	50
D01（粗粒含铜磁黄铁矿）	78	75	70	63	58	54	50
D04（粗粒含铜黄铁矿）	80	76	69	62	57	53	49
D07（胶状黄铁矿）	76	74	69	63	59	56	53

13.5.3　矿石安全堆放时间的预测结果分析

从表 13 - 11 可以看出，该矿矿石的安全期均比较长，因此，在正常生产过程中，如果一次崩矿后能保证 1000 t/d 的单采场出矿能力，则可以基本保证采场不会发生矿石自燃火灾。但如果每次崩矿后采场的矿石残留较多，或是由于大块等原因导致出矿时间延长而使大量矿石积存在采场，该部分矿石在经过较长时间预氧化后，在聚热条件较好的情况下，则就有可能发生自燃。为防止矿石自燃事故的发生，应根据上述预测值严格控制一次崩矿量、出矿时间和矿石损失率。

事实证明，冬瓜山铜矿在投产两年来，未出现过自燃的事故，这充分证明利用上述的自燃防治理论和技术来解决实际问题，其结论是可靠的。

13.6　硫化矿石自燃防治综合技术

高硫矿井防灭火的具体措施有很多，而且在现场使用时还必须根据具体条件选择实施，因此本节仅着重介绍几种主要防灭火技术的原理及适用条件，以供选择使用和掌握防灭火的方法。

13.6.1　硫化矿石自燃的一般防治方法

如上所述，硫化矿石的自燃必须具备 3 个条件：矿石的氧化性、供氧条件、聚热环境，故防灭火工作的基本模式是破坏或消除这三要素中的一个或几个的作用，具体可概括为挖除热源（矿石）、排热降温和隔氧。以下将概述以往的防火和灭火的有关方法。

13.6.1.1　预防硫化矿石自燃的方法

在硫化矿石自燃的三要素中，有自燃倾向性的矿石的氧化性是客观存在的，因此，人们大都把注意力集中在其他两个因素上。其实，矿石的氧化性这一客观因素并不是不能改变的。例如，通过在矿石表面喷洒适宜的阻化剂，使矿石表面钝化，从而达到控制其氧化性的目的。

在防火技术方面，过去采用的方法有灌注泥浆、喷洒阻化剂、加强通风、充填空区、密闭采空区等。

在综合防火措施方面，则要求在采矿设计、生产管理等方面加以注意，如，选择合理的开拓系统，设计高效、安全的采矿方法和合理的回采工艺及参数，推行强采、强出、强充的"三强"回采，减少矿石损失，加强监测，强化生产管理等。

13.6.1.2 硫化矿石自燃的灭火方法

概括起来,扑灭硫化矿石自燃火灾的方法可分为积极方法、消极方法和联合方法。

积极方法可用液体、惰性物质等直接覆盖于或作用于发火矿石上,或直接挖除自燃的矿石等。这种方法是根治火灾的有效途径,但它一般适合于小范围火区且人员能接近的情况下采用。

消极方法是在有空气可能进入火区的通道上修筑隔墙,减少或完全截断空气进入火区参与矿石的氧化自燃,使矿石因缺氧而不能继续燃烧,最后自行冷却窒息。采用此方法要求火区易密闭,且密闭墙质量要很好。

联合方法是通过清除零碎发火矿石,并对高温矿石采用灌浆、浇水、喷洒含阻化剂溶液、充填空区、通风排热等综合性技术措施以降低矿石温度和减小其氧化速度,最终达到消灭矿石自燃火灾的目的。由于此类方法的适用范围可大可小,实施起来比较灵活多变,因此,对于各种不同情况的火区都是适用的。

13.6.2 阻化剂在预防硫化矿石自燃中的应用

从广义上说,凡是能抑制硫化矿石氧化,延缓其氧化速度的物质都可作为阻化剂。但实际上能用于现场的阻化剂并不多,它们必须满足以下这些基本要求:(1)价格非常便宜,不会大幅度增加采矿成本;(2)对人和设备及出矿、选矿、冶炼无影响;(3)能有效地隔氧,吸热降温;(4)具有一定的渗透性和黏附性;(5)作用时间要达数月之久;(6)制备、使用要十分方便。因此,研制一种可行、高效的防治硫化矿石自燃的阻化剂并非易事。

阻化剂的作用机理大致有隔氧降温、中和、吸附、钝化等。通过喷洒覆盖阻化剂,从而达到阻碍或延缓硫化矿石低温氧化产物生成,阻碍矿石同水、空气的有效接触和降低矿石的温度及其表面的反应速度等目的。在现场使用阻化剂时所遇到的最大的困难是如何把阻化剂均匀地喷洒到所要喷洒的硫化矿石爆堆上。由于硫化矿石自燃时会释放大量的 SO_2 气体,火源规模一般都比较大,人不能直接进入采场观察火区,井下空间有限,等等,使得喷洒阻化剂实施起来很不容易。因此,在现场使用阻化剂时还要根据火区的地点、规模、采场的构成要素、现有的管道输送系统以及水源等条件因地制宜,有的放矢地采取有效合理的喷洒方案。图 13-20 给出喷洒氧氯化镁氯化钙混合溶液的移动式防灭火系统示意图。图 13-21 给出了具有制液站和管道输送系统的防灭火系统示意图。

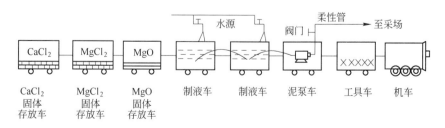

图 13-20 一种移动式防灭火系统示意图

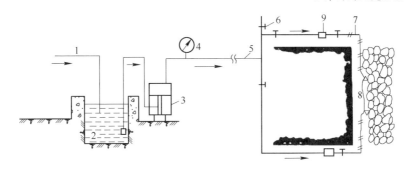

图 13-21 一种固定式防灭火系统示意图

1—供水管；2—阻化剂溶液池；3—水泵；4—压力表；5—输液管；

6—阀门；7—胶管；8—喷枪；9—流量计

13.6.3 硫化矿石自燃火灾防治技术要点

13.6.3.1 预防硫化矿石自燃的有关问题

（1）矿山必须详细进行地质调查，掌握各类硫化矿石的分布规律、地点及其特征，并结合对矿石自燃倾向性的测定结果，从而确定有可能发生矿石自燃的危险区。

（2）测定矿石的自热特性及有关热物理参数，并结合崩矿与出矿的技术参数（如，一次崩矿量、矿石块度，出矿时间等）和环境条件预测矿石自崩下到可能自燃的时间，即通常所说的发火周期。如果发火周期很短（小于出矿时间），则必须改变一次崩矿量或实行强化出矿或采取阻化技术措施，如果发火周期很长，则说明矿石无自燃危险。

（3）一定要选择矿石损失率小的采矿方法，保证损失在采场中的矿石量达不到氧化聚热的临界体积。

（4）对于有底部结构的采矿方法，要考虑到万一底部结构受破坏时（如，卡斗等）出不了矿的情况及应急处理方法。

（5）当采场矿石已经出现高温或自燃时，不允许继续崩矿。否则，由于环境温度很高和传热作用，新崩下的矿石很快就会进入高温快速氧化阶段，在很短时间内就可以发生自燃。例如，一些无底柱分段崩落法的发火采场，如果进路端部未放出的矿石已经处于高温状态，当继续崩矿时新矿石就会很快自燃。再继续崩矿就会导致发火恶性循环，使火灾不断延续下去，最终无法采矿。

（6）采场矿石处于自热阶段（矿堆中温度低于60℃），矿堆表面的温度及环境温度并不会明显升高，也基本无 SO_2 气体放出。当人感觉到矿石堆表面很热或灼手和看到冒烟时，此时矿堆已经发生自燃。因此，只有测定矿堆里面的温度才能达到早期预测火灾的目的。

（7）矿石氧化一般都从表面开始，矿石的比表面积与矿石的块度成反比，块度越小，比表面积越大，因此，对于有自燃倾向性的粉状矿石，其比表面积很大，它们与湿空气的接触非常充分，此时单位体积矿石的吸氧量及放热量很大，导致矿石更容易自燃。

（8）试验表明，对于同一类硫化矿石，其晶体颗粒越小，自燃危险性越大。例如，微细颗粒晶体的黄铁矿就比粗颗粒晶体铁矿更易自燃；胶状黄铁矿（晶体极微，似胶状）就比黄铁矿易发火。

（9）由现场发火案例统计表明，胶状黄铁矿、磁黄铁矿的发火概率比其他硫化矿石高，因此,在生产中应加以足够的重视。

(10)通风排热方法只适用于当风流能在矿石堆上流过的情况,对于无底柱分段崩落法进路的爆堆、有底柱分段崩落法的崩落矿堆,采用加强通风的方法只能改善有风流流过的风路的热环境,而对排除这类采矿方法的矿石堆中的氧化热作用甚微,即使是贯穿风流的采场,如果矿石的厚度很大(如溜矿法),此时,通风对矿堆深处也起不到排热的作用,在上述两种情况中,当然更谈不上有什么临界排热风速存在的事。

13.6.3.2 扑灭硫化矿石自燃火灾的有关问题

硫化矿石一旦发生自燃,就必须及时采取措施加以扑灭。一般来说,灭火的方法有直接灭火法、隔绝灭火法和联合灭火法等,而对具体的火灾可以提出很多灭火措施,下面仅把采取有关灭火措施中应注意的关键问题加以指出。

(1)用水灭火只能适合于小规模矿堆(如数百吨以下),而且水能喷洒到的情况。如果矿堆体积大,温度高,其热能巨大,要用水把巨大的热能带走,必须耗费大量的水和较长的时间,而且,大量水蒸气与 SO_2 生成硫酸雾对全矿会带来许多不利的影响,用水灭火应根据发火矿堆的热焓计算用水量,从而确定其灭火方案是否可行。如果水不能均匀地喷洒到发火矿堆上,也不能用水灭火。

(2)铺撒矿堆灭火只适合于很小的发火矿堆,矿堆铺开后,由于矿石与环境的换热面积增大,从而散热传热加快直至冷却,但如果发火矿堆温度较高,当矿堆被耙散后高温矿石与氧气接触更加充分,则矿石在短时间燃烧会更猛烈,短时会产生更多的 SO_2 气体。

(3)强行挖除火源的方法危险性较大,这种灭火方法也只适合小范围火灾而且人员可接近的情况,当人进入火区前,必须佩戴好防毒面具,在上风侧接近发火矿堆。

(4)隔绝灭火是比较安全有效的灭火方法,但许多采场、采空区往往不能做到完全密闭,而且密闭后要经过比较长时间后火灾才会冷却熄灭。当希望打开密闭恢复生产时,必须等火区的矿石完全处于冷却后才能进行,否则矿石会很快复燃。

(5)均压灭火方法对于硫化矿井内因火灾很难有效,因为即使采场没有风流流动,局部区域空气的自然扩散也可以为矿石氧化提供足够的氧气,而且在现场上几乎不可能做到完全均压。这种方法仅能与隔绝灭火法联合作用,以减少密闭墙的漏风等。

(6)判断火灾是否熄灭,必须以矿石堆里的最高温度为依据,当矿石堆里最高温度接近于正常环境温度时,才能认为火灾已经熄灭,火区矿石堆外的气温和 SO_2 浓度不能作为判定依据。

参 考 文 献

[1] 周勃,吴超,李茂楠,等.硫化矿石预氧化前后自燃倾向性的比较研究[J].中国矿业,1998,7(5):77~79.

[2] 王坪龙.硫化矿石自燃发火规律现场试验研究[J].化工矿物与加工,1999(5):8~11.

[3] 吴超,孟廷让著.高硫矿井内因火灾防治理论与技术[J].北京:冶金工业出版社,1995.

[4] 吴超,孟廷让,王坪龙,等.硫化矿石自燃的化学热力学机理研究[J].中南矿冶学院学报,1994,25(2):156~161.

[5] Ninteman D J. Spontaneous Oxidation and Combustion of Sulfide Ores in Underground Mines[J]. Information Circular 8775, USA:Bureau of Mines, 1978, 1~40.

[6] Meng Tingrang, Wu Chao, Wang Pinglong. Study of Mine Spontaneous Combustion of Sulphide Ores In:

Ragula B ed. Proceedings of the US Mine Ventilation Symposium[J]. Salt Lake City, UT: SME, 1993. 203 ~ 207.

[7] Wu Chao, Meng Tingrang. Experimental Investigation on Chemical Thermodynamic Behavior of Sulfide Ores During Spontaneous Combustion[J]. West-China Exploration Engineering (English Edition), 1995, 7 (4): 57 ~ 65.

[8] Wu Chao. Fault Tree Analysis of Spontaneous Combustion of Sulphide Ores and Its Risk Assessment[J]. Journal of Central South University of Technology (English Edition), 1995, 2(2): 77 ~ 80.

[9] Wu Chao, Wang Pinglong, Meng Tingrang. In Situ Measurement of Breeding-fire of Sulphide Ore Dumps [J]. Transactions of Nonferrous Metals Society of China (English Edition), 1997, 7(1): 33 ~ 37.

[10] Wu Chao, Li Zijun, Zhou Bo, et al. Investigation of Chemical Suppressants for Inactivation of Sulfide Ores [J]. Journal of Central South University of Technology (English Edition), 2001, 8(3): 180 ~ 184.

14 地下水防治

14.1 引言

冬瓜山矿床埋深大,是迄今为止国内开发最深的特大型地下开采金属矿山。虽然冬瓜山铜矿浅部的东、西狮子山矿床、老鸦岭矿床已经基本开采结束,地下水也经过了近40年的疏干,但地下水位仍在天然状态附近,没有明显降低。对此,在深部的冬瓜山矿床开拓时期乃至生产阶段,工作面仍将承受8~10 MPa的高压大流量涌水威胁,一旦出现高压大流量突水,必将对矿山建设与生产带来巨大的危害。因此,从安全生产出发,在认识地下水害的类型、水害来源与径流条件、危害程度及后果的前提下,明确矿山水文地质工作重点,慎重安排地下水防治工程;确定科学合理的防治方法,对深井矿山来说,显得更为重要。

冬瓜山铜矿在其建设开发过程中,存在着大量的难题需要解决,地下水的防治就是其中之一。由于没有类似的成果乃至经验可供借鉴,因此,在冬瓜山铜矿建设和生产中,面对高水压大流量突水,在综合防治的总体原则下,着手研究解决不同阶段、不同水文地质条件、不同工程属性的综合防治关键技术与方法,成了工程建设时期的重点工作之一。

本章从冬瓜山铜矿地下水防治的研究与实践成果出发,对深井开采矿山过程的地下水害的类型、发生原因、水害的特征与危害、水害的来源与通道、水害防治的指导思想和主要原则、防治方法与主要技术加以论述,并采用实例进行阐述。

14.2 地下水害及其特征

14.2.1 地下水害的类型

就深井矿山而言,地下水的危害除了一般矿山经常遇到的地表水通过垂直井巷或地表径流通道灌入建设中的矿井、井下巷道或工业场地,老空区积水和淤泥涌入矿井,含水层中的地下水在揭露其径流通道时大量涌入矿井的共性特点外;更重要的是强径流深切断裂破碎带,自地表向下切割众多含水层,当破碎带揭露时在高水压作用下产生大流量射流危及甚至淹没矿井。冬瓜山铜矿的地下水害就属于这一类型。

14.2.2 地下水害的发生原因

地下水害发生的原因存在主观与客观两个方面,其类别与诱发因素见表14-1。

14.2.3 地下水害的特征与危害

深井矿山的最显著的特点是矿体距离地表深。很显然,一旦在深部出现水害,处理的难度就很大。在地质勘探工作本身的控制程度、勘探手段与技术上,不可能像相对浅埋矿床那样,取得更为可靠的勘探成果。更何况能够投入开发的深埋矿床,开拓系统的工程量大,且开拓系统与矿体的距离长。而开拓工程范围内的地质控制程度本身又是低控制区。这样,自然增大了开拓区域的工程风险,甚至造成严重的矿井地质灾害。

表 14 -1　地下水类别与水害发生原因

水害类别	诱发原因
防排水设施能力不足	(1) 矿床水文地质勘探程度不够或主体井巷尤其是竖井的工程勘察程度过低,或勘察手段与技术局限性的原因,导致对水文地质条件判断失误,防排水设施不能满足意外的涌水,从而造成水害。特别是竖井开拓时,很难或根本无法及时增添相应的排水能力,即使不是很大的突发涌水也可能造成淹井事故。 (2) 设计或施工组织设计不当,致使防排水设施满足不了出现较大涌水的需要,造成水患,甚至淹井事故。 (3) 防排水设施所包括相应的供电系统达不到预期的效能,造成水患,尤其是竖井开拓临时排水设施,因其工作条件恶劣,加上临时供电系统的可靠性无法有效保障,在涌水量增大时,无法开动排水设备,造成淹井事故。 (4) 开拓工程的施工顺序安排不当,在防排水设施未完成或完善前,进入受威胁地段施工,造成突水,无法排放
水害防治措施不当或措施执行不到位	(1) 没有按照《冶金地下矿山安全技术规程》等标准要求编制水害预防与处理措施。 (2) 虽按规定编制了预防与处理措施,但措施不当。 (3) 执行预防与处理措施不到位
突　水	(1) 竖井施工时尤其是爆破击穿未发现的强径流导水构造,发生高压大流量突水,现有的排水设备根本无法正常排水,导致井筒淹没。 (2) 采矿爆破作业的强烈震动,造成临近矿体的导水断裂破碎带及其附近的岩体松动失稳,引起大突水。 (3) 对浅部出露的断裂破碎带向深部延深情况认识错误,导致深部开拓与开采作业揭露后出现突水。 (4) 对勘探或勘察钻孔出现的岩石破碎现象及严重漏水现象,为引起重视,工程施工或采掘作业揭露时引起突水

就冬瓜山铜矿而言,地下水的发生具有如下规律:

(1) 所有的突发涌水,均发生在矿体附近的开拓系统范围内。

(2) 突水的水压高。冬瓜山矿区深层地下水静水位的标高距离地表的深度浅,而突水点的深度距离地表深。如:主井突水淹井及出风井井底附近的突水淹井,距离地表的深度均接近 1000 m,静水压力都达到 9 MPa。如此高的突水压力,为国内外矿山所罕见。

(3) 突水流量大。主井井深 994 m 突水淹井的初期突水量达到 1285 m^3/h,在极短的时间内井筒迅速淹没。出风井井底附近的回风道突水淹井时涌水量达到 700 m^3/h,此后在工作面深孔预注浆钻孔揭穿含水层时的单孔涌水量达到 1000 m^3/h。

(4) 突水征兆不明。冬瓜山主井施工前的工程勘察孔水文试验,没有显示突水点附近存在强导水构造,突水点以上的 10 m 范围内井筒掘进时多次浅孔探水及爆破揭露表明,虽然有沿裂隙滴水、渗水现象,但水量累计不超过 10 m^3/h,水温达到 40℃ 并一直稳定,与浅层地下水的水温存在明显差别,地下水无任何压力挤出特征。出风井井底回风道突水淹井是在凿岩时炮孔击穿不明的强导水断裂破碎带所致,此前一直没有任何突水征兆。

(5) 突水的危害性极大,造成的损失大。如:主井 1994 年 9 月突水,深度太深,水量太大,无法排放,井筒迅速被淹,造成大量的凿井设备设施的损失。涌水治理占用时间长达 6 年之久,治理投入达 2000 余万元。出风井井底回风道 2002 年 10 月突水淹井,同样造成井筒淹没,涌水治理占用时间也接近 1 年半,投入接近 1000 万元。两次突水,造成工程建设工期滞后。若在矿山生产中出现类似突水,危害更大。

14.2.4　水害的来源与通道

深井矿山地下水害的主要来源是断裂破碎带自上而下切割各含水层,增强了含水层之间尤其是深层含水层与浅层含水层之间的水力联系,强化了径流条件。当井巷揭穿断层破碎带时,造成地下水突然涌入矿井。因此,强导水断裂破碎带是深部突水的最主要径流通道。

14.2.5　地下水害应急处理措施

矿井建设与生产时期,突发地下水灾害时,不可能及时做到有效处理。但在矿山主体工程施工及采掘作业前,应该就可能遇到的水文地质灾害进行充分的估计,并根据可能出现的各种情况,预先确定灾害程度的级别,针对不同的灾害等级提前编制应急预案,准备好必要的抢险物资,以尽量减少灾害损失,为灾害的治理赢得主动。为此应做到如下几点。

(1) 灾害发生前,明确规定水害发生时的安全撤离线路,并在撤离线路上悬挂醒目标志牌标志撤离方向,如,撤离路线为坡度大的斜坡道,要设置扶手或绳索。独头突水危险性大的巷道施工前,还应该安装通讯系统,并确保畅通。有关人员应熟悉避灾路线及突水急救知识。

(2) 整个避灾路线要尽量做到与突水时的泄水路线严格错开,并经常维护,确保畅通无阻。但却因条件限制无法错开时,在可能突水成灾的施工巷道内,应在预计突水量的前提下,随巷道施工开挖水沟,并确保水沟畅通。竖井施工期间,应严格按照施工规范和安全规程的规定,形成安全通道。

(3) 井巷掘进过程中,发现有透水征兆或事实突水,应立即停止作业,迅速报告调度部门。调度部门除了将情况立即报告外,必须立即通知有关人员赴现场观察、通知泵房,加大排水力度。

(4) 如发生突水事件,地质专业技术人员应及时开展如下工作:

1) 观测涌水量大小及其变化,并采集水样进行水样分析,为分析突水水源,判断水力联系积累资料。

2) 调查涌水地点的围岩及巷道破坏变形情况,勘察突水点附近的构造行迹特征,实测断层或节理的产状要素。

3) 开展长期观测孔的水位监测工作,必要时进行地表水体及地面变形调查。

4) 根据收集到的资料,结合以往资料,分析判断突水水源,预测灾害的发展趋势。当难以快速作出科学判断时,应考虑最坏后果,作出防止淹井的必要措施。

(5) 应迅速成立抢险救灾领导机构,加强领导、统一指挥,并根据需要设立若干专业工作小组。

(6) 情况危急时,应及时撤出所有可能被灾害威胁的人员。

(7) 安排机电技术和维修人员,检查变(配)电系统及排水供电系统和排水设备,并组织人员清除水流路线上障碍、清理水仓和水沟,水仓入口处应设置简易滤水装置,拦截进入水仓的杂物及泥沙。如果供电系统的供电容量紧张,必须停止与抢险、排水无关的一切供电,确保抢险需要。当涌水量大于或可能大于排水能力时,应迅速安装临时排水设备及供电设备,尽可能增加排水能力。

（8）当突水后,有可利用的巷道空间时,应设置临时拦水坝,作为临时蓄水场所,减缓排水压力。

14.3 深井矿山水文地质灾害防治技术

地下水是绝大多数矿山水害的根源,其防治是矿山建设与开采过程中的一项重要内容。重视地下水防治工作的目的在于:保证矿井建设与生产安全,防止灾害性事故的发生;在科学合理前提下,尽量降低矿井涌水量,降低施工和生产成本,改善作业条件,保证工程质量。

鉴于上述目的要求,针对矿山水文地质特征,慎重采取地下水的预防与治理措施,对矿山建设和生产来说,必须从勘查、设计、施工乃至生产全过程予以足够重视,其意义是十分巨大的,特别是深井矿山,显得更为突出。

14.3.1 地下水防治的指导思想与主要原则

矿山建设与生产过程中,作业时遇到地下水的影响是较为常见的。地下水揭露后,轻者影响生产进度,增加生产成本,造成矿区环境地质破坏;严重时造成灾害,带来生命财产的重大损失。近几年,矿井透水引起灾害甚至灾难的报告时有发生。因此,从科学发展,关爱生命出发,针对不同的地下水类型和特征,开拓工程施工与采掘生产条件,采取不同的防治方法,应该作为今后矿山地下水防治的重要课题,以改变长期以来普遍存在的以疏干为主的治理模式,实现矿山绿色发展、科学经营、环境稳定的目标。

地下水对矿山建设和生产的影响程度主要由含水层的充水条件、富水程度和埋藏深度等因素决定。其中,充水条件是决定性因素,富水程度及埋藏深度决定了充水量的大小。从空间位置看,即使富水性很强,但远离采、掘井巷工程时,没有向作业面充水的径流通道,是不可能对采掘作业有任何影响或破坏的。而井巷工程能够直接揭露、接近甚至是在采掘工程作业范围以内的含水层或导水构造,轻者对作业带来一定程度的影响,重者则会形成水文地质灾害。因此地下水对矿山建设和生产的影响,以及采取什么样的方法防治,必须综合分析,科学决策。对深井开采矿山来说,显得更为重要。

在冬瓜山铜矿井巷开拓过程中,虽然设计时根据当时掌握的水文地质资料,对地下水的防治进行了统筹安排,但由于认识的局限性,仍然经历了多次地下水的困扰,在处理过程中积累了很多成功的经验,结合深部水文地质特征,形成的地下水预防与治理的指导思想和主要原则值得借鉴与推广。

在预防措施上,加强研究,科学布置,合理施工,谨慎防范。其主要含义是:

（1）加强研究:首先应着眼于水文地质基础研究,确定建设与生产时期的水文地质工作重点,划分水文地质重点和复杂区域。重点开展对深层构造特别是断裂破碎带的性质、规模、分布规律、发育深度、富水性和导水特征、对矿坑充水的影响程度与浅部含水层的水力联系,浅部出露的导水构造向深部延深的研究预测;勘探及勘察钻孔资料的再研究,必要时重新开展所保存的岩心编录,收集有用的信息,对可能漏判、误断的不明构造进行预测。在此基础上,分析预测主要井巷的水文地质特征和主要含水导水构造的位置及其对工程的影响与危害程度。

（2）科学布置：就是结合矿床地质构造、水文地质条件,科学布置矿山井巷工程,重要井巷工程应尽量避开水文地质条件不利地段。当矿山主体工程因场地或工艺限制,无法避开复杂区域时,应安排专门的工程勘察或补充勘察。对于水文地质条件复杂或可疑地段,设计上必须作出合理必要的探水安排作为防范措施。采场的采切工程在断裂破碎带临近矿体或与断裂破碎带有沟通的节理构造延伸到矿体边缘甚至进入矿体时,采矿应留出可靠的安全隔离矿柱,防止大爆破后地下水溃入采场。

（3）合理施工：就是合理安排施工顺序,合理确定施工方法与施工工艺。竖井等控制性工程结束后,必须优先施工永久排水系统;在条件许可时,优先施工水文地质条件简单的工程。

（4）谨慎防范：关键是做到有疑必探,先探后掘,并严格组织落实到位。遇到可疑情况,必须停止施工,研究对策。施工和开采过程中,应严格执行各项规程、规范,力避爆破后冒顶、片帮引起岩层失稳。

（5）在水害治理上,总体而言,根据水文地质条件分为排放、疏堵结合、封堵三种方法,但大多数矿山选择以直接排放为主。从冬瓜山铜矿的实际水文地质条件出发,综合考虑深井特点,开拓工程属性与开采的经济性要求,对矿山建设以及生产全过程确立的地下水治理指导思想和原则是：

以堵为主,应堵尽堵,避免强排。主要含义是：开拓与开采作业过程中,一旦出现涌水,应优先考虑注浆封堵并尽可能提高堵水率。对于分散涌水,在涌水量不大,封堵难度大且对生产影响小时,可考虑疏干处理。

14.3.2　地下水防治的具体要求

在预防上,应遵循下列要求：

（1）竖井工程必须严格按照施工与验收规范,进行工程勘察,掌握井筒的地质条件,预测井筒的涌水量与含水构造的赋存部位。

（2）对主体井巷,施工前应编制水文地质预测平面、剖面图,编制建井地质说明书。井巷施工期间,应加强水文地质跟踪调查、研究,及时修改预测结果。

（3）对已知含水层或导水构造,在揭露前通过布置超前探水孔,探知含水层或导水构造在井巷中的具体位置和厚度,并根据钻孔揭露的涌水量及施工条件、工程要求与经济性比较,提出治理的具体措施。探水孔的超前距离在坚硬岩体中,不得小于 10 m。如果在预计的含水层或导水构造出现的位置 10 m 范围外,岩体的强度与完整性不能满足预留岩帽时,应根据实际确定超前距离。总体原则是,必须保证钻孔开孔 5 m 范围内岩体的强度与完整性满足探水孔孔口管的预理及预理后可能需要注浆时安全承载需要。对于涌水量较小、岩体完整性相对较好又相对分散的含水层,可直接利用普通凿岩机进行浅孔探水。具体地说,遇到下列任何一种情形,必须进行探水前进。如采掘工作面发现出水征兆;接近 C_{2+3}/D_3w、P_1q/C_{2+3}、P_1g/P_1q 地层换层部位时;接近已知和推测破碎带、裂隙密集带、岩体与围岩接触带及未封钻孔时;发现未明断层而对断层另一盘水文地质条件不清时等。

（4）通过综合分析,对工程可能遇到的未知含水层或导水构造,在条件具备时应先采用地球物理方法进行预测,并在此基础上决定是否需要钻探进行确认。

（5）严格施工组织管理。这是地下水预防成败的关键。预防工作实施,必须严格执行设计的工艺与技术要求进行,并严格落实责任。

(6) 主体工程中的竖井工程:严格按照国家标准《矿山井巷工程施工及验收规范》(GBJ213—90)中的有关规定,进行工作面预注浆或壁后注浆堵水,确保施工作业达到"干井"条件,井筒竣工时全井残余涌水量不得超过 6 m³/h。

(7) 排水系统:冬瓜山辅助井施工落底后,应尽快施工矿山永久排水系统,以便在回风道等水文地质条件复杂区域工程施工前,形成正常的排水能力,应对开拓工程遇到突水时的排水。

(8) 平巷工程:虽然大量的勘探工程已经证实矿床深部地层本身的富水性较弱,矿体直接顶底板相对隔水,深部地下水补给也相对不足,但是,一旦局部出现断裂破碎带导水,将对施工安全和进度带来严重影响,排水电能消耗大,成本高。因此,-875 m 主水泵站建成前的平巷掘进时必须严格进行超前探水与注浆,确保安全,大幅度降低排水成本。局部出现的涌水虽然对施工安全和进度没有明显影响,但长时间的排水,经济性差,应尽量采取局部预注浆堵水,降低涌水量。-875 m 主水泵房建成后,对于非含水岩体及远离断裂破碎带的区域,可不探水。

坑内破碎站、配电硐室、溜井等工程若揭露出水点,要采取注浆堵水措施,以保证施工的正常进行,消除地下水对这些工程的正常功能的影响。

采区工程遇到涌水也应采用注浆方式,以减少涌水对采矿爆破的危害,防止粉矿流失。

(9) 深部地下水的温度相对较高,最高水温达40℃,自然衰减速度慢,涌水将是坑内热源之一。热水的热量主要来自深部围岩的正常地温,虽然随着涌水排放时间的延长,浅部低温水补给的比例不断增加,水温将会有所降低,但热水在施工时对环境的影响大,严重危害作业人员的健康。因此,在通风不畅、排水能力与条件较差的开拓巷道内,为降低工作面的温度,也必须对出水点注浆封堵,改善作业条件。

(10) 矿床北部特别是63线以北,含水构造较发育且富水性较强,含水构造又极大可能切穿矿体上方砂页岩等隔水层,强化浅部含水层与深部导水构造的水力联系。该处为矿床内相对富水的部位,矿坑涌水量中相当一部分将来自这里。矿区北部分布有数个民用供水井且地表为分布较为广泛的可溶性岩石。出风井井底回风道出现大突水,已经引起水位突降,在北段开拓时应严密采取控制措施,避免水位突降或大突水对地表环境或井下生产造成大的影响。

(11) 矿床勘探期间已经进行了大量的水文地质工作,其中包括大多数钻孔的简易水文观测、多个钻孔的水文电测井和一些钻孔的抽水试验等。目前,60线以南矿段已经开采,从总体来看,矿区水文地质条件已基本清楚了。但是,因有相当多的钻孔钻进时深部有漏水或水位突变现象,主井工程钻电测井显示大突水部位无水而掘进时出现了大的突水。这些都说明矿区深部存在导水构造,且其位置和延伸情况有的还不十分清楚。矿区西部和北部存在大面积的碳酸盐岩地层,其深部很少有工程控制。它对矿坑充水的影响从回风道实际揭露情况看,问题是很大的。为此,矿床北段开拓期间地下水的威胁预计会超过南段,更应进一步加强和重视地下水的防治工作,必须作为重中之重。

(12) 基建与生产期间要做好地表水文观测孔及矿坑涌水的水量、水温、水位(水压)、水质的动态监测工作。

14.4 地下水治理

矿山地下水的治理,根据水文地质条件、井巷属性与功能要求、技术经济的科学合理性等因素确定。但由于投资与开发理念的影响,我国长期以来主要沿袭了以疏干为主的地下水治理模式,由此带来矿业开发效益低下,环境破坏严重,资源利用率低等后果。随着科学发展观的建立,近些年来,矿山开发特别是大型矿山,地下水的治理理念发生了可喜的转变。疏堵结合,以堵为主的方式逐渐成为主流。冬瓜山铜矿井巷开拓及生产时,在科学发展观的指导下,建立了符合矿床特点与技术经济相适应的地下水治理方法。现以冬瓜山铜矿的实践为例,参考有关文献,将深井矿山开发涉及的地下水治理方法归纳如下。

14.4.1 地面综合预注浆法

地面综合预注浆方法是我国总结注浆技术经验基础上研究开发的一套新的注浆技术。这项新技术,除了常规的地面预注浆技术所具有的共同之处外,还具有如下特点:(1)利用水动力学法对注浆地层的水文地质参数进行详细的研究和计算,并根据研究计算结果进行注浆设计、指导注浆施工;(2)在条件适宜时,应用定向钻孔技术施工注浆孔;(3)采用以黏土为主的黏土水泥浆;(4)采用以上行为主,上、下结合的混合注浆方式,高压力、大段高注浆;(5)注浆过程对注浆压力、浆液流量和浆液密度进行连续监测。

综合注浆法提高了注浆技术的科学性和注浆效果,与传统的水泥注浆相比,节约水泥80%左右,缩短工期55%,降低成本35%左右。

14.4.2 工作面深孔预注浆

该方法的适用范围广。无论是竖井还是巷道,只要是基岩裂隙含水层,都可以根据工程需要,采用该方法处理已知含水层中的地下水。但要注意的是,对于厚度大的含水层,设计与施工时,必须充分考虑注浆段高的合理性。一般来说,注浆段高30~50 m为宜,超过50 m段高,无论从时间上还是从效果上讲,不提倡使用。如,冬瓜山主井,在井深994 m突水淹井灾害治理时,对994 m以下含水层,为节省辅助工作量,设计采用了178 m超大段高工作面预注浆,但事实证明,效果很差,时间很长,井筒掘进时仍然靠浅孔探水注浆作为补充。 −850 m及−790 m中段60线以北回风道采用了80 m段长的单深孔预注浆,从效果看,部分孔段堵水效果不好,掘进时依然进行了多次的浅孔补充注浆。

14.4.3 工作面浅孔预注浆

工作面浅孔预注浆方法适用于含水层的间距大、厚度较小或同一含水层的含水段多且各含水段之间有较好的相对隔水段,岩体抗压强度较高,涌水量相对较小的含水层。该方法的最大优点是钻孔机械简单,布置钻孔灵活、针对性强的特点。

14.4.4 工作面直接堵漏注浆

工作面直接堵漏注浆方法适用于掘进爆破后揭露导水裂隙,但涌水量相对比较小、岩体相对完整、岩体抗压强度较高的局部涌水。

14.4.5　竖井抛渣注浆

当竖井掘进揭露未知的强含水层,产生大流量突水,特别是突水点距离地表的深度大,地下水的动储量充分,无法依靠排水或排水能力不能满足需要时,采用竖井抛渣注浆方法是最有效甚至是唯一的处理途径。冬瓜山主井在井深 994 m 时爆破后产生高压大流量突水淹井灾害,在根本无法排水恢复的情况下,自行研制抛渣装置自地表向井底抛掷碎石,利用注浆法构筑抛渣封水层,成功恢复了井筒。

14.4.6　定向钻孔注浆

当平巷掘进过程中,揭露了强导水构造出现大流量突水,排水能力无法满足强排水导致巷道被淹时,可在地面采用定向钻孔击中突水点或其附近适当位置,通过注浆来切断突水巷道与导水构造的水力联系,通过排除积水实现巷道恢复。

14.4.7　封闭墙堵水

当平巷掘进过程中,揭露了强导水构造出现较大流量突水,排水能力能够排除涌水,具备构筑封闭墙的条件下,可在突水点后方选择合适位置,通过构筑临时拦水坝、架设导流管(墙外端安装高压阀门)后,构筑混凝土封闭墙,待混凝土养护后采取接缝注浆。

14.4.8　排水疏干

井巷施工在竖井阶段无论从成本、工期、安全、质量及工程竣工后使用的任何一个角度看,均不应该考虑对含水层进行疏干处理。对深井施工来说严禁采用疏干处理,施工时,只安排一定能力的临时排水系统。遇到含水层必须进行注浆处理,将井筒涌水最终控制在规范规定的限值以内。

平巷施工时,在不影响施工进度和排水能力满足的前提下,可以根据含水层的特点,如不涉及地表重大环境问题,局部可考虑使用这一方法。必要时应采取疏堵结合方式。

14.4.9　探矿钻孔涌水的处理

矿床勘探阶段部分钻孔的封孔质量实质上达不到要求或封孔遗漏,井巷开拓时工程揭露钻孔后,出现钻孔透水。此时,可用埋设钢管并在孔口加装高压阀门。处理结束后,可注入一定量的单液水泥浆充填钻孔,以防止钢管腐蚀后封水失效,必要时可按正常注浆要求进行注浆。

竖井工程勘察孔,有的直接施工在设计的井筒中心位置,尽管规范要求必须采用水泥砂浆封孔,但少数勘察工程未按要求进行封孔,使多个含水层互相沟通,造成井筒无法施工。出现这种情形,在井筒开工前,应对原勘察孔进行全孔透孔,并用浓密水泥浆重新全孔封孔。

14.5　地下水防治

前面,我们已经对深井水文地质灾害的特征、危害性以及地下水的径流条件等作了阐述,同时,对不同条件下地下水的预防与治理方法也进行了归纳。不难看出,深井地下水的危害性极大,处理的难度是一般矿山地下水处理远所不及的。冬瓜山铜矿建设与生产中地下水防治过程中的主要技术介绍如下。

14.5.1 深井突水淹井治理

竖井施工因揭露未知的强导水构造,地下水会立即在高水头压力作用下溃入井筒,这时,因施工时的临时排水系统能力的限制,而且,在短期内没有条件增加有效的排水能力,井筒内的水位快速上升,会造成井筒淹没。在这种情况下,如果地下水的静储量很大或者虽然静储量不大但动储量很大,恢复井筒的最有效措施可以有两种措施:(1)在静止水位条件下,抛渣注浆构筑封水层(为简化工艺,也可以直接灌注水泥浆作为封水层,只是水泥使用量多而已);(2)在地面向突水点施工深孔注浆。切断突水点与径流构造通道的水力联系,待浆液结石养护后,排除井内积水恢复井筒,再构筑混凝土止浆垫,进行工作面预注浆,封堵突水构造。无论是哪一种措施都是一个复杂的过程。

下面主要将抛渣构筑封水层涉及的关键技术归纳如下。

A   注浆管路的敷设技术

抛渣注浆的注浆管路需要在抛渣前利用机械下放到预定的抛渣层底部突水点以上约0.5~1 m位置。由于管路的自地表敷设到深井施工在井筒这样狭小的空间内,为满足施工需要,布置大量的设备设施。因此,就管路敷设的空间位置讲,只能是在井口选择合适位置,紧依井壁并通过悬吊在井筒内距离突水作业面约30 m上方的施工吊盘与井壁的狭小空隙。管路的管材必须选择能够承受高注浆压力、抗水泥浆磨蚀的优质钢管。同时,管路的长度长(1000 m左右),质量大(一般达3~4 t)。就敷设工艺而言,完全是在井筒静止水位以下全部充水状态下,采取全悬吊方式。因此,敷设的技术难度大,垂直精度要求高。为达到上述要求,必须做到:管路的刚性足够,单节管路不得弯曲,管路连接后必须保持同心,连接强度必须可靠,连接方式必须采取加强矩形螺纹接头。

根据上述要求,最佳的管路选择厚壁钻杆并用钻杆接手连接。下放方式采用重型全液压地质钻机。管路的数量依据浆液的有效扩散半径确定,并用马格公式计算验证。

B   封水层厚度选取

其受力作用机理取决于两个方面:一是封水层的材料特征,它作为低渗透性的人工介质,使竖井底部的地下水不能向上突出;二是它的力学行为,利用一定厚度的封水层的自重及其与井壁接触面摩擦力,以平衡竖井底部向上突起的水压力。

从力学行为看,抛渣注浆封水层在井筒底部地下水压作用下,有向上托起的趋势。从分析封水层的受力情况入手,可推导封水层的厚度计算公式。

从封水层顶面以下深度 Z 米处取一厚度为 dZ 的薄层单元体,单元体与井壁接触面间的摩擦力为 dF,根据库仑定律,有:

$$dF = dZ(C + \sigma_H \tan\phi) = dZ(C + \lambda\sigma_V \tan\phi) \tag{14-1}$$

式中 σ_H, σ_V——封水层在任一深度 Z 处的垂直应力和水平应力;

C, ϕ——封水层与井壁接触面间的黏结力和内摩擦角,且 $C = 0$;

λ——封水层与井壁接触面上的侧压系数。

λ 可参照竖井地压计算中圆柱挡墙的侧压系数式计算,即:

$$\lambda = 2\tan\phi\tan(45° + 1/2\phi) \tag{14-2}$$

根据该单元体垂直方向的平衡条件,有:

$$\gamma A dZ + \sigma_V A - (\sigma_V + d\sigma_V)A + dFU = 0 \tag{14-3}$$

整理式 14-3 得:

$$\gamma = \frac{d\sigma_V}{dZ} - \frac{\lambda U \tan\phi}{A}\sigma_V \tag{14-4}$$

解式 14-4 的微分方程,得 σ_V 的通解为:

$$\sigma_V = -\frac{\gamma A}{\lambda U \tan\phi}[1 + Ce^{\frac{\lambda U \tan\phi}{A} \cdot z}] = -\gamma B[1 + Ce^{\frac{Z}{B}}] \tag{14-5}$$

式中 $B = \dfrac{A}{\lambda U \tan\phi}$;

A——被淹井筒的断面积,m^2;

U——井筒断面周长,m;

γ——封水层的容重,kN/m^3;

C——积分常数,利用封水层边界条件可得,当 $Z=0$ 时,$\sigma_V = 0$,则 $C = -1$。

此时:

$$\sigma_V = \gamma B[e^{\frac{Z}{B}} - 1] \tag{14-6}$$

在实际施工的深井井筒淹井事故中,根据目前成熟的施工工艺方法,往往是淹井作业面以上 3~4 m 的井壁是裸露的,在 3~4 m 裸露段以上的井壁均已经用混凝土砌好,抛渣封水层的厚度分成上下不同的两段,即:封水层厚度 $H = h_\text{上} + h_\text{下}$。因此,积分常数 C 应该按照应力连续条件分段计算。

由式 14-5 与边界条件,并考虑应力连续条件,推导得:

$$h = B_1 \ln\left\{1 + \left[\left(\frac{p}{\gamma B_1} + 1\right)e^{\frac{-6}{B_1}} - 1\right] - \frac{B_2}{B_1}\right\} \tag{14-7}$$

式中 p——注浆压力。

但是,上述解析过程十分繁杂,而且所涉及的一些参数难以准确测定。因此,在实际应用中也不一定是十分合理的。考虑到封水层的作用属性,采用竖井工作面预注浆水下双级止浆垫的厚度计算公式确定封水层厚度,不仅计算简化,而且安全性更高。其计算关系式为:

$$h_1 = \{\lambda p_0 D^2 - (4m_1 C_0 D_0 + \gamma D^2)h_2\}/(4C'D_0 + \gamma D_0^2) \tag{14-8}$$

式中 λ——超载系数,$\lambda = 1.1 \sim 1.2$;

m_1——水下止浆垫材料工作条件系数,$m_1 = 0.7 \sim 0.8$;

C_0——止浆垫材料的抗剪计算强度,MPa;

γ——止浆垫材料的容重,kN/m^3;

C'——止浆垫材料与井壁的连接系数(取其最小抗剪强度);

D——井筒掘进直径,m;

D_0——井筒净直径,m;

p_0——工作面预注浆的终压,MPa;

h_2——突水点作业面距离混凝土井壁的高度,m;

h_1——井壁段封水层厚度,m。

封水层厚度 H 为：$H = h_1 + h_2$。

C 深水吊桶抛渣

为解决千米深井淹井时深水条件下的成功抛渣,在冬瓜山淹井治理研究中,我们自行研制了管绳联控底卸式吊桶。其工作原理是:当提升机提升吊桶在水中运行至下层吊盘时,吊桶上的滑架停留在吊盘"裤裆"绳上而不再下行,吊桶继续下行,控制钢丝绳即拔出桶底插销,做到自动卸料。这样既防止了钢丝绳的缠绕,又控制了吊桶在深水体中运行的旋转。需要注意的是:滑架绳上的滑架必须改造(主要是增加质量),抛渣时滑架帽必须拆除,以减小吊桶在深水中运行时水的阻力影响;吊桶下放运行的速度不能太快。

D 浆液注入量的计算

抛渣注浆是否成功的关键还在于注浆量的多少。这就需要在注浆前进行严格的计算,并考虑可能在抛渣注浆时一部分浆液充填到突水构造内的超注量。有关注浆量的计算,需考虑如下因素:渣石的实际孔隙率(通过实测确定);浆液进入突水构造的充填量;注入浆液的水灰比及实际结石率。

E 注浆过程的控制与监测

浆液注入量的计算,只能说是理论上的,何况计算时有的参数是推测的,不可能与实际完全一致。从确保封水层注浆结石效果出发,在灌注过程中,对注浆量进行实时监测分析是十分重要的。涉及的主要监测技术有:注浆过程井筒内水位上升变化监测;当浆液注入量达到设计量的50%时,应定时采用深水潜伏取样器放入抛渣层面监测浆液的实际充填情况。根据监测结果,及时做出注浆历时—注浆量、累计水增量关系曲线及注浆前后井内水位对比曲线。

F 实际封水效果检测

上面对整个抛渣封水层设计、施工过程中涉及的主要技术进行了阐述,但这些都是过程控制手段,实际的封水效果还是有待在封水层上面的井筒积水抽排过程中能够得到真实的反映。其主要信息就是排水时在定量排水的前提下,井筒内的水位下降速度与排水量的关系以及注浆前井筒水位恢复时的水位变化曲线与排水降深曲线的对比。因此,实际处理时,既要在突水淹井后系统观测水位变化,又要在排水时系统进行水位降深观测,两者缺一不可。如发现水位变化异常且异常幅度大,应停止排水,采取补救措施,以防止损失扩大或引起次生灾害。

14.5.2 高水压条件下探水与注浆

常规条件下,井巷探水与注浆的工艺技术应该说是很成熟的。但是,国内外在深井高压条件下,面对高压强径流大流量涌水含水层的防治,仍然有很多方面需要探索。涉及施工安全的核心问题有:

(1) 大断面平巷水平帷幕注浆钻孔布置方式;

(2) 水平或仰视探水注浆孔孔口管埋设工艺的改进;

(3) 钻孔防喷防突装置;

(4) 高压射流探水减压分流技术。

冬瓜山铜矿建设与生产中,针对上述难题组织攻关,取得成功。下面对其中的关键技术要点进行归纳。

（1）平巷帷幕注浆孔同排线放射状布置。传统和常规的平巷帷幕注浆孔均沿着巷道周边呈放射状布置。这种布置方式,在断面尺寸较小的巷道中是可行的。但是,在高水头压力具有大流量突(涌)水的条件下,施工安全是得不到保证的。冬瓜山出风井井底回风道突水淹井的主破碎带平巷帷幕注浆时就遇到了这一难题。为降低施工安全风险,降低操作难度,经过反复论证,最终采用了在作业面适当高度上同排线放射状布孔(如图 14 - 1)。实践证明,这种布孔形式,施工既方便又安全。

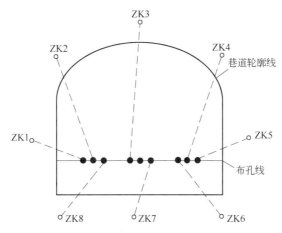

图 14 - 1　坑道水平帷幕注浆放射状钻孔布置示意图

（2）采用排气压入浓密水泥浆方式水平或仰视探水注浆孔埋设孔口管工艺。通常在竖井深孔探水或预注浆孔的孔口管的埋设工艺是在孔内灌入水泥砂浆后再将孔口管送入孔内。这种工艺很难做到管体与孔壁之间的间隙的密实可靠,往往需要经过多次反复压浆处理,既耽搁时间又影响施工安全。针对水平或仰视探水注浆孔孔口管埋设,这种工艺的可靠性更差。经过试验研究,采用排气压入浓密水泥浆方式,可确保一次成功,固结后的耐压能力可以达到 30 MPa 且抗渗性能完全能够满足长时间高压注浆的安全。

（3）钻孔加装特殊的防突器防喷防突装置。钻孔的防突防喷装置是高压顶水钻进安全控制最核心的器材。钻进过程的防突,虽然钻机本身的液压卡盘在钻具击穿高压水时,对钻杆具有一定的夹持作用,但实践证明,仅仅依靠钻机的液压卡盘控制,远远不能满足高压涌水钻进安全防突要求。在钻孔过程中,一旦出现钻具突出钻孔,会造成安全事故甚至严重的后果。经过冬瓜山工程中研究与反复试验,通过加装在钻杆上的异径防突器,可以万无一失地做到 1000 m 水头高度甚至更高的水头压力下深孔探水作业的安全。

防喷的控制措施是在高压阀门前端安装自伸缩式孔口封闭器、高压阀门与孔口管之间安装四通管、高压阀及减压器。实践证明,效果很好。

（4）高压射流探水减压分流。井巷掘进时炮孔击穿未知含水构造产生大流量涌水或深孔探水时偶然出现高压阀门失灵而导致孔口直接封闭失败。针对这种情况,冬瓜山工程施工中通过侧向施工分流孔措施,减小原孔的径流量及径流速度,以便对原孔进行封闭处理取得成功。

14.6　水害治理

如前所述,在冬瓜山铜矿开拓时期,多次发生过较为严重的水文地质灾害。通过科研技术攻关,处理得非常成功,积累了宝贵的经验,产生了显著的经济效益和社会效益,对今后深井矿山建设具有很好的借鉴意义。现将冬瓜山主井突水淹井治理、出风井井底回风道突水治理及 −790 m、−850 m 回风道涌水治理情况进行系统介绍。

14.6.1 冬瓜山主井突水淹井灾害治理

14.6.1.1 井筒突水基本情况

冬瓜山主井(位置见图 1 −5 及图 5 −1)是冬瓜山铜矿开采项目的关键性前期工程。井筒设计深度 1149 m,净直径 5.6 m,支护形式为现浇素混凝土,厚度 500 mm。1994 年 9 月 29 日,冬瓜山主竖井掘进到井深 994 m(标高 −899 m)时,发生突发淹井,瞬时涌水量达到 1285 m^3/h,静水压力达 8 MPa 以上,水温 40℃,施工被迫停止。

14.6.1.2 井筒水文地质特征

A　水文地质调查及试排水试验

突水淹井后,矿区进行了水文地质观测、调查工作,各观测孔及矿坑涌水量均未发生明显变化,同时,用试排水资料作有关曲线分析突水的静止水位大约在标高 −100 m(实际上后来稳定水位为 −85 m),而此时浅层地下水的静止水位约为 10 m。说明主井深部突水与浅层地下水的水力联系较弱。

B　地层含水特性

井筒自上向下依次穿过的地层及岩性为:三叠系下统塔山组(T_1t)大理岩夹角岩,小凉亭组(T_1x)大理岩、角岩;二叠系上统大隆组(P_2d)硅质页岩、硅质岩;龙潭组(P_2l)硅质页岩、硅质岩;二叠系下统孤峰组(P_1g)硅质页岩;栖霞组(P_1q)灰岩或大理岩;石炭系中上统船山—黄龙组(C_{2+3})大理岩;泥盆系上统(D_3w)粉砂岩、石英砂岩。

据主井工程勘察及施工揭露资料,三叠系塔山、小凉亭($T_1t - T_1x$)组大理岩夹角岩,为井筒浅部主要含水层,渗透系数 $K = 0.0675$ m/d,富水性中等。该层有 3 个含水段,第一段(T_1t):标高 +4 ~ −22 m,厚 27 m,发育规模较大裂隙 1 条,倾向南,倾角 70°;第二段(T_1x):标高 −145 ~ −163 m,厚 18 m,下掘过程中穿过该含水段,涌水量仅 7 m^3/h;第三含水段(T_1x):标高 −226 ~ −243 m,厚 17 m,为一断层破碎带,倾向 306°,倾角 50° ~60°,两盘伴有羽状裂隙。以上三个含水段,抽水试验推算井筒最大涌水量 65 m^3/h,且第三含水段涌水量最大。施工时已经采取工作面预注浆和壁后注浆进行了封堵。

井筒标高 −891 ~897.6 m 段栖霞组(P_1q)灰岩中发育有 3 条张性裂隙,倾向西或北西,累计涌水量为 8 m^3/h,水温 39.5℃,水质清,无异味。 −910 ~920.65 m 段见多条相平行的张性羽状裂隙,裂隙倾角均在 80°以上。

黄龙—船山组大理岩裂隙发育,多被方解石脉充填,裂隙倾角 50° ~80°,局部裂隙铁染现象明显,最大涌水量为 28 m^3/h。

五通组(D_3w)砂岩、石英砂岩,岩石裂隙较发育,但多呈闭合状,裂隙倾角 70° ~85°,裂面平直。勘察时未发现有含水迹象,但井筒掘进时发现含深层裂隙水,涌水量达到 65 m^3/h。 −1035 m 以下岩心完整,裂隙不发育。

C　突水点水文地质特征

研究突水灾害治理时发现,主井突水位置及其下部井段地层层位正常分布,井筒工程勘察时抽水试验发现此处有含水显示,施工时也未见大的断裂构造,但存在一系列良好的含水裂隙。这些构造裂隙主要是因为井筒恰好处在青山背斜近轴部位,由于褶皱的作用,形成了纵张节理所致。但出现如此大的突水量,应该在突水点附近井筒周围某一方位存在断层破碎带,并延伸至其下的黄龙—船山组(C_{2+3})大理岩和五通组(D_3w)石英砂岩中。

14.6.1.3　治理方案的论证

千米竖井高压、大水条件下的突水淹井灾害治理,国内尚无先例,国外也为鲜见。因此,无论在治理技术、施工及作业条件上,都具有相当大的难度。为解决这一重大技术难题,原中国有色金属工业总公司将其列入 1995 年科研攻关计划,并以(1995)050 号文件下达(课题名称为"铜陵冬瓜山铜矿深井高压大水淹井治理及深部注浆技术的研究",编号为"采矿-02-01")。

对于竖井突水淹井,从方法上讲,只有强排疏干和先堵后排再进行工作面预注浆两种。直接排水虽然方法比较简单,但需要大流量高扬程水泵,而且,井深千米,必须分段接力排水,井筒的限制条件多,因此,实施的难度和投入是相当大的。同时,即使采用这一方法排水到突水作业面后,高压涌水的封堵是极其困难的,并且封堵过程中必须以正常连续排水作为保障,所以,没有成功的可能性。经过反复论证比较,多方权衡利弊,最终采用的方案是水下抛渣注浆封底先切断突水水源再排除井筒积水恢复井筒。

14.6.1.4　抛渣封水层设计

A　注浆管路数量

构筑封水层的第一步是在被淹井筒中,下入注浆管路直至突水作业面以上 1~0.5 m,抛渣后再利用注浆管向渣层注浆。由于渣石层是均质的碎石体,水泥浆在其中的扩散是均匀的,因此,其有效扩散半径,可按马格非公式进行计算:

$$R = 3\sqrt{(3rkCp_\mathrm{m}t/nC_1)} + r \qquad (14-9)$$

式中　R——浆液有效扩散半径,m;

r——射浆管半径,cm;

n——碎石层的孔隙率;

k——碎石层的渗透系数,cm/s;

C——水的黏度,cp;

C_1——水泥浆黏度,cp;

p_m——注浆压力,cm·H_2O;

t——注浆时间,s。

根据已知和设定的条件、参数,代入式 14-9 计算的有效扩散半径为 8.8 m,大于井筒的掘进直径,因此布设 1 根管路即可满足注浆要求。

B　封水层厚度

封水层的作用在于注浆胶结后,切断突水点与井筒的水力联系,并能够确保在封水层面以上的井筒积水排干后能够安全承载。因此,根据其受力的力学行为,其厚度应满足其自身的自重、封水层体及井壁接触面间的摩擦力与向上突起的水压力的平衡。

根据库仑定律推导计算(见式 14-8),考虑突水的实际水压及井筒断面条件,计算的封水层的厚度为 9.69 m,确定厚度为 10 m。

C 封水层注浆量估算

主井淹井后,井底有 1 茬炮的爆破矸石,其厚度约为 3 m,体积约为 103 m³。根据确定的渣层厚度,抛渣层的碎石体积为 273 m³,实际测定的石子孔隙率为 50%。预测需要浆液 254 m³,折合水泥 190 t。考虑注浆时部分浆液将向突水构造流动,根据其他井筒中类似条件的处理经验,设计估算浆液量为 400 m³,折合水泥 300 t。

14.6.1.5 封水层施工技术

A 抛渣

当淹没井筒内无障碍物时,可采用直接从井口向井内倾倒碎石的方法,既简单易行,又节省时间。当井筒深度比较浅时,可以敷设大直径钢管下料管下放石子。但是冬瓜山主井淹井时,井内有大量的凿井设备设施,包括:距离作业面约 25 m 位置悬挂有三层吊盘 1 只,吊盘下悬挂了中心回转抓岩机 1 台,自地表采用稳车悬挂有段高 3 m、重达 10 多吨的整体移动金属模板 1 副,同时沿井壁自上往下挂设有排水管、供风管、供水管、动力电缆、通讯电缆、信号电缆、爆破电缆、硬质风筒各 1 路,因此,无法直接从井口抛渣。为解决在如此复杂的深水条件下成功抛渣,自行研制了管绳联控底卸式吊桶。其工作原理是:当提升机提升吊桶在水中运行至下层吊盘时,吊桶上的滑架停留在吊盘"裤裆"绳上而不再下行,吊桶继续下行,控制钢丝绳即拔出桶底插销,做到自动卸料。这样既防止了钢丝绳的缠绕,又控制了吊桶在深水体中运行的旋转。抛渣量根据单桶石子量及下料桶数确定,为慎重起见,当抛渣量达到设计量后采用下放吊桶到井底进行测定。

B 浆液流向控制

封水层注浆前,井内水位必须恢复到稳定水位,这是形成注浆的必要条件,否则将导致注浆失败。实际上,为增加浆液向突水构造中的扩散量,本次注浆前,通过人工手段将井筒内的水位提高到静止水位以上若干高度,形成负压。

C 注浆结束标准的确定

封水层注浆不同于预注浆条件,不可能像预注浆那样,按照静止水压的一定倍数值以及注浆终量进行控制。其压力完全来自浆液自身的自重及注浆管内的浆液柱压力。注浆过程要求必须是连续的,绝对不允许中断或反复。因此,什么时候结束注浆,除设计注浆量可大致作为参考外,只能是依靠注浆过程的各种监测分析,进行综合分析确定。具体如下所述。

a 井内水位变化观测分析

注浆过程中,定时监测井筒内的水位变化,连同注浆前的水位观测数据,作出注浆过程及注浆前的水位变化曲线(图 14 - 2),同时作出累计注浆量及注浆期间累计水增量与时间的变化曲线(图 14 - 3),对注浆过程及结果进行分析判断。图 14 - 2 所示是封水层注浆前后井内水位历时曲线,从图中可以看出,抛渣注浆前井内水位已处于稳定,且高于深部地下水的静水位,但仍低于浅部含水层的水位。注浆过程中水位急剧升高。注浆结束后井内水位仍在平稳上升,说明深部突水构造已经封闭,浅部含水层进入井筒的淋帮水已无处可泄,促使井内水位上升。图 14 - 3 所示是封水层注浆过程中累计注浆量与同期井内水的增量随时间的变化曲线。从整体看,此期间的累计注浆量始终大于累计水增量,并且 20:00 之前注浆量的增量明显大于水增量,说明一部分浆液引起井内水位抬升,一部分浆液正在充塞井底突水裂隙。此后两条线基本平行,说明引起突水的主导水构造已经封堵,注入的浆液已经全部用于充填封水层的碎石和爆渣的空隙。

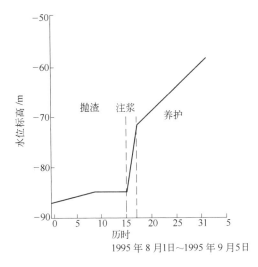

图 14-2 主井封水层注浆前后水位曲线　　图 14-3 封水层注浆水增量、注浆量与时间关系曲线

注浆结束后,继续监测井内水位变化,发现井内水位上升加快,这主要是井筒内残余的浅层地下水在注浆后无法通过井筒向深部补给所致。

b 取样检验

封底注浆时,自行研制了钢制锥形取样器,在注浆量达到设计量的 60% 后,利用提升钢丝绳将取样器定时放到抛渣层表面,进行监测。取到了浓密的水泥浆时,说明浆液在渣体中已经完全充填密实,这时结束注浆是非常合适的。

c 排水期间的水位监测

封水层注浆结束养护后,开始进行封水层面以上井筒内积水的排水。为进一步证明注浆的可靠性,同时指导吊泵及时下放、接长排水管,排水期间采用自制电极连接万用电表,定时监测水位。监测发现,随排水降深的增加,单位时间内的水位降深值增加量比淹井后的试排水的降深明显增大,并且基本维持相对恒定的降深值,这种规律一直排水到封水层面时均没有改变,说明注浆效果十分理想。排水到井底后,实测的涌水量为 27 m³/h,扣除井筒内的井壁淋水 15 m³/h,堵水率为 99% 以上。

14.6.1.6 工作面预注浆

井筒井深 994 m 突水表明,井筒深部 994 m 以下的栖霞灰岩、船山—黄龙灰岩及五通组石英砂岩的水文地质条件并不是工程勘察时预测的那么简单,同时,井筒封底注浆后,尽管切断了突水构造与井筒的直接水力联系,但突水构造的规模、性质及产状要素仍未搞清楚。在这样背景条件下,对突水点以下段的井筒施工的影响及危害程度仍不能作出较为可靠的评估,因此,对于剩下的井筒的防治水仍必须高度重视。为此,排水恢复井筒后,布置了工作面预注浆工程。

A 止浆垫的构筑

工作面预注浆工程是建立在抛渣封水层基础上的。为满足钻孔注浆需要,必须在封水层面上构筑混凝土止浆垫。

根据实际条件,止浆垫的结构形式确定为单级平底楔形,其厚度依据下式计算:

$$B = (Pr/[\sigma]) + 0.3r \tag{14-10}$$

式中 B——止浆垫厚度,m,计算得 $B = 3.36$ m;

      P——注浆终压,MPa,取值为 18 MPa;

      r——井筒净半径,2.8 m;

  $[\sigma]$——止浆垫混凝土 3~7 d 允许抗压强度,取值为 20 MPa。

止浆垫与封水层间采用锚杆连接,因此将与封水层共同承载,故其厚度取 3 m 是足够的。

B 孔口管

孔口管是预注浆的关键器材。对于本工程来说,由于承受高压注浆的压力,选材上采用 $\phi 108 \times 5$ mm 地质钢管,长度为 3.5 m。止浆垫浇筑前,按照设计的技术参数一次性架设、预埋。为保证架设的钻孔顶角和方位角的精确度,研制了孔口管架设顶角方位角测定仪。既定位准确又方便快捷。

C 注浆孔深的确定

《矿山井巷工程施工及验收规范》规定,工作面预注浆的钻孔深度为 30~50 m,但是冬瓜山主井的深度大,环境十分恶劣。根据当时工作面预注浆的发展趋势,最终确定突水点以下剩余 154 m 可疑地层采用单工作面预注浆。考虑止浆垫及封水层厚度等,设计钻孔深度为 178 m。

D 钻探设备的选型

由于钻孔深度大,静水压力高,为保证钻进的顺利进行,选取大功率大钻深的 XY-4 型地质钻机。

E 孔口装置

为满足高压注浆和防喷防突要求,项目研究中专门研制了专用防喷器、退卸管、钻杆夹持器,并配备特制三通阀及高压闸阀。

14.6.1.7 工作面浅孔注浆

工作面深孔预注浆,由于钻孔深度大,加上深部条件复杂,虽然对主要导水构造进行了封堵,消除了安全隐患,但细裂隙的封堵效果不是很好,因此对井筒施工作业环境、施工进度和质量的影响依然很大。对此,工作面深孔预注浆结束后转入井筒掘砌期间,安排了工作面浅孔(孔深小于 5 m)探水预注浆。

针对高压条件下浅孔注浆安全,我们开展了深井高压条件下浅孔注浆技术研究,就孔口管的管身结构、埋设方法、固管材料、孔口管的抗拔能力进行反复试验,取得成功。试验结果表明,完全能够满足高压注浆的安全需要。

14.6.1.8 治理成果综述

(1)主井突水淹井治理研究是在没有成功经验可循的情况下,科研与矿山基建相结合的大型科研攻关项目。针对井筒深度达千米,突水点的埋藏深,突水量大(1285 m³/h)、压力高(8MPa),非常复杂井筒施工条件,在治理技术、施工工艺及作业条件上难度之大,面临的问题之多,是前所未有的。通过攻关,成功地采用了 1000 m 深井抛渣注浆构筑封水层恢复井筒及工作面预注浆的技术方案,总体技术性能达到国际领先水平。

(2)在治理过程中,自行研制的绳管联控自卸式吊桶、深水取样监测器、钻杆夹持器、三通阀等均属首创。

(3)在封水层注浆设计中,对封水层的厚度进行了较精确的理论分析和计算,进行了不同水深压力下水泥浆凝结时间的试验研究。封水层注浆根据注浆量总量、水下取样检验、井内水位变化与注浆量历时曲线对比分析,作为注浆结束标准,人工抬高水位超过深部含水层水位,控制浆液向深部突水构造流动技术方法,确保了封底注浆的一次成功,技术手段属于首创。

（4）通过治理,确保了主井千米井筒的恢复使用,节约了大量资金,累计创直接经济效益近1亿元。

（5）该项目的研究成功,标志着我国在深井淹井治理技术方面进入了国际的前沿,必将为人类在深部资源利用方面发挥巨大作用。

14.6.2　冬瓜山出风井端 - 850 m 回风道突水淹井灾害治理

14.6.2.1　突水基本情况

2002年10月,冬瓜山铜矿一期建设的最后1条竖井——出风井掘砌落底。为加快冬瓜山铜矿建设进度,满足工程投产的总体需要,铜陵有色金属集团控股公司决定,出风井落底后,利用出风井施工的凿井设备设施自出风井向矿体进风井方向小断面掘进 - 850 m 回风道,以尽早实现进出风井间 - 850 m 和 - 790 m 主回风道贯通（出风井位置见图1 - 5及图5 - 1）,改善施工条件,为按时投产提供通风保障。2002年11月5日10:50,当回风道掘进到距离出风井筒23 m 位置时,突遇涌水,涌水量迅速从200 m³/h 增加到500 m³/h,静水压力达8.8 MPa;并且突水淹井期间涌水量出现明显的波动特征。根据突水淹井期间水位（s） - 涌水量（q）曲线（即 q-s 曲线）分析预测,如在井筒内排水到突水标高,最大涌水量将达到700 ~ 800 m³/h。

由于突水位置距离地面深度近千米,凿井时临时排水系统的排水能力无法满足大流量突水的排水需要,经过近20 h 的抢险排水井筒仍然淹没。突水后,即时开展了有关监测工作,监测发现,开采南陵湖组岩溶水的 ZK750 孔供水井（正常水位标高大约为 - 41 m）在突水当天下午1:00左右突然出现水位突降,观测降深大于3 m,从而造成供水中断,随后继续下降,13日降低到标高 - 49.83 m。此后水位逐渐恢复,至11月20日实测水位标高为 - 43.38 m,抬升6.45 m,往后逐渐恢复到正常位置。

经分析突水构造为断裂破碎带,且与浅部地下水具有明显的水力联系。根据所掌握的该破碎带的主要特征、产状等与铜塘冲破碎带浅部特征的对比分析,本次突水系探水孔揭露切割深度达到1000 m、具有强导水能力的铜塘冲破碎带所致。

至淹井时, - 790 m 和 - 850 m 回风道分别剩下380 m、280 m 掘进量待掘与出风井贯通。

14.6.2.2　突水及强排水危害性评估

A　严重威胁安全生产

本次突水的特点是:断裂破碎带出水,径流条件好,深度大,水压高（大于8 MPa）,瞬时突水量大（500 ~ 700 m³/h）且补给比较充分,与浅部含水层联系密切。突水发生在对浅部断裂破碎带的延伸情况不明、深部导水构造分布不清楚的前提下。因此事先难以防范,井巷工程一旦揭露,猝不及防,难以应付,形成灾害,给矿山安全生产构成严重威胁。

B 破坏浅层地下水的天然动态,使浅层地下水位加速下降,甚至枯竭

狮子山地区浅层地下水水源十分丰富,自 20 世纪 80 年代以来,辖区内的 321 队等多家单位共建有供水井 8 口,总开采量达到 1.1 万 m^3/d,达到中型地下水源地规模。开采初期地下水标高平均 $+10 \sim 0$ m,随着水源地的长期开采及受周边矿山排水影响,地下水位呈逐年下降趋势,至 2000 年地下水位已降至 $-10 \sim -20$ m,且地下水位呈现加速下降趋势,2002 年降到 $-35 \sim -45$ m。本次突水说明冬瓜山铜矿深部排水与浅层地下水已有直接联系,对浅层地下水位的下降起加速作用。如果大量排放地下水,这种影响将会进一步加剧。

C 可能诱发岩溶塌陷地质灾害

出风井东侧原狮子区政府至狮子山火车站一带,以及西北侧青山水泥厂一带均系覆盖型岩溶区,地表土层厚一般 $5 \sim 15$ m,下伏 T_2f-T_1n 岩溶地层,浅部岩溶发育。狮子山粮站后及青山水泥厂供水井附近以往均发生过零星岩溶塌陷,说明区内存在岩溶塌陷背景条件。2001 年狮子山地区某一小型铜矿突水后,造成了 321 地质队附近某职工浴室突然塌陷,造成正在洗浴人员的死亡事故。本次突水浅层供水井的地下水也突然下降。该地区系狮子山区政府所在地,商贸网点及居民集中,工矿企业分布密集,其东北面有铜—九铁路及沿江公路通过,地理位置非常重要。一旦该区域地下水天然动态进一步破坏,极有可能诱发严重的岩溶塌陷灾害,导致重大生命财产损失。

14.6.2.3 灾害治理技术方案的论证

A 冬瓜山工程现有排水状况

冬瓜山工程截止出风井井底 -850 m 回风道突水淹井时,主井、进风井、副井、辅助提升井已在 -790 m、-850 m 和 -875 m 中段相互贯通,只有出风井还是独立的竖井。工程建设期间,为应对平巷施工防水的需要,先行在辅助井附近 -875 m 建成了矿山永久排水系统,该系统配置的排水设备为:4 台 DKM360-88 × 12 型卧泵(2 台使用,2 台备用),单泵额定流量 $Q = 360$ m^3/h(实测排量 320 m^3/h),扬程 $H = 1043$ m,电机功率 $N = 1850$ kW 卧泵 4 台。系统最大排水能力 18700 m^3/d。水仓容量 3200 m^3。但 -850 m 及其以上中段到 -875 m 排水系统只能依靠两个直径为 110 mm 的泄水钻孔作为水流通道进入 -875 m 永久水仓,正常过流能力不足 300 m^3/h。

冬瓜山出风井井深 938 m,净直径 7.4 m。井筒施工期间,在标高 -230 m、-540 m、-790 m 设置了临时转水站,在转水站内各安装了 2 台流量为 80 m^3/h 的卧泵,供井筒施工时临时排水。-850 m 回风道突水时因排水能力远不能满足要求并无法增加排水能力而淹井。

上述条件表明,从维持突水灾害治理期间井巷开拓正常施工考虑,现有排水系统排水的能力是十分有限的。因此,治理方案的确定必须充分考虑水流人工径流所存在的制约条件。

B 方案的论证与确定

国内外针对矿山突水导致竖井淹井灾害的治理方法,总体上讲只有两种,一种是布置排水系统进行强排水疏干恢复井巷,另一种是先进行堵水切断突水点与井巷的直接水力联系,再排水或施工放水孔放水恢复井巷。具体来说,两种方法中又可以根据不同的突水淹井条件分成几种不同的方案。

a 强排水疏干恢复井巷治理方案

包括:方案一 直接在井筒内布置排水设备疏干恢复井巷;

方案二 井下放水疏干排水恢复井巷;

方案三 井筒内强排水后封堵突水点恢复井巷等方法。

b 先注浆堵水切断水力联系再排水治理方案

包括:方案四 在地表敷设管路或利用凿井提升机提升自卸吊桶下料,水下浇筑混凝土进行井筒封底后排水恢复井巷;

方案五 利用吊桶或安装大直径管路向出风井井底抛渣注浆构筑封水层,切断井筒与突水点的水力联系,然后抽排井筒内积水,最后向突水点施工深孔进行预注浆;

方案六 自地表向突水点施工钻孔注浆封堵突水点后排水恢复井巷;

方案七 在条件具备时,先行坑道掘进到突水点一定距离后采用钻孔注浆封闭突水点,最后施工放水钻孔实行控制性放水,通过现有的排水系统排除井内积水。

在上述各方案中,方案一是最传统的淹井恢复方式,在突水点距离地表的深度较浅,涌水量不大并且补给储量小的前提下比较适用。本次突水点距地表的深度接近 1000 m,涌水量大且补给充分,与浅层地下水的水力联系密切,不仅需要拥有大流量高扬程的排水设备,而且还需要在井筒内分段接力排水;而出风井施工期间的临时转水站储水容积很小,同时,设备布置空间狭小,设备的布置受到很大限制。一方面,接力排水必须确保排水能力的足够与匹配,确保设备运转正常,一旦出现故障必将出现反复甚至完全失败,造成继发性损失;另一方面,即使能够排水到突水位置,在补给充分的条件下需要长期维持排水,这样不仅投入巨大,而且影响整体工程工期;还有,长时间排水形成大范围的降落漏斗,可使漏斗区内的浅部岩溶地层的天然动态破坏程度加剧,引起塌陷等人工地质灾害,造成人民生命财产的重大损失。因此,无论是从经济还是在技术上都存在极大的风险性甚至出现重大的危害。

方案二:虽然目前矿山永久排水系统的水泵排水能力能满足要求,直接在坑道内钻孔放水直接投入少于方案一,但在时间上及产生的后果上与方案一均是一致的。另外,在放水期间,井下 −790 m 以下工程施工必须全面中止,从而对工程工期将产生重大影响,需支付大量的停窝工费用及维护费用,间接损失也会很大。

方案三:是在方案一基础上封闭突水点,其目的是降低井筒恢复后巷道掘进阶段的排水投入,控制地表灾害进一步扩大。但是,面对高压大流量突水点的封堵在技术上是相当困难的,同时,一旦反复,所需的工期及投入也是难以预计的。

方案四:在地下水处于静止状态下,向井筒内下放混凝土浇筑切断突水点与井筒的水力联系,在井筒深度小的情况下是可行的。目前国内在静水条件下浇筑混凝土的最大水深仅在 100 m 左右,而出风井深度接近 1000 m,无论采取哪种下料方式都无法克服混凝土的离析现象,从而无法保证混凝土封水层的封水性能;同时,本次突水的位置距离井筒中心23 m,混凝土下至井底后无法保证混凝土进入突水的小断面巷道的突水点位置。这样,即使井筒与突水点的直接水力联系被切断,排水恢复井筒后仍然需要对突水作业面进行钻孔注浆。然而直接在出风井井底进行深孔预注浆,不仅场地条件不能满足要求,而且混凝土的强度难以满足安装孔口管的要求。

方案五:虽然能够通过构筑封水层切断出风井井筒与突水点的直接水力联系,但仍需在井筒恢复后在井筒内向突水作业面进行深孔预注浆。从主井抛渣构筑封水层实施结果看,排水恢复井筒后的注浆作业环境恶劣,工期长。

方案六:虽然从理论上讲是可行的,但突水点距离地表深度近千米,而突水巷道的宽度仅 2 m 多,现有钻探技术无法满足如此高要求的钻孔定位精度。

方案七:充分考虑和利用了工程现有的永久排水系统的能力及其他有利条件,同时,较系统考虑了未施工的回风道的工程地质及水文地质条件,通过对水文地质条件复杂的该区段分段探水注浆,确保该区段井巷掘进的安全,而且,通过对主破碎带建立完整的注浆帷幕在巷道周围形成有效可靠的帷幕注浆壁,该回风道附近的破碎带工程地质、水文地质构造性质得到明显改善,水力联系被切断,浅层地下水的自然动态平衡得到维持,使出风井内的积水基本处于静水状态,确保在注浆帷幕建立后,施工放水孔排放井筒积水过程中没有明显的补给来源,防止地面塌陷灾害的发生,而且,可以根据泵房的具体排水情况,调节放水量大小,合理控制排水时间,大幅度降低排水费用。

综合上述各方案的分析比较,决定选用方案七作为本次灾害治理的研究方案。即:先行对 -875 m 和 -790 m 中段仍未掘进的回风道采取分段探水注浆掘进,当回风道掘进到突水点一定距离后,采取钻孔预注浆封闭突水断裂破碎带,使突水点所在巷道周围形成有效的注浆帷幕圈,切断井筒与破碎带的水力联系,最后施工放水钻孔实行控制性放水,通过现有的排水系统排除井内积水。

14.6.2.4 注浆工程主要技术参数设计

A 设计原则

如前所述, -850 m、-790 m 中段回风道剩余工程量约为 280 m 和 380 m,从水文地质条件讲,均处于埋藏极深的栖霞组灰岩地层中。虽然深部岩溶发育程度非常低,但张剪性导水构造发育良好,并且与强突水的主断裂破碎带相互构成网络状构造格局。地下水不仅静水压力极高,而且与浅层地下水的联系密切,同时,不排除仍有未被发现的具有较大规模的导水断层。

从巷道施工的要求看,回风道是整个开拓阶段没有贯通的瓶颈工程,施工环境极为恶劣,尽快实现贯通目标是工程建设最迫切的需要,缩短地下水的治理工期必须放在突出位置。因此,治理设计既要充分考虑工程地质、水文地质条件特点,在符合规范和安全规程的前提下,既要确保治理工程实施的安全及效果的可靠,又要考虑缩短工期的需要。

B 注浆参数的确定

a 钻孔注浆段长的确定

主要取决于受注段地质体的含水、导水构造的发育程度及可注性,岩石的可钻性,钻进设备的工作能力等因素。基于上述因素,GBJ213—90 规范规定,工作面预注浆的段高(或段长)一般控制在 30 ~ 50 m,以便提高注浆效果。然而,这样的规定虽然有一定的科学性,但是,我们认为将注浆段高(或段长)作为衡量注浆效果优劣的最主要指标,存在着较大的片面性。实际上,影响注浆效果的因素除了注浆段高外,还有含水层或含水构造的可注性、注浆材料的性能、注浆工艺、注浆方法等也是影响其效果的主要因素,都可以通过人为途径加以解决。如果完全照搬规范的规定,不仅大大增加钻孔的工程量以及相应的措施费用,而且工期也会明显增加。从工程投产的时间要求出发,不允许拖延。目前,注浆界对提高注浆段高的探索实例越来越多,并取得了很好的效果。如,冬瓜山主井的工作面注浆段高达到 170 多米。山东莱州望儿山金矿主井 F_2 断裂破碎带工作面注浆段高达 109 m。因此,在充分掌握含水层的可注性前提下,合理选择注浆材料和注浆工艺,本次注浆的段长应尽量增大。注浆段长确定如下:在主破碎带帷幕注浆段外,每 80 m 作为一段,每段注浆结束后掘进 70 ~

75 m,预留 5～10 m 作为下一循环的止浆岩帽,循环往复进行;主破碎带段单独作为一段,预计该段段长 60～70 m。

　　b　注浆孔数

　　注浆孔数的多少直接影响到注浆质量,注浆工期和注浆费用。根据已经施工的巷道地质调查所掌握的地质条件,在设计的注浆范围内,栖霞组灰岩中张剪性裂隙的走向以北东、北西及东西向为主,而巷道纵轴线走向近南北。两者之间的交角较大。根据这一特点,鉴于冬瓜山工程的投产工期要求,为尽量缩短注浆工期,降低治理工程投入,注浆孔数确定如下所述。

　　对非主破碎带段在巷道中心布置深孔 1 个,进行超前探水注浆,控制主要构造。随后在巷道分段掘进阶段,采用手持式凿岩机在巷道周边钻凿 4～6 个浅孔,进行超前补充探水注浆,并随掘进的推进循环进行。

　　对主破碎带段,考虑到其规模大,特征复杂,突水压力高,流量大,补给条件好等特点,决定沿巷道周边均匀布置深孔 8 个进行预注浆深孔。

　　c　注浆孔深

　　根据设计的注浆分段长度,非主破碎带段,深孔深度 80 m,浅孔深度 4 m;主破碎带段钻孔深度预计 60～65 m 左右,但终孔位置以穿过主破碎带进入上盘完整围岩 5～10 m 为原则。

　　d　注浆终压

　　注浆终压的确定取决于注浆目的、浆液类型、受注体的可注性、浆液有效扩散半径、含水层的静水压力等因素。综合考虑这些因素,根据本次注浆静水压力高、受注体主要为开度较大的破碎带及张剪性构造裂隙的特点,参照 GBJ213—90 规范的有关规定,取 2～2.5 倍静水压力为注浆终压,即注浆终压为 $p = (2～2.5) \times 8$ MPa $= 16～20$ MPa。具体根据实际情况作适当调整。

　　e　浆液类型、配比与注浆量预计

　　从出风井端 −850 m 中段回风道突水的实际资料看,突水钻孔直径仅 40 mm,但达到 500～700 m³/h 的突水量。由此可以初步推断主破碎带的宽度较大,胶结充填程度差,径流条件良好,过水能力强,并且,在高压水射流作用下,破碎带内的充填胶结物已经部分随水流喷出,增大了破碎带内空间,因此,浆液的扩散半径将会很大,预计浆液的充填量也会很大,同时,主破碎带通过小直径探水孔与出风井直接连通,会进一步加大浆液的灌注量。从降低成本的角度,必须通过缩短浆液的凝胶时间等措施减少与控制注浆材料用量。从本工程的要求来看,在注浆量合理的前提下,还要保证浆液结石后结石体的强度及其稳定性、耐久性,选用的浆材性能尤为重要。综合考虑上述两方面因素,决定以纯水泥浆为主,后期在水泥浆中添加 BR-CA 型高性能增强防水剂,以缩短浆液的凝胶时间、提高水泥浆的结石率和结石体的强度。水泥浆的水灰比为(0.8～1):1,BR-CA 型增强防水剂按水泥重量的 12% 添加。主破碎带作为典型的线状构造,其扩散半径难以用试验模拟,灌浆量也无法采用浆液注入量的经验公式测算。本次设计估算 −850 m、−790 m 主破碎带段注浆量大约分别为 2000 m³和 1000 m³,实际用量以满足注浆效果调整。

　　14.6.2.5　高压射流涌水状态钻孔施工技术设计

　　通常情况下注浆孔的施工在围岩条件一定的前提下,无论是在钻进方法还是钻进工艺上只需要考虑钻进速度,孔口止水和维护孔壁稳定这几个因素。对于本次高压射流突水状态下注浆孔的钻进,除考虑上述要求外,必须突出以防喷防突器具的安全可靠性、孔口管埋设工艺及安全耐压与抗渗为核心,以确保人身设备安全,防止因突水引起二次淹井事故的发生。在此充分考虑了上述要求。根据钻孔通过区段的水文地质条件的复杂性,静水压力高,突水量大以及注浆过程所需承受的压力要求,设计确定:

(1)孔口管的制作材料选用 $\phi108 \times 5$ mm 地质钢管,其长度为 5.5 m。在长度上较一般情况下增加 60%以上,有利于提高抗拔能力。孔口管的埋设方法采用泵送 P. O42.5R 级普通硅酸盐早强水泥,以及 BR-CA 性增强防水剂所配制的高浓度浆液,对孔口管与钻孔所形成的岩壁及孔口管段的岩石裂隙进行充填固结,待养护达到一定强度后进行扫孔,向孔内压送清水介质进行耐压抗渗试验。

(2)钻孔的钻进,全孔段均采用全液压地质钻机配金刚石岩心钻头。钻进期间必须是在孔口管外露端安装特制的高压闸阀前提下进行,以保证通过阀腔安全钻进。

(3)高压特制闸阀外端采用与孔口管相同材质钢管加工四通管与闸阀直接连接,并且安装自伸缩式孔口封闭器,同时,在钻杆上安装大于主动钻杆直径的异径防突器和对夹式活动卡盘,以便钻孔揭穿突水构造出现高压射流突水时,自伸缩式孔口封闭器在高压作用下自动抱锁钻杆。即使不能完全抱钻,防突器将完全阻止钻杆突出,做到三重防突。

(4)为减小高压射流突水量,除对钻孔孔径、孔身结构进行合理配置外,设计特种自动启闭逆向阀安装在钻具内,以实现在正常钻进时,给水泵能正常的向孔内补给清水介质,冲洗岩粉,冷却钻头钻具,一旦钻头击穿突水构造,出现高压射流涌水,阀门自动关闭,以大幅度减小孔内过流截面,降低涌水量。同时防止钻杆内腔作为射流通道出现射流。

(5)钻孔布置设计。回风巷道断面为宽×高 = 5.5 m×5.05 m,如在作业面采取沿巷道周边布置钻孔,对巷道顶部钻孔,必须搭设钻机平台方可进行钻进作业,这样一来不仅不利于钻进作业安全,而且增加大量的该措施平台的费用。为避免这些问题,经过不断优化,首创了同排线布置放射状钻孔的全新布孔方式(见图 14 - 1)。

14.6.2.6 放水孔施工技术

通过对主破碎带帷幕注浆,切断了地下水与出风井筒的水力联系。在此状态下井筒内积水深度超过 800 m,水头压力达到 8 MPa,蓄积水量为 35000 m³ 积水,必须在帷幕注浆工作面向井筒内钻凿钻孔揭露井筒,实现放水恢复井筒。截至目前,在如此复杂的高水头、大蓄水量条件下钻孔放水,国内外仍然未见公开报道。2001 年山东省莱州市望儿山金矿南风井突水淹井平巷预注浆封堵突水构造后,虽然采取了在预注浆作业面向井筒施工放水孔放水恢复井筒的方案,但该井筒内的蓄积水量仅 3000 m³,蓄水深度 300 m,水头压力仅为 3 MPa,在该方案实施过程中,根据水头压力、预测放水流量,对放水孔的孔径、孔数等参数进行了详细计算,最终确定放水孔数 1 个,终孔直径 90 mm,预测最大流量 800 m³/h。在防喷防突措施上,采取的措施是安装锚杆吊挂手动葫芦卡锁钻机主动钻杆,但是出现了钻杆突出的险情。

根据冬瓜山出风井筒内的蓄水特征,采用水力学理论对不同孔径的钻孔在放水初期的自然放水量进行计算,最终确定钻孔的终孔孔径为 60 mm,预测初期自然放水量为 700 m³/h,相应的水流速度为 69 m/s,出孔水流压力为 22.16 kN。为确保安全,确定如下措施:

(1)钻孔结构自开孔至终孔实行多级变径,以降低孔口水流速度。

（2）钻杆内设置特制自动单向阀门,当钻孔揭穿井筒出现高压高速水射流时,阀门自动关闭,阻止高压大流量射流通过钻杆内腔向外喷射。

（3）孔口管与高压闸阀之间安装特制四通接头,并在其外端安装启闭灵活的特制高压球阀,球阀外端连接自行研制的过流减压减速缓冲器,使水流经过多次折转后流速明显降低,缓冲器外端再连接高压胶管作为引流管。

（4）高压闸阀外端安装伸缩式孔口封闭器。

（5）钻杆上安装异径防突器,确保钻杆在钻孔揭露高压水时不突出。在钻孔深度距离揭穿井壁5 m时,在钻杆上加装自行设计的对夹式活动卡盘并且与钢丝绳连接配合手动葫芦,使之与钻进同步,一方面作为高压顶水钻进的辅助增压措施,另一方面防止高压射流冲出钻杆及钻具。

上述多手段的共同作用,构成了完整可靠的多级防喷防突控制系统。

14.6.2.7　放水设计

冬瓜山铜矿 - 875 m永久泵房虽然安装有4台水泵,每台功率1800 kW流量为360 m^3/h,可直接排水到地表的超高扬程水泵,但由于各种损失的存在,经实测实际单台水泵的排水能力只有320 m^3/h,而在出风井实施井下钻孔放水之前,坑道内汇集进入水仓的地下水以及作业循环水量已经达到200 m^3/h。同时,2004年3月份实施放水时,正值全国性的大面积负荷限制用电,矿山用电经常出现拉闸限电现象,用电分配量不允许连续同时开动3台水泵排水,同时 - 850 m及 - 790 m的坑道涌水正常情况下只能通过泄流钻孔进入泵房水仓,过流能力有限。综合考虑各种因素,确定钻孔正常放水量为不超过300 m^3/h,确保同时并连续运转水泵不超过2台,泵房最大排水量控制在500 m^3/h。按照这一原则,在采取上述各种防喷防突技术前提下,设计采取如下措施:

（1）钻孔揭穿井壁后,在多级防喷防突器具控制系统的联动控制下,先利用安装在钻杆上的对夹式活动卡盘、异径防突器与钻机本身液压卡盘的共同作用将钻具逐渐退至孔径75 mm孔段内,同时,紧闭孔口封闭器,迫使水流从垂直钻孔方向的侧向四通高压阀门并经过减压器进行减压减速后,流出排水管进入巷道;随着排水历时的推进,井筒内的水头高度不断降低,水压也下降,单位时间内钻孔流量也明显减小。为增大钻孔流量,缩短排水时间,缓慢松动手拉葫芦,移动活动卡盘和防突器,逐渐外退钻具至孔径91 mm段孔身内,扩大钻具与钻孔孔壁间的截面积,增加过流量。当井筒内水柱高度小于200 m后,将钻具完全退出孔内。

（2）除上述措施外,放水量还通过控制侧向四通阀的启闭程度进行灵活调节。

14.6.2.8　主要施工措施

A　作业硐室

根据钻孔的工艺需要及钻探、注浆设备与注浆材料堆放的空间确定,钻机硐室内的配电硐室,从安全角度考虑,为防止钻孔涌水导致人员触电等严重后果,其位置应布置在钻孔作业面后方5 m以外的巷道侧壁,其底板高出巷道底板至少1 m以上,深入巷道侧壁内至少2 m。

B　钻机的固定

钻机采用顶柱支撑与掌子面锚杆桩挂设手动葫芦双重固定,确保钻孔出现高压涌水时不被冲翻。

14.6.2.9　主要施工设备的选型

A　钻机选型

钻机的选择需要根据钻孔深度、钻孔地质条件、钻孔工艺、场地条件进行综合确定。综合考虑这些因素,钻孔设备采用 SGZ-ⅢA 型全液压地质钻机,最大钻孔深度 300 m。

B　注浆设备

作为注浆的关键设备——注浆泵的选择,既要考虑流量还要考虑泵的推进压力。本次注浆设计的注浆终压达到 22 MPa 左右,而含水层的特点要求的吸浆量是较大的,综合考虑上述要求及施工工艺,选择 TBW-120/32 型单液注浆泵作为深孔注浆设备,其性能参数为:最大注浆压力 32 MPa,最大流量 120 L/min,功率 55 kW。浅孔注浆选用 2TGZ-60/21 型双液注浆泵,主要技术参数为:最大注浆压力 21 MPa,最大流量 60 L/min,功率 7.5 kW。

14.6.2.10　工程实施顺序安排

出风井井底 -850 m 回风道突水淹井后, -850 m、-790 m 回风道剩余工程量分别约 280 m 和 380 m。为尽快实现贯通,依据所掌握的初步资料,考虑到 -875 m 永久水泵房的排水能力,为防止两个中段同时实施探水并且可能出现同时大量突水,造成短期内的排水压力,经过综合权衡,决定两个中段深孔分段探水预注浆交叉施工,并且以 -850 m 探水预注浆为主线,超前 -790 m 进行,尽快改善井下恶劣的环境,先期形成 -850 m 中段回风条件。

14.6.2.11　孔口管的预埋与耐压抗渗试验技术

工作面预注浆中,孔口管的预埋质量是钻孔涌水得以迅速控制、注浆能否安全可靠进行,确保注浆质量的最关键因素。孔口管必须满足 8 MPa 高压大流量突水时能够迅速关闭控制以及在 20 MPa 稳定压力状态下注浆安全承载的双重要求。项目实施时,采用排气微流量压密注浆法进行预埋。灌浆材料为 P.O42.5R 级早强型普通硅酸盐水泥与 BR 系列增强防水剂。从耐压抗渗试验及多次注浆的结果看,是十分可靠的。

孔口管理论计算的承载力必须达到 194 kN,要求孔口管的抗渗漏性能必须做到万无一失。固管后的实际耐压抗渗性能只有通过耐压抗渗试验得到证明。耐压抗渗试验,选用的试验方法以清水为介质,利用高压注浆泵(30 MPa)以 1.2 倍的设计注浆终压向密闭的孔口管内小流量压送清水,当压力达到或超过 1.2 倍注浆终压(24 MPa)时停止压水,关闭阀门,进行观测。若在此状态下,压力稳定 15 min 以上并且孔口管与孔壁之间、孔口周围岩石无任何泄漏,则确认孔口管的抗渗漏性能与承载力合格。否则,孔口管需重新埋设、压浆。试验证明,这种方法是可靠的。

14.6.2.12　注浆及其控制技术

A　浆材选择

实施过程中的注浆浆材以 P.O32.5R 级早强型普通硅酸盐水泥为主要材料,适当考虑了适量的 BR-CA 性增强防水剂作为外加剂,用于配制水泥-BR-CA 性增强防水剂混合而成的混合浆液。该浆液与同品种纯水泥液相比,悬浮性能更为优越,其结石体的性能得到明显改善。主要指标为:24 h 抗压强度增加 100%,28 d 抗压强度增加 10%;24 h 抗折强度增加 100%,28 d 抗折强度增加 80%;凝胶时间明显加快,并且在 10 min～5 h20 min 之间通过调节 A 型专用粉的含量及水灰比进行任意调节。结石率由单液水泥浆的 75%～85% 提高到 96%～100%。抗渗指标大于 S15,结石体的抗风化性能明显优于单液水泥浆。

B 注浆压力及注浆终量的控制与调整

a 注浆终压的调整

设计注浆终压按 2～2.5 倍静水压力作为标准值,为 16～20 MPa。但在 -850 m 回风道第一单深孔段注浆后,巷道掘进到受注点附近时,主裂隙边的旁侧裂隙残余水量仍然较大,因此,在后期的注浆过程中,将注浆终压调整为 2.75 倍静水压力,即:22 MPa。经过验证,采用 22 MPa 压力作为注浆终压,是最佳终压指标。

b 注浆终量的确定

根据 GBJ213—90 规范的规定,在注浆压力达到终压时,注浆量小于 30～40 L/min。但在本项目研究中,确定注浆终量为 10～20 L/min。

C 注浆过程的控制

注浆过程的控制是治理中着重考虑的技术措施。特别是在主破碎带段的帷幕注浆时,更是决定治理成败的关键。如在 -850 m 主破碎带段涌水量最大的 ZK7 钻孔注浆中,注浆初始压力为 8 MPa,当连续注入的注浆量达到 700 m³ 时,注浆压力仅上升到 8.5 MPa。从钻孔揭露的强突水位置判断,与巷道掘进时的突水位置之间的水平距离只有 2 m 左右,所灌注的浆液可能进入出风井井底小断面巷道乃至井筒内,或者主破碎带在钻孔揭穿后,破碎带内的角砾及胶结程度低的胶结物由注浆钻孔内高压水射流携带流入巷道,使破碎带形成较大空间,浆液在空间内继续充填。

鉴于这两种可能性的存在,随即用提升卷扬机在出风井内向井底下入水自动启闭潜伏取样器进行取样监测,但多次取样结果证明浆液仍没有进入井筒。根据研究方案,决定继续向孔内灌注纯水泥浆,当灌浆量达到 1000 m³,即设计灌浆量的 50% 时,再次对井底进行监测,但还是没有发现浆液进入井筒。对此,为减少灌浆材料,开始在水泥浆中添加 BR-CA 型增强防水剂,缩短凝胶时间,控制浆液的扩散范围。通过采取这一措施,灌浆压力出现缓慢上升,当灌浆量达到 1300 m³ 时,灌浆压力上升到 12 MPa,但单位时间内的进浆量仍然没有降低。面对这一状况,课题组决定暂停该孔注浆,嗣后采取间歇式方式灌注。按照这一技术路线进行调整后,该孔注浆实现了压力正常缓慢上升、注浆流量缓慢减少的正常状态,当灌浆压力达到 16 MPa 时,单位时间注入量出现较明显下降,且在随后的灌注过程中,压力上升速度明显加快,注浆量只有该孔总注浆量的 15% 左右。最后以 22.5 MPa 灌浆压力,注浆终量 10 L/min 结束。

14.6.2.13 主破碎带段地质条件的预测与注浆质量的预测

为掌握主破碎带在深部工程的水文地质特征,做到较准确预测破碎带在巷道中的赋存位置、规模,为高压射流状态钻孔施工提供较为直接的指导依据。本项目研究中采用地球物理方法分别在 -850 m、-790 m 水平主破碎带段预注浆作业面对构造破碎带特征进行物探超前预测。

地球物理方法对地质体的特征进行勘探,在铁路隧道、水利设施、抗洪抢险、城市建设工程中应用成功的实例很多,但在距离地面埋深 1000 m 的井下巷道内,具有高温高湿、巷道断面狭窄、存在金属设备、运输铁轨、供电线路及供电所形成的电磁场等多源干扰源的环境中,开展物探测量还没有成功经验。本次的物探方法采用了地震单点反射法和地质雷达(即电磁波法)两种方法综合探测,以对比分析,相互印证,以期达到较为理想的探测效果。

以 -850 m 水平主破碎带段的物探预测为例,物探作业面的断面尺寸为宽 6.6 m,最大高度 4.2 m,探测段地质体沿巷道纵轴线方向上的长度约 41~43 m,41~43 m 以后的 20 m 巷道充满的水体并且与井筒水体相通。从突水情况初步分析,探测掌子面到破碎带的距离小于或等于 41 m。

探测掌子面两侧边墙的地质体为二迭系下统栖霞组灰岩,岩性与预测段地质体相同,并且其完整性相对较好,其物理性质值可作为预测段围岩的标准背景值。在地震波法测量中,根据掌子面两侧边墙求取的地震波速度为 5500 m/s(5.5 m/ms),作为预测段地质体的地震波速度基准值。破碎带两个面的反射时间约在 10~20 ms 范围内,这一条件对于数据处理、识别反射波与读取反射波时间相当有利。

Λ 现场数据采集

地震波法数据采集时,在掌子面布置 8 个采集点。采用美国 GEOMETRICS 公司的 Strata VisorNZ24 型高分辨率、高精度、高保真度地震仪,安装 28 Hz 高灵敏度检波器,在其周围以不同的偏移距锤击激发人工地震波,单点接受来自所探测地质体不同位置的反射波。多方激发与接受的目的是:考虑数据采集期间井下的巷道施工地点多,爆破作业对接受点存在较大的随机干扰性,这样一来难以避免所记录的部分信号受到干扰,以保证能记录到有效信号。本方法中所确定的采样间隔为 0.005 ms,采样记录长度 40 ms。

地质雷达测线共布置 4 条。同时在地震反射法测点位置附近布置 4 个点做定点采集,增加测点密度。所用仪器为加拿大的 pulseEKKOpE100 型地质雷达并配载 50 MHz 天线。

B 数据处理与分析

数据处理与分析是预测工作的重要步骤,处理与分析方法和原则是:

将所接收的地震波信号进行频谱分析并进行滤波处理,分别得到各接收点构造裂隙带两侧的反射波信号并读取反射所需的时间。根据同一接收点构造裂隙带两侧的反射时间确定探测掌子面距第一反射面的距离和构造裂隙带的厚度,两接收点之间的水平距离及时差确定裂隙走向,两接收点的高差及时差确定构造裂隙带的倾向及倾角,据此结果绘制探测体的构造裂隙带的平剖面及纵剖面图。

根据这一原则,通过对地震反射波法所采集的数据处理和分析,确定出主破碎带的平面位置在距离探测掌子面以北 33~38.2 m 之间,水平厚度 5.2 m,破碎带走向与巷道中线夹角约 80°,倾角 65°,倾向北东。地质雷达探测结果经解析后,与上述结果基本上是吻合的,理论最大误差不超过 0.5 m。

C 预测结果的工程验证

仍以 -850 m 中段主破碎带段帷幕注浆为例,以注浆钻孔所揭露的地质情况以及注浆后坑道施工揭露的地质情况与预测结果进行对比。从钻孔资料对比中发现,突水主断裂破碎带的实际平面位置与预测结果相比,相对误差仅为 3% 左右,但倾角增大了约 10°,达到 75°。总体上看,本次物探的预测结果是相当可靠的,对钻孔施工采取控制措施起到了重要的指导作用。

从注浆后钻孔放水、突水主破碎带段坑道的掘进过程所掌握的实际地质情况看,强导水主破碎的走向与物探资料分析结果完全一致,倾角在坑道揭露的范围内变化于 70°~85° 之间,厚度 1~3.5 m。

14.6.2.14　注浆质量的监测、分析与判定

为确定主破碎带段的注浆质量,研究过程中建立了注浆过程监测、注浆后物探检测、井筒放水阶段的井筒水位监测的全过程、多手段、多层面的综合监测检测系统,根据上述多位一体的监测结果,对注浆质量进行科学分析与判断。

A　注浆过程的监测

该过程的监测包括对注浆过程单位时间内的进浆量变化、过程的注浆压力变化以及进浆量与压力之间的变化关系进行研究,同时对注浆全过程在出风井井筒内开展定时水文观测,在此基础上将此观测结果与井筒突水阶段、注浆前后的相同位置的观测资料进行对比,找出它们的差异。从上述两方面的检测看,起到了很好的作用。观测发现,在注浆接近结束时,井筒内的水位上升幅度突然增大,这是突水主断裂破碎带得到明显封堵的重要标志。

B　注浆后物探检测

研究中,首次在地下千米深处采用物探方法对水平帷幕注浆质量进行检测。具体检验方法是采用与注浆前相同的地震仪和地质雷达,进行地震波反射法、雷达法对帷幕段测试,然后根据测试资料进行分析处理,通过注浆前后的资料变化判定注浆效果。由于注浆时作业面布置了大量的钢管等金属构件,对雷达的干扰很大,因此检测时以地震波测试资料作为主要判断依据。

从测试结果看,在注浆前对应主破碎带靠近注浆作业面一侧的反射信号消失,从反射速度看,注浆前地震波的传输速度为 5500 m/s,注浆后的传播速度提高到 6000 m/s,速度差为 500 m/s,说明岩层的整体密实性及完整性有了显著提高,主含水破碎带及与其相联系的含水分支裂隙通过注浆已经被有效充填。从物探角度分析,本次注浆效果很好,高压大流量突水的灾害治理的目的已完全达到。

C　注浆后井筒抽水试验验证

为从多角度研究分析注浆质量,在注浆完成后,放水钻孔施工之前对出风井筒进行专门的抽水试验,从抽水的历时—水位曲线、历时—降深曲线与注浆前的对应曲线进行对比,从而判定突水裂隙的注浆封堵程度。从前后抽水的对比资料看,相同降深的时间在注浆后比注浆前明显缩短,而恢复的时间明显延长,说明主破碎带的注浆封堵质量是非常好的。

D　井筒放水及水文观测

在经过对注浆过程的资料分析、物探质量检测评价、注浆后出风井排水试验对比,多角度分析确认注浆质量达到确定的研究指标后,在 −850 m 帷幕作业面施工放水孔,实施井筒放水。为连续跟踪确认主破碎带的注浆封堵情况,放水期间,在出风井内采用自制的电阻电极连接导线与万用电表进行降深观测,确定水位降低速度,通过水位降低速度等参数确定注浆质量。从观测结果发现,在放水量一定的前提下,水位下降速度基本呈等值关系,再次说明注浆质量是非常理想的。井筒排水到底后,钻孔的排水量与原来井筒施工的井筒残余水量几乎完全相等。

14.6.2.15　钻孔分流减压技术

回风道非主破碎带段单深孔注浆后,采取浅孔补充探水注浆。针对小口径钻孔出现较大流量涌水,孔口管安装困难的难题,我们成功实施了侧向钻孔分流减压技术,施工操作简

单、可靠。如图 14 - 4 所示。

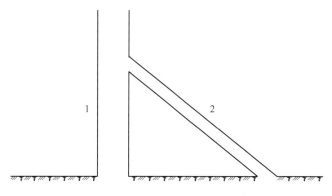

图 14 - 4 浅孔探水侧向分流减压钻孔布置示意图
1—探水孔；2—侧向分流减压孔

14.6.2.16 突水治理工程效果评述

冬瓜山铜矿出风井井底 - 850 m 主回风道突水灾害及与其有关的断裂构造带富水区巨厚含水层的治理科研工程，经过 15 个月的治理，圆满达到预期的封堵效果，很好地满足了冬瓜山工程 - 850 m、- 790 m 中段主回风道贯通及井筒安全放水的需要，以 - 850 m 中段主突水断裂破碎带段预注浆为例，综合效果可从如下几个方面得以体现：

（1）注浆后的钻孔检查效果好。- 850 m 中段主突水断裂破碎带段预注浆结束后，采用钻孔检查形式对帷幕体进行了钻孔检查，检查孔的深度 53 m，超过主破碎带上盘 10 m，孔深符合规范要求。检查孔分别于孔深 12.4 m、39.9 m 揭露为完全封闭的细小裂隙，涌水量分别为 0.1 m³/h、1.5 m³/h，总残余涌水量 1.6 m³/h，而主破碎带注浆钻孔揭露时的单孔最大涌水量达到 1000 m³/h，实际堵水率 99.84%，说明效果非常好。

（2）物探检测证明主破碎带的岩石质量显著提高。注浆后经采用物探检测，注浆前所预测的破碎带及其他小裂隙的反射信号消失或明显减弱，岩石反射波速度由 5500 m/s 提高到 6000 m/s，接近完整围岩反射波速度指标，说明岩石质量明显提高，注浆堵水效果很好。

（3）抽水试验及井筒排水监测结果进一步说明堵水效果良好。- 850 m 中段主破碎带钻孔突水后、破碎带帷幕注浆时、帷幕注浆后及井筒放水过程中均开展了水位恢复、水位降深与历时的数据采集。从采集的数据分析看，堵水效果非常理想。

（4）整个注浆段的坑道掘进验证。- 850 m 及 - 790 m 中段主回风道靠近出风井侧的工作面注浆的坑道长度分别为 280 m 和 380 m，该段坑道是整个冬瓜山矿床的断裂构造强富水区，从研究结果看，与浅层地下水有着很强的水力联系。每探水注浆段中均出现较大的钻孔涌水，尤其是 - 850 m 主破碎带段的高压特大流量涌水。掘进时主破碎带段的残余涌水量仅 2 m³/h。

（5）地表供水井的水位出现恢复性变化，以突水点为中心的降落漏斗范围内的地面未出现塌陷灾害。2002 年 11 月 5 日，出风井端 - 850 m 回风道突水，迅速引起狮子山菜市场附近的 ZK750 孔供水井水位急剧下降，造成无法供水。经过注浆封堵，水井水位逐渐恢复，供水正常。漏斗范围内的岩溶塌陷区，一直处于稳定状态，从根本上消除了地表可能塌陷引发重大矿区环境地质灾害的严重后果。

14.6.2.17 结论

（1）在距离地表深度近千米深的张性断裂破碎带出现高压（8 MPa）、大流量突水（最大涌水量超过 1000 m³/h）复杂的淹井条件下，造成深度近千米的冬瓜山出风井淹没的重大建井地质灾害的治理。在治理技术、施工工艺和作业环境、突水条件预测预报、注浆质量检测与监测等方面，综合难度是前所未见的。同时，其成败对冬瓜山工程的影响程度非常巨大。采用的治理方案、综合技术处于国际领先水平，为我国乃至世界上在深井开采防治水技术方面取得突破做出了重大贡献。

（2）在灾害治理的实施过程中，为整体实现开放状态下，建立强导水破碎带水平注浆帷幕，坑内钻孔放水的技术方案，在没有类似条件下成功范例可借鉴的前提下，成功地采用了存在多干扰源地质条件预测指导钻孔施工的物探新技术，建立了注浆过程控制、井内取样监测、井内水位观测、物探检测、钻孔检查的多手段多角度多层面相结合的开放性高压强导水断裂破碎带坑内注浆的综合技术和质量监测、检测系统。首创了埋设水平及仰视孔口管的新方法和单排立体放射式水平帷幕注浆钻孔布置新方法，自行研制了钻杆防突器、活动卡盘配以同步钢丝绳与孔口伸缩式封闭器和钻杆内自动启闭单向控制阀联动控制于一体的高压大流量射流突水状态钻孔的多位一体安全控制新技术。针对浅孔探水出现较大涌水时孔口管安装困难的难题，成功采取了操作简单可靠的侧向钻孔分流减压技术。这些技术均属首创。

（3）通过研究与实践，成功实现了开放破碎带注浆切断突水水源，安全实现通过坑内向井筒施工放水钻孔，排放水头高度超过 800 m，静储量达 35000 m³，补给量 50 m³/h 水量（出风井 –790 m 转水站内水量）的矿山建设的重大难题，技术与经济意义重大。所采取的技术路线、工艺方法充分考虑了治理条件的复杂性、危害性和可供利用的各种有利工程条件。与主井突水灾害治理相比，缩短时间至少 6 个月，节约治理费 2000 余万元，累计创造经济效益 1 亿多元。

（4）通过本项目的实施，使狮子山地区城镇居民生活用水供水井的水位逐渐恢复，维持了矿区地下水的动态平衡，从根本上防止了大降深疏干排水而造成降落漏斗范围内的岩溶地层塌陷，避免了可能造成人民生命财产重大损失的后果，社会效益与环境保护效益重大。治理方式符合科学发展观的要求。

（5）进一步深化了对冬瓜山这一特大型铜矿床水文地质条件的认识，查清了铜塘冲断裂破碎带在回风道附近的深部特征及其与其它断裂构造之间的水力联系，为进一步优化开采工程布置提供了更为可靠的第一手资料。

（6）随着国民经济的快速发展对矿产资源需求量的不断增加，矿产资源的开采利用已经步入深井强化开采的轨道，但又面临着众多的技术和工艺难题，其中在矿山基建开拓期间，高压大流量涌水的综合防治是这些问题中的难点之重。冬瓜山铜矿 –850 m 主回风道突水灾害的治理成功，不仅为冬瓜山铜矿建设在进入最后冲刺阶段扫清了重大障碍，突破了矿山投产的重大施工技术瓶颈，保证了总投资 17.6 亿元的冬瓜山铜矿建设项目按期投产。与此同时，也为我国乃至世界上类似条件下高压大流量突水技术取得了突破性的进展，提供了成功的工程范例，具有广阔的推广应用前景。

14.7 冬瓜山铜矿地下水防治工作的经验与教训

深井矿山的建设与开采的步伐在我国已经迈出，矿床的埋藏条件在客观上决定了开发过程的复杂性。冬瓜山铜矿作为金属矿床深井开采的典范,在其建设与生产过程中所遇到的一系列水文地质灾害,严重影响了项目实施的进展。通过科研攻关,成功治理了地下水高压大流量突水的水害,对深井开采防治水认识不断地深化,取得了很多经验与教训,值得借鉴。

14.7.1　高度重视建井地质工作是深井矿山建设的基础保障

矿井建设地质工作是矿床地质勘探工作的延续,是保障建井工程顺利施工的重要基础工作。其目的是查明工程建设地质条件,提供井巷开拓工程地质资料,预测施工阶段可能遇到的地质灾害的类型及危害程度并提出解决办法,及时解决施工中遇到的地质、水文地质及工程地质等问题,保证井巷施工的顺利进行。主要工作任务和要求是:

(1) 收集、分析矿床勘探资料及矿区浅部、矿区周边矿山开采的已有地质资料,编制建井地质说明书及相关的预测地质图件,确定开拓系统范围矿床水文地质条件分区,预测水害类型及水害的危害程度。

(2) 注重水文地质基础工作,确定矿床水文地质工作重点。针对深井矿山的特点,其工作重点应该放在:导水构造类型、构造性质、空间展布、导水构造之间的相互关系研究;浅部构造的延伸情况研究;浅部含水层与深部导水构造的水力联系;地下水的补给条件等。

(3) 重视矿床勘探及主体工程的专门勘察资料中误判、漏判信息的分析也是避免水害发生的不可或缺的基础工作。

深埋矿床的一切水文地质信息主要靠钻孔钻进过程的信息及相关的试验揭示。由于认识的局限性及地质控制程度的限制,这些信息和试验结果不可能与工程揭露的实际完全一致,有时甚至出现重大差异。为尽量避免水害的危害,应充分研究这些资料,特别是资料中可能存在的误判和漏判的信息的筛选与甄别,尤为重要。

如冬瓜山主井的工程勘察资料中,提示标高在 -880 ~ -900 m 之间钻孔钻进时出现冲洗液严重漏失现象,但勘察结论中并没有对此现象予以重视。从标高 -899 m 突水淹井的后果看,我们认为钻孔的冲洗液严重漏失是存在导水构造的重要信息。从大量的竖井施工实际揭露的结果与工程勘察资料对比看,钻孔出现的冲洗液漏失现象绝大部分都是赋存地下水的重要信号。

冬瓜山出风井工程勘察时,误将标高 -674 ~ -698 m 的龙潭组煤层及炭质页岩判定为断层泥,导致将该地质现象确定为构造破碎带。井筒施工进入该层前,安排工作面预注浆,布置了不少钻孔工程,影响了工期,增加了投入。

(4) 重视现场基础地质工作。井巷施工揭露的一切地质现象,必须及时按照原始地质编录的要求进行编录,真实记录和反映地质体特征。对取得的各种数据、标本等原始资料,绘制成图、整理成台账,并将这些资料对照工程勘察资料及矿区地质资料,开展现场地质研究,对勘察未发现的主要断裂构造应高度注意其构造性质研究及产状要素的变化,并跟踪其对井巷工程的影响。

(5) 及时定期观测地下水的涌水量及地温和水温,必要时采取水样进行水质分析,掌握其变化规律。

14.7.2　综合防治是冬瓜山矿床开发地下水防治措施的科学选择

“加强研究,科学布置,合理施工,以堵为主,应堵尽堵”是冬瓜山矿床开发过程中,地下水防治措施的科学选择。冬瓜山铜矿建设中所遇到的地下水的危害,是项目建设之初始料未及的。主井及 −850 m 中段回风道出现的淹井事件给矿山开发带来的教训也是深刻的。归根结底是矿床勘探阶段对矿床深部的水文地质条件研究程度不足,水文地质特征认识不清,特别是断裂破碎带的延伸认识不够造成的。好在随着矿床南段开拓的完成,我们已经对深部水文地质条件及对开采的影响程度的研究有了新的成果。无论是从地下水的危害性还是开采的经济合理性角度,上述的综合防治水措施在安全上是可靠的,技术上是可行的,经济上是合理的。

14.8　矿山生产阶段及矿床北段开拓建议

　　就冬瓜山铜矿而言,在南段开拓和开采中,虽然基本上摸清了深部地下水的赋存规律,回风道中揭露的铜塘冲强导水破碎带也经过了注浆封堵,南段开采的地下水危害从根本上得以消除,但矿床北段的水文地质条件明显比南段复杂,并且 60 线以北的地表是狮子山老城区的居民区、商业区和相关企事业单位,以及交通线路,建(构)筑物相对密集,而其下部却分布着大片的可溶性岩层。铜塘冲强导水断裂破碎带及龙塘湖破碎带又恰在该区域内。因此,无论从防止地表沉降还是从进一步研究现有的径流构造通道本身的地下水变化规律,以及这些径流构造与铜塘冲等破碎带等强径流通道之间的关系来考虑,开展系统的水文地质研究与观测工作是矿山地质工作不可忽视的重要组成部分。为此,建议:

　　(1) 建立覆盖矿区及周边的浅层地下水与深层地下水动态长期观测系统。一是定期观测 ZK540 等现有的长期观测孔的水位及水质变化规律,并与深部开采前数据进行系统对比;二是 ZK750 孔的生活供水应停止取水,改作矿区长期水文观测孔,对深部与浅部地下水的联系进行观测研究;三是在矿床北段在出风井东、北、西各 1000 ~ 1500 m 范围内,分别布置 1 个地下水监测孔,长期监测矿区深部与浅部地下水位、水质变化。

　　(2) 尽早建立 60 线以北区域的地表沉降监测网,定期开展 60 线以北区域地表塌陷的调查,建立系统的监测数据。

　　(3) 定期收集 60 线以北区域内地表供水井的水位变化,并与深部开采前的数据进行系统分析对比。

　　(4) 定期收集矿床北部的新华山铜矿、包村金矿、小冬瓜山铜矿的矿坑涌水量及水质变化情况资料。

　　(5) 对井下现有的所有涌水点进行水量、水温和水质监测。

参 考 文 献

[1]　长沙矿山研究院,铜陵有色金属工业(集团)公司. 铜陵冬瓜山铜矿深井高压大水淹井治理技术的研究报告[R]. 1998.

[2]　沈季良等. 建井工程手册(第四卷)[M]. 北京:煤炭工业出版社,1986.

[3]　铜陵中都矿山建设有限责任公司. 冬瓜山铜矿 −850m 回风道突水淹井灾害治理技术研究报告[R]. 2005.

[4]　邓安云,张兴恒,任玉芬,等. 充分利用生产坑道排水资料预测矿坑涌水量[J]. 云南地质,2008,27(2):239 ~ 244.

[5]　朱正平. 矿山抢险排水概要[J]. 煤炭技术,2008,27(1):83 ~ 86.

[6]　白聚波,李现波,杨清莲. 帷幕注浆技术在大水矿山治水中的应用[J]. 石家庄铁道学院学报(自然

科学版),2008,21(1):80~83.

[7] 陈晶. 大水矿山矿井排水存在的问题分析[J]. 矿业快报,2006,447(8):78,92.

[8] 郑志军,张国强,赵团芝等. 复杂大水矿床建设井巷过断层突水防治技术[J]. 金属矿山,2008,
381(3):54~57.

[9] 刘桂珍. 浅谈有色金属矿山工程的给排水设计[J]. 甘肃冶金,2007,29(3):39~40.

[10] 祝世平,王伏春,曾夏生. 大红山矿帷幕注浆治水工程及其评价[J]. 金属矿山,375(9):79~83,93.

第四篇
矿山产舷及其保障体系的建立与完善

15　矿床开采数字模型及计算机辅助设计

　　矿山企业具有生产对象的不确定性、生产环境的复杂性、生产工艺的多样性、工作场所的动态性和分散性,以及生产单元的时空制约性,等等。矿床开采数字模型及计算机辅助设计是应对以上特征的有效解决办法,是数字矿山建设的基础,数字矿山建设中的生产过程的控制、生产过程安全监控与预警、信息快速传输以及矿山 ERP 都与矿床开采数字模型技术相关。

15.1　矿床开采数字模型及计算机辅助设计系统现状及发展趋势

　　随着计算机技术的飞速发展,三维地质建模技术越来越受到地学界的重视,并成为地质可视化技术的一个热点。所谓三维地质建模,就是运用计算机技术,在三维环境下,将空间信息管理、地质解译、空间分析和预测、地学统计、实体内容分析以及图形可视化等工具结合起来,并应用于地质分析的技术。

　　矿床可视化建模技术的发展实际上就是矿床可视化建模软件的推广和发展过程,三维地质建模方面的研究在国外开展得较早,尤其是美国、加拿大、法国、以色列等国,开发了大量的三维建模和可视化的软件,并已经形成了相当的规模。这些软件有澳大利亚 Maptek 公司的 Vulcan,加拿大 GemcomSoftware International 公司的 Gemcom, 加拿大 Kirkham Geosystems 公司的 MicroLynx, 英国 VoluMetrix 公司的 FastTracker,美国德士古石油公司技术部开发的 GridstatPro, 美国 CogniSeisDevelopment 公司(CSD)研制的 TerraCube、GeoSec3D, 以色列 Paradigm Geophysical 的 EarthModel,美国 Dynamic Graphics 公司(DGI)的 Earth Vision,法国 Schlumberger 公司的 Petrel Workflow, 美国 Rockware 公司的 Rockware 系列等。另外,还有一些通用软件,如:三维建模和动画制作软件 Soft Image、Maya、Solidwork 和 3D Studio MAX、仿真软件 Open Inventor 、VR 软件 World Tool Kit 、CAM 软件 ProEngineer、GIS 软件 ARC/INFO 等在地质三维建模和可视化方面也有了进展。

　　为了解决地学领域中遇到的三维问题。如:三维地层、断裂、矿体和巷道的真三维动态显示、剖面的生成、三维巷道的空间拓扑分析、三维矿体的体积、储量的计算等问题。国内外很多科研单位和公司先后推出了适合于矿山应用的地质矿床可视化建模软件,国外在这方面的研究进展较快,并已开发出许多商业化软件,如:美国的 MINCIM,DGI 开发的可应用于露天和石油开采的可视化系统;Reservoir Characterization Research and Consulting 公司开发的 3D Earth Modling 软件;加拿大阿波罗科技集团公司开发的 MicroLYNX;加拿大金康公司开发的 Gem Com 软件;英国的 Data Mine 软件;澳大利亚的 Micro Mine 软件、SMG 公司的 Surpac 软件和美国 Mintec 公司开发的 Mine Sight 软件等。目前,中国这些软件在矿业行业中应用比较广泛的有 Surpac 和 Micromine,Surpac 在矿山生产企业中占有比较大的市场份额,而 Micromine 在地勘部门有比较广泛的市场。DataMine 和 MineSight 的应用比较少,DataMine 在中国有色工程设计研究总院和铜陵有色金属公司有应用,而 MineSight 主要应用在江西德兴铜矿和云南玉溪矿业公司等矿山企业。

　　相对于国外的这些地质矿床三维可视化建模软件,国内的发展比较缓慢,目前主要推出的软件系统和软件包有:(1)马鞍山矿山设计研究院开发的"矿床模型计算程序";(2)煤炭科学研究总院开发的"矿区资源与环境信息系统 MREIS";(3)北京科技大学开发的"矿床三维可视化仿真系统";(4)中南大学开发的"可视化集成采矿 CAD 系统";(5)长沙迪迈信息科技有限公司研发的"Dimine 矿业软件"。

本章主要利用 Dimine 软件,进行冬瓜山矿床开采数字模型构建及计算机辅助矿床设计。

15.2　Dimine 软件简介

Dimine 系统充分采用当今世界上先进的三维可视化技术,以数据仓库技术、三维表面建模技术、三维实体建模技术、国际上通用的地质统计学方法、数字采矿设计方法、网络解算与优化技术、工程制图技术为基础,全面实现了从矿床地质建模、储量计算、测量数据的快速成图、地下矿开采系统设计与开采单体设计、回采爆破设计、露天矿开采设计、矿井通风系统网络解算与优化到各种工程图表的快速生成等工作的可视化、数字化与智能化。

Dimine 系统由九大功能模块组成,用户可根据项目需要来选择模块配置,但其核心模块是必须的。

(1) 系统核心模块(三维可视化平台、数据管理、基本图形编辑、三维建模、图元查询等);

(2) 地质勘探数据分析、矿床建模与储量计算模块(地质勘探数据的分析、变异函数模型、块段模型、品位估值、储量分级与评价);

(3) 测量模块(各种测量仪器的数据接口、数据的快速处理与三维成图、各种量的计算);

(4) 开采系统设计模块(中段矿体的自动切割、三维工程中心线精确设计、工程断面设计、三维井巷工程的自动三维建模);

(5) 地下矿开采单体设计模块(回采单元矿体的自动切割、采切工程设计、底部结构的参数化、智能化与可视化设计);

(6) 回采爆破设计模块(爆破单元的切割、爆孔的参数化设计、施工卡片的生成);

(7) 露天矿开采设计模块(开采境界设计、开拓与运输系统、采剥计划编制);

(8) 通风网络解算与优化(通风网络的提取、各种通风构筑物设计、通风网络解算与优化);

(9) 工程制图模块(各种平、剖面图形的绘制、自动标注、对象填充、打印出图)。

15.3　样品品位空间结构性和变异性

地质勘探和生产勘探样品是建立矿床地质和开采模型的基础。在建立三维可视化模型之前,采用数据库技术和系统对地质数据进行统一管理和分析是非常必要的,采用数据库系统一方面有利于数据的维护和管理,另一方面便于样品品位的概率分析及变异函数分析,确定其空间结构性和变异性。

15.3.1　样品数据库构建及其统计

15.3.1.1　样品数据库构建

在建立地质数据库之前,将冬瓜山铜矿的所有"钻孔"数据中包含的内容按照开口信息、测斜信息、品位信息、岩性信息等分别录入到不同的数据文件中,各类数据文件所包含的信息及数据格式见表 15-1。

表 15-1 数据文件及其格式

列编号	孔口信息	测斜信息	品位信息	岩性信息
1	名称(hole)	名称(hole)	名称(hole)	名称(hole)
2	孔口东坐标(x)	测斜点距孔口距离(at)	取样段起点距孔口的距离(from)	取样段起点距孔口的距离(from)
3	孔口北坐标(y)	方位角(brg)	取样段终点距孔口的距离(to)	取样段终点距孔口的距离(to)
4	孔口标高(z)	倾角(dip)	元素1品位	岩性类型(rock)
5	钻孔孔深(depth)		元素2品位	⋮
6			元素3品位	其他属性
7			⋮	
8			元素n品位	

　　数据库结构定义后,将事先已经录入文本文件中的地质数据导入数据库中,数据导入后应用 Dimine 软件对钻孔数据文件进行校验、合并,对校验出的错误查找原始数据后修改,最终生成地质数据库。地质数据库建立后,可以在三维窗口中显示地质数据,包括钻孔的轨迹线、品位值、岩性及代码、岩层走向等。通过设置钻孔显示风格,沿着钻孔的方向对不同的岩性着不同的颜色,对不同的品位区间显示不同的风格,图 15-1 为冬瓜山铜矿地质数据库中的所有钻孔(下部为矿体)。

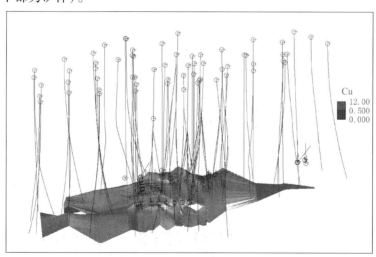

图 15-1 冬瓜山铜矿钻孔显示图

15.3.1.2 原始样统计分析

　　地质数据库中的数据是块段模型内所有单元块各种参数估值的依据,也是矿床储量计算的依据,根据地质统计学原理,对某种变量进行估值,首先要知道变量的值属于何种分布状态,冬瓜山铜矿钻孔原始样品铜元素统计结果如图 15-2 所示,图上显示了变量的均值,标准差等参数。从图上的柱状图可以简单判断元素属于对数正态分布,再通过"QQ 图或 PP图"来验证属于此种分布,校验结果如图 15-3 所示,原始样品铜元素统计参数见表 15-2。

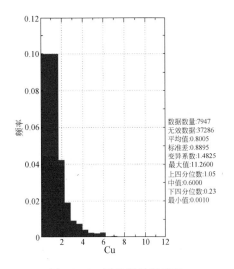

图 15 - 2 原始样品铜元素
品位分布直方图

数据数量:7947
无效数据:37286
平均值:0.8005
标准差:0.8895
变异系数:1.4825
最大值:11.2600
上四分位数:1.05
中值:0.6000
下四分位数:0.23
最小值:0.0010

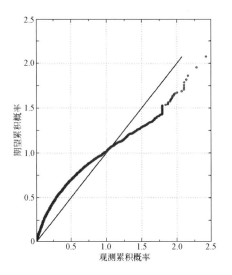

图 15 - 3 原始样品铜元素品位对数
正态分布 Q-Q 检验图

表 15 - 2 原始样品铜元素品位基本统计参数(不限制取值范围)

统计项目 统计指标	最小值	最大值	均值	中值	方差	标准差	歪度	峰度
	0.001	11.26	0.80	0.6	0.791	0.889	3.312	17.64

15.3.1.3 样品组合及组合样统计分析

由于原始的地质数据是块段模型内所有单元块各种参数估值的依据,也是矿床储量计算的依据,根据地质统计学原理,为确保得到各参数的无偏估计量,所有的样品数据应该落在相同的承载上,即:同一类参数的地质样品段的长度应该一致。因此,在原始地质数据库建立以后,必须进行样品的组合计算。除此之外,样品组合的另外一个目的是生产各样品段的空间坐标,因为由表 15 - 1 可看出,数据库中原始数据记录的是钻孔或刻槽的开口坐标,在利用组合样进行块段估值以及变异函数分析之前,必须根据开口坐标、测斜信息等计算每一样品段的实际空间坐标。

样品组合有多种方法,如:按钻孔组合、按台阶组合、混合组合等。组合样长度的确定要考虑多种因素,如:样本长度、原始样本容量的大小、块段建模时单元块的尺寸等。

对于实数型的参数,样品组合的计算公式为:

$$G_c = \frac{\sum_{i=1}^{m} G_i \cdot L_i}{\sum_{i=1}^{m} L_i} \qquad L_c \geq \sum_{i=1}^{m} L_i \geq 0.5L_c \qquad (15-1)$$

式中 G_c——组合样参数值;

G_i——位于组合样计算长度范围内的第 i 个样品的参数值;

L_i——第 i 个样品的长度;

L_c——组合样的长度;

m——参与组合样计算的样品数。

　　而对于非实数型(如整型、字符型代码表示的岩性等)的参数,组合时位于某一组合样段内的数据不能采用式15－1进行数值运算,其组合样取值可以为以下几种情况:

　　(1)组合样段范围内第一个样品的值;

　　(2)组合样段范围内最后一个样品的值;

　　(3)组合样段范围内中间部位样品的值。

　　特高品位是指在品位分布很不均匀或极不均匀的矿床中,偶尔会出现个别样品品位高于一般样品品位几倍、几十倍的特殊样品的品位。这种样品的品位叫特高品位。特高值样品虽然数量少,但对金属量影响大,为使品位的分析计算结果不致过分乐观,采用以下处理方法:

　　(1)剔除法。在计算平均品位与储量时,特高品位不参加计算。

　　(2)矿体平均品位代替法。用包括特高品位在内的矿体全部样品品位的平均值代替之。

　　(3)单一工程或块段平均品位代替法。

　　(4)用特高品位相邻的两个样品品位的平均值代替特高品位。

　　(5)用特高品位与其相邻的2个、或3个、或4个样品品位的平均值代替特高品位。

　　(6)用特高品位的下限值代替等处理方法。

　　在Dimine软件中特高品位值的处理是在样品组合的时候,通过设置一个品位阈值和替换值,大于阈值的品位用替换值代替来处理。

　　在样品组合计算完成后,一般要对组合样品进行统计分析。组合样品统计分析的目的一方面是为了掌握矿床各元素的分布情况,和原始样的分布情况对比,观察组合前后元素分布状况是否发生变化,另一方面是指导后面品位推估时采用何种方法进行变异函数计算与分析。冬瓜山的钻孔组合采用按钻孔组合的方式进行组合,特高品位值用下限值代替的方法进行处理。组合样的品位统计及验证结果如图15－4,图15－5所示,组合后的统计结果见表15－3。

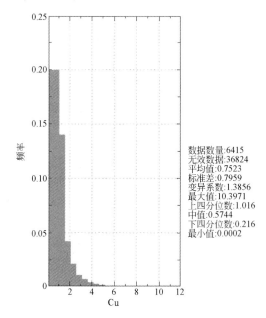

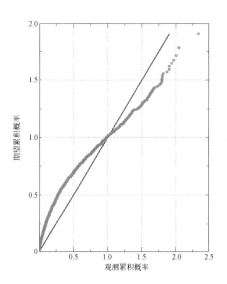

数据数量:6415
无效数据:36824
平均值:0.7523
标准差:0.7959
变异系数:1.3856
最大值:10.3971
上四分位数:1.016
中值:0.5744
下四分位数:0.216
最小值:0.0002

图15－4　组合样品铜元素　　　　　图15－5　组合样品铜元素品位对数
品位分布直方图　　　　　　　　正态分布Q-Q检验图

表 15 - 3　铜元素组合样品位基本统计参数

统计项目 统计指标	最小值	最大值	均值	中值	方差	标准差	歪度	峰度
	0.0002	10.39	0.75	0.57	0.6704	0.796	3.094	15.854

15.3.2　组合样品位变异函数计算及分析

15.3.2.1　变异函数分析方向

变异函数分析的目的是确定地质样品的空间结构性参数,理论变异函数是品位估值时,克立格方程组的重要变量。变异函数分析需要对不同方向进行计算,为减少计算量,实际应用中,通常取反映矿床赋存特征的、互相垂直的 3 个方向进行计算。根据经验,一般在进行金属元素品位变异函数分析时,要按走向、倾向、厚度 3 个方向进行变异函数的分析,因此,对于铜元素品位进行这 3 个方向的实验变异函数计算,具体参数见表 15 - 4。

表 15 - 4　铜元素品位实验变异函数计算方向

方 向 编 号	方　位	倾　角/(°)	说　明
1	53	0	走向方向
2	143	0	勘探线方向
3	0	0	垂直(厚度)方向

15.3.2.2　冬瓜山铜矿变异函数计算参数

在进行各个方向的变异函数计算分析时,一般是分布于某个方向一定范围内的样品点参与进行该方向的变异函数计算。需要指定的参数包括:圆锥体的容差角、容差限、滞后距,计算的最大距离。这些参数代表的意义见图 15 - 6。变异函数计算参数见表 15 - 5。

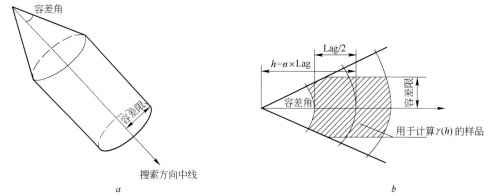

图 15 - 6　变异函数计算时各参数代表的意义及作用
a—搜索方向上参数意义;*b*—变异函数计算时各参数的意义

表 15 - 5　变异函数计算时设置的参数

参 数 名 称	参 数 取 值
容差角/(°)	15
容差限/m	10
滞后距/m	5
计算的最大距离/m	60

15.3.2.3 理论变异函数参数拟合

变异函数作为地质统计学的主要工具,无论是用来对区域化变量进行结构分析或是进行地质统计学品位(或储量)估算,都必须将前面得到的实验变异函数关系进行拟合,确定出合理的理论变异函数模型,得到变异函数的参数(变程、基台、块金常数等)。

变异函数的理论模型又分为有基台和无基台两大类,其中有基台的模型有:球状模型、指数模型和高斯模型;无基台的模型有幂函数模型、对数函数模型、纯块金效应模型及空穴效应模型等。在实际应用中,以球状模型和指数模型为多。球状模型的函数表达式为:

$$
\begin{cases}
\gamma(h) = C_0 + C\left(\dfrac{3h}{2a} - \dfrac{h^3}{2a^2}\right), & h < a \\
\gamma(h) = C_0 + C, & h \geq a
\end{cases}
\tag{15-2}
$$

式中,C_0 为块金常数(代表随机变化部分);C 指基台,$C + C_0$ 为先验方差;a 为变程,在变程范围内才有结构性变化。

冬瓜山铜矿 3 个方向理论变异函数拟合参数结果见表 15-6。

表 15-6 理论变异函数拟合参数结果表

参 数 方 向	块 金	基 台	变 程
走向方向	0.057423	0.312833	28.858
勘探线方向	0.181778	0.296261	16.233
竖直方向	0.184814	0.184814	11.957

15.4 地质与工程环境三维形态模型

15.4.1 原始地形、地质及工程图的矢量化

15.4.1.1 工程图纸的数字化

工程图纸一直以来都是矿山企业生产中表达规划、设计与生产过程的主要技术文件,从投产设计、工艺规程制订到整个生产过程都是以工程图纸为主要的信息载体。每个单位都积累了大量工程图纸,它们是广大设计人员辛勤劳动的结晶,是一笔巨大的物质财富。

为了建模的需要,对冬瓜山铜矿的工程图纸进行了扫描,并对扫描后的图纸进行数字化处理。这个工作主要包括两个部分:一是将公司的原始扫描图纸在 CAD 环境下的矢量化;二是将已有的 CAD 图转换成后期所需要的存储格式。

15.4.1.2 图纸图像的矢量化

此项工作主要在 AUTOCAD 中进行,主要是对图像中的文字、线条等进行矢量化。在矢量化的过程中遵循了以下原则:

(1)用层定义来区分不同的岩石类型,即:在同一剖面中不同层位分别用不同的图层表示;在不同剖面中同种层位颜色一致。这主要是为了在以后的矿业软件中进行三维数字化时提供方便。

(2)尽量考虑矿体和岩石的实际赋存状态,针对存在侵入岩石层位线打断的地方,根据地质统计学的解译,尽量使层位线沿着其走向趋势连接起来。

（3）采用多线段方式连接并封闭所圈区域，不能采用弧线连接。

（4）每条线段在连接时中途不能断开，若存在此种情况，则用"修改多线段"命令将其重新连成一条线。

（5）对每种岩性进行编号，以保证在不同的CAD图中能使同一个层代表同样的岩石类型。

经过此项工作，不仅满足了建模工作的需要，而且使公司的资料得到了及时的保护，以后在需要的时候，可重新打印。

15.4.2 基于三维样品数据的地质界线二次解译

离散分布的钻孔信息是工程勘察获得地层信息的最直接来源。工程人员根据钻孔地层信息，同时加入专家的经验与解释，可以绘制出工程地质剖面图。传统的工程勘察成果是以二维图（钻孔柱状图、工程地质剖面图）的方式来表达地层信息空间分布的，而这越来越不能满足人们对地层认识和空间分析的需求。

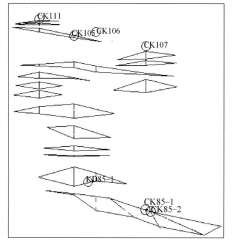

图15-7 地质界线二次解译后钻孔图剖面

现在的矿山勘探剖面图大多是20世纪50~60年代经过地质解译得到的，但是随着经济的发展，许多圈矿的指标发生了变化，有必要进行二次解译。应用Dimine软件，可以基于三维样品数据对地质界线进行二次解译。二次解译时按上节的方法建立钻孔数据库，对数据库的数据按照圈矿指标进行查找，把不合格的数据隐藏，合格的数据显示，根据显示的数据按照勘探线重新圈定矿体，如图15-7所示。

15.4.3 地形、地质三维形态模型构建

在传统的地质现象表达中，通常是以二维平面图和剖面图来表示地质勘探的成果，这种方式存在着表达信息不充分，缺乏直观感等特点。随着地质统计学、数学、计算机图形学和网络技术的发展，工程地质逐渐向着综合集成化、数字化、可视化的方向发展。三维地质建模已成为数字化的一个重要方面，并成为当前地学信息技术领域最富有活力的研究方向之一。实体模型是用来描述三维空间的物体，是矿床三维建模的基础。

计算机是如何描述矿山的矿体、巷道、地形、断层、采场、岩层等的形态和所属信息的呢，在图15-8中描述了基本思路。

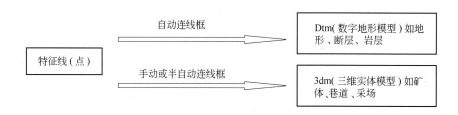

图15-8 矿山实体的构模过程

特征线(点)是指描述物体表面特征的一些点和线。

数字地形模型(dtm, digitize terrain model):即表面模型,来描述虚拟地形和表面。一般由若干特征线和点,考虑每个点的 X 和 Y 值,将所有的点连成若干相邻的三角面,形成上下不透气的面。表面模型只能描述面,不能有折叠,在平面视图中,不能有重叠,即在 Z 值方向,永远有唯一的 X,Y。用线生成 dtm 时,不会考虑 Z 值的影响。

三维实体模型(3dm):由一系列相邻三角面,包裹成内外不透气的实体。实体是一系列在线上的点,连成内外不透气的线框,这些线框的平面视图中,肯定有交叠,但在三维空间内,任何两个三角面之间不能有交叉、重叠,任何一个三角面的边必须有相邻的三角面,任何三角面的 3 个顶点,必须依附在有效的点上,否则实体是开放的或无效的。

建立的冬瓜山矿山实体模型主要包括:冬瓜山数字地形模型、冬瓜山矿体实体模型、冬瓜山岩体构造模型、冬瓜山围岩模型、冬瓜山夹石模型等,下面分别介绍各种模型的建模方法。

15.4.3.1　地形三维模型

地表模型是建立三维地质实体模型的重要组成部分,建立好地表模型,可以使我们对冬瓜山矿区所在位置在宏观上有个完整的认识。一些地表工程的设计和施工包括排土场、选场、井口等位置都是以地表模型为参考的;同时,地表模型作为边界约束条件,还直接影响到技术经济指标和工程量的计算,因此,为了达到最好的实际效果,地表模型必须满足精度要求。

地表模型一般由若干地形线和散点生成,在 Dimine 中,系统根据每个点的坐标值,将所有点(线也由散点组成)联成若干相邻的三角面,然后形成一个随着地面起伏变化的单层模型。地表测量所获得的数据,通常为一系列离散的、稀疏的、空间上分布不均匀的数据。利用这些离散数据形成三维地表时有两种方法,一是直接采用不规则三角网构模,二是在三角网过于稀疏的地方。首先通过数据插值的方法,对该区域内的点进行加密处理,最终采用三角网构模技术生成完整的地形模型。

目前空间数据插值的方法很多,主要有:双线性插值、趋势面插值、样条函数插值、距离幂次反比法和克里金(Kriging)插值等。图 15 – 9 所示为冬瓜山地形等高线图。采用地形等高线图创建三维数字地形网格模型,在三维数字地形网格模型形成以后,通过对各三角面的着色处理就可以生成三维数字地形模型,如图 15 – 10 所示。

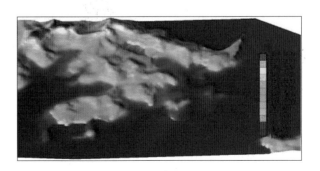

图 15 – 9　冬瓜山地形等高线图　　　　　图 15 – 10　有网格生成的冬瓜山三维数字地形

15.4.3.2　地层三维模型

三维地层模型能够完整地表达复杂地质现象的边界条件及地质体内含的各种地质构造,形象生动地展示空间分布的效果,更可根据用户需要对其进行全方位、动态的分析。在三维地层空间中一个最显著的特点就是"层",这也是与传统 GIS 研究对象的很大差异。因此,如何刻画这些层面就显得非常重要了,可以说确定了地层界面就基本确定了地层模型的基本几何构造。

三维地层模型的建立通常有两种方法,一种是类似地表的方法,通过绘制地层上下两个层面,然后根据上下层面的边界绘制地层四周的边界,从而建立起一个封闭的实体模型。这种方法适用于在煤层建模或是地层分界比较明显的岩层中。另一种是剖面重构出三维实体,这种方法适用于特殊的矿体或岩体。

图 15 - 11 所示为采用 DTM 方法建立的冬瓜山岩石层面模型。图 15 - 12 所示为采用多个 DTM 岩石层面模型所生成的冬瓜山层状岩体实体模型。

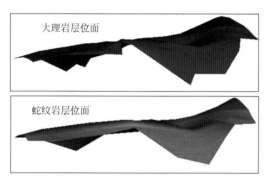

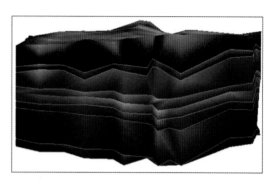

图 15 - 11　层状地质体 DTM 模型　　　　图 15 - 12　冬瓜山层状地质体实体模型

15.4.3.3　闪长岩侵入体三维模型

闪长岩的侵入方式十分复杂,几何变化较大,从冬瓜山铜矿地质揭露的信息来看,大致可以把它分成两个大块:如图 15 - 13 中绿线和黄线各自一块。另外,要创建一个闪长岩线框模型还存在以下困难:

图 15 - 13　闪长岩勘探线剖面轮廓

（1）剖面中闪长岩范围大多不封闭；

（2）已有的闪长岩边界线在剖面间变化太大，几何形状匹配极不规则；

（3）相邻剖面间的闪长岩距离较大，难以控制中间的形态变化；

（4）很多剖面上闪长岩往往只在左侧有一个边界，右侧只有一小部分甚至没有。

基于以上原因，要想创建一个实体模型，必须要对这些线文件进行补充、修改。针对不同剖面的特点，主要采取了以下几个方法：

（1）对已有线不能随便删减，以实际揭露的为准；

（2）对过于扭曲的边界线做适当处理，尽量不做大的改动，只要能满足联实体的要求即可；

（3）先把两边都有线控制的剖面连成一个封闭的区域，处理时上表面以实际地表线为边界，下表面用已有的闪长岩端点直接相连；

（4）对在右侧只有一小段边界控制的剖面，沿着已有线的方向延伸，直到在高程上与其左侧的高程相等或相近为止。这样做的目的是为了能让该线封闭，当然，这样一来，连接的实体的右侧就成了一个虚拟的边界，不代表实际的闪长岩边界，但这并不影响之后的块段处理；

（5）所有剖面线都处理成封闭的线之后，用剖面间连接线框模型的方法联成实体。若效果不理想，则在剖面间添加一系列控制线，采用改变三角网运算法则以得到最佳的结果；

最终建立的冬瓜山闪长岩侵入体实体模型如图 15 - 14，图 15 - 15 所示。

图 15 - 14　闪长岩左侧实际边界　　　　　图 15 - 15　闪长岩右侧边界

由图 15 - 14 可以看出，由于闪长岩侵入体实体模型建立时，左侧采用的是其真实边界，所以扭曲比较厉害，而图 15 - 15 表明该模型右侧非常平整光滑，这是由于实体模型建立时，对右侧部分的轮廓线进行了延伸、修正等，为虚拟边界。

15.4.3.4　矿体三维模型

矿体模型的建立是整个模型建立过程中最重要的部分。之前的地质岩性模型的建立主要是为了揭露冬瓜山矿体的赋存位置，周边及上下地质岩体对矿体开挖的影响，它们都是为矿体的开采服务的。建立矿体模型除了之前所说的可视化、体积计算、在任意方向上产生剖面、与来自于地质数据库的数据相交四种功能外，还有一个极其重要的功能，就是为之后的品位估值和块段分析提供基础。

由于矿体模型是一个封闭的 3dm 模型，且变化复杂，只能采用剖面相连的方法来创建。建立一个矿体模型比建立一个岩性模型需要涉及更多的地质矿床理论、更为复杂的连接方式和更为熟练的连接技巧，其复杂性和难度主要表现在分叉及断层的处理上。

在一般情况下,如果两个勘探线剖面的变化不大,几何匹配性相对较好的时候,只需要段间自动相连就能够满足要求了。但实际上,矿体的赋存条件是非常复杂的,往往存在着其他岩性侵或者是断层错动现象。因此,如何有效处理这些问题显得尤为重要。

A   分叉的处理

由于冬瓜山矿体是构造作用的结果,在成矿时受到其他地质作用的影响,在某些位置出现了分支,如:由一个大块突然分为两个,或者更多的小块,这就需要用到分叉技术。

分叉技术是一个包括单三角形和手动三角形网的组合功能。虽然这项功能已经是一个相当自动化的过程,但仍需要一定的人工干预才能确保准确建模。需要人工把一个大块分成和小块向对应的块数,然后连接起来,如图 15-16~图 15-18 所示。

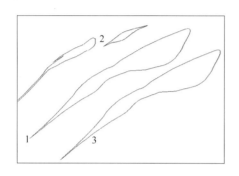

图 15-16   分叉剖面线

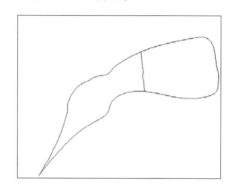

图 15-17   大块分叉

图 15-18   最终生成的矿体

这样连接之后,两个体就很好的在空间上相交了。当然,不同的技术员对同一地质现象存在着不同的地质解释,因而有可能在选择分叉位置上有不同的认识。尽管如此,这种细微上的差别并不是很大,因而对整个矿体模型的影响也是有限的。

B   断层的处理

断层模型在数字三维模拟中的重构一直是一个难点。它需要对软件本身有一个非常深刻的认识和对建模规则的灵活运用。一旦掌握了这些规则,建模过程就变得非常简单,但这

种方法却极负创意。在建立模型之前,需要对实体的定义进行认真研究,特别是以下几点:

（1）一个实体就是一个封闭的 3dm 模型;

（2）不存在开放边现象;

（3）不存在重复边现象;

（4）不存在无效边现象;

（5）不存在自相交现象。

只要实体满足以上几个要求,就会被认为是一个有效的实体,能够通过体积验证、报告实体体积、进行数学运算和其他用途的调用。下面用一个具体的剖面来说明这种方法的运用。

调入冬瓜山 49 线～51 线勘探线剖面的矿体边界线,将视图转到一个合适的视角,从中可以看出,50 线和 51 线在几何关系上匹配的非常好,但 49 线和 50 线之间却变化巨大（见图15－19）。主要表现在:

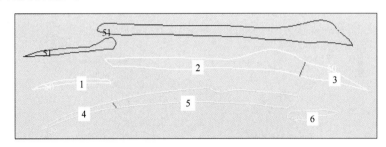

图 15－19　分块建模示意图

（1）在 50 线和 51 线处存在着断层,使得矿体发生突然错动;

（2）在 49 线的右侧也存在着一块小矿体。

先把 49 线和 50 线的大块切成两个小块以便观察。在这种情况下,采用通常的两两相联已不适用了。因为区域 2 与区域 3 实际上是同一条封闭曲线,区域 4 和区域 5 也是同一条封闭曲线。根据成矿原理,应该是区域 1 曲线与区域 4,区域 2 与区域 5,区域 3 与区域 6 相连（见图 15－19）。但这又涉及一个问题:50 线与 51 线几何上匹配的相当完好,不能将 50 线的大块分成两个小块再与 51 线的大块相连;同样,49 线的左侧的大块也不行。

根据实体建模的基本原理,在 49 线位置复制一个线,并把它隐藏,把原有的 49 线大块沿所画的红线切断成两个区域,将新建的区域 4 与区域 1 连接实体,见图 15－20;余下的部分（见图 15－21）就成为一个段到两个段的问题,用分叉的方法来处理。

图 15－20　分块连接实体

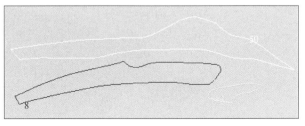

图 15－21　一个段到两个段连接实体

这部分连好后,当用49勘探线剖面与它之前的46线连实体时,就隐藏掉在49线上新建的两个区域,用49线的两条封闭曲线与46线相连,连接方法为分叉过程采用的方法。分叉和断层连好后合到一起,效果如图15-22所示,转动一个角度观看如图15-23所示。

从图15-22和图15-23可以看出,这个连接效果在总体上能够很好地反映了地质构造的真实赋存状态。当分叉和断层处理好之后,其他部分实体的连接就相对容易了。针对不同的剖面用相应的方法连接好所有的剖面之后,合并成一个线框模型文件,见图15-24。

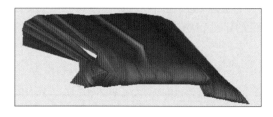 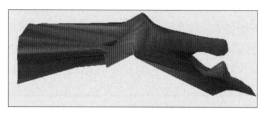

图 15-22　分叉和断层合并后的线框模型　　　　图 15-23　转动一个角度后的线框模型

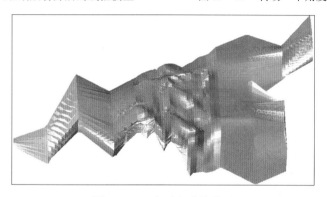

图 15-24　冬瓜山矿体模型

15.4.3.5　难易选矿石分界面三维模型

它的建立过程完全相同于地层表面模型的建立,所做工作方就是要把难选易选线的范围稍微比矿体的范围扩大了一些,以便在与矿体拟合时使其能够超出矿体模型范围,能够很好将难选、易选两个部分分离出来。因在原始资料上矿体两端的剖面上没有难选易选线,故难易线的DTM没能将整个矿体分成难易两个部分。具体创建过程可参照地层表面模型的建立,结果如图15-25所示。

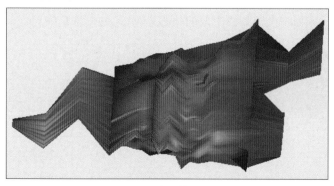

图 15-25　难选易选线 DTM

15.4.3.6 已有开拓及采准工程三维模型

随着计算机技术的发展,矿山采用基于计算机系统的三维可视化软件进行井下三维可视化工程设计,能综合考虑矿床的三维地质模型、矿区地表地形、地质构造及矿床赋存条件等因素,利用数字化、模型化、可视化功能,模拟建立一个虚拟现实的工作环境,根据最小运输功能原理能快速准确地确定拟建探矿、生产等巷道工程的位置,缩短设计周期,提高设计的准确度,减少开拓工程量,从而减少巷道的建设投资及时间,同时矿山的数字化也是矿山实现现代化和自动化的基础,因此对矿山企业具有非同寻常的意义。在建模的过程中,对于冬瓜山已开采部分现有的巷道工程,可以利用导入的开拓系统工程数据直接生成巷道。生成的冬瓜山开拓系统整体如图 15 - 26 所示。

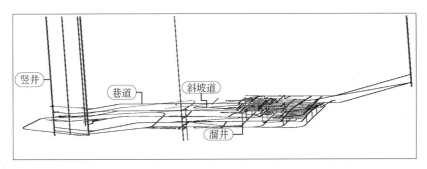

图 15 - 26　冬瓜山开拓系统整体图

如图 15 - 27 所示是根据冬瓜山提供的图纸生成的矿山整体开拓系统和矿体的关系图。

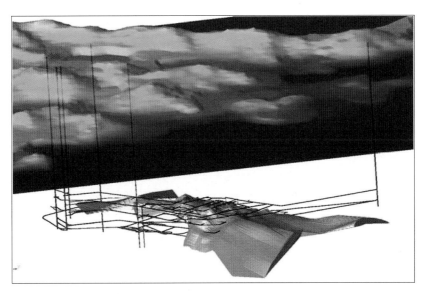

图 15 - 27　冬瓜山工程模型与矿体的布置关系

冬瓜山工程实体模型建立,不仅可以用于工程量计算、平剖面任意切割提供了极为方便的操作环境,而且对于了解整个工程的整体布置、实时了解地下工作位置以及对整个开采进度的可视化过程都具有重大的意义。

15.5 三维矿床块段模型构建及矿量

块段建模是矿床品位推估及储量计算的基础,块段模型的基本思想是将矿床在三维空间内按照一定的尺寸划分为众多的单元块,然后根据已知的地质勘探样品的品位及其空间变异特征对填满整个矿床范围内的单元块的品位进行推估,并在此基础上进行储量的计算。

采用单一尺寸的单元块去填充模型所覆盖的区域时,将很难从形体上反映矿床矿体、岩层或其他地质体的特征,除非单元块的尺寸足够得小,因此,Dimine 采用块段模型与实体模型相套合的方法,并采用块段尺寸细分技术使块段模型在实体边界处的单元块的大小自动进行细分,以确保块段模型能够真实的反映矿体或其他地质体的几何形态。

在块段模型建模时,各种地质体实体或 DTM 模型将用来对块段模型进行控制,使得不同的岩体、岩层能够在块段模型中得到真实的反映,并利用钻孔品位组合样数据对矿石的品位进行推估,以进行储量计算,确保满足设计和生产管理的需要。

15.5.1 矿床块段模型建模范围

描述块段模型范围的参数包括:模型地理坐标(x、y、z)的最小、最大值及模型在 X、Y 和 Z 3 个坐标方向的几何尺寸。通常,模型范围的确定应从平面及深度范围两个方面来考虑。在平面上的范围应该能够覆盖矿床的主要特征,因此,可以先将已经建立的地质体实体模型或 DTM 模型在平面视图中显现出来,并以此为基础圈出一个能够容纳这些实体的最小的矩形,当地质勘探线方向有一定的偏角时,圈出的矩形应有一个转角。同样,在确定深度方向的范围时,可以将地质体实体模型或 DTM 模型在剖面视图中显现出来,以此为基础圈出一个能够容纳这些实体的最小的矩形。

范围确定后就要设定单元块尺寸,单元块尺寸的确定一般要考虑如下几个因素,即矿床的勘探类型、地质勘探网度、矿体的空间形态、品位的变化的均匀程度、拟采用的开采方法及技术经济评价方法等。一般来讲,勘探网度大、矿体形态简单、品位分布均匀时可以采用较大的单元块尺寸。否则,可以选用较小的单元块尺寸。冬瓜山矿床块段模型原型在 3 个方向的尺寸为 2200 m、1540 m、1360 m,因为范围较大,取单元块尺寸为 20 m×20 m×20 m。

模型中的线框边界通过的块可以被划分成较小的子块以较好的反映矿体的空间形态,提供较高精度的体积和吨位计算,图 15-28 表示边界细化后的块段模型剖面。

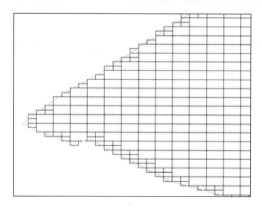

图 15-28 块段模型中子块的划分

15.5.2 各种地质现象的块段模型表达

块体模型实际上是一个数据库,它是用来存储单元块的相关地质属性信息(包括岩石类型、品位分布、密度等)。创建块段模型后,首先要为实体或 DTM 范围内的单元块赋予岩性或层位等地质属性信息。在单元块赋值完成后,落在某一实体或 DTM 范围内的单元块与该实体或 DTM 具有相同的地质属性,Dimine 在创建块段模型时,添加约束文件,把约束文件的属性赋给块段模型。图 15 – 29 表示采用实体和 DTM 约束后冬瓜山块段模型中单元块岩性属性的赋值结果。

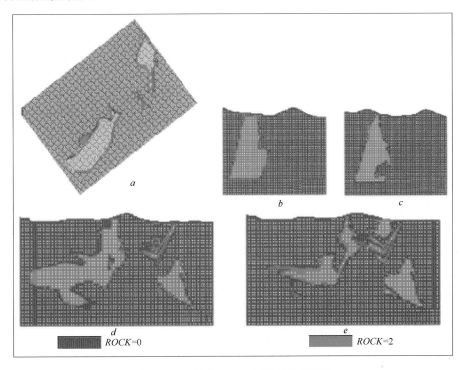

图 15 – 29 具有 ROCK 属性的块段模型
a—水平面; b,c—横剖面; d,e—纵剖面

15.5.3 基于组合样的块段模型品位推估

块段建模的一个更重要的目的是对矿床的品位进行推估、以实现矿床储量的计算及管理。在国内外矿业软件中,广泛采用的品位估值方法主要有距离幂反比法、趋势面法、克立格法。这些方法从数学上看,都是根据单元块周围一定范围(搜索半径)内的已知样品点,对该单元块进行估值。因此,如果在品位估值阶段不把采矿或地质工程师关于矿床成矿规律、规模等方面的因素考虑进来,在品位估值阶段,由于搜索半径的影响,不可避免地在矿化区域之外推估出品位来。

为了对块段模型的单元块进行品位属性的赋值,除了对样品数据进行地质统计学统计分析之外,在实体建模阶段,还需要利用勘探线剖面图建立矿体实体模型,然后利用矿体实体模型对块段模型原型进行约束,确保只有包含在所圈定的矿体实体内的单元块,其品位值才会被推估。图 15-30 表示用冬瓜山矿体实体进行约束后的块段模型。由于品位估值过程尚未进行,因此,单元块中的品位值为空。

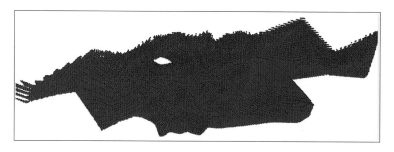

图 15-30 冬瓜山矿体空块块段模型

在采用普通克立格法进行单元块品位估值时,品位的计算公式为:

$$\hat{G}_B = \sum_{i=1}^{n} K_i \cdot G_i \qquad (15-3)$$

式中 $\hat{G}_B$——待估单元块参数的估计值;

G_i——待估单元块周围参与估值的已知参数值;

K_i——数据 G_i 参与估值时的权系数,应满足约束条件: $\sum_{i=1}^{n} K_i = 1$,同时,还应满足估计的无偏性,即: $E[G_B - \hat{G}_B] = 0$ 。

在单元块品位估值时,需要确定的参数包括:待估元素代码、搜索椭球体三个轴的半径及方向、参与估值的最小及最大样品数、品位估值方法、变异函数模型的结构数、基台及块金值(C)等,这些参数是通过对样品的统计分析及试验变异函数的研究来获得的。在品位估值完成以后,每一个单元块中矿石的品位都会被赋值。图 15-31 表示单元块品位赋值后冬瓜山块段模型的三维视图及平截面图,图中不同的颜色表示不同品位区间的矿石。

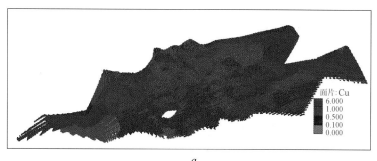
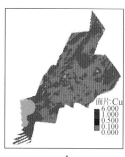

图 15-31 按品位值着色的冬瓜山矿体块段模型
a—三维视图;b—平面视图

15.5.4 冬瓜山铜矿品位及储量统计

15.5.4.1 冬瓜山矿床铜元素品位统计

对块段模型中铜元素的品位进行统计,其统计参数见表15-7,分布直方图见图15-32,图15-33。可以看出与组合样的基本统计参数相比,其均值、中值、最大值、方差均减小了,这是由于估值是平均化导致的。

表 15 - 7 块段模型中铜元素品位基本统计参数

统计项目 统计指标	最小值	最大值	均值	中值	方差	标准差	歪度	峰度
	0.01	5.12	0.72	0.58	0.3642	0.6035	1.714	100.71

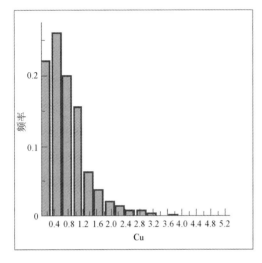

图 15 - 32 块段模型铜元素
品位分布直方图

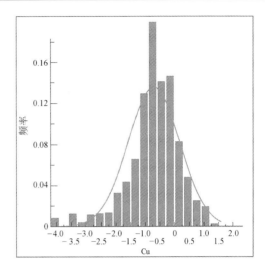

图 15 - 33 块段模型铜元素品位
分布直方图(对数转换)

同时由图 15 - 32,图 15 - 33 可以看出,模型的铜元素品位属于对数正态分布,其分布参数为:均值 0.4934,标准差 0.8828。

15.5.4.2 冬瓜山矿床储量统计

模型内储量统计可以根据设置的高程和品位信息生成储量报告,并根据估值的半径不同进行储量分级。可以分别按品位、标高、采场对冬瓜山矿床的储量进行统计,按品位统计的结果见表 15 - 8。

表 15 - 8 冬瓜山矿床储量统计表(按品位)

Cu 品位区间	体积/m³	矿量/t	平均品位
0.0 ~ 0.3	8713662	33547598	0.091
0.9 ~ 0.6	7183116	27654995	0.448
0.6 ~ 0.9	4824204	18573185	0.748
0.9 ~ 1.2	4246120	16347560	1.046
1.8 ~ 1.5	2079225	8005018	1.321
1.5 ~ 1.8	1183992	4558370	1.665
1.8 ~ 2.1	688458.6	2650566	1.939
2.7 ~ 2.4	429103	1652047	2.249
2.4 ~ 2.7	238120.7	916764.6	2.558
2.7 ~ 3.0	327663.8	1261506	2.822
3.0 ~ 3.3	153269.6	590088	3.169
3.9 ~ 3.6	49875.39	192020.3	3.401
3.6 ~ 3.9	51906.58	199840.4	3.725
3.9 ~ 4.2	5030.8	19368.59	4.097

续表 15 - 8

Cu 品位区间	体积/m³	矿量/t	平均品位
4.8 ~ 4.5	4855. 22	18692. 61	4. 259
4.5 ~ 4.8	8476. 76	32635. 53	4. 625
4.8 ~ 5.1	4184. 79	16111. 45	4. 989
5.7 ~ 5.4	4133. 28	15913. 13	5. 121
总　计	30195397	116252278. 6	0. 715

15.6　基于 Dimine 软件的计算机辅助采矿设计

15.6.1　采准工程的设计

15.6.1.1　顶部采准工程设计

在冬瓜山采准工程设计时,根据采准巷道中心线及巷道断面规格沿中心线生成实体,从而形成采准工程实体,如图 15 - 34,图 15 - 35 所示。

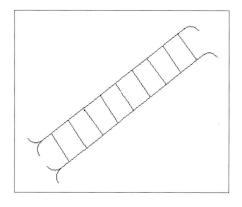

图 15 - 34　采准工程巷道中线

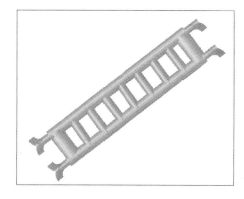

图 15 - 35　采准工程实体

15.6.1.2　底部采准工程设计

冬瓜山矿底部采准工程包括各种装矿巷道,装矿巷道直接和堑沟底部结构相连接,为落矿的受矿部分,设计的方法和凿岩硐室相似,采用由中心线生成巷道实体的方法,生成的底部结构如图 15 - 36,图 15 - 37 所示。生成的整个矿山的采准工程如图 15 - 38 所示。

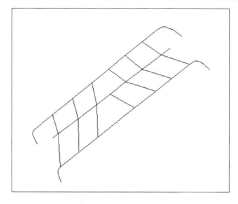

图 15 -36　底部采准工程中心线

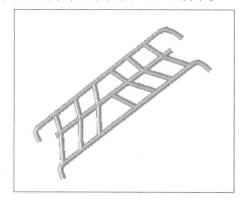

图 15 - 37　底部采准工程实体

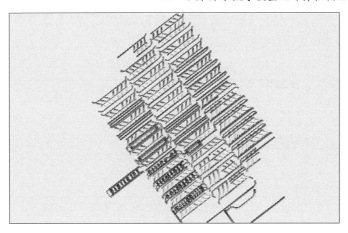

图 15 - 38　所有采准工程俯视图

　　顶部和底部结构工程完成之后,进行实体验证后,便可进行体积报告,根据体积报告确定各巷道的掘进工程量。

15.6.2　中深孔爆破设计

　　扇形中深孔在冬瓜山铜矿回采的过程应用广泛,如,高度小于 35 m 的小采场的落矿,以及高度大于 35 m 的大采场的拉底。

　　中深孔爆破设计中需要的炮孔设计参数包括:钻机类型和爆破范围、作业高度,最小孔底距,炸药种类、装药方法,装药密度、炮孔间距和排距(水平或垂直炮孔)等,炮孔的布置形式主要有水平布孔和扇形布孔两大类型。

15.6.2.1　切割工程爆破设计

　　地下开采中,在形成了采准所需的所有巷道后,就开始进行形成切割槽的工作,完成采矿爆破所需要的自由面。下面以冬瓜山采场切割工程爆破设计为例,介绍爆破设计的一般方法。

　　(1)首先确定爆破对象,然后针对具体爆破对象进行设计,本例设计需要爆破出的切割槽位置,如图 15 - 39 所示。

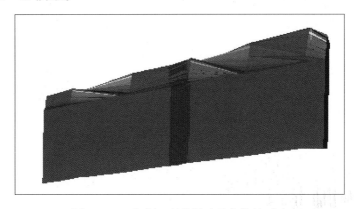

图 15 - 39　切割工程待爆破的实体(红色)

（2）切割工程爆破设计和其他爆破设计一样需要定义一些爆破必须的参数,设计之前需要明确表 15 - 9 中的所有参数。

表 15 - 9 爆破设计参数

参数项目名称	参 数 项	说 明	备 注
钻孔系数	钻孔直径	孔径大小	数字表示
	最大孔深	钻孔的最大深度,个别可进行人工调整	数字表示
	扇面倾角	炮孔所在扇面与水平方向的夹角	数字表示
	排 距	两排炮孔之间的距离	数字表示
	排 数	炮孔生成的排数	数字表示
	最大孔间距	孔底距,个别可进行人工调整	数字表示
起始角度范围	左倾角	扇形断面上的起始角度,可进行人工调整	数字表示
	右倾角	扇形断面上的终止角度,可以进行人工调整	数字表示
装药参数	堵塞长度	炮孔堵塞长度,个别可进行人工调整	数字表示
钻机参数	机 高	凿岩位置与巷道中心点在 y 方向上的偏移量	数字表示
	偏 移	凿岩位置与巷道中心点在 x 方向上的偏移量	数字表示

（3）确定凿岩巷道,主要的凿岩巷道在采准设计中都已经完成设计和实体生成工作,在爆破设计中调用凿岩巷道实体、爆破部分矿体和巷道中心线来确定凿岩位置和爆破边界。

（4）进行爆破设计,按照 Dimine 矿山工程软件提供的设计步骤,将冬瓜山铜矿预先设计好的参数按照提示进行输入,一次完成多个扇形断面爆破设计。其中通过设置钻机的机高和偏移两个参数来实现钻机定位,设计生成的切割槽扇形炮孔,如图 15 - 40 所示。

（5）个别炮孔超出或没有达到爆破实体的边界,应用 Dimine 矿山软件提供的对单个炮孔的长度、倾角、装药长度等进行的编辑工具进行编辑。编辑后的结果如图 15 - 41 所示。

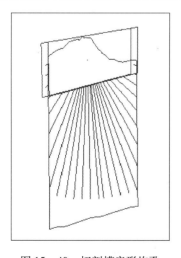

图 15 - 40 切割槽扇形炮孔

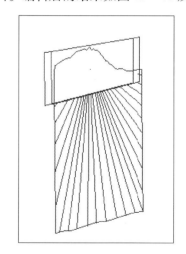

图 15 - 41 炮孔编辑

15.6.2.2 采场扇形中深孔爆破设计

地下开采中,扇形爆破设计在采矿中应用的比较广泛,扇形中深孔爆破是以专用钻凿设备钻孔作为炸药包埋藏空间的爆破方法。其孔径一般为 60 ~ 100 mm,孔深为 5 ~ 30 m,由于扇形中深孔爆破的钻孔和爆破作业是在凿岩巷道中进行,具有机械化程度高,一次爆落矿量大,爆破成本低,生产效率高,工作环境好,采矿作业安全等优点,成为大多数地下矿山采场爆破的主要爆破方法。

应用 Dimine 矿山工程软件对冬瓜山铜矿的采场扇形中深孔进行爆破设计,中深孔爆破设计结果如图 15 - 42 所示。

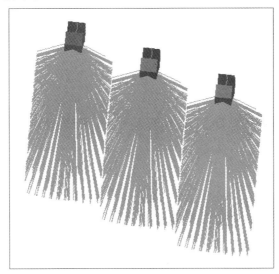

图 15 - 42　冬瓜山采场扇形中深孔爆破设计

15.6.3　爆破设计结果输出

在爆破设计模块中,对工程施工有用的主要是爆破文档的输出,Dimine 矿山工程软件可以把设计好的炮孔参数,按爆破断面单个或者同时输出成 Excel 文件,输出后的炮孔施工卡片,见图 15 - 43。

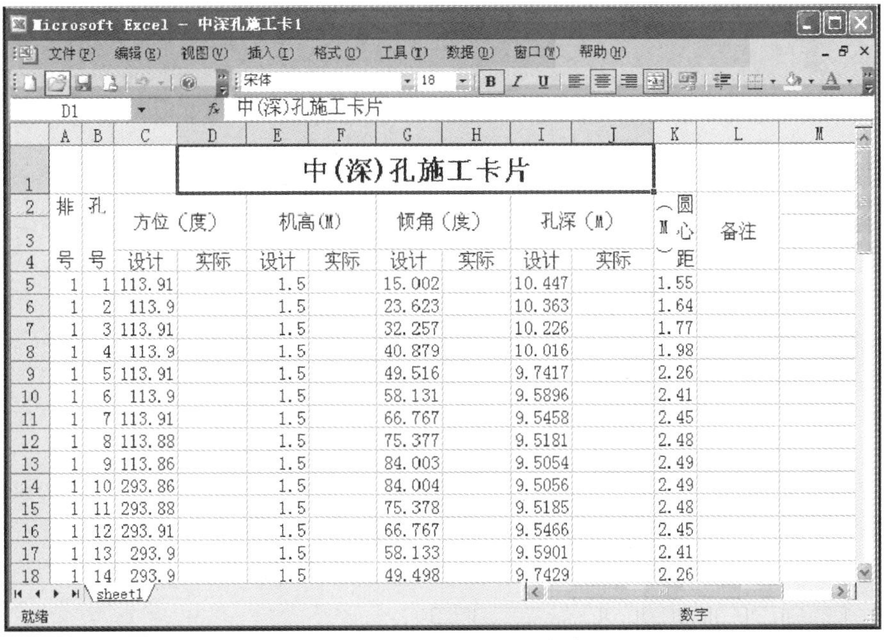

排号	孔号	方位（度）		机高(M)		倾角（度）		孔深（M)		圆心距(M)	备注
		设计	实际	设计	实际	设计	实际	设计	实际		
1	1	113.91		1.5		15.002		10.447		1.55	
1	2	113.9		1.5		23.623		10.363		1.64	
1	3	113.91		1.5		32.257		10.226		1.77	
1	4	113.9		1.5		40.879		10.016		1.98	
1	5	113.91		1.5		49.516		9.7417		2.26	
1	6	113.9		1.5		58.131		9.5896		2.41	
1	7	113.91		1.5		66.767		9.5458		2.45	
1	8	113.88		1.5		75.377		9.5181		2.48	
1	9	113.86		1.5		84.003		9.5054		2.49	
1	10	293.86		1.5		84.004		9.5056		2.49	
1	11	293.88		1.5		75.378		9.5185		2.48	
1	12	293.91		1.5		66.767		9.5466		2.45	
1	13	293.9		1.5		58.133		9.5901		2.41	
1	14	293.9		1.5		49.498		9.7429		2.26	

图 15 - 43　生成的施工卡片

爆破设计中,需要进行爆破量计算,生成爆破边界实体,然后把块段计算约束在爆破边界实体中,就可以进行爆破量以及按照品位进行爆破矿石量计算。生成的爆破边界实体如图15-44所示。

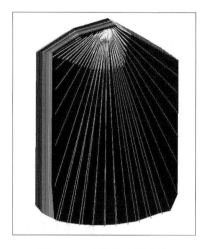

图15-44   爆破边界实体

参 考 文 献

[1]   王宁,韩志型. 有色金属矿山深井采矿技术研究[J]. 采矿技术,2003,2(2):38~95.

[2]   李明. 煤矿数字化矿山技术与实施途径[J]. 同煤科技,2004,4:39~42.

[3]   胡省三,谭得健,丁恩杰,等. 应用高新技术改造传统煤炭工业[J]. 中国煤炭,2002,3:5~10.

[4]   芬兰技术开发中心. 智能矿山的研究与开发[J]. 国外金属矿山,1999,11:86~88.

[5]   J A 利马泰宁,等. 智能矿山实施——梦想成真[J]. 国外金属矿山,2001,2:38~42.

[6]   M 斯科布尔. 加拿大矿山自动化的进展:数字化矿山迈向全矿自动化一、二. 国外属矿山[R],1996,3、4.

[7]   张俊,丁汉,熊有伦. 基于 IEEE1451.2 标准的 IP 传感器[J]. 机械与电子,2001,4:3~6.

[8]   党增明,胡建平. 基于钻孔数据的三维地层建模软件的实现[J]. 天津城市建设学院学报, 2008,14(1):60~63.

[9]   贺怀建,白世伟,赵新华,等. 三维地层模型中地层划分的探讨[J]. 岩土力学,2002,23(5):637~639.

[10]   王李管,徐京苑,胡国斌,等. 深井矿山开采信息可视化集成系统研究.“十五”国家科技攻关课题攻关成果专题报告[R].

[11]   张宇翔,曹红杰. VRML 在数字矿山中的应用探讨[J]. 矿山测量,2001(2):34~36.

[12]   冀跃宇,赵景生,王迷军.“数字招金”与黄金矿产资源地理信息系统[J]. 黄金,2004,25(2):23~25.

[13]   吴立新,张瑞新,戚宜欣,等. 三维地质模拟与虚拟矿山系统[J]. 测绘学报,2002,31(1):29~33.

[14]   王华玉. MapGIS 在数字矿山中的应用[J]. 煤炭学报,2001(2):10~11.

16　回采过程模拟与控制技术

16.1　引言

随着地下硬岩矿山开采深度和复杂性的增加,矿山设计和计划的基本思想随之发生了改变。矿山设计计划过程的动态性本质,使得包括采用电子表格、矿山计划和评价软件等手段在内的传统的地下矿山设计和计划技术,不能适应对多种计划方案进行严格的科学评价以得到最优方案的要求。计算机过程模拟是生产过程分析和方案优化设计的有效方法,借助于模拟可以通过全过程的、关于产量、生产效率、故障因素的定量分析得到最佳方案。

对冬瓜山铜矿的采矿方法而言,假定相应的开拓、通风等系统工程已经形成,这类方法回采阶段涉及的工程有:顶部的凿岩或充填工程、底部的出矿工程,两者均属于采准工程。回采阶段的工序有:采准工程的施工、相应工程的支护、高采场大直径垂直深孔的施工、高采场拉底时扇形中深孔的施工、高采场拉底爆破、低采场扇形中深孔的施工、采场爆破出矿、采场嗣后充填等。其回采过程具有的特征是:(1)每个采场各工序的作业过程是连续的;(2)每个采场先行工序完成后,开始后续工序的作业(记为"第一种转移");(3)采场内部分工序是可以并行进行的;(4)每个工序完成后,进行该工序作业的设备或施工队转移到后续施工的采场进行该工序的作业(记为"第二种转移");(5)以上"两种转移"必须满足一定的条件。对前者,必须有空闲的、后续工序作业的设备。对后者,则必须有已经具备该工序作业条件的采场存在;(6)无论是高采场拉底层的爆破、还是两类采场深孔或中深孔的爆破,都必须满足基本的岩石力学准则。即,空区的形成将影响到周围一定范围内岩体工程的稳定性,某一采场是否可以进行爆破必须首先判断周围采场是否是待开挖体或充填体。

16.2　SIMMINE 软件简介

回采过程模拟系统 SIMMINE 应能够满足不同阶段的需要。在科研阶段应该能通过系统的模拟,从产量稳定性的角度找出回采过程连续性的影响因素,对不同的方案进行对比,保证科研阶段矿山工程的如期、顺利施工;在使用阶段除拥有上述功能外,更重要的是能够进行产量安排及计划,满足实际生产的需要。

16.2.1　回采过程模拟系统体系及数据库结构

16.2.1.1　系统体系

回采过程模拟系统的体系结构见图 16-1。

图中 I 表示回采过程模拟系统,该系统采用后台数据库(即图中的"回采过程模拟与控制数据库")加前端模拟机两层结构,模拟过程中直接对后台数据库进行操作。后台数据库中关于资源和工程信息的数据来自于资源与开采环境三维模型(Ⅱ),而数据库中与模拟结果有关的数据则在合理剔除后提交给结构稳定性分析系统(Ⅲ)作为工程"开挖和充填"的输入参数。

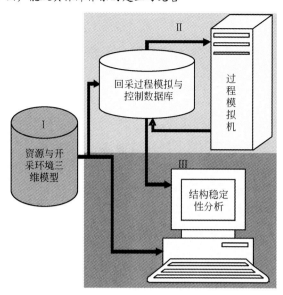

图 16－1 回采过程模拟系统的体系结构

16.2.1.2 数据库系统结构

采用 Microsoft Access 作为后台数据库管理系统,该数据库结构见图 16－2。

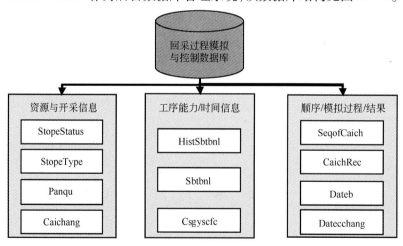

图 16－2 回采过程模拟与控制系统数据库结构

图中,StopeStatus、StopeType、Panqu、Caichang 4 个数据表记录的是模拟对象(如:盘区或阶段、采场)的相关参数,这些数据直接来自于资源与开采环境三维模型。HistSbtbnl、Sbtbnl 等则记录的是与生产设备、生产队伍等有关的信息,两表的结构完全相同,前者用于记录矿山各种工序能力的历史数据,并在此基础上,经过统计分析,确定模拟时应该采用的最大可能的各工序作业能力,而后者则记录模拟时应该采用的各工序能力。Csgyscfc 记录的信息则是由采场类型、采场参数以及设备或工程队工作能力计算得到的每个采场不同工序的作业时间。数据表 SeqofCaich 记录采场回采顺序,表中的数据由手工直接输入或由系统按照一定的回采顺序确定原则自动生成。CaichRec、Dateb、Datecchang 3 个表则记录与模拟过程及模拟结果相关的信息,其中数据表 CaichRec 只记录"当前模拟日"的信息,后两个表则记录模拟过程产生的所有历史数据。

16.2.2 过程模拟机功能模块

过程模拟机采用 Delphi6.0 开发,图 16 – 3 为其功能模块结构。

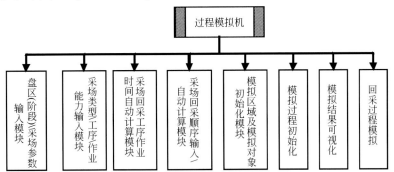

图 16 – 3 回采过程模拟机功能模块结构

16.2.2.1 盘区(阶段)和采场参数输入模块

本模块通过调用资源与开采环境三维模型的数据,从中得到盘区(或阶段)内采场的数目、采场的编号、采场长度、宽度、矿量、凿岩工程量等相关工程参数,并直接写入数据表 Panqu 及 Caichang 中。

16.2.2.2 采场类型、工序及作业能力输入模块

本模块包括两个子模块,一是用于模拟的相关参数的输入,另一个是矿山回采各工序能力的所有历史数据的管理和统计分析。该模块涉及的数据表有:StopeType、StopeStatus、Sbtbnl 及 HistSbtbnl。

16.2.2.3 采场各回采工序作业时间自动计算模块

本模块中,系统首先将根据采场类型确定其回采阶段包括的工序,其次根据采场各工序作业的工程量以及每个工序的作业能力,计算该工序施工完成所需的总时间。该模块的计算结果直接写入到数据表 Csgyscfc 中。

16.2.2.4 采场回采顺序输入或自动计算模块

系统模拟前,需要指定采场的回采顺序,该模块操作的数据表为 SeqofCaich。本模块采用交互式输入方式,用户既可以直接按设计的回采顺序依次输入采场编号,也可由本程序自动确定回采顺序,并向数据表中写入相应的采场编号。

16.2.2.5 模拟区域及对象初始化模块

由于在回采过程模拟时,采场数量较多,各工程对象(盘区或阶段、采场)及其回采工序在空间上的分布比较复杂,在三维状态下进行模拟,将难以清晰地表达其施工状态,因此,本系统采用平面表达模式。

16.2.2.6 模拟过程初始化模块

第一次模拟前,需要指定采场的初始状态,包括采场、这些采场已施工了哪些工序、还需多长时间该工序将完成,以及该采场所属的类型等。这些信息记录在当前模拟日回采采场及其状态数据表 CaichRec 中。

16.2.2.7 模拟结果可视化模块

模拟结果的可视表达体现在两个方面:一个是模拟过程中采场状态的可视化,另一个是

模拟结束后,用户在查阅历史记录时采场状态的可视化。对于第一种情况,直接针对正在进行模拟的采场逐个即时显示其状态;对于第二种情况,则首先根据欲回放查询的日期编号,提取出数据表 Datecchang 中该天施工的所有记录,然后逐个采场显示其状态。

16.2.2.8　回采过程模拟功能模块

此模块是本系统的核心。其总体思想是:以采场为中心、以时间为主线,采用时间步长法、以天为单位模拟各作业采场的施工情况,并计算其产量。

该模块涉及的数据表有 CaichRec、Dateb、Datecchang、SeqofCaich、Caichang、Csgyscfc。对前 3 个表有数据的读出和写入操作。其中,数据表 CaichRec 记录某"模拟日"的数据,Dateb 和 Datecchang 等两个数据表则记录过程数据。数据表 Datecchang 反映了模拟期内采场的时空变化,是后续包括生产能力统计以及结构稳定性分析的基础。对后 3 个表则主要是数据的读出和查找等,是为回采过程模拟提供参数。该模块又由主控子模块、工序状态转变子模块、各工序继续作业子模块等组成。

16.3　基于产量稳定性的回采方案优化及过程

16.3.1　回采过程模拟时各工序作业能力及作业时间的确定

由于冬瓜山铜矿井下生产尚未大范围开展,用于确定工序作业能力的样本数据有限,因此,各工序作业能力采用设计参数,由此得到的各工序作业时间见图 16-4～图 16-6。

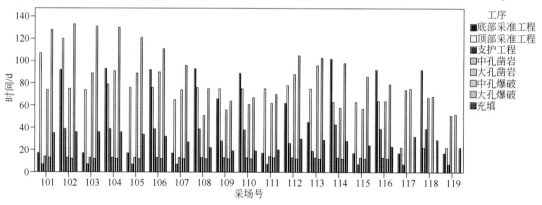

图 16-4　1 号盘区采场各工序作业时间分布

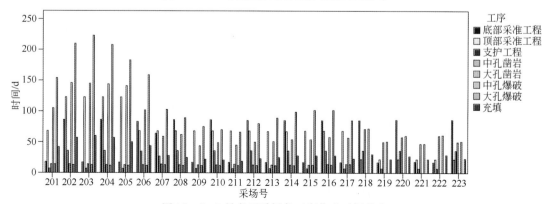

图 16-5　2 号盘区采场各工序作业时间分布

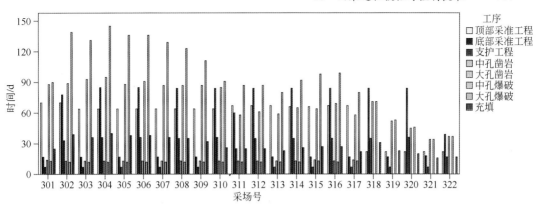

图 16 – 6 3 号盘区采场各工序作业时间分布

16.3.2 只回采矿房条件下的回采过程模拟及方案优化

冬瓜山铜矿充填系统的建设稍为滞后,而日处理能力 1 万 t 的新选厂业已建成,正在进行工业试验,即将进入系统运行,为及早投产以补充上部老区矿量的不足,一定时期将只对矿房进行回采。这里进行的模拟有两个主要目的。一是通过模拟,了解和掌握不同回采顺序的实施效果,选定较优方案。二是通过研究,确定较优回采顺序的确定原则,为矿房、矿柱同时回采时模拟方案的制订提供依据和参考。

16.3.2.1 模拟方案

在仅回采矿房条件下,考虑 4 种模拟方案,其中方案一按采场"爆破总时间"递增顺序进行回采,方案二反之,方案三按采场"爆破"之前诸工序累计作业时间递增顺序进行回采,方案四反之,4 个方案均为每个工序在 4 个采场进行作业。

由于采场爆破之前的几个工序存在并行作业,因此,方案三和方案四在计算累计作业时间时,分顶部和底部累计作业时间分别计算,并取最大值。

4 个模拟方案的回采顺序如图 16 – 7 ~ 图 16 – 10 所示的曲线,箭尾指向稍后作业的采场。

采场号	采场号	采场号	采场号	采场号	采场号	采场号	采场号
118	104	102	214	216	312	310	–
110	106	220	208	206	318	314	304
108	112	222	212	204	320	316	302
116	114	218	210	202	322	308	306

图 16 – 7 方案一回采顺序

采场号	采场号	采场号	采场号	采场号	采场号	采场号	采场号
102	110	118	212	210	308	316	–
104	108	202	208	218	306	314	322
106	116	204	214	222	302	310	320
112	114	206	216	220	304	312	318

图 16 – 8 方案二回采顺序

采场号	采场号	采场号	采场号	采场号	采场号	采场号	采场号
110	102	118	206	220	316	310	–
116	104	222	216	218	314	308	318
108	112	212	210	204	312	306	320
114	106	214	208	202	322	302	304

图 16-9　方案三回采顺序

采场号	采场号	采场号	采场号	采场号	采场号	采场号	采场号
118	116	110	210	208	302	306	–
102	108	202	216	214	304	308	322
104	114	204	206	212	320	310	312
112	106	218	220	222	318	316	314

图 16-10　方案四回采顺序

16.3.2.2　初始状态的规定

各方案均从指定顺序的前 4 个采场开始进行回采过程模拟,并假定刚开始进行底部和顶部采准工程的施工。

16.3.2.3　模拟结果分析

图 16-11 ~ 图 16-14 所示为 4 个模拟方案的产量分布曲线。

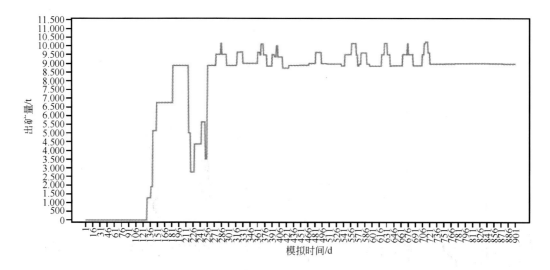

图 16-11　方案一产量分布曲线

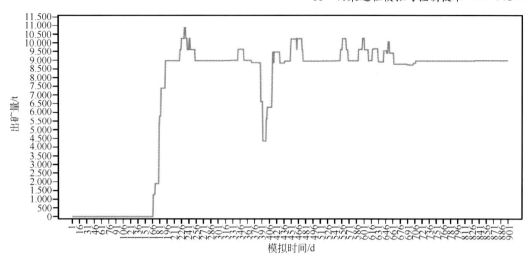

图 16 - 12　方案二产量分布曲线

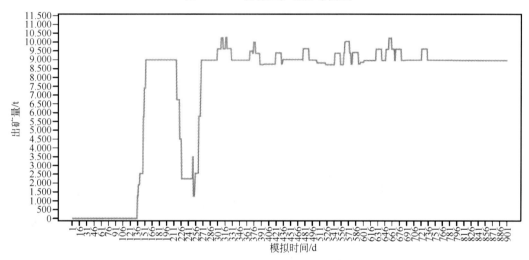

图 16 - 13　方案三产量分布曲线

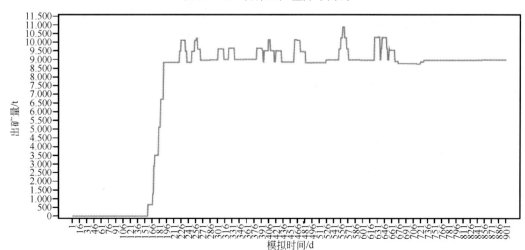

图 16 - 14　方案四产量分布曲线

可以看出,前3个方案自达产之日起,在一定时间内均存在产量起伏不稳的现象,而方案四一旦达产,一直保持稳产状态,没有产量起伏的阶段。

表16-1进一步具体地说明了此结论。从快速形成产量看,4个方案的优劣顺序依次为方案一、方案三、方案四、方案二。从产量起伏持续时间看,各方案优劣顺序为方案四、方案二、方案一、方案三。从稳产持续时间看,各方案优劣顺序依次为方案四、方案三、方案二、方案一。从达产时间看,优劣顺序为方案三、方案一、方案四、方案二,但除方案三外,其他方案时间相差不大。

表16-1　各方案相关模拟结果统计

统计指标 方案编号	形成产量起始时间 /d	达产时间 /d	稳产持续时间 /d	产量起伏持续时间 /d
方案一	129	183	678	39
方案二	167	192	684	24
方案三	135	152	699	49
方案四	157	189	711	0

这里针对冬瓜山铜矿采用采矿方法的回采过程,从回采顺序优化的角度进行进一步分析。图16-15、图16-16所示为大孔和中深孔采场的回采过程示意图。

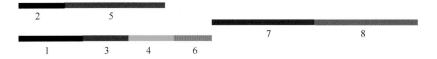

图16-15　大孔采场回采过程中各工序的关系

1—底部出矿工程掘进;2—顶部凿岩充填工程掘进;3—巷道支护;4—拉底层中深孔凿岩;
5—大孔凿岩;6—拉底层爆破;7—大孔爆破;8—充填

图16-16　中深孔采场回采过程中各工序的关系

1—底部凿岩、出矿工程掘进;2—顶部充填工程掘进;3—巷道支护;
4—中深孔凿岩;6—中深孔爆破;8—充填

如图16-15、图16-16所示的工序关系可知,阶段空场嗣后充填法的回采过程是一个多工序作业的问题,而且为达到产量的要求,通常是几个采场进行作业(如前所述的模拟方案)。因此,在实际生产中,这种采矿方法回采顺序的确定本质上属于一种更复杂的"多机、多工序并行作业"的最优化问题,关于这种问题的研究一直是系统工程领域的一个研究热点,如"蚂蚁算法"、"DNA进化算法"、"现代排队论"等。但由于采矿工业相对制造业或其他行业而言,更显粗放,不确定性、随意性更大,因此,从理论上寻求一种严格的顺序优化和求解方法比较困难,在实践中也不是切实可行的。

对采用凿岩爆破工艺的金属矿山而言,无论采用哪一种采矿方法,其产量的形成都是从采场爆破阶段开始的。如果以爆破工序为界将图 16 – 15、图 16 – 16 的工序进行划分,并将爆破前并行作业的工序看作 1 个工序(其时间为最长累计时间),则可将整个过程简化为两个工序——爆破前和爆破后(含爆破)。对于两工序优化问题,在普通的最优化方法中给出了明确的求解方法,即:将第一工序时间最长的排在最前,时间最短的排在最后,这样就不会出现先期作业的采场施工已经完成,而后期作业采场尚没有准备好,导致生产停顿、延长作业时间。

现在,再来看看 4 个模拟方案的特征。由各方案的说明可知,方案四是按照最优化方法的原理做出的排序,方案三则是其逆序,方案一、方案二是以"爆破时间"为准则做出的,由于没有考虑前期工序的作业时间,事实上属于一种比较随意的排序。由图 16 – 17 ~ 图 16 – 22 中对应产量起伏时期的回采状态图可以看出,方案一至方案三均是在向作业时间长的采场转移的阶段出现产量起伏。至此,从理论上就不难理解上述 4 个模拟方案出现的结果。

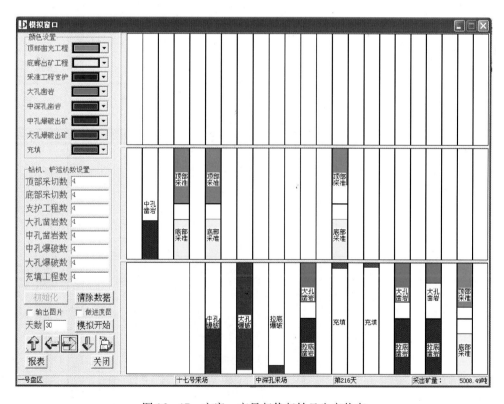

图 16 – 17　方案一产量起伏起始日生产状态

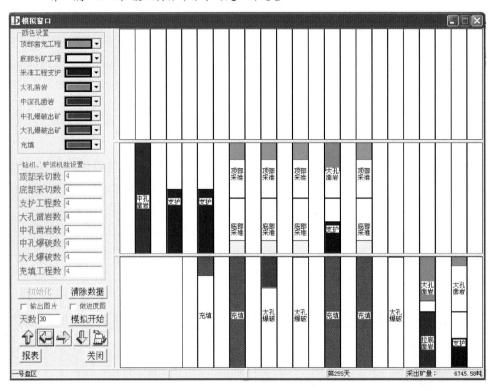

图 16-18 方案一产量起伏终止日生产状态

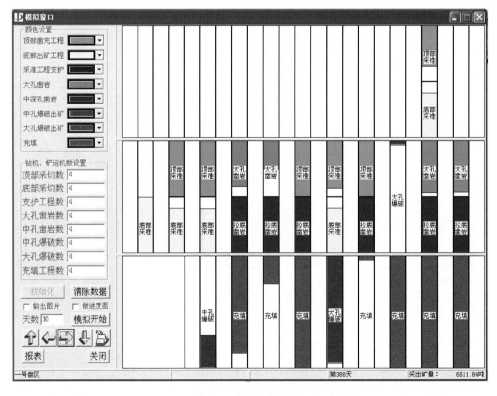

图 16-19 方案二产量起伏起始日生产状态

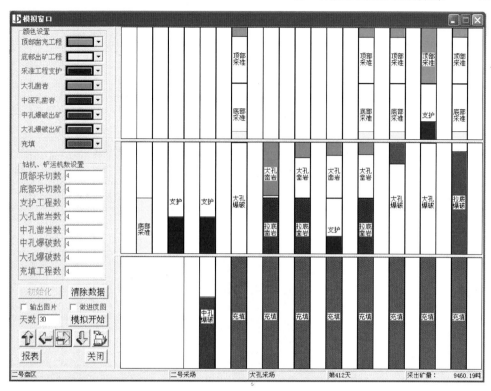

图 16－20　方案二产量起伏终止日生产状态

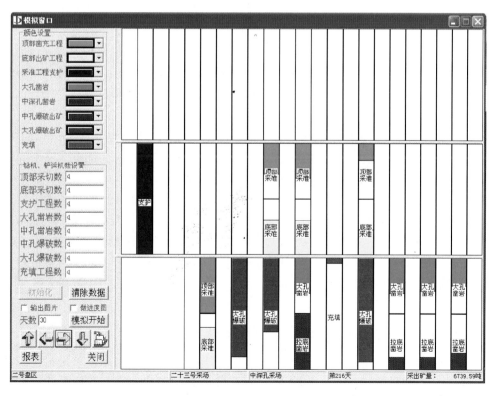

图 16－21　方案三产量起伏起始日生产状态

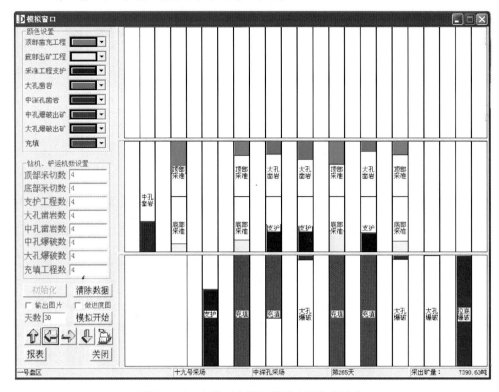

图 16-22 方案三产量起伏终止日生产状态

综合以上分析,方案四效果最优,应是优先选用的回采方案。而方案四遵循的排序原则,也将作为冬瓜山矿回采顺序确定的主要准则。

事实上,按照上述最优回采顺序确定原则排序后,在生产中将面临两种违背上述原则的情况,一是盘区内由矿房向矿柱转移时;二是由一个盘区的矿柱向另一个盘区的矿房转移时。虽然本节只考虑矿房的回采,第二种情况并不会出现,但类似的情况是由一个盘区内的矿房向另一个盘区矿房的转移,由方案四的模拟结果可知,此时并不会出现产量的起伏,这正是因为相邻盘区间隔离矿柱的存在,先采盘区内采场不会影响后采盘区采场的如期施工,这也是将初步设计方案优化为"盘区间暂设隔离矿柱方案"的另外一个优点。这个问题在下一节的模拟中将得到进一步的体现。

另外,这里需要补充说明两个问题。(1)由于回采过程模拟软件开发时考虑了从采准到充填全部工序,本节模拟时采场的充填工序也得到了模拟,表面上看这与本节主题似乎有些冲突(只回采矿房、暂不充填),但从本质上讲并不矛盾,因为产量形成阶段都在"充填工序"之前的"爆破工序",即使模拟了"充填工序"也不会影响模拟结果。(2)回采过程模拟系统计算产量时并没有考虑采准工程的副产矿量,统计的只是爆破工序(包括大孔采场的拉底和两类采场的大爆破)的产量。

16.3.3 矿房矿柱同时回采条件下的回采过程模拟及工程对策

根据研究得到的回采顺序确定原则,可以确定矿房矿柱同时回采条件下的最优回采方案。然而,由于矿房矿柱同时回采条件下,从第一步回采的矿房向第二步回采的矿柱转移时,不可避免的出现与优化准则相矛盾的现象,因此,本节将通过模拟找出产量起伏的时期、并提出相应的工程对策。

16.3.3.1 模拟方案和初始状态

按照 3 个盘区依次开采,先采矿房、后采矿柱、矿房或矿柱回采顺序均按前节得到的最优顺序确定原则设置,即:先采爆破前累计作业时间长的采场,后采爆破前累计作业时间短的采场,具体回采顺序见图 16-23。同时 4 个采场作业,模拟 900 d。初始状态与方案四相同。为便于第 16.4 节论述,这里称其为"方案五"。

采场号	采场号	采场号	采场号	采场号	采场号	采场号	采场号
118	109	115	205	201	308	310	321
102	111	117	203	223	306	316	319
104	107	119	222	207	302	314	317
112	103	202	212	217	304	312	311
106	105	204	214	215	320	322	313
114	113	218	208	213	318	301	315
108	101	220	210	211	221	303	309
116	110	206	216	209	219	305	307

图 16-23 矿房矿柱同时回采条件下的采场回采顺序

16.3.3.2 模拟结果及工程对策

图 16-24 为矿房矿柱同时回采时模拟 900 d 的产量分布曲线。由该图可知,在第 189 d 时,矿山生产开始达产,并持续到第 376 d。第 377 d~第 437 d,产量持续下降直至为 0。第 438 d~第 506 d 产量又开始持续上升,至第 507 d 再次进入达产、稳产状态,直至模拟结束。

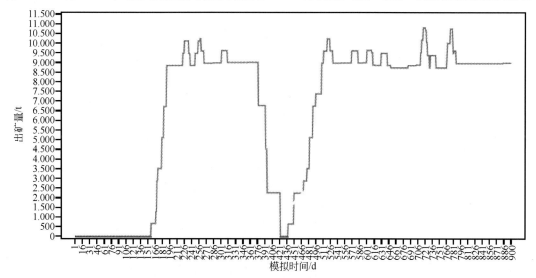

图 16-24 矿房矿柱同时回采时产量分布曲线

图 16-25~图 16-28 所示为第 377 d、第 437 d、第 438 d 与第 506 d 的回采状态。不难看出,在第 377 d~第 506 d 的产量起伏期内,正是第一盘区内的矿房爆破出矿进入尾声,向矿柱转移的阶段。从第 507 d 开始,第一盘区首次开始有 4 个矿柱(105、107、109、115)进入爆破出矿阶段。

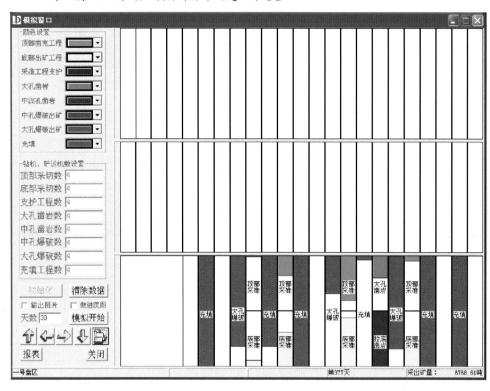

图 16 - 25　第 377 d 时生产状态

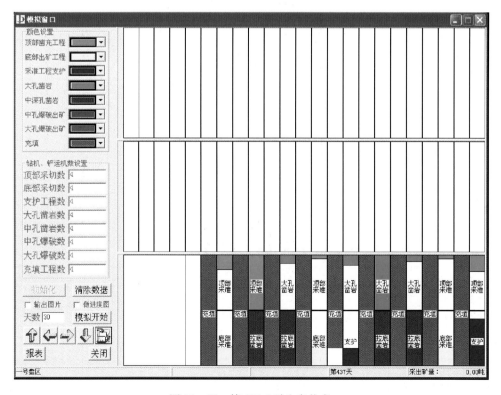

图 16 - 26　第 437 d 时生产状态

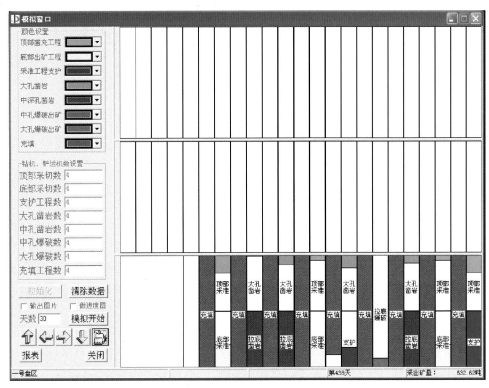

图 16 – 27　第 438 d 时生产状态

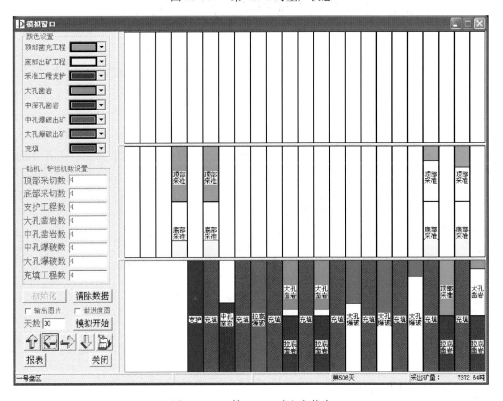

图 16 – 28　第 506 d 时生产状态

由于遵照最优回采顺序确定原则,矿房和矿柱均是按照先采爆破工序前累计作业时间长的采场、再采时间短的采场的顺序进行的,在这个阶段内不难想象进行作业的矿房的爆破前累计时间小于即将进行作业的矿柱的爆破前累计时间,违背了最优顺序准则。因此,在 3 个盘区矿房或矿柱同时回采时,只是在第一盘区矿房向矿柱转移阶段存在一个持续 100 余天的产量下降时间,此后无论是盘区间的转移、还是盘区内的转移,均不再出现类似的现象。

为此,建议生产阶段在第一盘区最后 4 个矿房开始作业时,提前进行矿柱的作业,或在最后 4 个矿房进入尾声阶段时,增加相关前期工序的设备和班组,对接替矿柱进行强化作业,确保其能够及早进入爆破阶段。

16.4 基于结构稳定性的回采方案优化及过程

上节中,首先,通过对只回采矿房条件下 4 个回采方案的模拟及其产量分布的分析,一方面得到方案四为该条件下最优方案的结论,另一方面提出了冬瓜山铜矿回采顺序确定原则。其次,按照得到的回采顺序确定原则,设计了矿房矿柱同时回采条件下的开采方案,对其回采过程进行了模拟,根据产量模拟曲线,得到该方案实施过程中会出现产量起伏的阶段,分析了产生起伏现象的原因,并给出了相应的工程处理措施。

本节将针对上述两个从产量稳定性方面得到的优化方案,采用代数多重网格有限元求解方法,从结构稳定性角度进行模拟分析。对第一个不充填条件下的优化方案,通过结构稳定性分析,找出其应力、位移变化与分区规律,提出矿山充填系统必须完备的最迟时间。对第二个优化方案,则通过结构稳定性分析,确定需要采取相关支护措施的工程部位。

16.4.1 模拟方案和模拟步骤

结构稳定性分析时,主要针对采场状态发生大变化的阶段进行——称为"宏观状态改变",具体而言,就是指采场为空或进行了充填,它们对应于"回采过程模拟系统"中的工序 7、工序 8(即:大孔与中深孔采场的大爆破工序,以及采场的充填工序)。

通过对上节方案四、方案五历史模拟数据的回放、统计和分析,找出这两个方案执行过程中发生宏观状态改变的阶段,以及发生这种改变时的采场及其状态,整理后得到上述两方案进行结构稳定性模拟分析的模拟步骤,见表 16 - 2、表 16 - 3。为便于叙述,以下分别称之为方案一、方案二。

表 16 - 2 有限元分析方案一模拟步骤

步　骤	开　挖	充　填
1	102、104、112、118	—
2	106、108、114、116	—
3	110、204、216、218	—
4	202、206、220	—
5	208、210	—
6	212、214、318	—
7	304、320	—
8	302、306、308	—
9	310、312、314、316	—

表16-3 有限元分析方案二模拟步骤

步 骤	开 挖	充 填
1	102、104、112、118	—
2	106、108、114、116	102、104、112、118
3	110	106、108、114、116
4	105、107、109、115	110
5	101、111、113、117	105、107、109、115
6	103、119、202	111、113、117
7	204、218、220	101、103、119
8	206、216	218、220
9	208、210	202、216

16.4.2 模拟分析模型和计算参数

在回采过程模拟系统中,运行有限元分析模块的单元和节点提取子模块,得到用于有限元分析的前处理模型。该模型中规则六面体单元总数为418470,其中栖霞组大理岩(P_1q)的单元数为196249、黄龙组大理岩(C_{2+3})的单元数为32611、石英闪长岩(D_3w)的单元数为108090、矽卡岩矿体的单元数为54030、蛇纹岩矿体的单元数为27490。节点总数为486298。

计算参数涉及两方面的内容,一个是模型所在区域的原岩应力,另一个是相关岩层和充填材料的力学参数。根据第2章原岩应力量测值,由线性插值得到各高程间初始应力,在矿体所在的主要开挖和充填区域,第一主应力为35.79～38.75 MPa,与采场长轴方向一致,第二主应力为16.27～18.25 MPa,垂直采场长轴方向,第三主应力为13.30～18.81 MPa,接近垂直方向。力学参数根据室内实验进行工程折减,见表16-4。表中,"尾胶"和"尾砂"充填体的参数取自"冬瓜山铜矿采场充填工艺阶段总结报告"。

表16-4 计算岩体力学参数

岩 性	$\rho/g \cdot cm^{-3}$	E/GPa	μ	σ_t/MPa	C/MPa	$\phi/(°)$
黄龙组大理岩	2.70	8.53	0.329	1.7	1.604	33.5
栖霞组大理岩	2.71	14.87	0.257	2.24	1.714	45.02
石英闪长岩	2.72	30.07	0.2644	2.78	2.75	45.9
含铜磁黄铁矿	3.97	34.32	0.2532	3.04	3.69	45.07
蛇纹岩	3.30	10.55	0.22	2.102	2.323	49.64
尾胶充填体	2.02	1.20	0.28	0.45	0.40	33.00
尾砂充填体	1.90	0.60	0.04	0	0.24	26.00

模型取位移边界条件,其中前后、左右4个面上节点法向固定,即链杆支撑方式,底面为固定端、顶面自由。

16.4.3 模拟结果及其分析

16.4.3.1 方案一STEP1结果分析

图16-29表明,第一步开挖后在53线开挖采场周边岩体出现了一定的拉应力,最大值达到1.13 MPa。

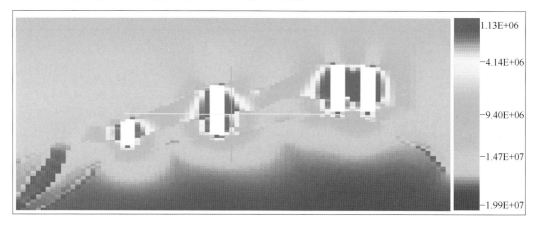

图 16 - 29 方案一第一步开挖后 53 线剖面上的最小主应力分布

图 16 - 30 反映了出现拉应力的单元在空间位置上的分布及其量值。可以看出此时拉应力量值在 670.57 Pa ~ 2.28 MPa 之间,主要分布在相应矿柱(单号采场)高度方向的中部区域,尤以 523 号矿柱内的拉应力集中区及程度最严重,与 524 号矿房及隔离矿柱交接处个别部位拉应力达到最大值 2.28 MPa,除此之外,拉应力大多小于 1.0 MPa,拉应力小于区域内岩体的抗拉强度,不会导致岩体破坏。

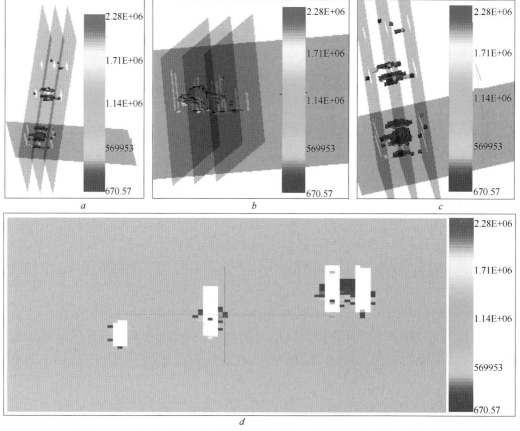

图 16 - 30 方案一第一步开挖后拉应力集中区及其量值在空间上的分布

a ~ c—三维透视; *d*—53 线剖面

由图 16-31 所示的最大主应力图可知,最大主应力在 0.56~67.8 MPa 之间,大多在 34 MPa 内。开挖区周围地应力得到释放,压应力在 0.56~26 MPa 范围内。

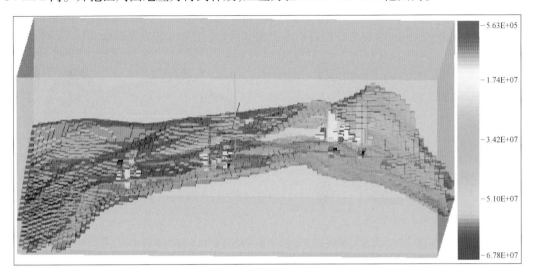

图 16-31 方案一第一步开挖后最大主应力集中区及其量值在空间上的分布

图 16-32 所示为 53 线剖面的竖向位移,图 16-33 所示为影响区内的竖向位移等值面图。可以看出:整个模型内的竖向位移在 -6.42 mm~4.85 cm 之间(负值表示向下);由于水平方向具有较大的地应力,在采场底板最大产生 4.85 cm 的底鼓现象,在开挖采场的顶板也存在 2 mm 以内的上向位移;矿柱及其他区域则出现较小的下向位移(最大 6.42 mm)。

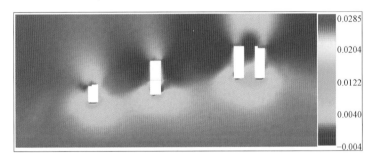

图 16-32 第一步开挖后 53 线剖面上的竖向位移

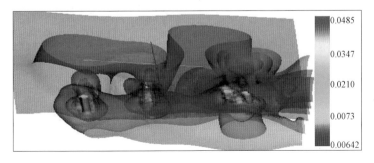

图 16-33 方案一第一步开挖后竖向位移等值面

图 16 - 34 为影响区内的采场长轴及短轴方向水平位移等值面图,可以看出长轴方向的水平位移在 - 4.74 ~ 5.69 cm 之间,短轴方向的水平位移在 - 4.59 ~ 5.88 cm 之间,但大部分区域的两个方向的水平位移在 4 mm 和 7 mm 左右,较大的水平位移发生在矿柱的顶部和底部。整体上看,影响区内的水平位移比垂直位移大,这正是由较大水平地应力所导致。

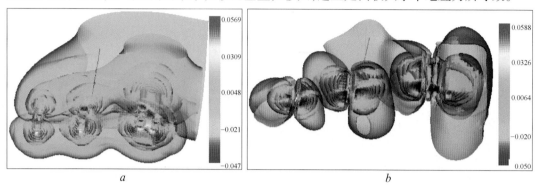

图 16 - 34 方案一第一步开挖后采场长轴方向和短轴方向位移等值面

a—长轴方向;b—短轴方向

16.4.3.2 方案一 STEP2 结果分析

图 16 - 35 为第二步开挖后 53 线剖面上竖向位移的分布,及相关的位移等值面。可以看出,8 个采场回采后,区域内总位移在 2.22 mm ~ 6.43 cm 之间,竖向位移在 - 9.69 mm ~ 5.45 cm 之间,在 53 线剖面上竖向位移在 4.88 mm ~ 3.63 cm 之间,比步骤一有所增大。

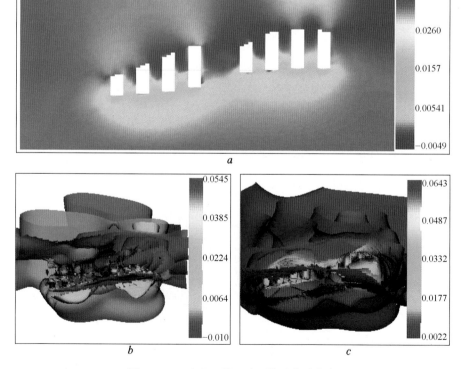

图 16 - 35 方案一第二步开挖后位移分布

a—53 线剖面竖向位移等值图;b—竖向位移等值面;c—总位移等值面

由图 16 – 36 所示的拉应力分布图可知,在回采矿房周边的矿柱和隔离矿柱内出现了 0.61 kPa ~ 2.61 MPa 之间的拉应力,尤以 5215 号矿柱与 5214 号矿房交界处的拉应力集中程度最高,达到 2.61 MPa,比第一步有所增大,但没超过含铜雌黄铁矿体的抗拉强度。

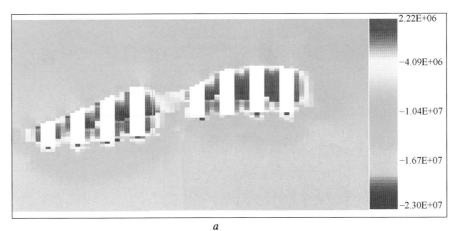

a

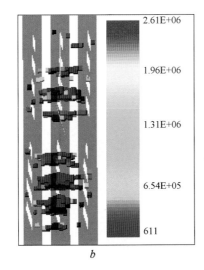

b

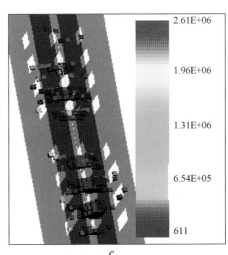

c

图 16 – 36　方案一第二步开挖后最小应力分布

a—53 线剖面最小主应力分布;b,c—拉应力集中区三维透视图

16.4.3.3　方案一 STEP3 结果分析

第三步开挖后,位移在空间上的分布规律与第二步一致,但数量上有明显增大的趋势。图 6 – 37 所示为此步的竖向及水平方向位移等值面。可以看出,竖向位移在 – 1.27 ~ 5.62 cm 间、采场长轴方向水平位移在 – 5.69 ~ 6.03 cm 间、短轴方向水平位移在 – 4.57 ~ 6.83 cm 之间。

由图 16 – 38 所示的最大主应力图可知,最大主应力在 0.38 ~ 73.6 MPa 之间,大多在 37 MPa 内。开挖区周围压应力在 0.38 ~ 25 MPa 范围内。

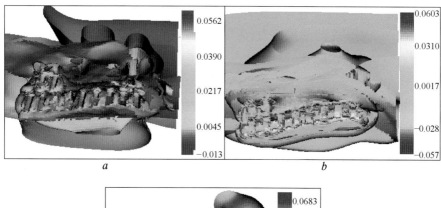

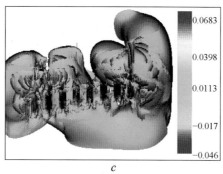

图16-37　方案一第三步开挖后位移等值面

a—竖向；*b*—采场长轴方向；*c*—短轴方向

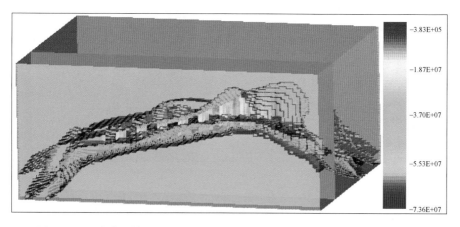

图16-38　方案一第三步开挖后最大主应力集中区及其量值在空间上的分布

至第三步时，在5213号矿柱高度方向中部与5212号矿房和相邻隔离矿柱的交接部位将产生高达2.47MPa拉应力，在5214号矿房底板将产生高达2.23MPa拉应力（见图16-39）。其中前者对应的岩体含铜磁黄铁矿，小于其抗拉强度3.04MPa，但后者对应的岩体为蛇纹岩，大于其抗拉强度2.1MPa，可能导致小范围出矿工程顶板的破坏。

16.4.3.4　方案— STEP4 结果分析

由图16-40可以看出，最大主应力在0.26~90.9MPa之间，大多在46MPa内，开挖区周围压应力在0.26~28MPa范围内。

图 16 - 39　方案一第三步开挖后最小主应力分布

a,*b*—拉应力集中区透视图；*c*—5213 号矿柱长轴方向；*d*—5214 号矿房长轴方向

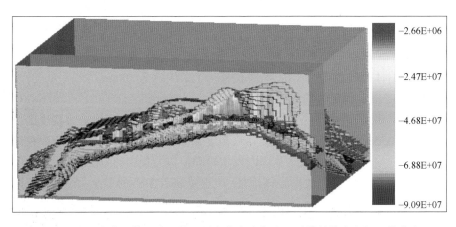

图 16 - 40　方案一第四步开挖后最大主应力集中区及其量值在空间上的分布

　　至第四步时,不仅 1 号盘区内所有矿房已经采毕,在 2 号盘区已有 7 个矿房得到大面积开采,产生较大范围和程度的拉应力集中区,应力值在 1.13 kPa ~ 2.89 MPa 之间,分布区主要在开挖矿房周边岩体内。

　　在 523 号矿柱与 522 号矿房和隔离矿柱交接部位、543 号矿柱与 544 号矿房和隔离矿柱交接处、545 号矿柱与 544 号矿房和隔离矿柱交接处产生较大范围的高达 2.66 ~ 2.89 MPa

的拉应力,超过蛇纹岩抗拉强度,会引起矿柱和隔离矿柱的破坏。

此外,在544号和546号矿房底板的位置也将出现高达2.66 MPa的拉应力,也超过蛇纹岩矿体抗拉强度,无疑会导致底部出矿巷道顶板的破坏,见图16-41。

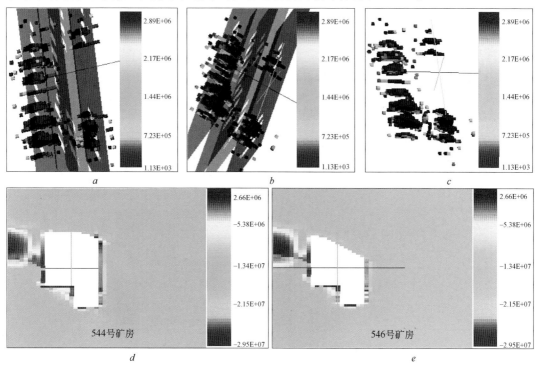

图16-41　方案一第四步开挖后最小主应力分布

a~c—拉应力集中区透视图;d—544号矿房短轴剖面;e—546号矿房短轴剖面

图16-42所示的位移分布图表明,第四步回采后竖向位移在-1.18~5.63 cm之间,采场长轴方向的水平位移在-7.36~6.62 cm之间,短轴方向的水平位移在-6.24~6.79 cm之间。空区周边岩体位移值进一步扩大,总位移量值最大达7.36 cm。

16.4.3.5　冬瓜山铜矿充填系统完善时间

由上述分析结果可知,方案一第三步回采后,在局部部位已经产生较大程度的拉应力集中,但规模较小,适当采取工程措施,不会导致相应采准工程、矿柱采场及隔离矿柱的大规模破坏。而第四步回采后,不仅在较大范围内发生极高拉应力集中,且相应空区周边的总位移量也高达7.36 cm,可能发生大规模岩体破坏,严重威胁着生产的安全,及后期矿柱和隔离矿柱的回收。

因此,建议冬瓜山铜矿的充填系统建设和充填工艺研究必须加快进度,争取最早在第二步回采完毕、最迟在第三步回采完毕后可以进行充填。根据16.3节方案四回采过程模拟历史数据,从第一步4个采场开始采准算起,冬瓜山铜矿充填系统完善时间在第394 d~第494 d之间。

16.4.3.6　方案二结果分析

由16.4.1节知,方案二与方案一第一步回采情况完全相同,因此,本节从第二步开始通过对几个典型步骤结果的分析,讨论空区充填条件下的应力和位移分布特征。

图16-43所示为第二步开挖后53线剖面上竖向位移的分布,及相关的位移等值面。可

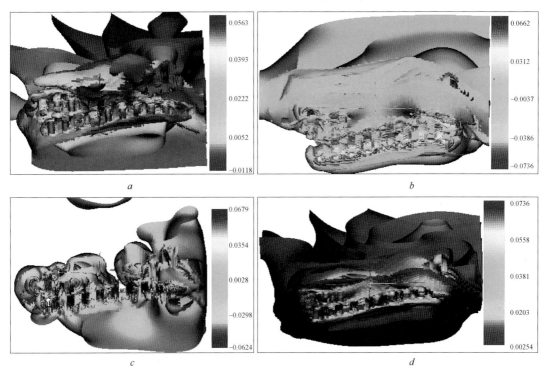

图 16-42 方案一第四步开挖后位移等值面

a—竖向位移；b—采场长轴；c—短轴方向水平位移；d—总位移量

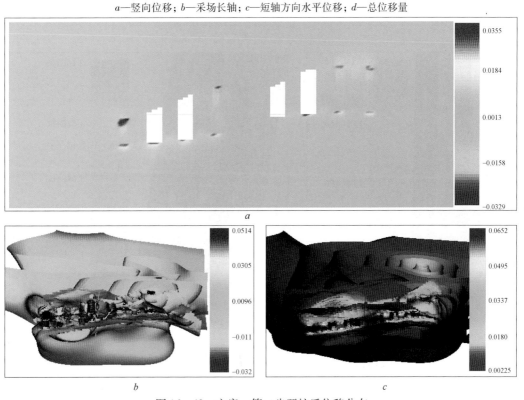

图 16-43 方案一第二步开挖后位移分布

a—53 线剖面竖向位移等值图；b—竖向位移等值面；c—总位移等值面

以看出,此时区域内总位移在 2. 25 mm ~6. 52 cm 之间,竖向位移在 - 3. 22 mm ~5. 15 cm 之间,在 53 线剖面上竖向位移在 3. 29 mm ~3. 55 cm 之间。虽然下向位移比方案一第二步(两者基本情况相同,不同的是方案二对先采的 4 个采场进行了充填)大,但从剖面图上,可明显看出,发生的部位在充填体顶部,矿柱内的位移比方案一得到了明显的改善。从位移角度看,充填后的情况明显优于不充填的情况。

由图 16 - 44 拉应力分布可知,在矿柱和充填体内出现了 38. 2 Pa ~ 2. 16 MPa 之间的拉应力,除 5214 号矿房底板中部达到 2. 16 MPa 外,其余均在 1. 4 MPa 之内,且多数在充填体内,矿柱内的拉应力在 1 MPa 左右,明显优于方案一没有充填的情况。

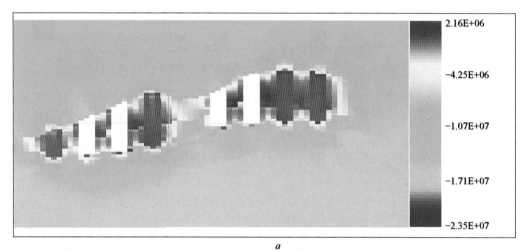

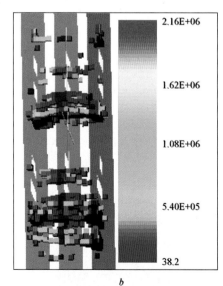

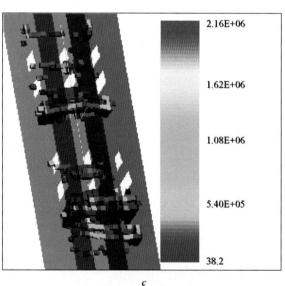

图 16 - 44   方案二第二步开挖后拉应力分布

a—53 线剖面最小主应力分布;b,c—拉应力集中区三维透视图

图 16 - 45 为该方案最后一步开挖时(即模拟第 900 d 时)的位移分布情况。可以发现大的位移量均出现在 1 号盘区的充填体内,在 2 号盘区工程活动区内的位移量并不大,在

6 mm 左右,隔离矿柱以及工程活动区附近矿房的充填有效地抑制了附近岩体的位移。在局部变形较大的部位通过锚杆、喷射混凝土、挂钢筋网等支护措施可以有效地确保相应凿岩巷道和出矿巷道等工程的安全。

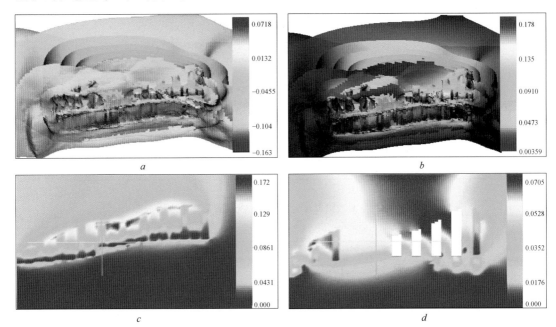

图 16-45 方案二第九步开挖后位移分布

a—竖向位移等值面;b—总位移等值面;c—53 线剖面总位移分布;d—55 线剖面总位移分布

第九步回采作业后,拉应力集中程度在 510 Pa ~ 1.87 MPa 之间。图 16-46、图 16-47 反映了 53 线和 55 线两个剖面上的最小主应力分布和拉应力集中区及其程度,可以看出拉应力集中大多在 1 MPa 以内。

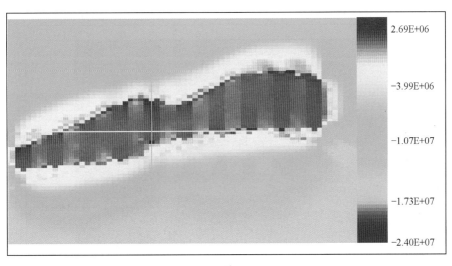

a

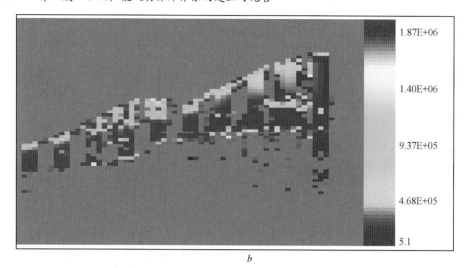

b

图 16－46　方案二第九步开挖后 53 线剖面最小主应力分布

a—53 线剖面最小主应力；*b*—53 线剖面拉应力集中区透视图

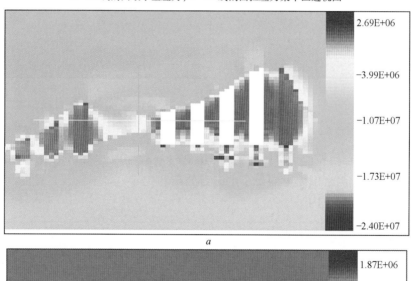

a

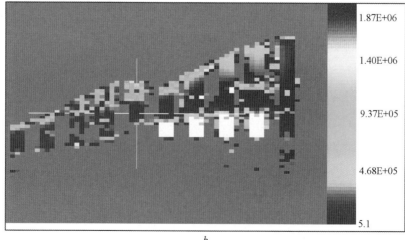

b

图 16－47　方案二第九步开挖后 55 线剖面最小主应力分布

a—55 线剖面最小主应力；*b*—55 线剖面拉应力集中区透视图

参 考 文 献

［1］　贾明涛. 基于过程模拟的回采方案优化技术及其在深井开采中的应用. ［D］. 长沙：中南大学,2007. 12.

［2］　Paul Saayman. Optimization on Autonomous Vehicle Dispatch System in an Underground Mine［D］. University of Pretoria, 2005.

［3］　B H Roberts. Computer Simulation of Underground Truck Haulage Operations［J］. IMM Transactions Section A, August 2002(111)：123 ~ 128.

［4］　W M Marx, F H von Glehn, S J Bluhm, et. al. Vuma (Ventilation of Underground Mine Atmospheres)-A Mine Ventilation and Cooling Network Simulation Tool［J］. Proceedings of the 7th International Mine Ventilation Congress, 2001, 317 ~ 323.

［5］　Felix Ritter. Mining Simulation：Multipurpose Models for Large-Scale Systems［J］. "Otto von Guericke" University Magdeburg, 1998.

［6］　S J Schafrik. A New Style of Simulation Model for Mining Systems［D］. Virginia Polytechnic Institute and State University, 2001.

［7］　贾明涛,潘长良,王李管. 地下矿大规模开采过程动态模拟系统［J］. 煤炭学报,2003(3):235 ~ 240.

［8］　贾明涛,侯林惠,潘长良等. 基于 OPEN-GL 组件技术的采矿模拟系统［J］. 中南工业大学学报(自然科学版),2003(1):11 ~ 15.

［9］　贾明涛,潘长良,谢学斌. 深井矿山回采过程模拟与调控研究［J］. 湘潭矿业学院学报,2003(3):9 ~ 12.

［10］　Brunner D, Yazici H J, Baiden G R. Simulating Development in an Underground Hardrock Mine［C］. SME Annual Meeting. Denver, Colorado, USA March 1 ~ 3, 1999.

［11］　Paul Dunn, André van Wageningen. The Development of Mine Plan Audit Capability for the Mining Industry［J］. CIM Operators Conference, Saskatoon , Saskatchewan , October 19 ~ 22.

［12］　K Aydiner, N Celebi, A G Pasamehmetoğlu. A Simulation Model for Mine Production Sequences［A］. in Proceeding：Applied Simulation and Modelling, 2006.

［13］　龚曙明. 应用统计学［M］(第 2 版). 北京:清华大学出版社,2005.

［14］　贾明涛,潘长良. 阶段空场嗣后充填采矿方法回采方案优化. 十五国家科技攻关课题攻关成果报告［R］, 中南大学,2006,9.

［15］　唐礼忠,潘长良,谢学斌,等. 冬瓜山铜矿深井开采岩爆危险区分析与预测［J］. 中南工业大学学报(自然科学版), 2002 (4):335 ~ 338.

［16］　唐礼忠,潘长良,谢学斌. 深埋硬岩矿床岩爆控制研究［J］. 岩石力学与工程学报,2003(7):1067 ~ 1071.

［17］　王剑,李平,杨春节. 蚁群算法的理论与应用［J］. 机电工程, 2003(5):126 ~ 129.

［18］　王建,王倩丽. 蚂蚁算法在排序问题中的研究与应用［J］. 陕西理工学院学报,2006(2):39 ~ 41.

［19］　王雄志,林福永. 流水车间作业排序问题蚁群算法研究［J］. 运筹与管理, 2006(3)：80 ~ 84.

［20］　崔宏雯,隋天中,王斌锐,金英连. 基于遗传算法的离散型并行生产的调度排优［J］. 东北大学学报, 2004(11)：1095 ~ 1098.

［21］　牛群,顾幸生. 基于 DNA 进化算法的车间作业调度问题研究［J］. 控制与决策, 2005(10)：1157 ~ 1160.

［22］　玄光男,城润伟,于歆杰,周根贵. 遗传算法与工程应用［M］. 北京:清华大学出版社, 2004. 1.

［23］　唐国春,张峰,罗守成,刘丽丽. 现代排序论［M］. 上海：上海科学普及出版社,2003. 5.

［24］　谢学斌,肖映雄,潘长良等. 代数多重网格法在岩体力学有限元分析中的应用［J］. 工程力学,

2005(5):165~170.

[25] 王建华,殷宗泽,赵维炳. 多重网格法在岩石力学与工程中的应用[J]. 岩石力学与工程学报, 1995(4):336~345.

[26] C Farris, M Misra. Distributed Algebraic Multigrid for Finite Element Computations[J]. Mathl. Comput. Modelling, 1998(8):41~67.

[27] K. Stüben. A Review of Algebraic Multigrid. Journal of Computational and Applied Mathematics[R], 2001,128:281~309.

[28] 肖映雄,舒适,阳莺. 求解二维三温能量方程的基于 AMG 预条件子的 Krylov 子空间迭代法[J]. 数学理论与应用,2002(1):11~15.

[29] 孙杜杜,舒适. 求解三维高次拉格朗日有限元方程的代数多重网格法[J]. 计算数学, 2005(1): 105~112.

[30] 舒适,黄云清,阳莺,蔚喜军,肖映雄. 一类三维等代数结构面剖分下的代数多重网格算法[J]. 计算物理, 2005(6):488~492.

[31] Ying-Xiong Xiao, Ping Zhanga, Shi Shub. An Algebraic Multigrid Method with Interpolation Reproducing Rigid Body Modes for Semi-definite Problems in Two-dimensional Linear Elasticity[J]. Journal of Computational and Applied Mathematics,2007 (200):637~652.

17 采掘计划编制

17.1 引言

编制矿山采掘计划是矿山生产与经营管理中最重要的决策任务。决策是否科学合理，对矿产资源的综合利用，企业的经济效益和企业能否持续均衡地进行生产等都有重大影响。好的采矿计划，能在"正确的时间、地点开采出效益最佳的矿石（数量和质量）"。在市场激烈竞争的环境下，一种有效的采矿计划编制工具，对矿山获得成功是非常必要的。

与一般工业生产过程相比较，地下矿采掘生产具有生产对象（矿岩体）属性的不确定性、采矿工艺方法的多样性、采矿生产过程中作业场所的动态性和生产单元间的时空制约性等基本特征。此外，矿床地质条件、采场围岩力学性能、作业人员技术素质等方面的随机与模糊因素对地下矿生产的影响也更加显著。因此，地下矿山的采掘计划是一个复杂的生产系统，其工艺任务主要有开拓、采准、切割、回采、运输、空区处理等，而这些大工艺中大多数又还包括凿岩、爆破、通风、出矿等一些小工艺；制约条件多，主要有：技术经济指标，开采区段的地质条件及其开采情况，现有人员和设备、工程类别以及劳动定额；另外，最后要输出反映各种计划量的报表及各类采掘进度计划图件等，由此可见采掘计划编制的复杂性与难度。

三维可视化技术的发展以及资源评价体系的出现，为生产计划的编制提供了一个很好的平台，一方面，在三维环境下，地下各种采掘工程在空间上的分布以及其间的空间关系变得十分清晰；另一方面，三维地质块段模型为块段地质属性，如，品位、岩性等，提供了空间分布状态，这样在计划编制中可以方便地查询和利用这些信息。目前，地理信息系统（GIS）、三维图形显示与计算机辅助设计等数据收集和分析技术，能帮助决策者深入了解、快速处理复杂的空间信息（以前是由工程图表示）。所以当矿山设计、生产计划、矿堆进度计划、设备应用以及规模扩大等各方面参数发生变化时，利用上述技术，管理人员可全面细致地研究和分析客观情况，加快计划的编制进程，保证公司投资实现最佳化。

然而，由于采掘计划编制自身的复杂性以及每个矿山企业生产特点的不同，这对能否适应整个矿山企业生产计划编制的软件系统提出了挑战，特别是生产计划编制中的优化问题，更是由于约束条件的不确定性，使整个软件系统的实现与实用都面临着一个难以逾越的技术难题。如何采用系统工程及计算机等现代科学和先进技术使采掘计划的编制的最终目的，是实现采掘计划以精确的数据建立科学的矿山模型并以此模型帮助决策者做出最佳决策，从而使矿山生产经营任务得到最佳的效果，这将是未来几年甚至几十年中亟须解决的难题。

17.1.1 生产计划编制的国内外研究现状

自20世纪60年代初计算机及运筹学引入采矿工程后，人们开始按两种不同的解题逻辑模式，从两个方向进行矿山生产计划计算机编制系统的研究工作，一个是采用优化方法确定矿山生产计划；另一个是利用模拟方法确定矿山生产计划。近年来，人们又引入人工智能技术,试图综合应用人工智能、优化法和模拟法来有效地解决矿山生产计划的优化编制问题。

17.1.1.1 优化法

优化法是通过建构抽象的数学规划模型,用一个优先关系集合函数表示矿山生产计划涉及的工序的操作过程,根据约束条件和优先关系,采用数学规划方法实现目标函数最佳化。应用于编制矿山生产计划的数学规划方法主要有:线性规划、非线性规划、混合整数规划、目标规划和动态规划,其中前四种采用的是单阶段决策模式,最后一种采用的是多阶段决策模式;线性规划、非线性规划、混合整数规划和动态规划进行的是单目标规划,目标规划进行的是多目标规划,所以以线性规划在用于编制矿山生产计划的优化算法中是最常用的。在应用线性规划法的过程中对计划问题的分析、抽象和简化是关键步骤,分析人员通过对计划问题空间进行分析,确定目标和约束条件。为满足线性规划算法的要求,分析人员一方面要对计划问题空间进行抽象和简化,建构自己的"抽象解空间";另一方面,还需对目标和约束条件的表达式进行进一步简化,使其具备线性性质。为弥补线性规划模型对计划问题空间的过分简化,引入非线性规划、混合整数规划、目标规划和动态规划编制矿山生产计划。为减缓应用线性规划、非线性规划、混合整数规划和动态规划编制计划的单目标与现实计划系统的多目标要求的矛盾,有人引入目标规划编制矿山生产计划。目标规划是一种特殊类型的线性规划,在目标规划中,所有的目标都结合到目标函数中去,只有实际的环境条件作为约束条件。

为改善线性规划、非线性规划、混合整数规划和目标规划的单阶段决策模式难以适应计划问题空间的复杂状况,Roman、RibeivoMuge 和云庆夏等人引入动态规划,编制矿山生产计划。

17.1.1.2 模拟法

模拟法属于描述型技术,它虽不能像优化方法那样,可对任何预定系统的目标进行优化及使参数具体化,但确具有强有力的表达过程约束、处理随机因素和考虑大量因素的能力。确定矿山生产计划常用的两种模拟模型:模拟模型和交互式模型。基于前者的模拟方法简称为"模拟法",而基于后者的模拟方法简称为"交互式模拟法"。模拟法往往强调设备和物料的移动,而交互式模拟法则多注重详细的成本估算或实际的回采顺序。

根据模型所采用的状态转移规则的不同,可将其细分为网络模拟模型、普通模拟模型和系统动力学模拟模型。基于网络模拟模型和普通模拟模型的常规作法可描述为以模拟模型为主,局部(状态转移规则集中的回采工序接替部分)辅以 0-1 规划模型或线性规划模型。

网络模拟模型是基于原始的采矿计划中的工序顺序规定,采用网络分析方法确认各个工序并以优先关系描述它们的内在联系,进而用网络表示的工序顺序代替原始的采矿计划中的工序顺序规定,结合由一定的计划原则、计划指标和施工原则构成的"状态转移规则集",在基本数据的支持下,进行采掘工序的生产情况模拟。在模拟过程中,根据状态转移规则集,在工序逻辑顺序允许的前提下,调整工序的生产时间和顺序(即,对系统松弛进行调节),得出实际允许并较优的计划方案。普通模拟模型,往往是基于排队论模型来建构的。它直接根据原始的采矿计划中的工序顺序规定,结合状态转移规则集(排队规则集),进行对采矿工艺过程的模拟,目的是检验原定矿山生产计划的可操作性并对其进行完善和补充,同时,指导和控制矿山生产的进行。北京科技大学的研究人员曾将研究宏观系统的系统动力学引入采矿工程领域,建构了矿石生产系统(即,所谓的"矿石流")的系统动力学模拟模型,以期揭示矿石流动的动力学本质和流动规律,并在此基础上编制了峨口铁矿的采剥计划模拟程序。

交互式模拟法是近年来随着计算机交互技术及交互式图形技术的产生而出现的一种模拟方法,它将计算机当作处理信息和图形的工具,充分利用用户的直觉和经验(这些直觉和经验是难以用数学知识来表达的),通过交互的方式来编制矿山生产计划。交互式模型与模拟模型的根本不同点在于:前者不包含状态转移函数,状态转移函数的操作由用户进行。近年来人们采用这种模型开发了许多编制矿山生产计划的软件。

17.1.1.3 综合法

综合法是指综合应用优化、模拟及交互式等模型,编制矿山生产计划的方法。根据模型的组合特点,可将综合法细分为:结构化模型综合法(由结构化模型组合构成的综合模型)、半结构化模型综合法(由结构化模型与交互式模型组合构成的综合模型)、智能综合法(采用专家系统技术与现有模型组合构成的综合模型)。

A 结构化模型综合法

优化模型仅涉及计划问题空间的部分领域,即,确定采掘工程顺序及各时段的采掘工程量,而剩余部分为模拟模型的涉及领域。鉴于这种情况,有人进行了综合应用优化模型与模拟模型编制矿山生产计划的研究,试图使软件系统具有覆盖计划问题空间的能力。由于这种综合法采用的仍是结构化模型,计算结果与实际的差距较大,使它的实际应用受到限制。

B 半结构化模型综合法

计划问题空间是一个半结构化空间,单独采用交互式模型编制的矿山生产计划,虽比较实用,但所编计划的质量取决于建构的交互式模型质量和用户的能力,且得到的只是众多的可行方案中的一种,往往不是最佳方案。综合应用结构化模型与交互式模型来解决具有半结构性质的矿山生产计划编制问题,自然就成了人们研究的热门课题。综合应用优化模型与交互式模型的通常做法为:在编制露天矿的短期生产计划中,先用交互式模型确定工作单元,再用优化模型确定工作单元的工程量,然后用交互式模型平滑结果。德国的 F. L. Wilke 和葡萄牙的 Muge 等人在这方面作了许多研究工作。F. L. Wilke 等人的做法是:用交互式模型,在 Lynx 图形软件包的支持下,确定生产单元、电铲布置等,而每个生产单元的采出量和每台电铲的装载速度,由线性规划根据质量要求求出,最后,由设计人员考虑其他因素对方案作适当修改,以此完成短期计划的编制工作。Muge 等人在进行了单独应用动态规划编制分段法矿山和充填法矿山的短期生产计划之后,近年来,开始进行综合应用动态规划模型与交互式模型编制矿山生产计划的研究。其作法是:应用交互式模型编制中期计划,在此基础上,仍用交互式模型确定待采矿块及顺序;再采用动态规划模型,考虑吨位、品位、偏差的约束,确定采掘工程量。

模拟模型与交互式模型的结合,形成具有交互功能的模拟系统,状态转移函数的部分功能由程序固定,其余部分功能由人通过交互式方式来提供。现有的编制矿山生产计划的软件大都采用这种结合模型。欧洲共同体正实施一项用模拟技术进行矿山开采可行性研究的研究计划,开发了 O. P. MINE 模拟软件包,该软件采用交互式模型确定开采顺序,用模拟模型完成其余的编制计划内容。胡乃联等人采用搭接网络模型辅助确定开采顺序,这种模型即可表达工序之间的顺序关系,又可表达工序之间的搭接关系,然后用网络模型确定施工方案;最后,再用交互式模型平滑结果,作者将这些过程概括为:优化导向,交互式作业。

C 智能综合法

专家系统(ES)技术,易于考虑系统的特殊的本质特征。应用"If-Then"规则,一方面可以把传统的和用数学知识表达的采矿规律汇集在一起,另一方面可以把采矿者的开采经验引进到开采更复杂矿体的计划和模拟过程中。20世纪80年代中期,人们开始应用ES与现有模型的结合方法,进行编制矿山生产计划的尝试,从发表的文献来看,主要是采用ES与模拟模型的结合方法。这种智能综合法的实质是采用ES的搜索技术代替模拟模型中的状态转移函数,其具体作法为:将采矿约束用规则的形式表达并以此构成知识库,基于这样的知识库,ES搜索技术根据表征生产计划目标的评价函数确定采掘工程顺序。施莱弗于1986年应用这种方法确定露天矿的开采顺序,并备用MIVANO专家系统,该系统简单,且能运用采矿过程的资料。N.谢曼纳夫等人采用这种方法确定充填法矿山的开采顺序。K.菲塔斯等人,先采用这种方法确定露天矿的开采顺序,再用交互式方法平滑所得顺序,以此进行长期计划的编制,然后,采用优化模型(线性规划模型)与交互式模型的结合方法,编制短期计划。李仲学等人在所研制的煤炭企业生产计划管理决策支持系统中,先用模拟模型与ES的结合方法确定回采衔接方案,再用交互式模型平滑结果。

在23rd Apcom会议上,B. Tolwinskid等人撰文论述了一种动态规划模型与ES的结合方法,并采用这种方法确定露天矿的最终境界。该研究为采用动态规划模型编制矿山生产计划提供了一种值得借鉴的方法。

17.1.2 生产计划编制存在的问题及改进途径

(1) 如何评价确定的矿山生产计划方案是否满意,是一个多目标决策问题,也是目前矿山生产计划的编制方法没有很好解决的问题,一是因为多目标决策的理论和方法还有待进一步发展,方能胜任解决现实复杂问题的重任;二是因为采矿工程的特殊性,各矿山的情况差异很大,建立通用的对矿山生产计划方案进行评价的指标体系(包括指标的确立和各指标权重的确定)比较困难。所以,如何归整众多的矿山情况,找出确立指标和确定指标权重的准则及建立相关的支持知识库、模型库,是目前采矿科学工作者急需研究的问题。

(2) 如何合理地确定采掘工程顺序是一个难于结构化的问题,也是目前的编制矿山生产计划方法的薄弱环节。优化法虽涉及这个问题,但由于其模型的简化及表达过程性约束能力不足的缺陷,使它求出的采掘工程顺序与实际情况差距比较大;模拟法基本上没涉及这个问题;交互式方法只为用户提供信息和图形处理的计算机支持,具体的工作还得用户自己进行。目前,涉及这个问题的主要是ES与模拟法结合的智能方法,但它也仅限于采用局部择优方法代替模拟法中的状态转移函数。采用局部择优方法搜索得到的方案是可行方案,如何判断这个方案是否满意和如何基于已选方案搜索满意方案(这涉及搜索方法和搜索策略问题,它是目前规划类ES技术面临的难题之一),是目前采用ES与模拟法结合的智能方法编制矿山生产计划所面临的主要难题。鉴于ES技术还有待进一步发展的现状,如何结合采矿生产系统的特殊性,研究出一种适合编制矿山生产计划的 ES 搜索方法(或 ES 与其他技术综合的搜索法),是目前摆在采矿科学工作者面前的课题。通过岩石力学分析(或计算)得出使采场稳定的回采顺序,在此基础上,结合考虑其他的采矿约束确定采掘工程顺序,这是目前的确定采掘工程顺序的做法。把岩石力学分析(或计算)与技术经济分析结合,岩石力学分析(或计算)与采掘工程顺序的确定结合,这也是当前的研究方向之一。

(3) 资源(设备、劳动力、资金等)的合理配置问题,是一个有待进一步研究解决的问题。目前采用的资源配置方法大体上可概括为:应用模拟方法(网络模拟模型、普通模拟模型和交互式模型),在不产生资源冲突的前提下进行资源配置,获取一个可行方案。引入人工智能中的时间规划方法或人工神经网络求解组合优化的方法,结合现有的模拟方法,寻求进行资源合理配置的有效方法,是一项值得研究的课题。

(4) 对采矿生产系统中的随机因素的有效处理问题,是目前的编制矿山生产计划方法的薄弱环节之一。研究采矿生产系统中的随机因素产生规律,并寻求有效的表达方式和计算机实现方法,有助于这个问题的解决。

(5) 基本信息的可靠性问题。可靠的基本信息是制定满意的矿山生产计划方案的前提,基本信息主要包括两部分的内容:地质数据和生产数据。获取可靠的地质数据需要高质量的矿化模型及高质量的地质信息处理系统的支持。现在对于构造高质量的矿化模型方面,只要提供一定的地质数据库,再通过地质统计学对未知区域进行推估,则可以得到相应精度的结果,且其可靠程度高,这个难题基本解决,所得结果完全可以用于生产实际。获取可靠的生产数据需要完善的数据库、模型库和知识库的支持。采矿生产系统比较复杂,编制矿山生产计划需要大量的数据,客观上要求数据库的支持;采矿生产系统中的各工序所处的工程背景差异较大,同一工序由于所处的工程背景不同其相应的生产数据也不同,客观上要求模型库和知识库的支持。根据工程背景的描述参数,借助于模型库中的工程背景与生产数据之间的映射关系,在知识库的帮助下获取其相应的生产数据。建立数据库、模型库和知识库是一项基础的、费力的工作,国外这方面的工作做得较多,国内也开始对这方面的工作重视起来,但做得还远远不够。采用软件工具建立数据库和知识库,回归方程作为建构模型库的主要手段,是目前采矿界常用的建立数据库、模型库和知识库的方法。由于回归方程表达工程背景与生产数据之间的关系的能力有限,致使模型库的建立比较困难,人工神经网络的引入有助于这个问题的解决。

(6) 矿山生产计划编制系统与其他采矿设计系统的协调问题。事实上,矿山生产计划编制系统只是采矿设计系统中的一个子系统。采矿设计系统中的各子系统需要相互协调,并且子系统中的有些问题需要从上一层次系统—采矿设计系统的角度来解决。目前,采矿设计系统中的各子系统的协调问题没有得到很好解决,一是因为子系统本身还有待完善;二是因为子系统之间的协调技术还有待进一步发展。近年来,国内外的许多部门和个人,开始对矿山生产计划编制系统与其他采矿设计系统的协调问题进行研究,如:英国帝国大学与德国柏林的两所大学合作,正研制坑内金属矿采矿布置的计算机辅助设计系统,该系统遵循组合设计的思想,将地质、地质统计、岩石力学、采矿方法、设备选择、采矿进度、经济评价和进度计划结合起来考虑,试图建立一个以计算机为基础的不违背采矿设计完整性的组合设计系统。到目前为止,国际上的三大采矿商业专业软件 Datamine、Micromine 和 Surpac 已经初步地集成了地质、测量、采矿的一些工作,并在世界范围内进行了推广应用。然而由于很多方面都还不很完善,且在国内矿山使用困难,所以还很难对国内矿山带来直接效益。

(7) 矿山生产计划的可操作性问题,是一个应该引起采矿科学工作者,特别是我国的采矿科学工作者重视的问题。编制的矿山生产计划应与应用环境匹配,优化的(或满意的)矿山生产计划,只有在有效的管理体制、合格的人员等的支持下方能变成现实。

17.2 Mine2-4D 软件简介

Mine2-4D 软件是由 MICL 公司创建,是一套完全自动的地下矿山掘进计划系统,同时,通过有效的数据和变化的管理体系来实现成本的降低和业绩的提高。它整合了中长期计划,结合 Gantt 图表,3D 设计和动漫演示,完全实现当前采矿和软件系统的协调一致的界面。通过"设计 - 整合 - 自动 - 协作 - 调节"等步骤实现直接调用数据源,自动更新数据的满足矿山生产的进度计划系统。当前的数据可能来自 Datamine、Vulcan、Gemcom、Surpac、Medsystem、Micromine 和 CAD 系统,如:Auto CAD、Amine、Microstation、Promine、Cadsmine,等等。该软件不仅实现了采矿设计工艺的流水线生产并能在三维环境中显示这些信息,而且很方便在四维空间进行开采计划。通过条理清晰的施工过程缩短了编制计划的时间,同时增加了在应用采矿原理来解决计划难题的比例,从而大大提高了生产效率。其意义在于:(1)实现矿山更完善的采矿计划;(2)提高了采矿计划在实施过程中的可执行性;(3)改进了在不同阶段对计划的选择性;(4)对于假设的快速反应。这个软件包可使耗时的设计与调度过程自动化,大大地减少了所需投入的总时间并能够快速精确地对各种开采情况进行评估。

该软件程序为全部的采矿计划,从一般采矿设计到计划再到报表,都进行了结构化布局,按下列步骤进行。

第一步:设计。

Mine2-4D 软件通过使用线属性来定义不同开挖类型从而使大量的采矿设计工艺自动化。通过用独特的颜色、线型和符号来创建一条新线(或一组线),用户在以后可以把这独特的属性应用于其他线。

第二步:设计定义。

设计阶段一完,Mine2-4D 就把属性应用到线上。这些属性包括:描述,开采速率与计划限制。

第三步:排序。

当线已经完全创建好后,Mine2-4D 便根据线开始生成墙与点目标。墙是用来生成实体以便查询地质块段模型,而点是用来在不同目标之间创建计划连接的。本质上,墙是用来生成数据块,而点是用来确定这些数据块的时间。

第四步:计划。

墙目标的排序完成后,就可以生成实体了,这样便可以用来查询地质数据库。这时用户已经有了完全的三维数据与基本的计划从属关系,接下来需要做的仅仅是把计划最终定下来。为了确定最终结果,要把数据导入 EPS 中。这个程序是一个单独的工具,也是 Mine2-4D 中的 1 个集成部分,它是 1 个高级采矿日程安排程序。用 EPS 来编排时间的一个最主要的优点是当计划有变并保存了,则三维数据可以更新,即,允许用户在 Mine2-4D 中激活计划表中的数据。

第五步:报表。

在建立 Mine2-4D 时,我们知道如果要想进行 1 个四维的计划,其中 1 件事就是能与其他完全不同的方法进行沟通。Mine2-4D 有 1 套报表工具使用户能与各种方法的设计进行通话,从详细成本预算到 3D 动画。

17.3　首采区段生产计划的编制

深井开采生产计划的编制,不仅复杂,而且更重要。根据生产实际状况,采用国际商业专业软件 Datamine 编制计划的专用软件包 Mine2-4D,介绍并展示 2006 年冬瓜山采掘计划编制情况。首先,对 2005 年底的生产进展进行预测,然后,在此基础上,对整个首采地段进行计划安排,其中主要对 2006 年的生产计划进行重点分析,根据所得结果,我们可以对整个计划的优缺点进行分析,并可给予一定的调整,另外,还可提出对现有生产状况进行改善的意见,从而解决相关制约生产的瓶颈,提高整个矿山生产能力。

2006 年采掘技术计划是结合矿山发展的现状而进行编制的。编制的指导思想是认真贯彻矿山技术政策,合理利用和开发矿产资源,充分发挥矿山生产能力,依靠科技进步,提高矿山企业的整体经济效益。编制的原则是合理安排开采顺序,平衡好采、掘、出、充关系,抓好生产衔接和支护工作,保持生产持续稳步发展。

17.3.1　生产现状调研

2005 年 8 月份,对冬瓜山的生产现状进行了调研,得到的主要情况如下:

(1) -790 m 水平。54 线:采场 2、4、6、8 底部结构已完成,采场 10 出矿巷、堑沟完成,采场 12 出矿巷、堑沟完成一半,14 采场完成 20 m 左右;52 线 12 号采场出矿巷完成;联络道 52 线还有 100 m 左右没打,54 线到 3 号溜井、56 线已完成。

(2) 顶部工程。54-2、54-4 完成,54-6 完成 3/4,56-8 完成,54-10 完成一半,54-12 完成一小半,54-14、54-16 完成,52-16 结束,54-14 基本完成,56-2、56-4 结束,56-10、56-12 完成,56-14、56-16 剩小半,联络道 58 线完成一小段,52 线穿脉转弯处没完成,54 线已完成。

(3) -730m 基本结束。

(4) 溜井:52-1、52-2、54-1、54-2、56-1 号采场完成。

(5) 工作面:一共有 9 个组,同时底部 6 个工作面在 54 线,顶部 6 个工作面在 56 线,共 2 台凿岩台车,3 台铲运机,掘进速度为 2.5 m/d。

(6) 支护:每个采场掘进完后进行支护,底部工程需两个半月,顶部工程需 1 个半月。

(7) 凿岩:大孔(165 mm)2 台,2500～3000 m/mo,中深孔(135.4 mm),设计 7000 m/mo,范围 4000～5300 m/mo。

(8) 堑沟与拉底:1～1.5 月(12～18 次),拉槽 2.5 m/L,1～2 d 放一次,6 m×5.8 m,13 个孔装药,总共 17 个孔,其中 1 个开槽孔,当拉槽到 10 m 时,开始侧崩,以补偿空间为基准参数,每次崩 3～5 排,崩矿量在 4000～8000 t 之间,呈倒台阶形推进。这种情况只是在生产初期为了提高矿山生产能力使用,即只在 52-6 号与 52-8 号采场中使用,如图 17-1 所示。而其他采场都是一次形成拉槽后再进行侧崩。而试验采场 52-2 号由于所采用的方法是大孔束状球形药包落矿法,其采场崩矿次序如图 17-2 所示。

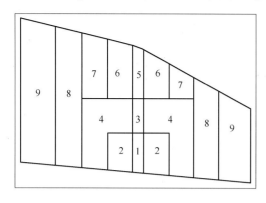

图 17 - 1　倒台阶型推进示意图

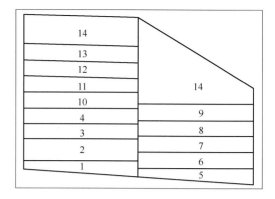

图 17 - 2　试验采场崩矿次序

（9）出矿电铲 6 台,柴铲 1 台,出矿效率 2400iT/d。

（10）充填:每个采场需要 2.5 个月。

总共 62 个采场,其中,中深孔采场有:52-18、52-19、54-18、54-19、54-20、54-21、56-19、56-20、56-21、56-22、56-10,其他的都是大孔采场。

17.3.2　基础数据准备

冬瓜山首采区段数据准备工作主要包括三维块段地质模型、掘进设计线、巷道固定断面形状、采场轮廓、不规则断面工程、设备台效和生产工序等。

三维块段模型是指资源与开采环境可视化中所建立的三维地质块段模型,以便在后面的计划时从中提取有关信息作为属性加载到每一个任务中,从而达到信息查询的目的,如图 17 - 3 所示。在查询了地质块段模型后,得到了每个采场的开采量、体积以及其平均品位,其统计数据见表 17 - 1 为冬瓜山矿床储量统计(按采场)。

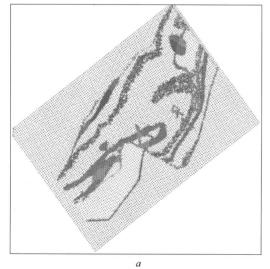

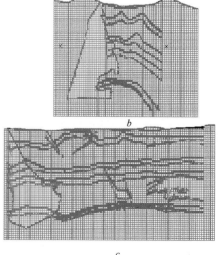

图 17 - 3　三维块段模型的 3 个方向的剖面

a—水平面；b—横剖面；c—纵剖面

表 17－1 冬瓜山首采地段储量统计表（按采场）

统 计 位 置	体积/m³	矿量/t	平 均 品 位
52 线隔离矿柱	391218.48	1506191.16	0.91
54 线隔离矿柱	366454.25	1410848.87	0.82
56 线隔离矿柱	437929.27	1686027.68	1.16
58 线隔离矿柱	388353.85	1495162.31	1.12
52-1 号采场	82933.53	319294.09	0.68
52-2 号采场	116698.70	449289.97	0.79
52-3 号采场	94360.76	363288.93	0.87
52-4 号采场	95550.45	367869.23	1.1
52-5 号采场	82745.69	318570.91	1.83
52-6 号采场	80162.85	308626.97	1.2
52-7 号采场	77533.02	298502.13	1.04
52-8 号采场	65354.4	251614.44	1.25
52-9 号采场	56259.57	216599.35	1.45
52-10 号采场	58294.56	22443405.6	1.6
52-11 号采场	57543.18	221541.24	1.83
52-12 号采场	71052.37	273551.63	1.68
52-13 号采场	59343.37	228471.98	1.31
52-14 号采场	59812.98	230279.97	0.72
52-15 号采场	54584.63	210150.83	0.78
52-16 号采场	56071.73	215876.16	0.83
52-17 号采场	58247.60	224253.26	0.5
52-18 号采场	51344.30	197675.54	0.35
52-19 号采场	45802.87	176341.05	0.5
52-20 号采场	47540.44	183030.69	0.62
52-21 号采场	46429.02	178751.72	0.63
52-22 号采场	65604.86	252578.71	0.65
52-23 号采场	66982.39	257882.20	0.74
54-1 号采场	86643.50	333577.46	0.96
54-2 号采场	102516.40	394688.13	1
54-3 号采场	137048.57	527636.99	1.12
54-4 号采场	134324.82	517150.54	1.06
54-5 号采场	119187.64	458872.42	1.13
54-6 号采场	113442.72	436754.45	1.04
54-7 号采场	91871.85	353706.62	1.02
54-8 号采场	91308.32	351537.02	0.92
54-9 号采场	61284.43	235945.04	0.85

统 计 位 置	体积/m³	矿量/t	平 均 品 位
54-10 号采场	56369.15	217021.22	0.91
54-11 号采场	47258.67	181945.87	1.01
54-12 号采场	47790.90	183994.94	1.13
54-13 号采场	55899.54	215213.21	1.26
54-14 号采场	56603.95	217925.22	1.01
54-15 号采场	57386.64	220938.57	0.57
54-16 号采场	65824.02	253422.45	0.68
54-17 号采场	65323.10	251493.90	0.75
54-18 号采场	75811.11	291872.75	0.8
54-19 号采场	48917.97	188334.16	0.64
54-20 号采场	36379.31	140060.35	0.41
54-21 号采场	27221.87	104804.20	0.32
54-22 号采场	28583.74	110047.41	0.45
54-23 号采场	34547.83	133009.11	0.54
54-24 号采场	40386.67	155488.69	0.34
56-1 号采场	55054.24	211958.80	0.81
56-2 号采场	83121.40	320017.41	1.2
56-3 号采场	88928.95	342376.44	1.33
56-4 号采场	102469.44	394507.33	1.49
56-5 号采场	98102.05	377692.86	1.13
56-6 号采场	97710.70	376186.19	1.14
56-7 号采场	92451.04	355936.50	1.47
56-8 号采场	78957.51	303986.41	1.6
56-9 号采场	69784.41	268669.98	1.18
56-10 号采场	67405.04	259509.41	0.83
56-11 号采场	54271.55	208945.45	0.93
56-12 号采场	63115.91	242996.27	0.94
56-13 号采场	50592.92	194782.72	1.02
56-14 号采场	55789.96	214791.35	1.21
56-15 号采场	57496.22	221360.44	1.23
56-16 号采场	66841.51	257339.80	1.36
56-17 号采场	74637.07	287352.73	1.28
56-18 号采场	63147.22	243116.80	1.23
56-19 号采场	48385.74	186285.09	1.16
56-20 号采场	42750.39	164588.99	1.11
56-21 号采场	36880.23	141988.90	1.08
56-22 号采场	42421.66	163323.39	0.81
56-23 号采场	32888.53	126620.82	0.44

设计对象分为固定横断面类型、轮廓线类型(不规则形状类型)、复杂实体(采场),它们都是用线来表示的。但固定横断面类型的设计线为测线,然后分别为每条设计线指定横断面,从而可形成实体,图 17 - 4 与图 17 - 5 分别是试验采场的固定断面类型与采场的设计线。

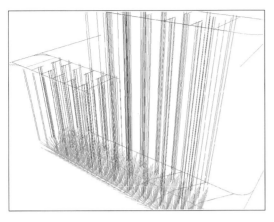

图 17 - 4　实验采场的固定断面类型设计线

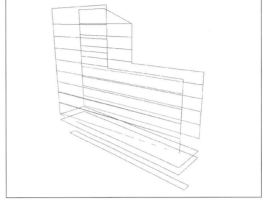

图 17 - 5　实验采场的采场设计线

对象属性分为可视与不可视。可视是线型、颜色与符号,而不可视的是其他设计中相关的特征如填充类型、区域、岩石类型等。通过手工与自动两种方法可以把特征应用于任务中。

基础数据性质主要指米、面积、现场吨、现场体积、密度、质量因子、品位因子、所采质量、所采体积、空体积、各种金属以及需派生的各种工艺,如,支护与充填等。其他参数有矿岩密度,设备台效,线分段长度,采场分层高度以及采矿方法等。

有了这些基础数据,用户可以通过各种设计线创建设计定义,把属性自动应用到这些线上,从而来定义不同开挖类型去自动实现一系列的采矿设计过程。

17.3.3　生成任务

对设计进行分段,形成生产任务,同时,根据基础数据,计算各分段任务的工程量,并为各分段任务添加各种属性与性质。

生成帮线与点是生成任务中的非常重要的一步。在设计定义时,就为开采布置指定了很多规则与尺寸,并把它们与实际设计线联系起来。在生成帮线与点处,根据设计定义中建立的规则由设计来创建三维任务点。查询块段模型需要实体,而点是用来在不同实体目标之间建立计划连接的。换句话说,帮线是用来生成数据块的,而点为计划提供了这些块之间连接的一种方法。

对于固定断面类型,根据设计定义中指定的分段长度把每一个描述类型分成段,并在每一小段的中心生成一个任务点与帮线,任务点是用来存储分段上所有信息的,包括长度,体积,吨位与品位,而帮线是用来生成实体数据块的。如图 17 - 6 所示。

对于轮廓线类型,首先,要为其生成中心线;然后,根据所指定的分段长度来对轮廓进行分段,分段线是垂直中心线的,所以,在此之前应确保中心线是否合适;最后,阶段将会在每一个轮廓分段的中心生成一个任务点,同时,对每一个轮廓任务指定了起点,中点与结束点。

在复杂实体准备时,将先检查复杂实体设计文件并把设计线分成两线与多线复杂实体。其原因是两条线组成的复杂实体没有内部序列连接,采场是完全处于两轮廓线之间。分开后将会为两线复杂实体生成任务点,多线采场间生成必要的中心连接,这包括生成复杂实体(采场)任务点并将它们连接。任务点将产生在每一个采场线的中心,而中心连接则产生在这些任务点之间。如图 17 -7 ~ 图 17 -9 分别为试验采场的固定断面类型帮线与点以及复杂实体中的任务点与中心连接。

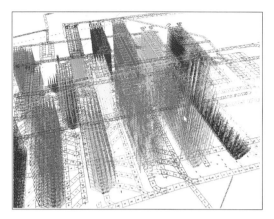

图 17 -6　所产生的固定断面类型帮线与点

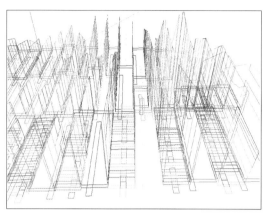

图 17 -7　所产生的复杂实体中的帮线与任务点

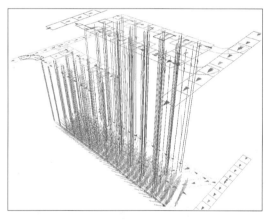

图 17 -8　实验采场的固定断面类型帮线与点

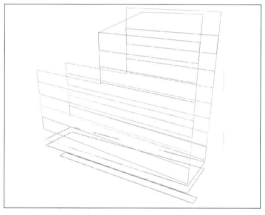

图 17 -9　实验采场复杂实体的帮线与任务点

可以在计划中产生新的任务,即派生任务,派生任务一般是那些难以设计的(如充填或爆破)。生成派生任务有两个步骤:生成派生任务定义与生成派生任务的帮线与点。用户可以通过定义一个派生任务属性与基本任务属性之间的数值关系以及空间关系,并对派生任务其他的属性进行设定,然后便能在基本任务的基础上生成派生任务。

这样便有了所有任务的帮线与任务点,同时会产生一个虚拟评估数据报表,其中有各种空间位置参数,分段名称以及其他各种定义好了的属性与性质。

17.3.4　流程优化与确定任务作业顺序

首先,根据任务的工程量与设备台效确定各任务的作业时间,然后,根据计划技术经济指标为目标,由工程的衔接关系及设备资源等约束条件,优化并确定作业顺序。

17.3.4.1　顺序连接

现在已经有了要排序的所有任务点(尽管它们含有虚拟值),它们之间可以通过依赖性来排序。排序可以自动生成,也可以通过手工排序。这个过程至关重要,主要有如下步骤:

（1）设置自动依赖性定义中基本搜索参数；

（2）产生自动依赖性规则；

（3）通过生成自动依赖性定义与手工依赖性检查的反复过程来细化排序；

（4）同时使用自动与手工排序选项完成采矿设计排序。

17.3.4.2 实体生成

对于固定断面类型，根据前面生成的帮线与横断面，沿着帮线生成一系列垂直于横断面的外壳，其间距由分段长度来决定。然后把帮线上所有的点与横断面相连形成一系列的三角网，而点与三角网便形成了线框模型。如图 17 – 10 所示。

一旦设计定义建立好后，固定断面类型的实体模型不再需要用户输入选项和参数。但轮廓实体模型需要用户选择最适当的连接处理方法，其线框连接方法有 3 个：最小表面面积、等角形状和比例长度。

由最小表面面积方法生成的线框其外形表面面积最小，等角形状方法将会生成等腰三角形或等边三角形组成的三角网，而比例长度方法所生成的相框三角形将很好地维持它们的比例位置，这个方法对于相似线比较理想。

同样对于复杂实体类型，即采场，其实体生成的方法与轮廓实体生成的方法一样，所生成的 62 个采场的实体如图 17 – 11 所示。

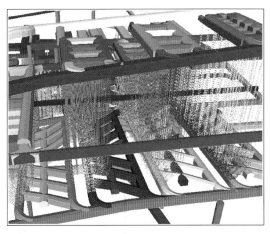

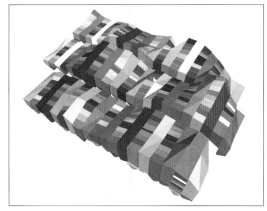

图 17 – 10　固定断面类型实体模型　　　　　图 17 – 11　复杂实体类型的实体模型

17.3.4.3 地质查询

首先，确定所有落在当前要查询的开采分段相框内的所有块段模型单元，然后，计算相框内每一个单元的体积。另外，根据单元体积与整体开采分段体积比值，从单元数值派生出开采分段的总体数值。如果开采分段有一部分没有被模型单元覆盖，则把它们当成是空体积。而此体积的密度则是工程创建时所定义的默认值，模型字段值（如，金属品位）将会是零。

17.3.4.4 输入资源与要达到的经济指标

可以考虑到设备与劳工资源的需求，并为各资源指定一系列的属性，如，名字、描述以及工效等。建立设备资源的步骤为：

（1）名字栏中输入资源的名字，在描述栏中输入描述；

（2）输入默认生产率；

（3）指定其可用性，即，资源的可使用率；

（4）指定资源的运行成本；

（5）与地质相关的生产字段可以用来评估工程成本与收益值。指标功能可用来设置定义字段的预期值。可提前设计指标并当会产生波动时可指定其最高与最低值。

17.3.4.5　优化并确定作业顺序

研究认为，从保证矿量稳定性等方面，初步提出了确定采场回采顺序的基本原则：高度大（即，工序时间较长）的采场先行作业，高度小（即工序时间较短）的采场后续作业。这里，有必要对这一原则的提出依据加以说明。

对于大孔采场而言，其各工序之间的关系如下：

在采切阶段，大孔采场（矿房）的顶、底部工程可以平行作业。其中拉底应在底部出矿工程完成后进行，凿岩要在顶部凿岩工程完成后进行，只有在拉底及凿岩均完成后，才能开始进行爆破，并进而进行出矿。

因此，从总体上看，可以把大孔采场的 7 个工序看作 3 个工序（爆破前、爆破、出矿）。而在爆破前这一阶段，对于所有的大孔采场（矿房），其底部出矿工程、拉底以及顶部凿岩工程的工程量分别是相等的，对应的持续时间是相同的。一般来说，底部工程（底部出矿工程＋拉底）的作业时间要大于顶部工程（顶部凿岩工程＋凿岩）的作业时间，取时间较长的工序作为爆破前工序。很明显，对于所有大孔采场（矿房），其爆破前时间是一样的，可进一步看作两个工序——爆破和出矿。

在最优化理论中，两个工序工程排序的方法是将第一工序时间最长的工程放第一、第二工序时间最短的工程放最后，如此反复进行，直至所有工程都已进行了排序。由此，可以得到上述确定采场作业顺序的原则（从大到小）。

17.3.4.6　进度编排

以调研时的生产现状为基础，从 2005 年 8 月 8 日起直到整个首采地段充填完成。整个计划安排见表 17-2。

表 17-2　计划安排表

工 程 名 称	起始日期（年-月-日）	结束日期（年-月-日）
52 线 1 号采场出矿	2007-08-13	2007-12-30
52 线 1 号采场底部工程	2007-04-08	2007-04-30
52 线 1 号采场拉底	2007-05-23	2007-08-13
52 线 2 号采场出矿	2005-08-13	2005-12-24
52 线 2 号采场放顶	2006-01-05	2006-02-23
52 线 3 号采场出矿	2007-08-13	2008-02-05
52 线 3 号采场底部工程	2007-04-08	2007-04-30
52 线 3 号采场拉底	2007-05-23	2007-08-13

工 程 名 称	起始日期(年 - 月 - 日)	结束日期(年 - 月 - 日)
52 线 4 号采场出矿	2005 - 12 - 18	2006 - 05 - 25
52 线 4 号采场底部凿岩	2005 - 08 - 13	2005 - 09 - 20
52 线 4 号采场大孔凿岩	2005 - 08 - 13	2005 - 12 - 13
52 线 5 号采场出矿	2007 - 09 - 04	2008 - 01 - 27
52 线 5 号采场底部工程	2007 - 04 - 30	2007 - 05 - 23
52 线 5 号采场拉底	2007 - 06 - 15	2007 - 09 - 04
52 线 6 号采场出矿	2005 - 08 - 13	2006 - 01 - 03
52 线 7 号采场出矿	2007 - 09 - 04	2008 - 01 - 12
52 线 7 号采场底部工程	2007 - 04 - 30	2007 - 05 - 23
52 线 7 号采场拉底	2007 - 06 - 15	2007 - 09 - 04
⋮	⋮	⋮
52 线 16 号采场出矿	2006 - 11 - 30	2007 - 03 - 10
52 线 16 号采场底部工程	2005 - 09 - 26	2005 - 11 - 21
52 线 16 号采场底部凿岩	2006 - 02 - 19	2006 - 03 - 30
52 线 16 号采场大孔凿岩	2006 - 09 - 26	2006 - 11 - 30
52 线 17 号采场出矿	2008 - 01 - 02	2008 - 03 - 18
52 线 17 号采场底部工程	2007 - 08 - 28	2007 - 09 - 19
52 线 17 号采场拉底	2007 - 10 - 12	2008 - 01 - 02
52 线 18 号采场出矿	2006 - 06 - 30	2006 - 09 - 09
52 线 18 号采场底部工程	2005 - 10 - 08	2005 - 12 - 03
52 线 18 号采场底部凿岩	2006 - 02 - 14	2006 - 03 - 24
52 线 19 号采场出矿	2007 - 11 - 10	2007 - 12 - 27
52 线 19 号采场底部工程	2007 - 07 - 06	2007 - 07 - 29
52 线 19 号采场拉底	2007 - 08 - 21	2007 - 11 - 10
54 线 1 号采场出矿	2007 - 12 - 08	2008 - 04 - 12
54 线 1 号采场拉底	2007 - 09 - 09	2007 - 12 - 08
54 线 1 号采场底部工程	2007 - 07 - 29	2007 - 08 - 19
54 线 2 号采场出矿	2006 - 05 - 01	2006 - 11 - 10
54 线 2 号采场拉底	2005 - 12 - 04	2006 - 03 - 07
54 线 2 号采场底部凿岩	2005 - 10 - 28	2005 - 12 - 04
54 线 2 号采场大孔凿岩	2005 - 12 - 17	2006 - 05 - 01
54 线 3 号采场出矿	2007 - 12 - 27	2008 - 08 - 01
54 线 3 号采场拉底	2007 - 10 - 05	2007 - 12 - 27
54 线 3 号采场底部工程	2007 - 08 - 19	2007 - 09 - 12
54 线 4 号采场出矿	2006 - 06 - 21	2007 - 02 - 13
54 线 4 号采场拉底	2005 - 12 - 05	2006 - 02 - 25
54 线 4 号采场底部凿岩	2005 - 10 - 29	2005 - 12 - 05
54 线 4 号采场大孔凿岩	2006 - 02 - 14	2006 - 06 - 21
54 线 5 号采场出矿	2008 - 01 - 22	2008 - 08 - 17
54 线 5 号采场拉底	2007 - 10 - 27	2008 - 01 - 22

工程名称	起始日期(年 - 月 - 日)	结束日期(年 - 月 - 日)
54 线 5 号采场底部工程	2007 - 09 - 12	2007 - 10 - 05
54 线 6 号采场底部凿岩	2005 - 12 - 04	2006 - 01 - 11
54 线 6 号采场大孔凿岩	2006 - 05 - 01	2006 - 09 - 02
54 线 6 号采场出矿	2006 - 09 - 02	2007 - 03 - 18
54 线 6 号采场拉底	2006 - 01 - 11	2006 - 04 - 05
⋮	⋮	⋮
54 线 21 号采场出矿	2008 - 04 - 16	2008 - 05 - 31
54 线 21 号采场底部工程	2007 - 12 - 18	2008 - 01 - 10
54 线 21 号采场拉底	2008 - 01 - 23	2008 - 04 - 16
54 线 22 号采场出矿	2006 - 12 - 09	2007 - 01 - 25
54 线 22 号采场拉底	2006 - 09 - 16	2006 - 10 - 29
54 线 22 号采场底部工程	2006 - 03 - 31	2006 - 06 - 08
54 线 22 号采场底部凿岩	2006 - 08 - 08	2006 - 09 - 16
54 线 22 号采场拉底	2006 - 10 - 29	2006 - 12 - 09
54 线 23 号采场出矿	2008 - 05 - 08	2008 - 06 - 15
54 线 23 号采场底部工程	2008 - 01 - 01	2008 - 01 - 24
54 线 23 号采场拉底	2008 - 02 - 15	2008 - 05 - 08
56 线 1 号采场出矿	2008 - 05 - 19	2008 - 06 - 18
56 线 1 号采场底部工程	2008 - 01 - 10	2008 - 02 - 01
56 线 1 号采场拉底	2008 - 02 - 24	2008 - 05 - 19
56 线 2 号采场出矿	2007 - 02 - 23	2007 - 05 - 02
56 线 2 号采场底部工程	2006 - 05 - 08	2006 - 07 - 02
56 线 2 号采场底部凿岩	2006 - 09 - 13	2006 - 10 - 21
56 线 2 号采场大孔凿岩	2006 - 12 - 06	2007 - 02 - 23
56 线 2 号采场拉底	2006 - 10 - 21	2007 - 01 - 17
56 线 3 号采场出矿	2008 - 05 - 30	2008 - 09 - 18
56 线 3 号采场底部工程	2008 - 01 - 24	2008 - 02 - 15
56 线 3 号采场拉底	2008 - 03 - 09	2008 - 05 - 30
56 线 4 号采场出矿	2007 - 05 - 09	2007 - 05 - 14
56 线 4 号采场底部工程	2006 - 06 - 08	2007 - 09 - 29
56 线 4 号采场底部凿岩	2006 - 10 - 14	2006 - 11 - 22
56 线 4 号采场大孔凿岩	2007 - 01 - 20	2007 - 05 - 09
56 线 4 号采场拉底	2006 - 11 - 22	2007 - 02 - 16
⋮	⋮	⋮
56 线 18 号采场出矿	2007 - 08 - 19	2007 - 11 - 15
56 线 18 号采场底部凿岩	2007 - 04 - 16	2007 - 05 - 24
56 线 18 号采场拉底	2007 - 05 - 24	2007 - 08 - 19
56 线 19 号采场出矿	2008 - 09 - 06	2008 - 11 - 04
56 线 19 号采场底部工程	2008 - 05 - 02	2008 - 05 - 25
56 线 19 号采场拉底	2008 - 06 - 16	2008 - 09 - 06

工 程 名 称	起始日期(年-月-日)	结束日期(年-月-日)
56 线 20 号采场出矿	2007 - 11 - 05	2007 - 12 - 24
56 线 20 号采场底部凿岩	2007 - 07 - 01	2007 - 08 - 09
56 线 20 号采场拉底	2007 - 08 - 09	2007 - 11 - 05
56 线 21 号采场出矿	2008 - 09 - 18	2008 - 10 - 31
56 线 21 号采场底部工程	2008 - 05 - 14	2008 - 06 - 05
56 线 21 号采场拉底	2008 - 06 - 28	2008 - 09 - 18
56 线 22 号采场出矿	2007 - 06 - 16	2007 - 08 - 08
56 线 22 号采场底部工程	2007 - 01 - 02	2007 - 02 - 10
56 线 22 号采场拉底	2007 - 03 - 22	2007 - 06 - 16
52 线 1 号采场充填	2007 - 12 - 30	2008 - 02 - 11
52 线 2 号采场充填	2006 - 02 - 23	2006 - 04 - 22
52 线 3 号采场充填	2008 - 02 - 05	2008 - 03 - 28
52 线 4 号采场充填	2006 - 05 - 25	2006 - 07 - 12
52 线 5 号采场充填	2008 - 01 - 27	2008 - 03 - 11
52 线 6 号采场充填	2006 - 01 - 03	2006 - 02 - 16
⋮	⋮	⋮
52 线 19 号采场充填	2007 - 12 - 27	2008 - 01 - 15
54 线 1 号采场充填	2008 - 04 - 12	2008 - 05 - 21
54 线 1 号采场充填	2006 - 11 - 10	2007 - 01 - 06
54 线 2 号采场充填	2008 - 08 - 01	2008 - 10 - 04
54 线 3 号采场充填	2007 - 02 - 13	2007 - 04 - 22
54 线 4 号采场充填	2008 - 08 - 17	2008 - 10 - 17
⋮	⋮	⋮
54 线 18 号采场充填	2008 - 06 - 10	2008 - 07 - 02
54 线 19 号采场充填	2007 - 01 - 27	2007 - 02 - 20
54 线 20 号采场充填	2008 - 05 - 31	2008 - 06 - 19
54 线 21 号采场充填	2008 - 06 - 15	2008 - 07 - 02
56 线 1 号采场充填	2008 - 06 - 18	2008 - 07 - 03
56 线 2 号采场充填	2007 - 05 - 02	2007 - 05 - 27
56 线 3 号采场充填	2008 - 09 - 18	2008 - 10 - 23
56 线 4 号采场充填	2007 - 09 - 29	2007 - 11 - 12
56 线 5 号采场充填	2008 - 10 - 26	2008 - 12 - 08
56 线 6 号采场充填	2007 - 11 - 08	2007 - 12 - 25
⋮	⋮	⋮
56 线 8 号采场充填	2007 - 12 - 30	2008 - 02 - 11
56 线 9 号采场充填	2008 - 10 - 25	2008 - 12 - 01
56 线 10 号采场充填	2007 - 11 - 06	2007 - 12 - 10
56 线 11 号采场充填	2008 - 12 - 13	2009 - 01 - 13
56 线 12 号采场充填	2008 - 01 - 24	2008 - 02 - 26
56 线 19 号采场充填	2008 - 11 - 04	2008 - 11 - 26

工 程 名 称	起始日期(年-月-日)	结束日期(年-月-日)
56 线 20 号采场充填	2007 - 12 - 24	2008 - 01 - 14
56 线 21 号采场充填	2008 - 10 - 31	2008 - 11 - 18
56 线 22 号采场充填	2007 - 08 - 08	2007 - 08 - 29
52 线 1 号底部巷道支护	2007 - 04 - 30	2007 - 05 - 23
52 线 3 号底部巷道支护	2007 - 04 - 30	2007 - 05 - 23
52 线 5 号底部巷道支护	2007 - 05 - 23	2007 - 06 - 15
52 线 7 号底部巷道支护	2007 - 05 - 23	2007 - 06 - 15
52 线 9 号底部巷道支护	2007 - 06 - 21	2007 - 09 - 05
⋮	⋮	⋮
52 线 17 号底部巷道支护	2007 - 09 - 19	2007 - 10 - 12
52 线 18 号底部巷道支护	2005 - 12 - 03	2006 - 02 - 14
52 线 19 号底部巷道支护	2007 - 07 - 29	2007 - 08 - 21
54 线 1 号底部巷道支护	2007 - 08 - 19	2007 - 09 - 10
54 线 3 号底部巷道支护	2007 - 09 - 11	2007 - 10 - 06
54 线 5 号底部巷道支护	2007 - 10 - 05	2007 - 10 - 28
54 线 7 号底部巷道支护	2007 - 11 - 16	2008 - 01 - 14
54 线 9 号底部巷道支护	2007 - 10 - 12	2007 - 11 - 03
54 线 10 号底部巷道支护	2005 - 12 - 16	2006 - 02 - 27
⋮	⋮	⋮
54 线 22 号底部巷道支护	2006 - 06 - 08	2006 - 08 - 08
54 线 23 号底部巷道支护	2008 - 01 - 24	2008 - 02 - 15
56 线 1 号底部巷道支护	2008 - 02 - 01	2008 - 02 - 24
56 线 2 号底部巷道支护	2006 - 07 - 02	2006 - 09 - 13
56 线 3 号底部巷道支护	2008 - 02 - 15	2008 - 03 - 09
56 线 4 号底部巷道支护	2006 - 08 - 03	2006 - 10 - 14
56 线 5 号底部巷道支护	2008 - 02 - 24	2008 - 03 - 18
⋮	⋮	⋮
56 线 20 号底部巷道支护	2007 - 04 - 08	2007 - 07 - 01
56 线 21 号底部巷道支护	2008 - 06 - 05	2008 - 06 - 28
56 线 22 号底部巷道支护	2007 - 02 - 10	2007 - 03 - 22
52 线 4 号采场拉底	2005 - 09 - 20	2005 - 09 - 18
52 线 10 号采场拉底	2005 - 10 - 29	2006 - 01 - 20
52 线 12 号采场拉底	2005 - 10 - 28	2006 - 01 - 19
52 线 14 号采场拉底	2006 - 02 - 19	2006 - 05 - 17
52 线 16 号采场拉底	2006 - 03 - 30	2006 - 06 - 25
52 线 18 号采场拉底	2006 - 03 - 24	2006 - 06 - 20

17.3.5　生产计划报表与可视化表达

通过以上程序输出各种数据报表,生成生产调度甘特图,形成开采计划的生产过程动画。数据报表主要有:

（1）设计统计报表：如图 17 – 12 所示，可对设计文件进行统计操作，图中首先以 M4DDESC 字段进行分组，然后对每组的设计线长度进行求和计算。图中 52-2dh 表示 52 线 2 号采场的拉底炮孔的总长度为 5972.03 m，而 52-2hole 表示 52 线 2 号采场的大孔总长为 8049.66 m。

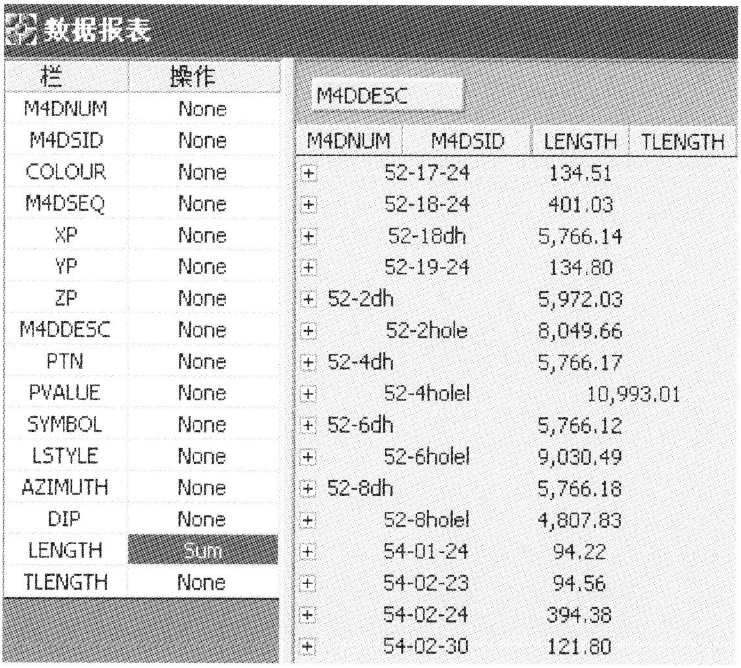

数据报表

栏	操作
M4DNUM	None
M4DSID	None
COLOUR	None
M4DSEQ	None
XP	None
YP	None
ZP	None
M4DDESC	None
PTN	None
PVALUE	None
SYMBOL	None
LSTYLE	None
AZIMUTH	None
DIP	None
LENGTH	Sum
TLENGTH	None

M4DDESC

M4DNUM	M4DSID	LENGTH	TLENGTH
+	52-17-24	134.51	
+	52-18-24	401.03	
+	52-18dh	5,766.14	
+	52-19-24	134.80	
+ 52-2dh		5,972.03	
+	52-2hole	8,049.66	
+ 52-4dh		5,766.17	
+	52-4holel	10,993.01	
+ 52-6dh		5,766.12	
+	52-6holel	9,030.49	
+ 52-8dh		5,766.18	
+	52-8holel	4,807.83	
+	54-01-24	94.22	
+	54-02-23	94.56	
+	54-02-24	394.38	
+	54-02-30	121.80	

图 17 – 12　设计统计报表

（2）虚拟评估数据报表：它是与地质数据评估报表的格式是一样的，只是地质数据评估报表是在查询了地质块段模型之后提取了相应的地质信息，并对复杂实体的体积进行了计算。同时，对与复杂实体相关的数据，例如：质量、派生任务等进行了更新，分别如图 17 – 13 与图 17 – 14 所示。

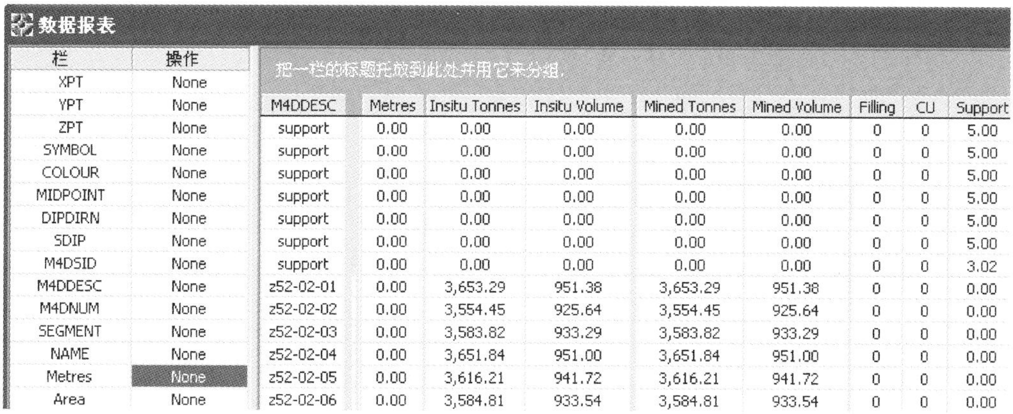

数据报表

栏	操作
XPT	None
YPT	None
ZPT	None
SYMBOL	None
COLOUR	None
MIDPOINT	None
DIPDIRN	None
SDIP	None
M4DSID	None
M4DDESC	None
M4DNUM	None
SEGMENT	None
NAME	None
Metres	None
Area	None

把一栏的标题托放到此处并用它来分组.

M4DDESC	Metres	Insitu Tonnes	Insitu Volume	Mined Tonnes	Mined Volume	Filling	CU	Support
support	0.00	0.00	0.00	0.00	0.00	0	0	5.00
support	0.00	0.00	0.00	0.00	0.00	0	0	5.00
support	0.00	0.00	0.00	0.00	0.00	0	0	5.00
support	0.00	0.00	0.00	0.00	0.00	0	0	5.00
support	0.00	0.00	0.00	0.00	0.00	0	0	5.00
support	0.00	0.00	0.00	0.00	0.00	0	0	5.00
support	0.00	0.00	0.00	0.00	0.00	0	0	3.02
z52-02-01	0.00	3,653.29	951.38	3,653.29	951.38	0	0	0.00
z52-02-02	0.00	3,554.45	925.64	3,554.45	925.64	0	0	0.00
z52-02-03	0.00	3,583.82	933.29	3,583.82	933.29	0	0	0.00
z52-02-04	0.00	3,651.84	951.00	3,651.84	951.00	0	0	0.00
z52-02-05	0.00	3,616.21	941.72	3,616.21	941.72	0	0	0.00
z52-02-06	0.00	3,584.81	933.54	3,584.81	933.54	0	0	0.00

图 17 – 13　虚拟评估数据报表

数据报表

栏	操作	把一栏的标题拖放到此处并用它来分组.						
		M4DDESC	Insitu Tonnes	Insitu Volume	Mined Tonnes	Mined Volume	Filling	CU	Support
XPT	None	support	0.00	0.00	0.00	0.00	0.00	0.00	5.00
YPT	None	support	0.00	0.00	0.00	0.00	0.00	0.00	5.00
ZPT	None	support	0.00	0.00	0.00	0.00	0.00	0.00	5.00
SYMBOL	None	support	0.00	0.00	0.00	0.00	0.00	0.00	5.00
COLOUR	None	support	0.00	0.00	0.00	0.00	0.00	0.00	4.99
MIDPOINT	None	support	0.00	0.00	0.00	0.00	0.00	0.00	5.48
DIPDIRN	None	z52-02-01	3,649.86	950.48	3,649.86	950.48	0.00	0.81	0.00
SDIP	None	z52-02-02	3,611.96	940.62	3,611.96	940.62	0.00	0.81	0.00
M4DSID	None	z52-02-03	3,613.59	941.04	3,613.59	941.04	0.00	0.81	0.00
M4DDESC	None	z52-02-04	3,644.53	949.10	3,644.53	949.10	0.00	0.79	0.00
M4DNUM	None	z52-02-05	3,619.25	942.51	3,619.25	942.51	0.00	0.91	0.00
SEGMENT	None	z52-02-06	3,621.57	943.12	3,621.57	943.12	0.00	0.79	0.00
NAME	None	z52-02-07	3,637.20	947.19	3,637.20	947.19	0.00	0.91	0.00
Metres	None	z52-02-08	3,633.54	946.23	3,633.54	946.23	0.00	0.77	0.00
Area	None								
Insitu Tonnes	None								
Insitu Volume	None								

图 17 - 14 地质数据评估报表

(3) 品位与开采吨位统计表:当进行地质评估后,则可以用工程创建中指定的任意评估字段对其品位与吨位曲线进行计算,如图 17 - 15 所示。同时,可由每一个任务的属性,通过一定的操作来生成各种所需的报表。另外,报表的格式可以是 Excel,网页等。

开采品位与开采吨位报表

报表字段: CU

最大值: 3.6358

增量: 0.5

料仓编号: 7

帮助

计算...

Cutoff	Tonnes	CU
0	18,503,407	.82
.5	14,164,719	1.02
1	6,328,264	1.32
1.5	1,515,528	1.77
2	214,363	2.24
2.5	29,777	2.85
3	4,448	3.41
3.5	2,045	3.59

复制到剪贴板

图 17 - 15 品位与开采吨位统计表

生产调度甘特图:甘特图表显示了任务表中的时序安排信息。当生成依赖性时,这些信息就存储在任务表中。时序安排引擎会计算出任务起始与结束日期并把相关的甘特棒在甘特图表中显示。图 17 - 16 是显示了每一分段的甘特图,由于分段非常多,有必要对其进行分组,即把同一根原始设计线作为一条记录来显示,见图 17 - 17。

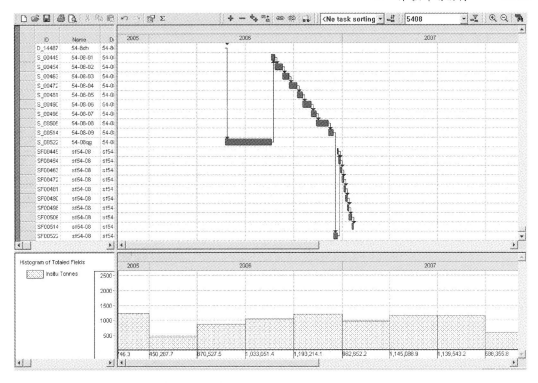

图 17 - 16 详细甘特图

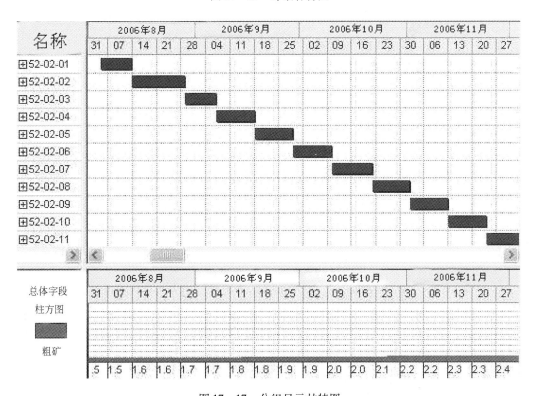

图 17 - 17 分组显示甘特图

开采计划过程动画:用户可以使用已存在的实体模型颜色或由推进计划日期自定义颜色来创建开采计划过程动画。图 17 - 18 ~ 图 17 - 22 所示即为开采计划过程动画过程中的 4 张快照。

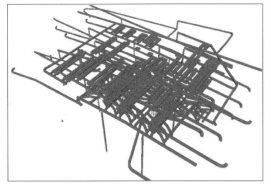

图 17 - 18　生产计划初始状态

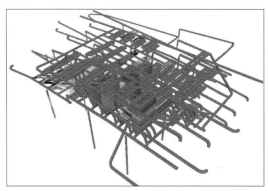

图 17 - 19　生产进行时的状态一

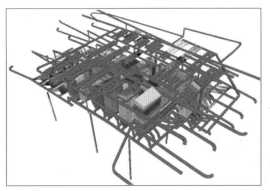

图 17 - 20　生产进行时的状态二

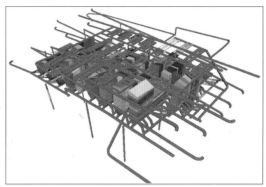

图 17 - 21　生产进行时的状态三

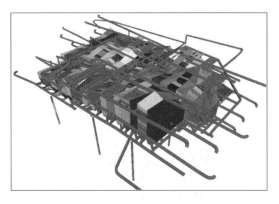

图 17 - 22　生产进行的最终状态

（4）动态更新与调整:根据实际生产情况以及市场动态变化,对各种基础数据进行更新,从而对生产计划进行调整。

选择要调整的对象,一般为设计文件以及生成的实体对象文件,然后导入新的数据并把其转化为三维实体模型,再把其与原来的文件合并。

其他对象如,资源、设备以及计划技术经济指标等有变化时,则应该对各任务之间的排序以及依赖性进行调整,从而达到相应的要求。

另外,随着生产的进行,有些工程按计划完成,而有些则没能跟上计划,则需对生产调度数据进行更新,一般有三种方式:(1)把所有更新日期之前的所有工作设置为完成;(2)重新计划没有完成的部分,其开始于更新日期之后;(3)延伸到日期。

参 考 文 献

[1] 陈孝华,魏一鸣,叶家冕,等. 地下矿山采掘计划神经网络专家系统研究[J]. 云南冶金,2002,31(5):1~4,9.

[2] 王骐,宋正利. 计算机技术对矿山自动化的推进作用[J]. 工矿自动化,2004(4):37~38.

[3] 李仲学,廖荣淮. 地下煤矿采掘计划计算机辅助管理系统[J]. 北京科技大学学报,1995,17(5):403~406.

[4] 赵传卿,王华伟,王洪岩. 规划模型在黄金矿山长远规划中的应用[J]. 黄金,2003,24(10):26~29.

[5] 李建祥,唐立新,吴会江. 采矿工业两级供应链中的协调生产计划建模[J]. 东北大学学报(自然科学版),2004,25(4):352~355.

[6] Kecojevic Vladislav J, Wilkinson William, Hewlett Phil. Production Scheduling in Coal Surface Mining Using 3D Design Tools. World of Mining-Surface and Underground[R],2005,57(3):193~196.

[7] Farahmand D. Simulation-Mathematical Modeling Procedure for Mine Scheduling Using a Micro Computer [J]. Mechanical Engineering Publ Ltd, 1986, 213~215.

[8] Alexandra M, Newman, Mark Kuchta. Using Aggregation to Optimize Long-term Production Planning at an Underground Mine[J]. European Journal of Operational Research, 2007, 176: 1205~1218.

[9] 董卫军. 矿山生产计划智能决策计算机系统[J]. 金属矿山,2002,309(3):10~12,16.

[10] 李文虔. 灰色控制系统理论在编制铝土矿生产计划及规划中的应用[J]. 轻金属,2001(12):10~12.

[11] 张海波,宋存义. 回采生产计划决策支持系统模型库的研究[J]. 有色金属(矿山部分),2005,57(5):34~36.

[12] 李海其. 计算机采掘计划自动编制系统的研究[J]. 矿业研究与开发,1994,14(3):89~92.

[13] 李英龙,童光煦. 矿山生产计划编制方法的发展概况[J]. 金属矿山,1994,222(12):11~16.

[14] 李克庆,黄凤吟. 多目标相似优序值法在矿山开发方案优选中的应用[J]. 地质技术经济管理,1995,17(1):42~46.

[15] 贾明涛,潘长良,谢学斌. 深井矿山回采过程模拟及调控研究[J]. 湘潭矿业学院学报,2003,18(3):9~12.

[16] 刘锦新,武昌明. 完成采掘进度计划的途径[J]. 中国矿山工程,2004,33(1):1~2.

[17] Sarin, Subhash C. The Long-term Mine Production Scheduling Problem[J]. IIE Transactions Institute of Industrial Engineers, 2005, 37(2): 109~121.

[18] Kumral M, Dowd P A. A Simulated Annealing Approach to Mine Production Scheduling[J]. Journal of the Operational Research Society, 2005,56(8): 922~930.

[19] J E Everett. Iron Ore Production Scheduling to Improve Product Quality[J]. European Journal of Operational Research, 2001,129(2): 355~361.

[20] Smith, Martin L. Integrating Conditional Simulation and Stochastic Programming: An Application in Production Scheduling[J]. Computer Applications in the Minerals Industries, 2001, 203~208.

[21] Leschhorn F, Roetschke H. Long-term Production Scheduling Using a Multidimensional Computerized

Model[J]. Application of Computers and Operations Research in the Mineral Industry, 1989, 336~350.

[22] 陈孝华,徐云龙,黄德镛,等. 系统工程排队论优化地下矿采掘计划计算机模拟法[J]. 昆明工学院学报,1994,8(4):26~31.

[23] Douglas, William J, Knoebel, Kathleen Y. Graphical Mine Production Scheduling and Financial Planning System[J]. Soc of Mining Engineers of AIME, 1985, 203~213.

[24] 唐泽圣. 三维数据场可视化[M]. 北京:清华大学出版社,1999.

[25] 王李管,曾庆田,贾明涛. 数字矿山整体实施方案及其关键技术[C]. 第七届全国采矿大会论文集,2006(9):493~498.

[26] 李翠平,李仲学,孙恩吉,等. 地矿工程三维可视化仿真系统功能分析[J]. 金属矿山,2006,6(360):57~60.

[27] 贾明涛,潘长良. 集成可视化矿床建模软件 DMS 在某矿山的应用[J]. 中南工业大学学报,2000,31(5):396~399.

18　生产调度与生产过程监控

18.1　前言

经过国家"九五"、"十五"攻关项目相关难题的研究及矿山基建,冬瓜山铜矿在生产工艺、生产设备等多个方面均达到了国际先进水平。如何确保先进的生产工艺、大型无轨机械化设备能够在冬瓜山铜矿的开采过程中安全、高效地运行,已经成为亟待解决的关键技术问题。美国兰德公司在2000年3~7月,对未来20年内美国矿业技术的关键问题和发展趋势进行了深入的探讨,得出的结论为:在由凿岩和爆破、地压控制、装载和运输、矿物加工等一系列不连续工艺步骤组成的采矿工业中,上述单项工艺技术在未来的20年内不可能发生很大的变化,可能、也必须发生改变的是管理和组织这些工艺过程的手段和方法。

截至2008年,冬瓜山铜矿围绕产能保障这一生产阶段的核心问题,通过引进和建设包括通讯、传感器和计算机软件等在内的IT技术,建立了冬瓜山铜矿井下泄漏电缆无线通信系统、多级机站风机集控系统、斜坡道交通控制技术、马头门视频监视系统、出入坑指纹考勤系统、微震监测系统、办公自动化系统等,以信息化、自动化和智能化为基础,基本形成了生产管理系统现代化、关键部位自动化、安全监控网络化的格局。

18.2　国内外地下矿生产调度和过程监控系统现状及趋势

18.2.1　国内外井下通讯系统现状及趋势

矿山井下通讯担负着矿山生产、安全、调度和控制的重要任务,在矿井安全、高效生产和抢灾救灾中发挥着十分重要的作用。目前,国际上广泛采用的井下通讯系统主要有:有线系统、无线小灵通系统、基于泄漏电缆的有线或无线综合通讯系统和基于WiFi的有线或无线综合通讯系统等。整体上而言,地下矿山的通讯技术正处于快速发展阶段,几个典型的发展趋势是:通讯系统从特定部门应用向全矿范围应用转变,从单一的语音功能向语音、视频、数据同网传输的综合通讯的转变,从固定点有线通讯向有线或无线综合通讯的转变。

18.2.1.1　有线通讯系统

除语音通信之外,矿井监测、监控等系统均需要依赖于有效的通讯平台。长期以来,有线系统乃矿山井下通讯的主要方式,它有效解决了监测和监控数据的传输,以及井上井下信息的互通,实现了井下生产的合理调度和环境的有效监控,但有线系统存在以下一些弊端:(1)重视井下长期固定作业地点,忽视相对移动大的作业地点。有线方式很难顾及到不断移动的工作场所和人员设备;(2)重视自上而下的联络,忽视自下而上的联络。目前的通讯方式属于点对面的形式,即地面的人只能向井下各中段总机联系,不能直接与想找的人联系;(3)重视井上井下之间的纵向通讯,忽视井下各采场、各掘进作业面、各个天井等生产作业地点之间的横向通讯;(4)矿山井下各种监测、监控系统繁多,相互独立,自成体系,各自为政,信息不能互通,整体可靠性差,维修、维护困难,由于没有整体的综合通信平台,通讯网络建设重复投资频繁、且信息不能综合利用,难以从系统工程的整体角度来对矿山进行统一的自动化调度管理。

无线电技术在地面通信的广泛应用和在国民经济中的重要作用已众所周知,与有线通信相比,快捷、灵活、方便是无线通信的特点。矿山井下生产环境特殊、条件比较恶劣,随着现代化开采、运输技术和装备的大量应用,对矿井现代化通信装备的需求越来越迫切,特别是矿井生产中存在大量的移动和半移动生产设备及流动作业岗位,由此而产生大量能反映生产一线的随机性信息,迫切需要纳入矿井生产调度指挥和决策工作之中。

18.2.1.2　井下小灵通系统

井下小灵通系统是搭载在现代公众无线通信的高技术平台上,因此,享有技术、产品和服务上一定的优越性。以 KT18、KT2000 等系统为代表的这类系统,是无线市话 PHS(小灵通)系统按照煤矿安全标准改造后,在矿山井下的扩展,目前在煤炭行业有所应用,属于专业的矿山井下无线通讯系统,由专业公司研发和服务,系统示意图见图 18 - 1。

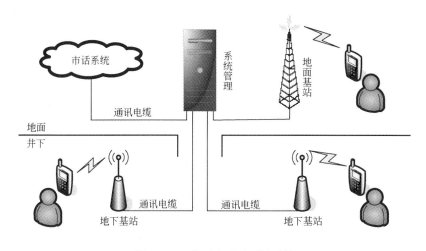

图 18 - 1　井下小灵通通讯系统

小灵通系统的通讯能力与基站的覆盖范围有关,同时,定位也是依赖于基站的位置和覆盖范围,对于井下特殊的、恶劣的通讯环境(巷道狭长、分支、拐弯众多)而言,必须设置大量的通讯基站,扩大通讯能力覆盖范围,才能实现井下无线信号的畅通和系统定位的精度。

小灵通系统主要用于井上井下语音通讯及精度较低的人员定位等。而在矿山其他方面信息(如,监测数据、设备控制数据、视频等)的传输、通讯方面,在复杂的井下环境中尚未见报道。因此,从构建矿山各种信息——语音、数据(包括监测和控制)、视频等的公共传输平台的角度看,小灵通系统是不够的。

18.2.1.3　泄漏电缆综合通讯系统

泄漏电缆并不是一个新鲜概念,之所以以前在国内闻所未闻,是因为以前国内矿山机械化、现代化、信息化程度较低,对井下无线通讯技术的要求尚未提上议事日程。

20世纪50年代末,德国科学家发现利用井下广泛分布的金属导体(如,钢轨、钢管、电缆等)为媒介,可以实现一种既像无线电、又像有线电的通讯技术,并将之称为"感应电话"。但是,由于各种杂散电流的存在,这种信号经常受到干扰。受生物通讯的启发,在感应电话的基础上,提出了一种基于仿生学原理的"无线电漏泻通讯技术"。

为使无线信号覆盖井下工作空间,泄漏电缆通讯系统不需要像小灵通那样在井下安装很多基站,该系统主要通讯媒介采用一种横向屏蔽得到适当削弱的通讯电缆(每段电缆400 m左右,电缆之间由中继放大器连接),因此,不仅能够在纵向上像有线电缆那样传输信号,同时,也可以在横向上向外发射和接收无线信号,事实上它是一种无线或有线的综合通信平台,该平台可以传输普通的语音信号、摄像头采集的视频信号、各种监测和控制设备采集和发出的数据信号。

同时,泄漏通讯系统还可以在前端机部分通过电话内联装置,实现同已有公众电话网(包括矿山的内部电话网和公共电话网)的联网通讯。另外,即使井下在电缆接头部位发生岩体坍塌事故,只要塌落体覆盖区域不超过25 m以上,系统通讯不会中断。

基于泄漏电缆通信平台,在现代化矿山建设的过程中,可以采用模块化的结构分期、分步进行建设,实现不同的功能,不会为满足不同目的而重复投资建设所需的通讯网络(见图18-2)。若矿山规模特别大,数据流量特别高,泄漏电缆不能满足需要,该系统需要与光缆联合应用,从而建立综合通讯平台。

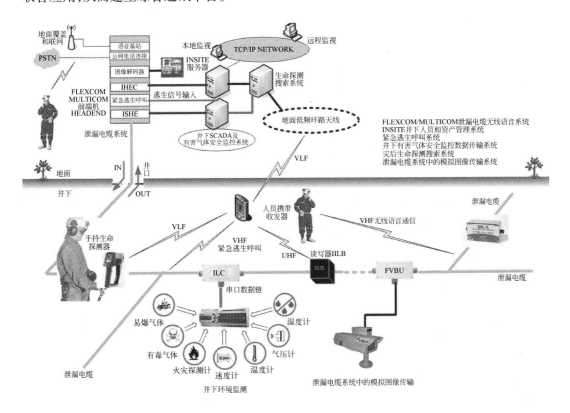

图18-2 基于泄漏电缆系统的矿山综合信息传输网络示意图

由于这类系统是针对矿山特殊条件最早发展起来的技术,因此,目前国外矿山大多采用这种综合通讯网络平台,是目前国外先进矿山采用最多的综合通讯网络平台,冬瓜山铜矿目前建设的语音通讯系统即采用此平台。

18.2.1.4 WIFI 的综合通讯系统

在如今这个“移动”的世界里,传统局域网已越来越不能满足需求,无线局域网因此应运而生。

WLAN 是一种把以太网和无线通信结合起来的技术,能够让计算机和其他电子设备不用线路连接就可以在局域网中发送和接收高速数据。随着 WiFi 为主的接入技术进入市场,近几年来,无线局域网产品迅速发展并走向成熟,正在以它的高速传输能力和灵活性,在通讯领域发挥日益重要的作用,成为当今网络发展的趋势所向,并且以其无可比拟的优势迅速深入到各行各业,开始在大多数行业中得到应用。无限网络的优势主要可以体现在以下几个方面。

(1)高移动性。只要在 Access Point(AP)覆盖的范围内,配有无线网卡的终端设备可以自由移动,同时保持网络连接不断。

(2)可扩充性强。单个 AP 可以至少提供 30～50 个无线终端的同时联网,要满足更多终端的上网需求,只需要相应增加 AP 的数量即可。无线网络布局自由,可随时扩充,打破了有线网络组网结构方面的局限性。

(3)兼容性强。无线网络作为有线网络的延伸,能够与现有的有线网络资源无缝地结合在一起,且对于符合 IEEE802.11B/G 协议的无线网络产品,即使不同厂商的产品也可以相互通讯。

(4)多种终端接入。无线网络可以支持多种类型的终端设备的接入,并且提供各类移动终端设备接入无线网络。

目前,该技术在国内外露天矿中得到了成功的应用,模块公司、WINCO 公司均推出了相应的用于露天矿卡调系统的无线网络通讯系统解决方案和设备。在地下矿山领域中,这种通讯技术已经成为未来通讯技术的发展趋势。

由于为满足矿山生产过程调度、控制和管理而建立的综合通讯网络,要求信号覆盖的范围广(仅井下就可能长达数十公里)、接入设备的类型多(有些具有 WiFi 接口、而有些必须通过有线接入)、移动终端的数量大,因此,采用有中心的网络结构,以 IEEE802.11b 和 TCP/IP 协议为基本的网络通信协议,以组合光纤及空气为信号传输介质,无线网作为有线网的扩充和补充,通过 WLAN 与有线 LAN 的集成,形成了一个基于 TCP/IP 协议的、能够同时传输语音、图像、数据等各种信息的、包含了有线和无线两种接入方式的、实现了与矿山内部网和 Internet 连接的综合通信网络。

该综合通讯网络可分解为语音通讯模块,满足监测和设备、交通监控目的需要的数据传输模块,井下移动人员与设备的定位、跟踪和调度模块,视频监视模块等。采用这样的模块化结构,矿山可以根据自己的需要和针对不同的目标,在不同阶段,分期、分步实施。大红山铜矿目前建设的通讯系统即采用此技术,基于 WiFi 技术的矿山综合通讯系统见图 18－3。

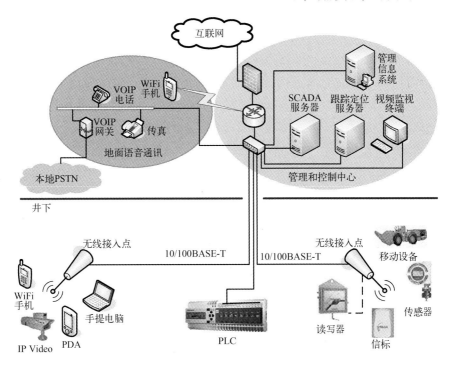

图 18 - 3　基于 WiFi 的矿山综合通讯网络拓扑结构

18.2.2　国内外井下生产过程监控系统现状与趋势

地下矿生产环境和过程的一个重要特征在于其分散性、离散性和移动性。由于井下通讯系统和技术以有线方式为主,用于地下环境的无线通讯系统、无线技术与装备的发展较慢,因此,长期以来,尤其在国内矿山,对地下矿山井下生产环境和过程的监测和控制,主要是针对固定点进行的,全过程的或者说全区域的调度和监控一直是一个盲区。固定点的监控包括:风机和水泵的远程集中控制、关键部位的视频监视、提升系统的自动控制、皮带运输系统的自动控制等。

随着无线通讯技术和设备的发展及其在井下的应用,对移动对象的监控已逐渐成为现实。矿业发达国家自 20 世纪 80 ~ 90 年代开始,即,已开展了所谓"自动矿山"或智能矿山的研究,有些系统并已投入使用。

如瑞典从 20 世纪 80 年代初开始,开展了一项国家综合研究计划——采矿技术 2000 (GRUVTEKNIK2000),其目的是开发能够使瑞典地下矿山生产成本明显降低的采矿方法和装备,包括自动化铲运机、自动化和半自动化的凿岩、装药和爆破系统等。

由矿山、研究机构和设备制造商组成的芬兰矿山自动化研究组,于 1992 年 9 月开始执行一项名为"智能矿山"的 5 年技术发展计划。该项计划的目的是在较短时期内向硬岩开采最主要的领域引入自动化,以提高生产效率和降低开采成本,同时改善作业安全和劳动环境,最终形成的"智能矿山"是一个采用实时控制的自动化生产过程和自动或运动操作的机械设备的自动化高科技型矿山,可以根据内部和外部条件实现最经济、高效、安全的生产。

加拿大许多现代矿山的绝大部分日常生产都是依靠遥控铲运机。国际镍公司(INCO)

斯托比(Stobie)矿两台 Wigner ST8B 铲运机、3 台 Tamrock Datasolo 1000 sixty 生产钻车、1 台 Wigner 40 t 已实现井下无人驾驶全自动作业,工人在地表即可遥控操纵这些设备。

国内矿山目前为止,应该说距自动化、智能化差距尚远,先进矿山仍尚处于机械化阶段,但在井下移动对象的监控方面也有了长足的进步,如,许多矿山建设了井下人员与设备的跟踪定位系统。尤其是煤炭系统,已经在 2007 年制定了中华人民共和国安全生产行业标准——《煤矿井下作业人员管理系统通用技术条件》,就煤矿井下作业人员的跟踪定位技术和系统的产品分类、技术要求、试验方法和检验规则等,进行了规范。

18.3 冬瓜山铜矿生产调度和生产过程监控系统建设现状

18.3.1 冬瓜山铜矿泄漏电缆无线通讯系统

如前所述,泄漏电缆通讯系统是目前解决地下空间无线通讯最常用的方法,冬瓜山铜矿引进建设了包括老区和新区在内的泄漏电缆无线电话通讯系统。

18.3.1.1 泄漏通讯技术基本工作原理

泄漏通讯就是在巷道中敷设一条开放式的射频同轴电缆,该电缆同时起着传输线和天线的作用。电磁信号一边沿着电缆纵向传输,一边向横向周围空间辐射电磁波,在电缆周围形成一个连续的无线电波泄漏场,使巷道任何截面都有足够的无线电波场强,实现泄漏电缆长天线和流动天线之间的双向可逆耦合。使流动台和基地台之间复杂的远距离电磁波传播转化为流动台与泄漏电缆之间简单的近距离传播。

当无线电波沿电缆传输时,存在传输损耗,必须对其电波损耗进行补偿,这就需要增加中继放大器,通过泄漏电缆加中继放大器构成矿山巷道中无线电波传输的通道。

这种传输媒介的特点是低衰耗、有补偿、传输电平稳定、频带宽,在传输通道的周围形成一个均衡泄漏场,取代了地面以空气为无线电波的传输媒介。

利用泄漏原理建立无线电波传输通道,实现巷道中的移动通讯成为泄漏通信,泄漏通讯使用的频段是目前通信技术最成熟的 UHF 频段,采用 FM 调频制式,其优良的性能指标,是其他制式无法比拟的。图 18 - 4 为 FLEXCOM 系统的频带分布图。

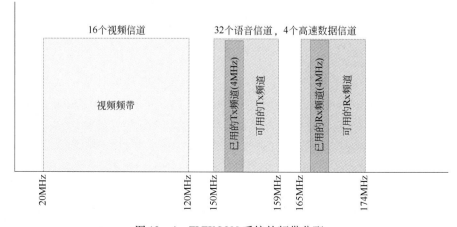

图 18 - 4　FLEXCOM 系统的频带分配

18.3.1.2 FLEXCOM 系统的基本构成

如前所述,泄漏电缆为地下通讯搭建起一个公共的综合平台,目前而言,一套完整的 FLEXCOM 泄漏通讯系统可分为语音通信模块、视频监视模块、跟踪定位模块、SCADA 模块,等等。语音通信是最简单、最基本的功能,其他模块均可在此基础上通过扩展而成。这里仅以语音通讯功能为例,介绍 FLEXCOM 系统的基本硬件。

基本的 FLEXCOM 系统主要由前端机、中继放大器、泄漏电缆、井下电源或耦合器、分支器、终端器和对讲机等组成,见图 18-5。

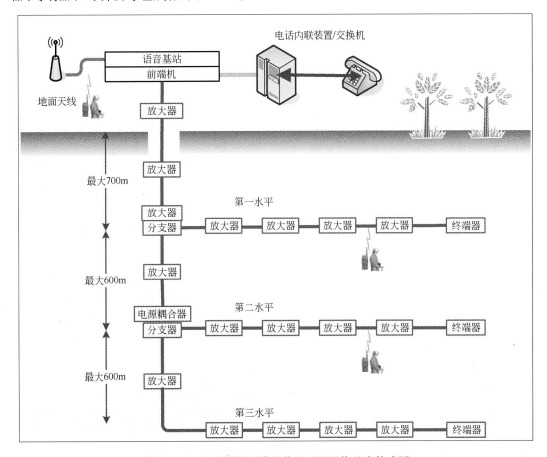

图 18-5 基于泄漏电缆的井下通讯网络基本构成图

A 前端机

前端机提供了至语音基站、数据调制解调器以及视频监视器的接口,所有来自井下的声音、数据、视频输入信号首先都要经过前端机进行处理,并负责把声音、数据、视频信号组成一个单一的输出系统,还可使地面天线同地下泄漏电缆系统联系在一起,形成矿山范围的移动通讯覆盖。前端机是泄漏电缆系统的中枢系统,每套系统中只有 1 台前端机,见图 18-6。

B 中继放大器

在井下,约每隔 500 m 安装一个中继放大器,用来放大 RF 信号,从而补偿 RF 信号沿泄漏电缆传输时的损失。在分支的巷道处,放大器之间的距离应短于 350 m。标准的放大器可以放大语音和数据信号,A1 和 A3 模块分别放大上下行数据和语音信号,并预留了可插入视频放大模块的接口(A1 模块与 A3 模块之间)。在放大器内,没有暴露的电子部件,这样可避免安装过程中的意外损害,见图 18 - 7。

图 18 - 6 前端机

图 18 - 7 中继放大器

C 泄漏电缆

泄漏电缆同时作为无线通讯的天线,铺设至需要无线通讯的覆盖区域,其主干长度可达 100 km。与一般的电话、数据电缆相比,在有 100 ~ 200 支电线的情况下,泄漏电缆可在数分钟内排除故障,使所有的系统立即恢复运行,而一般的电话/数据电缆可能需要花费几个小时、甚至几天时间修理才能全部恢复通讯,见图 18 - 8。

D 电源耦合器

在井下每 8 ~ 10 个放大器需一个电源

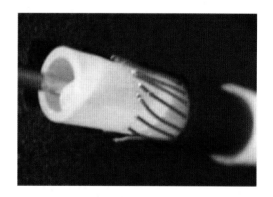

图 18 - 8 泄漏电缆

为放大器供电,它由两部分构成:电源模块和电源耦合器。电源模块输入为交流 240 V,输出为 13.6 V。电源耦合器与泄漏电缆相接,把 13.6 V 的直流输出耦合到泄漏同轴电缆中。

E 分支器

在离开主电缆区域如斜坡、竖井等处铺设支路泄漏电缆时要用该部件,有两种类型。一种为单分支(FBU1),另一种为双分支(FBU2)。两者工作原理类似,都提供从主电缆走出分支,单分支用于"丁"字形路口,双分支用于"十"字形路口,见图 18 - 9。

F 终端器

用于电缆延伸的末端。终端部件的作用是终止泄漏电缆中电流的流动,阻抗为 75 Ω,见图 18 - 10。

图 18-9 单分支器

图 18-10 终端器

18.3.1.3 冬瓜山铜矿泄漏系统的建设情况

冬瓜山铜矿目前引进建设了 FLEXCOM 最基本的系统,仅具备语音功能,前端机放置在矿部调度中心,语音基站具备 5 个通道。泄漏电缆由调度室经地表,由副井向下进入浅部老区各水平及深部 –670 m、–730 m、–760 m、–790 m、–850 m、–875 m 各中段运输大巷,以及无轨斜坡道,线缆总长 18 km。选用双音多频手持机 TK280,共 80 部。该系统以各生产区(队、车间)为单位设立群呼组,通过电话内联装置(PABX)实现了与现有有线电话系统互通。

系统将对讲权限分三级。矿部生产调度指挥中心为一级,可与任何对讲机进行点对点通讯以及电话拨号,且具有监听全部通话的最高权限;生产区队管理人员为二级,可在本单位内的对讲机间进行点对点通讯和电话拨号等;工人为三级,只能组内群呼。

另外,为确保副井罐笼提升的安全正常运行,冬瓜山铜矿在大团山副井和冬瓜山副井两条竖井中,采用武汉七环电器有限公司生产的 KTL105 型系统设备,建立了打点系统,主要用于在罐笼运行时,打点工与卷扬操作工中间的通话和打点。该系统同样采用泄漏通讯技术,原理与 FLEXCOM 系统类似,但功能相对简单,由基地台、泄漏电缆、中继器、负载盒和对讲机组成。

18.3.2 CDMA 移动通信网坑道分布系统

对于面向社会大众服务的、以地表以上通讯为主的联通或电信公司,提供的无线通讯服务,无论是全球通、神州行、CDMA、小灵通、大灵通,等等,大众都非常熟悉,对其效果及功能具备较多的了解和掌握。

这类系统都是在地面设置基站,以满足系统无线通讯覆盖区域的要求。然而,即使在地面的情况下,由于各方面因素的影响,我们也常常能够感受到信号的不畅,如,手机常常会在城市的过街隧道、大厦中失去信号,社会上一度流传的"小灵通、小灵通、户外通、阳台通、进了屋里就不通的"笑话,正是公众无线通讯所面临的尴尬状态的写照。

为了克服这种缺陷,服务商提出了建设室内覆盖系统的几种解决方案,其中,比较有效的解决方案为建设室内分布系统。这类系统是指:为了解决某一栋大厦内的信号完全覆盖问题,在已有的、面向所有大众(或城市)的无线通讯基站的基础上,对指定对象区域增设一台基站(称为"信号源")和楼宇内部天线等其他设施(称作"信号分布系统"),见图 18-11。

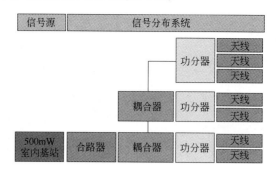

图 18-11 室内分布系统原理及构成

其中,采用的信号分布方式有:

(1) 无源天馈分布方式。通过无源器件和天线、馈线,将信号传送和分配到室内所需环境,以得到良好的信号覆盖。用于中小型地区。

(2) 有源分布方式。通过有源器件(有源集线器、有源放大器、有源功分器、有源天线等)和天馈线进行信号放大和分配。

(3) 光纤分布方式。利用光纤来进行信号分布。适合于大型和分散型室内环境的主路信号的传输。

(4) 泄漏电缆分布方式。信号源通过泄漏电缆传输信号,并通过电缆外导体的一系列开口,在外导体上产生表面电流,从而在电缆开口处横截面上形成电磁场,这些开口就相当于一系列的天线起到信号的发射和接收作用。它适用于隧道、地铁、长廊等地形。

目前,铜陵联通公司在冬瓜山矿投资建设了一套 CDMA 移动通信网坑道分布系统,信号覆盖了大团山副井、冬瓜山副井、井下 -730 ~ -850 m 水平主巷道及 -670 ~ -850 m 之间的斜坡道。

18.3.3 冬瓜山铜矿多级机站风机集控系统

18.3.3.1 风机分布

冬瓜山铜矿新区井下多级机站通风系统设有三级机站,新风从冬瓜山进风井进入,分别经 -670 m、-730 m、-790 m、-850 m、-875 m 进风机站(Ⅰ级机站)送入相应的中段和盘区,由盘区出来的污风汇集于 -790 m、-850 m、-875 m 回风巷,经 -790 m 回风机站、-850 m 回风机站 A 及 -850 m 回风机站 B(Ⅱ、Ⅲ级机站)抽出污风通过回风井排至地表。新区需要控制的机站有 8 个,风机 22 台,均采用变频器进行启停和调速控制。老区井下多级机站通风系统在改造后,将设有 4 个机站,分别为地表机站、-220 m 老鸦岭机站、-460 m 团山机站和 -520 m 团山机站。老区需要控制的 4 个机站共有风机 4 台。各机站及风机详见表 18-1。

表 18-1 冬瓜山铜矿通风机站及风机情况统计

机站名称	风机台数	风机型号	风机功率/kW
-670 m 进风机站	2	K40-6 No17 型	75
-730 m 进风机站	2	K40-6 No16 型	45
-790 m 进风机站	2	K40-6 No18 型	75

机 站 名 称	风机台数	风 机 型 号	风机功率/kW
－850 m 进风机站	2	K40-6 No18 型	75
－875 m 进风机站	2	K40-6 No18 型	75
－790 m 回风机站	4	K45-6 No19 型	200
－790 m 回风机站 A	4	K45-6 No19 型	200
－790 m 回风机站 B	4	K45-6 No19 型	200
－220 m 老鸦岭机站	1	K40-4 No15 型	200
－460 m 团山机站	1	K45-6 No19 型	200
－520 m 团山机站	1	K45-6 No19 型	200
老区地表	1	K45-6 No19 型	200

18.3.3.2 风机集控系统软硬件组成

根据冬瓜山铜矿多级机站通风系统的实际情况,采用以工控计算机、Ethernet 通讯控制器、远程 I/O 模块和 Ethernet、RS-485 通讯网络为核心的远程集中监控技术,对全矿的 12 个机站共 26 台风机进行远程集中监控,并对 9 个主要进回风巷道的风量进行监测。监控软件以基于 Windows 2000 操作系统的工控组态软件为平台设计开发。

A 系统硬件

监控系统布置见图 18 – 12,由主控计算机、交换机(均设在地表调度室)、Ethernet 通讯控制柜、远程 I/O 控制柜、分线箱、风速传感器和 Ethernet(以太网)、RS-485 通讯网络等组成。

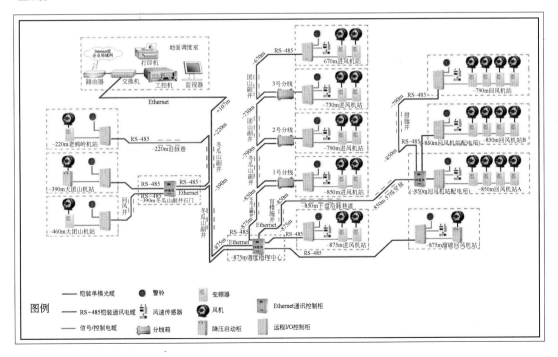

图 18 – 12 冬瓜山铜矿多级机站风机集控系统硬件布置

主控计算机通过交换机及 Ethernet 网络采用 TCP/IP 协议与设在井下的 Ethernet 通讯控制柜进行通讯,Ethernet 通讯控制柜将通讯数据转换为符合 DCON 协议的数据,通过 RS-485 网络与设在井下机站控制硐室的远程 I/O 控制柜进行通讯,I/O 控制柜根据主控机的指令完成风机的启停及调速控制和风机电流、频率、进回风机站主要巷道风量的监测,并将结果传回主控计算机。主控计算机对收到的数据进行分析处理,将风机的运行状态和各种监测数据以图形(动画)和文字方式显示在主控机屏幕上。同时,主控机根据风机电流大小及持续时间判断风机是否过载,并根据检测结果及时发出关闭过载风机指令,机站 I/O 控制柜内的智能模块根据主控机的指令关闭过载风机。另外,主控机还将对历史数据进行保存、统计和报表打印输出。

为提高系统的抗干扰性及可靠性,并考虑到工程投资及系统扩展的灵活性,网络通信介质采用铠装单模光缆 + RS-485 通讯电缆。

铠装单模光缆由调度室经冬瓜山副井 + 107 m 井口垂直下到 – 875 m,沿 – 875 m 副井石门,到 – 875 m 井下调度指挥中心,连到设在 – 875 m 井下调度指挥中心的用于新区进风机站和 – 875 m 溜波回风机站监控的 1 号 Ethernet 通讯控制柜,经该控制柜内的交换机及光纤收发器后,分为两路:一路沿 – 875 m 下盘沿脉到 47 线盲措施井,由盲措施井上到 – 850 m 水平,沿 – 850 m 水平下盘沿脉巷道、57 线穿脉连到设在 – 850 m 回风机站 A 的用于新区回风机站监控的 2 号 Ethernet 通讯控制柜;另一路返回副井垂直上到 – 460 m,连接到设在 – 460 m 副井石门处的用于老区各机站监控的 3 号 Ethernet 通讯控制柜。

RS-485 通讯网络分为 3 个区域,即老区各机站 RS-485 网络、新区进风机站 RS-485 网络和新区回风机站 RS-485 网络,分别连接老区 – 220 m 老鸦岭机站、– 460 m 团山机站、– 520 m 团山机站远程 I/O 控制柜,新区 – 670 m、– 730 m、– 790 m、– 850 m、– 875 m 进风机站以及新区 – 790 m 回风机站、– 850 m 回风机站 A、– 850 m 回风机站 B 远程 I/O 控制柜。

对新区进风机站 RS-485 网络,RS-485 通讯电缆由 – 875 m 井下调度指挥中心的 1 号 Ethernet 通讯控制柜分为两路:一路直接连到该 – 875 m 机站远程 I/O 控制柜,第 2 路由冬瓜山副井上到 – 850 m,连接到设在副井石门的 1 号分线箱后又分为两路,一路直接连到 – 850 m 进风机站远程 I/O 控制柜,另一路再由冬瓜山副井上到 – 790 m,连接到设在副井石门的 2 号分线箱后又分为两路,一路直接连到 – 790 m 进风机站远程 I/O 控制柜,另一路再由团山副井上到 – 730 m,连接到设在团山副井石门的 3 号分线箱后又分为两路:一路直接连到 – 730 m 进风机站远程 I/O 控制柜,另一路由团山副井上到 – 670 m,连接到 – 670 m 进风机站远程 I/O 控制柜。

对新区回风机站 RS-485 网络,RS-485 通讯电缆由 – 850 m 回风机站 A 处的 2 号 Ethernet 通讯控制柜分为两路:一路直接连到该机站远程 I/O 控制柜,另一路经联络巷道连接到设在 – 850 m 回风机站 B 处的 4 号分线箱后分为两路,一路直接连到 – 850 m 回风机站 B 的远程 I/O 控制柜,另一路经 – 850 m 回风机站 B 附近的措施井上到 – 790 m,再沿 – 790 m 回风巷道连接到 – 790 m 回风机站的远程 I/O 控制柜。

B 系统软件

系统监控软件以基于 Windows XP 操作系统的工控组态软件为平台设计开发,具有丰富的画面显示组态功能,使用图形化的控制按钮及动画显示,可清晰、准确、直观地进行控制操作和描述机站风机工作状态及工作参数。主要由软件封面、全矿监视、各机站监控、报表显示打印等主图形界面和若干子图形界面组成。

全矿监控界面主要用于监视全矿 12 个机站 26 台风机的运行状态参数、监控系统控制模式、机站状态信号、各主要进回风巷道的风量、全矿总进风和总回风量。同时也可完成主要画面的切换、用户的登录注销及当前用户信息显示、用户口令修改、取消全矿自动控制、退出监控系统等功能,见图 18 – 13。

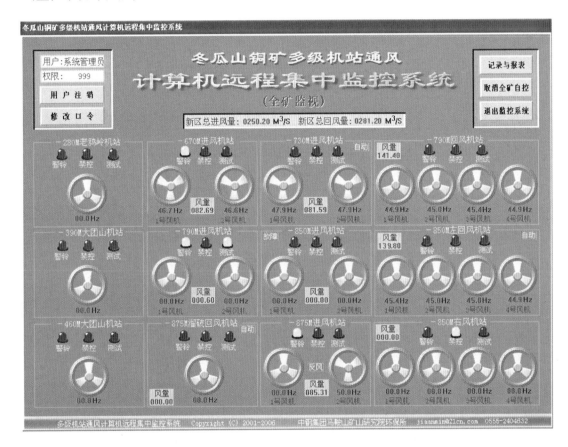

图 18 – 13　全矿监视界面

点击全矿监控界面中某一矩形区域,即进入相应机站监控界面。各机站监控画面主要完成风机控制、风机运行状态及参数显示、机站风机警告警铃开关、机站状态信号显示、机站进/回风巷道通风参数显示等,见图 18 – 14。

报表及打印界面见图 18 – 15。通过该界面完成操作员操作记录、风机运行记录、报警信息记录、风机电流实时报表、运行时间累计报表的显示和打印输出以及风机累计运行时间清零等操作。

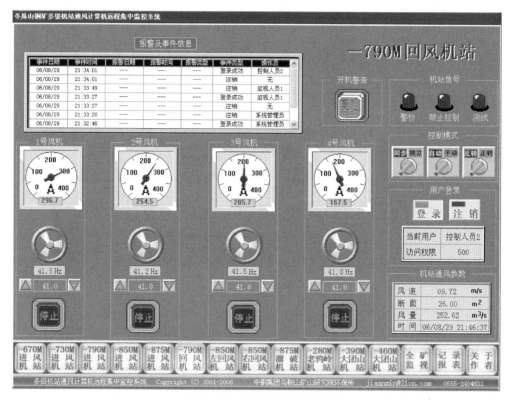

图 18-14 某机站监控界面

图 18-15 报表及打印界面

18.3.4 冬瓜山铜矿斜坡道交通控制系统

冬瓜山铜矿新区采用大型无轨机械化设备进行生产,为方便新区人员、设备和材料的运输,在 $-670 \sim -875$ m 水平斜坡道实行了交通控制。

随着矿山现代化建设步伐的加快,新区井下生产一线的各类大型特种无轨化设备逐步增多,承担各中段间联系的斜坡道,坡陡弯多,且每个中段都设计有交通三叉路口,存在一定的安全管理隐患,为彻底解决这一现状,该矿投资建设了国内同行业首套千米深井斜坡道智能交通信号管理系统。

该套系统采用 RFID 射频识别、微处理控制、总线通信、计算机管理等技术。具有对过往车辆进行无线化控制、智能识别提示、远程监控的功能,系统自动发出的红灯、绿灯交通指令,使车辆有序通行,确保车辆进入斜坡道安全行驶。

18.3.4.1 总体控制原则和逻辑

如图 18 – 16 所示的冬瓜山铜矿斜坡道交通示意图,其具有以下主要特征:(1)在相邻两个中段与斜坡道交叉口之间的斜坡道内,为单行道;(2)车辆可以在斜坡道与中段的交叉口处让车或等候通行。

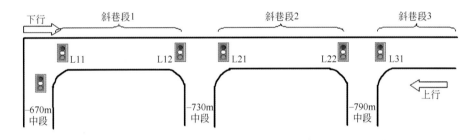

图 18 – 16 斜坡道交通示意图

与之相适应,为实现斜坡道交通的自动控制,把相邻两个中段之间的斜坡道看作 1 个分段,如图中斜巷段 1、斜巷段 2、…。在与中段相交的丁字路口,安装两组信号机,一组指示上行情况(如图中 L12)、另一组指示下行情况(如图中 L21)。

以斜巷段 2 为例,且假设当斜巷段 2 内无车时,其两端信号机均亮绿灯。

如 -730 m 中段处的识别设备发现某车辆从斜坡道内或 -730 m 巷道内向下行驶,则系统应根据斜巷段 2 内有无车辆的情况,作出关于信号机红绿灯切换的逻辑判断:

(1)若无车,则使 L21 信号机保持为绿灯,车辆下行进入斜巷段 2,L22 信号机转为红灯,告知 -790 m 中段及以下上行车辆有车下行,应暂时避让;

(2)若有上行车辆,L21 信号机保持为红灯,该车在 -730 m 中段口等待 L21 转换为绿灯后,进入斜巷段 2;

(3)若有下行车辆,当斜巷段 2 内已有车辆数小于设定值 -1 时,L21 保持为绿灯,L22保持为红灯,允许此车进入斜巷段 2。当斜巷段 2 内已有车辆数 $=$ 设定值 -1 时,L21 转为红灯,L22 保持为红灯,仍然允许此车进入斜巷段 2。当达到设定值时,L21、L22 均保持为红灯,禁止进入,等待绿灯指示。

当 -790 m 中段处的识别设备发现该车已经驶离斜巷段 2,根据斜巷段 2 内车辆情况做出关于信号机红绿灯切换的逻辑判断：

（1）斜巷段 2 内没有车辆时，信号机 L12、L22 均恢复为绿灯状态；

（2）斜巷段 2 内仍有车辆时，信号机 L12 恢复为绿灯状态，L22 继续保持红灯状态，告知 – 790 中段及以下上行车辆有车下行，应暂时避让。

18.3.4.2 系统硬件组成

整套系统主要由车辆识别、信号控制、信息管理、系统通讯四大单元所组成。图 18 – 17 所示为系统结构图。

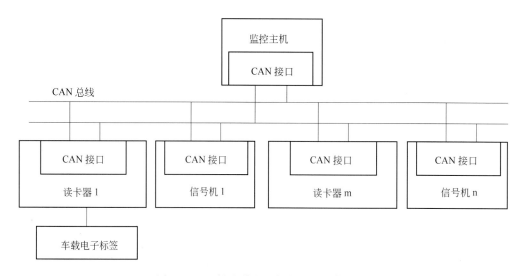

图 18 – 17 斜坡道交通控制系统总体结构

图中，车辆识别单元及车载电子标签共同构成了车辆识别单元，采用 2.4 GHz 射频识别设备，其具体指标见表 18 – 2。

表 18 – 2 车辆识别单元主要技术指标

设备名称	特征和指标
车载电子标签	工作频段 2.4 GHz 超高频，有源，多标签读取，抗干扰、防冲突性强，有效车速在 0 ~ 40 km /h
读卡器	工作频段 2.4 GHz，可选择扩频工作模式，传输速率可达 1 Mbps，识别有效距离 8 m，最远可达 15 m。每台读卡器具有 4 个天线模块，采用总线式串行通信接口和多主通讯方式，通讯距离不大于 10 km，允许 110 个节点分站接入
天 线	水平极化、10 dBm 增益，阻抗 50 Ω，驻波比小于 113，波束宽度为水平面 30°，垂直面 90°

信号机采用高亮度发光二极管制作的满足井下防爆要求的指示灯，该单元硬件由 CAN 接口、控制单片机、驱动电路、红绿指示灯及自检电路组成，由外部供电。智能信号机是系统对车辆进行指挥的执行机构，它受来自 CAN 总线的指令而工作，其 CPU 一方面定时对信号灯进行检测，发现故障立即报告上位机，使之驱动报警程序，另一方面定时检测 CAN 总线，发现通信中断，立即使红灯常亮且闪烁，表示系统故障，等待现场人员通过泄漏电缆语音通信系统报告监控室值班人员，采取应急措施。

CAN 总线采用非破坏性仲裁技术,当巷道内车辆众多,使多个车辆检测单元检测到车辆信息码,同时向总线传送数据时,优先级低的节点将主动停止数据发送,而优先级高的节点可不受影响地继续传输数据,从而有效避免总线冲突。CAN 总线采用短帧结构,每帧的有效字节数为 8,数据传输时间短,受干扰的概率低。CAN 的每帧数据都有 CRC 校验及其他检错措施,保证了数据传输的高可靠性,适合在井下高干扰环境中使用。CAN 节点在错误严重的情况下,具有自动离线功能,使总线上其他节点不受影响。正由于 CAN 总线有这样的优点,加上系统的数据传输量不大,所以各节点往上位机传输数据不用轮询方式而直接采用即时传送方式,保证系统良好的实时性。

监控机由 1 台工控机构成,通过 CAN 接口卡与现场 CAN 总线相连,接收各读卡器发送的数据信息,确定巷道内车辆的实时位置,建立数据库,将有效数据存档。

18.3.4.3 系统管理软件

系统管理软件是在 Windows 2000/XP 环境下采用 VC + SQL SERVER2000 开发,整个管理系统由通信模块、数据库、控制逻辑模块、地图显示模块、数据查询模块、车辆登记与管理模块、轨迹管理模块、系统维护模块、手动控制指挥灯模块等组成。

18.3.4.4 系统故障处理技术

该系统中,射频识别采用超高频、有源能量模式、扩频方式、光电隔离等技术措施,避免了检测信号的误报和多径抗干扰,提高系统的抗干扰能力;系统通讯采用 CAN 总线技术,短帧传送,传输时间短,受干扰概率低,每帧信息都有 CRC 校验及其他检错措施,数据出错率极低,保证了系统的可靠性;系统采用了分站式监控方式,当某一监控分站出现故障,不影响总线上其他节点交通信号控制的正常运行;设备选型考虑到井下工况环境的特殊要求。

但为了保证系统的安全性,全面考虑可能出现的故障,设计了相应的故障处理方案,使得系统具备故障自动诊断功能。

(1)车辆故障处理。车辆故障报警的技术处理为:事先对车辆经过每个巷段的平均时间间隔进行测试,并在控制程序中加以设定。当进入某一巷段的车辆在设定的时间间隔内,未通过巷段出口被读卡器天线所检测,则被认为车辆在巷段内出现故障。当车辆出现故障停滞于巷段内时,系统将启动声、光报警,并在数据处理终端提示出故障的具体巷段。在故障时间内,可采取紧急措施将车辆置入某中段口,并亮起此处的红灯,以免造成交通堵塞和所有车辆的停滞。

(2)信号故障处理。信号灯故障的技术处理为:通过信号控制器中的控制单片机定时对信号灯进行自动检测,发现故障立即报告给数据处理终端进行声、光报警,并在数据处理终端提示信号灯发生故障的所在具体位置。在信号灯出现故障时,车辆调度管理人员可进行人工干预,手工切换信号灯,并配合语音通信系统进行人工车辆调度,当巷段内故障排除后,系统再转入信号的自动控制。在人工干预期间,由于车辆识别系统仍在工作,原有的车辆运行数据仍被系统所保存。所以,当转入系统自动控制时,无损于系统对车辆运行数据的管理。

(3)网络故障处理。总线控制器中的 CPU 定时对 CAN 总线网络进行检测,如发现通信中断,一方面驱动所在监控分站的报警程序,驱动信号灯的红灯不停地闪烁进行报警,表示系统出现通信故障,提醒车辆驾驶人员引起注意;另一方面上传给数据处理终端,以便车辆调度管理员通知系统维护人员采取应急措施。

（4）标识卡电压检测。车辆标识卡中的单片机控制器内部电路带有电压检测功能，当车辆标识卡的电压不足时，系统将以预设的标识在数据处理终端进行显示提示，并在数据处理终端提示出故障的具体巷段，通知系统维护人员处理该问题。

（5）其他故障处理。对车辆误闯红灯、两端车辆同时进入巷道、车辆故障停滞于巷道等异常情况，计算机终端将以声、光两种模式给予提示，并采取相关紧急措施处理故障，以免造成交通事故。

18.3.5　冬瓜山铜矿数字视频监控系统

由于矿区环境、地形复杂，井下作业远离地面且分散，人员、设备众多，环境恶劣，极易发生安全事故，对地面和井下关键场所进行视频监控是安全生产的一个重要环节。

传统的安全监控一般采用模拟图像监控系统，利用录像机进行人工录制监控，扩展性能和稳定性不高，管理不便，暴露出各种隐患。随着网络技术和计算机技术的发展，基于数字视频传输技术的监控系统得到了迅速发展，它解决了模拟图像监控系统所存在的问题，而且为用户提供了一个高品质、易使用的完善的监控系统。

18.3.5.1　数字视频监控系统拓扑结构

图 18 - 18、图 18 - 19 所示为典型矿山监控系统的拓扑结构，均由前端系统、传输系统、控制系统、显示系统 4 个部分构成。

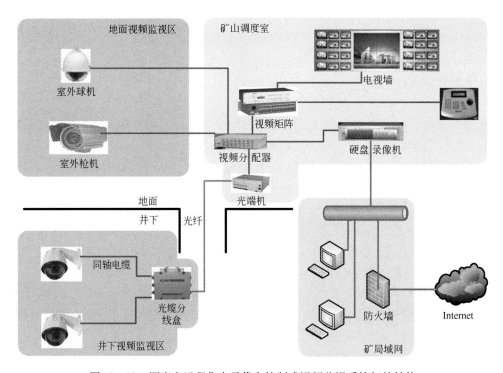

图 18 - 18　调度室远程集中录像和控制式视频监视系统拓扑结构

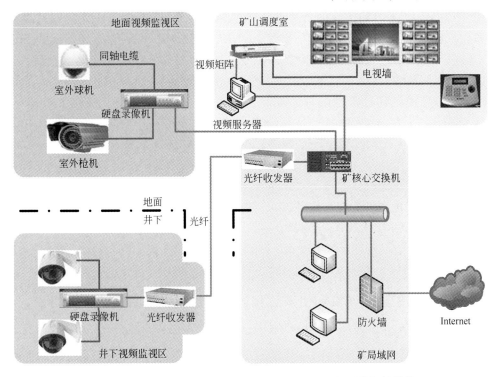

图 18 – 19　现场录像和调度室远程控制式视频监视系统拓扑结构

前端系统指摄像机、报警器、灯光、云台、护罩、防雷器等设备。传输系统包括电源电缆、视频电缆、数据电缆、双绞线灯,当监视区域较大,距离较远时,需采用光纤,通常传输系统是上述的综合。控制系统主要是矩阵控制切换、硬盘录像机、控制键盘、视频分配器、电源开关。显示系统一般采用高线数专业监视器,适合多画面精确显示,配合大屏幕电视。

18.3.5.2　冬瓜山铜矿视频监视系统建设情况

冬瓜山铜矿自 2003 年开始陆续进行包括老区井下、冬瓜山新区井下以及地面主要场所的视频监控系统的建设。到目前实现 121 个点的监控,基本覆盖全矿井下、井上重点部位。根据建设时间可分为老区大团山副井视频监视系统和新区冬瓜山副井、地表技防系统、办公楼、坑口服务楼等的视频监视系统。

大团山副井视频监视系统具体监控目标为:(1) – 310 m、– 390 m、– 460 m、– 520 m、– 580 m 中段矿车运输计量点共 7 个;(2) + 72 m、– 52 m、– 280 m、– 390 m、– 460 m、– 520 m、– 580 m、– 790 m 中段马头门共 8 个;(3)地表配电所共 10 个,分别是 110 kV 模拟屏 2 个、走廊 4 个;35 kV 仪表柜 2 个、控制柜 4 个。(4)主井皮带漏斗口 2 个。

冬瓜山副井等处的视频监视系统具体监控目标为:

(1) 冬瓜山新区井下共 31 个,分别在 – 920 m 破碎硐室、– 875 m 水泵房、– 850 m 机修车间、– 875 m 卸矿站 1、– 875 m 卸矿站 2、– 960 m 装矿点、– 1025 m 粉矿回收点、– 1025 m 水泵房、大团山 – 790 m 废石装卸点、– 875 m 主溜井、– 875 m 废石仓、– 966 m 粉矿回收点、– 730 m 油库、大团山 47 线卸矿点、– 910 m 皮带机、52 线漏斗、54 线漏斗、56 线漏斗、+ 107 m 井口、+ 52 m 井口、– 730 m 马头门、– 790 m 马头门、– 850 m 马头门、– 875 m 马头门等。

(2) 地表技防系统共 39 处,分别在主井卸矿曲轨、110 kV 主变电站、冬瓜山主井、新选厂门卫、动力车间门卫、35 kV 变电所岔路口、废钢材回收库、钢铁库、3 号门卫、塑像岔路口、机动备品库、二马路地磅房、1 号门卫、物资仓库、107 主井、107 主井围墙、团山副井、50 m 炸药库、老选厂门卫、信息中心机房、脱水车间厂区。

（3）坑口服务楼大门、门厅、各层楼梯口、井口入口等共 14 处。

（4）矿办公楼共 10 个监控点。

18.3.6　冬瓜山铜矿出入坑指纹监控系统

为加强对井下作业人员出入坑的安全监管水平，冬瓜山铜矿投资建设了一套基于指纹识别的出入坑监控系统。

该系统现场层设备安装在副斜井井口，除指纹识别机外，现场层设备还包括一套 LCD 大屏幕系统，现场显示出入坑人员的信息。

现场层采集的数据通过光纤传输到矿部调度室的监控主机上，监控主机对采集的数据进行统一管理。

18.4　冬瓜山铜矿生产调度和生产过程监控系统整体解决方案

为适应冬瓜山铜矿大产能、新工艺、大型机械化设备开采条件下，安全、高效开采的需要，冬瓜山铜矿目前为止，投资建设了上述各类系统，以 IT 技术极大地提高了冬瓜山铜矿现代化水平，使矿山的调度和过程监控能力得到极大的提升，但由于建设过程中，缺乏统一规划，各系统平台相互独立，存在一定的重复投资现象，且对管理和维护工作带来了较大的工作量和难度。

同时，虽然冬瓜山铜矿引进了矿山地质与采矿设计和计划编制的软件系统，以及办公自动化系统，但在井下生产数据的实时采集、统计分析软件投入方面尚存在不足。

因此，有必要在冬瓜山铜矿各类硬件系统建设现状的基础上，通过集成和开发，构建起一套冬瓜山铜矿调度和过程监控系统集成平台，一方面将已建成的系统纳入此平台下，另一方面在此平台上进行功能扩充，建立诸如跟踪定位系统、水泵远程智能控制系统、生产数据实时采集系统等，进一步提高矿山的现代化管理和决策基础体系，使矿山的现代化水平进一步提高，创造更大的经济、环境和社会效益。

18.4.1　冬瓜山铜矿调度和过程监控系统集成平台

目前，冬瓜山铜矿的各类监控系统，从传输媒介上主要包括两种：光纤和泄漏电缆，因此，在尽量利用现有设施的基础上，可以考虑将其改造成基于光纤和泄漏电缆的以太网集成平台，见图 18 - 20。

该集成平台利用冗余的光纤和电缆可以减少垂直通信系统的故障率。在特别的电缆或元件发生故障时，可以自动切换到备用链路。故障指示也可以通过 SCADA 系统通知维护人员。系统的前端设备连接着 LAN，PABX 和 VHF 双向电台的地面信号塔。

图 18 - 21 为前端机部分电路结构图，此前端设备把 VHF 双向无线电台中继器和以太网前端设备结合在一起，提供模拟语音和数字网络两种通信功能。与标准的前端设备的主要不同是把上行和下行信号分为两个独立的路径。下行信号耦合到光/电转换器的输入端，把整个从 VHF 音频和 CMTS 数据信号过来的频谱信号转换成超宽带光发送器。发送器的输

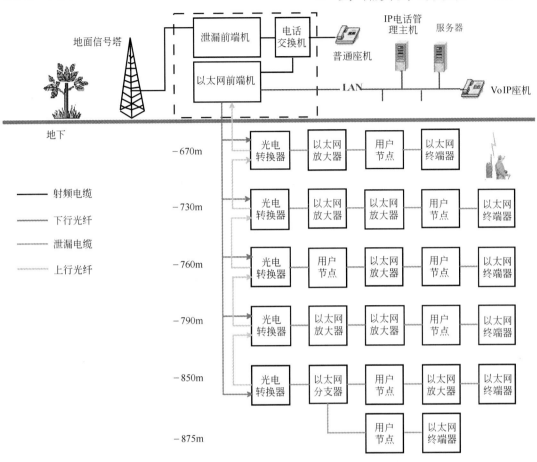

图 18 - 20　基于光纤和泄漏电缆的以太网集成平台示意图

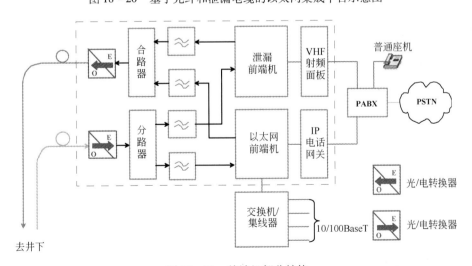

图 18 - 21　前端机部分结构

出信号通过光纤送到矿井的各个工作面。上行信号通过光/电转换器的输出端,把分布于各个工作面的光发送器收集的信号通过光纤送到前端设备。

VHF 泄漏电缆的前端设备通过 VHF 电台切换连接到电话交换机 PABX 上,提供矿井地下 VHF 双向无线对讲机和地面固定电话或外线的相互通信。以太网前端设备通过 VoIP 网关以 H. 323 的协议与电话交换机 PABX 相连接。VoIP 网关允许网络电话之间的电话通信或扩展到和电话交换机 PABX 相连接的外线电话的通信。同时通过 VHF 电台切换连接，VoIP 手机也可以和双向无线对讲机通信，反之亦然。

以太网前端设备含有 10/100BaseT 交换机或集线器，通过路由器提供与矿山局域网的连接。

在各个水平工作面，必须提取前端设备(下行链路)中的光信号。也必须把本水平工作面的信号和其他水平工作面转接来的信号插入到上行链路中，如图 8－22 所示。

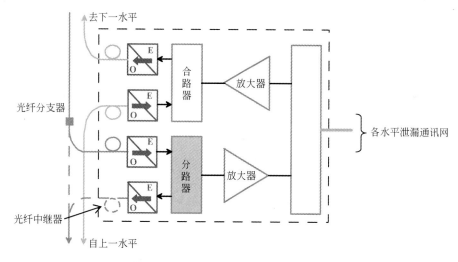

图 18－22 光/电转换器(光纤接口)结构

在每个水平工作面，下行链路有可能使用光分支器或光中继器。光分支器比光中继器经济，但如果使用大量的光分支器，必须对光信号增益放大，以维持足够的信噪比，实际的配置根据使用的光纤和距离决定。

下行链路把相同的信号注入每个水平工作面，相比之下，上行链路的工作方式有所不同。在每个水平，必须把本水平的信号和来自矿井中较低水平的信号组合，组合后的信号传送到更高的水平，最后到达系统的前端设备。

用户节点含有一个线路耦合器，通过混频器、过滤器使 RF 信号在泄漏电缆中上、下到线缆调制解调器。线缆调制解调器使用 DOCSIS 协议直接与系统前端设备中的 CMTS 头端同步。

线缆调制解调器含有 10BaseT 接口，可以和不同的网络设备相连接。图 18－23 中给出了两种型号的设备。一种是带以太网接口的 PLC；另一种是基于 802. 11 的无线局域网的接入，允许在节点附近提供无线网络的接入服务。

无线局域网设备的一个应用例子为 IP 电话，通过通信系统前端设备中的网关进行通信，它可以在整个矿井范围和其他的 IP 电话设备通信，也可以和电话交换机中的固定电话，或者和双向 VHF 无线对讲机通信。

线缆调制解调器能够在上行和下行两个方向保持速率为 10 Mbps 的数据应用，双向的系统数据带宽为 30 Mbps。

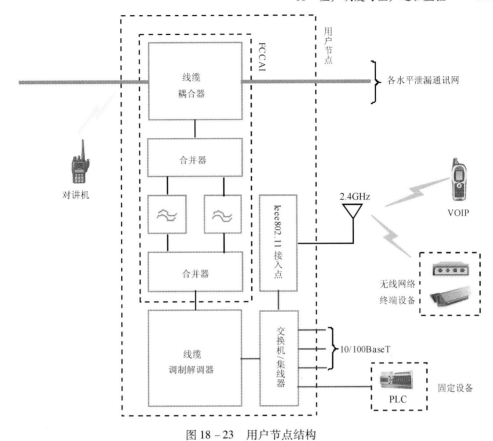

图 18 - 23　用户节点结构

18.4.2　基于集成平台的井下人员、设备跟踪定位系统

冬瓜山铜矿目前已建的出入坑指纹识别监控系统主要起到人员考勤的作用,斜坡道交通控制系统,则只能掌握各种车辆及其驾驶员的情况,人员或设备在井下的位置和移动状态缺乏一种有效的系统得以监控,极大地制约了矿山生产调度、安全管理及事故救援等。因此,在集成平台上构建井下人员和设备的跟踪定位系统非常必要。

与斜坡道交通控制系统一样,井下人员和设备跟踪定位系统通过在基本的集成平台上,在各水平的泄漏通讯网上增加射频识别(RFID)设备(见图 18 - 24),并在地面调度室安装跟踪定位监控主机,在其上运行跟踪定位软件。

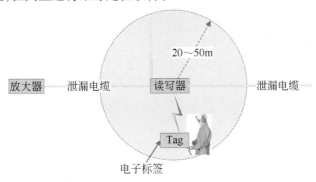

图 18 - 24　跟踪定位系统井下各水平硬件增加方案示意图

参 考 文 献

[1] D J Peterson, Tom LaTourrette, James T Bartis. New Forces at Work in Mining[J]. Industry Views of Critical Technologies. Rand Co., Ltd., 2001.

[2] 王松林,杨阅宝. 我国首套千米深井斜坡 RFID 巷道系统在冬瓜山铜矿投入正式运行[J]. 中国有色金属报,2007.

[3] 贾明涛. 基于过程模拟的回采方案优化技术及其在深井开采中的应用:[D]. 长沙:中南大学,2007.12.

[4] 陈有燎,张应平,贾明涛. 地下矿山通讯系统与技术现状综述[J]. 矿业快报,2008.8.

[5] 雷燕. 小灵通无线通信系统在煤矿井下的应用[J]. 煤矿机械,2006(1):154~155.

[6] M. 伍夫. 矿山自动化的发展现状[J]. 国外金属矿山,1999(5):41~44.

[7] 冯茂林,石立新. 地下矿山集成通讯技术[J]. 有色设备,2001(3):3842~44.

[8] L K Bandyopadhyay, P K Mishrae. Radio Frequency Communication System in Underground Mines[OL]. http://www.ursi.org/Proceedings/ProcGA05/pdf/.

[9] Underground Mine Communications. Control and Monitoring. IC 8955. Bureau of Mines Information Circular,1984.

[10] S. Kumar, L K Bandyopadhyay, A. Kumar, A. Narayan. Improvised Wireless Communication System for Underground Coal Mines Utilizing Active Antenna[J]. Minetech,2003(1):38~41.

[11] S Outalha, R Le, P M Tardif. Toward the Unified and Digital Communication System for Underground Mines[J]. CIM Bulletin,2000(93):100~105.

[12] C Mallett, G Einicke, P Glynn. Mine Communication & Information for Real Time Risk Analysis[OL]. http://www.australiancoal.csiro.au/pdfs/mallett.pdf.

[13] S Outalha, R LE, P M Tardif. Toward a Unified and Digital Communication System for Underground Mines[J]. CIM Bulletin,2000(93):100~105.

[14] L Sydanheimo, M Keskilammi, M Kivikoski. Reliable Mobile Computing to Underground Mine[C]. 2000 IEEE International Conference on Communications,2000(2):882~888.

[15] Underground Mine Rescue Equipment and Technology:A Communications System Plan[OL]. http://www.msha.gov/regs/comments/06-722/ab44-comm-83.pdf.

[16] 聂辉成. 加快矿山机械化和自动化发展步伐[J]. 世界采矿快报,1997(6):2.

[17] P A 林德奎斯特,G 阿尔戈姆伦,U 库马尔,T 弗洛姆. 瑞典国家计划—"采矿技术 2000"[J]. 国外金属矿山,1995(2):27~31.

[18] 英国《采矿周刊》研究服务中心. 居领先地位的瑞典采矿技术[J]. 国外金属矿山,1996(11):1~3.

[19] J 普基拉,R 马蒂凯嫩. 矿山自动化是获利的关键[J]. 国外金属矿山,1995(6):48~53.

[20] M 斯科布尔. 加拿大矿山自动化的进展:数字矿山迈向全矿自动化(一)[J]. 国外金属矿山,1996(3):60~65.

[21] D 汤姆森,V 艾特肯. 遥控技术已臻成熟[J]. 国外金属矿山,1999(1):27~30.

[22] 中钢集团马鞍山矿山研究院. 多级机站通风计算机远程集中监控系统研究报告[R]. 2006.8.

[23] 刘法治. 基于 PLC 的矿井通风安全控制系统[J]. 金属矿山,2007.3:65~66,83.

[24] 林琳,王鼎媛,徐飞. 煤矿风机智能人员管理和远程监控系统的应用研究[J]. 煤矿安全,2008.2:15~17.

[25] 陈宜华. 梅山矿业公司多级机站通风计算机远程集中控制系统[J]. 矿业快报,2002,2:12.

[26] 商坤,王建军. 变频调速在煤矿矿井通风机上的应用[J]. 煤矿安全,2006,7:18~20.

[27] 周强,李志宏. 基于 EFC 总线及无线射频技术的井下车辆监控系统的融合研究[J]. 武汉理工大学

学报(交通科学与工程版),2006.10(5):908~910.

[28] 刘一江,李 轶,周惠蒙.基于射频技术的井下交通控制系统的研究与开发[J].矿山机械,2007.10:53~55.

[29] 谢莹,鲁群,许荣斌.基于RFID矿井斜坡道交通信号监控系统的故障处理方案[J].工业控制计算机,2007.4:39~40.

冶金工业出版社部分图书推荐

书　　名	定价(元)
采矿工程师手册(上、下册)	395.00
现代金属矿床开采科学技术	260.00
选矿手册(1~8卷共14册)	675.50
选矿设计手册	199.00
矿山地质手册(上、下册)	160.00
冶金矿山地质技术管理手册	58.00
非金属矿加工技术与应用手册	119.00
工程爆破实用手册(第2版)	60.00
中国冶金百科全书·采矿卷	180.00
中国冶金百科全书·选矿卷	140.00
中国冶金百科全书·安全环保卷	120.00
地下采掘与工程机械设备丛书	
地下铲运机	68.00
地下凿岩设备	48.00
地下辅助车辆	59.00
地下装载机——结构、设计与使用	55.00
矿山工程设备技术	79.00
有岩爆倾向硬岩矿床理论与技术	18.00
工程爆破实用技术	56.00
超细粉体设备及其应用	45.00
金属矿山尾矿综合利用与资源化	16.00
矿山事故分析及系统安全管理	28.00
矿山环境工程	22.00
钻孔工程	45.20
采掘机械与运输	34.00
采矿知识问答	35.00
矿山废料胶结充填	42.00
矿石学基础(第2版)	32.00
工程地震勘探	22.00